疯狂Java学习路线图（第四版）

说明：

1. 没有背景色覆盖的区域稍有难度，请谨慎尝试。
2. 路线图上背景色与对应教材的封面颜色相同。
3. 已发现不少培训机构抄袭、修改该学习路线图，务请各培训机构保留对路线图的名称、引用说明。

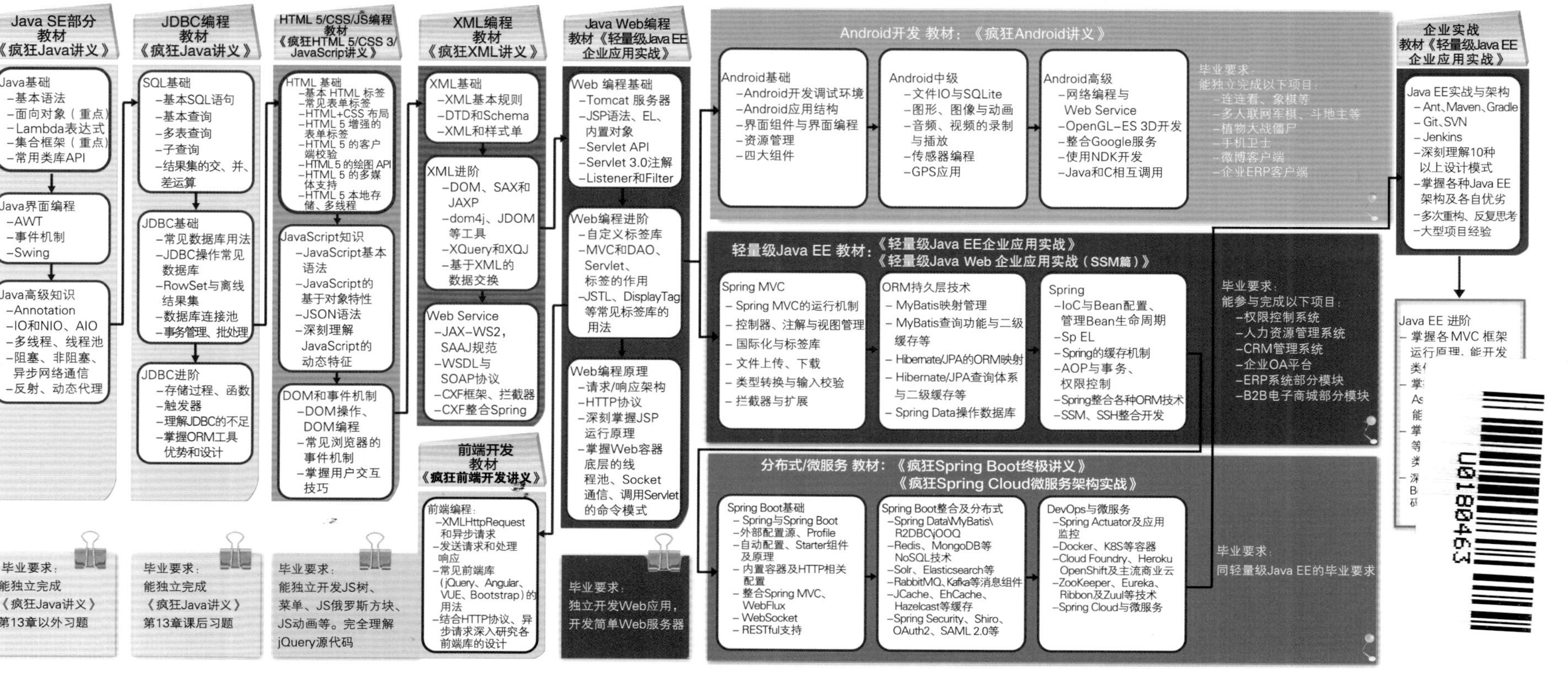

疯狂Java体系

疯狂源自梦想　技术成就辉煌

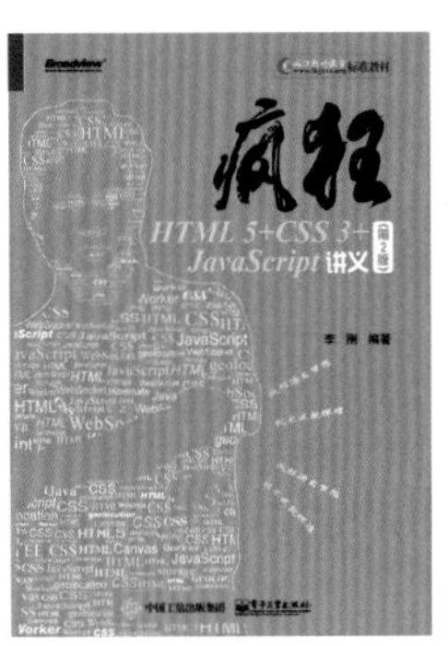

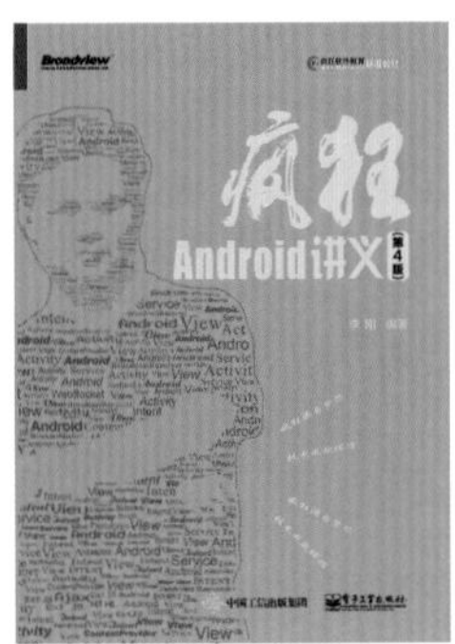

疯狂Java讲义

（上册）

第6版

李刚 编著

電子工業出版社
Publishing House of Electronics Industry
北京•BEIJING

内 容 简 介

本书是《疯狂 Java 讲义》第 6 版的上册，第 6 版保持了前 5 版系统、全面、讲解浅显、细致的特性，全面新增介绍了 Java 12 到 Java 17 的新特性。

《疯狂 Java 讲义》第 6 版深入介绍了 Java 编程的相关方面，上、下册内容覆盖了 Java 的基本语法结构、Java 的面向对象特征、Java 集合框架体系、Java 泛型、异常处理、Java GUI 编程、JDBC 数据库编程、Java 注释、Java 的 IO 流体系、Java 多线程编程、Java 网络通信编程和 Java 反射机制，覆盖了 java.lang、java.util、java.text、java.io 和 java.nio、java.sql、java.awt、javax.swing 包下绝大部分的类和接口。第 6 版重点介绍了 Java 的模块化系统，还详细介绍了 Java 12 到 Java 17 引入的块字符串，instanceof 的模式匹配，增强型 switch 语句、switch 表达式及模式匹配，密封类，Record 类，以及 Java 12 到 Java 17 新增的各种 API 功能。

与前 5 版类似，第 6 版并不单纯地从知识角度来讲解 Java，而是从解决问题的角度来介绍 Java 语言，所以涉及大量实用案例开发：五子棋游戏、梭哈游戏、仿 QQ 的游戏大厅、MySQL 企业管理器、仿 EditPlus 的文本编辑器、多线程、断点下载工具、Spring 框架的 IoC 容器……这些案例既能让读者巩固每章所学的知识，又可以让读者学以致用，激发编程自豪感，进而引爆内心的编程激情。第 6 版相关资料包中包含书中所有示例的代码和《疯狂 Java 实战演义》的所有项目代码，这些项目可以作为本书课后练习题的“非标准答案”。如果读者需要获取关于课后练习题的解决方法、编程思路，可关注“疯狂讲义”微信服务号，加入读者微信群后，与作者及本书庞大的读者群相互交流。

《疯狂 Java 讲义》为所有打算深入掌握 Java 编程的读者而编写，适合各种层次的 Java 学习者和工作者阅读，也适合作为大专院校、培训机构的 Java 教材。

图书在版编目（CIP）数据

疯狂 Java 讲义. 上册 / 李刚编著. —6 版. —北京：电子工业出版社，2023.1
ISBN 978-7-121-44753-2

Ⅰ. ①疯… Ⅱ. ①李… Ⅲ. ①JAVA 语言－程序设计 Ⅳ. ①TP312

中国版本图书馆 CIP 数据核字（2022）第 244742 号

责任编辑：张月萍
印　　刷：三河市良远印务有限公司
装　　订：三河市良远印务有限公司
出版发行：电子工业出版社
　　　　　北京市海淀区万寿路 173 信箱　　　　邮编：100036
开　　本：850×1168　1/16　　印张：32　　字数：1039 千字　　彩插：1
版　　次：2008 年 6 月第 1 版
　　　　　2023 年 1 月第 6 版
印　　次：2023 年 3 月第 2 次印刷
定　　价：138.00 元

凡所购买电子工业出版社图书有缺损问题，请向购买书店调换。若书店售缺，请与本社发行部联系，联系及邮购电话：（010）88254888，88258888。

质量投诉请发邮件至 zlts@phei.com.cn，盗版侵权举报请发邮件至 dbqq@phei.com.cn。

本书咨询联系方式：（010）51260888-819，faq@phei.com.cn。

如何学习 Java

——谨以此文献给打算以编程为职业，并愿意为之疯狂的人

经常在网络上看到有人交流如何快速地变成 Java 程序员，然后就会有所谓的大神说，现在要直接学 Spring Boot，我们公司都在用 Spring Boot；然后又有所谓的大神说，不对！现在一定要掌握异步消息机制；然后又有所谓的大神说，不对，学习高并发才是王道；甚至还会有所谓的大神直接跳出来，这些都是“渣渣”，只有学习架构才是王道。

这些所谓的大神互相矛盾的说法，往往让 Java 初学者陷入茫然。

有时候，Java 初学者会被某些培训机构的商业宣传忽悠得头脑发热，这些培训机构的宣传往往天花乱坠：“十天精通 Java”“三个月成为架构师”……这些宣传宛如新发于硎的镰刀，寒芒闪烁，饥渴难耐地等不及“韭菜们”长大。

也有不少学生、求职者被培训机构那些 9.9 元学 Java、免费学 Java 的视频所吸引，在微信中添加他们的课程顾问后，不知不觉地缴纳了高额培训费，有人甚至走入网贷陷阱。

这些学生、求职者总希望能找到一本既速成又大而全的图书或课程，很希望借助它们的帮助就可以打通自己的“任督二脉”，一跃成为 Java 开发高手。

也有些学生、求职者非常信任项目实战类的图书或视频。他们的想法很单纯：我按照书上的介绍，按图索骥、依葫芦画瓢，应该很快就可以学会 Java 项目开发，很快就能成为一个令人羡慕的 Java 程序员了。

……

凡此种种，不一而足。但最后的结果往往是失败，因为这种学习没有积累、没有根基，在学习过程中困难重重，每天都被一些相同、类似的问题所困扰，起初热情十足，经常上论坛询问，按别人的说法解决问题之后很高兴，既不知道为什么错，也不知道为什么对，只是盲目地抄袭别人的说法。最后的结果有两种：

① 久而久之，热情丧失，最后放弃学习。

② 大部分常见问题都问遍了，最后也可以从事一些重复性开发，但一旦遇到新问题，又将束手无策。

第二种情形在普通程序员的工作中时常出现，笔者多次见到（在网络上）有些程序员抱怨：我做了 2 年多 Java 程序员，月薪还是连 1 万元都不到。笔者偶尔会与他们聊聊工作相关内容，他们会说：我也用 Spring、Spring Boot 啊，我也用了异步消息组件啊……他们一方面觉得很迷惘，不知道提高的路怎么走；一方面也觉得不平衡，为什么我的工资这么低。

面对蓬勃的需求，有些培训机构投其所好，宣称两三个月即可培养出架构师，但这些不过是等不及“韭菜们”长高的镰刀。

另有一些程序员则说要学习开源框架的源代码——这确实是一条不错的学习路径，因为这是直接站在前人肩膀上的方式。

可是问题在于，如果没有扎实的 Java 基础，怎么能真正理解开源框架的源代码？怎么能体会开源框架的优秀设计？如果一个人不愿意花时间去夯实自己的基础，却试图在沙滩上建起楼阁台榭，这难道不是海市蜃楼吗？

这种浮躁气氛流传甚广，不少人一方面抱怨 Java 的基础知识多，一方面却口口声声说要学习开源框架的源代码，这种矛盾可以在同一个人身上“完美”地融合。

很多时候，我们的程序员把 Java 当成一种脚本，而不是一门面向对象的语言。他们习惯了机械化

地按照框架的规范“填写”脚本，却从未思考这些“代码”到底是如何运行的（偏偏还是这些人，他们往往叫嚷着要看框架源代码）。

目前一个广泛流传的说法是：现在都是用 Spring MVC（有些甚至直接说 Spring Boot），不再需要学习 Servlet 了！这个说法就和当年 Hibernate 大行其道时，网络上一群冒充大神的“菜鸟”不断地宣称不需要学习 JDBC 一样可笑。

而事实是，Spring MVC 是基于 Servlet API 的，它只是对 Servlet API 的再封装，如果没有彻底掌握 Servlet，不知道 Servlet 如何运行，不了解 Web 服务器里的网络通信、多线程机制，以及为何一个 Servlet 页面能同时向多个请求者提供服务，我实在无法理解，他们如何理解 Spring MVC 的运行机制，更遑论去学习 Spring MVC 的源代码。

至于那些说“直接用 Spring Boot，就无须学习 Servlet”的人，其实他们连 Spring Boot 是什么都还不知道。

如果真的打算将编程当成职业，那就不应该如此浮躁，而是应该扎扎实实先学好 Java 语言，然后按 Java 本身的学习规律，踏踏实实一步一个脚印地学习，把基本功练扎实了才可获得更大的成功。

实际情况是，有多少程序员真正掌握了 Java 的面向对象，真正掌握了 Java 的多线程、网络通信、反射等内容？有多少 Java 程序员真正理解了类初始化时内存运行过程？又有多少程序员理解 Java 对象从创建到消失的全部细节？有多少程序员真正独立地编写过五子棋、梭哈、桌面弹球这种小游戏？又有多少 Java 程序员敢说：我可以开发 Spring，我可以开发 Tomcat？很多人又会说：这些都是许多人开发出来的！实际情况是：许多开源框架的核心最初完全是由一个人开发的。现在这些优秀程序已经出来了！你，是否深入研究过它们？是否完全掌握了它们？

在学习 Java 时，请先忘记寻找捷径的想法，或许看似最笨的方式，往往才是真正的捷径，本书所附的学习路线图，会真正让你一步一个脚印，踏实走好每一步。

此外，如果要真正掌握 Java，包括后期的 Java EE 相关技术（例如 Spring、MyBatis、Spring Boot、异步消息机制等），请记住笔者的话：绝不要从 IDE（如 IntelliJ IDEA、Eclipse 和 NetBeans）工具开始学习！IDE 工具的功能很强大，初学者很容易上手，但也非常危险，因为 IDE 工具已经为我们做了许多事情，而软件开发者要了解软件开发的全部步骤。

2022-10-30

前 言

2021 年 9 月 14 日，Oracle 如约发布了 Java 17 正式版，并宣布从 Java 17 开始正式免费，Java 迈入新时代。正如 Oracle 之前承诺的，Java 不再基于功能特征来发布新版本，而是改为基于时间来发布新版本：固定每半年发布一个版本，但每 3 年才发布一个长期支持版（LTS），其他所有版本将被称为“功能性版本”。“功能性版本”都只有 6 个月的维护期，相当于技术极客反馈的过渡版，不推荐在企业项目中使用。

因此，Java 17 才是上一个 LTS 版（Java 11）之后最新的 LTS 版。

虽然目前有些企业可能还在使用早期的 Java 8、Java 11，但 Spring Boot 3.0 已经官宣只支持 Java 17，因此建议广大开发者尽快过渡到 Java 17。

为了向广大工作者、学习者介绍最新、最前沿的 Java 知识，在 Java 17 正式发布之前，笔者就已经深入研究过 Java 12 到 Java 17 绝大部分可能新增的功能；当 Java 17 正式发布之后，笔者在第一时间开始了《疯狂 Java 讲义》（第 5 版）的升级：使用 Java 17 改写了全书所有程序，全面介绍了 Java 17 的各种新特性。

在以“疯狂 Java 体系”图书为教材的疯狂软件教育中心，经常有学生询问：为什么叫疯狂 Java 这个名字？也有一些读者通过网络、邮件来询问这个问题。其实这个问题的答案可以在本书第 1 版的前言中找到。疯狂的本质是一种“享受编程”的状态。在一些不了解编程的人看来，编程的人总面对着电脑，在键盘上敲打，这种生活实在太枯燥了。有这种想法的人并未真正了解编程，并未真正走进编程。在外人眼中：程序员不过是在敲打键盘；但在程序员心中：程序员敲出的每个字符，都是程序的一部分。

程序是什么呢？程序是对现实世界的数字化模拟。开发一个程序，实际是创造一个或大或小的“模拟世界”。在这个过程中，程序员享受着“创造”的乐趣，程序员沉醉在他所创造的“模拟世界”里：疯狂地设计、疯狂地编码实现。实现过程不断地遇到问题，然后解决它们；不断地发现程序的缺陷，然后重新设计、修复它们——这个过程本身就是一种享受。一旦完全沉浸到编程世界里，程序员是“物我两忘”的，眼中看到的、心中想到的，只有他正在创造的“模拟世界”。

在学会享受编程之前，编程学习者都应该采用“案例驱动”的方式，学习者需要明白程序的作用是：解决问题——如果你的程序不能解决你自己的问题，如何期望你的程序去解决别人的问题呢？那你的程序的价值何在？知道一个知识点能解决什么问题，才去学这个知识点，而不是盲目学习！因此，本书强调编程实战，强调以项目激发编程兴趣。

仅仅看完这本书，你不会成为高手！在编程领域里，没有所谓的“武林秘籍”，再好的书一定要配合大量练习，否则书里的知识依然属于作者，而读者则仿佛身入宝山而一无所获的笨汉。本书配置了大量高强度的练习题，希望读者强迫自己去完成这些项目。这些练习题的答案可以参考本书相关资料包中《疯狂 Java 实战演义》的配套代码。如果需要获得编程思路和交流，可以关注“疯狂讲义”微信服务号，加群后与广大读者和笔者交流。

在《疯狂 Java 讲义》前 5 版面市的十多年时间里，无数读者已经通过本书步入了 Java 编程世界，而且销量不断攀升，这说明“青山遮不住”，优秀的作品，经过时间的沉淀，往往历久弥新。再次衷心感谢广大读者的支持，你们的认同和支持是笔者坚持创作的最大动力。

《疯狂 Java 讲义》（第 3 版）的优秀，也吸引了中国台湾地区的读者，因此中国台湾地区的出版社成功引进并出版了繁体中文版的《疯狂 Java 讲义》，相信繁体版的《疯狂 Java 讲义》能更好地服务于中国台湾地区的 Java 学习者。

广大读者对疯狂 Java 的肯定、认同、赞誉，既让笔者十分欣慰，也鞭策笔者以更高的热情、更严谨的方式创作图书。时至今日，每次笔者创作或升级图书时，总有一种诚惶诚恐、如履薄冰的感觉，唯恐辜负广大读者的厚爱。

笔者非常欢迎所有热爱编程、愿意推动中国软件业发展的学习者、工作者对本书提出宝贵的意见，非常乐意与大家交流。中国软件业还处于发展阶段，所有热爱编程、愿意推动中国软件业发展的人应该联合起来，共同为中国软件行业贡献自己的绵薄之力。

本书有什么特点

本书并不是一本简单的 Java 入门教材，也不是一本“闭门造车”式的 Java 读物。本书来自笔者十余年的 Java 培训和研发经历，凝结了笔者一万余小时的授课经验，总结了数千名 Java 学员学习过程中的典型错误。

因此，《疯狂 Java 讲义》具有如下三个特点。

1. 案例驱动，引爆编程激情

《疯狂 Java 讲义》不是知识点的铺陈，而是致力于将知识点融入实际项目的开发中，所以其中涉及了大量 Java 案例：仿 QQ 的游戏大厅、MySQL 企业管理器、仿 EditPlus 的文本编辑器、多线程、断点下载工具……希望读者通过编写这些程序找到编程的乐趣。

2. 再现李刚老师课堂氛围

《疯狂 Java 讲义》的内容是笔者十余年授课经历的总结，知识体系取自疯狂 Java 实战的课程体系。书中内容力求再现笔者的课堂氛围：以浅显的比喻代替乏味的讲解，以疯狂实战代替空洞的理论。

本书中包含了大量“注意”“学生提问”部分，这些正是数千名 Java 学员所犯错误的汇总。

3. 注释详细，轻松上手

为了降低读者阅读的难度，书中代码的注释非常详细，几乎每两三行代码就有一行注释。不仅如此，本书甚至还把一些简单理论作为注释穿插到代码中，力求让读者能轻松上手。

本书所有程序中的关键代码均以粗体字标出，这是为了帮助读者迅速找到这些程序的关键点。

本书写给谁看

如果你仅仅想对 Java 有所涉猎，那么本书并不适合你；如果你想全面掌握 Java 语言，并使用 Java 来解决问题、开发项目，或者希望以 Java 编程作为你的职业，那么《疯狂 Java 讲义》将非常适合你。希望本书能引爆你内心潜在的编程激情，如果本书能让你产生废寝忘食的感觉，那笔者就非常欣慰了。

2022-10-30

目录 CONTENTS

CHAPTER

1

第 1 章 Java 语言概述与开发环境

本章要点

- Java 语言的发展简史
- 编译型语言和解释型语言
- Java 语言的编译、解释运行机制
- 通过 JVM 实现跨平台
- 安装 JDK
- 设置 PATH 环境变量
- 编写、运行 Java 程序
- Java 程序的组织形式
- Java 程序的命名规则
- 初学者易犯的错误
- 掌握 jshell 工具的用法
- Java 的垃圾回收机制

Java 语言历时二十多年，已发展成为人类计算机史上影响深远的编程语言，从某种程度上看，它甚至超出了编程语言的范畴，成为一种开发平台，一种开发规范。更甚至于：Java 已成为一种信仰，Java 语言所崇尚的开源、自由等精神，吸引了全世界无数优秀的程序员。事实是，人类有史以来，从来没有一门编程语言能吸引这么多的程序员，也没有一门编程语言能衍生出如此之多的开源框架。

Java 语言是一门非常纯粹的面向对象编程语言，它吸收了 C++语言的各种优点，又摒弃了 C++里难以理解的多继承、指针等概念，因此 Java 语言具有功能强大和简单易用两个特征。Java 语言作为静态面向对象编程语言的代表，极好地实现了面向对象理论，允许程序员以优雅的思维方式进行复杂的编程开发。

不仅如此，与 Java 语言相关的 Java EE 规范里包含了时下最流行的各种软件工程理念，各种先进的设计思想总能在 Java EE 规范、平台以及相关框架里找到相应实现。从某种程度上看，学精了 Java 语言的相关方面，相当于系统地学习了软件开发相关知识，而不是仅仅学完了一门编程语言。

时至今日，大部分银行、电信、证券、电子商务、电子政务等系统或者已经采用 Java EE 平台构建，或者正在逐渐过渡到采用 Java EE 平台来构建，Java EE 规范是目前最成熟的，也是应用最广的企业级应用开发规范。

1.1 Java 语言的发展简史

Java 语言的诞生具有一定的戏剧性，它并不是经过精心策划、制作，最后产生的划时代产品，从某个角度来看，Java 语言的诞生完全是一种误会。

1990 年年末，Sun 公司预料嵌入式系统将在未来家用电器领域大显身手。于是，Sun 公司成立了一个由 James Gosling 领导的“Green 计划”，准备为下一代智能家电（如电视机、微波炉、电话）编写一个通用控制系统。

该团队最初考虑使用 C++语言，但是很多成员包括 Sun 的首席科学家 Bill Joy，发现 C++和可用的 API 在某些方面存在很大问题。而且工作小组使用的是嵌入式平台，可用的系统资源极其有限。并且很多成员都发现 C++太复杂，以致很多开发者经常错误使用。而且 C++缺少垃圾回收系统、可移植性、分布式和多线程等功能。

根据可用的资金，Bill Joy 决定开发一种新语言，他提议在 C++的基础上，开发一种面向对象的环境。于是，Gosling 试图通过修改和扩展 C++的功能来满足这个要求，但是后来他放弃了。他决定创造一种全新的语言：Oak。

到了 1992 年的夏天，Green 计划已经完成了新平台的部分功能，包括 Green 操作系统、Oak 的程序设计语言、类库等。同年 11 月，Green 计划被转化成“FirstPerson 有限公司”，Sun 公司的一个全资子公司。

FirstPerson 团队致力于创建一种高度互动的设备。当时代华纳公司发布了一个关于电视机顶盒的征求提议书时，FirstPerson 改变了他们的目标，作为对征求提议书的响应，提出了一个机顶盒平台的提议。但有线电视业界觉得 FirstPerson 的平台给予用户过多的控制权，因此 FirstPerson 的投标败给了 SGI。同时，与 3DO 公司的另外一笔关于机顶盒的交易也没有成功。此时，可怜的 Green 项目几乎接近夭折，甚至 Green 项目组的一半成员也被调到了其他项目组。

正如中国古代的寓言所言：塞翁失马，焉知非福。如果 Green 项目在机顶盒平台投标成功，也许就不会诞生 Java 这门伟大的语言了。

1994 年夏天，互联网和浏览器的出现不仅给广大的互联网用户带来了福音，也给 Oak 语言带来了新的生机。Gosling 立即意识到，这是一个机会，于是对 Oak 进行了小规模的改造。到了 1994 年秋，小组中的 Naughton 和 Jonathan Payne 完成了第一个 Java 语言的网页浏览器：WebRunner。Sun 公司实验室主任 Bert Sutherland 和技术总监 Eric Schmidt 观看了该浏览器的演示，对该浏览器的效果给予了高度评价。当时 Oak 这个商标已被别人注册，于是只得将 Oak 更名为 Java。

Sun 公司在 1995 年年初发布了 Java 语言，它直接把 Java 放到互联网上，免费给大家使用。甚至连源代码也不保密，也放在互联网上向所有人公开。

几个月后，让所有人都大吃一惊的事情发生了：Java 成了互联网上最热门的宝贝。竟然有 10 万多人次访问了 Sun 公司的网页，下载了 Java 语言。然后，互联网上立即就有数不清的 Java 小程序（也就是 Applet），演示着各种小动画、小游戏等。

Java 语言终于扬眉吐气了，成为一种广为人知的编程语言。

在 Java 语言出现之前，互联网的网页实质上就像是一张纸，不会有任何动态的内容。在有了 Java 语言之后，浏览器的功能被扩大了，Java 程序可以直接在浏览器里运行，可以直接与远程服务器交互：用 Java 语言编程，可以在互联网上像传送电子邮件一样方便地传送程序文件！

1995 年，Sun 公司虽然推出了 Java，但它只是一种语言，如果想开发复杂的应用程序，则必须要有一个强大的开发类库。因此，Sun 公司在 1996 年年初发布了 JDK 1.0。这个版本包括两部分：运行环境（即 JRE）和开发环境（即 JDK）。运行环境包括核心 API、集成 API、用户界面 API、发布技术、Java 虚拟机（JVM）5 个部分；开发环境包括编译 Java 程序的编译器（即 javac 命令）。

接着，Sun 公司在 1997 年 2 月 18 日发布了 JDK 1.1。JDK 1.1 增加了 JIT（即时编译）编译器。JIT 和传统的编译器不同，传统的编译器是编译一条指令，运行完后将其扔掉；而 JIT 会将经常用到的指令保存在内存中，当下次调用时就不需要重新编译了，通过这种方式让 JDK 在效率上有了较大提升。

但一直以来，Java 主要的应用就是网页上的 Applet 以及一些移动设备。到了 1996 年年底，Flash 面世了，这是一种更加简单的动画设计软件：使用 Flash 几乎无须任何编程语言知识，就可以做出丰富多彩的动画。随后 Flash 增加了 ActionScript 编程脚本，Flash 逐渐蚕食了 Java 在网页上的应用。

从 1995 年 Java 的诞生到 1998 年年底，Java 语言虽然成为互联网上广泛使用的编程语言，但它并没有找到一个准确的定位，也没有找到它必须存在的理由：Java 语言可以用于编写 Applet，而 Flash 一样可以做到，而且更快，开发成本更低。

直到 1998 年 12 月，Sun 公司发布了 Java 历史上最重要的 JDK 版本：JDK 1.2。伴随 JDK 1.2 一同发布的还有 JSP/Servlet、EJB 等规范，并将 Java 分成了 J2EE、J2SE 和 J2ME 三个版本。

- J2ME：主要用于控制移动设备和信息家电等有限存储的设备。
- J2SE：整个 Java 技术的核心和基础，它是 J2ME 和 J2EE 编程的基础，也是这本书主要介绍的内容。
- J2EE：Java 技术中应用最广泛的部分，J2EE 提供了与企业应用开发相关的完整解决方案。

这标志着 Java 已经吹响了向企业、桌面和移动三个领域进军的号角，标志着 Java 已经进入 Java 2 时代，这个时期也是 Java 飞速发展的时期。

在 Java 2 中，Java 发生了很多革命性的变化，而这些革命性的变化一直沿用到现在，对 Java 的发展形成了深远的影响。直到今天还经常看到 J2EE、J2ME 等名称。

不仅如此，JDK 1.2 还把它的 API 分成了三大类。

- 核心 API：由 Sun 公司制定的基本的 API，所有的 Java 平台都应该提供。这就是平常所说的 Java 核心类库。
- 可选 API：这是 Sun 为 JDK 提供的扩充 API，这些 API 因平台的不同而不同。
- 特殊 API：用于满足特殊要求的 API，如用于 JCA 和 JCE 的第三方加密类库。

2002 年 2 月，Sun 公司发布了 JDK 历史上最为成熟的版本：JDK 1.4。此时由于 Compaq、Fujitsu、SAS、Symbian、IBM 等公司的参与，JDK 1.4 成为发展最快的一个 JDK 版本。JDK 1.4 已经可以使 Java 实现大多数应用了。

在此期间，Java 语言在企业应用领域大放异彩，涌现出大量基于 Java 语言的开源框架，如 Struts、WebWork、Hibernate、Spring 等；大量企业应用服务器也开始涌现，如 WebLogic、WebSphere、JBoss 等，这些都标志着 Java 语言进入了飞速发展时期。

2004 年 10 月，Sun 公司发布了万众期待的 JDK 1.5，同时，Sun 将 JDK 1.5 改名为 Java SE 5.0，J2EE、J2ME 也被相应地改名为 Java EE 和 Java ME。JDK 1.5 增加了诸如泛型、增强的 for 语句、可变数量的

形参、注释（Annotation）、自动拆箱和装箱等功能；同时，Sun 公司也发布了新的企业级平台规范，如通过注释等新特性来简化 EJB 的复杂性，并推出了 EJB 3.0 规范。Sun 公司还推出了自己的 MVC 框架规范：JSF，JSF 规范类似于 ASP.NET 的服务器端控件，通过它可以快速地构建复杂的 JSP 界面。

2006 年 12 月，Sun 公司发布了 JDK 1.6（也被称为 Java SE 6）。一直以来，Sun 公司维持着大约 2 年发布一次 JDK 新版本的习惯。

但在 2009 年 4 月 20 日，Oracle 公司宣布将以每股 9.5 美元的价格收购 Sun 公司，该交易的总价值约为 74 亿美元。而 Oracle 通过收购 Sun 公司获得了两项软件资产：Java 和 Solaris。

于是，曾经代表一个时代的公司——Sun，终于被“雨打风吹”去，“江湖”上再也没有了 Sun 的身影。多年以后，在新一辈的程序员心中可能会遗忘曾经的 Sun 公司，但老一辈的程序员将永久地怀念 Sun 公司的传奇。

Sun 倒下了，不过 Java 的大旗依然猎猎作响。2007 年 11 月，Google 宣布推出一款基于 Linux 平台的开源手机操作系统：Android。Android 的出现顺应了即将出现的移动互联网潮流，而且 Android 系统的用户体验非常好，因此迅速成为手机操作系统的中坚力量。Android 平台使用了 Dalvik 虚拟机来运行.dex 文件，Dalvik 虚拟机的作用类似于 JVM 虚拟机，只是它并未遵守 JVM 规范而已。Android 使用 Java 语言来开发应用程序，这也给了 Java 语言一个新的机会。在过去的岁月中，Java 语言作为服务器端编程语言，已经取得了极大的成功；而 Android 平台的流行，则让 Java 语言获得了在客户端程序上大展拳脚的机会。

2011 年 7 月 28 日，Oracle 公司终于发布了 Java SE 7——这次版本升级经过了将近 5 年的时间。Java SE 7 也是 Oracle 公司发布的第一个 Java 版本，引入了二进制整数、支持字符串的 switch 语句、菱形语法、多异常捕捉、自动关闭资源的 try 语句等新特性。

2014 年 3 月 18 日，Oracle 公司发布了 Java SE 8，这次版本升级为 Java 带来了全新的 Lambda 表达式、流式编程等大量新特性，这些新特性使得 Java 变得更加强大。

2017 年 9 月 22 日，Oracle 公司发布了 Java SE 9，这次版本升级强化了 Java 的模块化系统，让庞大的 Java 语言更轻量化，而且采用了更高效、更智能的 G1 垃圾回收器，并在核心类库上进行了大量更新，可以进一步简化编程；但对语法本身更新并不多（毕竟 Java 语言已经足够成熟），本书后面将会详细介绍这些新特性。

为了更好地支持新版本迭代，以及跟进社区的反馈，现在的 Java 版本发布周期改为每 6 个月一次：每半年发布一个大版本（每个季度还发布一个中间版本），以后 Java 新的大版本将总是在每年 3 月和 9 月发布，因此 2018 年 3 月如约发布了 Java 10，2018 年 9 月如约发布了 Java 11。

此外，Oracle 还约定：以后每 3 年发布一个长期支持（LTS）版本，比如 Java 9、Java 10 都不是 LTS 版本，只是“功能性的版本”，因此 Oracle 都只提供半年的技术支持；Java 11 是 Java 8 之后的第一个 LTS 版本，直到 2023 年 9 月 Oracle 都会为 Java 11 提供技术支持，对补丁和安全警告等扩展的支持将持续到 2026 年。

2021 年 9 月，Oracle 公司发布了最新的 LTS 版本：Java 17。Java 17 加入了从 Java 12 以来累计产生的各种新特性，比如块字符串、强化的 switch 表达式等。Spring Boot 3.0 对 Java 最纸的版本要求则是 Java 17，因此建议广大 Java 开发者尽快从 Java 8、Java 11 过渡到 Java 17。

1.2 Java 程序运行机制

Java 语言是一种特殊的高级语言，它既具有解释型语言的特征，又具有编译型语言的特征，因为 Java 程序要经过先编译、后解释两个步骤。

1.2.1 高级语言的运行机制

计算机高级语言按程序的执行方式可以分为编译型和解释型两种。

编译型语言是指使用专门的编译器，针对特定平台（操作系统）将某种高级语言源代码一次性"翻译"成可被该平台硬件执行的机器码（包括机器指令和操作数），并包装成该平台所能识别的可执行程序的格式，这个转换过程被称为编译（Compile）。编译生成的可执行程序可以脱离开发环境，在特定的平台上独立运行。

有些程序在编译结束后，还可能需要对其他编译好的目标代码进行链接，即组装两个以上的目标代码模块，生成最终的可执行程序，通过这种方式实现低层次的代码复用。

因为编译型语言是一次性地将源代码编译成机器码，所以可以脱离开发环境独立运行，而且通常运行效率较高；但因为编译型语言的程序被编译成特定平台上的机器码，因此编译生成的可执行程序通常无法被移植到其他平台上运行；如果需要移植，则必须将源代码复制到特定平台上，针对特定平台进行修改，至少需要采用特定平台上的编译器重新编译。

现有的 C、C++、Objective-C、Swift、Kotlin 等高级语言都属于编译型语言。

解释型语言是指使用专门的解释器将源程序逐行解释成特定平台的机器码并立即执行的语言。解释型语言通常不会进行整体性的编译和链接处理，其相当于把编译型语言中的编译和解释过程混合到一起同时完成。

可以认为：每次执行解释型语言的程序都需要进行一次编译，因此解释型语言的程序运行效率通常较低，而且不能脱离解释器独立运行。但解释型语言有一个优势：跨平台比较容易，只需提供特定平台上的解释器，每个特定平台上的解释器都负责将源程序解释成特定平台的机器指令。解释型语言可以方便地实现源程序级的移植，但这是以牺牲程序执行效率为代价的。

现有的 JavaScript、Ruby、Python 等语言都属于解释型语言。

除此之外，还有一种伪编译型语言，如 Visual Basic，它属于半编译型语言，并不是真正的编译型语言。它首先被编译成 P-代码，并将解释引擎封装在可执行程序内，当运行程序时，P-代码会被解析成真正的二进制代码。从表面上看，Visual Basic 可以编译生成可执行的 EXE 文件，而且这个 EXE 文件也可以脱离开发环境在特定平台上运行，非常像编译型语言。实际上，在这个 EXE 文件中，既有程序的启动代码，也有链接解释程序的代码，而这部分代码负责启动 Visual Basic 解释程序，再对 Visual Basic 代码进行解释并执行。

1.2.2 Java 程序的运行机制和 JVM

Java 语言比较特殊，用 Java 语言编写的程序需要经过编译步骤，但这个编译步骤并不会生成特定平台的机器码，而是生成一种与平台无关的字节码（也就是*.class 文件）。当然，这种字节码不是可执行的，必须使用 Java 解释器来解释执行。因此可以认为：Java 语言既是编译型语言，又是解释型语言。或者说，Java 语言既不是纯粹的编译型语言，也不是纯粹的解释型语言。Java 程序的执行过程必须经过先编译、后解释两个步骤，如图 1.1 所示。

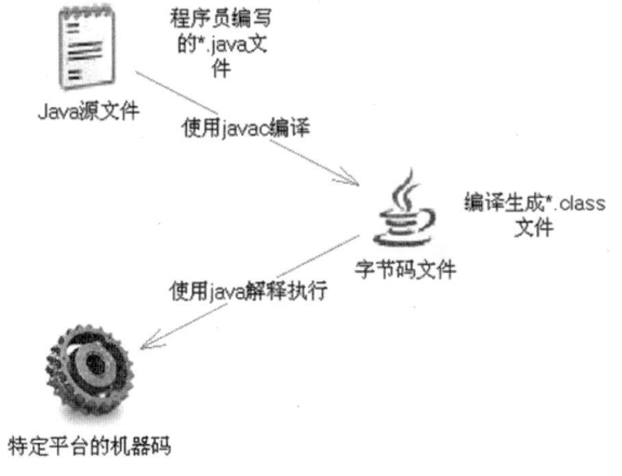

图 1.1　执行 Java 程序的两个步骤

Java语言里负责解释执行字节码文件的是Java虚拟机，即JVM（Java Virtual Machine）。JVM是可运行Java字节码文件的虚拟计算机。所有平台上的JVM都向编译器提供相同的编程接口，而编译器只需要面向虚拟机，生成虚拟机能理解的代码，然后由虚拟机来解释执行。在一些虚拟机的实现中，还会将虚拟机代码转换成特定系统的机器码执行，从而提高执行效率。

当使用Java编译器编译Java程序时，生成的是与平台无关的字节码，这些字节码不面向任何具体平台，只面向JVM。不同平台上的JVM是不同的，但它们都提供了相同的接口。JVM是Java程序跨平台的关键部分，只要为不同平台实现了相应的虚拟机，编译后的Java字节码就可以在该平台上运行。显然，相同的字节码程序需要在不同的平台上运行，这几乎是"不可能的"，只有通过中间的转换器才可以实现，JVM就是这个转换器。

JVM是一个抽象的计算机，和实际的计算机一样，它具有指令集并使用不同的存储区域。它负责执行指令，还要管理数据、内存和寄存器。

提示：

JVM的作用很容易理解，就像有两支不同的笔，但需要把同一个笔帽套在两支不同的笔上，只有为这两支笔分别提供一个转换器，这个转换器向上的接口相同，用于适应同一个笔帽；向下的接口不同，用于适应两支不同的笔。在这个类比中，可以近似地理解两支不同的笔就是不同的操作系统，而同一个笔帽就是Java字节码程序，转换器角色则对应于JVM。类似地，也可以认为JVM分为向上和向下两个部分，所有平台上的JVM向上提供给Java字节码程序的接口都完全相同，但向下适应不同平台的接口则互不相同。

Oracle公司制定的Java虚拟机规范在技术上规定了JVM的统一标准，具体定义了JVM的如下细节：

- 指令集
- 寄存器
- 类文件的格式
- 栈
- 垃圾回收堆
- 存储区

Oracle公司制定这些规范的目的是为了提供统一的标准，最终实现Java程序的平台无关性。

提示：

Oracle公司负责制定JVM规范，并会随着JDK的发布提供一个官方的JVM实现，但实际上不少商业公司也会提供商业级的JVM实现，比如开源的OpenJDK等。

在上一个LTS版本中，Oracle公司宣布Java 11统一采用商业版的BCL协议，但这种对JDK收费的协议饱受诟病，因此Oracle又将JDK 17改为使用NTFC（No-Fee Terms and Conditions）协议，重新宣布大家可以免费使用Java 17。

另外一个消息是：Java企业开发的灵魂——Spring官方宣布，2022年发布的Spring 6和Spring Boot 3.0将全面支持Java 17，因此Java 17必将迅速大规模地成为各大企业开发人员的自选。

1.3 开发Java程序的准备

在开发Java程序之前，必须先完成一些准备工作，也就是在计算机上安装并配置Java开发环境，开发Java程序需要安装和配置JDK。

1.3.1 下载和安装Java 17的JDK

JDK的全称是Java SE Development Kit，即Java标准版开发包，是Oracle公司提供的一套用于开发 Java 应用程序的开发包，它提供了编译、运行 Java 程序所需的各种工具和资源，包括 Java 编译器、Java 运行时环境，以及常用的 Java 类库等。

这里又涉及一个概念：Java 运行时环境，它的全称是 Java Runtime Environment，因此也被称为 JRE，它是运行 Java 程序的必需条件。

学生提问：不是说 JVM 是运行 Java 程序的虚拟机吗？那 JRE 和 JVM 的关系是怎样的呢？

答：简单地说，JRE 包含 JVM。JVM 是运行 Java 程序的核心虚拟机，而运行 Java 程序不仅需要核心虚拟机，还需要其他的类加载器、字节码校验器以及大量的基础类库。JRE 除包含 JVM 之外，还包含运行 Java 程序的其他环境支持。

一般而言，如果只是运行 Java 程序，可以只安装 JRE，无须安装 JDK。

注意：

如果需要开发 Java 程序，则应该选择安装 JDK；当然，在安装了 JDK 之后，就包含了 JRE，也可以运行 Java 程序。但如果只是运行 Java 程序，则需要在计算机上安装 JRE，仅安装 JVM 是不够的。实际上，Oracle 网站上提供的就是 JRE 的下载，并不提供单独 JVM 的下载。

本书的内容主要是介绍 Java SE 的知识，因此下载标准的 JDK 即可。下载和安装 JDK 请按如下步骤进行。

① 登录 Java SE Development Kit 官方下载页面，即可看到如图 1.2 所示的页面，下载 Java SE Development Kit 的最新版本。本书写作之时，JDK 的最新版本是 JDK 17.0.1，本书所有的案例也是基于该版本 JDK 编写的。

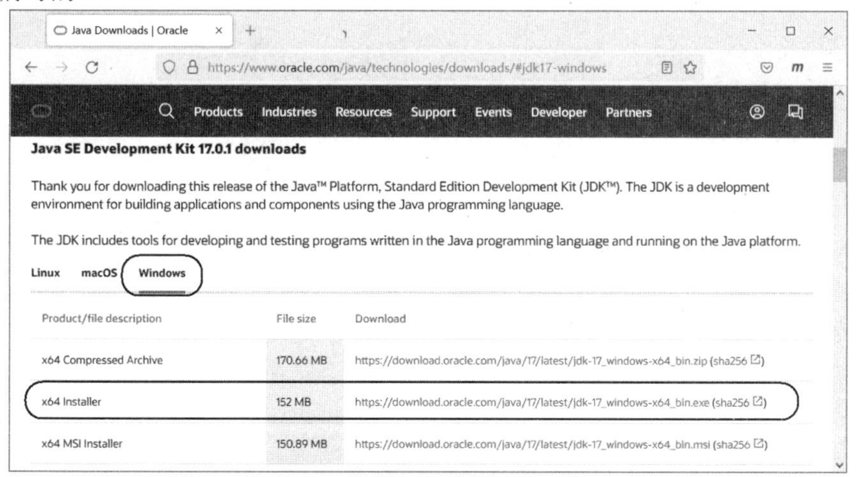

图 1.2　下载 JDK 的页面

② 在图 1.2 所示的页面中，先根据平台选择对应的标签页，然后单击链接，进入 JDK 17 的下载页面。读者应根据自己的平台选择合适的 JDK 版本：对于 Windows 平台，JDK 17 默认只为 64 位的 Windows 系统提供 JDK；对于 Linux 平台，则下载 Linux 平台的 JDK。

③ 64 位 Windows 系统的 JDK 下载成功后，会得到一个 jdk-17_windows-x64_bin.exe 文件，这是一个标准的 EXE 文件，可以通过双击该文件来运行安装程序。对于 Linux 平台上的 JDK 安装文件，只需

为该文件添加可执行的属性，然后执行该安装文件即可。

④ 开始安装后，第一个对话框询问用户是否准备开始安装 JDK，单击“下一步”按钮，进入如图 1.3 所示的安装路径选择对话框。

通过图 1.3 所示对话框中的“更改…”按钮可以设置 JDK 的安装路径，系统默认安装在 C:\Program Files\Java 路径下，但不推荐安装在有空格的路径下，因为这可能会导致一些未知的问题，建议直接安装在根路径下，例如，图 1.3 所示的 D:\Java\jdk-17.0.1\。单击“下一步”按钮，等待安装完成。

安装完成后，可以在 JDK 安装路径下看到如下文件路径。

- bin：该路径下存放了 JDK 的各种工具命令，常用的 javac、java 等命令就被放在该路径下。
- conf：该路径下存放了 JDK 的相关配置文件。
- include：该路径下存放了一些平台特定的头文件。
- jmods：该路径下存放了 JDK 的各种模块。
- legal：该路径下包含了 JDK 各模块的授权文档。
- lib：该路径下存放的是 JDK 工具的一些补充 JAR 包。比如 src.zip 文件中保存了 Java 的源代码。
- COPYRIGHT 和 LICENSE 等说明性文档。

模块化系统是 JDK 9 之后的重大更新，随着 Java 语言的功能越来越强大，Java 语言也越来越庞大。很多时候，一个基于 Java 的软件并不会用到 Java 的全部功能，因此该软件也不需要加载全部的 Java 功能，而模块化系统则允许在发布 Java 软件系统时根据需要只加载必要的模块。

为此，JDK 专门引入了一种新的 JMOD 格式，它近似于 JAR 格式，但更强大，它可以包含本地代码和配置文件。jmods 目录下包含了 JDK 各种模块的 JMOD 文件，比如使用 WinRAR 打开 jmods 目录下的 java.base.jmod 文件，将会看到如图 1.4 所示的文件结构。

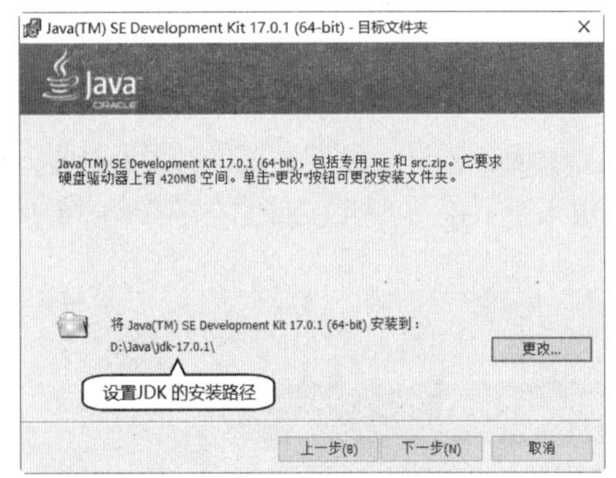

图 1.3　设置 JDK 的安装路径

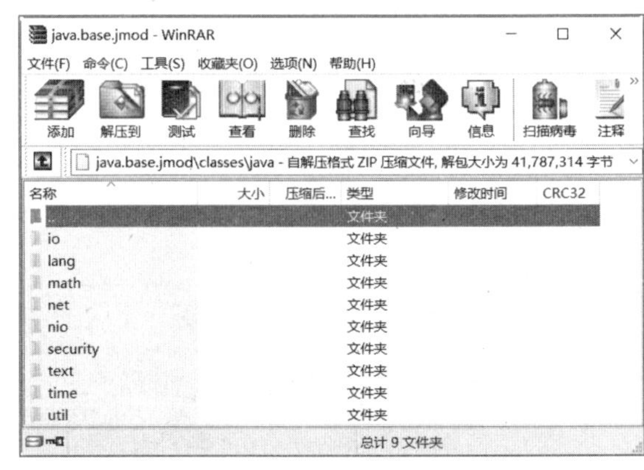

图 1.4　java.base.jmod 模块的文件结构

从图 1.4 中可以看出，java.base.jmod 是 JDK 的最基础模块，该模块包含了 Java 的 lang、util、math 等模块，这些都是 Java 最核心的功能，是其他所有模块的基础。

此外，上面提到的 bin 路径是一个非常有用的路径，在这个路径下包含了编译和运行 Java 程序的 javac 和 java 两个命令。除此之外，还包含了 jlink、jar 等大量工具命令。本书后面的章节中将会介绍该路径下的常用命令的用法。

1.3.2　JDK 17 增强的安装器与 PATH 环境变量

前面已经介绍过了，编译和运行 Java 程序必须经过两个步骤。

- 将源文件编译成字节码。
- 解释执行与平台无关的字节码程序。

上面这两个步骤分别需要使用 javac 和 java 两个命令。启动 Windows 操作系统的命令行窗口（通过“Win+R”快捷键来运行 cmd 命令即可），在命令行窗口中依次输入 javac 和 java 命令，将看到如下输出：

```
用法: javac <options> <source files>
其中，可能的选项包括：
…
用法: java [options] <主类> [args...]
…
```

这意味着 Java 17 的 JDK 已经发生了改变：安装最新版（从 Java 15+开始）的 JDK 之后，无须配置任何环境变量即可使用 javac、java、javaw、jshell 等命令。

从 Java 15+开始，Windows 平台下的 JDK 安装器会自动将 javac、java、javaw 和 jshell 添加到系统路径下，这样可以降低初学者学习的难度：无须配置环境变量即可使用 javac、java 等命令。

以 Windows 10 为例，在命令行窗口中运行如下命令：

```
where javac
```

可以看到如下输出：

```
C:\Program Files\Common Files\Oracle\Java\javapath\javac.exe
```

这表明 Java 15+之后的 JDK 会自动将 javac、java、javaw 和 jshell 命令复制到 C:\Program Files\Common Files\Oracle 目录下。

对于希望快速上手的初学者，无须阅读本节后面关于环境变量配置的内容了。

若需要使用 JDK 提供的更多命令——除 javac、java、javaw、jshell 之外的其他命令，比如 javadoc、jar、keytool、serialver 等命令（本书后面需要使用这些命令），或者需要在计算机中安装多个 JDK，且能随时在不同的 JDK 之间切换，则请继续阅读本节下面的内容。

首先删除 C:\Program Files\Common Files\Oracle 目录下的 Java 子目录，该子目录下就包含了 javac、java、javaw 和 jshell 这四个命令。如果打算配置环境变量，那么这个 Java 子目录就没什么用处了。

接下来问题来了：虽然已经在计算机里安装了 JDK，在 JDK 的安装路径下也包含了 javac 和 java 两个命令，但计算机不知道到哪里去找这两个命令。

计算机如何查找命令呢？Windows 操作系统根据 Path 环境变量来查找命令。Path 环境变量的值是一系列路径，Windows 操作系统将在这一系列的路径中依次查找命令，如果能找到这个命令，则该命令是可执行的；否则，将出现“'×××'不是内部或外部命令，也不是可运行的程序或批处理文件”的提示。而 Linux 操作系统则根据 PATH 环境变量来查找命令，PATH 环境变量的值也是一系列路径。因为 Windows 操作系统不区分大小写，设置 Path 和 PATH 并没有区别；而 Linux 系统是区分大小写的，设置 Path 和 PATH 是有区别的，因此只需要设置 PATH 环境变量即可。

不管是 Linux 平台还是 Windows 平台，只需把 javac 和 java 两个命令所在的路径添加到 PATH 环境变量中，就可以编译和运行 Java 程序了。

1. 在 Windows 10 平台上设置环境变量

右击桌面上的“此电脑（计算机）”图标，出现右键菜单；单击“属性”菜单项，系统显示“设置”窗口中的“关于”标签页（也可通过单击“开始”菜单上的设置按钮打开“设置”窗口，然后单击“系统”分类，再单击窗口左边的“关于”标签，也可以打开“关于”标签页），在“关于”标签页中找到“相关设置”分类下的“高级系统设置”链接，如图 1.5 所示。

图 1.5　“设置”窗口中的“关于”标签页

单击“高级系统设置”链接，出现“系统属性”对话框；单击该对话框中的“高级”标签页，出现如图 1.6 所示的对话框。

单击“环境变量”按钮，将看到如图1.7所示的“环境变量”对话框，通过该对话框可以修改或添加环境变量。

图1.6 “系统属性”对话框

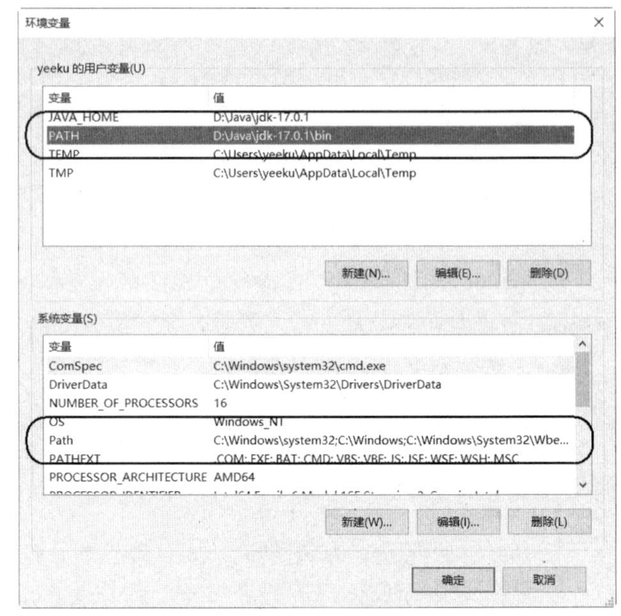

图1.7 “环境变量”对话框

在图1.7所示的对话框中，上面的“用户变量”部分用于设置当前用户的环境变量，下面的“系统变量”部分用于设置整个系统的环境变量。对于Windows系统而言，名为Path的系统环境变量已经存在，可以直接修改该环境变量，在该环境变量的值后追加D:\Java\jdk-17.0.1\bin（其中D:\Java\jdk-17.0.1\是本书中的JDK安装路径）。实际上，通常建议添加用户变量，单击“新建”按钮，添加名为PATH的环境变量，设置PATH环境变量的值为D:\Java\jdk-17.0.1\bin。

学生提问：为什么选择用户变量？用户变量与系统变量有什么区别？

答：用户变量和系统变量并没有太大的差别，只是用户变量只对当前用户有效，而系统变量对所有用户有效。为了减少自己所做的修改对其他人的影响，故设置了用户变量避免影响其他人。对于当前用户而言，设置用户变量和系统变量的效果大致相同，只是系统变量的路径排在用户变量的路径之前。这可能出现一种情况：如果Path系统变量的路径里包含了java命令，而PATH用户变量的路径里也包含了java命令，则优先执行Path系统变量的路径里包含的java命令。

2. 在Linux平台上设置环境变量

启动Linux的终端窗口（命令行界面），进入当前用户的home路径，然后在home路径下输入如下命令：

```
ls -a
```

该命令将列出当前路径下所有的文件，包括隐藏文件，Linux平台的环境变量是通过.bash_profile文件来设置的。使用无格式的编辑器打开该文件，在该文件的PATH变量后添加：/home/yeeku/Java/jdk-17.0.1/bin，其中/home/yeeku/Java/jdk-17.0.1/是本书中的JDK安装路径。修改后的PATH变量设置如下：

```
# 设置 PATH 环境变量
PATH=.:$PATH:$HOME/bin:/home/yeeku/Java/jdk-17.0.1/bin
```

Linux平台与Windows平台不一样，多个路径之间以冒号（:）作为分隔符，而$PATH则用于引用原有的PATH变量值。

完成了 PATH 变量值的设置后，在.bash_profile 文件的最后添加导出 PATH 变量的语句，如下所示：

```
# 导出 PATH 环境变量
export PATH
```

重新登录 Linux 平台，或者执行如下命令：

```
source .bash_profile
```

两种方式都是为了运行该文件，让文件中设置的 PATH 变量值生效。

1.4　第一个 Java 程序

本节将编写编程语言里最著名的程序：HelloWorld，以这个程序来开始 Java 学习之旅。

1.4.1　编辑 Java 源代码

编辑 Java 源代码可以使用任何无格式的文本编辑器，在 Windows 平台上可以使用记事本（NotePad）、EditPlus 等程序，在 Linux 平台上可以使用 VI 工具等。

编写 Java 程序不要使用写字板，更不可使用 Word 等文档编辑器。因为写字板、Word 等工具是有格式的编辑器，当使用它们编辑一个文档时，这个文档中会包含一些隐藏的格式化字符，这些隐藏的字符会导致程序无法正常编译、运行。

在记事本中新建一个文本文件，并在该文件中输入如下代码。

程序清单：codes\01\1.4\HelloWorld.java

```
public class HelloWorld
{
    // Java 程序的入口方法，程序将从这里开始执行
    public static void main(String[] args)
    {
        // 向控制台打印一条语句
        System.out.println("Hello World!");
    }
}
```

在编辑上面的 Java 文件时，注意程序中粗体字标识的单词，Java 程序严格区分大小写。将上面的文本文件保存为 HelloWorld.java，该文件就是 Java 程序的源程序。

编写好 Java 程序的源代码后，接下来就应该编译该 Java 源文件来生成字节码了。

1.4.2　编译 Java 程序

编译 Java 程序需要使用 javac 命令。因为前面已经把 javac 命令所在的路径添加到系统的 PATH 环境变量中，因此现在可以使用 javac 命令来编译 Java 程序了。

如果直接在命令行窗口中输入 javac，不带任何选项和参数，系统将会输出大量提示信息，用于提示 javac 命令的用法，读者可以参考该提示信息来使用 javac 命令。

对于初学者而言，先掌握 javac 命令的如下用法：

```
javac -d destdir srcFile
```

在上面的命令中，-d destdir 是 javac 命令的选项，用于指定编译生成的字节码文件的存放路径，destdir 只需是本地磁盘上的一个有效路径即可；而 srcFile 是 Java 源文件所在的位置，这个位置既可以是绝对路径，也可以是相对路径。

通常，总是将生成的字节码文件放在当前路径下，当前路径可以用点（.）来表示。在命令行窗口中进入 HelloWorld.java 文件所在的路径，在该路径下输入如下命令：

```
javac -d . HelloWorld.java
```

运行该命令后，在该路径下生成了一个 HelloWorld.class 文件。

学生提问：当编译C程序时，不仅需要指定存放目标文件的位置，而且需要指定目标文件的文件名，这里使用javac编译Java程序时怎么不需要指定目标文件的文件名呢？

答：使用javac编译文件时只需要指定存放目标文件的位置即可，无须指定字节码文件的文件名。因为javac编译后生成的字节码文件有默认的文件名：文件名总是以源文件所定义类的类名作为主文件名，以.class作为扩展名。这意味着，如果在一个源文件里定义了多个类，那么将编译生成多个字节码文件。事实上，指定目标文件存放位置的-d选项也是可省略的，如果省略该选项，则意味着将生成的字节码文件存放在当前路径下。

如果读者喜欢用EditPlus作为无格式的编辑器，则可以使用EditPlus把javac命令集成进来，从而直接在EditPlus编辑器中编译Java程序，而无须每次都启动命令行窗口。

在EditPlus中集成javac命令按如下步骤进行。

① 选择EditPlus的“工具”→“配置用户工具”菜单，弹出如图1.8所示的对话框。

② 单击“组名称”按钮来设置工具组的名称，例如，输入“编译运行 Java”。单击“添加工具”按钮，并选择“程序”选项，然后输入javac命令的用法和参数，输入成功后，将看到如图1.9所示的界面。

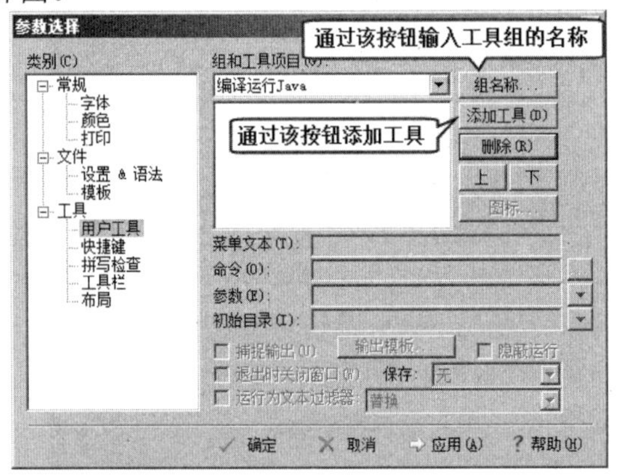

图1.8　集成用户工具的对话框

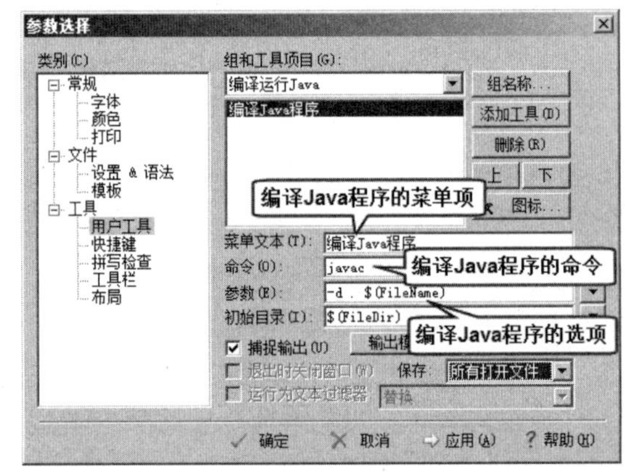

图1.9　集成编译Java程序的工具

③ 单击“确定”按钮，返回EditPlus主界面。再次选择EditPlus的“工具”菜单，将看到该菜单中增加了“编译Java程序”菜单项，单击该菜单项即可编译EditPlus当前打开的Java源程序代码。

1.4.3　运行Java程序

运行Java程序使用java命令。启动命令行窗口，进入HelloWorld.class所在的位置，在命令行窗口中直接输入java命令，不带任何参数或选项，将看到系统输出大量提示信息，告诉开发者如何使用java命令。

对于初学者而言，当前只需掌握java命令的如下用法即可：

```
java Java类名
```

值得注意的是，java命令后的参数是Java类名，而不是字节码文件的文件名，也不是Java源文件名。

通过命令行窗口进入HelloWorld.class所在的路径，输入如下命令：

```
java HelloWorld
```

运行上面的命令，将看到如下输出：

```
Hello World!
```

这表明 Java 程序运行成功。

如果运行 java helloworld 或者 java helloWorld 等命令，将会看到如图 1.10 所示的错误提示。

由于 Java 是区分大小写的语言，所以 java 命令后的类名必须严格区分大小写。

与编译 Java 程序类似的是，也可以在 EditPlus 中集成运行 Java 程序的工具。集成运行 Java 程序的设置界面如图 1.11 所示。

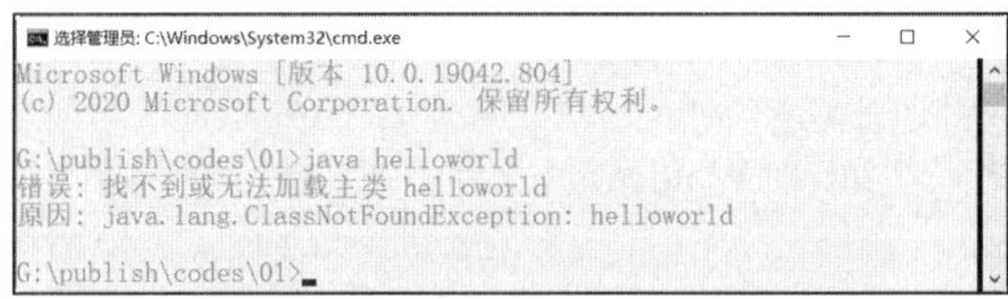

图 1.10　类名大小写不正确的提示

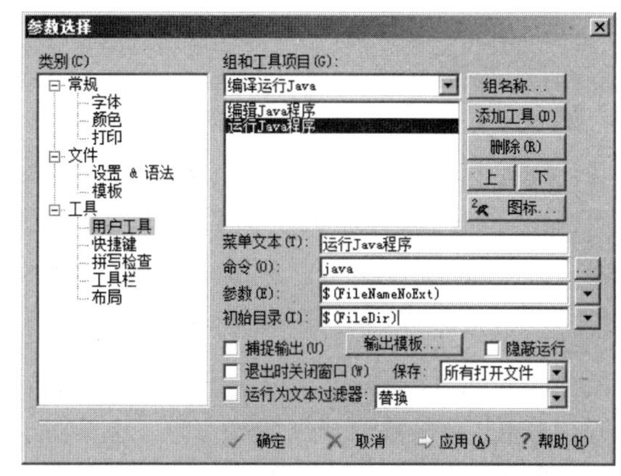

图 1.11　集成运行 Java 程序的设置界面

在如图 1.11 所示的设置中，似乎运行 Java 程序的命令是“java 无扩展名的文件名”，实际上这只是一种巧合：大部分时候，Java 源文件的主文件名（无扩展名的文件名）与类名相同，因此实际上执行的还是“java Java 类名”命令。

完成了如图 1.11 所示的设置后，返回 EditPlus 主界面，在“工具”菜单中将会增加一个“运行 Java 程序”菜单项，单击该菜单项，将可以运行 EditPlus 当前打开的 Java 程序。

1.4.4　根据 CLASSPATH 环境变量定位类

以前学习过 Java 的读者可能对 CLASSPATH 环境变量不陌生，几乎每一本介绍 Java 入门的书里都会介绍 CLASSPATH 环境变量的设置，但对于 CLASSPATH 环境变量的作用则常常语焉不详。

实际上，如果使用 1.5 以上版本的 JDK，则完全可以不用设置 CLASSPATH 环境变量——正如在上面编译、运行 Java 程序时所见到的，即使不设置 CLASSPATH 环境变量，也完全可以正常编译和运行 Java 程序。

那么，CLASSPATH 环境变量的作用是什么呢？当使用“java Java 类名”命令来运行 Java 程序时，JRE 到哪里去搜索 Java 类呢？可能有读者会回答，在当前路径下搜索啊。这个回答很聪明，但 1.4 以前版本的 JDK 都没有设计这个功能。这意味着，即使当前路径下已经包含了 HelloWorld.class，并在当前路径下执行了“java HelloWorld”，系统也一样提示找不到 HelloWorld 类。

如果使用 1.4 以前版本的 JDK，则需要在 CLASSPATH 环境变量的值中添加点（.），用于告诉 JRE 需要在当前路径下搜索 Java 类。

除此之外，编译和运行 Java 程序还需要 JDK 的 lib 路径下的 dt.jar 和 tools.jar 文件中的 Java 类，因此需要把这两个文件添加到 CLASSPATH 环境变量中。

提示：

JDK 17 的 lib 路径下已经不再包含 dt.jar 和 tools.jar 文件。

因此，如果使用 1.4 以前版本的 JDK 来编译和运行 Java 程序，则常常需要设置 CLASSPATH 环境变量的值为.;%JAVA_HOME%\lib\dt.jar;%JAVA_HOME%\lib\tools.jar（其中，%JAVA_HOME%代表 JDK 的安装目录）。

提示： 只有在使用早期版本的 JDK 时，才需要设置 CLASSPATH 环境变量。

当然，即使使用 JDK 1.5 以上版本的 JDK，也可以设置 CLASSPATH 环境变量（通常用于加载第三方类库），一旦设置了该环境变量，JRE 就会按该环境变量指定的路径来搜索 Java 类。这意味着，如果 CLASSPATH 环境变量的值中不包含点（.），也就是没有包含当前路径，那么 JRE 不会在当前路径下搜索 Java 类。

简单一句话：对于初学者而言，干脆别设置 CLASSPATH 环境变量；如果要设置 CLASSPATH 环境变量，则务必在该环境变量的值中包含点（.），用于代表当前路径。

如果想在运行 Java 程序时临时指定 JRE 搜索 Java 类的路径，则可以使用-classpath 选项（或用-cp 选项，-cp 是简写，作用完全相同），即按如下格式来运行 java 命令。

```
java -classpath dir1;dir2;dir3...;dirN Java类
```

-classpath 选项的值可以是一系列的路径，多个路径之间在 Windows 平台上以分号（;）隔开，在 Linux 平台上则以冒号（:）隔开。

如果在运行 Java 程序时指定了-classpath 选项的值，那么 JRE 将严格按-classpath 选项所指定的路径来搜索 Java 类，即不会在当前路径下搜索 Java 类，CLASSPATH 环境变量所指定的搜索路径也不再有效。

如果希望 CLASSPATH 环境变量指定的搜索路径依然有效，而且还会在当前路径下搜索 Java 类，则可以按如下格式来运行 Java 程序。

```
java -classpath %CLASSPATH%;.;dir1;dir2;dir3...;dirN Java类
```

上面的命令通过%CLASSPATH%来引用 CLASSPATH 环境变量的值，并在-classpath 选项的值中添加了一个点，强制 JRE 在当前路径下搜索 Java 类。

1.5 Java 程序的基本规则

前面已经编写了 Java 学习之旅的第一个程序，下面对这个简单的 Java 程序进行一些解释，解释 Java 程序必须满足的基本规则。

1.5.1 Java 程序的组织形式

Java 语言是一种纯粹的面向对象的程序设计语言，因此 Java 程序必须以类（class）的形式存在，类（class）是 Java 程序的最小程序单元。Java 程序不允许可执行语句、方法等成分独立存在，所有的程序部分都必须被放在类定义里。

上面的 HelloWorld.java 程序是一个简单的程序，但还不是最简单的 Java 程序，最简单的 Java 程序是只包含一个空类定义的程序。下面将编写一个最简单的 Java 程序。

程序清单：codes\01\1.5\Test.java

```
class Test
{
}
```

这是一个最简单的 Java 程序，这个程序定义了一个 Test 类，这个类里没有任何的类成分，是一个空类。但这个 Java 程序是绝对正确的，如果使用 javac 命令来编译这个程序，就知道这个程序可以通过编译，没有任何问题。

但如果使用 java 命令来运行上面的 Test 类，则会得到如下错误提示：

```
错误：在类 Test 中找不到 main 方法，请将 main 方法定义为：
   public static void main(String[] args)
```

上面的错误提示仅仅表明：这个类不能被 java 命令解释执行，并不表示这个类是错误的。实际上，Java 解释器规定：如果需要某个类能被解释器直接解释执行，则这个类里必须包含 main 方法，而且 main 方法必须使用 public static 修饰，必须使用 void 声明该方法的返回值，且 main 方法的形参必须是字符串数组类型（String[] args 是字符串数组的形式）。也就是说，main 方法的写法几乎是固定的。Java 虚拟机就从这个 main 方法开始解释执行，因此，main 方法是 Java 程序的入口。至于 main 方法为何要采用这么“复杂”的写法，后面章节中会有更详细的解释，读者现在只能把这个方法死记下来。

对于那些不包含 main 方法的类，也是有用的类。对于一个大型的 Java 程序而言，往往只需要一个入口，也就是只有一个类包含 main 方法，而其他类都是被 main 方法直接或间接调用的。

1.5.2　Java 源文件的命名规则

Java 源文件的命名不是随意的，Java 源文件的命名必须遵循如下规则。

- Java 源文件的扩展名必须是.java，不能是其他文件扩展名。
- 在通常情况下，Java 源文件的主文件名可以是任意的。但有一种情况例外：如果 Java 程序源代码里定义了一个 public 类，则该源文件的主文件名必须与该 public 类（也就是该类定义使用了 public 关键字修饰）的类名相同。

由于 Java 源文件的文件名必须与 public 类的类名相同，因此，在一个 Java 源文件里最多只能定义一个 public 类。

一个 Java 源程序可以包含多个类定义，各个类之间完全独立，只是被定义在同一个源文件中而已。例如如下程序。

程序清单：codes\01\1.5\Crazyit.java

```
class Dog
{
}
class Item
{
}
class Category
{
}
```

上面的程序使用同一个源文件定义了 3 个独立的类：Dog、Item、Category。使用 javac 命令编译该 Java 程序，将会生成 3 个.class 文件，每个类对应一个.class 文件。

一个 Java 源文件可以包含多个类定义，但最多只能包含一个 public 类定义；如果 Java 源文件里包含 public 类定义，则该源文件的文件名必须与这个 public 类的类名相同。

虽然当 Java 源文件里没有包含 public 类定义时，这个源文件的文件名可以是随意的，但推荐让 Java 源文件的主文件名与类名相同，这可以提供更好的可读性。通常有如下建议：

- 一个 Java 源文件通常只定义一个类，不同的类使用不同的源文件定义。
- 让 Java 源文件的主文件名与该源文件中定义的 public 类同名。

在疯狂软件的教学过程中，发现很多学员经常犯一个错误：他们在保存一个 Java 文件时，常常保存成的文件名形如*.java.txt，这种文件名看起来非常像是*.java。这是 Windows 的默认设置所引起的，Windows 默认会“隐藏已知文件类型的扩展名”。为了避免这个问题，通常推荐关闭 Windows 的“隐藏已知文件类型的扩展名”功能。

为了关闭“隐藏已知文件类型的扩展名”功能，在 Windows 的资源管理器窗口中打开“查看”标签页，然后单击该标签页内按钮区最右边的“选项”按钮，弹出“文件夹选项”对话框，单击该对话框里的“查看”标签页，将看到如图 1.12 所示的对话框。

取消勾选“隐藏已知文件类型的扩展名”复选框，则可以让所有文件显示真实的文件名，从而避免HelloWorld.java.txt这样的错误。

另外，在图1.12中还显示勾选了“在标题栏中显示完整路径”选项，这对于在开发中准确定位Java源文件也很有帮助。

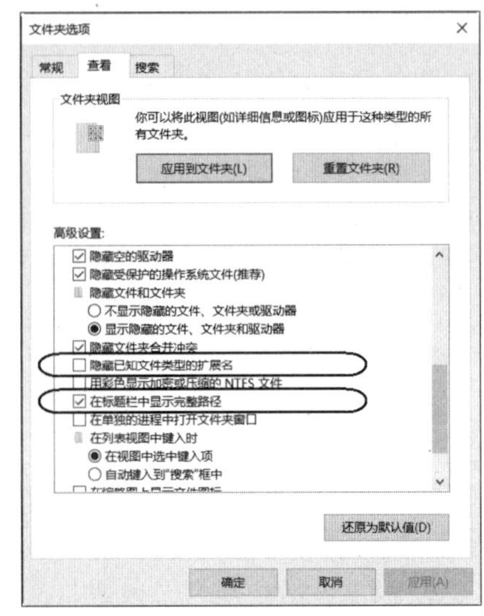

图1.12 “文件夹选项”对话框

1.5.3 初学者容易犯的错误

万事开头难，Java编程的初学者常常会遇到各种各样的问题，在学校跟着老师学习的读者，可以直接通过询问老师来解决这些问题；而对于自学的读者而言，则需要花更多的时间、精力来解决这些问题，而且一旦遇到的问题几天都得不到解决，往往就会带给他们很大的挫败感。

提示：

为了降低读者学习的难度，作者为广大读者创建了微信学习交流群，当学习遇到问题时，通过该群可以及时获得帮助，读者可通过扫描本书封面勒口（即折回处）上的二维码来加入本书的学习交流群。

下面介绍一些初学者经常出现的错误，希望减少读者在学习中的障碍。

1. CLASSPATH环境变量的问题

由于历史原因，几乎所有的图书和资料中都介绍必须设置这个环境变量。实际上，正如前面所介绍的，如果使用1.5以上版本的JDK，则完全不用设置这个环境变量。即使不设置这个环境变量，也可以正常编译和运行Java程序。

相反，有的读者看过其他Java入门书，或者参考过网上的各种资料（网络是一个最大的资源库，但网络上的资料又是鱼龙混杂、良莠不齐的。网络上的资料很多都是转载的，只要一个人提出一个错误的说法，这个错误的说法可能会被成千上万的人转载，从而看到成千上万次错误说法），可能总是习惯设置CLASSPATH环境变量。

设置CLASSPATH环境变量本没有错，关键是设置错了就比较麻烦了。正如前面所介绍的，如果没有设置CLASSPATH环境变量，Java解释器将会在当前路径下搜索Java类，因此在HelloWorld.class文件所在的路径下运行java HelloWorld没有任何问题；但如果设置了CLASSPATH环境变量，那么Java解释器将只在CLASSPATH环境变量所指定的系列路径中搜索Java类，这样就容易出问题了。

由于很多资料上提到在CLASSPATH环境变量中应该添加dt.jar和tools.jar两个文件，因此很多读者会设置CLASSPATH环境变量的值为：D:\Java\jdk-17.0.1\lib\dt.jar;D:\Java\jdk-17.0.1\lib\tools.jar（实际上，JDK 17已经删除了这两个文件），这将导致Java解释器不在当前路径下搜索Java类。如果此时在HelloWorld.class文件所在的路径下运行java HelloWorld，将出现如下错误提示：

```
错误：找不到或无法加载主类 HelloWorld
```

上面的错误是一个典型错误：找不到类定义的错误，通常都是由CLASSPATH环境变量设置不正确造成的。因此，如果读者要设置CLASSPATH环境变量，则一定不要忘记在CLASSPATH环境变量的值中添加点（.），强制Java解释器在当前路径下搜索Java类。

如果指定了 CLASSPATH 环境变量，则一定不要忘记在 CLASSPATH 环境变量的值中添加点（.），代表当前路径，用于强制 Java 解释器在当前路径下搜索 Java 类。

除此之外，有的读者在设置 CLASSPATH 环境变量时总是仗着自己记忆力很好，往往选择手动输入 CLASSPATH 环境变量的值，这非常容易引起错误：偶然的手误，或者多一个空格，或者少一个空格，都有可能引起错误。

实际上，有更好的方法来避免这个错误，完全可以在文件夹的地址栏中看到某个文件或文件夹的完整路径，然后直接通过复制、粘贴来设置 CLASSPATH 环境变量。

通过资源管理器打开 JDK 安装路径，将可以看到如图 1.13 所示的界面。

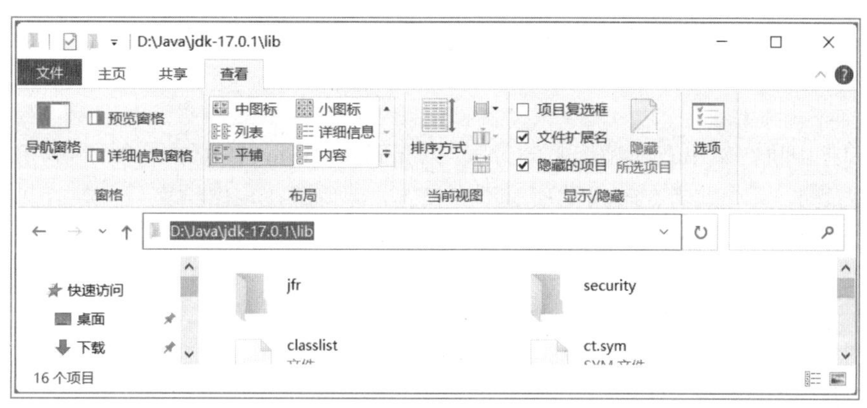

图 1.13　在地址栏中显示完整路径

读者可以通过复制地址栏中的字符串来设置环境变量，而不是采用手动输入，从而减少出错的可能。

2. 大小写问题

前面已经提到：Java 语言是严格区分大小写的语言。但由于大部分读者都是 Windows 操作系统的忠实拥护者，因此对大小写问题往往不够重视（Linux 平台是区分大小写的）。

例如，有的读者编写的 Java 程序里的类是 HelloWorld，但当他运行 Java 程序时，运行的则是 java helloworld 这种形式——这种错误的形式有很多种（正确的道路只有一条，但错误的道路则有成千上万条）。总之，就是 java 命令后的类名没有严格按 Java 程序中编写的来写，这可能引起如图 1.10 所示的错误。

因此必须提醒读者注意：在 Java 程序中，HelloWorld 和 helloworld 是完全不同的，必须严格注意 Java 程序里的大小写问题。

不仅如此，读者在按书中所示的程序编写 Java 程序时，必须严格注意 Java 程序中每个单词的大小写，不要随意编写。例如，class 和 Class 是不同的两个词，class 是正确的，但如果写成 Class，则程序无法编译通过。实际上，Java 程序中的关键字全部是小写的，无须大写任何字母。

3. 路径里包含空格的问题

路径里包含空格是一个更容易引起错误的问题。Windows 系统的很多路径里都包含空格，典型的如 Program Files 文件夹，而且这个文件夹是 JDK 的默认安装路径。

如果 CLASSPATH 环境变量里包含的路径中存在空格，则可能引发错误。因此，大家在安装 JDK 以及 Java 相关程序、工具时，建议不要将其安装在包含空格的路径下，否则可能引发错误。

4．main 方法的问题

如果需要用 java 命令直接运行一个 Java 类，那么这个 Java 类必须包含 main 方法，这个 main 方法必须使用 public 和 static 来修饰，必须使用 void 声明该方法的返回值，而且该方法的参数类型只能是一个字符串数组，而不能是其他形式的参数。对于 main 方法而言，前面的 public 和 static 修饰符的位置可以互换，但其他部分则是固定的。

在定义 main 方法时，不要写成 Main 方法，如果不小心把方法名的首字母写成了大写，虽然在编译时不会出现任何问题，但在运行该程序时将给出如下错误提示：

```
错误：在类 xxx 中找不到 main 方法，请将 main 方法定义为：
  public static void main(String[] args)
```

这个错误提示找不到main 方法，因为 Java 虚拟机只会选择从 main 方法开始执行；对于 Main 方法，Java 虚拟机会把该方法当成一个普通方法，而不是程序的入口。

在 main 方法中可以放置程序员需要执行的可执行语句，例如 System.out.println("Hello Java!")，这条语句是 Java 中的输出语句，用于向控制台输出"Hello Java!"这个字符串内容，输出结束后还输出一个换行符。

在 Java 程序中执行输出有两种简单的方式：System.out.print（需要输出的内容）和 System.out.println（需要输出的内容），其中前者在输出结束后不会换行，而后者在输出结束后会换行。后面会有关于这两个方法更详细的解释，此处读者只能把这两个方法先记下来。

1.6 交互式工具：jshell

从 JDK 9 开始，JDK 内置了一个强大的交互式工具：jshell。它是一个 REPL（Read-Eval-Print Loop）工具，该工具是一个交互式的命令行界面，可用于执行 Java 语言的变量声明、语句和表达式，而且可以立即看到执行结果。因此，我们可以使用该工具来快速学习 Java 或测试 Java 的新 API。

对于一个立志学习编程（不仅是 Java 编程）的学习者而言，一定要记住：看再好的书也不能让自己真正掌握编程（即使如《疯狂 Java 讲义》也不能）！书只能负责指导，但最终一定需要读者自己动手。即使是一个有经验的开发者，在遇到新功能时也会需要通过代码测试。

在没有 jshell 时，开发者想要测试某个新功能或新 API，通常要先打开 IDE 工具（可能要花 1 分钟），然后新建一个测试项目，再新建一个类，最后才可以开始写代码来测试新功能或新 API。这真要命啊！而 jshell 的出现解决了这个痛点。

开发者直接在 jshell 界面中输入要测试的功能或代码，jshell 会立刻反馈执行结果，非常方便。

启动 jshell 非常简单，只要在命令行窗口中输入 jshell 命令，即可进入 jshell 交互模式。

提示：

jshell 位于 JDK 安装目录的 bin 路径下，如果读者按前面介绍的方式配置了 PATH 环境变量，那么输入 jshell 命令应该即可进入 jshell 交互模式；如果系统提示找不到 jshell 命令，那么肯定是环境变量配置有错误。

进入 jshell 交互模式后，可执行/help 来查看帮助信息，也可执行/exit 退出 jshell，如图 1.14 所示。

执行你希望测试的 Java 代码，比如执行 System.out.println("Hello World!")，此处不要求以分号结尾，即可看到 jshell 会反馈输出"Hello World!"，这就是 jshell 的方便之处。

从图 1.14 中可以看出，除/help、/exit 之外，jshell 还有如下常用命令。

- /list：列出用户输入的所有源代码。
- /edit：编辑用户输入的第几条源代码。比如/edit 2 表示编辑用户输入的第 2 条源代码。jshell 会启动一个文本编辑界面让用户来编辑第 2 条源代码。
- /drop：删除用户输入的第几条源代码。

- /save：保存用户输入的源代码。
- /vars：列出用户定义的所有变量。
- /methods：列出用户定义的全部方法。
- /types：列出用户定义的全部类型。

```
管理员: 命令提示符 - jshell
G:\publish\codes\01\1.5>jshell
|  欢迎使用 JShell -- 版本 17.0.1
|  要大致了解该版本, 请键入: /help intro

jshell> /help
|  键入 Java 语言表达式, 语句或声明。
|  或者键入以下命令之一:
|  /list [<名称或 id>|-all|-start]
|       列出您键入的源
|  /edit <名称或 id>
|       编辑源条目
|  /drop <名称或 id>
|       删除源条目
|  /save [-all|-history|-start] <文件>
|       将片段源保存到文件
|  /open <file>
|       打开文件作为源输入
|  /vars [<名称或 id>|-all|-start]
|       列出已声明变量及其值
|  /methods [<名称或 id>|-all|-start]
|       列出已声明方法及其签名
|  /types [<名称或 id>|-all|-start]
|       列出类型声明
|  /imports
|       列出导入的项
|  /exit [<integer-expression-snippet>]
|       退出 jshell 工具
|  /env [-class-path <路径>] [-module-path <路径>] [-add-modules <模块>] ...
|       查看或更改评估上下文
|  /reset [-class-path <路径>] [-module-path <路径>] [-add-modules <模块>]...
```

图 1.14　jshell 帮助界面

提示：

关于 Java 语言的变量、方法、类型的知识，本书后面章节中将会有详细的介绍，此处只是简单地介绍 jshell 工具，暂时不需要读者掌握 Java 语言的相关内容。

在 jshell 界面中输入如下语句：

```
var a = 20
```

上面的语句用于定义一个变量。接下来输入/vars 命令，即可看到 jshell 列出了用户定义的全部变量。系统生成如下输出：

```
|    int a = 20
```

在 jshell 界面中输入如下语句：

```
System.out.println("Hello World!")
```

这是一条输出语句，前面已经介绍过，执行这条语句将会看到如下输出：

```
Hello World!
```

执行过程如图 1.15 所示。

```
管理员: C:\Windows\System32\cmd.exe - jshell
Microsoft Windows [版本 10.0.19042.804]
(c) 2020 Microsoft Corporation. 保留所有权利。

G:\publish\codes\01\1.5>jshell
|  欢迎使用 JShell -- 版本 17.0.1
|  要大致了解该版本, 请键入: /help intro

jshell> var a = 20
a ==> 20

jshell> /vars
|    int a = 20

jshell> System.out.println("Hello World!")
Hello World!

jshell>
```

图 1.15　jshell 交互式执行界面

1.7 Java 17 改进的垃圾回收器

传统的 C/C++等编程语言，需要程序员负责回收已经分配的内存。显式进行垃圾回收是一件比较困难的事情，因为程序员并不总是知道内存应该何时被释放。如果一些分配出去的内存得不到及时回收，那么就会引起系统运行速度下降，甚至导致程序瘫痪，这种现象被称为内存泄漏。总体而言，显式进行垃圾回收主要有如下两个缺点。

- 程序忘记及时回收无用内存，从而导致内存泄漏，降低了系统性能。
- 程序错误地回收程序核心类库的内存，从而导致系统崩溃。

与 C/C++程序不同，Java 语言不需要程序员直接控制内存回收，Java 程序的内存分配和回收都是由 JRE 在后台自动进行的。JRE 会负责回收那些不再使用的内存，这种机制被称为垃圾回收（Garbage Collection，GC）。通常 JRE 会提供一个后台线程来进行检测和控制，一般都是在 CPU 空闲或内存不足时自动进行垃圾回收的，而程序员无法精确控制垃圾回收的时间和顺序等。

Java 的堆内存是一个运行时数据区，用于保存类的实例（对象），Java 虚拟机的堆内存中存储着正在运行的应用程序所建立的所有对象，这些对象不需要程序通过代码来显式地释放。一般来说，堆内存的回收由垃圾回收器来负责，所有的 JVM 实现都有一个由垃圾回收器管理的堆内存。垃圾回收是一种动态存储管理技术，它自动释放不再被程序引用的对象，按照特定的垃圾回收算法来实现内存资源的自动回收功能。

在 C/C++中，对象所占用的内存不会被自动释放，如果程序没有显式释放对象所占用的内存，那么对象所占用的内存就不能被分配给其他对象，该内存在程序结束运行之前将一直被占用；而在 Java 中，当没有引用变量指向原先分配给某个对象的内存时，该内存便成为垃圾。JVM 的一个超级线程会自动释放该内存区。垃圾回收意味着程序不再需要的对象是“垃圾信息”，这些信息将被丢弃。

当一个对象不再被引用时，内存回收它占领的空间，以便该空间被后来的新对象所使用。事实上，除释放没用的对象外，垃圾回收也可以清除内存记录碎片。由于创建对象和垃圾回收器释放丢弃对象所占的内存空间，内存会出现碎片。碎片是分配给对象的内存块之间的空闲内存区，碎片整理将所占用的堆内存移到堆的一端，JVM 将整理出的内存分配给新的对象。

垃圾回收能自动释放内存空间，减轻编程的负担。这使 Java 虚拟机具有两个显著的优点。

- 垃圾回收机制可以很好地提高编程效率。在没有垃圾回收机制时，可能要花许多时间来解决一个难懂的存储器问题。在使用 Java 语言编程时，依靠垃圾回收机制可大大缩短时间。
- 垃圾回收机制保护程序的完整性，垃圾回收是 Java 语言安全性策略的一个重要部分。

垃圾回收的一个潜在缺点是它的开销影响程序性能。Java 虚拟机必须跟踪程序中有用的对象，才可以确定哪些对象是无用的对象，并最终释放这些无用的对象。这个过程需要花费处理器的时间。其次是垃圾回收算法的不完备性，早先采用的某些垃圾回收算法不能保证 100%收集到所有的废弃内存。当然，随着垃圾回收算法的不断改进，以及软硬件运行效率的不断提升，这些问题都可以迎刃而解。

Java 语言规范没有明确地说明 JVM 使用哪种垃圾回收算法，但是任何一种垃圾回收算法一般都要做两件基本的事情：发现无用的对象；回收被无用对象占用的内存空间，使该空间可以被程序再次使用。

通常，垃圾回收具有如下几个特点。

- 垃圾回收器的工作目标是回收无用对象的内存空间，这些内存空间都是 JVM 堆内存里的内存空间，垃圾回收器只能回收内存资源，对其他物理资源，如数据库连接、磁盘 I/O 等资源则无能为力。
- 为了更快地让垃圾回收器回收那些不再使用的对象，可以将该对象的引用变量设置为 null，通过这种方式暗示垃圾回收器可以回收该对象。
- 垃圾回收发生的不可预知性。由于不同 JVM 采用了不同的垃圾回收机制和不同的垃圾回收算法，因此它有可能是定时发生的，有可能是当 CPU 空闲时发生的，也有可能和原始的垃圾回收一样，等到内存消耗出现极限时发生，这和垃圾回收实现机制的选择及具体的设置都有关系。虽然程序员可以通过调用 Runtime 对象的 gc()或 System.gc()等方法建议系统进行垃圾回收，但这种调用仅仅是建议，依然不能精确控制垃圾回收机制的执行。

- 垃圾回收的精确性主要包括两个方面：一是垃圾回收机制能够精确地标记活着的对象；二是垃圾回收器能够精确地定位对象之间的引用关系。前者是完全回收所有废弃对象的前提，否则可能造成内存泄漏；而后者则是实现归并和复制等算法的必要条件，通过这种引用关系，可以保证所有对象都能被可靠地回收，所有对象都能被重新分配，从而有效地减少内存碎片的产生。
- 现在的 JVM 有多种不同的垃圾回收实现，每种回收机制因其算法差异可能表现各异，有的当垃圾回收开始时就停止应用程序的运行，有的当垃圾回收运行时允许应用程序的线程运行，还有的在同一时间允许垃圾回收多线程运行。

在编写 Java 程序时，一个基本原则是：对于不再需要的对象，不要引用它们。如果保持对这些对象的引用，垃圾回收机制暂时不会回收该对象，则会导致系统可用内存越来越少；当系统可用内存越来越少时，垃圾回收执行的频率就会越来越高，从而导致系统的性能下降。

2011 年 7 月发布的 Java 7 提供了 G1 垃圾回收器来代替原有的并行标记/清除垃圾回收器（简称 CMS）。

2014 年 3 月发布的 Java 8 删除了 HotSpot JVM 中的永生代内存（PermGen，永生代内存主要用于存储一些需要常驻内存、通常不会被回收的信息），而是改为使用本地内存来存储类的元数据信息，并将之称为“元空间”（Metaspace），这意味着以后不会再遇到 java.lang.OutOfMemoryError:PermGen 错误（曾经令许多 Java 程序员头痛的错误）。

2017 年 9 月发布的 Java 9 彻底删除了传统的 CMS 垃圾回收器，因此运行 JVM 的 DefNew + CMS、ParNew + SerialOld、Incremental CMS 等组合全部失效。java 命令（该命令负责启用 JVM 运行 Java 程序）以前支持的以下 GC 相关选项全部被删除。

- -Xincgc
- -XX:+CMSIncrementalMode
- -XX:+UseCMSCompactAtFullCollection
- -XX:+CMSFullGCsBeforeCompaction
- -XX:+UseCMSCollectionPassing

此外，-XX:+UseParNewGC 选项也被标记为过时，将来也会被删除。

Java 9 默认采用低暂停（low-pause）的 G1 垃圾回收器，并为 G1 垃圾回收器自动确定了几个重要的参数设置，从而保证 G1 垃圾回收器的可用性、确定性和性能。如果在部署项目时为 java 命令指定了 -XX:+UseConcMarkSweepGC 选项希望启用 CMS 垃圾回收器，那么系统将会显示警告信息。

Java 12 为 G1 垃圾回收和并行垃圾回收增加了一个新特性：允许将 Java 堆内存的 old 代分配到备用内存（如 NV-DIMM 内存）中，可通过-XX:AllocateOldGenAt=<Path>来指定将 old 代内存分配到哪个路径——该路径可被映射一个 NV-DIMM 内存。

提示：

NV-DIMM 内存指非易失性双列直插式内存模块（non-volatile dual in-line memory module），与传统内存相比，这种非易失性存储器即使在断电时也能保留其内存中的数据。

Java 11 所引入的 Z 垃圾回收器（简称 ZGC）具有以下几个优点。

- 在垃圾回收时暂停时间不会超过 10ms。
- 暂停时间不会随着堆或实时集合的大小而增加。
- 可处理几百 MB 到几 TB 的堆内存。

由于 ZGC 的核心是并发垃圾回收器，这意味它可以在 Java 线程继续执行时完成所有的繁重工作（如标记、压缩、引用处理、表清理等），从而大大降低了该垃圾回收器对程序响应速度的影响。

在 Java 11 时代，ZGC 还只是停留在实验阶段，比如那时的 ZGC 只支持 Linux 平台。到了 Java 17 时代，ZGC 已变得基本成熟：

- ZGC 可以全面支持 Windows、Linux 和 macOS 三种平台。
- 目前 ZGC 最大可以支持 16TB 的内存。
- ZGC 支持并发的类卸载。通过卸载未使用的类，可以释放这些类所占用的空间，从而降低应用的内存开销。而且 ZGC 的类卸载是并发的，因此对 GC 的暂停时间完全没有影响。该选项默认已处于开启状态，也可通过-XX:-ClassUnload 选项禁用它。
- ZGC 可并发地将 JVM 未使用的堆内存归还给操作系统，该功能默认处于启用状态，也可通过-XX:-ZUncommit 选项禁用它。需要指出的是，JVM 不会将堆内存大小归还到小于-Xmx=<bytes>选项（该选项用于配置堆内存的最小大小）所指定的大小。因此，如果将-Xmx 和-Xms 两个选项配置为相同的大小，那么就相当于隐式禁用了此功能。
- ZGC 还额外支持一个-XX:SoftMaxHeapSize=<bytes>选项，该选项类似于传统的-Xmx=<bytes>选项，都用于指定 JVM 堆内存的最大大小，但-XX:SoftMaxHeapSize 更加灵活，它会让 JVM 堆内存尽量不超过该选项指定的大小，但又允许 JVM 在内存溢出之前，适当地增加堆内存来避免内存溢出。

从趋势上看，ZGC 取代 G1 作为 JVM 默认的垃圾回收器是即将发生的事情，因此广大企业开发者应该尽早熟悉 ZGC。

提示：
对于初学者来说，可先跳过这些关于垃圾回收器的选项，等到实际 Java 项目要上线时，再根据不同需求来选择不同的垃圾回收器。

1.8　何时开始使用 IDE 工具

对于 Java 语言的初学者而言，这里给出一个忠告：不要使用任何 IDE 工具来学习 Java 编程，在 Windows 平台上可以选择“记事本”程序，在 Linux 平台上可以选择使用 VI 工具。如果嫌 Windows 平台上的“记事本”的颜色太单调，则可以选择使用 EditPlus 或者 Notepad++。

在多年的程序开发生涯中，常常见到一些所谓的 Java 程序员，他们怀揣一本 Eclipse 从入门到精通的书，只会单击几个“下一步”按钮就敢说自己精通 Java 了，实际上他们连动手建一个 Web 应用都不会，连 Java 的 Web 应用的文件结构都搞不清楚。这也许不是他们的错，可能他们习惯了在 Eclipse 或者 IntelliJ IDEA 工具里通过单击鼠标来新建 Web 应用，而从来不去看这些工具为我们做了什么。

曾经看到一个在某培训机构已经学习了 2 个月的学生，连 extends 这个关键字都拼不出来，不禁令人哑然，这就是依赖 IDE 工具的后果。

提示：
现在 Java 的开发工具正在逐步从 Eclipse 向 IntelliJ IDEA 过渡，不少企业开发者正逐步改为使用 IntelliJ IDEA 作为开发工具——不同的 IDE 工具只是在开发习惯、方便性上存在一定的差异，但真正的本质依然是 Java 本身。真正掌握了 Java 的开发者，完全可以随时在不同的 IDE 工具之间自由切换。

还见过许多所谓的技术经理，他们来应聘时往往滔滔不绝，口若悬河。他们知道很多新名词、新概念，但机试往往很不乐观：说没有 IDE 工具，提供了 IDE 工具后，又说没文档，提供了文档后又说不能上网，能上网后又说不是在自己的电脑上，没有代码参考……他们的理由比他们的技术强！

可能有读者会说，程序员是不需要记那些简单语法的！关于这一点也有一定的道理。但问题是：没有一个人会在遇到 1+1＝？的问题时说，“我要查一下文档”！对于一个真正的程序员而言，大部分代码就在手边，还需要记忆？

当然，IDE 工具也有其优势，在项目管理、团队开发方面都有不可比拟的优势。但并不是每个人都可以使用 IDE 工具的。

学生提问：我想学习 Java 编程，到底是学习 Eclipse 好，还是学习 IntelliJ IDEA 好呢？

答：你学习的是 Java 语言，而不是任何工具。如果一开始就从工具学起，那么可能导致你永远都学不会 Java 语言。虽然说“工欲善其事，必先利其器”，但这个前提是你已经会做这件事情了——如果你还不会做这件事情，那么再利的器对你都没有任何作用。再者，你现在知道的可能只有 Eclipse 和 IntelliJ IDEA，实际上，Java 的 IDE 工具多如牛毛，除 Eclipse 和 IntelliJ IDEA 之外，还有 NetBeans、IBM 提供的 WSAD、Oracle 提供的 JDeveloper 等，每个 IDE 都各有特色，各有优势。如果从工具学起，则势必造成对工具的依赖，当换用其他 IDE 工具时极为困难。如果从 Java 语言本身学起，熟练掌握 Java 语言本身的相关方面，那么使用任何 IDE 工具都会得心应手。

那么，何时开始使用 IDE 工具呢？标准是：如果你还离不开 IDE 工具，那么你就不能使用 IDE 工具；只有当你十分清楚在 IDE 工具里单击每一个菜单，单击每一个按钮……IDE 工具在底层为你做的每个细节时，才可以使用 IDE 工具！

如果读者有志成为一名优秀的 Java 程序员，那么到了更高层次后，就不可避免地需要自己开发 IDE 工具的插件（例如，开发 Eclipse 插件），定制自己的 IDE 工具，甚至负责开发整个团队的开发平台，这些都要求开发者对 Java 开发的细节非常熟悉。因此，不要从 IDE 工具开始学习。

1.9　本章小结

本章简单介绍了 Java 语言的发展历史，并详细介绍了 Java 语言的编译、解释运行机制，也大致讲解了 Java 语言的垃圾回收机制。本章的重点是讲解如何搭建 Java 开发环境，包括安装 JDK，设置 PATH 环境变量等。本章还详细介绍了如何开发和运行第一个 Java 程序，并总结出初学者容易出现的几个错误。此外，本章详细介绍了 jshell 工具，这个工具对于 Java 学习者和新功能测试都非常方便，希望读者好好掌握它。本章最后针对 Java 学习者是否应该使用 IDE 工具给出了一些过来人的建议。

本章练习

1. 搭建自己的 Java 开发环境。
2. 编写 Java 语言的 HelloWorld。

CHAPTER 2

第2章 理解面向对象

本章要点

- 结构化程序设计
- 顺序结构
- 分支结构
- 循环结构
- 面向对象程序设计
- 继承、封装、多态
- UML 简介
- 掌握常用的 UML 图形
- 理解 Java 的面向对象特征

Java 语言是纯粹的面向对象的程序设计语言，这主要表现为 Java 完全支持面向对象的三种基本特征：继承、封装和多态。Java 语言完全以对象为中心，Java 程序的最小程序单位是类，整个 Java 程序由一个个类组成。

Java 完全支持使用对象、类、继承、封装、消息等基本概念来进行程序设计，允许从现实世界中客观存在的事物（即对象）出发来构造软件系统，在系统构造中尽可能运用人类的自然思维方式。实际上，这些优势是所有面向对象编程语言的共同特征。面向对象的方式实际上由 OOA（面向对象分析）、OOD（面向对象设计）和 OOP（面向对象编程）三个部分有机组成，其中，OOA 和 OOD 的结构需要使用一种方式来描述并记录，目前业界统一采用 UML（统一建模语言）来描述并记录 OOA 和 OOD 的结果。

目前 UML 的最新版本是 2.0，它一共包括 13 种类型的图形，使用这 13 种图形中的某些就可以很好地描述并记录软件分析、设计的结果。通常而言，没有必要为软件系统绘制 13 种 UML 图形，常用的 UML 图形有用例图、类图、组件图、部署图、顺序图、活动图和状态机图。本章将会介绍 UML 图形的相关概念，也会详细介绍这 7 种常用的 UML 图形的绘制方法。

 2.1　面向对象

在目前的软件开发领域有两种主流的开发方法：结构化开发方法和面向对象开发方法。早期的编程语言如 C、BASIC、Pascal 等都是结构化编程语言；随着软件开发技术的逐渐发展，人们发现面向对象可以提供更好的可重用性、可扩展性和可维护性，于是催生了大量的面向对象的编程语言，如 C++、Java、C#和 Ruby 等。

2.1.1　结构化程序设计简介

结构化程序设计方法主张按功能来分析系统需求，其主要原则可概括为自顶向下、逐步求精、模块化等。结构化程序设计首先采用结构化分析（Structured Analysis，SA）方法对系统进行需求分析，然后使用结构化设计（Structured Design，SD）方法对系统进行概要设计、详细设计，最后采用结构化编程（Structured Program，SP）方法来实现系统。使用这种 SA、SD 和 SP 的方式可以较好地保证软件系统的开发进度和质量。

因为结构化程序设计方法主张按功能把软件系统逐步细分，因此这种方法也被称为面向功能的程序设计方法；结构化程序设计的每个功能都负责对数据进行一次处理，每个功能都接收一些数据，处理完后输出一些数据，这种方式也被称为面向数据流的处理方式。

在结构化程序设计中，最小的程序单元是函数，每个函数都负责完成一个功能，用于接收一些输入数据，函数对这些输入数据进行处理，处理结束后输出一些数据。整个软件系统由一个个函数组成，其中作为程序入口的函数被称为主函数，主函数依次调用其他普通函数，普通函数之间依次调用，从而完成整个软件系统的功能。图 2.1 显示了结构化软件的逻辑结构示意图。

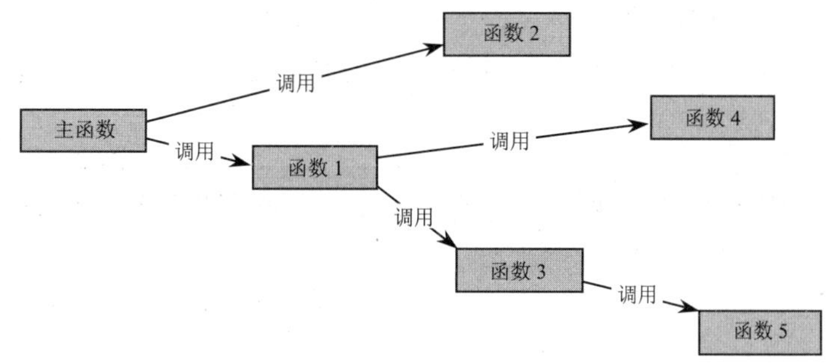

图 2.1　结构化软件的逻辑结构示意图

从图 2.1 中可以看出，结构化设计需要采用自顶向下的设计方式，在设计阶段就需要考虑应该将每个模块分解成哪些子模块，将每个子模块又分解成哪些更小的模块……依此类推，直至将模块细化成一

个个函数。

每个函数都是具有输入、输出的子系统，函数的输入数据包括函数形参、全局变量和常量等，函数的输出数据包括函数的返回值以及传出的参数等。结构化程序设计方式有如下两个局限性。

- 设计不够直观，与人类习惯思维不一致。采用结构化程序分析、设计时，开发者需要将客观世界模型分解成一个个功能，每个功能都用于完成一定的数据处理。
- 适应性差，可扩展性不强。由于结构化设计采用自顶向下的设计方式，所以当用户的需求发生改变，或者需要修改现有的实现方式时，需要自顶向下地修改模块结构，这种方式的维护成本相当高。

提示：
采用结构化方式设计的软件系统，整个软件系统就由一个个函数组成，这个软件的运行入口往往由一个“主函数”代表，而主函数负责把系统中的所有函数“串起来”。

2.1.2 程序的三种基本结构

在过去的日子里，很多编程语言都提供了 GOTO 语句——GOTO 语句非常灵活，可以让程序的控制流程任意流转——如果大量使用 GOTO 语句，那么程序完全不需要使用循环。但 GOTO 语句实在太随意了，如果程序随意使用 GOTO 语句，将会导致程序流程难以理解，并且容易出错。在实际的软件开发过程中，更注重软件的可读性和可修改性，因此 GOTO 语句逐渐被抛弃了。

提示：
Java 语言拒绝使用 GOTO 语句，但它将 goto 作为保留字，意思是目前 Java 版本还未使用 GOTO 语句，但也许将来，当 Java 不得不使用 GOTO 语句时，Java 还是可能使用 GOTO 语句的。

结构化程序设计非常强调实现某个功能的算法，而算法的实现过程是由一系列操作组成的，这些操作之间的执行次序就是程序的控制结构。1996 年，计算机科学家 Bohm 和 Jacopini 证明了这样的事实：任何简单或复杂的算法都可以由顺序结构、选择结构和循环结构这三种结构组合而成。所以，这三种结构就被称为程序设计的三种基本结构，也是结构化程序设计必须采用的结构。

1．顺序结构

顺序结构表示程序中的各操作是按照它们在源代码中的排列顺序依次执行的，其流程如图 2.2 所示。

图中的 S1 和 S2 表示两个处理步骤，这些处理步骤可以是一个非转移操作或多个非转移操作，甚至可以是空操作，也可以是三种基本结构中的任一结构。整个顺序结构只有一个入口点 a 和一个出口点 b。这种结构的特点是：程序从入口点 a 处开始，按顺序执行所有操作，直到出口点 b 处，所以称为顺序结构。

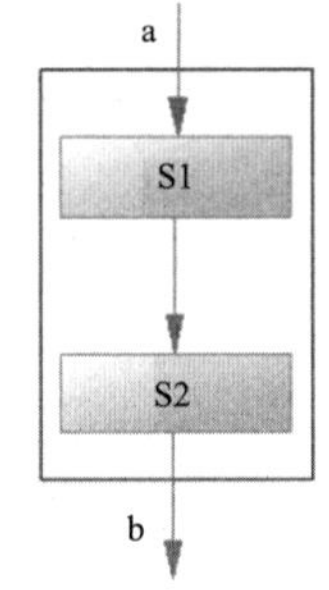

图 2.2 顺序结构

提示：
虽然 Java 是面向对象的编程语言，但 Java 的方法类似于结构化程序设计的函数，因此方法中代码的执行也是顺序结构的。

2．选择结构

选择结构表示程序的处理需要根据某个特定的条件选择其中的一个分支执行。选择结构有单选择、双选择和多选择三种形式。

双选择是典型的选择结构形式，其流程如图 2.3 所示，图中的 S1 和 S2 与顺序结构中的说明相同。

由图中可见，在结构的入口点 a 处有一个判断条件，表示程序流程出现了两个可供选择的分支，如果判断条件为真，则执行 S1 处理，否则执行 S2 处理。值得注意的是，在这两个分支中只能选择一个且必须选择一个执行，但不论选择哪一个分支执行，最后流程都一定到达结构的出口点 b 处。

当 S1 和 S2 中的任意一个处理为空时，说明结构中只有一个可供选择的分支，如果判断条件为真，则执行 S1 处理，否则直接执行到结构出口点 b 处。也就是说，如果判断条件为假，则什么也没执行，所以称为单选择结构，如图 2.4 所示。

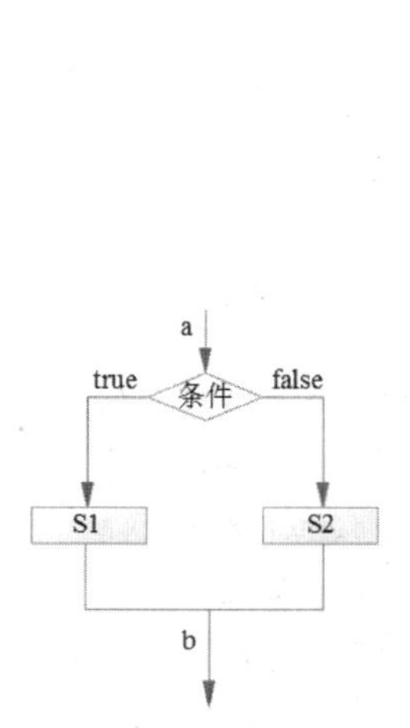

图 2.3　双选择结构

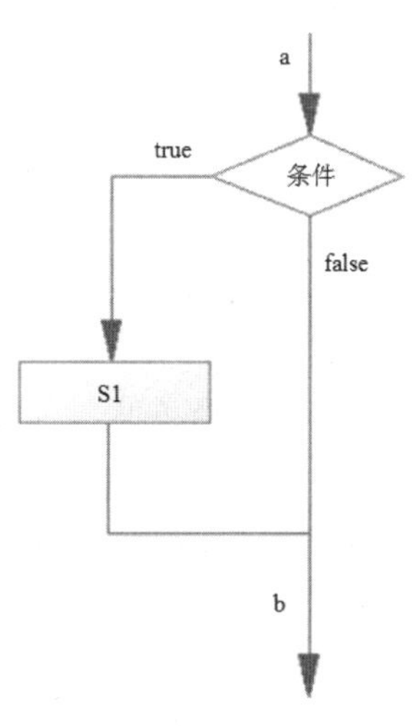

图 2.4　单选择结构

多选择结构是指在程序流程中遇到如图 2.5 所示的 S1、S2、S3、S4 等多个分支，程序执行方向根据判断条件来确定。如果条件 1 为真，则执行 S1 处理；如果条件 1 为假，条件 2 为真，则执行 S2 处理；如果条件 1 为假，条件 2 为假，条件 3 为真，则执行 S3 处理……依此类推。从图 2.5 中可以看出，S*n* 处理的 *n* 值越大，则需要满足的条件越苛刻。

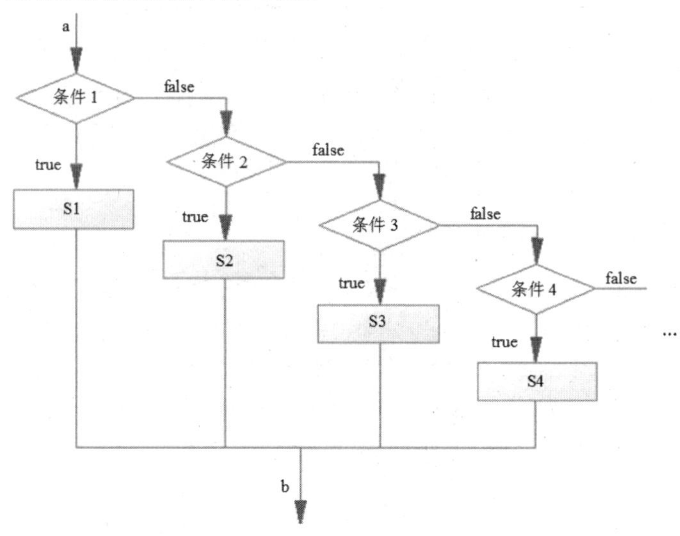

图 2.5　多选择结构

对于图 2.5 所示的多选择结构，不论选择了哪一个分支，最后流程都要到达同一个出口点 b 处。如果所有分支的条件都不满足，则直接到达出口点 b 处。有些程序语言不支持多选择结构，但所有的结构化程序设计语言都是支持的。

提示：

Java 语言对此处介绍的三种选择结构都有很好的支持，本书第 4 章将介绍 Java 的这三种选择结构。

3．循环结构

循环结构表示程序反复执行某个或某些操作，直到某条件为假（或为真）时才停止循环。在循环结构中最主要的是：在什么情况下执行循环？哪些操作需要重复执行？循环结构的基本形式有两种：当型循环和直到型循环，其流程如图2.6所示。图中带S标识的矩形框内的操作被称为循环体，即循环入口点a到循环出口点b之间的处理步骤，这就是需要循环执行的部分。而在什么情况下执行循环，则要根据条件进行判断。

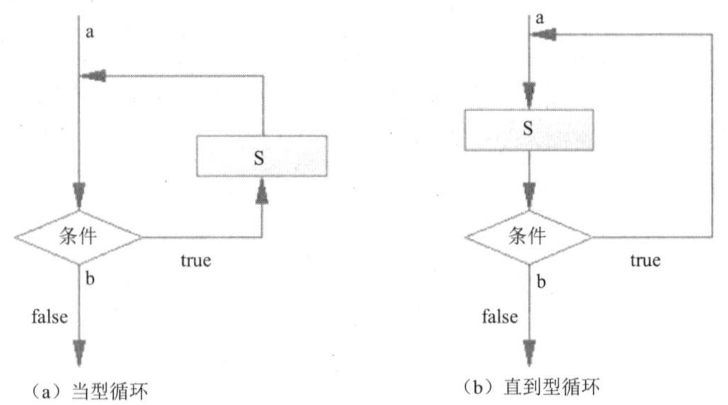

图2.6 循环结构

- **当型结构**：先判断条件，当条件为真时执行循环体，并且在循环体结束时自动返回到循环入口处，再次判断循环条件；如果条件为假，则退出循环体到达流程出口处。因为是“当条件为真时执行循环”的，即先判断后执行，所以被称为当型循环。其流程如图2.6（a）所示。
- **直到型循环**：从入口处直接执行循环体，循环体结束时判断条件，如果条件为真，则返回入口处继续执行循环体，直到条件为假时退出循环体到达流程出口处，是先执行后判断的。因为是“直到条件为假时结束循环”的，所以被称为直到型循环。其流程如图2.6（b）所示。

同样，循环结构也只有一个入口点a和一个出口点b，循环终止是指流程执行到循环的出口点。图中所表示的S处理可以是一个或多个操作，也可以是一个完整的结构或过程。

提示：

Java语言同样提供了对当型循环和直到型循环的支持，本书第4章在讲解循环时将会深入介绍这些内容。

通过三种基本控制结构可以看到，结构化程序设计中的任何结构都具有唯一的入口和唯一的出口，并且程序不会出现死循环。在程序的静态形式与动态执行流程之间具有良好的对应关系。本书之所以详细介绍这些程序结构，主要因为在Java语言的方法体内同样是由这三种程序结构组成的。换句话说，虽然Java是面向对象的，但在Java的方法中则是一种结构化的程序流。

2.1.3 面向对象程序设计简介

面向对象是一种更优秀的程序设计方法，它的基本思想是使用类、对象、继承、封装、消息等基本概念进行程序设计。它从现实世界中客观存在的事物（即对象）出发来构造软件系统，并在系统构造中尽可能运用人类的自然思维方式，强调直接以现实世界中的事物（即对象）为中心来思考，认识问题，并根据这些事物的本质特点，把它们抽象地表示为系统中的类，作为系统的基本构成单元（而不是用一些与现实世界中的事物相关性比较差，并且没有对应关系的过程来构造系统），这使得软件系统的组件可以被直接映射到客观世界，并保持客观世界中事物及其相互关系的本来面貌。

采用面向对象方式开发的软件系统，其最小的程序单元是类，这些类可以生成系统中的多个对象，而这些对象则被直接映射成客观世界中的各种事物。采用面向对象方式开发的软件系统逻辑上的组成结构如图2.7所示。

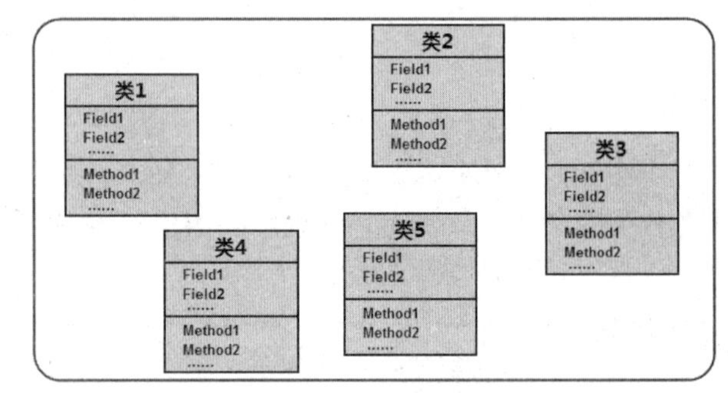

图2.7 采用面向对象方式开发的软件系统逻辑上的组成结构

从图2.7中可以看出，面向对象的软件系统由多个类组成，类代表了客观世界中具有某种特征的一类事物，这类事物往往有一些内部的状态数据，比如人有身高、体重、年龄、爱好等各种状态数据——当然，程序没必要记录该事物所有的状态数据，程序只要记录业务关心的状态数据即可。

面向对象的语言不仅使用类来封装一类事物的内部状态数据，这种状态数据就对应于图 2.7 中的成员变量（由 Field 翻译而来，有些资料将其直译为“字段”；还有些资料将其翻译为“属性”，但这个翻译非常不准确，Java 的属性指的是 Property）；而且类会提供操作这些状态数据的方法，还会为这类事物的行为特征提供相应的实现，这种实现也是方法。因此可以得到如下基本等式：

成员变量（状态数据）+ 方法（行为）= 类定义

从这个等式来看，面向对象的编程粒度比面向过程的要大：面向对象的程序单位是类；而面向过程的程序单位是函数（相当于方法），因此面向对象比面向过程更简单、易用。

提示：

假设需要组装一台电脑，如果拿到手的是主板、CPU、内存条、硬盘等这种大粒度的组件，那么找个稍微懂一些硬件组装的人就可以把它们组装成一台电脑；但如果拿到手的是一些二极管、三极管、集成电路等小粒度的组件，要想把它们组装成电脑，恐怕没那么容易。如果把数据以及操作数据的方法都封装成对象，这就相当于提供了大粒度的组件，因此编程更容易。

从面向对象的眼光来看，开发者希望从自然的认识、使用角度来定义和使用类。也就是说，开发者希望直接对客观世界进行模拟：定义一个类，对应客观世界中的哪类事物；业务需要关心这类事物的哪些状态，程序就为这些状态定义成员变量；业务需要关心这类事物的哪些行为，程序就为这些行为定义方法。

不仅如此，面向对象程序设计与人类习惯的思维方法有较好的一致性，比如希望完成“猪八戒吃西瓜”这样一件事情。

在面向过程的程序世界里，一切以函数为中心，函数最大，因此这件事情会用如下语句来表达：

```
吃(猪八戒,西瓜);
```

在面向对象的程序世界里，一切以对象为中心，对象最大，因此这件事情会用如下语句来表达：

```
猪八戒.吃(西瓜);
```

对比两条语句不难发现，面向对象的语句更接近自然语言的语法：主语、谓语、宾语一目了然，十分直观，因此程序员更易理解。

2.1.4　面向对象的基本特征

面向对象具有三个基本特征：封装（Encapsulation）、继承（Inheritance）和多态（Polymorphism），其中封装指的是将对象的实现细节隐藏起来，然后通过一些公用方法来暴露该对象的功能；继承是面向对象实现软件复用的重要手段，当子类继承父类后，子类作为一种特殊的父类，将直接获得父类的属性和方法；多态指的是子类对象可以被直接赋给父类变量，但运行时依然表现出子类的行为特征，这意味着同一种类型的对象在执行同一个方法时，可能表现出多种行为特征。

此外，抽象也是面向对象的重要部分，抽象就是忽略一个主题中与当前目标无关的那些方面，以便更充分地注意与当前目标有关的方面。抽象表示并不打算了解全部问题，而只是考虑部分问题。例如，当需要考察 Person 对象时，不可能在程序中把 Person 的所有细节都定义出来，通常只能定义 Person 的部分数据、部分行为特征——而这些数据和行为特征是软件系统所关心的部分。

提示：

虽然抽象是面向对象的重要部分，但它不是面向对象的特征之一，因为所有的编程语言都需要抽象。当开发者进行抽象时应该考虑哪些特征是软件系统所需要的，那么这些特征就应该使用程序记录并表现出来。因此，需要抽象哪些特征没有必然的规定，而是取决于软件系统的功能需求。

面向对象还支持如下几个功能。

- 对象是面向对象方法中最基本的概念，它的基本特点有：标识唯一性、分类性、多态性、封装性、模块独立性好。
- 类是具有共同属性、共同方法的一类事物。类是对象的抽象，对象则是类的实例。类是整个软件系统中最小的程序单元，类的封装性将各种信息细节隐藏起来，并通过公用方法来暴露该类对外所提供的功能，从而提高了类的内聚性，降低了对象之间的耦合性。
- 对象间的相互合作需要一种机制协助进行，这种机制被称为“消息”。消息是一个实例与另一个实例之间相互通信的机制。
- 在面向对象方法中，类之间共享属性和操作的机制被称为“继承”。继承具有传递性。继承可分为单继承（一个继承只允许有一个直接父类，即类等级为树形结构）和多继承（一个类允许有多个直接父类）。

注意：

由于多继承可能引起继承结构的混乱，而且会大大降低程序的可理解性，所以 Java 不支持多继承。

在编程语言领域中，还有一个“基于对象”的概念，其与“面向对象”极易混淆。通常而言，“基于对象”也使用了对象，但是无法利用现有的对象模板产生新的对象类型，继而产生新的对象。也就是说，“基于对象”没有继承的特点；而“多态”则更需要继承，没有了继承的概念，也就无从谈论“多态”。面向对象的三个基本特征（封装、继承、多态）缺一不可。例如，JavaScript 语言就是基于对象的，它使用一些封装好的对象，调用对象的方法，设置对象的属性；但是它们无法让开发者派生新的类，开发者只能使用现有对象的方法和属性。

一门语言是否是面向对象的，通常可以使用继承和多态来加以判断。“面向对象”和“基于对象”都实现了“封装”的概念，但是面向对象实现了“继承”和“多态”，而“基于对象”没有实现这些。

面向对象编程的程序员按照分工分为“类库的创建者”和“类库的使用者”。使用类库的人并不都是具备了面向对象思想的人，通常知道如何继承和派生新对象就可以使用类库了，然而他们的思维并没有真正地转过来，使用类库只是在形式上是面向对象的，而实质上只是对库函数的一种扩展。

2.2 UML 介绍

面向对象软件开发需要经过 OOA（面向对象分析）、OOD（面向对象设计）和 OOP（面向对象编程）三个阶段，OOA 对目标系统进行分析，建立分析模型，并将之文档化；OOD 用面向对象的思想对 OOA 的结果进行细化，得出设计模型。OOA 和 OOD 的分析、设计结果需要统一的符号来描述、交流并记录，UML（统一建模语言）就是一种用于描述、记录 OOA 和 OOD 结果的符号表示法。

面向对象的分析与设计方法在 20 世纪 80 年代末至 90 年代中出现了一个高潮，UML 是这个高潮的产物。在此期间出现了三种具有代表性的表示方法。

Booch 是面向对象方法最早的倡导者之一，他提出了面向对象软件工程的概念。Booch 1993 表示法（由 Booch 提出）比较适合于系统的设计和构造。

Rumbaugh 等人提出了面向对象的建模技术（OMT）方法，采用面向对象的概念，并引入了各种独立于语言的表示符。这种方法用对象模型、动态模型、功能模型和用例模型共同完成对整个系统的建模，所定义的概念和符号可用于软件开发的分析、设计和实现的全过程，软件开发人员不必在开发过程中的不同阶段进行概念和符号的转换。OMT-2 特别适用于分析和描述以数据为中心的信息系统。

Jacobson 于 1994 年提出了 OOSE 方法，其最大特点是面向用例（Use-Case），并在用例的描述中引入了外部角色的概念。用例的概念是精确描述需求的重要武器，但用例贯穿于整个开发过程，包括对系统的测试和验证。OOSE 比较适合支持商业工程和需求分析。

UML 统一了 Booch、Rumbaugh 和 Jacobson 的表示方法，而且使其得到进一步的发展，并最终统一为大众所接受的标准建模语言。UML 是一种定义良好、易于表达、功能强大且普遍适用的建模语言，它的作用域不限于支持面向对象的分析与设计，还支持从需求分析开始的软件开发全过程。

截至 1996 年 10 月，UML 获得了工业界、科技界和应用界的广泛支持，已有 700 多家公司表示支持采用 UML 作为建模语言。1996 年年底，UML 已稳占面向对象技术市场的 85%，成为可视化建模语言事实上的工业标准。1997 年年底，OMG 组织（Object Management Group，对象管理组织）采纳 UML 1.1 作为基于面向对象技术的标准建模语言。UML 代表了面向对象方法的软件开发技术的发展方向，目前 UML 的最新版本是 2.0。UML 的大致发展过程如图 2.8 所示。

UML 1.1 和 UML 2.0 是 UML 历史上两个具有里程碑意义的版本，其中，UML 1.1 是 OMG 正式发布的第一个标准版本，而 UML 2.0 是目前最成熟、稳定的 UML 版本。

UML 图形大致上可分为静态图和动态图两种，UML 2.0 的组成如图 2.9 所示。

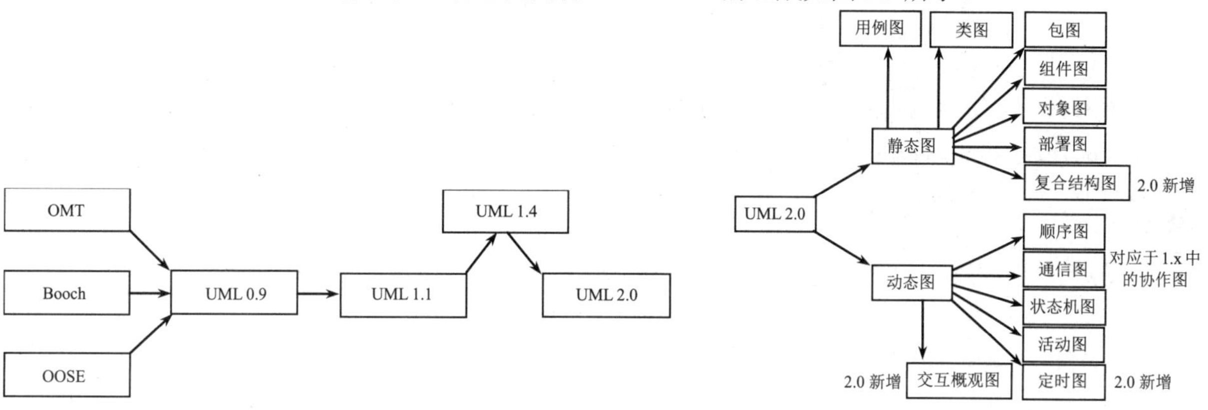

图 2.8　UML 的大致发展过程

图 2.9　UML 2.0 的组成

从图 2.9 中可以看出，UML 2.0 一共包括 13 种正式图形：用例图（use case diagram）、类图（class diagram）、包图（package diagram）、组件图（component diagram）、对象图（object diagram）、部署图（deployment diagram）、复合结构图（composite structure diagram，UML 2.0 新增）、顺序图（sequence diagram）、通信图（communication diagram，对应于 UML 1.x 中的协作图）、状态机图（state machine diagram）、活动图（activity diagram）、定时图（timing diagram，UML 2.0 新增）、交互概观图（interactive overview diagram，UML 2.0 新增）。

当读者看到这 13 种 UML 图形时，可能会对 UML 产生恐惧，实际上正如大家所想：很少有一个软件系统在分析、设计阶段对每个细节都使用 13 种图形来表现。永远记住一点：不要把 UML 表示法当成一种负担，而应该把它当成一种工具，一种用于描述、记录软件分析与设计的工具。最常用的 UML 图形包括用例图、类图、组件图、部署图、顺序图、活动图和状态机图等。

2.2.1　用例图

用例图用于描述系统提供的系列功能，而每个用例则代表系统的一个功能模块。用例图的主要目的是帮助开发团队以一种可视化的方式理解系统的需求功能，用例图对系统的实现不做任何说明，仅仅是系统功能的描述。

用例图包括用例（以椭圆形表示，将用例的名称放在椭圆形的中心或椭圆形的下面）、角色（Actor，也就是与系统交互的其他实体，以人形符号表示）、角色和用例之间的关系（以简单的线段表示），以及系统内用例之间的关系。用例图一般表示出用例的组织关系——要么是整个系统的全部用例，要么是完成具体功能的一组用例。如图 2.10 所示，这是一个简单的 BBS 系统的部分用例示意图。

用例图通常用于表达系统或者系统范畴的高级功能。从图 2.10 中可以很容易看出该系统所提供的功能，这个系统允许注册用户登录、发帖和回复，其中发帖和回复需要依赖登录；允许管理员删除其他人的帖子，删帖也需要依赖登录。

用例图主要在需求分析阶段使用，用于描述系统实现的功能，方便与客户交流，保证系统需求的无二性。用例图表示系统外观，不要指望用例图和系统的各个类之间有任何联系；不要把用例做得过多，过多的用例将导致用例图难以阅读，难以理解；应尽可能多地使用文字说明。

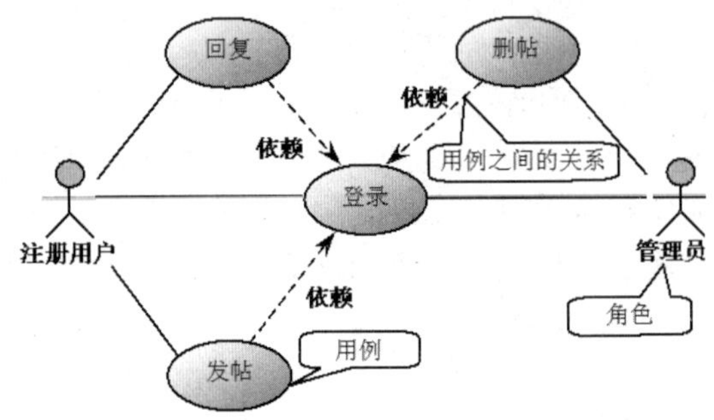

图 2.10 用例图

2.2.2 类图

类图是最古老、功能最丰富、使用最广泛的 UML 图形。类图表示系统中应该包含哪些实体，以及各实体之间如何关联；换句话说，它显示了系统的静态结构。类图可用于表示逻辑类，逻辑类通常就是业务人员所谈及的事物种类。

在类图中，类使用包含三个部分的矩形来描述，最上面的部分显示类的名称，中间部分包含类的属性，最下面的部分包含类的方法。图 2.11 显示了类图中类的表示方法。

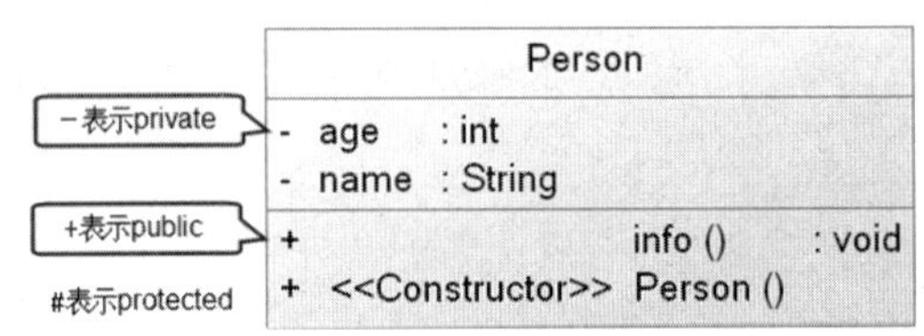

图 2.11 类图中类的表示方法

类图除了可以表示实体的静态内部结构，还可以表示实体之间的相互关系。类之间有三种基本关系：

- 关联（包括聚合、组合）
- 泛化（与继承是同一个概念）
- 依赖

1. 关联

客观世界中的两个实体之间总是存在千丝万缕的关系，当把这两个实体抽象到软件系统中时，两个类之间必然存在关联关系。关联具有一定的方向性：如果仅能从一个类单方向地访问另一个类，则称为单向关联；如果两个类可以互相访问对象，则称为双向关联。一个对象能访问关联对象的数目被称为多重性。例如，建立学生和老师之间的单向关联，则可以从学生访问老师，但从老师不能访问学生。关联使用一条实线来表示，带箭头的实线表示单向关联。

很多时候，关联和属性很像，关联和属性的关键区别在于：当类里的某个属性引用到另一个实体时，则变成了关联。

关联关系包括两种特例：聚合和组合，它们都有部分和整体的关系，但通常认为组合比聚合更加严格。当某个实体被聚合成另一个实体时，该实体还可以同时是另一个实体的部分，例如，学生既可以是篮球俱乐部的成员，也可以是书法俱乐部的成员；当某个实体被组合成另一个实体时，该实体则不能同时是另一个实体的部分。聚合使用带空心菱形框的实线表示，组合则使用带实心菱形框的实线表示。图 2.12 显示了几个类之间的关联关系。

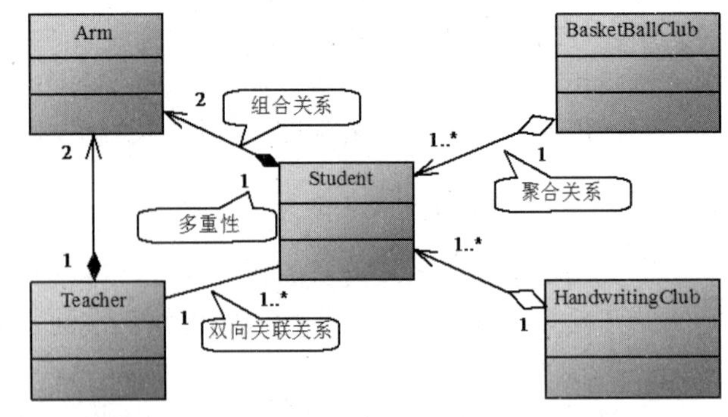

图 2.12 类之间的关联关系

注意：

图 2.12 中的 Student、Teacher 等类都没有表现其属性、方法等特性，因为本图的重点在于表现类之间的关系。实际的类图中可能会为 Student、Teacher 每个类都添加属性、方法等细节。

在图 2.12 中描述了 Teacher 和 Student 之间的关联关系：它们是双向关联关系，而且使用了多重性来表示 Teacher 和 Student 之间存在 1∶N 的关联关系（1..*表示可以是一个到多个），即一个 Teacher 实体可以有一个或多个关联的 Student 实体；Student 和 BasketBallClub 存在聚合关系，即一个或多个 Student 实体可以被聚合成一个 BasketBallClub 实体；而 Arm（手臂）和 Student 之间存在组合关系，两个 Arm 实体被组合成一个 Student 实体。

2. 泛化

泛化与继承是同一个概念，都是指子类是一种特殊的父类，类与类之间的继承关系是非常普遍的，继承关系使用带空心三角形的实线表示。图 2.13 显示了 Student 类和 Person 类之间的继承关系。

从图 2.13 中可以看出，Student 是 Person 的子类，即 Student 类是一种特殊的 Person 类。

提示：

还有一种与继承类似的关系，即类实现接口可被视为一种特殊的继承，这种实现用带空心三角形的虚线表示。

3. 依赖

如果一个类的改动会导致另一个类的改动，则称这两个类之间存在依赖关系。依赖关系使用带箭头的虚线表示，其中箭头指向被依赖的实体。依赖的常见可能原因如下：

- 改动的类将消息发送给另一个类。
- 改动的类以另一个类作为数据部分。
- 改动的类以另一个类作为操作参数。

通常而言，依赖是单向的，尤其是当数据表现和数据模型分开设计时，数据表现依赖数据模型。例如，JDK 基础类库中的 JTable 和 DefaultTableModel（关于这两个类的介绍，请参考本书 12.11 节的内容），图 2.14 显示了它们之间的依赖关系。

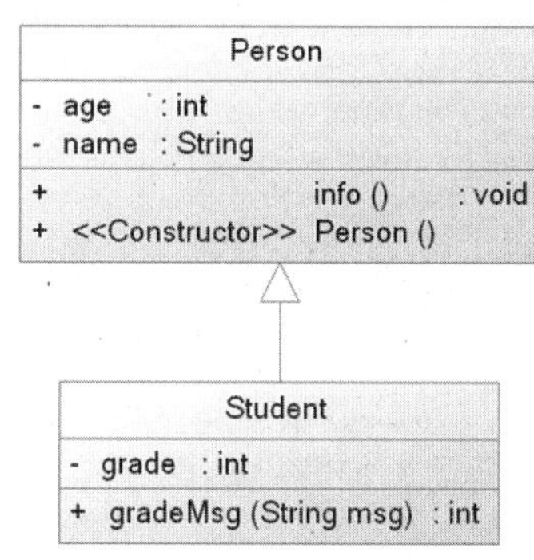

图 2.13　类之间的继承关系

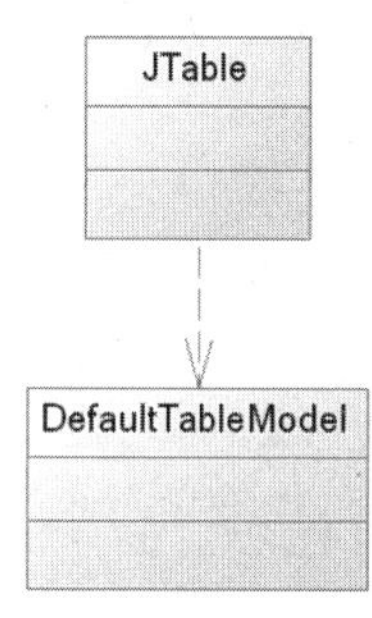

图 2.14　JTable 和 DefaultTableModel 之间的依赖关系

对于图 2.14 中表述的 JTable 和 DefaultTableModel 两个类，其中 DefaultTableModel 是 JTable 的数据模型，当 DefaultTableModel 发生改变时，JTable 将相应地发生改变。

2.2.3　组件图

对于现代的大型应用程序而言，通常不只是单独一个类或单独一组类所能完成的，而是会由一个或多个可部署的组件组成。对于 Java 程序而言，可复用的组件通常被打包成 JAR、WAR 等文件；对于 C/C++应用而言，可复用的组件通常是一个函数库，或者是一个 DLL（动态链接库）文件。

组件图提供系统的物理视图，它的用途是显示系统中的软件对其他软件组件（例如，库函数）的依赖关系。组件图可以在一个非常高的层次上显示，仅显示系统中粗粒度的组件，也可以在组件包层次上显示。

组件图通常包含组件、接口和 Port 等图元，UML 使用带符号的矩形来表示组件，使用圆圈代表接口，使用位于组件边界上的小矩形代表 Port。

组件的接口表示它能对外提供的服务规范，这个接口通常有两种表现形式。

➢ 用一条实线连接到组件边界的圆圈表示。

➢ 使用位于组件内部的圆圈表示。

组件除可以对外提供服务接口之外，它还可能依赖某个接口，组件依赖某个接口使用一条带半圆的实线来表示。图 2.15 显示了组件的接口和组件依赖的接口。

图 2.15 显示了一个简单的 Order 组件，该组件对外提供一个 Payable 接口，该组件也需要依赖一个 CustomerLookup 接口——通常这个 CustomerLookup 接口也是系统中已有的接口。

图 2.16 显示了包含组件关系的组件图。

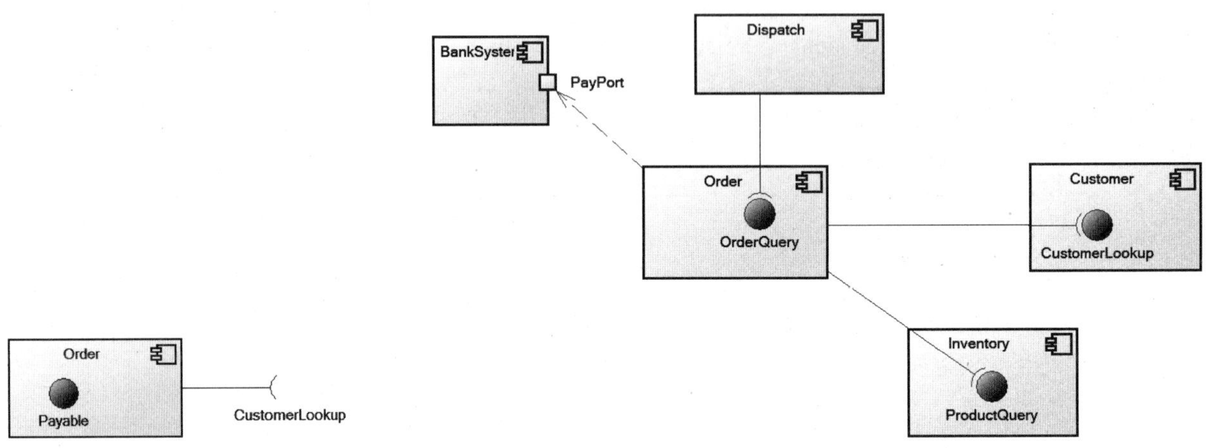

图 2.15　组件与接口

图 2.16　组件图

从图2.16中可以看出，该系统绘制了电子购物平台的几个核心组件，其中Order组件提供OrderQuery接口，该接口允许 Dispatch 组件查询系统中的订单及其状态，Order 组件又需要依赖 Customer 组件的 CustomerLookup 接口，通过该接口查询系统中的顾客信息；Order 组件也需要依赖 Inventory 组件的 ProductQuery 接口，通过该接口查询系统中的产品信息。

2.2.4　部署图

现代的软件工程早已超出早期的单机程序，整个软件系统可能是跨国家、跨地区的分布式软件，软件的不同部分可能需要被部署在不同的地方、不同的平台之上。部署图用于描述软件系统如何被部署到硬件环境中，它的用途是显示软件系统不同的组件将在何处物理运行，以及它们将如何彼此通信。

因为部署图是对物理运行情况进行建模的，所以系统的生产人员就可以很好地利用它来安装、部署软件系统。

部署图中的符号包括组件图中所使用的符号元素，另外，还增加了节点的概念。节点是各种计算资源的通用名称，主要包括处理器和设备两种类型，两者的区别是处理器能够执行程序的硬件构件（如计算机主机），而设备是一种不具备计算能力的硬件构件（如打印机）。在 UML 中使用三维立方体来表示节点，节点的名称位于立方体的顶部。图 2.17 显示了一个简单的部署图。

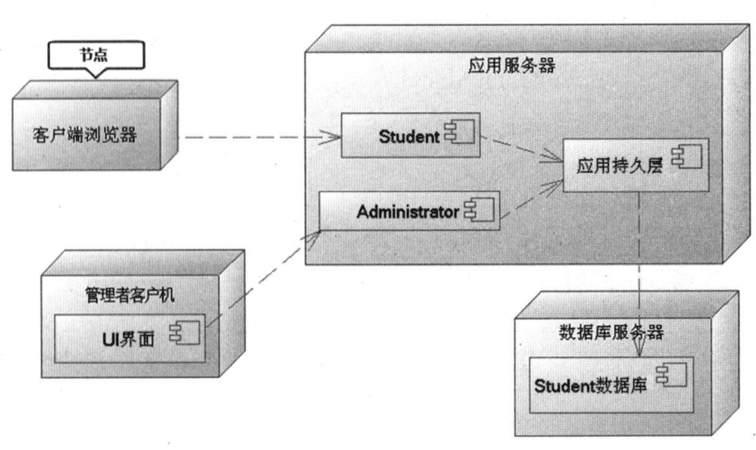

图 2.17　部署图

从图 2.17 中可以看出，整个应用分为 5 个组件：Student、Administrator、应用持久层、Student 数据库和 UI 界面，部署图准确地表现了各组件之间的依赖关系。此外，部署图的重点在物理节点上，图 2.17 反映该应用需要被部署在 4 个物理节点上，其中普通客户端无须部署任何组件，直接使用客户端浏览器即可；而在管理者客户机上需要部署 UI 界面；在应用服务器上需要部署 Student、Administrator 和应用持久层三个组件；在数据库服务器上需要部署 Student 数据库。

2.2.5　顺序图

顺序图可以显示具体用例（或者是用例的一部分）的详细流程，并且显示流程中不同对象之间的调用关系，同时还可以很详细地显示对不同对象的不同调用。顺序图描述了对象之间的交互（顺序图和通信图都被称为交互图），重点在于描述消息及其时间顺序。

顺序图有两个维度：垂直维度，以发生的时间顺序显示消息/调用的序列；水平维度，显示消息被发送到的对象实例。顺序图的关键在于对象之间的消息，对象之间的信息传递就是所谓的消息发送，消息通常表现为一个对象调用另一个对象的方法或方法的返回值，用发送者和接收者之间的箭头表示消息。

顺序图的绘制非常简单。顺序图顶部的每个框表示每个类的实例（对象），框中的类实例名称和类名称之间用冒号或空格来分隔，例如 myReportGenerator:ReportGenerator。如果某个类实例向另一个类实例发送一条消息，则绘制一条指向接收类实例的带箭头的连线，并把消息/方法的名称放在连线上。

对于某些特别重要的消息，还可以绘制一条带箭头的指向发起类实例的虚线，将返回值标注在虚线上，绘制带返回值的信息可以使顺序图更易于阅读。图 2.18 显示了用户登录顺序图。

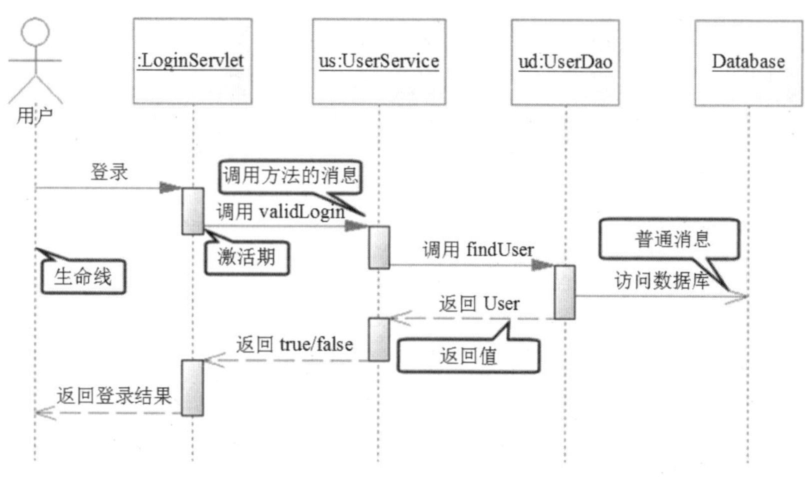

图 2.18　用户登录顺序图

在绘制顺序图时，消息可以向两个方向扩展，消息穿梭在顺序图中，通常应该把消息发送者与消息接收者相邻摆放，尽量避免消息跨越多个对象。对象的激活期不是其存在的时间，而是它占据 CPU 的执行时间，在绘制顺序图时，激活期要精确。

阅读顺序图也非常简单，通常从最上面的消息开始（也就是在时间上最先开始的消息），然后沿消息方向依次阅读。

在大多数情况下，交互图中的参与者是对象，所以也可以直接在框中放置对象名，UML 1.x 要求对象名有下画线；UML 2.0 对此不再有要求。

绘制顺序图主要是帮助开发者对某个用例的内部执行清晰化，当需要考察某个用例内部若干对象的行为时，应使用顺序图，顺序图擅长表现对象之间的协作顺序，不擅长表现行为的精确定义。

提示：

与顺序图类似的还有通信图（以前也被称为协作图），通信图同样可以准确地描述对象之间的交互关系，但通信图没有精确的时间概念。一般来说，通信图可以描述的内容，顺序图都可以描述，但顺序图比通信图多了时间的概念。

2.2.6 活动图

活动图和状态机图都被称为演化图，其区别和联系如下。

- 活动图：用于描述用例内部的活动或方法的流程，如果除去活动图中的并行活动描述，那么它就变成流程图。
- 状态机图：用于描述在某一对象生命周期中需要关注的不同状态，并且会详细描述激发对象状态改变的事件，以及当对象状态改变时所采取的动作。

演化图的五要素如下。

- 状态：状态是对象响应事件前后的不同面貌，是某个时间段对象所保持的稳定态。目前的软件计算都是基于稳定态的，对象的稳定态是对象的固有特征，一个对象的状态一般是有限的。状态有限的对象是容易计算的，对象的状态越多，对象的状态迁移越复杂，可以将对象状态想象成对象演化过程中的快照。
- 事件：事件来自对象外界的刺激，通常的形式是消息传递，只是相对对象而言发生了事件。事件是对象状态发生改变的原动力。
- 动作：动作是对象针对所发生的事件所做的处理，实际上通常表现为某个方法被执行。
- 活动：活动是动作激发的后续系统行为。
- 条件：指事件发生所需要具备的条件。

对于激发对象状态改变的事件，通常有如下两种类型。

- 内部事件：从系统内部激发的事件，一个对象的方法（动作）调用（通过事件激活）另一个对象的方法（动作）。
- 外部事件：从系统边界外激发的事件，例如，用户的鼠标、键盘动作。

活动图主要用于描述过程原理、业务逻辑以及工作流技术。活动图非常类似于传统的流程图，它也使用圆角矩形表示活动，使用带箭头的实线表示事件；其区别是活动图支持并发。图 2.19 显示了简单的活动图。

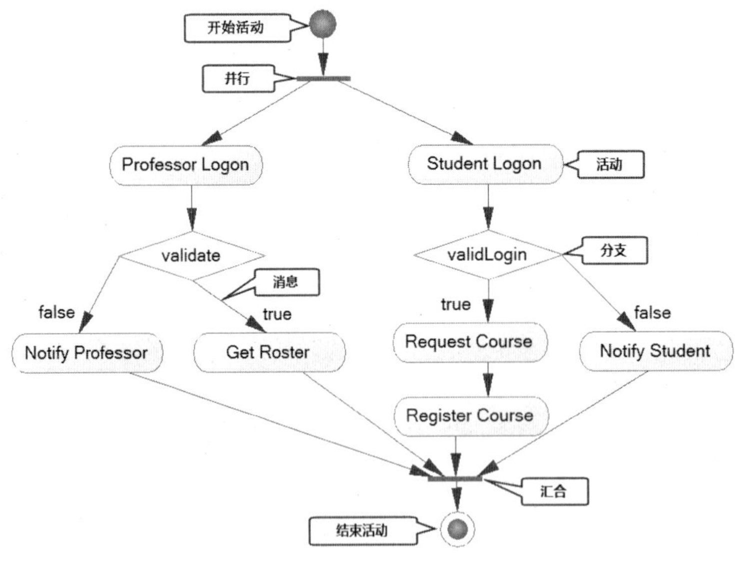

图 2.19 活动图

从图 2.19 中可以看出，如果将这个活动图的两支分开，那么每支就是一个传统的流程图，每个活动依次向下，遇到条件分支使用菱形框来表示条件。与传统的流程图不同的是，活动图可以使用并行分支分出多个并行活动。

在绘制活动图时以活动为中心，整个活动图只有一个开始活动，但可以有多个结束活动。活动图需要将并行活动和串行活动分离，当遇到分支和循环时，最好像传统的流程图那样将分支、循环条件明确表示出来。活动图最大的优点在于支持并行行为，并行对工作流建模和过程建模都非常重要。因为有了并行，所以需要进行同步，同步通过汇合来指明。

2.2.7　状态机图

状态机图用于表示某个对象所处的不同状态和该类的状态转换信息。实际上，通常只对“感兴趣的”对象绘制状态机图。也就是说，在系统活动期间具有三个或更多潜在状态的对象，才需要考虑使用状态机图进行描述。

状态机图的符号集包括 5 个基本元素。

- 初始状态：使用实心圆来绘制。
- 状态之间的转换：使用具有带箭头的线段来绘制。
- 状态：使用圆角矩形来绘制。
- 判断点：使用空心圆来绘制。
- 一个或者多个终止点：使用内部包含实心圆的圆来绘制。

绘制状态机图，首先要绘制起点和一条指向该类的初始状态的转换线段。状态本身可以在图中的任意位置绘制，然后使用状态转换线段将它们连接起来。图 2.20 显示了 Hibernate 实体的状态机图。

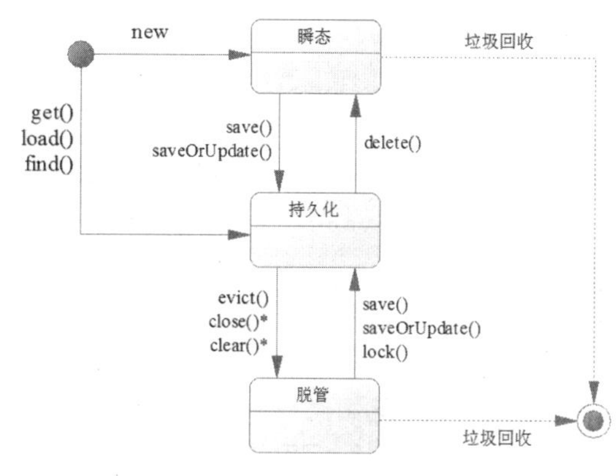

图 2.20　状态机图

图 2.20 描绘了 Hibernate 实体具有三个状态：瞬态、持久化和脱管。当程序通过 new 直接创建一个对象时，该对象处于瞬态；对一个处于瞬态的对象执行 save()、saveOrUpdate()方法后，该对象将会变成持久化状态；对一个处于持久化状态的实体执行 delete()方法后，该对象将变成瞬态；持久化状态和脱管状态也可以相互转换。

提示： 在阅读本书时无须理会 Hibernate 相关知识，读者只需要明白图 2.20 所示的状态机图即可。

在绘制状态机图时应该保证对象只有一个初始状态，但可以有多个终结状态。状态要表示对象的关键快照，有重要的实际意义，对于无关紧要的状态，则无须考虑，在绘制状态机图时事件和方法要明确。

状态机图擅长表现单个对象的跨用例行为，对于多个对象的交互行为，应该考虑采用顺序图，不要对系统的每个对象都画状态机图，只对真正需要关心各个状态的对象才绘制状态机图。

2.3　Java 的面向对象特征

Java 是纯粹的面向对象的编程语言，完全支持面向对象的三个基本特征：封装、继承和多态。Java 程序的组成单位是类，不管多大的 Java 应用程序，都是由一个个类组成的。

2.3.1　一切都是对象

在 Java 语言中，除 8 个基本数据类型值之外，一切都是对象，而对象就是面向对象程序设计的中心。对象是人们要进行研究的任何事物，从最简单的整数到复杂的飞机等均可被看作对象，它不仅能表示具体的事物，还能表示抽象的规则、计划或事件。

对象具有状态，一个对象用数据值来描述它的状态。Java 通过为对象定义成员变量来描述对象的状态；对象还有操作，这些操作可以改变对象的状态，对象的操作也被称为对象的行为，Java 通过为对象定义方法来描述对象的行为。

对象实现了数据和操作的结合，对象把数据和对数据的操作封装成一个有机的整体，因此面向对象提供了更大的编程粒度，对于程序员来说，更易于掌握和使用。

对象是 Java 程序的核心，所以 Java 中的对象具有唯一性，每个对象都有一个标识来引用它，如果某个对象失去了标识，那么这个对象将变成垃圾，只能等着系统垃圾回收机制来回收它。Java 语言不允许直接访问对象，而是通过对对象的引用来操作对象。

2.3.2 类和对象

具有相同或相似性质的一组对象的抽象就是类，类是对一类事物的描述，是抽象的、概念上的定义；对象是实际存在的该类事物的个体，因而也被称为实例（instance）。

对象的抽象化是类，类的具体化就是对象，也可以说类的实例是对象。类用来描述一系列对象，类概述每个对象应包括的数据，类概述每个对象的行为特征。因此，可以把类理解成某种概念、定义，它规定了某类对象所共同具有的数据和行为特征。

Java 语言使用 class 关键字定义类，在定义类时可使用成员变量来描述该类对象的数据，可使用方法来描述该类对象的行为特征。

在客观世界中有若干类，这些类之间有一定的结构关系。通常有如下两种主要的结构关系。

- 一般→特殊结构关系：这种关系就是典型的继承关系，Java 语言使用 extends 关键字来表示这种继承关系，Java 的子类是一种特殊的父类。因此，这种一般→特殊结构关系其实是一种“is a”关系。

提示：

在讲授面向对象时经常提的一个概念是，一般→特殊的关系也可代表大类和小类的关系。比如水果→苹果，就是典型的一般→特殊的关系，苹果 is a 水果，水果的范围是不是比苹果的范围大呢？所以认为：父类也可被称为大类，子类也可被称为小类。

- 整体→部分结构关系：也被称为组装结构，这是典型的组合关系，Java 语言通过在一个类里保存另一个对象的引用来实现这种组合关系。因此，这种整体→部分结构关系其实是一种“has a”关系。

开发者在定义了 Java 类之后，就可以使用 new 关键字来创建指定类的对象，可以为每个类创建任意多个对象，多个对象的成员变量值可以不同——这表现为不同对象的数据存在差异。

2.4 本章小结

本章主要介绍了面向对象的相关概念，也简要介绍了结构化程序设计的相关知识，包括结构化程序设计的基本特征以及存在的缺陷，还详细介绍了结构化程序设计的三种基本结构。本章重点介绍了面向对象程序设计的相关概念，以及面向对象程序设计的三个基本特征，并简要介绍了 Java 语言对面向对象特征的支持。本章详细介绍了 UML 的概念以及相关知识，并通过示例讲解了常用 UML 图形的绘制方法，这些 UML 图形是读者进行面向对象分析的重要方法，也是读者阅读本书后面章节内容的基础知识。

CHAPTER

3

第3章 数据类型和运算符

本章要点

- 注释的重要性和用途
- 单行注释语法和多行注释语法
- 文档注释的语法和常用的 javadoc 标记
- javadoc 命令的用法
- 掌握查看 API 文档的方法
- 数据类型的两大类
- 8 种基本类型及各自的注意点
- 自动类型转换
- 强制类型转换
- 表达式类型的自动提升
- 直接量的类型和赋值
- Java 提供的基本运算符
- 运算符的结合性和优先级

Java 语言是一门强类型语言。强类型包含两方面的含义：① 所有的变量必须先声明、后使用；② 指定类型的变量只能接受类型与之匹配的值。强类型语言可以在编译过程中发现源代码的错误，从而保证程序更加健壮。Java 语言提供了丰富的基本数据类型，例如整型、字符型、浮点型和布尔型等。基本类型大致上可以分为两类：数值类型和布尔类型，其中数值类型包括整型、字符型和浮点型，所有数值类型之间可以进行类型转换，这种类型转换包括自动类型转换和强制类型转换。

Java 语言还提供了一系列功能丰富的运算符，这些运算符包括所有的算术运算符，以及功能丰富的位运算符、比较运算符、逻辑运算符，这些运算符是 Java 编程的基础。将运算符和操作数连接在一起就形成了表达式。

3.1 注释

在编写程序时总需要为程序添加一些注释，用于说明某段代码的作用，或者说明某个类的用途、某个方法的功能，以及该方法的参数和返回值的数据类型及意义等。

简单来说，注释用于对程序进行说明，是给人看的，对机器的执行不会有任何影响。因此，注释内容通常可以随便写，javac 命令会直接忽略注释内容。

程序注释的作用非常大，很多初学者在开始学习 Java 语言时，会很努力写程序，但不大会注意添加注释，他们认为添加注释是一件浪费时间，而且没有意义的事情。经过一段时间的学习，他们写出了一些不错的小程序，如一些游戏、工具软件等。再经过一段时间的学习，他们开始意识到当初写的程序在结构上有很多不足，需要重构。于是打开源代码，他们以为可以很轻松地改写原有的代码，但这时发现理解原来写的代码非常困难，很难理解原有的编程思路。

为什么要添加程序注释？至少有如下三方面的考虑。

- 永远不要过于相信自己的理解力！当你思路通畅，进入编程境界时，你可以很流畅地实现某个功能，但这种流畅可能是因为你当时正处于这种开发思路中。为了在再次阅读这段代码时，还能找回当初编写这段代码的思路，建议添加注释！
- 可读性第一，效率第二！在那些“古老”的岁月里，编程是少数人的专利，他们随心所欲地写程序，他们以追逐程序执行效率为目的。但随着软件行业的发展，人们发现仅有少数技术极客编程满足不了日益增长的软件需求，越来越多的人加入了编程队伍，并引入了工程化的方式来管理软件开发。这个时候，软件开发变成团队协同作战，团队成员的沟通变得很重要，因此，一个人写的代码，需要被整个团队的其他人所理解；而且，随着硬件设备的飞速发展，程序的可读性取代执行效率变成了第一考虑的要素。
- 代码即文档！很多刚刚学完学校软件工程课程的学生会以为：文档就是 Word 文档！实际上，程序源代码是程序文档的重要组成部分，在想着把各种软件相关文档写规范的同时，不要忘了把软件里最重要的文档——源代码写规范！

程序注释是源代码的一个重要部分，对于一份规范的程序源代码而言，注释应该占到源代码的 1/3 以上。几乎所有的编程语言都提供了添加注释的方法。一般的编程语言都提供了基本的单行注释和多行注释，Java 语言也不例外。除此之外，Java 语言还提供了一种文档注释。Java 语言的注释一共有三种类型。

- 单行注释。
- 多行注释。
- 文档注释。

3.1.1 单行注释和多行注释

单行注释就是指在程序中注释一行代码，在 Java 语言中，将双斜线（//）放在需要注释的内容之前就可以了；多行注释是指一次性地将程序中多行代码注释掉，在 Java 语言中，使用“/*”和“*/”将程序中需要注释的内容包含起来，“/*”表示注释开始，而“*/”表示注释结束。

下面代码中增加了单行注释和多行注释。

程序清单：codes\03\3.1\CommentTest.java

```
public class CommentTest
{
    /*
    这里面的内容全部是多行注释
    Java 语言真的很有趣
    */
    public static void main(String[] args)
    {
        // 这是一行简单的注释
        System.out.println("Hello World!");
        // System.out.println("这行代码被注释掉了，将不会被编译、执行!");
    }
}
```

此外，添加注释也是调试程序的一个重要方法。如果觉得某段代码可能有问题，则可以先把这段代码注释起来，让编译器忽略这段代码，再次编译、运行，如果程序可以正常执行，则说明错误就是由这段代码引起的，这样就缩小了错误所在的范围，有利于排错；如果依然出现相同的错误，则可以说明错误不是由这段代码引起的，同样也缩小了错误所在的范围。

3.1.2 文档注释

Java 语言还提供了一种功能更加强大的注释形式：文档注释。如果在编写 Java 源代码时添加了合适的文档注释，那么通过 JDK 提供的 javadoc 工具可以直接将源代码里的文档注释提取成一份系统的 API 文档。

学生提问：API 文档是什么？

答：在开发一个大型软件时，需要定义成千上万的类，而且需要很多人参与开发。每个人都会开发一些类，并在类里定义一些方法、成员变量提供给其他人使用，但其他人怎么知道如何使用这些类和方法呢？这时候就需要提供一份说明文档，用于说明每个类、每个方法的用途。当其他人使用一个类或一个方法时，他无须关心这个类或这个方法的具体实现，他只要知道这个类或这个方法的功能即可，然后使用这个类或这个方法来实现具体的目的，也就是通过调用应用程序接口（API）来编程。API 文档就是用于说明这些应用程序接口的文档。对于 Java 语言而言，API 文档通常详细说明了每个类、每个方法的功能及用法等。简而言之，API 文档就相当于这些类和这些方法的使用说明书。

Java 提供了大量的基础类，因此 Oracle 也为这些基础类提供了相应的 API 文档，用于告诉开发者如何使用这些类，以及这些类里包含的方法。

下载 Java 17 的 API 文档很简单，登录 Java SE Development Kit 17 Documentation 官方下载页面，在该页面上可以看到如图 3.1 所示的链接。

单击该链接即可下载得到 Java SE 17 文档，在这份文档里包含了 JDK 的 API 文档。下载成功后，将得到一个 jdk-17.0.1_doc-all.zip 文件。

将 jdk-17.0.1_doc-all.zip 文件解压缩到任意路径下，将会得到一个 docs 文件夹，这个文件夹下的内容就是 JDK 文档，JDK 文档不仅包含 API 文档，还包含 JDK 的其他说明文档。

现在进入 docs/api 路径下，打开 index.html 文件，可以看到 JDK 17 API 文档首页，这个首页就是一个典型的 Java API 文档首页，如图 3.2 所示。

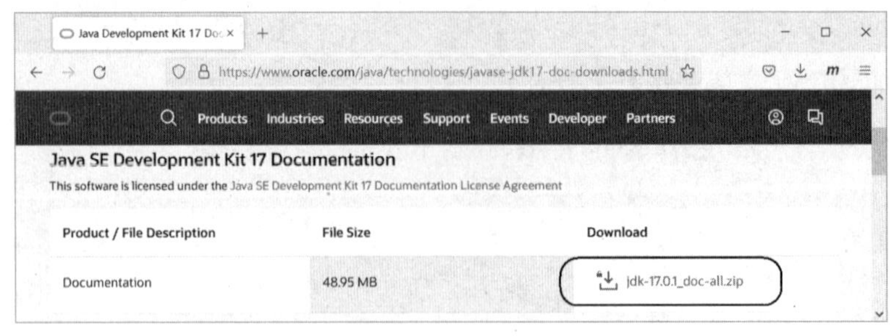

图 3.1　下载 JDK 17 的 API 文档

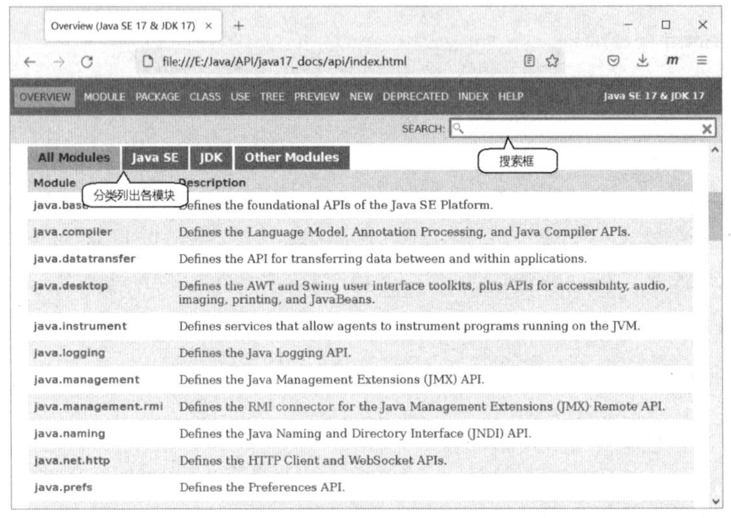

图 3.2　API 文档首页

从图 3.2 所示的首页中可以看出，API 文档首页是一个概述页面，该页面上列出了 Java 的全部模块，这些模块既可通过“All Modules”栏进行查看，也可通过分类进行查看。Java 将这些模块分成三类。

- Java SE：该类模块主要包含 Java SE 的各种类。
- JDK：该类模块主要包含 JDK 的各种工具类。这部分 API 在不同的 JDK 实现上可能存在差异。
- 其他模块（Other Modules）：包含其他功能的 API。

从 Java 11 开始，Java 的 API 文档删除了原 API 文档的“包列表区”和“类列表区”，建议用户通过右上角的搜索框（如图 3.2 中右上角所示）快速查找指定的 Java 类。

如果在搜索框中输入要查看的类，并通过该类的链接打开其说明页面，则将看到 API 文档页面变成了如图 3.3 所示的格局。

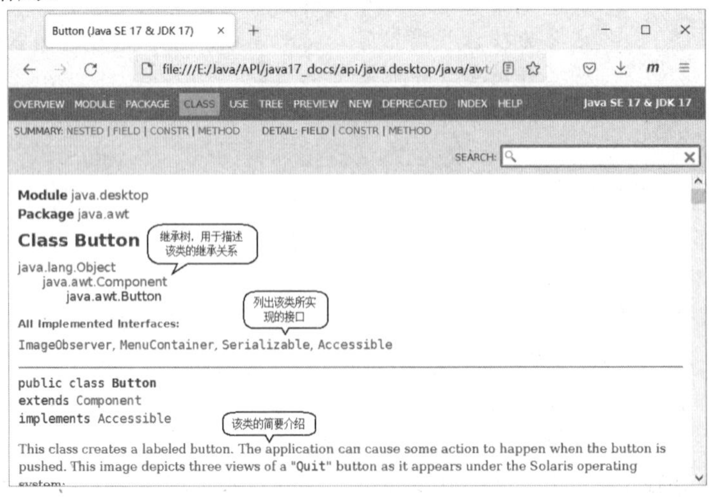

图 3.3　类说明区格局（一）

通过搜索框查看并打开 Button 类的链接之后，即可看到 API 页面显示了 Button 类的详细信息，这些信息是使用 Button 类的重要资料。把图 3.3 所示窗口右边的滚动条向下滚动，将在详细说明区看到如图 3.4 所示的格局。

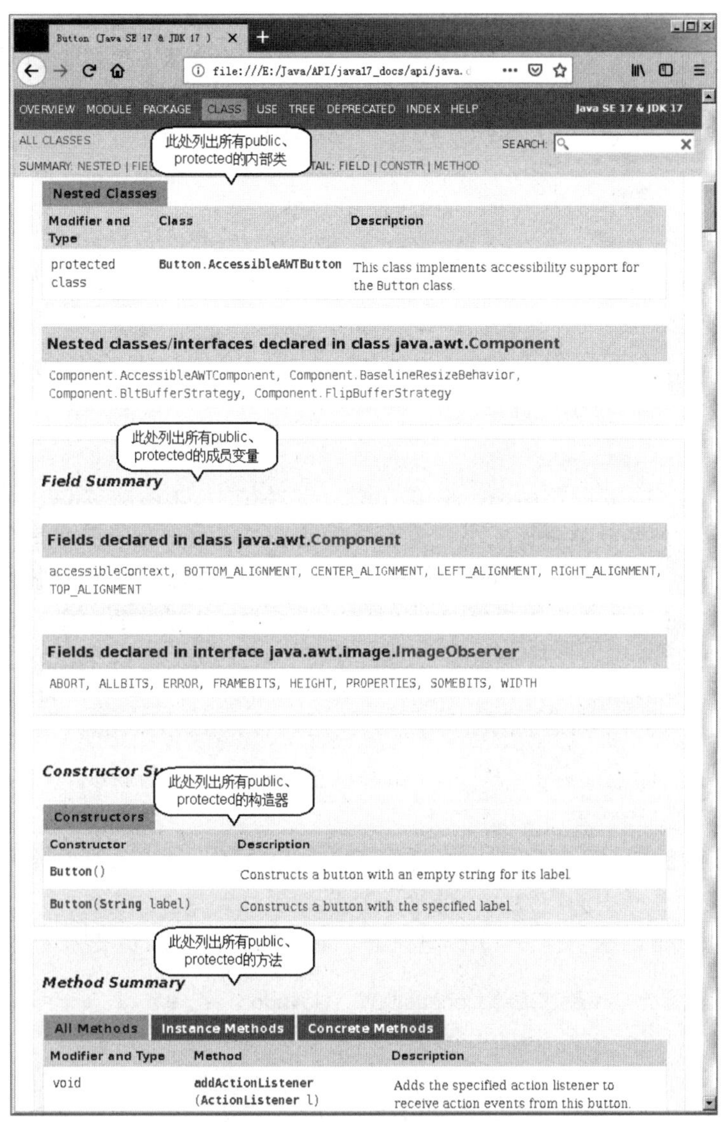

图 3.4 类说明区格局（二）

从图 3.4 所示的页面可以看出，API 文档中详细列出了该类里包含的所有成分，通过查看该文档，开发者就可以掌握该类的用法。从图 3.4 中所看到的内部类列表、成员变量（由 Field 意译而来）列表、构造器列表和方法列表只给出了一些简单说明，如果开发者需要获得更详细的信息，则可以单击具体的内部类、成员变量、构造器和方法的链接，从而看到对应项的详细用法说明。

对于内部类、成员变量、方法列表区都可以分为左右两格，其中左边一格是该项的修饰符、类型说明，右边一格是该项的简单说明。

同样，在开发中定义类、方法时也可以先添加文档注释，然后使用 javadoc 工具来生成自己的 API 文档。

这里介绍的成员变量、构造器、方法等可能有点超前，读者可以参考后面的知识来理解如何定义成员变量、构造器、方法等，此处的重点只是学习使用文档注释。

学生提问：为什么要学习查看API文档的方法？

答：前面已经提到了，API是Java提供的基本编程接口，当使用Java语言进行编程时，不可能把所有的Java类、所有的方法全部记下来，当编程遇到一个不确定的地方时，必须通过API文档来查看某个类、某个方法的功能和用法。因此，掌握查看API文档的方法是学习Java的一个最基本的技能。例如，读者可以尝试查阅API文档的String类来了解其用法。

由于文档注释是用于生成 API 文档的，而 API 文档主要用于说明类、方法、成员变量的功能。因此，javadoc 工具只处理文档源文件在类、接口、方法、成员变量、构造器和内部类之前的注释，忽略其他地方的文档注释。而且 javadoc 工具默认只处理以 public 或 protected 修饰的类、接口、方法、成员变量、构造器和内部类之前的文档注释。

注意：

API 文档类似于产品的使用说明书，通常使用说明书只需要介绍那些暴露的、供用户使用的部分。在 Java 类中只有以 public 或 protected 修饰的内容，才是希望暴露给别人使用的内容，因此 javadoc 工具默认只处理以 public 或 protected 修饰的内容。如果开发者确实希望 javadoc 工具可以提取以 private 修饰的内容，则可以在使用 javadoc 工具时增加 -private 选项。

文档注释以斜线后紧跟两个星号（/**）开始，以星号后紧跟一条斜线（*/）结束，中间部分全部是文档注释，会被提取到 API 文档中。

从 Java 11 开始，Java 的 API 文档已全面支持 HTML 5 规范，因此，为了得到完全兼容 HTML 5 的 API 文档，必须保证文档注释中的内容完全兼容 HTML 5 规范。

下面先编写一个 JavadocTest 类，这个类里包含了对类、方法、成员变量的文档注释。

程序清单：codes\03\3.1\JavadocTest.java

```
package lee;
/**
 * Description:
 * 网站：<a href="http://www.crazyit.org">疯狂Java联盟</a><br>
 * Copyright (C), 2001-2023, Yeeku.H.Lee<br>
 * This program is protected by copyright laws.<br>
 * Program Name:<br>
 * Date:<br>
 * @author Yeeku.H.Lee kongyeeku@163.com 公众号：fkbooks
 * @version 6.0
 */
public class JavadocTest
{
    /**
     * 简单测试成员变量
     */
    protected String name;
    /**
     * 主方法，程序的入口
     */
    public static void main(String[] args)
    {
        System.out.println("Hello World!");
    }
}
```

再编写一个 Test 类，这个类里包含了对类、构造器、成员变量的文档注释。

程序清单：codes\03\3.1\Test.java

```
package yeeku;
/**
 * Description:
 * 网站: <a href="http://www.crazyit.org">疯狂 Java 联盟</a><br>
 * Copyright (C), 2001-2023, Yeeku.H.Lee<br>
 * This program is protected by copyright laws.<br>
 * Program Name:<br>
 * Date:<br>
 * @author Yeeku.H.Lee kongyeeku@163.com 公众号: fkbooks
 * @version 6.0
 */
public class Test
{
    /**
     * 简单测试成员变量
     */
    public int age;
    /**
     * Test 类的测试构造器
     */
    public Test()
    {
    }
}
```

上面 Java 程序中的粗体字标识部分就是文档注释。编写好上面的 Java 程序后，就可以使用 javadoc 工具提取这两个程序中的文档注释来生成 API 文档了。javadoc 命令的基本用法如下：

```
javadoc 选项 Java 源文件|包
```

javadoc 命令可以对 Java 源文件、包生成 API 文档，在上面的语法格式中，Java 源文件支持通配符，例如，使用*.java 来代表当前路径下所有的 Java 源文件。javadoc 的常用选项有如下几个。

- -d <directory>：该选项指定一个路径，用于将生成的 API 文档放到指定目录下。
- -windowtitle <text>：该选项指定一个字符串，用于设置 API 文档的浏览器窗口标题。
- -doctitle <html-code>：该选项指定一个 HTML 格式的文本，用于指定概述页面的标题。

只有对处于多个包下的源文件生成 API 文档时，才有概述页面。

- -header <html-code>：该选项指定一个 HTML 格式的文本，包含每个页面的页眉。

此外，javadoc 命令还包含了大量其他选项，读者可以通过在命令行窗口中执行 javadoc -help 来查看 javadoc 命令的所有选项。

在命令行窗口中执行如下命令来为刚刚编写的两个 Java 程序生成 API 文档：

```
javadoc -d apidoc -windowtitle 测试 -doctitle 学习 javadoc 工具的测试 API 文档 -header 我的类
*Test.java
```

在 JavadocTest.java 和 Test.java 所在路径下执行上面的命令，可以看到生成 API 文档的提示信息。进入 JavadocTest.java 和 Test.java 所在路径，可以看到一个 apidoc 文件夹，该文件夹下的内容就是刚刚生成的 API 文档。进入 apidoc 路径下，打开 index.html 文件，将看到如图 3.5 所示的页面。

同样，如果通过图 3.5 所示页面右上角的搜索框打开某个类的说明页面，则可以看到该类的详细说明，如图 3.3 和图 3.4 所示。

此外，如果希望 javadoc 工具生成更详细的文档信息，例如，为方法参数、方法返回值等生成详细的说明信息，则可使用 javadoc 标记。常用的 javadoc 标记如下。

- @author：指定 Java 程序的作者。
- @version：指定源文件的版本。
- @deprecated：不推荐使用的方法。
- @param：方法的参数说明信息。
- @return：方法的返回值说明信息。
- @see："参见"，用于指定交叉参考的内容。
- @exception：抛出异常的类型。
- @throws：抛出的异常，和@exception 同义。

需要指出的是，这些标记的使用是有位置限制的。在上面这些标记中，可以出现在类或者接口文档注释中的有@see、@deprecated、@author、@version 等；可以出现在方法或构造器文档注释中的有@see、@deprecated、@param、@return、@throws 和@exception 等；可以出现在成员变量的文档注释中的有@see 和@deprecated 等。

图 3.5　自己生成的 API 文档

下面的 JavadocTagTest 程序包含了一个 hello 方法，该方法的文档注释使用了@param 和@return 等文档标记。

程序清单：codes\03\3.1\JavadocTagTest.java

```
package yeeku;
/**
 * Description:
 * 网站：<a href="http://www.crazyit.org">疯狂 Java 联盟</a><br>
 * Copyright (C), 2001-2023, Yeeku.H.Lee<br>
 * This program is protected by copyright laws.<br>
 * Program Name:<br>
 * Date:<br>
 * @author Yeeku.H.Lee kongyeeku@163.com 公众号：fkbooks
 * @version 6.0
 */
public class JavadocTagTest
{
    /**
     * 一个得到打招呼字符串的方法。
     * @param name 该参数指定向谁打招呼。
     * @return 返回打招呼的字符串。
     */
    public String hello(String name)
    {
        return name + "，你好！";
    }
}
```

上面程序中的粗体字标识出使用 javadoc 标记的示范。再次使用 javadoc 工具生成 API 文档，这次为了能提取到文档中@author 和@version 等标记的信息，在使用 javadoc 工具时增加了-author 和-version 两个选项，即按如下格式来运行 javadoc 命令：

```
javadoc -d apidoc -windowtitle 测试 -doctitle 学习 javadoc 工具的测试 API 文档 -header 我的类
-version -author *Test.java
```

上面的命令将会提取 Java 源程序中@author 和@version 两个标记的信息。此外，还会提取@param 和@return 标记的信息，因此将会看到如图 3.6 所示的 API 文档页面。

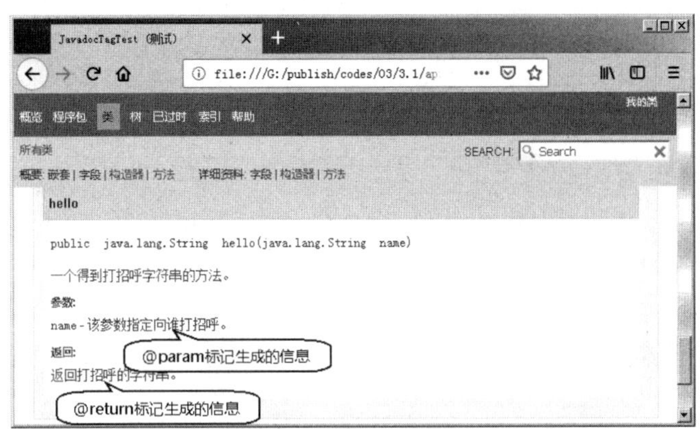

图 3.6　使用文档标记设置更丰富的 API 信息

javadoc 工具默认不会提取@author 和@version 两个标记的信息，如果需要提取这两个标记的信息，则应该在使用 javadoc 工具时指定-author 和-version 两个选项。

对比图 3.2 和图 3.5，两个图都显示了 API 文档首页，但图 3.2 显示的 API 文档首页中包含了对每个包的详细说明，而图 3.5 显示的文档首页中每个包的说明部分都是空白。这是因为 API 文档中的包注释并不是直接放在 Java 源文件中的，而是必须另外指定，通常通过一个标准的 HTML 5 文件来提供包注释，这个文件被称为包描述文件。包描述文件的文件名通常是 package.html，并与该包下所有的 Java 源文件放在一起，javadoc 工具会自动寻找对应的包描述文件，并提取该包描述文件中<body/>元素里的内容，作为该包的描述信息。

接下来还是使用上面编写的三个 Java 文件，但把这三个 Java 文件按包结构分开组织存放，并提供对应的包描述文件，源文件和对应的包描述文件的组织结构如下（该示例位于本书配套资料中的 codes\03\3.1\package 路径下）。

- lee 文件夹：包含 JavadocTest.java 文件（该 Java 类的包为 lee），对应包描述文件 package.html。
- yeeku 文件夹：包含 Test.java 文件和 JavadocTagTest.java 文件（这两个 Java 类的包为 yeeku），对应包描述文件 package.html。

在命令行窗口中进入 lee 和 yeeku 所在路径（package 路径）下，执行如下命令：

```
javadoc -d apidoc -windowtitle 测试 -doctitle 学习 javadoc 工具的测试 API 文档 -header 我的类
-version -author lee yeeku
```

上面的命令指定对 lee 包和 yeeku 包生成 API 文档，而不是对 Java 源文件生成 API 文档，这也是允许的。其中 lee 包和 yeeku 包下都提供了对应的包描述文件。

打开通过上面的命令生成的 API 文档首页，将可以看到如图 3.7 所示的页面。

可能有读者会发现，如果要设置包描述信息，则需要将 Java 源文件按包结构来组织存放，这不是问题。实际上，在编写 Java 源文件时，通常总会按包结构来组织存放 Java 源文件，这样更有利于项目的管理。

现在生成的 API 文档已经非常“专业”了，和系统提供的 API 文档基本类似。关于 Java 文档注释和 javadoc 工具使用的介绍也基本告一段落了。

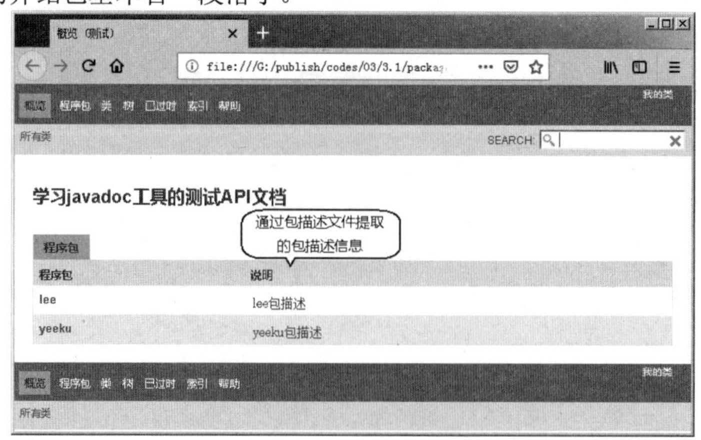

图 3.7　设置包描述信息

3.2　变量与数据类型分类

定义变量是所有编程语言最基本、最入门的功能，不管学习哪种编程语言，入门肯定都是从定义变量开始的。

为何所有编程语言都需要从定义变量开始呢？这就涉及编程语言的本质问题：众所周知，编程属于 IT，IT 的意思是 Information & Technology，也就是信息与技术。

对于 IT 而言，I 是目的、是本质，而 T 是方式、是手段。简单来说，T（也就是技术）存在的价值在于保存并处理信息，而这些信息在计算机中就表现为数据。

在计算机世界有很多方式来存储数据，比如个人计算机中磁盘上的文件，其作用就是用于存储数据；再比如数据库，则可用于存储大量的数据；而在计算机程序中，存储数据最常见的方式就是使用变量。

答：编程的本质，就是对内存中数据的访问和修改。程序所用的数据都会被保存在内存中，程序员需要一种机制来访问或修改内存中的数据。这种机制就是变量，每个变量都代表了某一小块内存，而且变量是有名称的，程序对变量赋值，实际上就是把数据装入该变量所代表的内存区的过程；程序读取变量的值，实际上就是从该变量所代表的内存区取值的过程。形象地理解：变量相当于一个有名称的容器，该容器用于装各种不同类型的数据。

Java 语言是强类型（strongly typed）语言，强类型包含两方面的含义：①所有的变量必须先声明、后使用；②指定类型的变量只能接收类型与之匹配的值。这意味着每个变量和每个表达式都有一个在编译时就确定的类型。类型限制了一个变量能被赋的值，限制了一个表达式可以产生的值，限制了在这些值上可以进行的操作，并确定了这些操作的含义。

强类型语言可以在编译时进行更严格的语法检查，从而减少编程错误。

声明变量的语法非常简单，只要指定变量的类型和变量名即可，如下所示：

```
type varName[ = 初始值];
```

上面的语法大致可分为三个部分。

- type：用于定义变量的类型。
- varName：用于指定变量名，变量名需要是标识符。
- 初始值：用于变量分配值。

在上面的语法中，在定义变量时既可指定初始值，也可不指定初始值。随着变量的作用范围的不同（变量有成员变量和局部变量之分，具体请参考本书 5.3 节内容），变量还可能使用其他修饰符。但不管是哪种变量，在定义变量时至少需要指定变量类型和变量名两个部分。

本章内容的逻辑主线就是在定义变量时所用到的三个成分：变量类型、变量名和初始值。下面先简单介绍变量类型的分类。

在定义变量时，变量类型可以是 Java 语言支持的所有类型。Java 语言的类型分为两类：基本类型（Primitive Type）和引用类型（Reference Type）。

基本类型包括布尔类型和数值类型。数值类型有整数类型和浮点类型。整数类型包括 byte、short、int、long、char，浮点类型包括 float 和 double。

提示： char 代表字符类型，实际上，字符类型也是一种整数类型，相当于无符号的整数类型。

引用类型包括类、接口和数组类型，还有一种特殊的 null 类型。所谓引用类型就是对一个对象的引用，对象包括实例和数组两种。实际上，引用类型变量就是一个指针，只是在 Java 语言中不再使用“指针”这种说法。

null 类型（空类型）就是 null 值的类型，这种类型没有名称。因为 null 类型没有名称，所以不可能声明一个 null 类型的变量或者转换到 null 类型。空引用（null）是 null 类型变量唯一的值。空引用（null）可以被转换为任何引用类型。

在实际开发中，程序员可以忽略 null 类型，假定 null 只是引用类型的一个特殊直接量。

注意： 空引用（null）只能被转换成引用类型，不能被转换成基本类型，因此不要把一个 null 值赋给基本类型的变量。

3.3 标识符和关键字

在定义变量时必须为变量指定名称，名称就是标识符。

Java 语言还使用标识符作为对象、类的名称，也提供了一系列的关键字用于实现特别的功能。本节将详细介绍 Java 语言的标识符和关键字等内容。

3.3.1 分隔符

Java 语言中的分号（;）、花括号（{}）、方括号([])、圆括号（()）、空格、圆点（.）都具有特殊的分隔作用，因此被统称为“分隔符”。

1. 分号

在 Java 语言中，对语句的分隔不是使用回车键来完成的，Java 语言使用分号（;）来分隔语句，因此，每条 Java 语句都必须使用分号作为结尾。Java 程序允许一行书写多条语句，每条语句之间以分号隔开即可；一条语句也可以跨越多行书写，只要在最后结束的地方使用分号即可。

例如，下面的语句都是合法的 Java 语句。

```
int age = 25; String name = "李刚";
String hello = "你好！" +
    "Java";
```

值得指出的是，Java 语句可以跨越多行书写，但是一个字符串、变量名不能跨越多行。例如，下面的 Java 语句是错误的。

```
// 字符串不能跨越多行
String a = "dddddd
    xxxxxxx";
// 变量名不能跨越多行
String na
    me = "李刚";
```

不仅如此，虽然 Java 语法允许一行书写多条语句，但从程序可读性的角度来看，应该避免在一行书写多条语句。

2. 花括号

花括号的作用就是定义一个代码块，一个代码块指的就是“{”和“}”所包含的一段代码，代码块在逻辑上是一个整体。对 Java 语言而言，类定义部分必须被放在一个代码块里，方法体部分也必须被放在一个代码块里。此外，条件语句中的条件执行体和循环语句中的循环体通常也被放在代码块里。

花括号一般是成对出现的，有一个“{”，则必然有一个“}”；反之亦然。

3. 方括号

方括号的主要作用是用于访问数组元素，方括号通常紧跟数组变量名，而在方括号里指定希望访问的数组元素的索引。

例如，如下代码：

```
// 下面的代码试图为名为 a 的数组的第四个元素赋值
a[3] = 3;
```

4. 圆括号

圆括号是一个功能非常丰富的分隔符：在定义方法时必须使用圆括号来包含所有的形参声明，在调用方法时也必须使用圆括号来传入实参值。不仅如此，使用圆括号还可以将表达式中某个部分括成一个整体，保证这个部分优先计算。此外，圆括号也可以作为强制类型转换的运算符。

关于圆括号分隔符的用法，后面还会有更进一步的介绍，此处不再赘述。

5. 空格

Java 语言使用空格分隔一条语句的不同部分。Java 语言是一门格式自由的语言，所以空格几乎可以出现在 Java 程序的任何地方，也可以出现任意多个空格，但不要使用空格把一个变量名隔开成两个，这将导致程序出错。

Java 语言中的空格包含空格符（Space）、制表符（Tab）和回车符（Enter）等。

此外，Java 源程序还会使用空格来合理地缩进 Java 代码，从而提供更好的可读性。

6. 圆点

圆点（.）通常用作类/对象和它的成员（包括成员变量、方法和内部类）之间的分隔符，表明调用某个类或某个实例的指定成员。关于圆点分隔符的用法，后面还会有更进一步的介绍，此处不再赘述。

3.3.2 标识符规则

标识符就是用于给程序中变量、类、方法命名的符号。Java 语言的标识符必须以字母、下画线（_）、美元符号（$）开头，后面可以跟任意数目的字母、数字、下画线（_）和美元符号（$）。此处的字母并不局限于 26 个英文字母，也包含中文字符、日文字符等。

由于 Java 17 支持 Unicode 13.0 字符集，因此 Java 的标识符可以使用 Unicode 13.0 所能表示的多种语言的字符。Java 语言是区分大小写的，因此 abc 和 Abc 是两个不同的标识符。

从 Java 9 开始，不允许使用单独的下画线（_）作为标识符。也就是说，下画线必须与其他字符组合在一起才能作为标识符。

在使用标识符时，需要注意如下规则。

- 标识符可以由字母、数字、下画线（_）和美元符号（$）组成，其中数字不能打头。
- 标识符不能是 Java 关键字和保留字，但可以包含关键字和保留字。
- 标识符不能包含空格。
- 标识符只能包含美元符号（$），不能包含@、#等其他特殊字符。

3.3.3　Java 关键字

Java 语言中有一些具有特殊用途的单词被称为关键字（keyword），在定义标识符时，不要让标识符和关键字相同，否则将引起错误。例如，下面的代码将无法通过编译。

```
// 试图定义一个名为 boolean 的变量，但 boolean 是关键字，不能作为标识符
int boolean;
```

Java 的所有关键字都是小写的，TRUE、FALSE 和 NULL 都不是 Java 关键字。

Java 一共包含 51 个关键字，如表 3.1 所示。

表 3.1　Java 的关键字

abstract	continue	for	new	switch
assert	default	if	package	synchronized
boolean	do	goto	private	this
break	double	implements	protected	throw
byte	else	import	public	throws
case	enum	instanceof	return	transient
catch	extends	int	short	try
char	final	interface	static	void
class	finally	long	strictfp	volatile
const	float	native	super	while
_（下画线）				

在上面的 51 个关键字中，enum 用于定义一个枚举；strictfp 则是一个已被淘汰的关键字，不建议在程序中使用它；goto 和 const 这两个关键字也被称为保留字（reserved word），保留字的意思是，Java 现在还未使用这两个关键字，但可能会在未来的 Java 版本中使用它们。

此外，Java 还提供了三个特殊的直接量（literal）：true、false 和 null；Java 语言的标识符也不能使用这三个特殊的直接量。

从 Java 9 开始，Java 引入了模块化、var 等各种新功能，因此，Java 还新增了所谓的上下文关键字的概念。所谓上下文关键字，意思就是它们平时并不作为关键字（因此依然可作为普通标识符），只在特殊语句中才会被作为关键字。Java 17 一共提供了 16 个上下文关键字，如表 3.2 所示。

表 3.2　上下文关键字

exports	opens	requires	uses
module	permits	sealed	var
non-sealed	provides	to	with
open	record	transitive	yield

从语法上说，虽然大部分时候这些上下文关键字依然可作为标识符，但为了避免混淆，提高程序的可读性，还是建议尽量避免使用这些上下文关键字作为标识符。

3.4　基本数据类型

在介绍完作为变量名的标识符之后，接下来自然就要介绍定义变量要用到的数据类型了。

Java 的基本数据类型分为两大类：布尔类型和数值类型。而数值类型又可以分为整数类型和浮点类型，其中整数类型里的字符类型也可被单独对待。因此常把 Java 的基本数据类型分为 4 类，如图 3.8 所示。

Java 只包含 byte、short、int、long、char、float、double 和 boolean 这 8 种基本数据类型。值得指出的是，字符串不是基本数据类型，字符串是一个类，也就是一个引用类型。

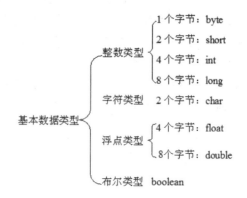

图 3.8　Java 的基本数据类型

3.4.1　整型

通常所说的整型，实际指的是如下 4 种类型。

- byte：一个 byte 类型的整数在内存中占 8 位，表数范围是-128(-2^7)～127(2^7-1)。
- short：一个 short 类型的整数在内存中占 16 位，表数范围是-32768(-2^{15})～32767($2^{15}-1$)。
- int：一个 int 类型的整数在内存中占 32 位，表数范围是-2147483648(-2^{31})～2147483647($2^{31}-1$)。
- long：一个 long 类型的整数在内存中占 64 位，表数范围是(-2^{63})～($2^{63}-1$)。

int 是最常用的整数类型，因此在通常情况下，直接给出一个整数值默认就是 int 类型。此外，有如下两种情形必须指出。

- 如果直接将一个较小的整数值（在 byte 或 short 类型的表数范围内）赋给一个 byte 或 short 类型的变量，那么系统会自动把这个整数值当成 byte 或者 short 类型来处理。
- 如果使用一个巨大的整数值（超出了 int 类型的表数范围），那么 Java 不会自动把这个整数值当成 long 类型来处理。如果希望系统把一个整数值当成 long 类型来处理，则应在这个整数值后添加 l 或者 L 作为后缀。通常推荐使用 L，因为很容易将英文字母 l 跟数字 1 搞混。

下面的代码片段验证了上面的结论。

程序清单：codes\03\3.4\IntegerValTest.java

```
// 下面的代码是正确的，系统会自动把 56 当成 byte 类型处理
byte a = 56;
/*
下面的代码是错误的，系统不会把 9999999999999 当成 long 类型处理
所以超出 int 类型的表数范围，从而引起错误
*/
// long bigValue = 9999999999999;
// 下面的代码是正确的，在巨大的整数值后使用 L 后缀，强制使用 long 类型
long bigValue2 = 9223372036854775807L;
```

注意：

可以把一个较小的整数值(在 int 类型的表数范围内)直接赋给一个 long 类型的变量，这并不是因为 Java 会把这个较小的整数值当成 long 类型来处理，Java 依然把这个整数值当成 int 类型来处理，只是因为 int 类型的值会自动类型转换为 long 类型。

Java 中整数值有 4 种表示方式：十进制、二进制、八进制和十六进制，其中二进制整数以 0b 或 0B 开头；八进制整数以 0 开头；十六进制整数以 0x 或 0X 开头，其中 10~15 分别以 a~f（此处的 a~f 不区分大小写）来表示。

下面的代码片段分别使用了八进制和十六进制形式的整数。

程序清单：codes\03\3.4\IntegerValTest.java

```
// 以 0 开头的整数值是八进制整数
int octalValue = 013;
```

```
// 以 0x 或 0X 开头的整数值是十六进制整数
int hexValue1 = 0x13;
int hexValue2 = 0XaF;
```

在某些时候，程序需要直接使用二进制整数，二进制整数更“真实”，更能表达整数在内存中的存在形式。不仅如此，有些程序（尤其在开发一些游戏时）使用二进制整数会更便捷。

从 Java 7 开始新增了对二进制整数的支持，二进制整数以 0b 或 0B 开头。程序片段如下。

程序清单：codes\03\3.4\IntegerValTest.java

```
// 定义两个 8 位的二进制整数
int binVal1 = 0b11010100;
byte binVal2 = 0B01101001;
// 定义一个 32 位的二进制整数，最高位是符号位
int binVal3 = 0B10000000000000000000000000000011;
System.out.println(binVal1); // 输出 212
System.out.println(binVal2); // 输出 105
System.out.println(binVal3); // 输出-2147483645
```

从上面的粗体字代码可以看出，当定义 32 位的二进制整数时，最高位其实是符号位，当符号位是 1 时，表明它是一个负数，负数在计算机里是以补码的形式存在的，因此还需要换算成原码。

提示：

所有数字在计算机底层都是以二进制形式存在的，原码是直接将一个数值换算成二进制数，但计算机以补码的形式保存所有的整数。补码的计算规则是：正数的补码和原码完全相同，负数的补码是其反码加 1；反码是对原码按位取反，但是最高位（符号位）保持不变。

将上面的二进制整数 binVal3 转换成十进制数的过程如图 3.9 所示。

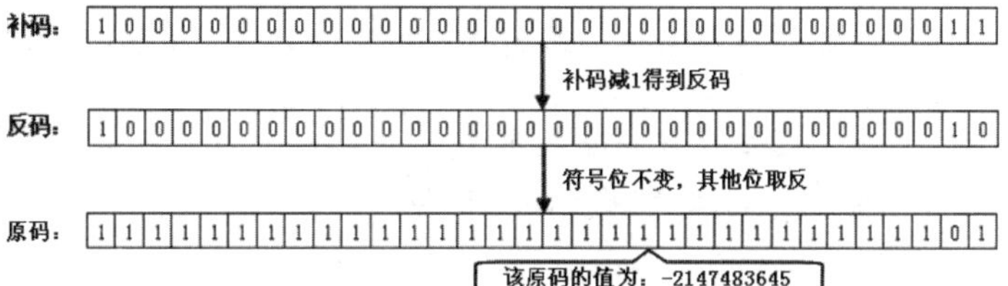

图 3.9　将二进制整数转换成十进制数

正如前面所指出的，整数值默认就是 int 类型，因此在使用二进制形式定义整数时，二进制整数默认占 32 位，其中第 32 位是符号位；如果在二进制整数后添加 l 或 L 后缀，那么这个二进制整数默认占 64 位，其中第 64 位是符号位。

例如如下程序。

程序清单：codes\03\3.4\IntegerValTest.java

```
/*
 定义一个 8 位的二进制整数，该数值默认占 32 位，因此它是一个正数
 只是在强制类型转换为 byte 类型时发生了溢出，最终导致 binVal4 变成了-23
 */
byte binVal4 = (byte) 0b11101001;
/*
  定义一个 32 位的二进制整数，最高位是 1
  但由于数值后添加了 L 后缀，因此该整数实际占 64 位，此时第 32 位的 1 不是符号位
  因此 binVal5 的值等于 2 的 31 次方+2+1
 */
long binVal5 = 0B10000000000000000000000000000011L;
System.out.println(binVal4); // 输出-23
System.out.println(binVal5); // 输出 2147483651
```

上面程序中的粗体字代码与前面程序片段中的粗体字代码基本相同，只是在定义二进制整数时添加

了 L 后缀，这就表明把它当成 long 类型处理，因此该整数实际占 64 位。此时第 32 位不再是符号位，因此它依然是一个正数。

至于程序中的 byte binVal4 = (byte)0b11101001;代码，其中 0b11101001 依然是一个 32 位的正整数，只是程序在进行强制类型转换时发生了溢出，导致它变成了负数。关于强制类型转换的知识请参考本章 3.5 节。

3.4.2 字符型

字符型通常用于表示单个字符，字符型值必须使用单引号（''）括起来。Java 语言使用 16 位的 Unicode 字符集作为编码方式，而 Unicode 被设计成支持世界上所有书面语言的字符，包括中文字符，因此 Java 程序支持各种语言的字符。

学生提问：什么是字符集？

答：严格来说，计算机无法保存电影、音乐、图片、字符……计算机只能保存二进制码。因此，对于电影、音乐、图片、字符，都需要先转换为二进制码，然后才能保存。比如有 avi、mov 等电影格式，mp3、wma 等音乐格式，gif、png 等图片格式；之所以需要这些格式，就是因为计算机需要先将电影、音乐、图片等转换为二进制码，然后才能保存。对于字符的保存就简单多了，直接对所有需要保存的字符进行编号，当计算机要保存某个字符时，只要将该字符的编号转换为二进制码，然后保存起来即可。所谓字符集，就是给所有字符编号组成总和。早期美国人对英文字符、数字、标点符号等进行了编号，他们认为所有字符加起来也就 100 多个，只要 1 字节（8 位，支持 256 个字符编号）即可为所有字符编号——这就是 ASCII 字符集。后来，亚洲国家纷纷为本国文字进行编号，即制订本国的字符集，但这些字符集并不兼容。于是，美国人又为世界上所有书面语言的字符进行了统一编号，这次他们用了 2 字节（16 位，支持 65536 个字符编号），这就是 Unicode 字符集。

字符型值有如下三种表示形式。

- 直接通过单个字符来指定字符型值，例如'A'、'9'和'0'等。
- 通过转义字符表示特殊字符型值，例如'\n'、'\t'等。
- 直接使用 Unicode 值来表示字符型值，格式是'\uXXXX'，其中 XXXX 代表一个十六进制整数。

Java 语言中常用的转义字符如表 3.3 所示。

表 3.3 Java 语言中常用的转义字符

转义字符	说　明	Unicode 表示方式
\b	退格符	\u0008
\n	换行符	\u000a
\r	回车符	\u000d
\t	制表符	\u0009
\"	双引号	\u0022
\'	单引号	\u0027
\\	反斜线	\u005c

字符型值也可以采用十六进制编码方式来表示，范围是'\u0000'~'\uFFFF'，一共可以表示 65536 个字符，其中前 256 个（'\u0000'~'\u00FF'）字符和 ASCII 码中的字符完全重合。

由于计算机底层在保存字符时，实际上是保存该字符对应的编号，因此 char 类型的值也可直接作为整型值来使用，它相当于一个 16 位的无符号整数，表数范围是 0~65535。

提示： char 类型的变量、值完全可以参与加、减、乘、除等数学运算，也可以比较大小——实际上都是用该字符对应的编码参与运算的。

如果把 0~65535 范围内的一个 int 类型的整数赋给 char 类型的变量，那么系统会自动把这个整数当成 char 类型来处理。

下面的程序简单示范了字符型变量的用法。

程序清单：codes\03\3.4\CharTest.java

```
public class CharTest
{
    public static void main(String[] args)
    {
        // 直接指定单个字符作为字符值
        char aChar = 'a';
        // 使用转义字符作为字符值
        char enterChar = '\r';
        // 使用 Unicode 编码值来指定字符值
        char ch = '\u9999';
        // 将输出一个'香'字符
        System.out.println(ch);
        // 定义一个'疯'字符值
        char zhong = '疯';
        // 直接将一个 char 类型的变量当成 int 类型的变量使用
        int zhongValue = zhong;
        System.out.println(zhongValue);
        // 直接把 0~65535 范围内的一个 int 类型的整数赋给 char 类型的变量
        char c = 97;
        System.out.println(c);
    }
}
```

Java 没有提供表示字符串的基本数据类型，而是通过 String 类来表示字符串。由于字符串是由多个字符组成的，因此要使用双引号将字符串括起来。例如如下代码：

```
// 下面的代码定义了一个 s 变量，它是一个字符串实例的引用，是一个引用类型的变量
String s = "沧海月明珠有泪，蓝田日暖玉生烟。";
```

读者必须注意：char 类型使用单引号括起来，而字符串使用双引号括起来。关于 String 类的用法以及对应的各种方法，读者应该通过查阅 API 文档来掌握，以此来练习使用 API 文档。

值得指出的是，Java 语言中的单引号、双引号和反斜线都有特殊的用途，如果一个字符串中包含了这些特殊字符，则应该使用转义字符的表示形式。例如，在 Java 程序中表示一个绝对路径："c:\codes"，但这种写法得不到期望的结果，因为 Java 会把反斜线当成转义字符，所以应该写成这种形式："c:\\codes"，只有同时写两个反斜线，Java 才会把第一个反斜线当成转义字符，和后一个反斜线组成真正的反斜线。

3.4.3　浮点型

Java 的浮点类型有两种：float 和 double。Java 的浮点类型有固定的字段长度和表数范围，字段长度和表数范围与机器无关。Java 语言的浮点数遵循 IEEE 754 标准，采用二进制数据的科学计数法来表示浮点数，对于 float 类型的数值，第 1 位是符号位，接下来的 8 位表示指数，再接下来的 23 位表示尾数；对于 double 类型的数值，第 1 位也是符号位，接下来的 11 位表示指数，再接下来的 52 位表示尾数。

double 类型代表双精度浮点数，float 类型代表单精度浮点数。一个 double 类型的数值占 8 字节、64 位，一个 float 类型的数值占 4 字节、32 位。

因为 Java 语言的浮点数使用二进制数据的科学计数法来表示，因此可能不能精确表示一个浮点数。例如，把 5.2345556f 值赋给一个 float 类型的变量，在输出这个变量时，可以看到这个变量的值已经发生改变。double 类型的浮点数比 float 类型的浮点数更精确，但是如果浮点数的精度足够高（当小数点后的数字很多时），则依然可能发生这种情况。如果开发者需要精确保存一个浮点数，则可以考虑使用 BigDecimal 类。

Java 语言的浮点数有两种表示形式。

- 十进制数形式：这种形式的浮点数就是简单的浮点数，例如 5.12、512.0、.512。浮点数必须包含一个小数点，否则会被当成 int 类型处理。
- 科学计数法形式：例如 5.12e2（5.12×10^2）、5.12E2（5.12×10^2）。

必须指出的是，只有浮点类型的数值才可以使用科学计数法形式表示。例如，51200 是一个 int 类型的值，但 512E2 则是浮点类型的值。

Java 语言的浮点数值默认是 double 类型，如果希望 Java 把一个浮点数值当成 float 类型处理，则应该在这个浮点数值后紧跟 f 或 F。例如，5.12 表示一个 double 类型的值，占 64 位的内存空间；5.12f 或者 5.12F 才表示一个 float 类型的值，占 32 位的内存空间。当然，也可以在一个浮点数值后添加 d 或 D 后缀，强制指定是 double 类型，但通常没必要。

Java 还提供了三个特殊的浮点数值：正无穷大、负无穷大和非数，用于表示溢出和出错。例如，使用一个正数除以 0 将得到正无穷大，使用一个负数除以 0 将得到负无穷大，0.0 除以 0.0 或对一个负数开方将得到一个非数。正无穷大通过 Double 或 Float 类的 POSITIVE_INFINITY 表示，负无穷大通过 Double 或 Float 类的 NEGATIVE_INFINITY 表示，非数通过 Double 或 Float 类的 NaN 表示。

必须指出的是，所有的正无穷大数值都是相等的，所有的负无穷大数值都是相等的；而 NaN 不与任何数值相等，甚至和 NaN 都不相等。

只有浮点数值除以 0 才可以得到正无穷大或负无穷大，因为 Java 语言会自动把和浮点数运算的 0（整数）当成 0.0（浮点数）处理。如果一个整数值除以 0，则会抛出异常：ArithmeticException: / by zero（除以 0 异常）。

下面的程序示范了上面介绍的关于浮点数的各个知识点。

程序清单：codes\03\3.4\FloatTest.java

```
public class FloatTest
{
    public static void main(String[] args)
    {
        float af = 5.2345556f;
        // 下面将看到 af 的值已经发生改变
        System.out.println(af);
        double a = 0.0;
        double c = Double.NEGATIVE_INFINITY;
        float d = Float.NEGATIVE_INFINITY;
        // 可以看到 float 和 double 的负无穷大是相等的
        System.out.println(c == d);
        // 0.0 除以 0.0 将出现非数
        System.out.println(a / a);
        // 两个非数之间是不相等的
        System.out.println(a / a == Float.NaN);
        // 所有的正无穷大数值都是相等的
        System.out.println(6.0 / 0 == 555.0/0);
        // 负数除以 0.0 得到负无穷大
```

```
        System.out.println(-8 / a);
        // 下面的代码将抛出除以 0 异常
        // System.out.println(0 / 0);
    }
}
```

3.4.4　在数值中使用下画线分隔

正如在前面的程序中所看到的，当程序中用到的数值位数特别多时，程序员的眼睛“看花”了都看不清到底有多少位数。为了解决这种问题，Java 7 引入了一个新功能：程序员可以在数值中自由地使用下画线，而不管是整数值，还是浮点数值。通过使用下画线分隔，程序员可以更直观地分辨数值到底有多少位。例如下面的程序。

程序清单：codes\03\3.4\UnderscoreTest.java

```
public class UnderscoreTest
{
    public static void main(String[] args)
    {
        // 定义一个 32 位的二进制数，最高位是符号位
        int binVal = 0B1000_0000_0000_0000_0000_0000_0000_0011;
        double pi = 3.14_15_92_65_36;
        System.out.println(binVal);
        System.out.println(pi);
        double height = 8_8_4_8.23;
        System.out.println(height);
    }
}
```

3.4.5　布尔型

布尔型只有一个 boolean 类型，用于表示逻辑上的“真”或“假”。在 Java 语言中，boolean 类型的数值只能是 true 或 false，不能用 0 或者非 0 来代表。其他基本数据类型的值也不能被转换成 boolean 类型。

提示： Java 规范并没有强制指定 boolean 类型的变量所占用的内存空间。虽然 boolean 类型的变量或值只要 1 位即可保存，但由于大部分计算机在分配内存时允许分配的最小内存单元是字节（8 位），因此 bit 大多数时候实际上占用 8 位。

例如，下面的代码定义了两个 boolean 类型的变量，并指定了初始值。

程序清单：codes\03\3.4\BooleanTest.java

```
// 定义 b1 的值为 true
boolean b1 = true;
// 定义 b2 的值为 false
boolean b2 = false;
```

字符串"true"和"false"不会被直接转换成 boolean 类型，但如果使用一个 boolean 类型的值和字符串进行连接运算，则 boolean 类型的值将会被自动转换成字符串。看下面的代码（程序清单同上）：

```
// 使用 boolean 类型的值和字符串进行连接运算，boolean 类型的值会被自动转换成字符串
String str = true + "";
// 下面将输出 true
System.out.println(str);
```

boolean 类型的变量或值主要用作旗标来进行流程控制，在 Java 语言中使用 boolean 类型的变量或值控制的流程主要有如下几种。

- if 条件控制语句
- while 循环控制语句
- do while 循环控制语句

➢ for 循环控制语句

此外，boolean 类型的变量和值还可以在三目运算符（? :）中使用。这些内容在后面将会有更详细的介绍。

3.4.6 使用 var 定义变量

为了简化局部变量的声明，从 Java 10 开始支持使用 var 定义局部变量：var 相当于一个动态类型，使用 var 定义的局部变量的类型由编译器自动推断——在定义变量时分配了什么类型的初始值，该变量就是什么类型。

需要说明的是，Java 的 var 与 JavaScript 的 var 截然不同，JavaScript 本质上是弱类型语言，因此 JavaScript 使用 var 定义的变量并没有明确的类型；但 Java 是强类型语言，因此 Java 使用 var 定义的变量依然有明确的类型——为局部变量指定初始值时，该变量的类型就确定下来了。

因此，当使用 var 定义局部变量时，必须在定义局部变量的同时指定初始值，否则编译器无法推断该变量的类型。

例如，如下代码使用 var 定义了多个局部变量。

程序清单：codes\03\3.4\VarTest.java

```
var a = 20; // 被赋值为20，因此a的类型是int
System.out.println(a);
// a = 1.6; 这行代码会报错：不兼容的类型
var b = 3.4; // 被赋值为3.4，因此b的类型是double
System.out.println(b);
var c = (byte) 13; // 被赋值为 (byte) 13，因此c的类型是byte
System.out.println(c);
// c = a; // 这行代码会报错：不兼容的类型
// var d; 这行代码会报错：无法推断局部变量 d 的类型
```

对于 var a = 20;，程序并未明确指定变量 a 的类型，但程序为其指定的初始值为 20，因此编译器会确定变量 a 的类型为 int。该程序中第一行粗体字代码尝试将 1.6（double 类型的值）赋给变量 a，因此这行代码会报错：不兼容的类型。

类似的有：对于 var b = 3.4;，程序同样没有明确指定变量 b 的类型，但由于程序为变量 b 指定的初始值为 3.4，因此编译器会确定变量 b 的类型为 double。

对于 var c = (byte) 13;，程序为变量 c 赋的值是(byte) 13，不是 13（13 默认被当成 int 类型）。这里明确指定所赋的值是 byte，因此编译器会确定变量 c 的类型是 byte。该程序中第二行粗体字代码尝试将 a（int 类型的变量）的值赋给变量 c，因此这行代码会报错：不兼容的类型。

上面程序中最后一行代码使用 var 定义变量 d，却没有为该变量指定初始值，因此编译器无法确定该变量的类型，因此这行代码会报错。

使用 var 定义的变量不仅可以是基本类型的，也可以是字符串等引用类型的。例如如下代码（程序清单同上）：

```
var st = "Hello"; // 被赋值为"Hello"，因此st的类型是String
st = 5; // 这行代码会报错：不兼容的类型
```

对于 var st = "Hello";，由于被赋值为"Hello"，这是一个字符串，因此编译器会推断 st 的类型是字符串。

通过上面的介绍可以看出，Java 引入 var 属于“向潮流投降”：由于 Java 本质上是强类型语言，因此使用 var 定义局部变量只是形式的改变，这些变量依然有明确的类型。

使用 var 定义局部变量是一把双刃剑，其优点在于：编码更简洁，不管什么类型的局部变量，直接使用 var 声明即可；其缺点在于：变量类型的可读性降低了。

对于形如 var a = 5; var st = "Hello";这样的代码，程序员可以很快就确定变量 a 的类型是 int，变量 st 的类型是 String。但对于 var s = item.map(xxx);这样的代码，变量 s 的类型取决于 item 对象的 map()

方法的返回值，程序员很难一眼就确定变量 s 的类型——代码的可读性降低了。

因此，对于 var 的作用，笔者并不建议大范围使用。通常来说，如果局部变量的初始值的类型很容易确定（没有复杂的方法调用），那么此时可使用 var 定义局部变量。

对于以下几种情况，应该避免使用 var 定义局部变量。

- 变量的类型不容易判断——比如变量的初始值是由复杂的方法调用所得到的。
- 局部变量的使用范围很大——随着局部变量的使用范围的增大，后面的代码就更难判断该变量的类型了。

3.5　基本类型的类型转换

在 Java 程序中，不同的基本类型的值经常需要进行相互转换。Java 语言所提供的 7 种数值类型之间可以相互转换，有两种类型转换方式：自动类型转换和强制类型转换。

3.5.1　自动类型转换

Java 的所有数值类型的变量可以相互转换，如果系统支持把某种基本类型的值直接赋给另一种基本类型的变量，那么这种方式被称为自动类型转换。当把一个表数范围小的数值或变量直接赋给另一个表数范围大的变量时，系统将可以进行自动类型转换；否则就需要强制转换。

表数范围小的可以向表数范围大的进行自动类型转换，就如同有两瓶水，当把小瓶里的水倒入大瓶中时不会有任何问题。Java 支持自动类型转换的类型如图 3.10 所示。

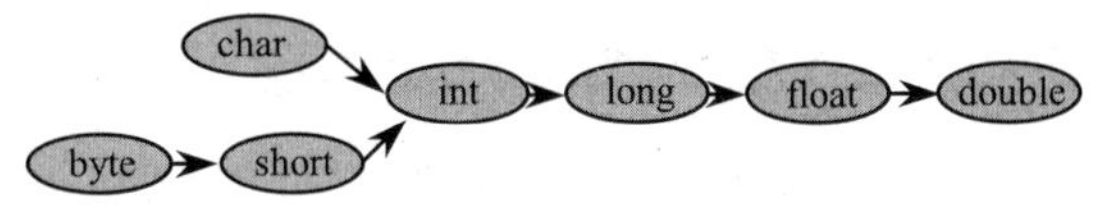

图 3.10　自动类型转换

图 3.10 中所示的箭头左边的数值类型可以自动类型转换为箭头右边的数值类型。下面的程序示范了自动类型转换。

程序清单：codes\03\3.5\AutoConversion.java

```
public class AutoConversion
{
    public static void main(String[] args)
    {
        int a = 6;
        // int 类型可以自动类型转换为 float 类型
        float f = a;
        // 下面将输出 6.0
        System.out.println(f);
        // 定义一个 byte 类型的整数变量
        byte b = 9;
        // 下面的代码将出错，byte 类型不能自动类型转换为 char 类型
        // char c = b;
        // byte 类型的变量可以自动类型转换为 double 类型
        double d = b;
        // 下面将输出 9.0
        System.out.println(d);
    }
}
```

不仅如此，当把任何基本类型的值和字符串值进行连接运算时，基本类型的值将自动类型转换为字符串类型——虽然字符串类型不是基本类型，而是引用类型。因此，如果希望把基本类型的值转换为对应的字符串，则可以把基本类型的值和一个空字符串进行连接。

提示：

"+"不仅可作为加法运算符使用，还可作为字符串连接运算符使用。

看如下代码。

程序清单：codes\03\3.5\PrimitiveAndString.java

```
public class PrimitiveAndString
{
    public static void main(String[] args)
    {
        // 下面的代码是错误的，因为5是一个整数，不能被直接赋给一个字符串
        // String str1 = 5;
        // 当一个基本类型的值和字符串进行连接运算时，基本类型的值将自动转换为字符串
        String str2 = 3.5f + "";
        // 下面的语句输出3.5
        System.out.println(str2);
        // 下面的语句输出7Hello!
        System.out.println(3 + 4 + "Hello! ");
        // 下面的语句输出Hello!34，因为"Hello!" + 3会把3当成字符串处理
        // 而后再把4当成字符串处理
        System.out.println("Hello! " + 3 + 4);
    }
}
```

上面的程序中有一个“3 + 4 + "Hello!"”表达式，这个表达式先执行“3 + 4”运算，这是执行两个整数之间的加法运算，得到7，然后进行“7 + "Hello!"”运算，此时会把7当成字符串处理，从而得到7Hello!。反之，对于“"Hello！ " + 3 + 4”表达式，先进行“"Hello！ " + 3”运算，得到一个Hello!3字符串，再和4进行连接运算，4也被当成字符串处理。

3.5.2 强制类型转换

如果希望把图3.10中箭头右边的类型转换为左边的类型，则必须进行强制类型转换。强制类型转换的语法格式是：(targetType) value，强制类型转换的运算符是圆括号（()）。当进行强制类型转换时，类似于把一个大瓶子里的水倒入一个小瓶子，如果大瓶子里的水不多还好，但如果大瓶子里的水很多，将会引起溢出，从而造成数据丢失。这种转换也被称为“缩小转换（Narrow Conversion）”。

下面的程序示范了强制类型转换。

程序清单：codes\03\3.5\NarrowConversion.java

```
public class NarrowConversion
{
    public static void main(String[] args)
    {
        var iValue = 233;
        // 强制把一个int类型的值转换为byte类型的值
        byte bValue = (byte) iValue;
        // 将输出-23
        System.out.println(bValue);
        var dValue = 3.98;
        // 强制把一个double类型的值转换为int类型的值
        int tol = (int) dValue;
        // 将输出3
        System.out.println(tol);
    }
}
```

在上面的程序中，当把一个浮点数强制类型转换为整数时，Java将直接截断浮点数的小数部分。此外，上面的程序还把233强制类型转换为byte类型的整数，从而变成了-23，这就是典型的溢出。图3.11示范了这个转换过程。

从图3.11中可以看出，32位int类型的233在内存中如图3.11上面所示，强制类型转换为8位的byte类型，则需要截断前面的24位，只保留右边的8位，最左边的1是一个符号位，此处表明这是一个负数，负数在计算机里是以补码的形式存在的，因此还需要换算成原码。

将补码减1得到反码的形式，再将反码取反就可以得到原码。

最后的二进制原码为 10010111，这个 byte 类型的值为-(16 + 4 + 2 + 1)，也就是-23。

图 3.11 int 类型向 byte 类型强制类型转换

从图 3.11 中可以很容易看出，当试图强制把表数范围大的类型转换为表数范围小的类型时，必须格外小心，因为非常容易引起数据丢失。

经常上网的读者可能会发现有些网页上包含临时生成的验证字符串，那么这个随机字符串是如何生成的呢？首先随机生成一个指定范围内的 int 数字（如果希望生成小写字母，那么范围就是 97~122），然后将其强制转换成 char 类型，再将多次生成的字符连缀起来即可。

下面的程序示范了如何生成一个 6 位的随机字符串，这个程序中用到了后面的循环控制，不理解循环的读者可以参考后面章节的介绍。

程序清单：codes\03\3.5\RandomStr.java

```
public class RandomStr
{
    public static void main(String[] args)
    {
        // 定义一个空字符串
        var result = "";
        // 进行 6 次循环
        for (var i = 0; i < 6; i++)
        {
            // 生成一个 97~122 之间的 int 类型的整数
            var intVal = (int) (Math.random() * 26 + 97);
            // 将 intValue 强制转换为 char 类型后连接到 result 后面
            result = result + (char) intVal;
        }
        // 输出随机字符串
        System.out.println(result);
    }
}
```

还有下面一行容易出错的代码：

```
// 直接把 5.6 赋值给 float 类型的变量将出现错误，因为 5.6 默认是 double 类型
float a = 5.6
```

上面代码中的 5.6 默认是一个 double 类型的浮点数，因此将 5.6 赋值给一个 float 类型的变量将导致错误，必须使用强制类型转换才可以，即将上面的代码改为如下形式：

```
float a = (float) 5.6
```

在通常情况下，字符串不能被直接转换为基本类型，但通过基本类型对应的包装类则可以实现把字符串转换成基本类型。例如，把字符串转换成 int 类型，则可通过如下代码实现：

```
String a = "45";
// 使用 Integer 的方法将一个字符串转换成 int 类型
int iValue = Integer.parseInt(a);
```

Java 为 8 种基本类型都提供了对应的包装类：boolean 对应于 Boolean、byte 对应于 Byte、short 对应于 Short、int 对应于 Integer、long 对应于 Long、char 对应于 Character、float 对应于 Float、double 对应于 Double。这 8 个包装类都提供了一个 parseXxx(String str)静态方法，用于将字符串转换成基本类型。关于包装类的介绍，请参考本书第 6 章。

3.5.3 表达式类型的自动提升

当一个算术表达式中包含多个基本类型的值时，整个算术表达式的数据类型将发生自动提升。Java 定义了如下自动提升规则。

- 所有的 byte 类型、short 类型和 char 类型将被提升到 int 类型。
- 整个算术表达式的数据类型将被自动提升到与表达式中最高等级的操作数同样的类型。操作数的等级排列如图 3.10 所示，位于箭头右边的类型的等级高于位于箭头左边的类型的等级。

下面的程序示范了一个典型的错误。

程序清单：codes\03\3.5\AutoPromote.java

```
// 定义一个 short 类型的变量
short sValue = 5;
// 表达式中的 sValue 将被自动提升到 int 类型，故右边的表达式类型为 int
// 将一个 int 类型的值赋给 short 类型的变量将发生错误
sValue = sValue - 2;
```

上面的“sValue - 2”表达式的类型将被提升到 int 类型，这样就把右边的 int 类型的值赋给左边的 short 类型的变量，从而引起错误。

下面的代码是表达式类型自动提升的正确示例代码（程序清单同上）。

```
byte b = 40;
var c = 'a';
var i = 23;
var d = .314;
// 右边表达式中最高等级的操作数为 d（double 类型）
// 故右边表达式的类型为 double，赋给一个 double 类型的变量
double result = b + c + i * d;
// 将输出 144.222
System.out.println(result);
```

必须指出的是，表达式的类型将严格保持和表达式中最高等级的操作数相同的类型。在下面的代码中，两个 int 类型的整数进行除法运算，即使无法除尽，也将得到一个 int 类型的结果（程序清单同上）。

```
var val = 3;
// 右边表达式中的两个操作数都是 int 类型，故右边表达式的类型为 int
// 虽然 23/3 不能除尽，但依然得到一个 int 类型的整数
int intResult = 23 / val;
System.out.println(intResult); // 将输出 7
```

从上面的程序可以看出，当两个整数进行除法运算时，如果不能整除，那么得到的结果将是把小数部分截断取整后的整数。

如果表达式中包含了字符串，则又是另一番情形了。因为当把加号（+）放在字符串和基本类型的值之间时，这个加号是一个字符串连接运算符，而不是加法运算符。看如下代码：

```
// 输出字符串 Hello!a7
System.out.println("Hello!" + 'a' + 7);
// 输出字符串 104Hello!
System.out.println('a' + 7 + "Hello!");
```

对于第一个表达式“"Hello!" + 'a' + 7”，先进行“"Hello!" + 'a'”运算，把'a'转换成字符串，拼接成字符串 Hello!a，然后进行“"Hello!a" + 7”运算，这也是一个字符串连接运算，得到的结果是 Hello!a7。对于第二个表达式，先进行“'a' + 7”加法运算，其中'a'被自动提升到 int 类型，变成 a 对应的 ASCII 值：97，“97 + 7”将得到 104，然后进行“104 + "Hello!"”运算，104 会被自动转换成字符串，将变成两个字符串的连接运算，从而得到 104Hello!。

3.6 直接量

介绍完定义变量所需的标识符、类型后，接下来自然就要介绍如何为变量指定值——最简单的方法

就是指定直接量作为变量的值。

直接量（literal value，也被直译为字面值）是指在程序中通过源代码直接给出的值，例如，在 int a = 5; 这行代码中，为变量 a 所分配的初始值 5 就是一个直接量。

3.6.1 直接量的类型

并不是所有的数据类型都可以指定直接量，能指定直接量的通常只有三种类型：基本类型、字符串类型和 null 类型。具体而言，Java 支持如下 8 种类型的直接量。

- int 类型的直接量：在程序中直接给出的整型数值，可分为二进制、十进制、八进制和十六进制 4 种形式，其中二进制形式需要以 0B 或 0b 开头，八进制形式需要以 0 开头，十六进制形式需要以 0x 或 0X 开头。例如 123、012（对应十进制形式的 10）、0x12（对应十进制形式的 18）等。
- long 类型的直接量：在整型数值后添加 l 或 L 后就变成了 long 类型的直接量。例如 3L、0x12L（对应十进制形式的 18L）。
- float 类型的直接量：在一个浮点数后添加 f 或 F 就变成了 float 类型的直接量，这个浮点数可以是标准小数形式，也可以是科学计数法形式。例如 5.34F、3.14E5f。
- double 类型的直接量：直接给出一个标准小数形式或者科学计数法形式的浮点数就是 double 类型的直接量。例如 5.34、3.14E5。
- boolean 类型的直接量：这个类型的直接量只有 true 和 false。
- char 类型的直接量：char 类型的直接量有三种形式，分别是用单引号括起来的字符、转义字符和用 Unicode 值表示的字符。例如'a'、'\n'和'\u0061'。
- String 类型的直接量：一个用双引号括起来的字符序列就是 String 类型的直接量。
- null 类型的直接量：这个类型的直接量只有一个值，即 null。

在上面 8 种类型的直接量中，null 类型是一种特殊类型，它只有一个值：null，而且这个直接量可以被赋给任何引用类型的变量，用于表示这个引用类型变量中保存的地址为空，即还未指向任何有效对象。

3.6.2 直接量的赋值

通常，总是把一个直接量赋给对应类型的变量，例如，下面的代码都是合法的。

```
var a = 5;
var c = 'a';
var b = true;
var f = 5.12f;
var d = 4.12;
var author = "李刚";
var book = "疯狂 Android 讲义";
```

此外，Java 还支持数值之间的自动类型转换，因此允许把一个数值直接量直接赋给另一种类型的变量。这种赋值必须是系统所支持的自动类型转换，例如，把 int 类型的直接量赋给一个 long 类型的变量。Java 所支持的数值之间的自动类型转换如图 3.10 所示，箭头左边的类型的直接量可以被直接赋给箭头右边的类型的变量；如果需要把图 3.10 中箭头右边的类型的直接量赋给箭头左边的类型的变量，则需要强制类型转换。

String 类型的直接量不能被赋给其他类型的变量，null 类型的直接量可以被直接赋给任何引用类型的变量，包括 String 类型。boolean 类型的直接量只能被赋给 boolean 类型的变量，不能被赋给其他任何类型的变量。

关于字符串直接量有一点需要指出，当程序第一次使用某个字符串直接量时，Java 会使用常量池（constant pool）来缓存该字符串直接量，如果程序后面的部分需要用到该字符串直接量，那么 Java 会直接使用常量池中的字符串直接量。

提示： 由于 String 类是一个典型的不可变类，String 对象被创建出来后就不可能发生改变，因此无须担心共享 String 对象会导致混乱。关于不可变类的概念请参考本书第 6 章。

提示： 常量池指的是在编译期被确定，并被保存在已编译的.class 文件中的一些数据。它包括有关类、方法、接口中的常量，也包括字符串直接量。

看如下程序：

```
var s0 = "hello";
var s1 = "hello";
var s2 = "he" + "llo";
System.out.println( s0 == s1 );
System.out.println( s0 == s2 );
```

运行结果为：

```
true
true
```

Java 会确保每个字符串常量只有一个，不会产生多个副本。例子中 s0 和 s1 中的"hello"都是字符串常量，它们在编译期就被确定了，所以 s0 == s1 返回 true。"he"和"llo"也都是字符串常量，当一个字符串由多个字符串常量连接而成时，它本身也是字符串常量，s2 同样在编译期就被解析为一个字符串常量，所以 s2 也是常量池中"hello"的引用。因此，程序输出 s0 == s1 返回 true，s1 == s2 也返回 true。

3.6.3 Java 17 增加的块字符串

Java 的传统字符串只能是单行字符串，大部分时候这并没有问题，但是当程序需要定义大段且具有一定格式的字符串时，这种单行字符串就会变得烦琐。比如要定义如下字符串：

```
{
    'name': 'yeeku',
    'age': 25
}
```

如果使用传统的单行字符串来定义它，则需要定义成如下形式。

程序清单：codes\03\3.6\BlockStrTest.java

```
// 定义一段 JSON 字符串
var user = "{\n"
    + "  'name': 'yeeku',\n"
    + "  'age': 25\n"
    + "}\n";
System.out.println(user);
```

正如在上面的代码中所看到的，由于传统的单行字符串不支持多行，因此程序只能使用“+”运算符来拼接多行字符串内容。这种方式不仅烦琐，而且程序的可读性也不好。

Java 17 新增的块字符串则可以很好地解决这个痛点——块字符串使用三个英文引号作为开始标记，使用三个英文引号作为结束标记，中间的内容整体作为字符串。例如如下代码（程序清单同上）：

```
// 使用块字符串定义 JSON 字符串
var user1 = """
    {
        'name': 'yeeku',
        'age': 25
    }
    """;
System.out.println(user1);
```

从上面的粗体字代码可以看到，两组三个英文引号之间的内容就是块字符串，这种写法不仅简单、便捷，而且代码的可读性也更好。

3.7　运算符

除对变量赋值之外，不可避免地需要对数值、变量进行计算，这就需要用到运算符了。

运算符是一种特殊的符号，用于表示数据的运算、赋值和比较等。Java 语言使用运算符将一个或多个操作数连缀成可执行语句，用于实现特定功能。

Java 语言中的运算符可分为如下几种。

- 算术运算符
- 赋值运算符
- 比较运算符
- 逻辑运算符
- 位运算符
- 类型相关运算符

3.7.1　算术运算符

Java 支持所有的基本算术运算符，这些算术运算符用于执行基本的数学运算：加、减、乘、除和求余等。下面是 7 个基本的算术运算符。

+：加法运算符。例如如下代码：

```
var a = 5.2;
var b = 3.1;
var sum = a + b;
// sum 的值为 8.3
System.out.println(sum);
```

除此之外，+还可以作为字符串的连接运算符。

-：减法运算符。例如如下代码：

```
var a = 5.2;
var b = 3.1;
var sub = a - b;
// sub 的值为 2.1
System.out.println(sub);
```

*：乘法运算符。例如如下代码：

```
var a = 5.2;
var b = 3.1;
var multiply = a * b;
// multiply 的值为 16.12
System.out.println(multiply);
```

/：除法运算符。除法运算符有些特殊，如果除法运算的两个操作数都是整数类型，则计算结果也是整数，就是将自然除法的结果截断取整，例如，19/4 的结果是 4，而不是 5。如果除法运算的两个操作数都是整数类型，则除数不可以是 0，否则将引发除以 0 异常。

但如果除法运算的两个操作数中有一个是浮点数，或者两个都是浮点数，则计算结果也是浮点数，这个结果就是自然除法的结果。而且此时允许除数是 0，或者 0.0，得到的结果是正无穷大或负无穷大。看下面的代码。

程序清单：codes\03\3.7\DivTest.java

```
public class DivTest
{
    public static void main(String[] args)
    {
        var a = 5.2;
```

```
        var b = 3.1;
        var div = a / b;
        // div的值将是1.6774193548387097
        System.out.println(div);
        // 输出正无穷大：Infinity
        System.out.println("5除以0.0的结果是:" + 5 / 0.0);
        // 输出负无穷大：-Infinity
        System.out.println("-5除以0.0的结果是:" + - 5 / 0.0);
        // 下面的代码将出现异常
        // java.lang.ArithmeticException: / by zero
        System.out.println("-5除以0的结果是:" + -5 / 0);
    }
}
```

%：求余运算符。求余运算的结果不一定总是整数，求余运算使用第一个操作数除以第二个操作数，得到一个整除的结果后剩下的值就是余数。由于求余运算也需要进行除法运算，因此，如果求余运算的两个操作数都是整数类型，则第二个操作数不能是0，否则将引发除以0异常。如果求余运算的两个操作数中有一个或者两个都是浮点数，则允许第二个操作数是0或0.0，只是求余运算的结果是非数：NaN。0或0.0对零以外的任何数求余都将得到0或0.0。看如下程序。

程序清单：codes\03\3.7\ModTest.java

```
public class ModTest
{
    public static void main(String[] args)
    {
        var a = 5.2;
        var b = 3.1;
        var mod = a % b;
        System.out.println(mod); // mod的值为2.1
        System.out.println("5对0.0求余的结果是:" + 5 % 0.0); // 输出非数：NaN
        System.out.println("-5.0对0求余的结果是:" + -5.0 % 0); // 输出非数：NaN
        System.out.println("0对5.0求余的结果是:" + 0 % 5.0); // 输出0.0
        System.out.println("0对0.0求余的结果是:" + 0 % 0.0); // 输出非数：NaN
        // 下面代码将出现异常：java.lang.ArithmeticException: / by zero
        System.out.println("-5对0求余的结果是:" + -5 % 0);
    }
}
```

++：自加。该运算符有两个要点——①自加运算符是单目运算符，只能操作一个操作数；②自加运算符只能操作单个数值类型（整型、浮点型都行）的变量，不能操作常量或表达式。自加运算符既可以出现在操作数的左边，也可以出现在操作数的右边，但出现在左边和右边的效果是不一样的。如果把++放在左边，则先把操作数加1，然后再把操作数放入表达式中运算；如果把++放在右边，则先把操作数放入表达式中运算，然后再把操作数加1。看如下代码：

```
var a = 5;
// 让a先执行算术运算，然后自加
var b = a++ + 6;
// 输出a的值为6，b的值为11
System.out.println(a + "\n" + b);
```

执行完后，a的值为6，而b的值为11。当++在操作数右边时，先执行a + 6的运算（此时a的值为5），然后对a加1。对比下面的代码：

```
var a = 5;
// 让a先自加，然后执行算术运算
var b = ++a + 6;
// 输出a的值为6，b的值为12
System.out.println(a + "\n" + b);
```

执行的结果是，a的值为6，b的值为12。当++在操作数左边时，先对a加1，然后执行a + 6的运算（此时a的值为6），因此b为12。

--：自减。自减运算符也是单目运算符，其用法与++基本相似，只是将操作数的值减 1。

自加运算符和自减运算符只能用于操作变量，不能用于操作数值直接量、常量或表达式。例如，5++、6--等的写法都是错误的。

Java 并没有提供其他更复杂的运算符，如果需要完成乘方、开方等复杂的数学运算，则可借助于 java.lang.Math 类的工具方法，见如下代码。

程序清单：codes\03\3.7\MathTest.java

```
public class MathTest
{
    public static void main(String[] args)
    {
        var a = 3.2; // 定义变量 a 为 3.2
        // 求 a 的 5 次方，并将计算结果赋给 b
        double b = Math.pow(a, 5);
        System.out.println(b); // 输出 b 的值
        // 求 a 的平方根，并将结果赋给 c
        double c = Math.sqrt(a);
        System.out.println(c); // 输出 c 的值
        // 计算随机数，返回一个 0~1 之间的伪随机数
        double d = Math.random();
        System.out.println(d); // 输出随机数 d 的值
        // 求 1.57 的 sin 函数值：1.57 被当成弧度数
        double e = Math.sin(1.57);
        System.out.println(e); // 输出接近于 1
    }
}
```

Math 类下包含了丰富的静态方法，用于完成各种复杂的数学运算。

+除可作为数学的加法运算符之外，还可作为字符串连接运算符。-除可作为减法运算符之外，还可作为求负运算符。

-作为求负运算符的例子如下：

```
// 定义 double 变量 x，其值为-5.0
double x = -5.0;
x = -x; // 将 x 求负，其值变成 5.0
```

3.7.2　赋值运算符

赋值运算符用于为变量指定变量值，与 C 语言类似，Java 也使用=作为赋值运算符。通常，使用赋值运算符将一个直接量值赋给变量。例如如下代码。

程序清单：codes\03\3.7\AssignOperatorTest.java

```
var str = "Java"; // 为变量 str 赋值 Java
var pi = 3.14; // 为变量 pi 赋值 3.14
var visited = true; // 为变量 visited 赋值 true
```

此外，也可使用赋值运算符将一个变量的值赋给另一个变量。例如，如下代码是正确的（程序清单同上）。

```
var str2 = str; // 将变量 str 的值赋给 str2
```

提示：

按前面关于变量的介绍，可以把变量当成一个可盛装数据的容器，而赋值运算就是将被赋的值“装入”变量中的过程。赋值运算符是从右向左执行计算的，程序先计算得到=右边的值，然后将该值“装入”=左边的变量中，因此赋值运算符（=）的左边只能是变量。

值得指出的是，赋值表达式是有值的，赋值表达式的值就是右边被赋的值。例如，String str2 = str表达式的值就是 str。因此，赋值运算符支持连续赋值，通过使用多个赋值运算符，可以一次为多个变量赋值。例如，如下代码是正确的（程序清单同上）。

```
int a;
int b;
int c;
// 通过为a, b, c赋值，三个变量的值都是7
a = b = c = 7;
// 输出三个变量的值
System.out.println(a + "\n" + b + "\n" + c);
```

虽然Java支持这种一次为多个变量赋值的写法，但这种写法导致程序的可读性降低，因此不推荐这样写。

赋值运算符还可用于将表达式的值赋给变量。例如，如下代码是正确的。

```
var d1 = 12.34;
var d2 = d1 + 5; // 将表达式的值赋给d2
System.out.println(d2); // 输出d2的值，将输出17.34
```

赋值运算符还可与其他运算符结合，扩展成功能更加强大的赋值运算符（参考3.7.4节）。

3.7.3 位运算符

Java 支持的位运算符有如下7个。

- &：按位与。只有当两位同时为1时才返回1。
- |：按位或。只要有一位为1即可返回1。
- ~：按位非。单目运算符，将操作数的每个位（包括符号位）全部取反。
- ^：按位异或。当两位相同时返回0，不同时返回1。
- <<：左移运算符。
- >>：右移运算符。
- >>>：无符号右移运算符。

一般来说，位运算符只能操作整数类型的变量或值。位运算符的运算法则如表3.4所示。

表3.4 位运算符的运算法则

第一个操作数	第二个操作数	按位与	按位或	按位异或
0	0	0	0	0
0	1	0	1	1
1	0	0	1	1
1	1	1	1	0

按位非只需要一个操作数，~这个运算符将把操作数在计算机底层的二进制码按位（包括符号位）取反。例如，如下代码测试了按位与和按位或运算的运行结果。

程序清单：codes\03\3.7\BitOperatorTest.java

```
System.out.println(5 & 9); // 将输出1
System.out.println(5 | 9); // 将输出13
```

程序执行的结果是：5&9 的结果是 1，5|9 的结果是 13。下面介绍运算原理。

5 的二进制码是 00000101（省略了前面的 24 个 0），而 9 的二进制码是 00001001（省略了前面的 24 个 0）。运算过程如图 3.12 所示。

```
  00000101      00000101
 &00001001     |00001001
 ---------     ---------
  00000001      00001101
```

图 3.12　按位与和按位或的运算过程

下面是按位异或和按位取反的执行代码（程序清单同上）。

```
System.out.println(~-5); // 将输出 4
System.out.println(5 ^ 9); // 将输出 12
```

程序执行~ -5 的结果是 4，执行 5 ^ 9 的结果是 12。下面介绍运算原理。

~ -5 的运算过程如图 3.13 所示。

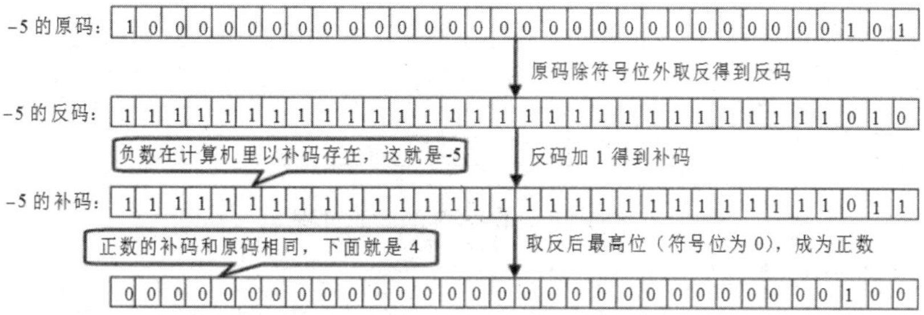

```
-5 的原码：10000000000000000000000000000101
          原码除符号位外取反得到反码
-5 的反码：11111111111111111111111111111010
          反码加 1 得到补码
          （负数在计算机里以补码存在，这就是-5）
-5 的补码：11111111111111111111111111111011
          取反后最高位（符号位为 0），成为正数
          （正数的补码和原码相同，下面就是 4）
          00000000000000000000000000000100
```

图 3.13　~ -5 的运算过程

5 ^ 9 的运算过程如图 3.14 所示。

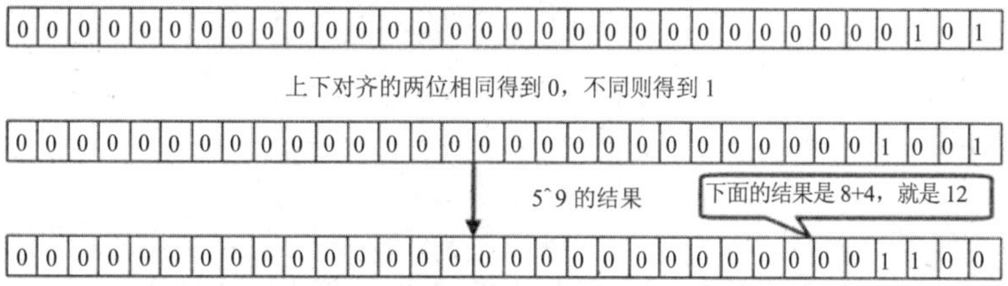

```
00000000000000000000000000000101
上下对齐的两位相同得到 0，不同则得到 1
00000000000000000000000000001001
5^9 的结果（下面的结果是 8+4，就是 12）
00000000000000000000000000001100
```

图 3.14　5 ^ 9 的运算过程

左移运算符是将操作数的二进制码整体左移指定的位数，左移后右边空出来的位以 0 填充。例如如下代码（程序清单同上）：

```
System.out.println(5 << 2); // 输出 20
System.out.println(-5 << 2); // 输出-20
```

下面以-5 为例来介绍左移的运算过程，如图 3.15 所示。

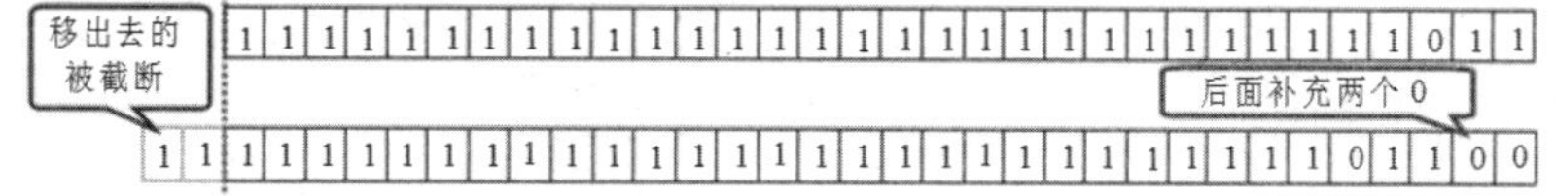

图 3.15　-5 左移两位的运算过程

在图 3.15 中，上面的 32 位数是-5 的补码，左移两位后得到一个二进制补码，这个二进制补码的最高位是 1，表明是一个负数，换算成十进制数就是-20。

Java 的右移运算符有两个：>>和>>>。对于>>运算符而言，把第一个操作数的二进制码右移指定的位数后，左边空出来的位以原来的符号位填充，即如果第一个操作数原来是正数，则左边补 0；如果第一个操作数是负数，则左边补 1。>>>是无符号右移运算符，它把第一个操作数的二进制码右移指定的位数后，左边空出来的位总是以 0 填充。

看下面的代码（程序清单同上）：

```
System.out.println(-5 >> 2);                // 输出-2
```

```
System.out.println(-5 >>> 2);                    // 输出1073741822
```

下面用示意图来说明>>和>>>运算符的运算过程。

如图 3.16 所示，−5 右移 2 位后左边空出 2 位，空出来的 2 位以符号位填充。从图中可以看出，右移运算后得到的结果的正负与第一个操作数的正负相同。右移后的结果依然是一个负数，这是一个二进制补码，换算成十进制数就是−2。

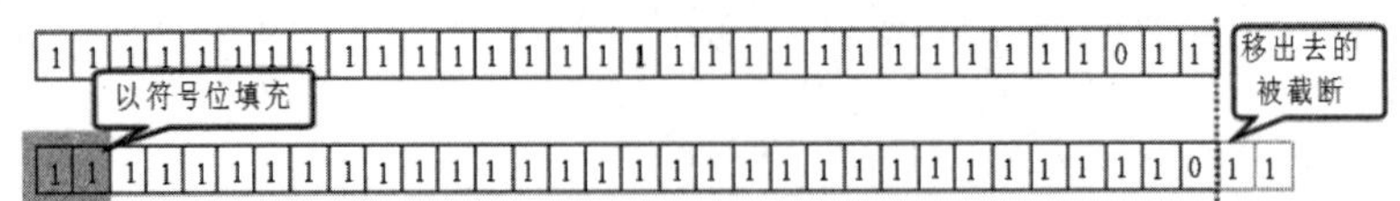

图 3.16　−5>>2 的运算过程

如图 3.17 所示，−5 无符号右移 2 位后左边空出 2 位，空出来的 2 位以 0 填充。从图中可以看出，无符号右移运算后的结果总是得到一个正数。图 3.17 中下面的正数是 1073741822（2^{30}−2）。

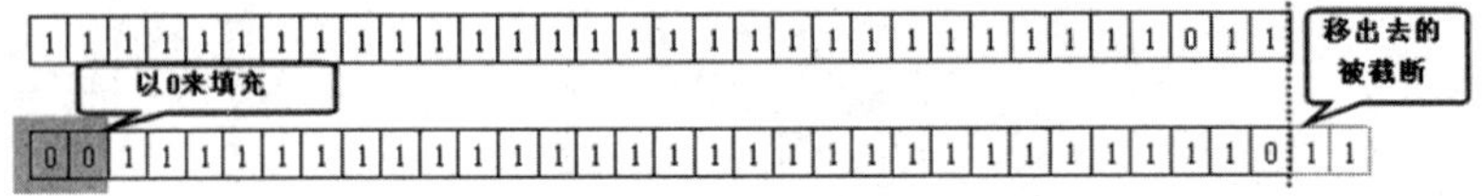

图 3.17　−5>>>2 的运算过程

在进行移位运算时还要遵循如下规则。

- 对于低于 int 类型（如 byte、short 和 char）的操作数，总是先自动类型转换为 int 类型后再移位。
- 对于 int 类型的整数移位 a>>b，当 b>32 时，系统先用 b 对 32 求余（因为 int 类型只有 32 位），这样得到的结果才是真正移位的位数。例如，a>>33 和 a>>1 的结果完全一样，而 a>>32 的结果和 a 相同。
- 对于 long 类型的整数移位 a>>b，当 b>64 时，系统总是先用 b 对 64 求余（因为 long 类型是 64 位），这样得到的结果才是真正移位的位数。

当进行移位运算时，只要被移位的二进制码没有发生有效位的数字丢失（对于正数而言，通常指被移出的位全部是 0），就不难发现左移 *n* 位相当于乘以 2 的 *n* 次方，右移 *n* 位相当于除以 2 的 *n* 次方。不仅如此，移位运算不会改变操作数本身，只是得到了一个新的运算结果。

3.7.4　扩展后的赋值运算符

赋值运算符可以与算术运算符、位移运算符结合，扩展成功能更加强大的运算符。扩展后的赋值运算符如下。

- +=：对于 x += y，即对应于 x = x + y。
- -=：对于 x -= y，即对应于 x = x - y。
- *=：对于 x *= y，即对应于 x = x * y。
- /=：对于 x /= y，即对应于 x = x / y。
- %=：对于 x %= y，即对应于 x = x % y。
- &=：对于 x &= y，即对应于 x = x & y。
- |=：对于 x |= y，即对应于 x = x | y。
- ^=：对于 x ^= y，即对应于 x = x ^ y。
- <<=：对于 x <<= y，即对应于 x = x << y。
- >>=：对于 x >>= y，即对应于 x = x >> y。
- >>>=：对于 x >>>= y，即对应于 x = x >>> y。

只要能使用这种扩展后的赋值运算符，通常就推荐使用它们。因为这种运算符不仅具有更好的性能，而且使用它们的程序会更加健壮。下面的程序示范了+=运算符的用法。

程序清单：codes\03\3.7\EnhanceAssignTest.java

```
public class EnhanceAssignTest
{
    public static void main(String[] args)
    {
        // 定义一个 byte 类型的变量
        byte a = 5;
        // 下面的语句出错，因为 5 默认是 int 类型，a + 5 就是 int 类型
        // 把 int 类型的值赋给 byte 类型的变量，所以会出错
        // a = a + 5;
        // 定义一个 byte 类型的变量
        byte b = 5;
        // 下面的语句不会出现错误
        b += 5;
    }
}
```

运行上面的程序，不难发现，a = a + 5 和 a += 5 的运行结果虽然相同，但其底层的运行机制还是存在一定差异的。因此，如果可以使用扩展后的运算符，则推荐使用它们。

3.7.5 比较运算符

比较运算符用于判断两个变量或常量的大小，比较运算的结果是一个布尔值（true 或 false）。Java 支持的比较运算符如下。

- >：大于，只支持左右两边的操作数是数值类型的。如果前面变量的值大于后面变量的值，则返回 true。
- >=：大于或等于，只支持左右两边的操作数是数值类型的。如果前面变量的值大于或等于后面变量的值，则返回 true。
- <：小于，只支持左右两边的操作数是数值类型的。如果前面变量的值小于后面变量的值，则返回 true。
- <=：小于或等于，只支持左右两边的操作数是数值类型的。如果前面变量的值小于或等于后面变量的值，则返回 true。
- ==：等于，如果进行比较的两个操作数都是数值类型的，那么即使它们的数据类型不相同，但只要它们的值相等，也都将返回 true。例如，97 == 'a'返回 true，5.0 == 5 也返回 true。如果两个操作数都是引用类型的，那么只有当两个引用变量的类型具有父子关系时才可以比较，而且这两个引用必须指向同一个对象才会返回 true。Java 也支持两个 boolean 类型的值进行比较，例如，true == false 将返回 false。

注意：

基本类型的变量、值不能与引用类型的变量、值使用==进行比较；boolean 类型的变量、值不能与其他任意类型的变量、值使用==进行比较；如果两个引用类型之间没有父子关系，那么它们的变量也不能使用==进行比较。

- !=：不等于，如果进行比较的两个操作数都是数值类型的，那么无论它们的数据类型是否相同，只要它们的值不相等，就都将返回 true。如果两个操作数都是引用类型的，那么只有当两个引用变量的类型具有父子关系时才可以比较，只要两个引用指向的不是同一个对象就会返回 true。

下面的程序示范了比较运算符的使用。

程序清单：codes\03\3.7\ComparableOperatorTest.java

```
public class ComparableOperatorTest
{
    public static void main(String[] args)
    {
        System.out.println("5 是否大于 4.0：" + (5 > 4.0)); // 输出 true
        System.out.println("5 和 5.0 是否相等：" + (5 == 5.0)); // 输出 true
        System.out.println("97 和'a'是否相等：" + (97 == 'a')); // 输出 true
        System.out.println("true 和 false 是否相等：" + (true == false)); // 输出 false
        // 创建两个 ComparableOperatorTest 对象，分别赋给 t1 和 t2 两个引用
        var t1 = new ComparableOperatorTest();
        var t2 = new ComparableOperatorTest();
        // t1 和 t2 是同一个类的两个实例的引用，所以可以比较
        // 但 t1 和 t2 引用不同的对象，所以返回 false
        System.out.println("t1 是否等于 t2：" + (t1 == t2));
        // 直接将 t1 的值赋给 t3，即让 t3 指向 t1 指向的对象
        var t3 = t1;
        // t1 和 t3 指向同一个对象，所以返回 true
        System.out.println("t1 是否等于 t3：" + (t1 == t3));
    }
}
```

值得注意的是，Java 为所有的基本数据类型都提供了对应的包装类，关于包装类实例的比较有些特殊，具体介绍可以参考本书 6.1 节。

3.7.6 逻辑运算符

逻辑运算符用于操作两个布尔型的变量或常量。Java 的逻辑运算符主要有如下 6 个。

- &&：与，前后两个操作数必须都是 true 才返回 true，否则返回 false。
- &：不短路与，其作用与&&相同，但不会短路。
- ||：或，只要两个操作数中有一个是 true，就可以返回 true，否则返回 false。
- |：不短路或，其作用与 || 相同，但不会短路。
- !：非，只需要一个操作数，如果操作数为 true，则返回 false；如果操作数为 false，则返回 true。
- ^：异或，只有当两个操作数不同时才返回 true，如果两个操作数相同，则返回 false。

下面的代码示范了或、与、非、异或 4 个逻辑运算符的执行。

程序清单：codes\03\3.7\LogicOperatorTest.java

```
// 直接对 false 求非运算，将返回 true
System.out.println(!false);
// 5>3 返回 true，将'6'转换为整数 54，'6'>10 返回 true，求与后返回 true
System.out.println(5 > 3 && '6' > 10);
// 4>=5 返回 false，'c'>'a'返回 true，求或后返回 true
System.out.println(4 >= 5 || 'c' > 'a');
// 4>=5 返回 false，'c'>'a'返回 true。对两个不同的操作数求异或返回 true
System.out.println(4 >= 5 ^ 'c' > 'a');
```

对于 | 与 || 的区别，参见如下代码（程序清单同上）。

```
// 定义变量 a,b，并为两个变量赋值
var a = 5;
var b = 10;
// 对 a > 4 和 b++ > 10 求或运算
if (a > 4 | b++ > 10)
{
    // 输出 a 的值是 5，b 的值是 11
    System.out.println("a 的值是:" + a + "，b 的值是:" + b);
}
```

执行上面的程序，将看到输出：a 的值是 5，b 的值是 11。这表明 b++ > 10 表达式得到了计算，但实际上没有计算的必要，因为 a > 4 已经返回了 true，所以整个表达式一定返回 true。

再看如下代码，只是将上面示例的不短路逻辑或改成了短路逻辑或（程序清单同上）。

```
// 定义变量 c,d，并为两个变量赋值
var c = 5;
var d = 10;
// c > 4 || d++ > 10 求或运算
if (c > 4 || d++ > 10)
{
    // 输出 c 的值是 5，d 的值是 10
    System.out.println("c 的值是:" + c + "，d 的值是:" + d);
}
```

上面代码执行的结果是：c 的值是 5，d 的值是 10。

对比两段代码，后面的代码仅仅将不短路或改成短路或，程序最后输出的 d 值不再是 11，这表明表达式 d++ > 10 没有获得执行的机会。因为对于短路逻辑或 || 而言，如果第一个操作数返回 true，那么 || 将不再对第二个操作数求值，直接返回 true。其不会计算 d++ > 10 这个逻辑表达式，因此 d++没有获得执行的机会。因此，最后输出的 d 值为 10。而不短路或 | 总是执行前后两个操作数。

&与&&的区别与此类似：&总会计算前后两个操作数，而&&先计算左边的操作数，如果左边的操作数为 false，则直接返回 false，根本不会计算右边的操作数。

3.7.7 三目运算符

三目运算符只有一个，即?:。三目运算符的语法格式如下：

```
(expression) ? if-true-statement : if-false-statement;
```

三目运算符的运算规则是：先对逻辑表达式 expression 求值，如果逻辑表达式返回 true，则返回第二个操作数的值；如果逻辑表达式返回 false，则返回第三个操作数的值。看如下代码。

程序清单：codes\03\3.7\ThreeTest.java

```
String str = 5 > 3 ? "5 大于 3" : "5 不大于 3";
System.out.println(str); // 输出"5 大于 3"
```

大部分时候，三目运算符都作为 if else 的精简写法。现在将上面的代码换成 if else 的写法（程序清单同上）：

```
String str2 = null;
if (5 > 3)
{
    str2 = "5 大于 3";
}
else
{
    str2 = "5 不大于 3";
}
```

这两种代码写法的效果是完全相同的。三目运算符和 if else 写法的区别在于：if 后的代码块可以有多条语句，但三目运算符是不支持多条语句的。

三目运算符可以嵌套，嵌套后的三目运算符可以处理更复杂的情况，如下面的程序所示（程序清单同上）。

```
var a = 11;
var b = 12;
// 三目运算符支持嵌套
System.out.println(a > b ?
    "a 大于 b" : (a < b ? "a 小于 b" : "a 等于 b"));
```

上面程序中的粗体字代码是一个由三目运算符构成的表达式，这个表达式本身又被嵌套在三目运算符中。通过使用嵌套的三目运算符，即可让三目运算符处理更复杂的情况。

3.7.8 运算符的结合性和优先级

所有的数学运算都认为是从左向右运算的，Java 语言中的大部分运算符也是从左向右结合的，只有单目运算符、赋值运算符和三目运算符例外，它们是从右向左结合的，也就是从右向左运算。

乘法和加法是两个可结合的运算，也就是说，乘法运算符和除法运算符左右两边的操作数可以互换位置而不会影响结果。

运算符有不同的优先级，所谓优先级就是指运算符在表达式运算中的运算顺序。表 3.5 中列出了包括分隔符在内的所有运算符的优先级顺序，上一行中的运算符总是优先于下一行中的运算符。

表 3.5 运算符的优先级

运算符说明	Java 运算符
分隔符	. [] () {} , ;
单目运算符	++ -- ~ !
强制类型转换	(type)
乘法/除法/求余	* / %
加法/减法	+ -
移位运算符	<< >> >>>
关系运算符	< <= >= > instanceof
等价运算符	== !=
按位与	&
按位异或	^
按位或	|
条件与	&&
条件或	||
三目运算符	? :
赋值	= += -= *= /= &= |= ^= %= <<= >>= >>>=

根据表 3.5 中运算符的优先级，下面分析 int a = 3; int b = a + 2 * a 语句的执行过程。程序先执行 2 * a 得到 6，再执行 a + 6 得到 9。如果使用()，那么就可以改变程序的执行顺序，例如 int b = (a + 2) * a，先执行 a + 2 得到结果 5，再执行 5 * a 得到 15。

在表 3.5 中还提到了两个与类型相关的运算符：instanceof 和(type)，这两个运算符与类、继承有关，此处不做介绍，在第 5 章中将有更详细的介绍。

因为 Java 运算符存在这种优先级的关系，所以经常看到有些学生在做的 SCJP 或者某些公司的面试题中，有如下 Java 代码：int a = 5; int b = 4; int c = a++ - --b * ++a / b-- >>2 % a--;，c 的值是多少？这样的语句实在太恐怖了，即使多年的老程序员看到这样的语句也会眩晕。

这样的代码只能在考试中出现，如果在笔者带过的 team 里有 member 写这样的代码，那么恐怕他马上就得走人了，因为他完全不懂程序开发：源代码就是一份文档，源代码的可读性比代码运行效率更重要。因此在这里要提醒读者：

- 不要把一个表达式写得过于复杂，如果一个表达式过于复杂，则把它分成几步来完成。
- 不要过多地依赖运算符的优先级来控制表达式的执行顺序；否则，可读性太差，尽量使用()来控制表达式的执行顺序。

提示：

有些学员喜欢做一些千奇百怪的 Java 题目，例如刚刚提到的题目，还有如“在&abc、_、$xx、1abc 中，哪几个标识符是合法的？”，这也是一个相当糟糕的题目。实际上，在写一个 Java 程序时，根本不允许使用这些千奇百怪的标识符！

由此想起一个寓言：有人问一个有多年航海经验的船长，这条航线的暗礁你都非常清楚吧？船长的回答是：我不知道，我只知道哪里是深水航线。这是一个很有哲理的故事，它告诉我们在写程序时，尽量采用良好的编码风格，养成良好的习惯；不要随心所欲地乱写，不要把所有的错误都犯完！世界上对的路可能只有一条，错的路却可能有成千上万条，不要成为别人的前车之鉴！

国内的编程者与国外的编程者有一个很大的差别——国外的编程者往往关心自己能写什么程序；而国内的编程者往往更关心自己能考什么证书，特别是一些大学生，非常热衷于考证！我有时候很想告诉他们：你们的大学毕业证是国家教育部发的，难道还不够好吗？为什么还要去考一些杂七杂八的证？因为有人要考证，所以就会出现这些乱七八糟的 Java 考题。请大家记住学习编程的最终目的：是用来编写程序解决实际问题的，而不是用来考证的。

3.8　本章小结

本章详细介绍了 Java 语言的各种基础知识，包括 Java 代码的三种注释语法，并讲解了如何查阅 JDK API 文档，这是学习 Java 编程必须掌握的基本技能。本章讲解了 Java 程序的标识符规则和数据类型的相关知识，包括基本类型的强制类型转换和自动类型转换。除此之外，本章还详细介绍了 Java 语言提供的各种运算符，包括算术运算符、位运算符、赋值运算符、比较运算符、逻辑运算符等常用运算符，并详细列出了各种运算符的结合性和优先级。

➤➤本章练习

1. 定义学生、老师、教室三个类，为三个类编写文档注释，并使用 javadoc 工具来生成 API 文档。
2. 使用 8 种基本数据类型声明多个变量，并使用不同方式为 8 种基本类型的变量赋值，熟悉每种数据类型的赋值规则和表示方式。
3. 在数值类型的变量之间进行类型转换，包括低位向高位的自动转换、高位向低位的强制转换。
4. 使用数学运算符、逻辑运算符编写 40 个表达式，先自行计算各表达式的值，然后通过程序输出这些表达式的值进行对比，看看能否做到一切尽在掌握中。

CHAPTER

4

第4章 流程控制与数组

本章要点

- 顺序结构
- if 分支语句
- switch 分支语句
- while 循环
- do while 循环
- for 循环
- 嵌套循环
- 控制循环结构
- 理解数组
- 数组的定义和初始化
- 使用数组元素
- 数组作为引用类型的运行机制
- 多维数组的实质
- 操作数组的工具类

不论哪一种编程语言，都会提供两种基本的流程控制结构：分支结构和循环结构。其中分支结构用于实现根据条件来选择性地执行某段代码，循环结构则用于实现根据循环条件重复执行某段代码。Java 同样提供了这两种流程控制结构的语法，Java 提供了 if 和 switch 两种分支语句，并提供了 while、do while 和 for 三种循环语句。除此之外，JDK 5 还提供了一种新的循环：foreach 循环，能以更简单的方式来遍历集合、数组的元素。Java 还提供了 break 和 continue 来控制程序的循环结构。

数组也是大部分编程语言都支持的数据结构，Java 也不例外。Java 的数组类型是一种引用类型的变量，Java 程序通过数组引用变量来操作数组，包括获得数组的长度，访问数组元素的值等。本章将会详细介绍 Java 数组的相关知识，包括如何定义、初始化数组等基础知识，并会深入介绍数组在内存中的运行机制。

4.1　顺序结构

任何编程语言中最常见的程序结构都是顺序结构。顺序结构就是程序从上到下逐行地执行，中间没有任何判断和跳转。

如果 main 方法的多行代码之间没有任何流程控制，则程序总是从上向下依次执行，排在前面的代码先执行，排在后面的代码后执行。这意味着：如果没有流程控制，Java 方法里的语句是一个顺序执行流，从上向下依次执行每条语句。

4.2　分支结构

Java 提供了两种常见的分支控制结构：if 语句和 switch 语句。其中，if 语句使用布尔表达式或布尔值作为分支条件来进行分支控制；而 switch 语句则用于对多个整型值进行匹配，从而实现分支控制。

4.2.1　if 条件语句

if 语句使用布尔表达式或布尔值作为分支条件来进行分支控制。if 语句有如下三种形式。

第一种形式：

```
if ( logic expression )
{
   statement...
}
```

第二种形式：

```
if (logic expression)
{
   statement...
}
else
{
   statement...
}
```

第三种形式：

```
if (logic expression)
{
   statement...
}
else if (logic expression)
{
   statement...
}
...// 可以有零条或多条 else if 语句
else // 最后的 else 语句也可以省略
{
```

```
    statement...
}
```

在上面 if 语句的三种形式中，放在 if 之后括号里的只能是一个逻辑表达式，即这个表达式的返回值只能是 true 或 false。第二种形式和第三种形式是相通的，如果第三种形式中 else if 块不出现，就变成了第二种形式。

在上面的条件语句中，if (logic expression)、else if (logic expression)和 else 后花括号括起来的多行代码被称为代码块，一个代码块通常被当成一个整体来执行（除非在运行过程中遇到 return、break、continue 等关键字，或者遇到了异常），因此这个代码块也被称为条件执行体。例如如下程序。

程序清单：codes\04\4.2\IfTest.java

```
public class IfTest
{
    public static void main(String[] args)
    {
        var age = 30;
        if (age > 20)
        // 只有当 age > 20 时，下面花括号括起来的代码块才会执行
        // 花括号括起来的语句是一个整体，要么一起执行，要么一起不执行
        {
            System.out.println("年龄已经大于 20 岁了");
            System.out.println("20 岁以上的人应该学会承担责任...");
        }
    }
}
```

如果 if (logic expression)、else if (logic expression)和 else 后的代码块只有一行语句，则可以省略花括号，因为单行语句本身就是一个整体，无须用花括号把它们定义成一个整体。下面的代码完全可以正常执行（程序清单同上）。

```
// 定义变量 a，并为其赋值
var a = 5;
if (a > 4)
    // 如果 a>4，则执行下面的条件执行体，只有一行代码作为代码块
    System.out.println("a 大于 4");
else
    // 否则，执行下面的条件执行体，只有一行代码作为代码块
    System.out.println("a 不大于 4");
```

通常建议不要省略 if、else、else if 后条件执行体的花括号，即使条件执行体只有一行代码，也保留花括号，这样会有更好的可读性，而且保留花括号会减少发生错误的可能。例如如下代码，则不能正常执行（程序清单同上）。

```
// 定义变量 b，并为其赋值
var b = 5;
if (b > 4)
    // 如果 b>4，则执行下面的条件执行体，只有一行代码作为代码块
    System.out.println("b 大于 4");
else
    // 否则，执行下面的条件执行体，只有一行代码作为代码块
    b--;
    // 对于下面的代码而言，它已经不再是条件执行体的一部分，因此总会执行
    System.out.println("b 不大于 4");
```

上面程序中的粗体字代码：System.out.println("b 不大于 4"); 总会执行，因为这行代码并不属于 else 后的条件执行体，else 后的条件执行体就是 b--;这行代码。

if、else、else if 后的条件执行体要么是一个花括号括起来的代码块，这个代码块整体作为条件执行体；要么是以分号为结束符的一条语句，甚至可能是一条空语句（空语句是

一个分号），只有这条语句作为条件执行体。如果省略了 if 条件后条件执行体的花括号，那么 if 条件只控制到紧跟该条件语句的第一个分号处。

如果 if 后有多条语句作为条件执行体，若省略了这个条件执行体的花括号，则会引起编译错误。看下面的代码（程序清单同上）：

```
// 定义变量 c，并为其赋值
var c = 5;
if (c > 4)
    // 如果 c>4，则执行下面的条件执行体，只有 c--;一行代码作为条件执行体
    c--;
    // 下面是一行普通代码，不属于执行体
    System.out.println("c 大于 4");
// 此处的 else 将没有 if 语句，因此编译出错
else
    // 否则，执行下面的条件执行体，只有一行代码作为代码块
    System.out.println("c 不大于 4");
```

在上面的代码中，因为 if 后的条件执行体省略了花括号，所以系统只把 c--;一行代码作为条件执行体，当 c--;语句结束后，if 语句也就结束了。后面的 System.out.println("c 大于 4");代码已经是一行普通代码了，不再属于条件执行体，从而导致 else 语句没有 if 语句，引起编译错误。

对于 if 语句，还有一个很容易出现的逻辑错误，这个逻辑错误并不属于语法问题，但引起错误的可能性更大。看下面的程序。

程序清单：codes\04\4.2\IfErrorTest.java

```
public class IfErrorTest
{
    public static void main(String[] args)
    {
        var age = 45;
        if (age > 20)
        {
            System.out.println("青年人");
        }
        else if (age > 40)
        {
            System.out.println("中年人");
        }
        else if (age > 60)
        {
            System.out.println("老年人");
        }
    }
}
```

表面上看，上面的程序没有任何问题：人的年龄大于 20 岁是青年人，年龄大于 40 岁是中年人，年龄大于 60 岁是老年人。但运行上面的程序，就会发现打印结果是：青年人。而实际上，希望 45 岁被判断为中年人——这显然出现了问题。

对于任何的 if...else 语句，表面上看起来 else 后没有任何条件，或者 else if 后只有一个条件——但这不是真相，因为 else 的含义是“否则”——else 本身就是一个条件！这也是把 if、else 后的代码块统称为条件执行体的原因，else 的隐含条件是对前面的条件取反。因此，上面的代码可被改写为如下形式。

程序清单：codes\04\4.2\IfErrorTest2.java

```
public class IfErrorTest2
{
    public static void main(String[] args)
    {
        var age = 45;
        if (age > 20)
        {
```

```
            System.out.println("青年人");
        }
        // 在原本的 if 条件中增加了 else 的隐含条件
        if (age > 40 && !(age > 20))
        {
            System.out.println("中年人");
        }
        // 在原本的 if 条件中增加了 else 的隐含条件
        if (age > 60 && !(age > 20) && !(age > 40 && !(age > 20)))
        {
            System.out.println("老年人");
        }
    }
}
```

此时就比较容易看出为什么发生上面的错误了。对于 age > 40 && !(age > 20)这个条件，又可改写成 age > 40 && age <= 20，这样永远也不会发生错误了。对于 age > 60 && !(age > 20) && !(age > 40 && !(age > 20))这个条件，则更不可能发生错误了。因此，程序永远都不会判断中年人和老年人的情形。

为了达到正确的目的，可以把程序改为如下形式。

程序清单：codes\04\4.2\IfCorrectTest.java

```
public class IfCorrectTest
{
    public static void main(String[] args)
    {
        var age = 45;
        if (age > 60)
        {
            System.out.println("老年人");
        }
        else if (age > 40)
        {
            System.out.println("中年人");
        }
        else if (age > 20)
        {
            System.out.println("青年人");
        }
    }
}
```

运行程序，得到了正确结果。实际上，上面的程序等同于下面的程序。

程序清单：codes\04\4.2\IfCorrectTest2.java

```
public class TestIfCorrect2
{
    public static void main(String[] args)
    {
        var age = 45;
        if (age > 60)
        {
            System.out.println("老年人");
        }
        // 在原本的 if 条件中增加了 else 的隐含条件
        if (age > 40 && !(age >60))
        {
            System.out.println("中年人");
        }
        // 在原本的 if 条件中增加了 else 的隐含条件
        if (age > 20 && !(age > 60) && !(age > 40 && !(age >60)))
        {
            System.out.println("青年人");
        }
    }
}
```

上面程序的判断逻辑即转为如下三种情形。

- age 大于 60 岁，判断为“老年人”。
- age 大于 40 岁，且 age 小于或等于 60 岁，判断为“中年人”。
- age 大于 20 岁，且 age 小于或等于 40 岁，判断为“青年人”。

上面的判断逻辑才是实际希望的判断逻辑。因此，当使用 if...else 语句进行流程控制时，一定不要忽略了 else 所带的隐含条件。

如果每次都去计算 if 条件和 else 条件的交集，则将是一件非常烦琐的事情。为了避免出现上面的错误，在使用 if...else 语句时有一条基本规则：总是优先把包含范围小的条件放在前面处理。比如 age>60 和 age>20 两个条件，明显 age>60 的范围更小，所以应该先处理 age>60 的情况。

在使用 if...else 语句时，一定要先处理包含范围更小的情况。

4.2.2　传统 switch 分支语句

switch 语句由一个控制表达式和多个 case 标签组成。和 if 语句不同的是，switch 语句后面的控制表达式的数据类型只能是 byte、short、char、int 四种整数类型，枚举类型和 java.lang.String 类型（从 Java 7 才允许），不能是 boolean 类型。

switch 语句往往需要在 case 标签后紧跟一个代码块，case 标签作为这个代码块的标识。switch 语句的语法格式如下：

```
switch (expression)
{
    case value1:
    {
        statement(s)
        break;
    }
    case value2:
    {
        statement(s)
        break;
    }
    ...
    case valueN:
    {
        statement(s)
        break;
    }
    default:
    {
        statement(s)
    }
}
```

这种分支语句的执行是先对 expression 求值，然后依次匹配 value1、value2、…、valueN 等值，遇到匹配的值即执行对应的执行体；如果所有 case 标签后的值都不与 expression 表达式的值相等，则执行 default 标签后的代码块。

与 if 语句不同的是，switch 语句中各 case 标签后代码块的开始点和结束点非常清晰，因此完全可以省略 case 后代码块的花括号。与 if 语句中的 else 类似，switch 语句中的 default 标签看似没有条件，其实是有条件的，条件就是 expression 表达式的值不能与前面任何一个 case 标签后的值相等。

下面的程序示范了 switch 语句的用法。

程序清单：codes\04\4.2\SwitchTest.java

```
public class SwitchTest
{
```

```
    public static void main(String[] args)
    {
        // 声明变量 score，并为其赋值为'C'
        var score = 'C';
        // 执行 switch 分支语句
        switch (score)
        {
            case 'A':
                System.out.println("优秀");
                break;
            case 'B':
                System.out.println("良好");
                break;
            case 'C':
                System.out.println("中");
                break;
            case 'D':
                System.out.println("及格");
                break;
            case 'F':
                System.out.println("不及格");
                break;
            default:
                System.out.println("成绩输入错误");
        }
    }
}
```

运行上面的程序，可以看到输出“中”。这个结果完全正确，字符表达式 score 的值为'C'，对应结果为“中”。

在 case 标签后的每个代码块后都有一条 break;语句，这条 break;语句有极其重要的意义，Java 的 switch 语句允许 case 标签后的代码块没有 break;语句，但这种做法可能引入一个陷阱。如果把上面程序中的 break;语句都注释掉，则将看到如下运行结果：

```
中
及格
不及格
成绩输入错误
```

这个运行结果看起来比较奇怪，但这正是由 switch 语句的运行流程决定的：switch 语句会先求出 expression 表达式的值，然后将这个表达式的值和 case 标签后的值进行比较，一旦遇到相等的值，程序就开始执行这个 case 标签后的代码，不再判断与后面 case、default 标签的条件是否匹配，直到遇到 break;语句才会结束。

Java 11 对 javac 编译器做了一些改进，如果开发者忘记了 case 块后面的 break;语句，Java 11 编译器会生成警告：“[fallthrough]可能无法实现 case”。这个警告以前需要为 javac 指定-X:fallthrough 选项才能显示出来。

从 Java 7 开始增强了 switch 语句的功能，允许 switch 语句的控制表达式是 java.lang.String 类型的变量或表达式——只能是 java.lang.String 类型，不能是 StringBuffer 或 StringBuilder 这两种字符串类型。

如下程序也是正确的。

程序清单：codes\04\4.2\StringSwitchTest.java

```
public class StringSwitchTest
{
    public static void main(String[] args)
    {
        // 声明变量 season
        var season = "夏天";
        // 执行 switch 分支语句
        switch (season)
        {
```

```
            case "春天":
                System.out.println("春暖花开.");
                break;
            case "夏天":
                System.out.println("夏日炎炎.");
                break;
            case "秋天":
                System.out.println("秋高气爽.");
                break;
            case "冬天":
                System.out.println("冬雪皑皑.");
                break;
            default:
                System.out.println("季节输入错误");
        }
    }
}
```

注意：

在使用 switch 语句时，有两个值得注意的地方：第一个地方是 switch 语句后的 expression 表达式的数据类型只能是 byte、short、char、int 四种整数类型，java.lang.String 类型(从 Java 7 开始支持)和枚举类型；第二个地方是如果省略了 case 后代码块的 break;，则将引入一个陷阱。

4.2.3　Java 17 的新式 switch 语句

为了简化 switch 语句的写法，Java 17 引入了一种新式的 switch 语句（实际上，从 Java 12 开始就引入了预览版），新式的 switch 语句的格式如下：

```
switch (expression)
{
    case value1 -> 表达式、代码块
    case value2, value3 ->表达式、代码块
    ...
    case valueN ->表达式、代码块
    default ->表达式、代码块
}
```

从上面的语法格式可以看出，这种简化后的 switch 语句主要有如下改变：

- 在 case 后允许同时放置多个 value，只要 switch 表达式的值与其中任意一个 value 相等，程序就会执行该 case 后的代码块。

提示：

实际上，现在在原来的老式 switch 语句的 case 后也可以放置多个 value 了。

- 将 case value 后的冒号变成箭头（由减号与大于号组成）。
- case 后的代码块不再需要 break;，这样就避免了忘记 break 导致的错误。
- 在 case 后的代码块中定义的变量仅在该代码块内有效。

根据语法格式要求，在新式 switch 语句中箭头后只能是表达式、代码块，这意味着如果代码块包含了多条语句，那么代码块的花括号是不能省略的；但如果整个代码块只有一条语句，则可以省略花括号。

如下程序示范了新式 switch 语句的用法。

程序清单：codes\04\4.2\NewSwitchTest.java

```
public class NewSwitchTest
{
    public static void main(String[] args)
```

```
        {
            // 声明变量score，并为其赋值为'C'
            var score = 'C';
            // 执行switch分支语句
            switch (score)
            {
                // case后的代码块有多条语句，不能省略花括号
                case 'A', 'B' -> {
                    System.out.println("成绩还不错，希望继续保持");
                    System.out.println("后续给你颁发奖状");
                }
                // case后的代码块只有一条语句，省略花括号
                case 'C', 'D', 'F' -> System.out.println("成绩不足，还需努力！");
                default -> System.out.println("成绩输入错误");
            }
        }
    }
```

留意上面的两个case块，它们后面都紧跟多个值，这在新式Switch语句中是合法的。其中，第一个case块包含了多条语句，因此必须使用花括号将多条语句括起来，形成代码块；而第二个case块只有一条语句，因此可以省略花括号。

下面的程序示范了在case后的代码块中定义变量。

程序清单：codes\04\4.2\CaseBlockTest.java

```
public class CaseBlockTest
{
    public static void main(String[] args)
    {
        // 声明变量season
        var season = "秋天";
        // 执行switch分支语句
        switch (season)
        {
            case "春天", "夏天" -> {
                System.out.println("春夏不是读书天.");
                // 定义count变量，该变量仅在该case块中有效
                int count = 20;
                System.out.println(count);
            }
            case "秋天", "冬天" -> {
            System.out.println("秋多蚊蝇冬日冷.");
                // 再次定义count变量，不会与前面的count变量冲突
                int count = 30;
                System.out.println(count);
            }
            default -> {
                System.out.println("读书只好等明年!");
                System.out.println(count); // ① 报错，找不到count变量
            }
        }
        System.out.println(count); // ② 报错，找不到count变量
    }
}
```

从上面程序中的粗体字代码可以看出，该switch语句包含了两个case块，其中第一个case块中定义了一个值为20的count变量。由于该变量仅在该case块中有效，因此程序完全可以在第二个case块中再次定义值为30的count变量，该count变量则仅在第二个case块中有效。

当上面程序中的①②两行代码试图访问count变量时，都将导致程序错误，因为前面case块中定义的count变量仅在对应的case块中有效，离开了该case块就访问不到了。

4.2.4　Java 17 新增的 switch 表达式

现在的 switch 不仅可作为语句使用，还可作为表达式使用——这意味着程序可将整个 switch 表达式赋值给某个变量。

前面在介绍 switch 语法时说过，在 case value ->的后面还可使用表达式，这表明该 case 会返回该表达式的值，最终将其作为 switch 表达式的返回值。如下程序示范了 switch 表达式的用法。

程序清单：codes\04\4.2\SwitchExprTest.java

```
public class SwitchExprTest
{
    public static void main(String[] args)
    {
        // 声明变量 score，并为其赋值为'C'
        var score = 'B';
        // 将 switch 表达式的值赋值给变量
        var judge = switch (score)
        {
            // case 后的箭头后是一个表达式
            case 'A', 'B' -> "成绩还不错，希望继续保持";
            case 'C', 'D', 'F' -> "成绩不足，还需努力！";
            default -> "成绩输入错误";
        };
        System.out.println(judge);
    }
}
```

上面的粗体字代码定义了一个 switch 表达式，此时 case 后的箭头后只是一个表达式（简单的字符串、整数值等直接量也算表达式），该 switch 表达式的值被赋值给 judge 变量。

实际上，switch 表达式是一个非常实用的语法，很多时候我们使用 switch 表达式进行判断，无非就是为了得到一个值，而这种情况使用 switch 表达式会更加简洁。

如果 switch 表达式的 case 块也需要包含多条语句，则依然需要使用花括号将多条语句括起来，并使用 yield 返回值。例如如下程序（程序清单同上）：

```
var judge2 = switch (score)
{
    // case 后的代码块有多条语句，使用 yield 返回值
    case 'A', 'B' -> {
        System.out.println("成绩还不错，希望继续保持");
        yield "优良";
    }
    // case 后的代码块有多条语句，使用 yield 返回值
    case 'C', 'D', 'F' -> {
        System.out.println("成绩不足，还需努力！");
        yield "不足";
    }
    default -> "成绩输入错误";
};
System.out.println(judge2);
```

上面程序中 switch 表达式的两个 case 块都包含了多条语句，因此需要使用花括号，并使用 yield 指定 case 块所返回的值。

实际上，Java 17 对传统 switch 也进行了改进，因此传统 switch 现在也能支持表达式写法了。对于传统语法的 switch 表达式，case 块必须使用 yield 指定返回值，且 yield 还具有跳出 switch 表达式的功能，因此在 yield 之后无须再使用 break。

例如，如下程序示范了传统语法的 switch 表达式的用法（程序清单同上）。

```
var judge3 = switch (score)
{
    // case 后的代码块有多条语句，使用 yield 返回值
    case 'A', 'B':
```

```
        System.out.println("成绩还不错，希望继续保持");
        yield "优良";
    // 传统 case 后即使只有一条语句，也需要使用 yield 返回值
    case 'C', 'D', 'F':
        yield "不足";
    default:
        yield "成绩输入错误";
};
System.out.println(judge3);
```

从上面的粗体字代码可以看出，此时 case 后用的是冒号，这是传统的 switch 语法。

当使用传统语法的 switch 表达式时，case 块即使包含多条语句，也可以省略花括号；但传统语法的 case 块必须使用 yield 返回值。

注意：

传统 switch 也能支持 switch 表达式；传统 switch 的 case 后也可带多个值；当使用传统语法的 switch 表达式时，case 块必须使用 yield 返回值。

4.3 循环结构

循环语句可以在满足循环条件的情况下，反复执行某一段代码，这段被重复执行的代码被称为循环体。当反复执行这个循环体时，需要在合适的时候把循环条件改为假，从而结束循环；否则，循环将一直执行下去，形成死循环。循环语句可能包含如下 4 个部分。

- 初始化语句（init_statement）：一条或多条语句，这些语句用于完成一些初始化工作。初始化语句在循环开始之前执行。
- 循环条件（test_expression）：这是一个 boolean 表达式，这个表达式能决定是否执行循环体。
- 循环体（body_statement）：这个部分是循环的主体，如果循环条件允许，这个代码块将被重复执行。如果这个代码块只有一行语句，则这个代码块的花括号是可以省略的。
- 迭代语句（iteration_statement）：这个部分在一次循环体执行结束后，对循环条件求值之前执行，通常用于控制循环条件中的变量，使得循环在合适的时候结束。

上面 4 个部分只是一般性的分类，并不是每个循环中都非常清晰地分出了这 4 个部分。

4.3.1 while 循环语句

while 循环的语法格式如下：

```
[init_statement]
while (test_expression)
{
    statement;
    [iteration_statement]
}
```

while 循环在每次执行循环体之前，都先对 test_expression 循环条件求值，如果循环条件为 true，则运行循环体部分。从上面的语法格式来看，迭代语句 iteration_statement 总是位于循环体的最后，因此只有当循环体能成功执行完成时，while 循环才会执行 iteration_statement 迭代语句。

从这个意义上看，while 循环也可被当成条件语句——如果 test_expression 条件一开始就为 false，则循环体部分将永远不会获得执行。

下面的程序示范了一个简单的 while 循环。

程序清单：codes\04\4.3\WhileTest.java

```
public class WhileTest
{
    public static void main(String[] args)
```

```
    {
        // 循环的初始化条件
        var count = 0;
        // 当 count 小于 10 时，执行循环体
        while (count < 10)
        {
            System.out.println(count);
            // 迭代语句
            count++;
        }
        System.out.println("循环结束!");
    }
}
```

如果 while 循环的循环体部分和迭代语句合并在一起，且只有一行代码，则可以省略 while 循环后的花括号。但这种省略花括号的做法，可能会降低程序的可读性。

注意：

如果省略了循环体的花括号，那么 while 循环条件仅控制到紧跟该循环条件的第一个分号处。

当使用 while 循环时，一定要保证循环条件有变成 false 的时候，否则这个循环将成为一个死循环，永远无法结束这个循环。例如如下代码（程序清单同上）：

```
// 下面是一个死循环
var count = 0;
while (count < 10)
{
    System.out.println("不停执行的死循环 " + count);
    count--;
}
System.out.println("永远无法跳出的循环体");
```

在上面的代码中，count 的值越来越小，这将导致 count 的值永远小于 10，count < 10 循环条件一直为 true，从而导致这个循环永远无法结束。

此外，对于许多初学者而言，在使用 while 循环时还有一个陷阱：while 循环的循环条件后紧跟一个分号。比如如下程序片段（程序清单同上）：

```
var count = 0;
// while 后紧跟一个分号，表明循环体是一个分号（空语句）
while (count < 10);
// 下面的代码块与 while 循环已经没有任何关系
{
    System.out.println("------" + count);
    count++;
}
```

乍一看，这段代码没有任何问题，但仔细看，不难发现 while 循环的循环条件表达式后紧跟了一个分号。在 Java 程序中，一个单独的分号表示一条空语句：不做任何事情的空语句，这意味着这个 while 循环的循环体是空语句。空语句作为循环体也不是最大的问题，问题是当 Java 反复执行这个循环体时，循环条件的返回值没有任何改变，这就成了一个死循环。而分号后面的代码块，则与 while 循环没有任何关系。

4.3.2　do while 循环语句

do while 循环与 while 循环的区别在于：while 循环是先判断循环条件，如果条件为真，则执行循环体；而 do while 循环则先执行循环体，然后才判断循环条件，如果循环条件为真，则执行下一次循环，否则终止循环。do while 循环的语法格式如下：

```
[init_statement]
```

```
do
{
    statement;
     [iteration_statement]
} while (test_expression);
```

与 while 循环不同的是，do while 循环的循环条件后必须有一个分号，这个分号表明循环结束。

下面的程序示范了 do while 循环的用法。

程序清单：codes\04\4.3\DoWhileTest.java

```
public class DoWhileTest
{
    public static void main(String[] args)
    {
        // 定义变量 count
        var count = 1;
        // 执行 do while 循环
        do
        {
            System.out.println(count);
            // 循环迭代语句
            count++;
            // 循环条件紧跟 while 关键字
        } while (count < 10);
        System.out.println("循环结束!");
    }
}
```

即使 test_expression 循环条件的值一开始就是假，do while 循环也会执行循环体。因此，do while 循环的循环体至少执行一次。下面的代码片段验证了这个结论（程序清单同上）。

```
// 定义变量 count2
var count2 = 20;
// 执行 do while 循环
do
    // 这行代码把循环体和迭代部分合并成一行代码
    System.out.println(count2++);
while (count2 < 10);
System.out.println("循环结束!");
```

从上面的程序来看，虽然一开始 count2 的值就是 20，count2 < 10 表达式返回 false，但 do while 循环还是会把循环体执行一次。

4.3.3 for 循环

for 循环是更加简洁的循环语句，在大部分情况下，for 循环可以代替 while 循环、do while 循环。for 循环的基本语法格式如下：

```
for ([init_statement]; [test_expression]; [iteration_statement])
{
    statement
}
```

程序在执行 for 循环时，先执行循环的初始化语句 init_statement，初始化语句只在循环开始前执行一次。每次执行循环体之前，都先计算 test_expression 循环条件的值，如果循环条件返回 true，则执行循环体，循环体执行结束后执行循环迭代语句。因此，对于 for 循环而言，循环条件总比循环体要多执行一次，因为最后一次执行循环条件返回 false，将不再执行循环体。

值得指出的是，for 循环的循环迭代语句并没有与循环体放在一起，因此，即使在执行循环体时遇到 continue 语句结束本次循环，循环迭代语句也一样会得到执行。

与前面的循环类似的是，如果循环体只有一行语句，那么循环体的花括号可以省略。下面的程序使用 for 循环代替前面的 while 循环。

for 循环和 while、do while 循环不一样：由于 while、do while 循环的循环迭代语句紧跟着循环体，因此，如果循环体不能完全执行，如使用 continue 语句来结束本次循环，则循环迭代语句不会被执行。而 for 循环的循环迭代语句并没有与循环体放在一起，因此，不管是否使用 continue 语句来结束本次循环，循环迭代语句一样会获得执行。

程序清单：codes\04\4.3\ForTest.java

```
public class ForTest
{
    public static void main(String[] args)
    {
        // 循环的初始化条件、循环条件、循环迭代语句都在下面一行
        for (var count = 0; count < 10; count++)
        {
            System.out.println(count);
        }
        System.out.println("循环结束!");
    }
}
```

在上面的循环语句中，for 循环的初始化语句只有一条，循环条件也只是一个简单的 boolean 表达式。实际上，for 循环允许同时指定多条初始化语句，循环条件也可以是一个包含逻辑运算符的表达式。例如如下程序。

程序清单：codes\04\4.3\ForTest2.java

```
public class ForTest2
{
    public static void main(String[] args)
    {
        // 同时定义了三个初始化变量，使用&&来组合多个 boolean 表达式
        for (int b = 0, s = 0, p = 0;
            b < 10 && s < 4 && p < 10; p++)
        {
            System.out.println(b++);
            System.out.println(++s + p);
        }
    }
}
```

在上面的代码中，初始化变量有三个，但是只能有一条声明语句。因此，如果需要在初始化表达式中声明多个变量，那么这些变量应该具有相同的数据类型。

初学者在使用 for 循环时也容易犯一个错误，他们以为只要在 for 后的括号内控制循环迭代语句就万无一失，但实际情况则不是这样的。例如下面的程序。

程序清单：codes\04\4.3\ForErrorTest.java

```
public class ForErrorTest
{
    public static void main(String[] args)
    {
        // 循环的初始化条件、循环条件、循环迭代语句都在下面一行
        for (var count = 0; count < 10; count++)
        {
            System.out.println(count);
            // 再次修改循环变量
            count *= 0.1;
        }
        System.out.println("循环结束!");
    }
}
```

在上面的 for 循环中，表面上看起来控制了 count 变量的自加，count < 10 有变成 false 的时候。但实际上，程序中的粗体字代码在循环体内修改了 count 变量的值，并且把这个变量的值乘以 0.1，这也会导致 count 变量的值永远都不能超过 10。因此，上面的程序也是一个死循环。

注意：

建议不要在循环体内修改循环变量（也叫循环计数器）的值，否则会增加程序出错的可能性。万一程序真的需要访问、修改循环变量的值，建议重新定义一个临时变量，先将循环变量的值赋给临时变量，然后对临时变量的值进行修改。

在 for 循环的圆括号中只有两个分号是必需的，初始化语句、循环条件、迭代语句部分都是可以省略的。如果省略了循环条件，则这个循环条件默认为 true，将会产生一个死循环。例如下面的程序。

程序清单：codes\04\4.3\DeadForTest.java

```
public class DeadForTest
{
    public static void main(String[] args)
    {
        // 省略了 for 循环的三个部分，循环条件将一直为 true
        for (; ; )
        {
            System.out.println("=============");
        }
    }
}
```

运行上面的程序，将看到程序一直输出=============字符串，这表明此程序是一个死循环。

当使用 for 循环时，还可以把初始化条件定义在循环体之外，把循环迭代语句放在循环体内，这种做法就非常类似于前面的 while 循环。下面的程序再次使用 for 循环来代替前面的 while 循环。

程序清单：codes\04\4.3\ForInsteadWhile.java

```
public class ForInsteadWhile
{
    public static void main(String[] args)
    {
        // 把 for 循环的初始化条件提出来独立定义
        var count = 0;
        // 在 for 循环里只放循环条件
        for ( ; count < 10; )
        {
            System.out.println(count);
            // 把循环迭代部分放在循环体之后定义
            count++;
        }
        System.out.println("循环结束!");
        // 此处还可以访问 count 变量
    }
}
```

上面程序的执行过程和前面的 WhileTest.java 程序的执行过程完全相同。因为把 for 循环的循环迭代部分放在循环体之后，则会出现与 while 循环类似的情形，如果循环体部分使用 continue 语句来结束本次循环，则将导致循环迭代语句得不到执行。

把 for 循环的初始化语句放在循环之前定义还有一个作用：可以扩大初始化语句中所定义的变量的作用域。在 for 循环里定义的变量，其作用域仅在该循环内有效，for 循环终止以后，这些变量将不可被访问。如果需要在 for 循环以外的地方使用这些变量的值，就可以采用上面的做法。此外，还有一种做法也可以满足这个要求：额外定义一个变量来保存这个循环变量的值。例如下面的代码片段：

```
int tmp = 0;
// 循环的初始化条件、循环条件、循环迭代语句都在下面一行
```

```
for (var i = 0; i < 10; i++)
{
    System.out.println(i);
    // 使用 tmp 来保存循环变量 i 的值
    tmp = i;
}
System.out.println("循环结束!");
// 此处还可以通过 tmp 变量来访问 i 变量的值
```

相比前面的代码，通常更愿意选择后面这种解决方案：使用一个变量 tmp 来保存循环变量 i 的值，使得程序更加清晰，变量 i 和变量 tmp 的责任也更加清晰。反之，如果采用前一种方法，则变量 i 的作用域被扩大了，功能也被扩大了。作用域扩大的后果是：如果该方法还有另一个循环也需要定义循环变量，则不能再次使用 i 作为循环变量。

提示：

在选择循环变量时，习惯选择 i、j、k 来作为循环变量。

4.3.4　嵌套循环

如果把一个循环放在另一个循环体内，那么就可以形成嵌套循环。嵌套循环既可以是 for 循环嵌套 while 循环，也可以是 while 循环嵌套 do while 循环……各种类型的循环都可以作为外层循环，也都可以作为内层循环。

当程序遇到嵌套循环时，如果外层循环的循环条件允许，则开始执行外层循环的循环体，而内层循环将被外层循环的循环体来执行——只是内层循环需要反复执行自己的循环体而已。当内层循环执行结束，且外层循环的循环体也执行结束时，再次计算外层循环的循环条件，决定是否再次开始执行外层循环的循环体。

根据上面的分析，假设外层循环的循环次数为 n 次，内层循环的循环次数为 m 次，那么内层循环的循环体实际上需要执行 $n \times m$ 次。嵌套循环的执行流程如图 4.1 所示。

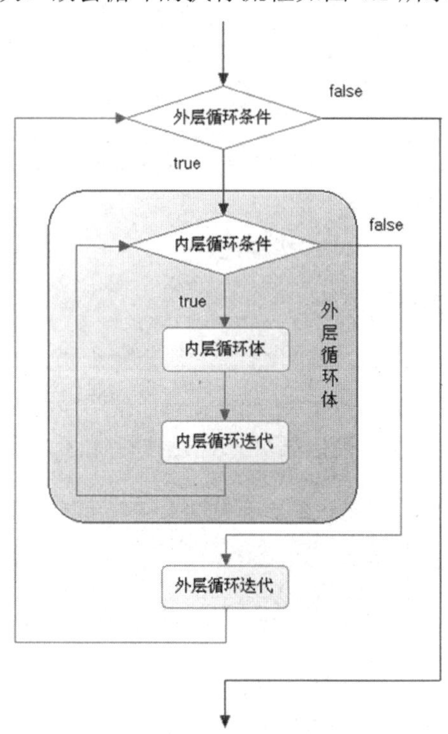

图 4.1　嵌套循环的执行流程

从图 4.1 来看，嵌套循环就是把内层循环当成外层循环的循环体。当只有内层循环的循环条件为 false

时，才会完全跳出内层循环，才可以结束外层循环的当次循环，开始下一次循环。下面是一个嵌套循环的示例代码。

程序清单：codes\04\4.3\NestedLoopTest.java

```
public class NestedLoopTest
{
    public static void main(String[] args)
    {
        // 外层循环
        for (var i = 0; i < 5; i++)
        {
            // 内层循环
            for (var j = 0; j < 3; j++)
            {
                System.out.println("i 的值为:" + i + "  j 的值为:" + j);
            }
        }
    }
}
```

运行上面的程序，将看到如下运行结果：

```
i 的值为:0  j 的值为:0
i 的值为:0  j 的值为:1
i 的值为:0  j 的值为:2
……
```

从上面的运行结果可以看出，当进入嵌套循环时，循环变量 i 开始为 0，这时即进入外层循环。进入外层循环后，内层循环把 i 当成一个普通变量，其值为 0。在外层循环的当次循环里，内层循环就是一个普通循环。

实际上，嵌套循环不仅可以是两层嵌套，而且可以是三层嵌套、四层嵌套……不论循环如何嵌套，总可以把内层循环当成外层循环的循环体来对待，区别只是这个循环体里包含了需要反复执行的代码。

4.4 控制循环结构

Java 语言没有提供 goto 语句来控制程序的跳转，这种做法提高了程序流程控制的可读性，但降低了程序流程控制的灵活性。为了弥补这种不足，Java 提供了 continue 和 break 来控制循环结构。此外，return 可以结束整个方法，当然也就结束了一次循环。

4.4.1 使用 break 结束循环

某些时候需要在某种条件出现时强行终止循环，而不是等到循环条件为 false 时才退出循环。此时，可以使用 break 来完成这个功能。break 用于完全结束一个循环，跳出循环体。不管是哪种循环，一旦在循环体中遇到 break，系统就将完全结束该循环，开始执行循环之后的代码。例如如下程序。

程序清单：codes\04\4.4\BreakTest.java

```
public class BreakTest
{
    public static void main(String[] args)
    {
        // 一个简单的 for 循环
        for (var i = 0; i < 10; i++)
        {
            System.out.println("i 的值是" + i);
            if (i == 2)
            {
                // 执行该语句将结束循环
                break;
```

```
            }
        }
    }
}
```

运行上面的程序，将看到 i 循环到 2 时即结束，当 i 等于 2 时，在循环体内遇到 break 语句，程序跳出该循环。

使用 break 语句不仅可以结束其所在的循环，还可以直接结束其外层循环。此时需要在 break 后紧跟一个标签，这个标签用于标识一个外层循环。

Java 中的标签就是一个紧跟着英文冒号（:）的标识符。与其他语言不同的是，Java 中的标签只有被放在循环语句之前才有作用。例如下面的代码。

程序清单：codes\04\4.4\BreakLabel.java

```
public class BreakLabel
{
    public static void main(String[] args)
    {
        // 外层循环，outer 作为标识符
        outer:
        for (var i = 0; i < 5; i++)
        {
            // 内层循环
            for (var j = 0; j < 3; j++)
            {
                System.out.println("i 的值为:" + i + "  j 的值为:" + j);
                if (j == 1)
                {
                    // 跳出 outer 标签所标识的循环
                    break outer;
                }
            }
        }
    }
}
```

运行上面的程序，可以看到如下运行结果：

```
i 的值为:0  j 的值为:0
i 的值为:0  j 的值为:1
```

程序从外层循环进入内层循环后，当 j 等于 1 时，程序遇到一条 break outer;语句，这条语句将会导致结束 outer 标签指定的循环，不是结束 break 所在的循环，而是结束 break 循环的外层循环，所以可以看到上面的运行结果。

值得指出的是，break 后的标签必须是一个有效的标签，即这个标签必须在 break 语句所在的循环之前定义，或者在其所在循环的外层循环之前定义。当然，如果把这个标签放在 break 语句所在的循环之前定义，那么也就失去了标签的意义，因为 break 默认就是结束其所在的循环的。

通常紧跟在break之后的标签，必须在break所在循环的外层循环之前定义才有意义。

4.4.2 使用 continue 忽略本次循环剩下的语句

continue 的功能和 break 有点类似，区别是，continue 只是忽略本次循环剩下的语句，接着开始下一次循环，并不会终止循环；而 break 则是完全终止循环本身。如下程序示范了 continue 的用法。

程序清单：codes\04\4.4\ContinueTest.java

```
public class ContinueTest
{
    public static void main(String[] args)
```

```
        {
            // 一个简单的 for 循环
            for (var i = 0; i < 3; i++)
            {
                System.out.println("i 的值是" + i);
                if (i == 1)
                {
                    // 忽略本次循环剩下的语句
                    continue;
                }
                System.out.println("continue 后的输出语句");
            }
        }
    }
```

运行上面的程序，可以看到如下运行结果：

```
i 的值是 0
continue 后的输出语句
i 的值是 1
i 的值是 2
continue 后的输出语句
```

从上面的运行结果来看，当 i 等于 1 时，程序没有输出“continue 后的输出语句”字符串，因为程序执行到 continue 时，忽略了当次循环中 continue 语句后的代码。从这个意义上看，如果把一条 continue 语句放在单次循环的最后一行，那么这条 continue 语句是没有任何意义的——因为它仅仅忽略了一片空白，没有忽略任何程序语句。

与 break 类似的是，continue 后也可以紧跟一个标签，用于直接跳过标签所标识循环的当次循环剩下的语句，重新开始下一次循环。例如下面的代码。

程序清单：codes\04\4.4\ContinueLabel.java

```
public class ContinueLabel
{
    public static void main(String[] args)
    {
        // 外层循环
        outer:
        for (var i = 0; i < 5; i++)
        {
            // 内层循环
            for (var j = 0; j < 3; j++)
            {
                System.out.println("i 的值为:" + i + "  j 的值为:" + j);
                if (j == 1)
                {
                    // 忽略 outer 标签所指定的循环中本次循环剩下的语句
                    continue outer;
                }
            }
        }
    }
}
```

运行上面的程序，可以看到，循环变量 j 的值无法超过 1，因为每当 j 等于 1 时，continue outer;语句就结束了外层循环的当次循环，直接开始下一次循环，内层循环没有机会执行完成。

与 break 类似的是，continue 后的标签也必须是一个有效的标签，即这个标签通常应该在 continue 所在循环的外层循环之前定义。

4.4.3 使用 return 结束方法

return 关键字并不是专门用来结束循环的，return 的功能是结束一个方法。当一个方法执行到一条 return 语句时（return 关键字后还可以跟变量、常量和表达式，在方法介绍中将会有更详细的解释），这个方法将被结束。

Java 程序中的大部分循环都被放在方法中执行，例如，前面介绍的所有循环示范程序。一旦在循环体内执行到一条 return 语句，return 语句就会结束该方法，循环自然也随之结束。例如下面的程序。

程序清单：codes\04\4.4\ReturnTest.java

```
public class ReturnTest
{
    public static void main(String[] args)
    {
        // 一个简单的 for 循环
        for (var i = 0; i < 3; i++)
        {
            System.out.println("i 的值是" + i);
            if (i == 1)
            {
                return;
            }
            System.out.println("return 后的输出语句");
        }
    }
}
```

运行上面的程序，循环只能执行到 i 等于 1 时，当 i 等于 1 时程序将完全结束（当 main 方法结束时，也就是 Java 程序结束时）。从运行结果来看，虽然 return 并不是专门用于循环结构控制的关键字，但通过 return 语句确实可以结束一个循环。与 continue 和 break 不同的是，return 直接结束整个方法，不管这个 return 处于多少层循环之内。

4.5 数组类型

数组是编程语言中最常见的一种数据结构，可用于存储多个数据，每个数组元素存放一个数据，通常可通过数组元素的索引来访问数组元素，包括为数组元素赋值和取出数组元素的值。Java 语言的数组则具有其特有的特征，下面将详细介绍 Java 语言的数组。

4.5.1 理解数组：数组也是一种类型

Java 的数组要求所有的数组元素具有相同的数据类型。因此，在一个数组中，数组元素的类型是唯一的，即一个数组里只能存储一种数据类型的数据，而不能存储多种数据类型的数据。

注意：

由于 Java 语言是面向对象的语言，而类与类之间可以支持继承关系，这样可能产生一个数组里可以存储多种数据类型的数据的假象。例如有一个水果数组，要求每个数组元素都是水果，实际上数组元素既可以是苹果，也可以是香蕉（苹果、香蕉都继承了水果，都是一种特殊的水果），但这个数组的数组元素的类型还是唯一的，只能是水果类型。

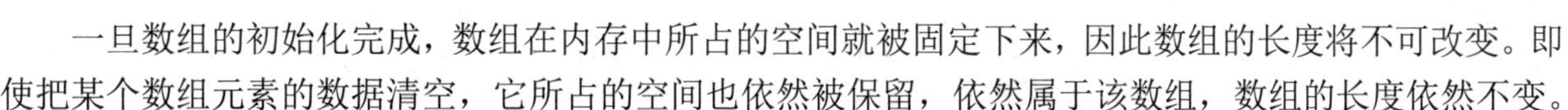

一旦数组的初始化完成，数组在内存中所占的空间就被固定下来，因此数组的长度将不可改变。即使把某个数组元素的数据清空，它所占的空间也依然被保留，依然属于该数组，数组的长度依然不变。

Java 的数组既可以存储基本类型的数据，也可以存储引用类型的数据，只要所有的数组元素具有相同的类型即可。

值得指出的是，数组也是一种数据类型，它本身是一种引用类型。例如，int 是一种基本类型，但 int[]（这是定义数组的一种方式）就是一种引用类型了。

学生提问：int[]是一种数据类型吗？怎么使用这种类型呢？

答：没错，int[]就是一种数据类型，与int类型、String类型类似，一样可以使用该类型来定义变量，也可以使用该类型进行类型转换等。使用int[]类型来定义变量、进行类型转换，与使用其他普通类型没有任何区别。int[]是一种引用类型，创建int[]类型的对象也就是创建数组，需要使用创建数组的语法。

4.5.2 定义数组

Java 语言支持两种语法格式来定义数组：

```
type[] arrayName;
type arrayName[];
```

对于这两种语法格式，通常推荐使用第一种格式。因为第一种格式不仅具有更好的语义，而且具有更好的可读性。对于 type[] arrayName 方式，很容易理解这是定义一个变量，其中变量名是 arrayName，而变量类型是 type[]。前面已经指出：type[]确实是一种新类型，与 type 类型完全不同（例如，int 是基本类型，但 int[]是引用类型）。因此，这种方式既容易理解，也符合定义变量的语法。但第二种格式 type arrayName[]的可读性就差了，看起来好像定义了一个类型为 type 的变量，而变量名是 arrayName[]，这与真实的含义相去甚远。

可能有些读者非常喜欢 type arrayName[];这种定义数组的方式，这可能是因为早期某些计算机读物的误导，从现在开始就不要再使用这种糟糕的方式了。

提示：

Java 的模仿者 C#就不再支持 type arrayName[]这种语法，它只支持第一种定义数组的语法。越来越多的语言不再支持 type arrayName[]这种数组定义语法。

数组是一种引用类型的变量，因此在使用它定义一个变量时，仅仅表示定义了一个引用变量（也就是定义了一个指针），这个引用变量还未指向任何有效的内存空间，因此在定义数组时不能指定数组的长度。而且，由于定义数组只是定义了一个引用变量，并未指向任何有效的内存空间，所以还没有内存空间来存储数组元素，这个数组也不能使用，只有对数组进行初始化后才可以使用。

在定义数组时不能指定数组的长度。

4.5.3 数组的初始化

Java 语言中的数组必须先初始化，然后才可以使用。所谓初始化，就是为数组的数组元素分配内存空间，并为每个数组元素赋初始值——也就是在内存中创建数组对象。

学生提问：能不能只分配内存空间，不赋初始值呢？

答：不行！一旦为数组的每个数组元素分配了内存空间，在每个内存空间里存储的内容就是该数组元素的值，即使这个内存空间存储的内容是空，空也是一个值（null）。不管以哪种方式来初始化数组，只要为数组元素分配了内存空间，数组元素就具有了初始值。初始值的获得有两种形式：一种由系统自动分配；另一种由程序员指定。

数组的初始化有如下两种方式。

- 静态初始化：在初始化时由程序员显式指定每个数组元素的初始值，由系统决定数组的长度。
- 动态初始化：在初始化时程序员只指定数组的长度，由系统为数组元素分配初始值。

1. 静态初始化

静态初始化的语法格式如下：

```
arrayName = new type[] {element1, element2, element3, element4 ...}
```

在上面的语法格式中，type 就是数组元素的数据类型，此处的 type 必须与定义数组变量时所使用的 type 相同，也可以是定义数组时所指定的 type 的子类，并使用花括号把所有的数组元素括起来，多个数组元素之间以英文逗号（,）隔开，定义初始化值的花括号紧跟在[]之后。值得指出的是，在执行静态初始化时，显式指定的数组元素值的类型必须与 new 关键字后的 type 相同，或者是其子类的实例。下面的代码定义了使用这三种形式来进行静态初始化。

程序清单：codes\04\4.5\ArrayTest.java

```
// 定义一个 int 数组类型的变量，变量名为 intArr
int[] intArr;
// 使用静态初始化，在初始化数组时只指定数组元素的初始值，不指定数组的长度
intArr = new int[] {5, 6, 8, 20};
// 定义一个 Object 数组类型的变量，变量名为 objArr
Object[] objArr;
// 使用静态初始化，在初始化数组时数组元素的类型是
// 定义数组时所指定的数组元素类型的子类
objArr = new String[] {"Java", "李刚"};
Object[] objArr2;
// 使用静态初始化
objArr2 = new Object[] {"Java", "李刚"};
```

因为 Java 语言是面向对象的编程语言，能很好地支持子类和父类的继承关系：子类实例是一种特殊的父类实例。在上面的程序中，String 类型是 Object 类型的子类，即字符串是一种特殊的 Object 实例。关于继承更详细的介绍，请参考本书第 5 章。

此外，静态初始化还有如下简化的语法格式：

```
type[] arrayName = {element1, element2, element3, element4 ...}
```

在这种语法格式中，直接使用花括号来定义一个数组——使用花括号把所有的数组元素括起来形成一个数组。只有在定义数组的同时执行数组初始化，才支持使用简化的静态初始化语法。

在实际开发过程中，可能更习惯同时完成数组的定义和数组的初始化，代码如下（程序清单同上）：

```
// 数组的定义和初始化同时完成，使用简化的静态初始化语法
int[] a = {5, 6, 7, 9};
```

只有当数组的定义和初始化同时完成时，才能使用简化的静态初始化语法。

2. 动态初始化

动态初始化只指定数组的长度，由系统为每个数组元素指定初始值。动态初始化的语法格式如下：

```
arrayName = new type[length];
```

在上面的语法格式中，需要指定一个 int 类型的 length 参数，这个参数指定了数组的长度，也就是可以容纳数组元素的个数。与静态初始化相似的是，此处的 type 必须与定义数组时所使用的 type 相同，或者是定义数组时所使用的 type 的子类。下面的代码示范了如何进行动态初始化（程序清单同上）。

```
// 数组的定义和初始化同时完成，使用动态初始化语法
int[] prices = new int[5];
```

```
// 数组的定义和初始化同时完成，在初始化数组时元素的类型是定义数组时元素类型的子类
Object[] books = new String[4];
```

在执行动态初始化时，程序员只需要指定数组的长度，即为每个数组元素指定所需的内存空间，系统将负责为这些数组元素分配初始值。在指定初始值时，系统按如下规则分配初始值。

- 如果数组元素的类型是基本类型中的整数类型（byte、short、int 和 long），则数组元素的值为 0。
- 如果数组元素的类型是基本类型中的浮点类型（float、double），则数组元素的值为 0.0。
- 如果数组元素的类型是基本类型中的字符类型（char），则数组元素的值为'\u0000'。
- 如果数组元素的类型是基本类型中的布尔类型（boolean），则数组元素的值为 false。
- 如果数组元素的类型是引用类型（类、接口和数组），则数组元素的值为 null。

不要同时使用静态初始化和动态初始化，也就是说，不要在进行数组初始化时，既指定数组的长度，又为每个数组元素分配初始值。

数组初始化完成后，就可以使用数组了，包括为数组元素赋值、访问数组元素值和获得数组的长度等。

在定义数组类型的局部变量时，同样可以使用 var 来定义变量——只要在定义该变量时为其指定初始值即可，这样编译器就可推断出该变量的类型。例如如下代码（程序清单同上）：

```
// 编译器推断 names 变量的类型是 String[]
var names = new String[] {"yeeku", "nono"};
// 编译器推断 weightArr 变量的类型是 double[]
var weightArr = new double[4];
```

从上面的代码也可以看出使用 var 声明变量的好处：程序更加简洁。比如上面程序中的 names 变量，就可避免使用 String[]定义，直接使用 var 简洁多了。

对于这种定义数组变量后立即指定初始值的情形，推荐使用 var 来定义数组变量，因为这样既可让程序更加简洁，代码阅读者也能迅速根据数组元素的初始值来判断变量的类型，不会降低代码的可读性。

对于使用简化的静态初始化语法执行初始化的数组，不能使用 var 定义数组变量。

4.5.4 使用数组

数组最常见的用法就是访问数组元素，包括对数组元素进行赋值和取出数组元素的值。访问数组元素通过在数组引用变量后紧跟一个方括号（[]）来实现，方括号里是数组元素的索引值。访问到数组元素后，就可以把数组元素当成普通变量使用了，包括为该变量赋值和取出该变量的值，这个变量的类型就是定义数组时所使用的类型。

Java 语言的数组索引是从 0 开始的，也就是说，第一个数组元素的索引值为 0，最后一个数组元素的索引值为数组的长度减 1。下面的代码示范了输出数组元素的值，以及为指定的数组元素赋值（程序清单同上）。

```
// 输出 objArr 数组的第二个元素，将输出字符串"李刚"
System.out.println(objArr[1]);
// 为 objArr2 的第一个数组元素赋值
objArr2[0] = "Spring";
```

如果在访问数组元素时指定的索引值小于 0，或者大于或等于数组的长度，则编译程序时不会出现任何错误，但运行时将出现异常：java.lang.ArrayIndexOutOfBoundsException: N（数组索引越界异常），异常信息后的 N 就是程序员试图访问的数组索引。

学生提问：为什么要记住这些异常信息？

答：编写程序，并不单单指在计算机里敲出这些代码，还包括调试程序，使之可以正常运行。没有人可以保证自己写的程序总是正确的，因此调试程序是写程序的重要组成部分，调试程序的工作量往往超过编写代码的工作量。如何根据错误提示信息，准确定位错误位置，以及排除错误，是程序员的基本功。培养这些基本功需要记住常见的异常信息，以及对应的出错原因。

下面的代码试图访问的数组元素索引值等于数组的长度，将引发数组索引越界异常（程序清单同上）。

```
// 访问数组元素指定的索引值等于数组的长度，所以下面的代码在运行时将出现异常
System.out.println(objArr2[2]);
```

所有的数组都提供了一个 length 属性，通过这个属性可以访问到数组的长度，一旦获得了数组的长度，就可以通过循环遍历该数组的每个数组元素。下面的代码示范了输出 prices 数组（动态初始化的 int[] 数组）的每个数组元素的值（程序清单同上）。

```
// 使用循环输出 prices 数组的每个数组元素的值
for (var i = 0; i < prices.length; i++)
{
    System.out.println(prices[i]);
}
```

执行上面的代码将输出 5 个 0，因为 prices 数组执行的是默认初始化，数组元素是 int 类型的，系统为 int 类型的数组元素赋值为 0。

下面的代码示范了为动态初始化的数组元素进行赋值，并通过循环方式输出每个数组元素（程序清单同上）。

```
// 对动态初始化后的数组元素进行赋值
books[0] = "疯狂 Java 讲义";
books[1] = "轻量级 Java EE 企业应用实战";
// 使用循环输出 books 数组的每个数组元素的值
for (var i = 0; i < books.length; i++)
{
    System.out.println(books[i]);
}
```

上面的代码将先输出字符串"疯狂 Java 讲义"和"轻量级 Java EE 企业应用实战"，然后输出两个 null。因为 books 使用了动态初始化，系统为所有数组元素都分配一个 null 作为初始值，后来程序又为前两个元素赋值，所以看到了这样的程序输出结果。

从上面的代码中不难看出，初始化一个数组后，相当于同时初始化了多个相同类型的变量，通过数组元素的索引就可以自由访问这些变量（实际上都是数组元素）。使用数组元素与使用普通变量并没有什么不同，一样可以对数组元素进行赋值，或者取出数组元素的值。

4.5.5 foreach 循环

在 Java 5 之后，Java 提供了一种更简单的循环：foreach 循环，使用这种循环遍历数组和集合（关于集合的介绍请参考本书第 8 章）更加简洁。当使用 foreach 循环遍历数组和集合时，无须获得数组和集合的长度，无须根据索引来访问数组元素和集合元素，foreach 循环自动遍历数组和集合的每个元素。

foreach 循环的语法格式如下：

```
for (type variableName : array | collection)
{
    // variableName 自动迭代访问每个元素
}
```

在上面的语法格式中，type 是数组元素或集合元素的类型，或者直接使用 var 定义；variableName

是一个形参名，foreach 循环自动将数组元素、集合元素依次赋给该变量。下面的程序示范了如何使用 foreach 循环来遍历数组元素。

程序清单：codes\04\4.5\ForEachTest.java

```
public class ForEachTest
{
    public static void main(String[] args)
    {
        String[] books = {"轻量级 Java EE 企业应用实战",
            "疯狂 Java 讲义",
            "疯狂 Android 讲义"};
        // 使用 foreach 循环来遍历数组元素
        // 其中 book 将会自动迭代每个数组元素
        for (String book : books)
        {
            System.out.println(book);
        }
    }
}
```

从上面的程序可以看出，当使用 foreach 循环遍历数组元素时无须获得数组的长度，也无须根据索引来访问数组元素。foreach 循环和普通循环不同的是，它不需要循环条件，不需要循环迭代语句，这些部分都由系统来完成，foreach 循环自动迭代数组的每个元素，当每个元素都被迭代一次后，foreach 循环自动结束。

对于 foreach 循环而言，循环变量的类型可由编译器自动推断出来，而且使用 var 定义也不会降低程序的可读性，因此建议使用 var 来定义循环变量的类型。将上面的粗体字代码改为如下形式会更加简洁。

```
for (var book : books)
{
    System.out.println(book);
}
```

当使用 foreach 循环迭代输出数组元素或集合元素时，通常不要对循环变量进行赋值。虽然这种赋值在语法上是允许的，但没有太大的实际意义，而且极容易引起错误。例如下面的程序。

程序清单：codes\04\4.5\ForEachErrorTest.java

```
public class ForEachErrorTest
{
    public static void main(String[] args)
    {
        String[] books = {"轻量级 Java EE 企业应用实战",
            "疯狂 Java 讲义",
            "疯狂 Android 讲义"};
        // 使用 foreach 循环来遍历数组元素，其中 book 将会自动迭代每个数组元素
        for (var book : books)
        {
            book = "疯狂前端开发讲义";
            System.out.println(book);
        }
        System.out.println(books[0]);
    }
}
```

运行上面的程序，将看到如下运行结果：

```
疯狂前端开发讲义
疯狂前端开发讲义
疯狂前端开发讲义
轻量级 Java EE 企业应用实战
```

从上面的运行结果来看，由于在 foreach 循环中对数组元素进行了赋值，结果导致不能正确遍历数

组元素，不能正确取出每个数组元素的值。而且当再次访问第一个数组元素时，发现数组元素的值依然没有改变。不难看出，当使用 foreach 循环迭代访问数组元素时，foreach 中的循环变量相当于一个临时变量，系统会把数组元素依次赋给这个临时变量，而这个临时变量并不是数组元素，它只是保存了数组元素的值。因此，如果希望改变数组元素的值，则不能使用这种 foreach 循环。

注意：

当使用 foreach 循环迭代数组元素时，并不能改变数组元素的值，因此不要对 foreach 中的循环变量进行赋值。

4.6　深入数组

数组是一种引用数据类型，数组引用变量只是一个引用，数组元素和数组变量在内存中是分开存放的。下面将深入介绍数组在内存中的运行机制。

4.6.1　内存中的数组

数组引用变量只是一个引用，这个引用变量可以指向任何有效的内存，只有当该引用指向有效的内存时，才可通过该数组变量来访问数组元素。

与所有引用变量相同的是，引用变量是访问真实对象的根本方式。也就是说，如果希望在程序中访问数组对象本身，则只能通过这个数组的引用变量来访问。

实际的数组对象被存储在堆（heap）内存中；如果引用该数组对象的数组引用变量是一个局部变量，那么它被存储在栈（stack）内存中。数组在内存中的存储示意图如图 4.2 所示。

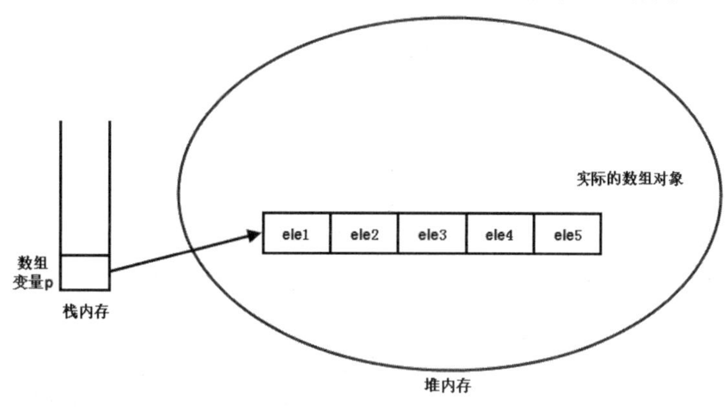

图 4.2　数组在内存中的存储示意图

如果需要访问图 4.2 所示堆内存中的数组元素，那么在程序中只能通过 p[index]的形式实现。也就是说，数组引用变量是访问堆内存中数组元素的根本方式。

学生提问：为什么有栈内存和堆内存之分？

答：当一个方法执行时，每个方法都会建立自己的内存栈，在这个方法内定义的变量将会被逐个放入这块栈内存中，随着方法的执行结束，这个方法的内存栈也将自然销毁。因此，所有在方法中定义的局部变量都是放在栈内存中的。当在程序中创建一个对象时，这个对象将被保存到运行时数据区中，以便反复利用（因为对象的创建成本通常较大），这个运行时数据区就是堆内存。堆内存中的对象不会随方法的结束而销毁，即使方法结束，这个对象也可能会被另一个引用变量所引用（在方法的参数传递时很常见），它依然不会被销毁。只有当一个对象没有任何引用变量引用它时，系统的垃圾回收器才会在合适的时候回收它。

如果堆内存中的数组不再有任何引用变量指向它，则这个数组将成为垃圾，该数组所占的内存将会被系统的垃圾回收器回收。因此，为了让垃圾回收器回收一个数组所占的内存空间，可以将该数组变量赋值为null，也就切断了数组引用变量和实际数组之间的引用关系，实际的数组也就成了垃圾。

只要类型相互兼容，就可以让一个数组变量指向另一个实际的数组，这种操作会让人产生数组的长度可变的错觉。代码如下。

程序清单：codes\04\4.6\ArrayInRam.java

```
public class ArrayInRam
{
    public static void main(String[] args)
    {
        // 定义并初始化数组，使用静态初始化
        int[] a = {5, 7, 20};
        // 定义并初始化数组，使用动态初始化
        var b = new int[4];
        // 输出b数组的长度
        System.out.println("b数组的长度为：" + b.length);
        // 循环输出a数组的元素
        for (int i = 0, len = a.length; i < len; i++)
        {
            System.out.println(a[i]);
        }
        // 循环输出b数组的元素
        for (int i = 0, len = b.length; i < len; i++)
        {
            System.out.println(b[i]);
        }
        // 因为a是int[]类型，b也是int[]类型，所以可以将a的值赋给b
        // 也就是让b引用指向a引用指向的数组
        b = a;
        // 再次输出b数组的长度
        System.out.println("b数组的长度为：" + b.length);
    }
}
```

运行上面的代码，将可以看到先输出b数组的长度为4，然后依次输出a数组和b数组的每个数组元素，接着会输出b数组的长度为3。看起来似乎数组的长度是可变的，但这只是一个假象。必须牢记：定义并初始化一个数组后，在内存中分配了两个空间，其中一个用于存放数组的引用变量，另一个用于存放数组本身。下面将结合示意图来说明上面程序的运行过程。

程序定义并初始化了a、b两个数组后，实际上系统内存中产生了4块内存区，其中栈内存中有两个引用变量：a和b；堆内存中也有两块内存区，分别用于存储a和b引用所指向的数组本身。此时计算机内存的存储示意图如图4.3所示。

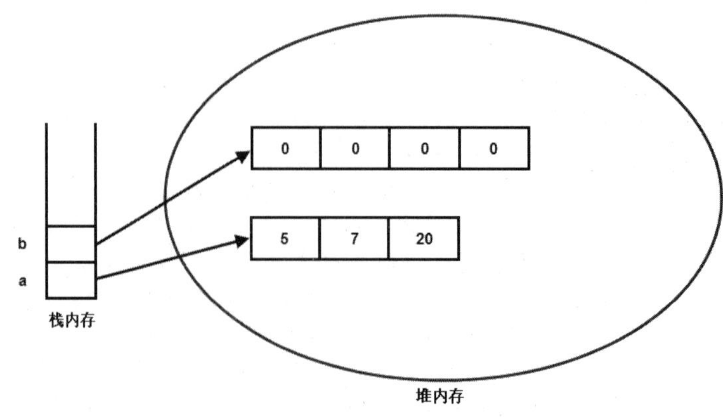

图4.3　定义并初始化a、b两个数组后的存储示意图

从图 4.3 中可以非常清楚地看出 a 引用和 b 引用各自所引用的数组对象，并可以很清楚地看出 a 变量所引用的数组长度是 3，b 变量所引用的数组长度是 4。

当执行上面的粗体字代码 b = a;时，系统将会把 a 的值赋给 b，a 和 b 都是引用类型变量，存储的是地址。因此把 a 的值赋给 b 后，就是让 b 指向 a 所指向的地址。此时计算机内存的存储示意图如图 4.4 所示。

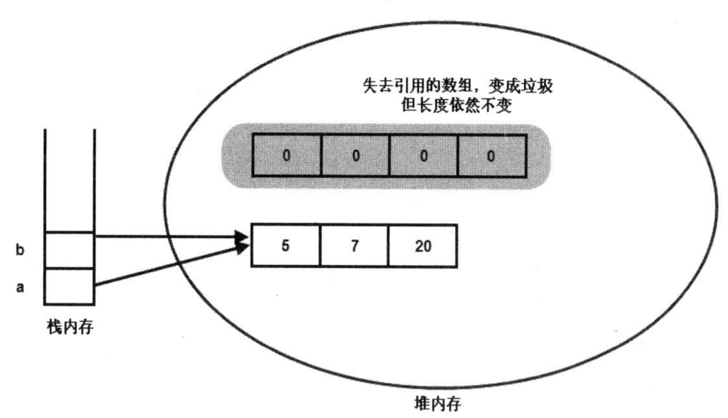

图 4.4 让 b 引用指向 a 引用所指向数组后的存储示意图

从图 4.4 中可以看出，在执行了 b = a;之后，堆内存中的第一个数组具有两个引用：a 变量和 b 变量都引用了第一个数组。此时第二个数组失去了引用，变成垃圾，只有等待垃圾回收器来回收它——但它的长度依然不会改变，直到它彻底消失。

提示：

程序员在进行程序开发时，不要仅仅停留在代码表面，而是要深入底层的运行机制，才可以对程序的运行机制有更准确的把握。在看待一个数组时，一定要把数组看成两个部分：一部分是数组引用，也就是在代码中定义的数组引用变量；另一部分是实际的数组对象，这部分是在堆内存中运行的，通常无法直接访问它，只能通过数组引用变量来访问。

4.6.2 基本类型数组的初始化

对于基本类型数组而言，数组元素的值被直接存储在对应的数组元素中，因此，在初始化数组时，先为该数组分配内存空间，然后直接将数组元素的值存入对应的数组元素中。

下面的程序定义了一个 int[]类型的数组变量，采用动态初始化的方式初始化了该数组，并显式为每个数组元素赋值。

程序清单：codes\04\4.6\PrimitiveArrayTest.java

```
public class PrimitiveArrayTest
{
    public static void main(String[] args)
    {
        // 定义一个 int[]类型的数组变量
        int[] iArr;
        // 动态初始化数组，数组的长度为 5
        iArr = new int[5];
        // 采用循环方式为每个数组元素赋值
        for (var i = 0; i <iArr.length; i++)
        {
            iArr[i] = i + 10;
        }
    }
}
```

上面代码的执行过程代表了基本类型数组初始化的典型过程。下面将结合示意图详细介绍这段代码的执行过程。

当执行 int[] iArr;代码时，仅定义了一个数组变量，此时内存中的存储示意图如图 4.5 所示。

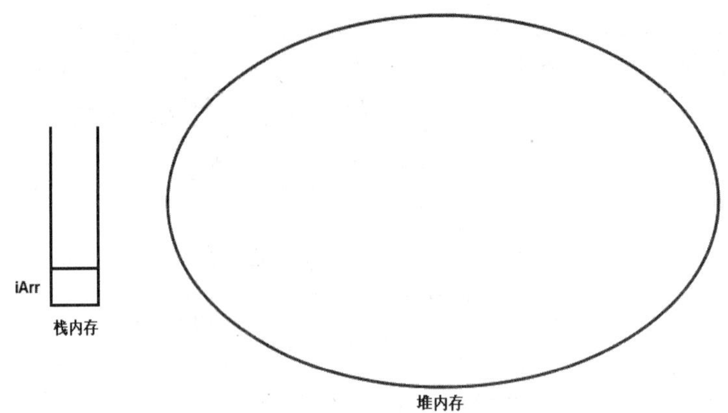

图 4.5　定义 iArr 数组变量后的存储示意图

在执行了 int[] iArr;代码后，仅在栈内存中定义了一个空引用（就是 iArr 数组变量），这个引用并未指向任何有效的内存，当然无法指定数组的长度。

在执行 iArr = new int[5];动态初始化后，系统将负责为该数组分配内存空间，并分配默认的初始值：所有数组元素都被赋值为 0，此时内存中的存储示意图如图 4.6 所示。

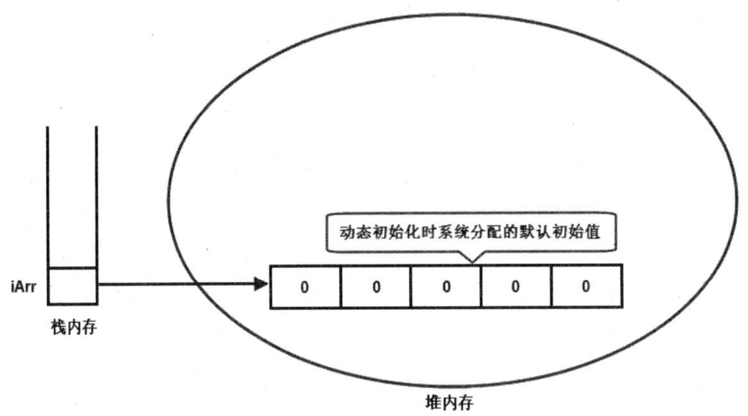

图 4.6　动态初始化 iArr 数组后的存储示意图

此时 iArr 数组的每个数组元素的值都是 0，当循环为该数组的每个数组元素依次赋值后，每个数组元素的值都变成程序显式指定的值。显式指定每个数组元素的值后的存储示意图如图 4.7 所示。

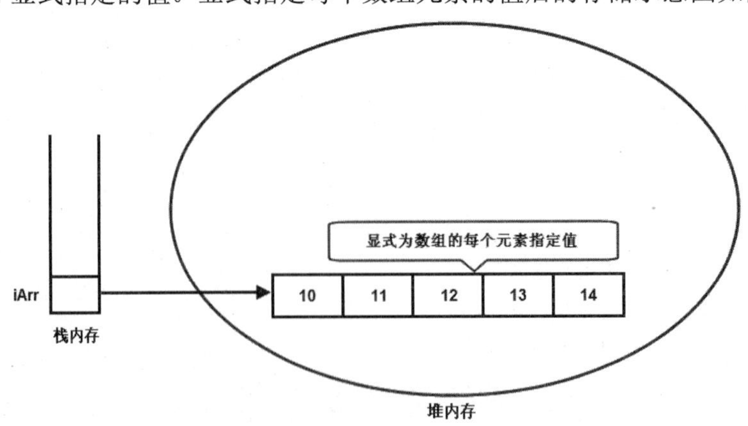

图 4.7　显式指定每个数组元素的值后的存储示意图

从图 4.7 中可以看到基本类型数组的存储示意图，每个数组元素的值都被直接存储在对应的内存中。当操作基本类型数组的数组元素时，实际上相当于操作基本类型的变量。

4.6.3 引用类型数组的初始化

引用类型数组的数组元素是引用，因此情况变得更加复杂。在每个数组元素中存储的还是引用，它指向另一块内存，这块内存中存储了有效数据。

为了更好地说明引用类型数组的运行过程，下面先定义一个 Person 类（所有类都是引用类型）。关于定义类、对象和引用的详细介绍请参考本书第 5 章。Person 类的代码如下。

程序清单：codes\04\4.6\ReferenceArrayTest.java

```
class Person
{
    public int age; // 年龄
    public double height; // 身高
    // 定义一个 info 方法
    public void info()
    {
        System.out.println("我的年龄是：" + age
            + "，我的身高是：" + height);
    }
}
```

下面将定义一个 Person[]数组，然后动态初始化这个 Person[]数组，并为这个数组的每个数组元素指定值。程序代码如下（程序清单同上）：

```
public class ReferenceArrayTest
{
    public static void main(String[] args)
    {
        // 定义一个 students 数组变量，其类型是 Person[]
        Person[] students;
        // 执行动态初始化
        students = new Person[2];
        // 创建一个 Person 实例，并将这个 Person 实例赋给 zhang 变量
        var zhang = new Person();
        // 为 zhang 所引用的 Person 对象的 age、height 赋值
        zhang.age = 15;
        zhang.height = 158;
        // 创建一个 Person 实例，并将这个 Person 实例赋给 lee 变量
        var lee = new Person();
        // 为 lee 所引用的 Person 对象的 age、height 赋值
        lee.age = 16;
        lee.height = 161;
        // 将 zhang 变量的值赋给第一个数组元素
        students[0] = zhang;
        // 将 lee 变量的值赋给第二个数组元素
        students[1] = lee;
        // 下面两行代码的结果完全一样，因为 lee 和 students[1]
        // 指向的是同一个 Person 实例
        lee.info();
        students[1].info();
    }
}
```

上面代码的执行过程代表了引用类型数组初始化的典型过程。下面将结合示意图详细介绍这段代码的执行过程。

当执行 Person[] students;代码时，这行代码仅仅在栈内存中定义了一个引用变量，也就是一个指针，这个指针并未指向任何有效的内存区。此时内存中的存储示意图如图 4.8 所示。

在图 4.8 所示的栈内存中定义了一个 students 变量，它仅仅是一个引用，并未指向任何有效的内存。直到执行初始化，本程序对 students 数组执行动态初始化，动态初始化由系统为数组元素分配默认的初始值：null，即每个数组元素的值都是 null。执行动态初始化后的存储示意图如图 4.9 所示。

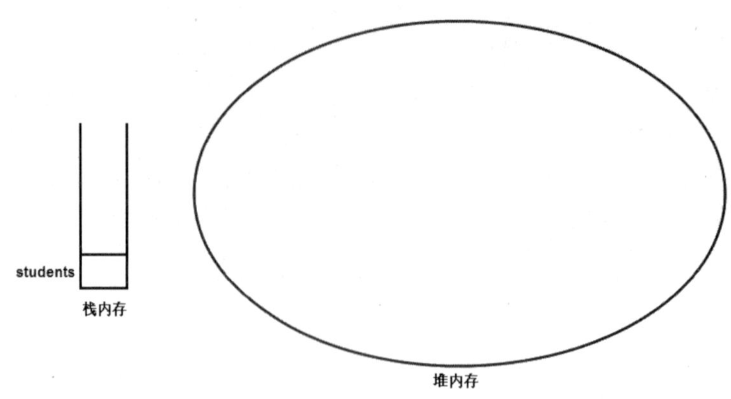

图 4.8　定义一个 students 数组变量后的存储示意图

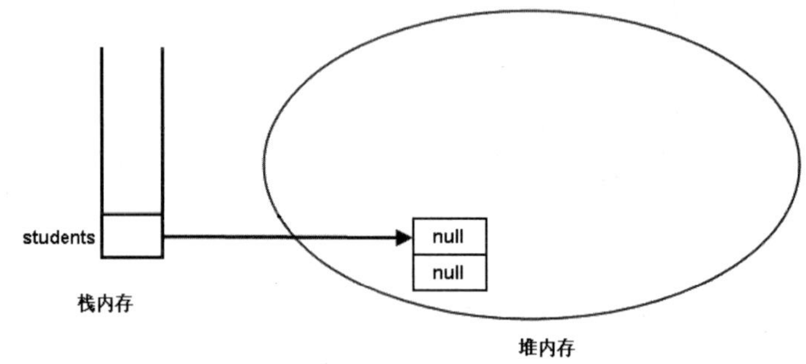

图 4.9　动态初始化 students 数组后的存储示意图

从图 4.9 中可以看出，students 数组的两个数组元素都是引用，而且该引用并未指向任何有效的内存，因此每个数组元素的值都是 null。这意味着依然不能直接使用 students 数组元素，因为每个数组元素都是 null，这相当于定义了两个连续的 Person 变量，但是该变量还未指向任何有效的内存区，所以还不能使用这两个连续的 Person 变量（students 数组的数组元素）。

接着的代码定义了 zhang 和 lee 两个 Person 实例，定义这两个实例实际上分配了 4 块内存，在栈内存中存储了 zhang 和 lee 两个引用变量，还在堆内存中存储了两个 Person 实例。此时的内存存储示意图如图 4.10 所示。

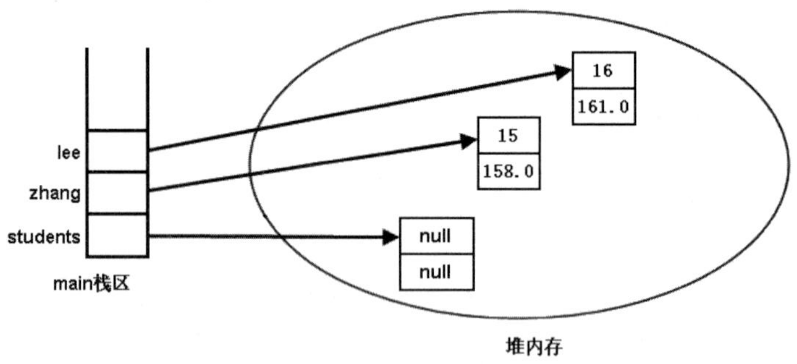

图 4.10　创建两个 Person 实例后的存储示意图

此时 students 数组的两个数组元素依然是 null，直到程序依次将 zhang 赋给 students 数组的第一个元素，把 lee 赋给 students 数组的第二个元素，students 数组的两个数组元素将会指向有效的内存区。此时的内存存储示意图如图 4.11 所示。

从图 4.11 中可以看出，此时 zhang 和 students[0]指向同一个内存区，而且它们都是引用类型变量，因此通过 zhang 和 students[0]来访问 Person 实例的实例变量和方法的效果完全一样。不论是修改 students[0]所指向的 Person 实例的实例变量，还是修改 zhang 变量所指向的 Person 实例的实例变量，所修改的其实是同一个内存区，所以必然相互影响。同理，lee 和 students[1]也是引用同一个 Person 对象的，也具有相同的效果。

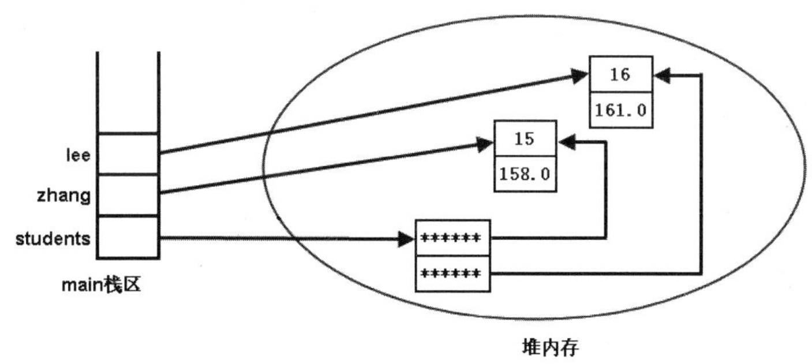

图 4.11 为数组元素赋值后的存储示意图

4.6.4 没有多维数组

Java 语言中提供了支持多维数组的语法。但本书还是想说，没有多维数组——如果从数组底层的运行机制上来看。

Java 语言中的数组类型是引用类型，因此数组变量其实是一个引用，这个引用指向真实的数组内存。数组元素的类型也可以是引用，如果数组元素的引用再次指向真实的数组内存，那么这种情形看上去很像多维数组。

回到前面定义数组类型的语法：type[] arrName;，这是典型的一维数组的定义语法，其中 type 是数组元素的类型。如果希望数组元素也是一个引用，而且是指向 int 数组的引用，则可以把 type 具体成 int[]（前面已经指出，int[]就是一种类型，int[]类型的用法与普通类型并无任何区别），那么上面定义数组的语法就是 int[][] arrName。

如果把 int 类型扩大到 Java 的所有类型（不包括数组类型），则出现了定义二维数组的语法：

```
type[][] arrName;
```

Java 语言采用上面的语法格式来定义二维数组，但它的实质还是一维数组，只是其数组元素也是引用，数组元素中保存的引用指向一维数组。

接着对这个“二维数组”执行初始化，同样可以把这个数组当成一维数组来初始化。把这个“二维数组”当成一个一维数组，其元素的类型是 type[]，则可以采用如下语法进行初始化：

```
arrName = new type[length][]
```

上面的初始化语法相当于初始化一个一维数组，这个一维数组的长度是 length。同样，因为这个一维数组的数组元素是引用类型（数组类型）的，所以系统为每个数组元素都分配了初始值：null。

这个二维数组实际上完全可以被当成一维数组使用：使用 new type[length]初始化一维数组后，相当于定义了 length 个 type 类型的变量；类似地，使用 new type[length][]初始化这个数组后，相当于定义了 length 个 type[]类型的变量，当然，这些 type[]类型的变量都是数组类型的，因此必须再次初始化这些数组。

下面的程序示范了如何把二维数组当成一维数组处理。

程序清单：codes\04\4.6\TwoDimensionTest.java

```
public class TwoDimensionTest
{
    public static void main(String[] args)
    {
        // 定义一个二维数组
        int[][] a;
        // 把 a 数组当成一维数组进行初始化，初始化 a 是一个长度为 4 的数组
        // a 数组的数组元素又是引用类型的
        a = new int[4][];
        // 把 a 数组当成一维数组，遍历 a 数组的每个数组元素
        for (int i = 0, len = a.length; i < len; i++)
        {
            System.out.println(a[i]);
```

```
        }
        // 初始化 a 数组的第一个元素
        a[0] = new int[2];
        // 访问 a 数组的第一个元素所指向数组的第二个元素
        a[0][1] = 6;
        // a 数组的第一个元素是一个一维数组，遍历这个一维数组
        for (int i = 0, len = a[0].length; i < len; i++)
        {
            System.out.println(a[0][i]);
        }
    }
}
```

上面程序中的粗体字代码部分把 a 这个二维数组当成一维数组处理，只是每个数组元素都是 null，所以看到输出结果都是 null。下面结合示意图来说明这个程序的执行过程。

程序的 int[][] a; 代码将在栈内存中定义一个引用变量，这个变量并未指向任何有效的内存空间，此时在堆内存中还未为这行代码分配任何存储区。

程序对 a 数组执行初始化：a = new int[4][];，这行代码让 a 变量指向一块长度为 4 的数组内存，这个长度为 4 的数组的每个数组元素都是引用类型（数组类型）的，系统为这些数组元素分配默认的初始值：null。此时 a 数组在内存中的存储示意图如图 4.12 所示。

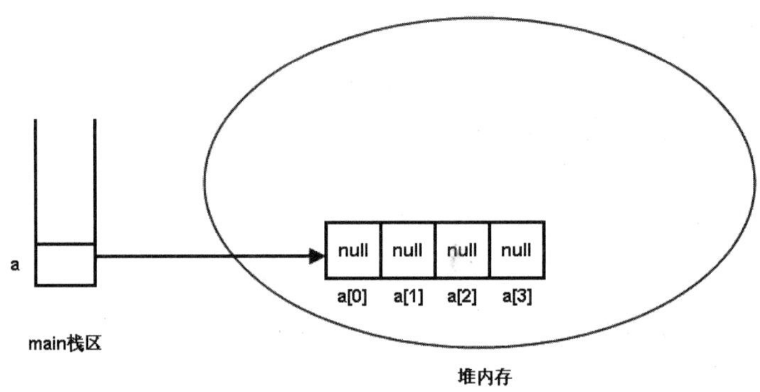

图 4.12　将二维数组当成一维数组初始化后的存储示意图

从图 4.12 来看，虽然声明 a 是一个二维数组，但这里丝毫看不出它是一个二维数组的样子，完全是一维数组的样子。这个一维数组的长度是 4，只是这 4 个数组元素都是引用类型的，它们的默认值是 null。所以在程序中可以把 a 数组当成一维数组处理，依次遍历 a 数组的每个元素，将看到每个数组元素的值都是 null。

由于 a 数组的元素必须是 int[]数组，所以接下来程序对 a[0]元素执行初始化，也就是让图 4.12 右边堆内存中的第一个数组元素指向一个有效的数组内存，指向一个长度为 2 的 int 数组。因为程序动态初始化 a[0]数组，所以系统将为 a[0]所引用数组的每个元素分配默认的初始值：0，然后程序显式为 a[0]数组的第二个元素赋值为 6。此时内存中的存储示意图如图 4.13 所示。

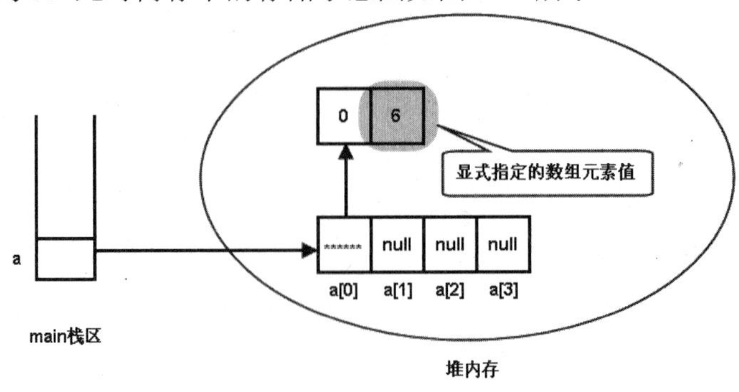

图 4.13　初始化 a[0]后的存储示意图

图 4.13 中灰色覆盖的数组元素就是程序显式指定的数组元素值。接着程序迭代输出 a[0]数组的每

个数组元素，将看到输出 0 和 6。

学生提问：我是否可以让图 4.13 中灰色覆盖的数组元素再次指向另一个数组？这样不就可以扩展成三维数组，甚至扩展成更多维的数组吗？

答：不能！至少在这个程序中不能。因为 Java 是强类型语言，当定义 a 数组时，就已经确定了 a 数组的数组元素是 int[]类型的，那么 a[0]数组的数组元素只能是 int 类型的，所以灰色覆盖的数组元素只能存储 int 类型的变量。对于其他弱类型语言，例如 JavaScript 和 Ruby 等，确实可以把一维数组无限扩展，扩展成二维数组、三维数组……如果想在 Java 语言中实现这种可无限扩展的数组，则可以定义一个 Object[]类型的数组，这个数组的元素是 Object 类型的，因此可以再次指向一个 Object[]类型的数组，这样就可以从一维数组扩展到二维数组、三维数组……

从上面的程序中可以看出，在初始化多维数组时，可以只指定最左边维的大小；当然，也可以一次指定每一维的大小。例如下面的代码（程序清单同上）：

```
// 同时初始化二维数组的两个维数
int[][] b = new int[3][4];
```

上面的代码将定义一个数组变量 b，这个数组变量指向一个长度为 3 的数组，这个数组的每个数组元素又都是数组类型的，它们各指向对应的长度为 4 的 int[]数组，每个数组元素的值都为 0。这行代码执行后内存中的存储示意图如图 4.14 所示。

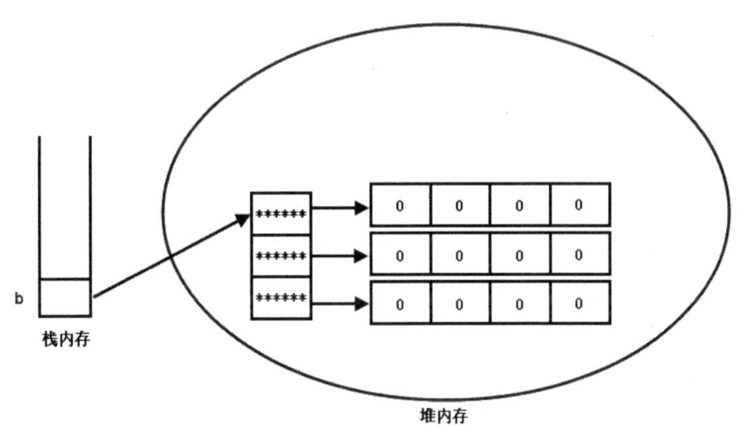

图 4.14　同时初始化二维数组的两个维数后的存储示意图

还可以使用静态初始化方式来初始化二维数组。当使用静态初始化方式来初始化二维数组时，二维数组的每个数组元素都是一维数组，因此必须指定多个一维数组作为二维数组的初始化值。代码如下（程序清单同上）：

```
// 使用静态初始化语法来初始化一个二维数组
String[][] str1 = new String[][] {new String[3],
    new String[] {"hello"}};
// 使用简化的静态初始化语法来初始化一个二维数组
String[][] str2 = {new String[3],
    new String[] {"hello"}};
```

上面的代码执行后内存中的存储示意图如图 4.15 所示。

通过上面的讲解可以得到一个结论：二维数组是一维数组，其数组元素是一维数组；三维数组也是一维数组，其数组元素是二维数组……从这个角度来看，Java 语言中没有多维数组。

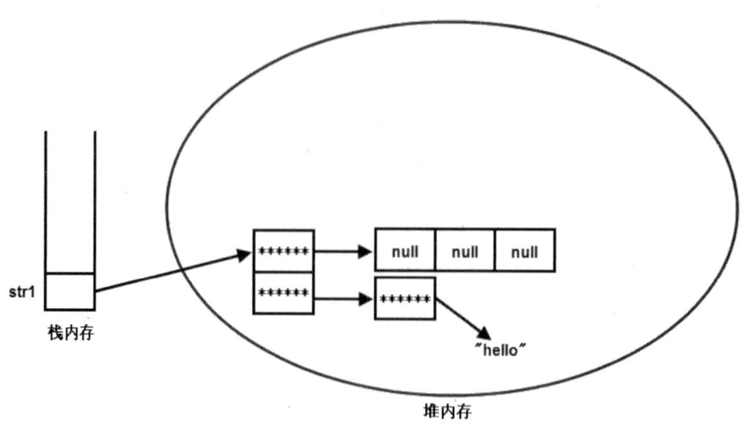

图 4.15　采用静态初始化语法初始化二维数组的存储示意图

4.6.5　操作数组的工具类：Arrays

Java 提供的 Arrays 类中包含了一些 static 修饰的方法，使用这些方法可以直接操作数组。这个 Arrays 类中包含的 static 修饰的方法（static 修饰的方法可以直接通过类名调用）如下。

- int binarySearch(type[] a, type key)：使用二分法查询 key 元素值在 a 数组中出现的索引；如果 a 数组不包含 key 元素值，则返回负数。在调用该方法时，要求数组中的元素已经按升序排列，这样才能得到正确的结果。
- int binarySearch(type[] a, int fromIndex, int toIndex, type key)：这个方法与前一个方法类似，但它只搜索 a 数组中 fromIndex 索引到 toIndex 索引的元素。在调用该方法时，要求数组中的元素已经按升序排列，这样才能得到正确的结果。
- type[] copyOf(type[] original, int length)：这个方法将会把 original 数组复制成一个新数组，其中 length 是新数组的长度。如果 length 小于 original 数组的长度，则新数组就是原数组的前面 length 个元素；如果 length 大于 original 数组的长度，则新数组的前面元素就是原数组的所有元素，后面补充 0（数值类型）、false（布尔类型）或者 null（引用类型）。
- type[] copyOfRange(type[] original, int from, int to)：这个方法与前面的方法相似，但这个方法只复制 original 数组的 from 索引到 to 索引的元素。
- boolean equals(type[] a, type[] a2)：如果 a 数组和 a2 数组的长度相等，而且 a 数组和 a2 数组的数组元素也一一相同，则该方法将返回 true。
- void fill(type[] a, type val)：该方法将会把 a 数组的所有元素都赋值为 val。
- void fill(type[] a, int fromIndex, int toIndex, type val)：该方法与前一个方法的作用相同，区别只是该方法仅仅将 a 数组的 fromIndex 索引到 toIndex 索引的数组元素赋值为 val。
- void sort(type[] a)：该方法对 a 数组的数组元素进行排序。
- void sort(type[] a, int fromIndex, int toIndex)：该方法与前一个方法相似，区别是该方法仅仅对 fromIndex 索引到 toIndex 索引的元素进行排序。
- String toString(type[] a)：该方法将一个数组转换成一个字符串。该方法按顺序把多个数组元素连缀在一起，多个数组元素使用英文逗号（,）和空格隔开。

下面的程序示范了 Arrays 类的用法。

程序清单：codes\04\4.6\ArraysTest.java

```
public class ArraysTest
{
    public static void main(String[] args)
    {
        // 定义一个 a 数组
        var a = new int[] {3, 4, 5, 6};
```

```
        // 定义一个 a2 数组
        var a2 = new int[] {3, 4, 5, 6};
        // a 数组和 a2 数组的长度相等，每个元素依次相等，将输出 true
        System.out.println("a 数组和 a2 数组是否相等："
            + Arrays.equals(a, a2));
        // 通过复制 a 数组，生成一个新的 b 数组
        var b = Arrays.copyOf(a, 6);
        System.out.println("a 数组和 b 数组是否相等："
            + Arrays.equals(a, b));
        // 输出 b 数组的元素，将输出[3, 4, 5, 6, 0, 0]
        System.out.println("b 数组的元素为："
            + Arrays.toString(b));
        // 将 b 数组的第 3 个元素（包括）到第 5 个元素（不包括）赋值为 1
        Arrays.fill(b, 2, 4, 1);
        // 输出 b 数组的元素，将输出[3, 4, 1, 1, 0, 0]
        System.out.println("b 数组的元素为："
            + Arrays.toString(b));
        // 对 b 数组进行排序
        Arrays.sort(b);
        // 输出 b 数组的元素，将输出[0, 0, 1, 1, 3, 4]
        System.out.println("b 数组的元素为："
            + Arrays.toString(b));
    }
}
```

注意：

Arrays 类处于 java.util 包下，为了在程序中使用 Arrays 类，必须在程序中导入 java.util.Arrays 类。关于如何导入指定包下的类，请参考本书第 5 章。限于篇幅，本书中的程序代码都没有包含 import 语句，读者可参考本书配套资料中对应的程序来阅读书中代码。

此外，System 类中也包含了一个 static void arraycopy(Object src, int srcPos, Object dest, int destPos, int length)方法，该方法可以将 src 数组中的元素值赋给 dest 数组的元素，其中 srcPos 参数指定从 src 数组的第几个元素开始赋值，length 参数指定将 src 数组的多少个元素值赋给 dest 数组的元素。

Java 8 增强了 Arrays 类的功能，为 Arrays 类增加了一些工具方法，这些工具方法可以充分利用多 CPU 并行的能力来提高设值、排序的性能。下面是 Java 8 为 Arrays 类增加的工具方法。

提示：

由于计算机硬件的飞速发展，目前几乎所有家用 PC 的 CPU 都是 4 核、8 核的，而服务器的 CPU 则具有更好的性能，因此 Java 8 与时俱进增加了并发支持，并发支持可以充分利用硬件设备来提高程序的运行性能。

- void parallelPrefix(xxx[] array, XxxBinaryOperator op)：该方法使用 op 参数指定的计算公式计算得到的结果作为新的数组元素。op 计算公式包括 left、right 两个形参，其中 left 代表新数组中前一个索引处的元素，right 代表 array 数组中当前索引处的元素。新数组的第一个元素无须计算，直接等于 array 数组的第一个元素。
- void parallelPrefix(xxx[] array, int fromIndex, int toIndex, XxxBinaryOperator op)：该方法与上一个方法相似，区别是该方法仅重新计算 fromIndex 索引到 toIndex 索引的元素。
- void setAll(xxx[] array, IntToXxxFunction generator)：该方法使用指定的生成器（generator）为所有数组元素设置值，该生成器控制数组元素值的生成算法。
- void parallelSetAll(xxx[] array, IntToXxxFunction generator)：该方法的功能与上一个方法相同，只是该方法增加了并行能力，可以利用多 CPU 并行来提高性能。
- void parallelSort(xxx[] a)：该方法的功能与 Arrays 类以前就有的 sort()方法相似，只是该方法增加了并行能力，可以利用多 CPU 并行来提高性能。
- void parallelSort(xxx[] a, int fromIndex, int toIndex)：该方法与上一个方法相似，区别是该方法仅

对 fromIndex 索引到 toIndex 索引的元素进行排序。

- Spliterator.OfXxx spliterator(xxx[] array)：将该数组的所有元素转换成对应的 Spliterator 对象。
- Spliterator.OfXxx spliterator(xxx[] array, int startInclusive, int endExclusive)：该方法与上一个方法相似，区别是该方法仅转换 startInclusive 索引到 endExclusive 索引的元素。
- XxxStream stream(xxx[] array)：该方法将数组转换为 Stream，Stream 是流式编程的 API。
- XxxStream stream(xxx[] array, int startInclusive, int endExclusive)：该方法与上一个方法相似，区别是该方法仅将 fromIndex 索引到 toIndex 索引的元素转换为 Stream。

在上面的方法列表中，所有以 parallel 开头的方法都表示该方法可利用 CPU 并行的能力来提高性能。上面方法中的 xxx 代表不同的数据类型，比如在处理 int[]类型的数组时应将 xxx 换成 int，在处理 long[]类型的数组时应将 xxx 换成 long。

下面的程序示范了 Java 8 为 Arrays 类新增的方法。

提示： 下面的程序用到了接口、匿名内部类的知识，读者阅读起来可能有一定的困难，此处只要大致知道 Arrays 新增的这些方法就行，暂时并不需要读者立即掌握该程序，可以等到掌握了接口、匿名内部类后再来学习下面的程序。

程序清单：codes\04\4.6\ArraysTest2.java

```
public class ArraysTest2
{
    public static void main(String[] args)
    {
        var arr1 = new int[] {3, -4, 25, 16, 30, 18};
        // 对数组 arr1 进行并发排序
        Arrays.parallelSort(arr1);
        System.out.println(Arrays.toString(arr1));
        var arr2 = new int[] {3, -4, 25, 16, 30, 18};
        Arrays.parallelPrefix(arr2, new IntBinaryOperator()
        {
            // left 代表新数组中前一个索引处的元素，right 代表原数组中当前索引处的元素
            // 新数组的第一个元素总等于原数组的第一个元素
            public int applyAsInt(int left, int right)
            {
                return left * right;
            }
        });
        System.out.println(Arrays.toString(arr2));
        var arr3 = new int[5];
        Arrays.parallelSetAll(arr3, new IntUnaryOperator()
        {
            // operand 代表正在计算的元素索引
            public int applyAsInt(int operand)
            {
                return operand * 5;
            }
        });
        System.out.println(Arrays.toString(arr3));
        // 将 arr3 数组转换成 IntStream
        IntStream arr3Stream = Arrays.stream(arr3);
        // 对 arr3Stream 进行过滤，只保留数值大于 10 的元素
        int result = arr3Stream.filter(new IntPredicate()
        {
            public boolean test(int ele)
            {
                return ele > 10;
            }
        }).sum(); // 计算总和
        System.out.println(result);
    }
}
```

上面程序中的第一行粗体字代码调用了 parallelSort()方法对数组执行排序，该方法的功能与传统 sort()方法大致相似，只是在多 CPU 机器上会有更好的性能。第二段粗体字代码使用的计算公式为 left * right，其中 left 代表新数组中前一个索引处的元素，right 代表原数组中当前索引处的元素。程序使用的数组为：

{3, -4, 25, 16, 30, 18}

计算新的数组元素的方式为：

```
{1*3=3, 3*-4=-12, -12*25=-300, -300*16=-48000, -48000*30=-144000, -144000*18=-2592000}
```

因此，将会得到如下新的数组元素：

```
{3, -12, -300, -4800, -144000, -2592000}
```

第三段粗体字代码使用 operand * 5 公式来设置数组元素，该公式中的 operand 代表正在计算的数组元素的索引。因此，第三段粗体字代码计算得到的数组为：

```
{0, 5, 10, 15, 20}
```

第四段粗体字代码先将 arrs 数组转换成 IntStream，然后对该 IntStream 执行了过滤（filter）操作，只保留数值大于 10 的元素，接下来调用 IntStream 的 sum()方法计算其中所有元素的总和，最后程序输出 result 时，将会看到输出 35。

提示：

上面三段粗体字代码都可以使用 Lambda 表达式进行简化，关于 Lambda 表达式的知识请参考本书 6.8 节。

4.6.6 数组应用举例

数组的用途是很广泛的，如果程序中有多个类型相同的变量，而且它们具有逻辑的整体性，则可以把它们定义成一个数组。

例如，实际开发中的一个常用工具函数：需要将一个浮点数转换成人民币读法字符串，这个程序就需要使用数组。实现这个函数的思路是，首先把这个浮点数分成整数部分和小数部分。提取整数部分很容易，直接将这个浮点数强制类型转换成一个整数即可，这个整数就是浮点数的整数部分；再使用浮点数减去整数，就可以得到这个浮点数的小数部分。

然后分开处理整数部分和小数部分，其中对小数部分的处理比较简单，直接截断保留 2 位数字，转换成几角几分的字符串。对整数部分的处理则稍微复杂一点儿，但只要认真分析不难发现，中国的数字习惯是 4 位一节的，一个 4 位的数字可被转换成几千几百几十几，至于后面添加什么单位则不确定，如果这一节 4 位数字出现在 1~4 位，则后面添加单位“元”；如果这一节 4 位数字出现在 5~8 位，则后面添加单位“万元”；如果这一节 4 位数字出现在 9~12 位，则后面添加单位“亿元”；多于 12 位就暂不考虑了。

因此，实现这个程序的关键就是把一个 4 位的数字字符串转换成中文读法。下面的程序把这个需求实现了一部分。

程序清单：codes\04\4.6\Num2Rmb.java

```
public class Num2Rmb
{
    private String[] hanArr = {"零", "壹", "贰", "叁", "肆",
        "伍", "陆", "柒", "捌", "玖"};
    private String[] unitArr = {"十", "百", "千"};
    /**
     * 将一个浮点数分解成整数部分和小数部分
     * @param num 需要被分解的浮点数
     * @return 分解出来的整数部分和小数部分。第一个数组元素是整数部分，第二个数组元素是小数部分
```

```
     */
    private String[] divide(double num)
    {
        // 将一个浮点数强制类型转换为 long 类型，即得到它的整数部分
        var zheng = (long) num;
        // 浮点数减去整数部分，得到小数部分，小数部分乘以 100 后再取整得到 2 位小数
        var xiao = Math.round((num - zheng) * 100);
        // 下面用了两种方法把整数转换为字符串
        return new String[] {zheng + "", String.valueOf(xiao)};
    }
    /**
     * 将一个 4 位的数字字符串变成汉字字符串
     * @param numStr 需要被转换的 4 位的数字字符串
     * @return 4 位的数字字符串被转换成汉字字符串
     */
    private String toHanStr(String numStr)
    {
        var result = "";
        int numLen = numStr.length();
        // 依次遍历数字字符串的每一位数字
        for (var i = 0; i < numLen; i++)
        {
            // 把 char 类型的数字转换成 int 类型的数字。由于它们的 ASCII 码值恰好相差 48
            // 因此把 char 类型的数字减去 48 得到 int 类型的数字，例如，'4'被转换成 4
            var num = numStr.charAt(i) - 48;
            // 如果不是最后一位数字，而且数字不是 0，则需要添加单位（千、百、十）
            if (i != numLen - 1 && num != 0)
            {
                result += hanArr[num] + unitArr[numLen - 2 - i];
            }
            // 否则不要添加单位
            else
            {
                result += hanArr[num];
            }
        }
        return result;
    }
    public static void main(String[] args)
    {
        var nr = new Num2Rmb();
        // 测试把一个浮点数分解成整数部分和小数部分
        System.out.println(Arrays.toString(nr.divide(236711125.123)));
        // 测试把一个 4 位的数字字符串变成汉字字符串
        System.out.println(nr.toHanStr("6109"));
    }
}
```

运行上面的程序，可以看到如下运行结果：

```
[236711125, 12]
陆仟壹佰零玖
```

从上面的运行结果来看，这个程序初步实现了所需功能，但它并不是这么简单的，它对 0 的处理比较复杂。例如，当有两个 0 连在一起时该如何处理呢？如果最高位是 0 如何处理呢？最低位是 0 又如何处理呢？因此，对于这个程序还需要继续完善，希望读者能把这个程序写完。

此外，还可以利用二维数组来完成五子棋、连连看、俄罗斯方块、扫雷等常见小游戏。下面简单介绍利用二维数组来实现五子棋。首先定义一个二维数组作为下棋的棋盘，每当一个棋手下一步棋后，也就是为二维数组的一个数组元素赋值。下面的程序完成了初步功能。

程序清单：codes\04\4.6\Gobang.java

```
public class Gobang
{
    // 定义棋盘的大小
    private static int BOARD_SIZE = 15;
```

```
    // 定义一个二维数组来充当棋盘
    private String[][] board;
    public void initBoard()
    {
        // 初始化棋盘数组
        board = new String[BOARD_SIZE][BOARD_SIZE];
        // 将每个数组元素赋值为"╋"，用于在控制台画出棋盘
        for (var i = 0; i < BOARD_SIZE; i++)
        {
            for (var j = 0; j < BOARD_SIZE; j++)
            {
                board[i][j] = "╋";
            }
        }
    }
    // 在控制台输出棋盘的方法
    public void printBoard()
    {
        // 打印每个数组元素
        for (var i = 0; i < BOARD_SIZE; i++)
        {
            for (var j = 0; j < BOARD_SIZE; j++)
            {
                // 打印数组元素后不换行
                System.out.print(board[i][j]);
            }
            // 每打印完一行数组元素后，就输出一个换行符
            System.out.print("\n");
        }
    }
    public static void main(String[] args) throws Exception
    {
        var gb = new Gobang();
        gb.initBoard();
        gb.printBoard();
        // 这是用于获取键盘输入的方法
        var br = new BufferedReader(new InputStreamReader(System.in));
        String inputStr = null;
        // br.readLine()：每当从键盘输入一行内容后按回车键，刚输入的内容就被 br 读取到
        while ((inputStr = br.readLine()) != null)
        {
            // 将用户输入的字符串以逗号（,）作为分隔符，分隔成两个字符串
            String[] posStrArr = inputStr.split(",");
            // 将两个字符串转换成用户下棋的坐标
            var xPos = Integer.parseInt(posStrArr[0]);
            var yPos = Integer.parseInt(posStrArr[1]);
            // 将对应的数组元素赋值为"●"。
            gb.board[yPos - 1][xPos - 1] = "●";
            /*
             计算机随机生成两个整数，作为计算机下棋的坐标，赋值给 board 数组
             还涉及
                1. 坐标的有效性，只能是数字，不能超出棋盘范围
                2. 下的棋的点，不能重复下棋
                3. 每次下棋后，需要扫描谁赢了
             */
            gb.printBoard();
            System.out.println("请输入您下棋的坐标，应以 x,y 的格式：");
        }
    }
}
```

运行上面的程序，将看到如图 4.16 所示的界面。

从图 4.16 来看，程序运行界面上显示的黑点一直是棋手下的棋，计算机还没有下棋，计算机下棋可以使用随机生成的两个坐标值来控制，当然，也可以增加人工智能（这已经超出了本书的范围，但实际上也很简单）来控制下棋。

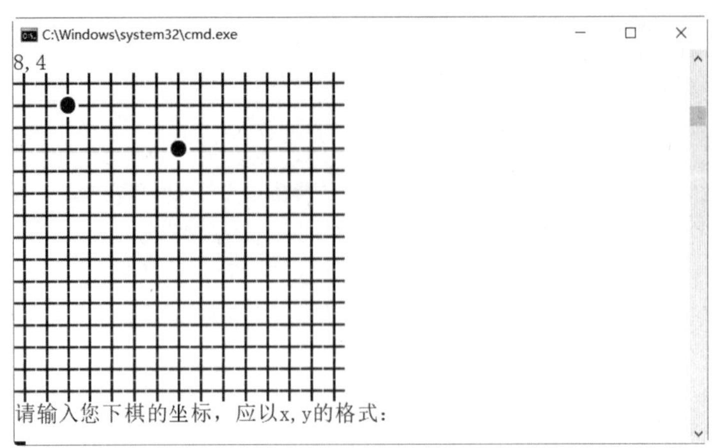

图 4.16　控制台五子棋的运行界面

提示：

上面的程序涉及读取用户的键盘输入，读者可以参考本书 7.1 节的介绍来阅读本程序。此外，本程序中的 main 方法还包含了 throws Exception 声明，表明该程序的 main 方法不处理任何异常。本书第 10 章会介绍异常处理知识，所以此处不处理任何异常。

除此之外，读者需要在这个程序的基础上进行完善，保证在用户和计算机下的棋的坐标上不能已经有棋子（通过判断对应的数组元素只能是"╋"来确定），还需要进行 4 次循环扫描，判断横、竖、左斜、右斜是否有 5 枚棋子连在一起，从而判定胜负。

4.7　本章小结

本章主要介绍了 Java 的两种程序流程结构：分支结构和循环结构。本章详细讲解了 Java 提供的 if 和 switch 分支结构，并详细介绍了 Java 提供的 while、do while 和 for 循环结构，以及详细分析了三种循环结构的区别和联系。此外，数组也是本章介绍的重点，本章通过示例程序详细示范了数组的定义、初始化、使用等基本知识，并结合大量示意图深入分析了数组在内存中的运行机制、数组引用变量和数组之间的关系、多维数组的实质等内容。本章最后还提供了一个多维数组的示例程序：五子棋，希望以此来激发读者的编程热情。

▶▶本章练习

1. 使用循环输出九九乘法表。输出如下结果：

```
1 × 1 = 1
2 × 1 = 2, 2 × 2 = 4
3 × 1 = 3, 3 × 2 = 6, 3 × 3 = 9
……
9 × 1 = 9, 9 × 2 = 18, 9 × 3 = 27, … , 9 × 9 = 81
```

2. 使用循环输出等腰三角形。例如，给定 4，输出如下结果：

```
   *
  ***
 *****
*******
```

3. 通过 API 文档查询 Math 类的方法，打印出如下所示的近似圆，只要给定不同的半径，圆的大小就会随之发生改变（如果需要使用复杂的数学运算，则可以查阅 Math 类的方法，或者参考本书 7.3

节的内容）。

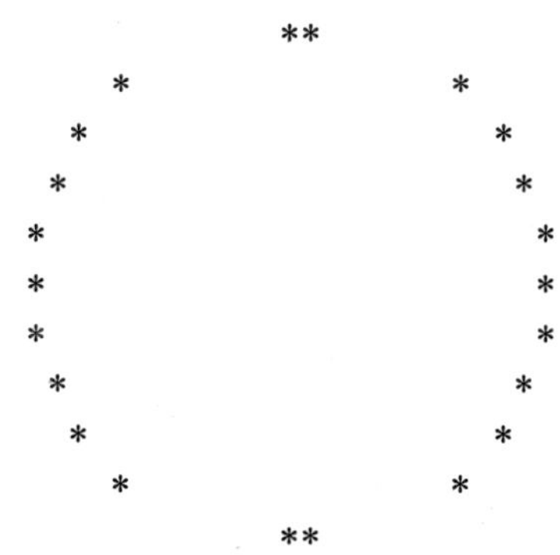

4．实现一个按字节来截取字符串的子串的方法，功能类似于 String 类的 substring()方法。String 类是按字符截取的，例如"中国 abc".substring(1,3)，将返回"国 a"。这里要求按字节截取，一个英文字符当一个字节，一个中文字符当两个字节。

5．编写一个程序，将浮点数转换成人民币读法字符串，例如，将 1006.333 转换为壹千零陆元叁角叁分。

6．编写控制台的五子棋游戏。

CHAPTER

5

第5章 面向对象（上）

本章要点

- 定义类、成员变量和方法
- 创建并使用对象
- 对象和引用
- 方法必须属于类或对象
- Java 方法的参数传递机制
- 递归方法
- 方法的重载
- 实现良好的封装
- 使用 package 和 import
- 构造器的作用和构造器重载
- 继承的特点和用法
- 重写父类方法
- super 关键字的用法
- 继承和多态
- instanceof 及其模式匹配用法
- switch 模式匹配
- 向上转型和强制类型转换
- 继承和组合的关系
- 使用组合来实现复用
- 构造器和初始化块的作用及区别
- 静态初始化块

Java 是面向对象的程序设计语言，Java 语言提供了定义类、成员变量、方法等最基本的功能。类可被认为是一种自定义的数据类型，可以使用类来定义变量，所有使用类定义的变量都是引用变量，它们将会引用到类的对象。类用于描述客观世界里某一类对象的共同特征，而对象则是类的具体存在，Java 程序使用类的构造器来创建该类的对象。

Java 也支持面向对象的三大特征：封装、继承和多态。Java 提供了 private、protected 和 public 三个访问控制修饰符来实现良好的封装，提供了 extends 关键字来让子类继承父类。子类继承父类就可以继承到父类的成员变量和方法，如果访问控制允许，则子类实例可以直接调用父类里定义的方法。继承是实现类复用的重要手段。此外，也可通过组合关系来实现这种复用，从某种程度上看，继承和组合具有相同的功能。当使用继承关系来实现复用时，子类对象可以被直接赋给父类变量，这个变量具有多态性，编程更加灵活；而当利用组合关系来实现复用时，则不具备这种灵活性。

构造器用于对类实例进行初始化操作，构造器支持重载，如果多个重载的构造器里包含了相同的初始化代码，则可以把这些初始化代码放置在实例初始化块里完成，实例初始化块总是在构造器执行之前被调用。除此之外，Java 还提供了一种类初始化块（静态初始化块），类初始化块用于初始化类，在类初始化阶段执行。当继承树里的某一个类需要初始化时，系统将会同时初始化该类的所有父类。

5.1 类和对象

Java 是面向对象的程序设计语言，类是面向对象的重要内容，可以把类当成一种自定义类型，可以使用类来定义变量，这种类型的变量统称为引用变量。也就是说，所有的类都是引用类型。

5.1.1 定义类

在面向对象的程序设计过程中有两个重要概念：类（class）和对象（object，也被称为实例，instance）。其中，类是某一批对象的抽象，可以把类理解成某种概念；对象才是一个具体存在的实体，从这个意义上看，日常所说的人，其实都是人的实例，而不是人类。

Java 语言是面向对象的程序设计语言，类和对象是面向对象的核心。Java 语言提供了对创建类和创建对象的简单语法的支持。

在 Java 语言中定义类的简单语法如下：

```
[修饰符] class 类名
{
    零个到多个构造器定义..
    零个到多个成员变量...
    零个到多个方法...
}
```

在上面的语法格式中，修饰符可以是 public、final、abstract，或者完全省略这三个修饰符，类名只要是一个合法的标识符即可。但这仅仅满足的是 Java 的语法要求；如果从程序的可读性方面来看，Java 类名必须是由一个或多个有意义的单词连缀而成的，每个单词的首字母大写，其他字母全部小写，单词与单词之间不要使用任何分隔符。

对一个类定义而言，可以包含三种最常见的成员：构造器、成员变量和方法。这三种成员都可以定义零个或多个，如果三种成员都只定义零个，那么就定义了一个空类，这没有太大的实际意义。

类中各成员之间的定义顺序不会产生任何影响，各成员之间可以相互调用，但需要指出的是，使用 static 修饰的成员不能访问没有 static 修饰的成员。

成员变量用于定义该类或该类的实例所包含的状态数据，方法则用于定义该类或该类的实例的行为特征或者功能实现。构造器用于构造该类的实例，Java 语言通过 new 关键字来调用构造器，从而返回该类的实例。

构造器是一个类创建对象的根本途径，如果一个类没有构造器，那么这个类通常无法创建实例。因此，Java 语言提供了一个功能：如果程序员没有为一个类编写构造器，那么系统会为该类提供一个默认的构造器。一旦程序员为一个类提供了构造器，系统就不再为该类提供构造器。

定义成员变量的语法格式如下：

```
[修饰符] 类型 成员变量名 [= 默认值];
```

对定义成员变量的语法格式详细说明如下。

- 修饰符：修饰符可以省略，也可以是 public、protected、private、static、final，其中 public、protected、private 三个最多只能出现其中之一，可以与 static、final 组合起来修饰成员变量。
- 类型：类型可以是 Java 语言允许的任何数据类型，包括基本类型和现在介绍的引用类型。
- 成员变量名：成员变量名只要是一个合法的标识符即可，但这只是从语法角度来说的；如果从程序可读性角度来看，成员变量名应该由一个或多个有意义的单词连缀而成，第一个单词首字母小写，后面每个单词首字母大写，其他字母全部小写，单词与单词之间不要使用任何分隔符。成员变量用于描述类或对象包含的状态数据，因此建议成员变量名使用英文名词。
- 默认值：定义成员变量还可以指定一个可选的默认值。

成员变量由英文单词 field 意译而来，早期有些图书将成员变量称为属性。但实际上，在 Java 世界里属性（由 property 翻译而来）指的是一组 setter 方法和 getter 方法。比如某个类有 age 属性，意味着该类包含 setAge()和 getAge()两个方法。另外，也有些资料、图书将 field 翻译为字段、域。

定义方法的语法格式如下：

```
[修饰符] 方法返回值类型方法名(形参列表)
{
    // 由零条到多条可执行语句组成的方法体
}
```

对定义方法的语法格式详细说明如下。

- 修饰符：修饰符可以省略，也可以是 public、protected、private、static、final、abstract，其中 public、protected、private 三个最多只能出现其中之一；abstract 和 final 最多只能出现其中之一，它们可以与 static 组合起来修饰方法。
- 方法返回值类型：返回值类型可以是 Java 语言允许的任何数据类型，包括基本类型和引用类型；如果声明了方法返回值类型，则方法体内必须有一条有效的 return 语句，该语句返回一个变量或一个表达式，这个变量或者表达式的类型必须与此处声明的类型匹配。除此之外，如果一个方法没有返回值，则必须使用 void 来声明没有返回值。
- 方法名：方法名的命名规则与成员变量的命名规则基本相同，但由于方法用于描述该类或该类的实例的行为特征或功能实现，因此通常建议方法名以英文动词开头。
- 形参列表：形参列表用于定义该方法可以接受的参数。形参列表由零组到多组“参数类型 形参名”组合而成，多组参数之间以英文逗号（,）隔开，形参类型和形参名之间以英文空格隔开。一旦在定义方法时指定了形参列表，在调用该方法时就必须传入对应的参数值——谁调用方法，谁负责为形参赋值。

在方法体中多条可执行语句之间有严格的执行顺序，排在方法体前面的语句总是先执行，排在方法体后面的语句总是后执行。

static 是一个特殊的关键字，它可用于修饰方法、成员变量等成员。使用 static 修饰的成员表明它属于这个类本身，而不属于该类的单个实例，因此，通常把 static 修饰的成员变量和方法也称为类变量、类方法。不使用 static 修饰的普通方法、成员变量则属于该类的单个实例，而不属于该类，因此，通常把不使用 static 修饰的成员变量和方法也称为实例变量、实例方法。

由于 static 的英文直译就是静态的意思，因此有时也把 static 修饰的成员变量和方法称为静态变量和静态方法，把不使用 static 修饰的成员变量和方法称为非静态变量和非静态方法。静态成员不能直接访问非静态成员。

提示：

虽然绝大部分资料都喜欢把 static 称为静态的，但实际上这种说法很模糊，完全无法说明 static 的真正作用。static 的真正作用就是用于区分成员变量、方法、内部类、初始化块（本书后面会介绍后两种成员）这四种成员到底属于类本身还是属于实例。在类中定义的成员，static 相当于一个标志，有 static 修饰的成员属于类本身，没有 static 修饰的成员属于该类的实例。

构造器是一个特殊的方法（在有些地方，构造器也被称为构造方法），定义构造器的语法格式与定义方法的语法格式很像，定义构造器的语法格式如下：

```
[修饰符] 构造器名(形参列表)
{
    // 由零条到多条可执行语句组成的构造器执行体
}
```

对定义构造器的语法格式详细说明如下。

- 修饰符：修饰符可以省略，也可以是 public、protected、private 其中之一。
- 构造器名：构造器名必须和类名相同。
- 形参列表：和定义方法形参列表的格式完全相同。

值得指出的是，构造器既不能定义返回值类型，也不能使用 void 声明构造器没有返回值。如果为构造器定义了返回值类型，或使用 void 声明了构造器没有返回值，那么虽然在编译时不会出错，但是 Java 会把这个所谓的构造器当成方法来处理——它就不再是构造器。

学生提问：构造器不是没有返回值吗？为什么不能用 void 声明呢？

答：简单地说，这是 Java 的语法规定。实际上，类的构造器是有返回值的，当使用 new 关键字来调用构造器时，构造器返回该类的实例，可以把这个类的实例当成构造器的返回值，因此构造器的返回值类型总是当前类，无须定义返回值类型。但必须注意：不要在构造器里显式使用 return 来返回当前类的对象，因为构造器的返回值是隐式的。

下面的程序将定义一个 Person 类。

程序清单：codes\05\5.1\Person.java

```
public class Person
{
    // 下面定义了两个成员变量
    public String name;
    public int age;
    // 下面定义了一个 say 方法
    public void say(String content)
    {
        System.out.println(content);
    }
}
```

在上面的 Person 类代码里没有定义构造器，系统将为它提供一个默认的构造器，系统提供的构造器总是没有参数的。

在定义类之后，接下来即可使用该类了，Java 的类大致有如下作用。

- 定义变量。
- 创建对象。
- 调用类的类方法或访问类的类变量。

下面先介绍使用类来定义变量和创建对象。

5.1.2 对象的产生和使用

创建对象的根本途径是调用构造器，通过 new 关键字来调用某个类的构造器即可创建这个类的实例。

程序清单：codes\05\5.1\PersonTest.java

```
// 使用 Peron 类定义一个 Person 类型的变量
Person p;
// 通过 new 关键字调用 Person 类的构造器，返回一个 Person 实例
// 将该 Person 实例赋给 p 变量
p = new Person();
```

上面的代码也可被简写成如下形式：

```
// 在定义 p 变量的同时为 p 变量赋值
Person p = new Person();
```

如果在定义引用类型的局部变量时为其指定了初始值，则同样也能使用 var 定义该变量。例如，上面的代码可被改为如下形式：

```
// 使用 var 定义引用类型的变量
var p = new Person();
```

对于 var p = new Person();这样的代码，使用 var 定义变量不仅更简洁，而且也不会降低程序的可读性（根据所赋的值一眼就能判断出变量 p 的类型），因此使用 var 定义变量会更好。

在创建对象之后，接下来即可使用该对象了，Java 的对象大致有如下作用。

- 访问对象的实例变量。
- 调用对象的方法。

如果访问权限允许，在类里定义的方法和成员变量都可以通过类或实例来调用。类或实例访问方法或者成员变量的语法是：类.类变量|方法，或者，实例.实例变量|方法。在这种方式中，类或实例是主调者，用于访问该类或该实例的成员变量或方法。

使用 static 修饰的方法和成员变量，既可通过类来调用，也可通过实例来调用；没有使用 static 修饰的普通方法和成员变量，只可通过实例来调用。在下面的代码中，通过 Person 实例来调用 Person 的成员变量和方法（程序清单同上）。

```
// 访问 p 的 name 实例变量，直接为该变量赋值
p.name = "李刚";
// 调用 p 的 say() 方法，在声明 say() 方法时定义了一个形参
// 调用该方法必须为形参指定一个值
p.say("Java 语言很简单，学习很容易！");
// 直接输出 p 的 name 实例变量，将输出 李刚
System.out.println(p.name);
```

在上面的代码中，通过 Person 实例调用了 say()方法，在调用方法时必须为方法的形参赋值。因此，在调用 Person 对象的 say()方法时，必须为 say()方法传入一个字符串作为形参的参数值，这个字符串将被赋给 content 参数。

大部分时候，定义一个类就是为了重复创建该类的实例，同一个类的多个实例具有相同的特征，而类则是定义了多个实例的共同特征。从某个角度来看，类定义的是多个实例的特征，因此类不是一种具体存在，实例才是具体存在。完全可以这样说：你不是人这个类，我也不是人这个类，我们都只是人的实例。

5.1.3　对象、引用和指针

在前面的 PersonTest.java 代码中，有这样一行代码：Person p = new Person();，这行代码创建了一个 Person 实例，也被称为 Person 对象，这个 Person 对象被赋给 p 变量。

在这行代码中实际产生了两个东西：一个是 p 变量，一个是 Person 对象。

从 Person 类定义来看，Person 对象应包含两个实例变量，而变量是需要内存来存储的。因此，在创建 Person 对象时，必然需要有对应的内存来存储 Person 对象的实例变量。图 5.1 显示了 Person 对象在内存中的存储示意图。

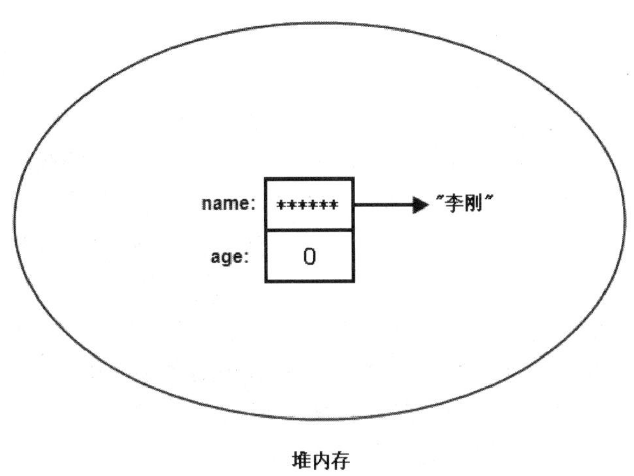

图 5.1　Person 对象的内存存储示意图

从图 5.1 中可以看出，Person 对象由多块内存组成，不同内存块分别存储了 Person 对象的不同成员变量。当把这个 Person 对象赋给一个引用变量时，系统如何处理呢？难道系统会把这个 Person 对象在内存中重新复制一份吗？显然不会，Java 没有这么笨，Java 让引用变量指向这个对象即可。也就是说，引用变量中存放的仅仅是一个引用，它指向实际的对象。

与前面介绍的数组类型类似，类也是一种引用数据类型，因此程序中定义的 Person 类型的变量实际上是一个引用，它被存放在栈内存中，指向实际的 Person 对象；而真正的 Person 对象则被存放在堆（heap）内存中。图 5.2 显示了将 Person 对象赋给一个引用变量的示意图。

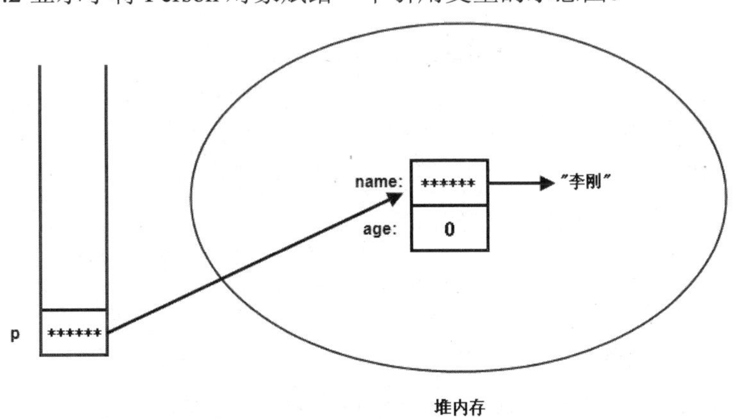

图 5.2　引用变量指向实际对象的示意图

栈内存中的引用变量并未真正存储对象的成员变量，对象的成员变量数据实际被存放在堆内存中；而引用变量只是指向该堆内存中的对象。从这个角度来看，引用变量与 C 语言里的指针很像，它们都是存储一个地址值，通过这个地址来引用实际对象的。实际上，Java 中的引用就是 C 中的指针，只是 Java 语言把这个指针封装起来，避免开发者进行烦琐的指针操作。

当一个对象被创建成功以后，这个对象将被保存在堆内存中，Java 程序不允许直接访问堆内存中的对象，只能通过该对象的引用操作该对象。也就是说，不管是数组还是对象，都只能通过引用来访问它们。

如图5.2所示，p引用变量本身只存储了一个地址值，并未包含任何实际数据，但它指向实际的Person对象，当访问p引用变量的成员变量和方法时，实际上是访问p所引用对象的成员变量和方法。

提示： 不管是数组还是对象，当程序访问引用变量的成员变量或方法时，实际上是访问该引用变量所引用的数组、对象的成员变量或方法。

堆内存中的对象可以有多个引用，即多个引用变量指向同一个对象，代码如下（程序清单同上）：

```
// 将p变量的值赋给p2变量
var p2 = p;
```

上面的代码把p变量的值赋给p2变量，也就是将p变量保存的地址值赋给p2变量，这样p2变量和p变量将指向堆内存中的同一个Person对象。不管是访问p2变量的成员变量和方法，还是访问p变量的成员变量和方法，它们实际上是访问同一个Person对象的成员变量和方法，将会返回相同的访问结果。

如果堆内存中的对象没有任何变量指向该对象，那么程序将无法再访问该对象，这个对象也就变成了垃圾，Java的垃圾回收器将回收该对象，释放该对象所占的内存区。

因此，如果希望通知垃圾回收器回收某个对象，那么只需切断该对象的所有引用变量和它之间的关系即可，也就是把这些引用变量赋值为null。

5.1.4 对象的this引用

Java提供了一个this关键字，this关键字总是指向调用该方法的对象。根据this出现位置的不同，this作为对象的默认引用有两种情形。

- 在构造器中引用该构造器正在初始化的对象。
- 在方法中引用调用该方法的对象。

this关键字最大的作用就是让类中的一个方法，访问该类中的另一个方法或实例变量。假设定义了一个Dog类，这个Dog对象的run()方法需要调用它的jump()方法，那么应该如何做？是否应该定义如下的Dog类呢？

程序清单：codes\05\5.1\Dog.java

```
public class Dog
{
    // 定义一个jump()方法
    public void jump()
    {
        System.out.println("正在执行jump方法");
    }
    // 定义一个run()方法，run()方法需要借助jump()方法
    public void run()
    {
        var d = new Dog();
        d.jump();
        System.out.println("正在执行run方法");
    }
}
```

使用这种方式来定义这个Dog类，确实可以实现在run()方法中调用jump()方法。那么这种做法是否够好呢？下面再提供一个程序来创建Dog对象，并调用该对象的run()方法。

程序清单：codes\05\5.1\DogTest.java

```
public class DogTest
{
```

```
    public static void main(String[] args)
    {
        // 创建 Dog 对象
        var dog = new Dog();
        // 调用 Dog 对象的 run() 方法
        dog.run();
    }
}
```

在上面的程序中，一共产生了两个 Dog 对象，在 Dog 类的 run()方法中，程序创建了一个 Dog 对象，并使用名为 d 的引用变量来指向该 Dog 对象；在 DogTest 的 main()方法中，程序再次创建了一个 Dog 对象，并使用名为 dog 的引用变量来指向该 Dog 对象。

这里产生了两个问题。第一个问题：在 run()方法中调用 jump()方法时是否一定需要一个 Dog 对象？第二个问题：是否一定需要重新创建一个 Dog 对象？第一个问题的答案是肯定的，因为没有使用 static 修饰的成员变量和方法都必须使用对象来调用。第二个问题的答案是否定的，因为当程序调用 run()方法时，一定会提供一个 Dog 对象，这样就可以直接使用这个已经存在的 Dog 对象，而无须重新创建新的 Dog 对象了。

因此需要在 run()方法中获得调用该方法的对象，通过 this 关键字就可以满足这个要求。

this 可以代表任何对象，当 this 出现在某个方法体中时，它所代表的对象是不确定的，但它的类型是确定的：它所代表的只能是当前类的实例；只有当这个方法被调用时，它所代表的对象才被确定下来：谁在调用这个方法，this 就代表谁。

将前面的 Dog 类的 run()方法改为如下形式会更加合适。

程序清单：codes\05\5.1\Dog.java

```
// 定义一个 run() 方法，run() 方法需要借助 jump() 方法
public void run()
{
    // 使用 this 引用调用 run() 方法的对象
    this.jump();
    System.out.println("正在执行 run 方法");
}
```

采用上面的方法定义的 Dog 类更符合实际意义。从前一种 Dog 类的定义来看，在 Dog 对象的 run()方法内重新创建了一个新的 Dog 对象，并调用它的 jump()方法，这意味着一个 Dog 对象的 run()方法需要依赖于另一个 Dog 对象的 jump()方法，这不符合逻辑。上面的代码更符合实际情形：当一个 Dog 对象调用 run()方法时，run()方法需要依赖它自己的 jump()方法。

在现实世界里，对象的一个方法依赖于另一个方法的情形如此常见，例如，吃饭方法依赖于拿筷子方法，写程序方法依赖于敲键盘方法，这种依赖都是同一个对象的两个方法之间的依赖。因此，Java 允许对象的一个成员直接调用另一个成员，可以省略 this 前缀。也就是说，将上面的 run()方法改为如下形式也完全正确。

```
public void run()
{
    jump();
    System.out.println("正在执行 run 方法");
}
```

大部分时候，当一个方法访问该类中定义的其他方法、成员变量时，加不加 this 前缀效果是完全一样的。

对于使用 static 修饰的方法而言，可以使用类来直接调用该方法，如果在 static 修饰的方法中使用 this 关键字，则这个关键字就无法指向合适的对象。所以，在 static 修饰的方法中不能使用 this 引用。由于 static 修饰的方法不能使用 this 引用，所以使用 static 修饰的方法不能访问不使用 static 修饰的普通成员。因此，Java 语法规定：静态成员不能直接访问非静态成员。

提示：

省略 this 前缀只是一种假象，虽然程序员省略了调用 jump()方法之前的 this，但实际上这个 this 依然是存在的。根据汉语语法习惯：完整的语句至少包括主语、谓语、宾语，在面向对象的世界里，主、谓、宾的结构完全成立，例如，“猪八戒吃西瓜”是一条汉语语句，转换为面向对象的语法，就可以写成“猪八戒.吃(西瓜);”。因此，本书常常把调用成员变量、方法的对象称为“主调（主语调用者的简称）”。对于 Java 语言来说，在调用成员变量、方法时，主调是必不可少的，即使代码中省略了主调，实际的主调也依然存在。一般来说，如果在调用 static 修饰的成员（包括方法、成员变量）时省略了前面的主调，那么默认使用该类作为主调；如果在调用没有 static 修饰的成员（包括方法、成员变量）时省略了前面的主调，那么默认使用 this 作为主调。

下面的程序演示了当静态方法直接访问非静态方法时引发的错误。

程序清单：codes\05\5.1\StaticAccessNonStatic.java

```
public class StaticAccessNonStatic
{
    public void info()
    {
        System.out.println("简单的 info 方法");
    }
    public static void main(String[] args)
    {
        // 因为 main()方法是静态方法，而 info()是非静态方法
        // 调用 main()方法的是该类本身，而不是该类的实例
        // 因此省略的 this 无法指向有效的对象
        info();
    }
}
```

编译上面的程序，系统提示在 info();代码行出现如下错误：

```
无法从静态上下文中引用非静态方法 info()
```

出现上面的错误，正是因为 info()方法是属于实例的方法，而不是属于类的方法，因此必须使用对象来调用该方法。在上面的 main()方法中直接调用 info()方法时，系统相当于使用 this 作为该方法的调用者，而 main()方法是一个 static 修饰的方法，使用 static 修饰的方法属于类，而不属于对象，因此调用 static 修饰的方法的主调总是类本身；如果允许在 static 修饰的方法中出现 this 引用，则将导致 this 无法引用有效的对象，因此上面的程序出现编译错误。

Java 有一个让人极易“混淆”的语法，它允许使用对象来调用 static 修饰的成员变量、方法，但实际上这是不应该的。前面已经介绍过，使用 static 修饰的成员属于类本身，而不属于该类的实例，既然使用 static 修饰的成员完全不属于该类的实例，那么就不应该允许使用实例来调用 static 修饰的成员变量和方法！所以请读者牢记一点：在进行 Java 编程时不要使用对象来调用 static 修饰的成员变量、方法，而是应该使用类来调用 static 修饰的成员变量、方法！如果在其他 Java 代码中看到对象调用 static 修饰的成员变量、方法的情形，则完全可以把这种用法当成假象，将其替换成用类来调用 static 修饰的成员变量、方法的代码。

如果确实需要在静态方法中访问另一个普通方法，则只能重新创建一个对象。例如，将上面的 info()调用改为如下形式：

```
// 创建一个对象作为调用者来调用 info()方法
new StaticAccessNonStatic().info();
```

大部分时候，当普通方法访问其他方法、成员变量时无须使用 this 前缀，但如果方法中有一个局部变量和成员变量同名，而程序又需要在该方法中访问这个被覆盖的成员变量，则必须使用 this 前缀。关于局部变量覆盖成员变量的情形，参见 5.3 节的内容。

由于静态方法的调用者是类本身（即使在语法上允许使用对象调用静态方法，其实也是假象），并没有使用对象调用，因此在静态方法中不允许使用 this 引用。

在 static 方法中不允许使用 this 引用代表当前调用者。

此外，this 引用也可以用于构造器中作为默认引用。由于构造器是直接使用 new 关键字来调用，而不是使用对象来调用的，所以 this 在构造器中代表该构造器正在初始化的对象。

程序清单：codes\05\5.1\ThisInConstructor.java

```
public class ThisInConstructor
{
    // 定义一个名为 foo 的成员变量
    public int foo;
    public ThisInConstructor()
    {
        // 在构造器中定义一个 foo 变量
        int foo = 0;
        // 使用 this 代表该构造器正在初始化的对象
        // 下面的代码将会把该构造器正在初始化的对象的 foo 成员变量设为 6
        this.foo = 6;
    }
    public static void main(String[] args)
    {
        // 所有使用 ThisInConstructor 创建的对象的 foo 成员变量都将被设为 6，
        // 所以下面的代码将输出 6
        System.out.println(new ThisInConstructor().foo);
    }
}
```

在 ThisInConstructor 构造器中使用 this 引用时，this 总是引用该构造器正在初始化的对象。程序中的粗体字代码将正在执行初始化的 ThisInConstructor 对象的 foo 成员变量设为 6，这意味着该构造器返回的所有对象的 foo 成员变量都等于 6。

与普通方法类似的是，大部分时候，在构造器中访问其他成员变量和方法时都可以省略 this 前缀，但如果构造器中有一个与成员变量同名的局部变量，而且又必须在构造器中访问这个被覆盖的成员变量，则必须使用 this 前缀，如上面的 ThisInConstructor.java 所示。

当 this 作为对象的默认引用使用时，程序可以像访问普通引用变量一样来访问这个 this 引用，甚至可以把 this 当成普通方法的返回值。看下面的程序。

程序清单：codes\05\5.1\ReturnThis.java

```
public class ReturnThis
{
    public int age;
    public ReturnThis grow()
    {
        age++;
        // return this 返回调用该方法的对象
        return this;
    }
    public static void main(String[] args)
    {
        var rt = new ReturnThis();
        // 可以连续调用同一个方法
        rt.grow()
            .grow()
```

```
            .grow();
        System.out.println("rt的age成员变量值是:" + rt.age);
    }
}
```

从上面的程序中可以看出，如果在某个方法中把this作为返回值，则可以多次连续调用同一个方法，从而使得代码更加简洁。但是，这种把this作为返回值的方法可能会造成实际意义的模糊，例如上面的grow方法，用于表示对象的生长，即age成员变量的值加1，实际上不应该有返回值。

使用this作为方法的返回值可以让代码更加简洁，但可能会造成实际意义的模糊。

5.2 方法详解

方法是类或对象的行为特征的抽象，方法是类或对象最重要的组成部分。但从功能上来看，方法完全类似于传统结构化程序设计里的函数。值得指出的是，Java中的方法不能独立存在，所有的方法都必须在类中定义。方法在逻辑上要么属于类，要么属于对象。

5.2.1 方法的所属性

不论是从定义方法的语法来看，还是从方法的功能来看，都不难发现方法和函数之间的相似性。实际上，方法确实是由传统的函数发展而来的，方法与传统的函数有着显著的不同：在结构化编程语言中，函数是“一等公民”，整个软件由一个个函数组成；在面向对象编程语言中，类才是“一等公民”，整个系统由一个个类组成。因此，在Java语言中，方法不能独立存在，方法必须属于类或对象。

如果需要定义方法，则只能在类体内定义，不能独立定义一个方法。一旦将一个方法定义在某个类的类体内，如果这个方法使用了static修饰，则这个方法属于这个类，否则这个方法属于这个类的实例。

Java语言是静态的。一个类定义完成后，只要不再重新编译这个类文件，该类和该类的对象所拥有的方法就是固定的，永远都不会改变。

因为Java中的方法不能独立存在，它必须属于一个类或一个对象，所以方法也不能像函数那样被独立执行，在执行方法时必须使用类或对象来作为调用者，即所有的方法都必须使用“类.方法”或“对象.方法”的形式来调用。这里可能产生一个问题：当同一个类里不同的方法之间相互调用时，不就可以直接调用吗？这里需要指出：当同一个类里的一个方法调用另一个方法时，如果被调方法是普通方法，则默认使用this作为调用者；如果被调方法是静态方法，则默认使用类作为调用者。也就是说，表面上看起来某些方法可以被独立执行，但实际上还是使用this或者类来作为调用者的。

永远不要把方法当成独立存在的实体，正如现实世界由类和对象组成，而方法只能附属于类和对象，Java语言中的方法也是一样的。Java语言中方法的所属性主要体现在如下几个方面。

- 方法不能独立定义，方法只能在类体里定义。
- 从逻辑意义上来看，方法要么属于该类本身，要么属于该类的一个对象。
- 永远不能独立执行方法，执行方法必须使用类或对象作为调用者。

使用static修饰的方法属于这个类本身，使用static修饰的方法既可以使用类作为调用者来调用，也可以使用对象作为调用者来调用。但值得指出的是，因为使用static修饰的方法还是属于这个类的，所以当使用该类的任何对象来调用这个方法时，都将会得到相同的执行结果，这是由于底层依然是使用这些实例所属的类作为调用者的。

没有static修饰的方法则属于该类的对象，不属于这个类本身。因此，没有static修饰的方法只能使用对象作为调用者来调用，不能使用类作为调用者来调用。使用不同的对象作为调用者来调用同一个普通方法，可能得到不同的结果。

5.2.2　方法的参数传递机制

前面已经介绍了 Java 中的方法是不能独立存在的，调用方法也必须使用类或对象作为主调者。如果在声明方法时包含了形参声明，则在调用方法时必须给这些形参指定参数值。在调用方法时，实际传给形参的参数值也被称为实参。

那么，Java 的实参值是如何传入方法的呢？这是由 Java 方法的参数传递机制来控制的，Java 中方法的参数传递方式只有一种：值传递。所谓值传递，就是将实际参数值的副本（复制品）传入方法内，而参数本身不会受到任何影响。

提示：

Java 中的参数传递类似于《西游记》里的孙悟空，孙悟空复制了一个假孙悟空，这个假孙悟空具有和孙悟空相同的能力，可除妖或被砍头。但不管这个假孙悟空遇到什么事，真孙悟空都不会受到任何影响。与此类似，传入方法的是实际参数值的复制品，不管在方法中对这个复制品如何操作，实际参数值本身都不会受到任何影响。

下面的程序演示了方法参数传递的效果。

程序清单：codes\05\5.2\PrimitiveTransferTest.java

```
public class PrimitiveTransferTest
{
    public static void swap(int a, int b)
    {
        // 下面三行代码实现 a、b 变量的值交换
        // 定义一个临时变量来保存 a 变量的值
        var tmp = a;
        // 把 b 的值赋给 a
        a = b;
        // 把临时变量 tmp 的值赋给 b
        b = tmp;
        System.out.println("swap 方法里，a 的值是"
            + a + "；b 的值是" + b);
    }
    public static void main(String[] args)
    {
        var a = 6;
        var b = 9;
        swap(a, b);
        System.out.println("交换结束后，变量 a 的值是"
            + a + "；变量 b 的值是" + b);
    }
}
```

运行上面的程序，可以看到如下运行结果：

```
swap 方法里，a 的值是 9；b 的值是 6
交换结束后，变量 a 的值是 6；变量 b 的值是 9
```

从上面的运行结果来看，swap()方法里 a 和 b 的值分别是 9、6，交换结束后，变量 a 和 b 的值分别是 6、9。从这个运行结果可以看出，main()方法里的变量 a 和 b，并不是 swap()方法里的 a 和 b。正如前面讲的，swap()方法里的 a 和 b 只是 main()方法里变量 a 和 b 的复制品。下面通过示意图来说明上面程序的执行过程。Java 程序总是从 main()方法开始执行，main()方法开始定义了 a、b 两个局部变量，这两个变量在内存中的存储示意图如图 5.3 所示。

当程序执行 swap()方法时，系统进入 swap()方法，并将 main()方法中的 a、b 变量作为参数值传入 swap()方法——传入 swap()方法的只是 a、b 的副本，而不是 a、b 本身，这时系统中产生 4 个变量，这 4 个变量在内存中的存储示意图如图 5.4 所示。

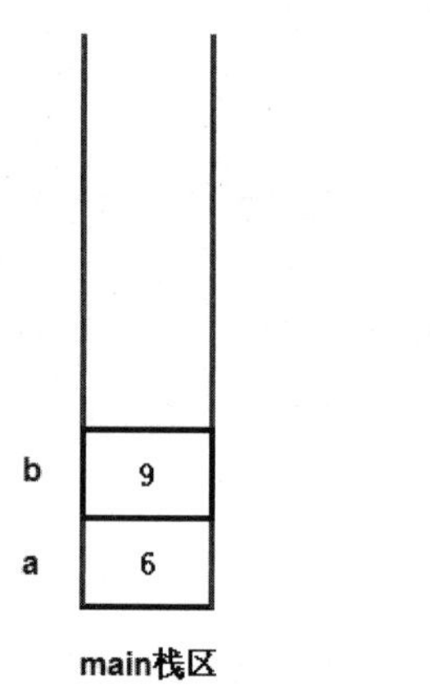

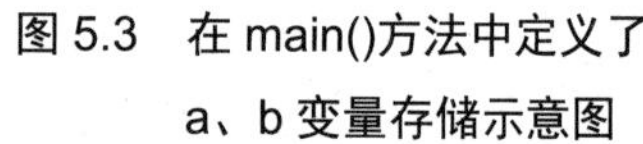
图 5.3　在 main()方法中定义了 a、b 变量存储示意图

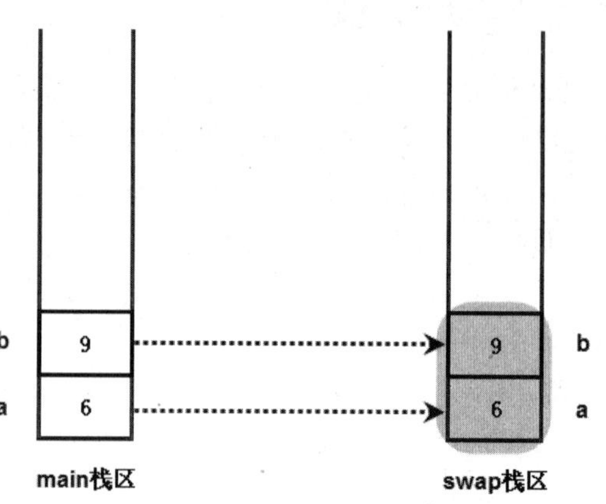

图 5.4　将 main()方法中的变量作为参数值传入 swap()方法存储示意图

在 main()方法中调用 swap()方法时，main()方法还未结束。因此，系统为 main()方法和 swap()方法分别分配两块栈区，用于保存它们的局部变量。将 main()方法中的 a、b 变量作为参数值传入 swap()方法，实际上是在 swap()方法的栈区中重新产生 a、b 两个变量，并将 main()方法栈区中 a、b 变量的值分别赋给 swap()方法栈区中的 a、b 参数（就是对 swap()方法的 a、b 形参进行初始化）。此时，系统存在两个 a 变量、两个 b 变量，只是它们位于不同的方法栈区中而已。

程序在 swap()方法中交换 a、b 两个变量的值，实际上是对图 5.4 中灰色覆盖区域的 a、b 变量进行交换，在交换结束后，在 swap()方法中输出 a、b 变量的值，可以看到 a 的值为 9，b 的值为 6，此时内存中的存储示意图如图 5.5 所示。

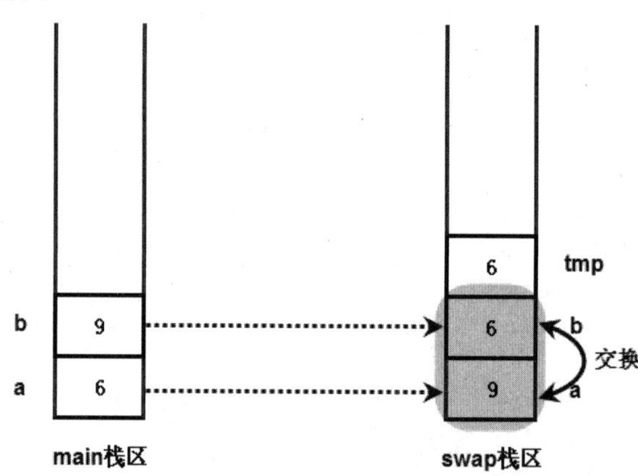

图 5.5　在 swap()方法中 a、b 交换之后的存储示意图

对比图 5.5 与图 5.3，可以看到 main()方法栈区中 a、b 的值并未有任何改变，程序改变的只是 swap()方法栈区中的 a、b。这就是值传递的实质：当系统开始执行方法时，系统为形参执行初始化，就是把实参变量的值赋给方法的形参变量，在方法中操作的并不是实际的实参变量。

前面看到的是基本类型的参数传递，Java 中引用类型的参数传递一样采用的是值传递方式。但许多初学者可能会对引用类型的参数传递产生一些误会。下面的程序示范了引用类型的参数传递的效果。

程序清单：codes\05\5.2\ReferenceTransferTest.java

```
class DataWrap
{
    int a;
    int b;
}
public class ReferenceTransferTest
{
    public static void swap(DataWrap dw)
```

```
    {
        // 下面三行代码实现 dw 的 a、b 两个成员变量的值交换
        // 定义一个临时变量来保存 dw 对象的 a 成员变量的值
        var tmp = dw.a;
        // 把 dw 对象的 b 成员变量的值赋给 a 成员变量
        dw.a = dw.b;
        // 把临时变量 tmp 的值赋给 dw 对象的 b 成员变量
        dw.b = tmp;
        System.out.println("swap 方法里，a 成员变量的值是"
            + dw.a + "; b 成员变量的值是" + dw.b);
    }
    public static void main(String[] args)
    {
        var dw = new DataWrap();
        dw.a = 6;
        dw.b = 9;
        swap(dw);
        System.out.println("交换结束后，a 成员变量的值是"
            + dw.a + "; b 成员变量的值是" + dw.b);
    }
}
```

运行上面的程序，可以看到如下运行结果：

```
swap 方法里，a 成员变量的值是 9; b 成员变量的值是 6
交换结束后，a 成员变量的值是 9; b 成员变量的值是 6
```

从上面的运行结果来看，在 swap()方法中 a、b 两个成员变量的值交换成功。不仅如此，当 swap()方法执行结束后，main()方法中 a、b 两个成员变量的值也被交换了。这很容易造成一种错觉：在调用 swap()方法时，传入 swap()方法的就是 dw 对象本身，而不是它的复制品。下面还是结合示意图来说明程序的执行过程。

程序从 main()方法开始执行，在 main()方法中开始创建了一个 DataWrap 对象，并定义了一个 dw 引用变量来指向 DataWrap 对象，这是一个与基本类型不同的地方。在创建一个对象时，系统内存中有两个东西：在堆内存中保存的对象本身和在栈内存中保存的引用该对象的引用变量。接着程序通过引用来操作 DataWrap 对象，把该对象的 a、b 两个成员变量分别赋值为 6、9。此时系统内存中的存储示意图如图 5.6 所示。

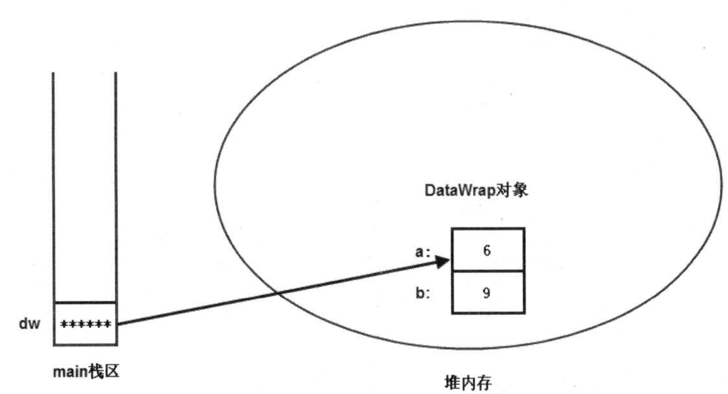

图 5.6　在 main()方法中创建了 DataWrap 对象后的存储示意图

接下来，在 main()方法中开始调用 swap()方法，main()方法并未结束，系统会分别为 main()和 swap()开辟出两个栈区，用于存放它们的局部变量。在调用 swap()方法时，dw 变量作为实参被传入 swap()方法，同样采用值传递方式：把 main()方法里 dw 变量的值赋给 swap()方法里的 dw 形参，从而完成 swap()方法的 dw 形参的初始化。值得指出的是，main()方法中的 dw 是一个引用（也就是一个指针），它保存了 DataWrap 对象的地址值，当把 dw 的值赋给 swap()方法的 dw 形参后，即让 swap()方法的 dw 形参也保存这个地址值，也会引用到堆内存中的 DataWrap 对象。图 5.7 显示了 dw 被传入 swap()方法后的存储示意图。

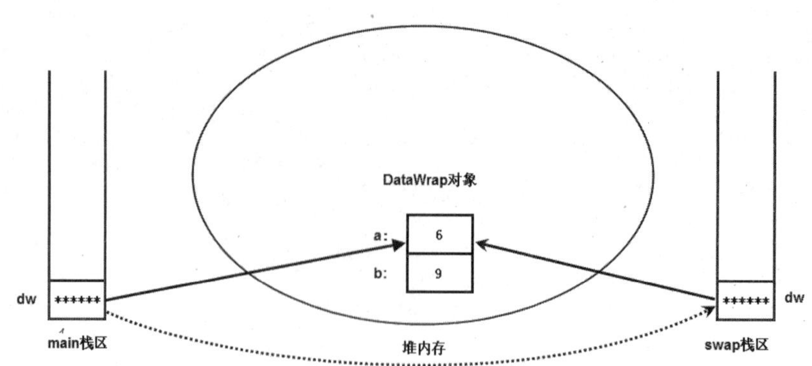

图 5.7　将 main()方法中的 dw 传入 swap()方法后的存储示意图

从图 5.7 来看，这种参数传递方式是不折不扣的值传递方式，系统一样复制了 dw 的副本传入 swap()方法，但关键在于 dw 只是一个引用变量，所以系统复制了 dw 变量，但并未复制 DataWrap 对象。

当程序在 swap()方法中操作 dw 形参时，由于 dw 只是一个引用变量，因此实际操作的还是堆内存中的 DataWrap 对象。此时，不管是操作 main()方法中的 dw 变量，还是操作 swap()方法中的 dw 参数，其实都是操作它们所引用的 DataWrap 对象——它们引用的是同一个对象。因此，当在 swap()方法中交换 dw 参数所引用 DataWrap 对象的 a、b 两个成员变量的值后，可以看到 main()方法中 dw 变量所引用 DataWrap 对象的 a、b 两个成员变量的值也被交换了。

为了更好地证明 main()方法中的 dw 和 swap()方法中的 dw 是两个变量，在 swap()方法的最后一行增加如下代码：

```
// 把 dw 直接赋值为 null，让它不再指向任何有效地址
dw = null;
```

执行上面的代码，结果是 swap()方法中的 dw 变量不再指向任何有效的内存，对程序其他地方不做任何修改。在 main()方法调用了 swap()方法后，再次访问 dw 变量的 a、b 两个成员变量，依然可以输出 9、6。可见，main()方法中的 dw 变量没有受到任何影响。实际上，当在 swap()方法中增加 dw = null;代码后，内存中的存储示意图如图 5.8 所示。

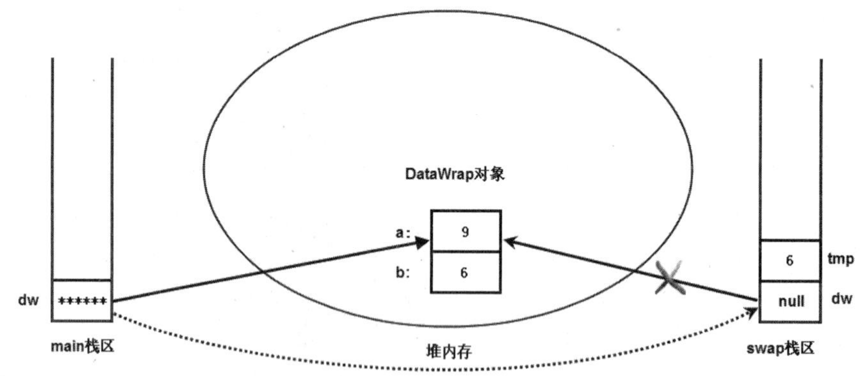

图 5.8　将 swap()方法的 dw 赋值为 null 后的存储示意图

从图 5.8 来看，将 swap()方法中的 dw 赋值为 null 后，在 swap()方法中就失去了对 DataWrap 的引用，不可再访问堆内存中的 DataWraper 对象。但 main()方法中的 dw 变量不受任何影响，依然引用 DataWrap 对象，所以依然可以输出 DataWrap 对象的 a、b 成员变量的值。

5.2.3　形参个数可变的方法

从 JDK 1.5 之后，Java 允许定义形参个数可变的参数，从而允许为方法指定数量不确定的形参。在定义方法时，如果在最后一个形参的类型后增加三个点（...），则表明该形参可以接受多个参数值，多个参数值被当成数组传入。下面的程序定义了一个形参个数可变的方法。

程序清单：codes\05\5.2\Varargs.java

```
public class Varargs
{
    // 定义了形参个数可变的方法
    public static void test(int a, String... books)
    {
        // books 被当成数组处理
        for (var tmp : books)
        {
            System.out.println(tmp);
        }
        // 输出整数变量 a 的值
        System.out.println(a);
    }
    public static void main(String[] args)
    {
        // 调用 test 方法
        test(5, "疯狂 Java 讲义", "轻量级 Java EE 企业应用实战");
    }
}
```

运行上面的程序，可以看到如下运行结果：

```
疯狂 Java 讲义
轻量级 Java EE 企业应用实战
5
```

从上面的运行结果可以看出，当调用 test()方法时，books 参数可以传入多个字符串作为参数值。从 test()的方法体代码来看，形参个数可变的参数本质上是一个数组参数，也就是说，下面两个方法签名的效果完全一样。

```
// 以个数可变的形参来定义方法
public static void test(int a, String... books);
```

下面采用数组形参来定义方法：

```
public static void test(int a, String[] books);
```

这两种形式都包含了一个名为 books 的形参，在两个方法的方法体内都可以把 books 当成数组处理。但是在调用两个方法时存在差别，对于以个数可变的形参形式定义的方法，在调用方法时更加简洁，如下面的代码所示。

```
test(5, "疯狂 Java 讲义", "轻量级 Java EE 企业应用实战");
```

传给 books 参数的实参数值不需要是一个数组，但如果采用数组形参来声明方法，那么在调用时必须传给该形参一个数组，如下面的代码所示。

```
// 在调用 test()方法时传入一个数组
test(23, new String[] {"疯狂 Java 讲义", "轻量级 Java EE 企业应用实战"});
```

对比两种调用 test()方法的代码，明显第一种形式更加简洁。实际上，即使采用个数可变的形参形式来定义方法，在调用该方法时也一样可以为个数可变的形参传入一个数组。

最后还要指出的是，数组形式的形参可以处于形参列表的任意位置，但个数可变的形参只能处于形参列表的最后。也就是说，一个方法中最多只能有一个个数可变的形参。

注意：

个数可变的形参只能处于形参列表的最后。一个方法中最多只能包含一个个数可变的形参。个数可变的形参本质上是一个数组类型的形参，因此在调用包含个数可变的形参的方法时，该个数可变的形参既可以传入多个参数，也可以传入一个数组。

5.2.4 递归方法

在一个方法体内调用它自身，被称为方法递归。方法递归包含了一种隐式循环，它会重复执行某段代码，但这种重复执行不需要循环控制。

例如，有一道数学题，已知一个数列：$f(0) = 1$，$f(1)=4$，$f(n + 2) = 2 * f(n+1) + f(n)$，其中 n 是大于 0 的整数，求 $f(10)$的值。这道题可以使用递归来解答。下面的程序定义了一个 fn 方法，用于计算 $f(10)$的值。

程序清单：codes\05\5.2\Recursive.java

```
public class Recursive
{
    public static int fn(int n)
    {
        if (n == 0)
        {
            return 1;
        }
        else if (n == 1)
        {
            return 4;
        }
        else
        {
            // 在方法中调用它自身，就是方法递归
            return 2 * fn(n - 1) + fn(n - 2);
        }
    }
    public static void main(String[] args)
    {
        // 输出 fn(10)的结果
        System.out.println(fn(10));
    }
}
```

在上面的 fn 方法体中，再次调用了 fn 方法，这就是方法递归。注意在 fn 方法中调用 fn 的形式：

```
return 2 * fn(n - 1) + fn(n - 2)
```

对于 fn(10)，其等于 2 * fn(9) + fn(8)，其中 fn(9)又等于 2 * fn(8) + fn(7)……依此类推，最终会计算到 fn(2)等于 2 * fn(1) + fn(0)，即 fn(2)是可计算的，然后一路反算回去，就可以得到 fn(10)的值。

仔细看上面的递归过程，当一个方法不断地调用它自身时，必须在某个时刻该方法的返回值是确定的，即不再调用它自身，否则这种递归就变成了无穷递归，类似于死循环。因此，在定义递归方法时有一条最重要的规定：递归一定要向已知方向进行。

例如，修改上面的数学题，已知一个数列：$f(20) = 1$，$f(21)=4$，$f(n + 2) = 2 * f(n+1) + f(n)$，其中 n 是大于 0 的整数，求 $f(10)$的值。那么，应该将 fn 的方法体改为如下：

```
public static int fn(int n)
{
    if (n == 20)
    {
        return 1;
    }
    else if (n == 21)
    {
        return 4;
    }
    else
    {
        // 在方法中调用它自身，就是方法递归
        return fn(n + 2) - 2 * fn(n + 1);
    }
}
```

从上面的 fn 方法来看，当需要计算 fn(10)的值时，fn(10)等于 fn(12) − 2 * fn(11)，而 fn(11)等于 fn(13) −

2 * fn(12)……依此类推，直到 fn(19)等于 fn(21) − 2 * fn(20)，此时就可以得到 fn(19)的值，然后依次反算到 fn(10)的值。这就是递归的重要规则：对于求 fn(10)而言，如果 fn(0)和 fn(1)是已知的，则应该采用 fn(n) = 2 * fn(n − 1) + fn(n − 2)的形式递归，因为小的一端已知；如果 fn(20)和 fn(21)是已知的，则应该采用 fn(n) = fn(n + 2) − 2 * fn(n + 1)的形式递归，因为大的一端已知。

递归是非常有用的。例如，如果希望遍历某个路径下的所有文件，但这个路径下文件夹的深度是未知的，那么就可以使用递归来实现这个需求。系统可定义一个方法，该方法接受一个文件路径作为参数，该方法可遍历当前路径下的所有文件和文件路径——在该方法中再次调用它自身来处理该路径下的所有文件路径。

总之，只要在一个方法的方法体实现中再次调用了方法本身，它就是递归方法。递归一定要向已知方向进行。

5.2.5　方法重载

Java 允许在同一个类中定义多个同名方法，只要形参列表不同就行。如果在同一个类中包含了两个或两个以上方法名相同的方法，但形参列表不同，则称为方法重载。

从上面的介绍可以看出，在 Java 程序中确定一个方法需要三个要素。

- 调用者，也就是方法的所属者——既可以是类，也可以是对象。
- 方法名，方法的标识。
- 形参列表，当调用方法时，系统将会根据传入的实参列表进行匹配。

对方法重载的要求就是“两同、一不同”：在同一个类中方法名相同，参数列表不同。至于方法的其他部分，如方法返回值类型、修饰符等，与方法重载没有任何关系。

下面的程序中包含了方法重载的示例。

程序清单：codes\05\5.2\Overload.java

```
public class Overload
{
    // 下面定义了两个 test()方法，但方法的形参列表不同
    // 系统可以区分这两个方法，这称为方法重载
    public void test()
    {
        System.out.println("无参数");
    }
    public void test(String msg)
    {
        System.out.println("重载的 test 方法 " + msg);
    }
    public static void main(String[] args)
    {
        var ol = new Overload();
        // 在调用 test()时没有传入参数，因此系统调用上面没有参数的 test()方法
        ol.test();
        // 在调用 test()时传入了一个字符串参数
        // 因此系统调用上面带一个字符串参数的 test()方法
        ol.test("hello");
    }
}
```

编译、运行上面的程序完全正常，虽然两个 test()方法的方法名相同，但因为它们的形参列表不同，所以系统可以正常区分这两个方法。

不仅如此，如果被重载的方法中包含了个数可变的形参，则需要注意。看下面程序中定义的两个重载的方法。

学生提问：为什么方法的返回值类型不能用于区分重载的方法？

答：对于 int f(){}和 void f(){}两个方法，如果这样调用：int result = f();，系统可以识别出是调用返回值类型为 int 的方法；但在 Java 中调用方法时可以忽略方法返回值，如果这样调用：f();，你能判断是调用哪个方法吗？你尚且不能判断，Java 系统也会糊涂。在编程过程中有一条重要规则：不要让系统糊涂，系统一糊涂，肯定就是你错了。因此，在 Java 中不能使用方法返回值类型作为区分方法重载的依据。

程序清单：codes\05\5.2\OverloadVarargs.java

```
public class OverloadVarargs
{
    public void test(String msg)
    {
        System.out.println("只有一个字符串参数的 test 方法 ");
    }
    // 因为前面已经有了一个 test() 方法，在 test() 方法中有一个字符串参数
    // 此处个数可变的形参中不包含一个字符串参数的形式
    public void test(String... books)
    {
        System.out.println("****形参个数可变的 test 方法****");
    }
    public static void main(String[] args)
    {
        var olv = new OverloadVarargs();
        // 下面的两次调用将执行第二个 test() 方法
        olv.test();
        olv.test("aa", "bb");
        // 下面的调用将执行第一个 test() 方法
        olv.test("aa");
        // 下面的调用将执行第二个 test() 方法
        olv.test(new String[] {"aa"});
    }
}
```

编译、运行上面的程序，将看到 olv.test();和 olv.test("aa", "bb");两次调用的都是 test(String... books)方法，而 olv.test("aa");调用的是 test(String msg)方法。通过这个程序可以看出，如果在同一个类中定义了 test(String... books)方法，同时还定义了一个 test(String)方法，则 test(String... books)方法的 books 不可能通过直接传入一个字符串参数来调用。如果只传入一个参数，系统将会执行重载的 test(String)方法。如果需要调用 test(String... books)方法，而且又只想传入一个字符串参数，则可采用传入字符串数组的形式，如下面的代码所示。

```
olv.test(new String[] {"aa"});
```

大部分时候，并不推荐重载形参个数可变的方法，因为这样做确实没有太大的意义，而且容易降低程序的可读性。

5.3 成员变量和局部变量

在 Java 语言中，根据定义变量位置的不同，可以将变量分成两大类：成员变量和局部变量。成员变量和局部变量的运行机制存在较大的差异，本节将详细介绍这两种变量的运行差异。

5.3.1 成员变量和局部变量分类

成员变量指的是在类中定义的变量，由英文单词 field 意译而来；局部变量指的是在方法中定义的变量。不管是成员变量还是局部变量，都应该遵守相同的命名规则：从语法角度来看，只要是一个合法

的标识符即可；但从程序可读性角度来看，应该由多个有意义的单词连缀而成，其中第一个单词首字母小写，后面每个单词首字母大写。Java 程序中的变量划分如图 5.9 所示。

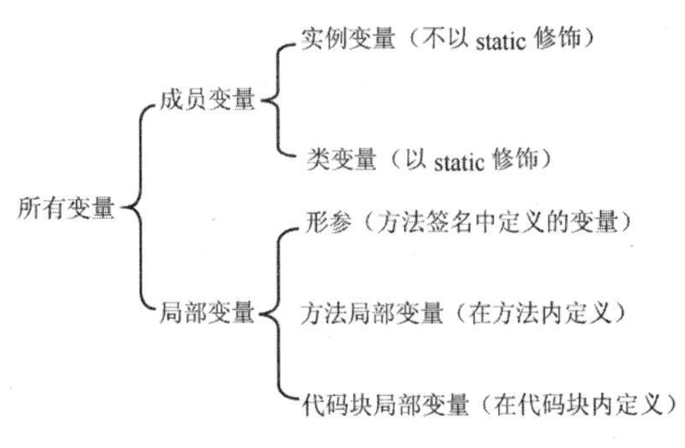

图 5.9　变量分类

成员变量分为类变量和实例变量两种。在定义成员变量时，没有 static 修饰的变量就是实例变量，有 static 修饰的变量就是类变量。其中类变量从该类的准备阶段起开始存在，直到系统完全销毁这个类，类变量的作用域与这个类的生存范围相同；而实例变量则从该类的实例被创建起开始存在，直到系统完全销毁这个实例，实例变量的作用域与对应实例的生存范围相同。

提示： 一个类在使用前要经过类加载、类验证、类准备、类解析、类初始化等几个阶段，关于类的生命周期的介绍，读者可以参考本书第 18 章。

正是基于这个原因，可以把类变量和实例变量统称为成员变量。其中类变量可被理解为类成员变量，它作为类本身的一个成员，与类本身共存亡；实例变量则可被理解为实例成员变量，它作为实例的一个成员，与实例共存亡。

只要类存在，程序就可以访问该类的类变量。在程序中访问类变量通过如下语法：

```
类.类变量
```

只要实例存在，程序就可以访问该实例的实例变量。在程序中访问实例变量通过如下语法：

```
实例.实例变量
```

当然，类变量也可以让该类的实例来访问。通过实例来访问类变量的语法如下：

```
实例.类变量
```

但由于这个实例并不拥有这个类变量，因此访问的并不是这个实例的变量，依然是访问它对应的类的类变量。也就是说，如果通过一个实例修改了类变量的值，由于这个类变量并不属于它，而是属于它对应的类，因此修改的依然是类的类变量，与通过该类来修改类变量的结果完全相同，这会导致该类的其他实例访问这个类变量时也将获得这个被修改过的值。

下面的程序定义了一个 Person 类，在这个 Person 类中定义了两个成员变量，即实例变量 name 和类变量 eyeNum。程序还通过 PersonTest 类创建了 Person 实例，并分别通过 Person 类和 Person 实例来访问实例变量与类变量。

程序清单：codes\05\5.3\PersonTest.java

```
class Person
{
    // 定义一个实例变量
    public String name;
    // 定义一个类变量
    public static int eyeNum;
}
public class PersonTest
{
    public static void main(String[] args)
    {
        // 第一次主动使用 Person 类，该类自动初始化，eyeNum 变量开始起作用，输出 0
        System.out.println("Person 的 eyeNum 类变量值:"
            + Person.eyeNum);
        // 创建 Person 对象
        var p = new Person();
        // 通过 Person 对象的引用 p 来访问 Person 对象的 name 实例变量
```

```
        // 并通过实例访问 eyeNum 类变量
        System.out.println("p 变量的 name 变量值是：" + p.name
            + " p 对象的 eyeNum 变量值是：" + p.eyeNum);
        // 直接为 name 实例变量赋值
        p.name = "孙悟空";
        // 通过 p 访问 eyeNum 类变量，依然是访问 Person 的 eyeNum 类变量
        p.eyeNum = 2;
        // 再次通过 Person 对象来访问 name 实例变量和 eyeNum 类变量
        System.out.println("p 变量的 name 变量值是：" + p.name
            + " p 对象的 eyeNum 变量值是：" + p.eyeNum);
        // 前面通过 p 修改了 Person 的 eyeNum，此处的 Person.eyeNum 将输出 2
        System.out.println("Person 的 eyeNum 类变量值:" + Person.eyeNum);
        var p2 = new Person();
        // p2 访问的 eyeNum 类变量依然是引用 Person 类的，因此依然输出 2
        System.out.println("p2 对象的 eyeNum 类变量值:" + p2.eyeNum);
    }
}
```

从上面的程序来看，成员变量无须显式初始化，只要为一个类定义了类变量或实例变量，系统就会在这个类的准备阶段或在创建该类的实例时进行默认初始化，成员变量默认初始化时的赋值规则与数组动态初始化时数组元素的赋值规则完全相同。

从上面程序的运行结果来看，类变量的作用域比实例变量的作用域大：实例变量随实例的存在而存在，而类变量则随类的存在而存在。实例也可访问类变量，当同一个类的所有实例访问类变量时，实际上访问的是该类本身的同一个变量，也就是说，访问了同一块内存区。

提示：

正如前面所提到的，Java 允许通过实例来访问 static 修饰的成员变量本身就是一个错误，因此读者以后看到通过实例来访问 static 成员变量的情形，都可以将它替换成通过类本身来访问 static 成员变量，这样程序的可读性、明确性都会大大提高。

根据定义形式的不同，可以将局部变量分为如下三种。

- 形参：在定义方法签名时定义的变量，形参的作用域在整个方法体内有效。
- 方法局部变量：在方法体内定义的局部变量，它的作用域是从定义该变量的地方生效，到该方法结束时失效。
- 代码块局部变量：在代码块中定义的局部变量，其作用域从定义该变量的地方生效，到该代码块结束时失效。

与成员变量不同的是，局部变量除形参之外，都必须显式初始化。也就是说，必须先给方法局部变量和代码块局部变量指定初始值，否则不可访问它们。

下面是定义代码块局部变量的实例程序。

程序清单：codes\05\5.3\BlockTest.java

```
public class BlockTest
{
    public static void main(String[] args)
    {
        {
            // 定义一个代码块局部变量 a
            int a;
            // 下面的代码将出现错误，因为 a 变量还未初始化
            // System.out.println("代码块局部变量 a 的值：" + a);
            // 为 a 变量赋初始值，也就是进行初始化
            a = 5;
            System.out.println("代码块局部变量 a 的值：" + a);
        }
        // 下面试图访问的 a 变量并不存在
```

```
            // System.out.println(a);
        }
    }
```

从上面的代码可以看出，只要离开了代码块局部变量所在的代码块，这个局部变量就立即被销毁，变为不可见。

对于方法局部变量，其作用域从定义该变量开始，直到该方法结束。下面的代码示范了方法局部变量的作用域。

程序清单：codes\05\5.3\MethodLocalVariableTest.java

```
public class MethodLocalVariableTest
{
    public static void main(String[] args)
    {
        // 定义一个方法局部变量 a
        int a;
        // 下面的代码将出现错误，因为 a 变量还未初始化
        // System.out.println("方法局部变量 a 的值：" + a);
        // 为 a 变量赋初始值，也就是进行初始化
        a = 5;
        System.out.println("方法局部变量 a 的值：" + a);
    }
}
```

形参的作用域在整个方法体内有效，而且形参也无须显式初始化，形参的初始化在调用该方法时由系统完成，形参的值由方法的调用者负责指定。

当通过类或对象调用某个方法时，系统会在该方法栈区内为所有的形参分配内存空间，并将实参的值赋给对应的形参，这就完成了形参的初始化。关于形参的传递机制请参阅 5.2.2 节的介绍。

在同一个类中，成员变量的作用域在整个类内有效，在一个类中不能定义两个同名的成员变量，即使一个是类变量，一个是实例变量也不行；在一个方法中不能定义两个同名的方法局部变量，方法局部变量与形参也不能同名。在同一个方法中不同代码块内的代码块局部变量可以同名；如果先定义代码块局部变量，后定义方法局部变量，那么前面定义的代码块局部变量与后面定义的方法局部变量也可以同名。

Java 允许局部变量和成员变量同名，如果方法中的局部变量和成员变量同名，那么局部变量会覆盖成员变量；如果需要在这个方法中引用被覆盖的成员变量，则可使用 this（对于实例变量）或类名（对于类变量）作为调用者来限定访问成员变量。

程序清单：codes\05\5.3\VariableOverrideTest.java

```
public class VariableOverrideTest
{
    // 定义一个 name 实例变量
    private String name = "李刚";
    // 定义一个 price 类变量
    private static double price = 78.0;
    // 主方法，程序的入口
    public static void main(String[] args)
    {
        // 方法中的局部变量，局部变量覆盖成员变量
        var price = 65;
        // 直接访问 price 变量，将输出 price 局部变量的值：65
        System.out.println(price);
        // 使用类名来限定访问 price 变量
        // 将输出 price 类变量的值：78.0
        System.out.println(VariableOverrideTest.price);
        // 运行 info 方法
        new VariableOverrideTest().info();
    }
    public void info()
    {
```

```
        // 方法中的局部变量，局部变量覆盖成员变量
        var name = "孙悟空";
        // 直接访问 name 变量，将输出 name 局部变量的值："孙悟空"
        System.out.println(name);
        // 使用 this 来限定访问 name 变量
        // 将输出 name 实例变量的值："李刚"
        System.out.println(this.name);
    }
}
```

从上面的代码可以清楚地看出局部变量覆盖成员变量时，依然可以在方法中显式指定类名和 this 作为调用者来访问被覆盖的成员变量，这使得编程更加自由。不过大部分时候，还是应该尽量避免这种局部变量和成员变量同名的情形。

5.3.2 成员变量的初始化和内存中的运行机制

当系统加载类或创建该类的实例时，系统自动为成员变量分配内存空间，然后自动为成员变量指定初始值。

下面以 codes\05\5.3\PersonTest.java 中定义的 Person 类来创建两个实例，并配合示意图来说明 Java 的成员变量初始化和内存中的运行机制。看下面几行代码：

```
// 创建第一个 Person 对象
var p1 = new Person();
// 创建第二个 Person 对象
var p2 = new Person();
// 分别为两个 Person 对象的 name 实例变量赋值
p1.name = "张三";
p2.name = "孙悟空";
// 分别为两个 Person 对象的 eyeNum 类变量赋值
p1.eyeNum = 2;
p2.eyeNum = 3;
```

当程序执行第一行代码 var p1 = new Person();时，如果这行代码是第一次使用 Person 类，那么系统通常会在第一次使用 Person 类时加载这个类，并初始化这个类。在类的准备阶段，系统将会为该类的类变量分配内存空间，并指定默认初始值。在 Person 类初始化完成后，系统内存中的存储示意图如图 5.10 所示。

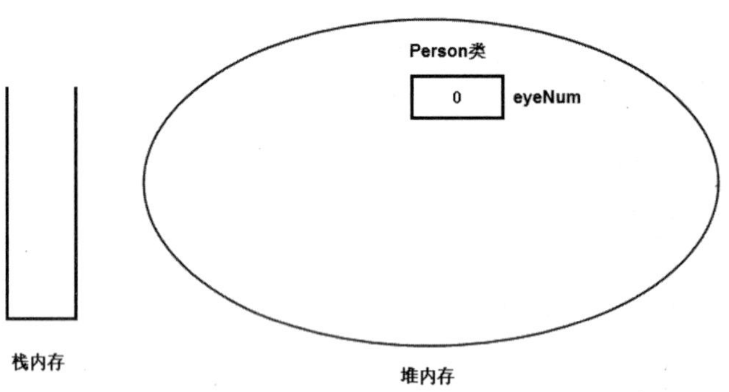

图 5.10　初始化 Person 类后的存储示意图

从图 5.10 中可以看出，当 Person 类初始化完成后，系统将在堆内存中为 Person 类分配一块内存区（在 Person 类初始化完成后，系统会为 Person 类创建一个类对象，具体参考本书第 18 章）。在这块内存区中包含了保存 eyeNum 类变量的内存，并设置 eyeNum 的默认初始值为 0。

系统接着创建了一个 Person 对象，并把这个 Person 对象赋给 p1 变量。在 Person 对象中包含了名为 name 的实例变量，实例变量是在创建实例时分配内存空间并指定初始值的。在创建了第一个 Person 对象后，系统内存中的存储示意图如图 5.11 所示。

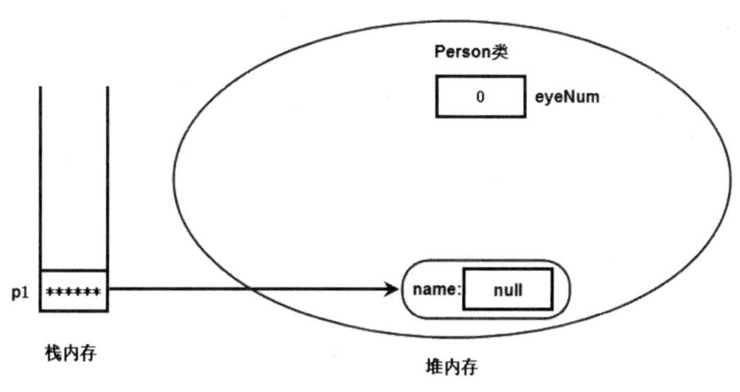

图 5.11　创建第一个 Person 对象后的存储示意图

从图 5.11 中可以看出，eyeNum 类变量并不属于 Person 对象，它是属于 Person 类的，所以在创建第一个 Person 对象时并不需要为 eyeNum 类变量分配内存空间，系统只为 name 实例变量分配了内存空间，并指定默认初始值为 null。

接下来程序执行 var p2 = new Person();代码创建第二个 Person 对象，此时因为 Person 类已经存在于堆内存中，所以不再需要对 Person 类进行初始化。创建第二个 Person 对象与创建第一个 Person 对象并没有什么不同。

当程序执行 p1.name = "张三";代码时，将为 p1 的 name 实例变量赋值，也就是让图 5.11 中堆内存中的 name 指向"张三"字符串。在执行完成后，两个 Person 对象在内存中的存储示意图如图 5.12 所示。

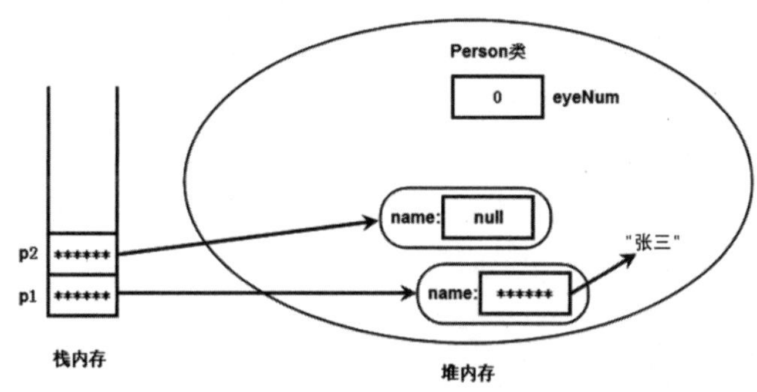

图 5.12　为第一个 Person 对象的 name 实例变量赋值后的存储示意图

从图 5.12 中可以看出，name 实例变量是属于单个 Person 实例的，因此修改第一个 Person 对象的 name 实例变量仅仅与该对象有关，与 Person 类和其他 Person 对象没有任何关系。同样，修改第二个 Person 对象的 name 实例变量，也与 Person 类和其他 Person 对象无关。

直到执行 p1.eyeNum = 2;代码，此时通过 Person 对象来修改 Person 的类变量，从图 5.12 中不难看出，Person 对象根本没有保存 eyeNum 这个变量，通过 p1 访问的 eyeNum 类变量，其实还是 Person 类的 eyeNum 类变量。因此，此时修改的是 Person 类的 eyeNum 类变量。在修改成功后，内存中的存储示意图如图 5.13 所示。

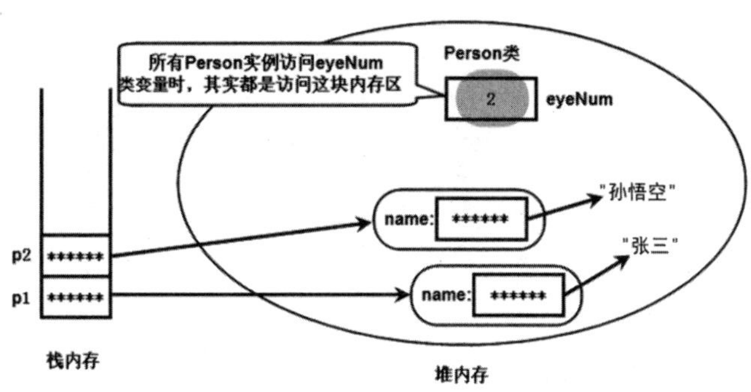

图 5.13　设置 p1 的 eyeNum 类变量之后的存储示意图

从图 5.13 中可以看出，当通过 p1 来访问类变量时，实际上访问的是 Person 类的 eyeNum 类变量。事实上，所有 Person 实例访问 eyeNum 类变量时，都将访问到 Person 类的 eyeNum 类变量，也就是图 5.13 中灰色覆盖的区域。换句话说，不管通过哪个 Person 实例来访问 eyeNum 类变量，本质上还是通过 Person 类来访问 eyeNum 类变量，它们所访问的是同一块内存区。基于这个理由，本书建议读者，当程序需要访问类变量时，尽量使用类作为主调，而不要使用对象作为主调，这样可以避免程序产生歧义，提高程序的可读性。

注意：

遗憾的是，经常见到有些公司的招聘笔试题，或者有些试题（比如 SCJP 等），其中常常就有通过不同对象来访问类变量的情形。在 Java 语法中允许通过对象来访问类成员（包括类变量、方法）可以说完全是一个缺陷，聪明的开发者应该学会避开这个陷阱，而不是天天在这个陷阱旁边绕来绕去！

5.3.3 局部变量的初始化和内存中的运行机制

局部变量在定义后，必须经过显式初始化才能使用，系统不会为局部变量执行初始化。这意味着在定义局部变量后，系统并未为这个变量分配内存空间，直到程序为这个变量赋初始值时，系统才会为局部变量分配内存空间，并将初始值保存到这块内存区中。

与成员变量不同，局部变量不属于任何类或实例，因此它总是被保存在其所在方法的栈内存中。如果局部变量是一个基本类型的变量，则直接把这个变量的值保存在该变量对应的内存中；如果局部变量是一个引用类型的变量，则这个变量中存放的是地址，通过该地址引用该变量实际引用的对象或数组。

栈内存中的变量不需要系统垃圾回收，其往往随方法或代码块的运行结束而结束。因此，局部变量的作用域是从初始化该变量开始，直到该方法或该代码块运行完成而结束。因为局部变量只保存基本类型的值或者对象的引用，因此局部变量所占的内存区通常比较小。

5.3.4 变量的使用规则

对 Java 初学者而言，何时应该使用类变量？何时应该使用实例变量？何时应该使用方法局部变量？何时应该使用代码块局部变量？这种选择比较困难，如果仅就程序的运行结果来看，大部分时候都可以直接使用类变量或者实例变量来解决问题，无须使用局部变量。但实际上这种做法是错误的，因为在定义一个成员变量时，成员变量将被放置在堆内存中，其作用域将扩大到类存在范围或者对象存在范围，这种范围的扩大有两个害处。

- 增大了变量的生存时间，这将导致更大的内存开销。
- 扩大了变量的作用域，这不利于提高程序的内聚性。

对比下面三个程序。

程序清单：codes\05\5.3\ScopeTest1.java

```
public class ScopeTest1
{
    // 定义一个类成员变量作为循环变量
    static int i;
    public static void main(String[] args)
    {
        for (i = 0; i < 10; i++)
        {
            System.out.println("Hello");
        }
    }
}
```

程序清单：codes\05\5.3\ScopeTest2.java

```
public class ScopeTest2
{
    public static void main(String[] args)
    {
        // 定义一个方法局部变量作为循环变量
        int i;
        for (i = 0; i < 10; i++)
        {
            System.out.println("Hello");
        }
    }
}
```

程序清单：codes\05\5.3\ScopeTest3.java

```
public class ScopeTest3
{
    public static void main(String[] args)
    {
        // 定义一个代码块局部变量作为循环变量
        for (var i = 0; i < 10; i++)
        {
            System.out.println("Hello");
        }
    }
}
```

这三个程序的运行结果完全相同，但程序的效果则大有差异。第三个程序最符合软件开发规范：对于一个循环变量而言，只需要它在循环体内有效，因此，只需要把这个变量放在循环体内（也就是在代码块内定义），从而保证这个变量的作用域仅在该代码块内有效。

如果有如下几种情形，则应该考虑使用成员变量。

➢ 如果需要定义的变量是用于描述某个类或某个对象的固有信息的，例如人的身高、体重等信息，那么它们是人对象的固有信息，每个人对象都具有这些信息。这种变量应该被定义为成员变量。如果这种信息对于这个类的所有实例完全相同，或者说它是与类相关的，例如人的眼睛数量，目前所有人的眼睛数量都是 2，如果人类进化了，变成了 3 只眼睛，则所有人的眼睛数量都是 3，这种与类相关的信息应该被定义成类变量；如果这种信息是与实例相关的，例如人的身高、体重等，每个人实例的身高、体重可能互不相同，那么其应该被定义成实例变量。
➢ 如果在某个类中需要以一个变量来保存该类或者实例运行时的状态信息，例如前面五子棋程序中的棋盘数组，它用于保存五子棋实例运行时的状态信息，那么这种变量通常应该使用成员变量。
➢ 如果某条信息需要在某个类的多个方法之间进行共享，那么这条信息应该使用成员变量来保存。例如，在把浮点数转换为人民币读法字符串的程序中，数字的大写字符和单位字符等是多个方法的共享信息，因此应使用成员变量来保存。

即使在程序中使用局部变量，也应该尽可能缩小局部变量的作用域，局部变量的作用域越小，它在内存中停留的时间就越短，程序运行的性能就越好。因此，能用代码块局部变量的地方，就坚决不要使用方法局部变量。

5.4 隐藏和封装

在前面的程序中经常出现通过某个对象直接访问其成员变量的情形，这可能会引起一些潜在的问题，比如将某个 Person 对象的 age 成员变量直接设为 1000，这在语法上没有任何问题，但显然违背了现实。因此，Java 程序推荐将类和对象的成员变量进行封装。

5.4.1 理解封装

封装（Encapsulation）是面向对象的三大特征之一（另外两个是继承和多态），它指的是将对象的状态信息隐藏在对象内部，不允许外部程序直接访问对象内部信息，而是通过该类所提供的方法来实现对内部信息的操作和访问。

封装是面向对象编程语言对客观世界的模拟，在客观世界里，对象的状态信息都被隐藏在对象内部，外界无法直接操作和修改。就如刚刚说的Person对象的age成员变量，只能随着岁月的流逝，age才会增加，通常不能随意修改Person对象的age。对一个类或对象实现良好的封装，可以实现以下目的。

- 隐藏类的实现细节。
- 让使用者只能通过事先预定的方法来访问数据，从而可以在该方法中加入控制逻辑，限制对成员变量的不合理访问。
- 进行数据检查，从而有利于保证对象信息的完整性。
- 便于修改，提高代码的可维护性。

为了实现良好的封装，需要从两个方面来考虑。

- 将对象的成员变量和实现细节隐藏起来，不允许外部直接访问。
- 把方法暴露出来，让方法来控制对这些成员变量进行安全的访问和操作。

因此，封装实际上有两个方面的含义：把该隐藏的隐藏起来，把该暴露的暴露出来。这两个方面都需要通过使用Java提供的访问控制符来实现。

5.4.2 使用访问控制符

Java提供了3个访问控制符：private、protected和public，分别代表3个访问控制级别，另外还有一个不加任何访问控制符的访问控制级别，共4个访问控制级别。Java的访问控制级别如图5.14所示。

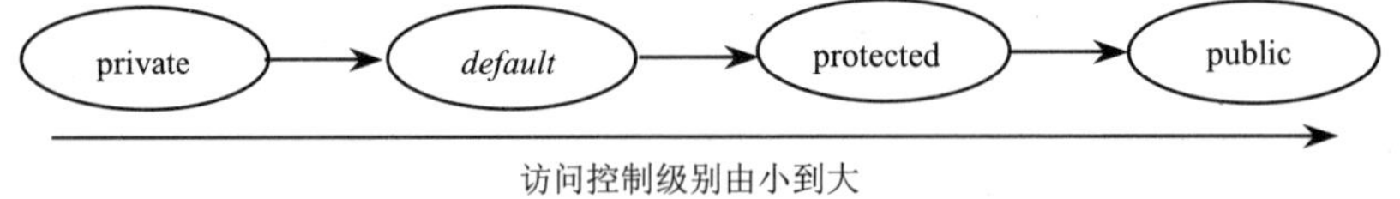

图5.14 访问控制级别

在4个访问控制级别中，default并没有对应的访问控制符，当不使用任何访问控制符来修饰类或类成员时，系统默认使用该访问控制级别。对这4个访问控制级别详细介绍如下。

- private（当前类访问权限）：如果类中的一个成员（包括成员变量、方法和构造器等）使用了private访问控制符来修饰，则这个成员只能在当前类的内部被访问。很显然，这个访问控制符用于修饰成员变量最合适，使用它来修饰成员变量就可以把成员变量隐藏在该类的内部。
- default（包访问权限）：如果类中的一个成员（包括成员变量、方法和构造器等）或者一个外部类不使用任何访问控制符修饰，那么就称它是包访问权限的，default访问控制的成员或外部类可以被相同包下的其他类访问。关于包的介绍请看5.4.3节。
- protected（子类访问权限）：如果一个成员（包括成员变量、方法和构造器等）使用了protected访问控制符修饰，那么这个成员既可以被同一个包中的其他类访问，也可以被不同包中的子类访问。在通常情况下，如果使用protected来修饰一个方法，通常是希望其子类重写这个方法。关于父类、子类的介绍请参考5.6节的内容。
- public（公共访问权限）：这是一个最宽松的访问控制级别，如果一个成员（包括成员变量、方法和构造器等）或者一个外部类使用了public访问控制符修饰，那么这个成员或外部类就可以被所有类访问，而不管访问类和被访问类是否处于同一个包中，以及是否具有父子继承关系。

最后使用表5.1来总结上述访问控制级别。

表 5.1　访问控制级别表

	private	default	protected	public
同一个类中	√	√	√	√
同一个包中		√	√	√
子类中			√	√
全局范围内				√

通过上面对访问控制符的介绍不难发现，访问控制符用于控制一个类的成员是否可以被其他类访问。对于局部变量而言，其作用域就是它所在的方法，不可能被其他类访问，因此不能使用访问控制符来修饰。

对于外部类而言，它也可以使用访问控制符修饰，但外部类只能有两种访问控制级别：public 和 default，外部类不能使用 private 和 protected 修饰。因为外部类没有处于任何类的内部，也就没有其所在类的内部、所在类的子类两个范围，所以 private 和 protected 访问控制符对外部类没有意义。

外部类可以使用 public 和包访问控制权限，使用 public 修饰的外部类可以被所有类使用，如声明变量、创建实例；不使用任何访问控制符修饰的外部类只能被同一个包中的其他类使用。

提示：

如果在一个 Java 源文件中定义的所有类都没有使用 public 修饰，则这个 Java 源文件的文件名可以是一切合法的文件名；但如果在一个 Java 源文件中定义了一个 public 修饰的类，则这个源文件的文件名必须与 public 修饰的类的类名相同。

在掌握了访问控制符的用法之后，下面通过使用合理的访问控制符来定义一个 Person 类，这个 Person 类实现了良好的封装。

程序清单：codes\05\5.4\Person.java

```
public class Person
{
    // 使用private修饰成员变量，将这些成员变量隐藏起来
    private String name;
    private int age;
    // 提供方法来操作name成员变量
    public void setName(String name)
    {
        // 执行合理性校验，要求用户名必须在2~6位之间
        if (name.length() > 6 || name.length() < 2)
        {
            System.out.println("您设置的人名不符合要求");
            return;
        }
        else
        {
            this.name = name;
        }
    }
    public String getName()
    {
        return this.name;
    }
    // 提供方法来操作age成员变量
    public void setAge(int age)
    {
        // 执行合理性校验，要求用户年龄必须在0~100之间
        if (age > 100 || age < 0)
        {
            System.out.println("您设置的年龄不合法");
            return;
        }
        else
        {
```

```
            this.age = age;
        }
    }
    public int getAge()
    {
        return this.age;
    }
}
```

在定义了上面的Person类之后，该类的name和age两个成员变量只有在Person类内才可以被操作和访问，在Person类之外只能通过各自对应的setter和getter方法来操作和访问它们。

提示：

Java类中实例变量的setter和getter方法有非常重要的意义。例如，某个类中包含了一个名为abc的实例变量，则其对应的setter和getter方法名应为setAbc()和getAbc()（即将原实例变量名的首字母大写，并在前面分别增加set和get动词，就变成setter和getter方法名）。如果一个Java类的每个实例变量都使用了private修饰，并为每个实例变量都提供了public修饰的setter和getter方法，那么这个类就是一个符合JavaBean规范的类。因此，JavaBean总是一个封装良好的类。setter和getter方法合起来变成属性，如果只有getter方法，则是只读属性。

下面的程序在main()方法中创建了一个Person对象，并尝试操作和访问该对象的age和name两个实例变量。

程序清单：codes\05\5.4\PersonTest.java

```
public class PersonTest
{
    public static void main(String[] args)
    {
        var p = new Person();
        // 因为age成员变量已被隐藏，所以下面的语句将出现编译错误
        // p.age = 1000;
        // 下面的语句编译不会出现错误，但运行时将提示"您设置的年龄不合法"
        // 程序不会修改p的age成员变量
        p.setAge(1000);
        // 访问p的age成员变量也必须通过其对应的getter方法
        // 因为上面从未成功设置p的age成员变量，故此处输出0
        System.out.println("未能设置age成员变量时："
            + p.getAge());
        // 成功修改p的age成员变量
        p.setAge(30);
        // 因为上面成功设置了p的age成员变量，故此处输出30
        System.out.println("成功设置age成员变量后："
            + p.getAge());
        // 不能直接操作p的name成员变量，只能通过其对应的setter方法
        // 因为"李刚"字符串长度满足2~6，所以可以成功设置
        p.setName("李刚");
        System.out.println("成功设置name成员变量后："
            + p.getName());
    }
}
```

正如上面程序中的注释所示，PersonTest类的main()方法不可再直接修改Person对象的name和age两个实例变量，只能通过各自对应的setter方法来修改这两个实例变量的值。因为使用setter方法来操作name和age两个实例变量，所以允许程序员在setter方法中增加自己的控制逻辑，从而保证Person对象的name和age两个实例变量不会出现与实际不符的情形。

提示：

一个类常常就是一个小的模块，应该只让这个模块公开必须让外界知道的内容，而隐藏其他一切内容。在进行程序设计时，应尽量避免一个模块直接操作和访问另一个模块的数据，模块设计追求高内聚（尽可能把模块的内部数据、功能实现细节隐藏在模块内部独立完成，不允许外部直接干预）、低耦合（仅暴露少量的方法给外部使用）。正如日常常见的内存条，内存条的数据及其实现细节被完全隐藏在内存条里面，外部设备（如主机板）只能通过内存条的金手指（提供一些方法供外部调用）和内存条进行交互。

关于访问控制符的使用，有如下几条基本原则。

- 类中的绝大部分成员变量都应该使用 private 修饰，只有一些 static 修饰的、类似于全局变量的成员变量，才可能考虑使用 public 修饰。除此之外，有些方法只用于辅助实现该类的其他方法，这些方法被称为工具方法，工具方法也应该使用 private 修饰。
- 如果某个类主要用作其他类的父类，该类中包含的大部分方法可能仅希望被其子类重写，而不想被外界直接调用，则应该使用 protected 修饰这些方法。
- 希望暴露出来给其他类自由调用的方法应该使用 public 修饰。因此，类的构造器通过使用 public 修饰，从而允许在其他地方创建该类的实例。因为外部类通常都希望被其他类自由使用，所以大部分外部类都使用 public 修饰。

在写作本书的过程中，有些类并没有提供良好的封装，这只是为了更好地演示某个知识点，或为了突出某些用法，读者不必模仿这种不好的做法。

5.4.3 package、import 和 import static

前面提到了包范围这个概念，那么什么是包呢？关于这个问题，先来回忆一个场景：在我们漫长的求学、工作生涯中可曾遇到过与自己同名的同学或同事？笔者经常会遇到此类事情。如果一个班级里出现两个叫“李刚”的同学，那老师怎么处理呢？老师通常会在我们的名字前增加一个限定，例如大李刚、小李刚，以示区分。

类似地，Oracle 公司的 JDK、各种系统软件厂商、众多的软件开发商，他们会提供成千上万、具有各种用途的类，不同软件公司在开发过程中也要提供大量的类，这些类会不会发生同名的情况呢？答案是肯定的。那么如何处理这种重名问题呢？Oracle 也允许在类名前增加一个前缀来限定这个类。Java 引入了包（package）机制，提供了类的多层命名空间，用于解决类的命名冲突、类文件管理等问题。

Java 允许将一组功能相关的类放在同一个 package 下，从而组成逻辑上的类库单元。如果希望把一个类放在指定的包结构下，则应该在 Java 源程序的第一个非注释行放置如下格式的代码：

```
package packageName;
```

一旦在 Java 源文件中使用了这条 package 语句，就意味着该源文件中定义的所有类都属于这个包。位于包中的每个类的完整类名都应该是包名和类名的组合——如果其他人需要使用该包下的类，也应该使用包名和类名的组合。

下面的程序在 lee 包下定义了一个简单的 Java 类。

程序清单：codes\05\5.4\Hello.java

```
package lee;
public class Hello
{
    public static void main(String[] args)
    {
        System.out.println("Hello World!");
    }
}
```

上面程序中的粗体字代码行表明把 Hello 类放在 lee 包空间下。把上面的源文件保存在任意位置，使用如下命令来编译这个 Java 文件：

```
javac -d . Hello.java
```

前面已经介绍过，-d 选项用于设置编译生成的 class 文件的保存位置，这里指定将生成的 class 文件放在当前路径（.就代表当前路径）下。使用该命令编译该文件后，发现在当前路径下并没有 Hello.class 文件，而是在当前路径下多了一个名为 lee 的文件夹，该文件夹下则有一个 Hello.class 文件。

这是怎么回事呢？这与 Java 的设计有关。假设某个应用中包含两个 Hello 类，Java 通过引入包机制来区分这两个不同的 Hello 类。不仅如此，这两个 Hello 类还对应两个 Hello.class 文件，它们在文件系统中也必须分开存放才不会引起冲突。所以 Java 规定：位于包中的类，在文件系统中也必须有与包名层次相同的目录结构。

对于上面的 Hello.class，它必须被放在 lee 文件夹下才是有效的，当使用带-d 选项的 javac 命令来编译 Java 源文件时，该命令会自动建立对应的文件结构来存放相应的 class 文件。

如果直接使用 javac Hello.java 命令来编译这个文件，将会在当前路径下生成一个 Hello.class 文件，而不会生成 lee 文件夹。也就是说，如果在编译 Java 文件时不使用-d 选项，编译器不会为 Java 源文件生成相应的文件结构。鉴于此，本书推荐在编译 Java 文件时总是使用-d 选项，即使想把生成的 class 文件放在当前路径下，也应使用-d .选项，而不省略-d .选项。

进入编译器生成的 lee 文件夹所在路径，执行如下命令：

```
java lee.Hello
```

看到上面的程序正常输出。

如果进入 lee 路径下使用 java Hello 命令来运行 Hello 类，系统将提示错误。正如前面所讲的，Hello 类位于 lee 包下，因此必须把 Hello.class 文件放在 lee 路径下。

当虚拟机要装载 lee.Hello 类时，它会依次搜索 CLASSPATH 环境变量所指定的系列路径，查找这些路径下是否包含 lee 路径，并在 lee 路径下查找是否包含 Hello.class 文件。虚拟机在装载带包名的类时，会先搜索 CLASSPATH 环境变量指定的路径，然后在这些路径中按与包层次对应的目录结构来查找 class 文件。

同一个包中的类不必位于相同的路径下，例如有 lee.Person 和 lee.PersonTest 两个类，它们完全可以一个位于 C 盘下某个位置，一个位于 D 盘下某个位置，只要在 CLASSPATH 环境变量中包含这两个路径即可，虚拟机会自动搜索 CLASSPATH 环境变量中的子路径，把它们当成同一个包下的类来处理。

不仅如此，还应该把 Java 源文件放在与包名一致的目录结构下。与前面介绍的理由相似，如果系统中存在两个 Hello 类，通常也对应两个 Hello.java 源文件，如果把它们的源文件也放在对应的目录结构下，就可以解决源文件在文件系统中的存储冲突问题。

例如，可以把上面的 Hello.java 文件也放在与包层次相同的文件夹下面，即放在 lee 路径下。如果将源文件和 class 文件统一存放，则可能造成混乱，通常建议将源文件和 class 文件分开存放，以便管理。例如，对于上面定义的位于 lee 包下的 Hello.java 及其生成的 Hello.class 文件，建议以图 5.15 所示的形式来存放。

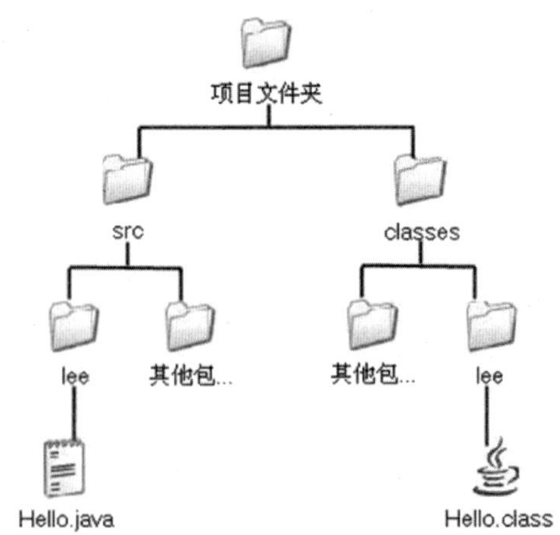

图 5.15　项目中源文件和 class 文件的组织

很多初学者以为只要把生成的 class 文件放在某个目录下，这个目录名就成了这个类的包名。这是一个错误的看法，不是有了目录结构，就等于有了包名。为 Java 类添加包必须在 Java 源文件中通过 package 语句指定，单靠目录名是没法指定的。Java 的包机制需要两个方面的保证：①在源文件中使用 package 语句指定包名；②class 文件必须位于对应的路径下。

Java 语法只要求包名是有效的标识符即可，但从可读性的规范角度来看，包名应该全部是小写字母，而且应该由一个或多个有意义的单词连缀而成。

当系统越来越大时，是否会发生包和类同时重名的情形呢？这个可能性不大，但在实际开发中，还是应该选择合适的包名，用于更好地组织系统中的类库。为了避免不同公司之间的类重名，Oracle 建议使用公司的 Internet 域名倒写来作为包名，例如公司的 Internet 域名是 crazyit.org，则建议将该公司的所有类都放在 org.crazyit 包及其子包下。

提示：

在实际企业开发中，还会在 org.crazyit 包下以项目名建立子包；如果该项目足够大，则还会在项目名子包下以模块名来建立模块子包；如果该模块下包括多种类型的组件，则还会建立对应的子包。假设有一个 eLearning 系统，对于该系统下学生模块的 DAO 组件，则通常会将其放在 org.crazyit.elearning.student.dao 包下，其中 elearning 是项目名，student 是模块名，dao 用于组织某类组件。

package 语句必须作为源文件的第一条非注释语句，一个源文件只能指定一个包，即只能包含一条 package 语句，在该源文件中可以定义多个类，这些类将全部位于该包下。

如果没有显式指定 package 语句，则类位于默认包下。在实际企业开发中，通常不会把类定义在默认包下，但为了简单起见，本书中的大量示例程序都没有显式指定 package 语句。

同一个包下的类可以自由访问，例如下面的 HelloTest 类，如果把它也放在 lee 包下，则这个 HelloTest 类可以直接访问 Hello 类，无须添加包前缀。

程序清单：codes\05\5.4\HelloTest.java

```
package lee;
public class HelloTest
{
    public static void main(String[] args)
    {
        // 直接访问相同包下的另一个类，无须使用包前缀
        var h = new Hello();
    }
}
```

下面的代码在 lee 包下再定义一个 sub 子包，并在该包下定义一个 Apple 空类。

```
package lee.sub;
public class Apple{}
```

对于上面的 lee.sub.Apple 类，它位于 lee.sub 包下，与 lee.HelloTest 类和 lee.Hello 类不再位于同一个包下，因此在使用 lee.sub.Apple 类时就需要使用该类的全名（即包名加类名），即必须通过 lee.sub.Apple 这种写法来使用该类。

虽然 lee.sub 包是 lee 包的子包，但在 lee.Hello 或 lee.HelloTest 中使用 lee.sub.Apple 类时，依然不能省略前面的 lee 包路径，即在 lee.HelloTest 类和 lee.Hello 类中使用该类时不可写成 sub.Apple，必须写成完整的包路径加类名：lee.sub.Apple。

提示：

父包和子包之间确实表示某种内在的逻辑关系，例如前面介绍的 org.crazyit.elearnging 父包和 org.crazyit.elearning.student 子包，确实可以表明后者是前者的一个模块。但父包和子包在用法上则不存在任何关系，如果父包中的类需要使用子包中的类，则必须使用子包的全名，而不能省略父包部分。

如果创建位于其他包下的类的实例，则在调用构造器时也需要使用包前缀。例如，在 lee.HelloTest 类中创建 lee.sub.Apple 类的对象，则需要采用如下代码：

```
// 在调用构造器时需要在构造器前增加包前缀
var a = new lee.sub.Apple()
```

正如从上面所看到的，如果需要使用不同包中的其他类，则总是需要使用该类的全名，这是一件很烦琐的事情。

为了简化编程，Java 引入了 import 关键字，import 可以向某个 Java 文件中导入指定包层次下的某个类或全部类。import 语句应该出现在 package 语句（如果有的话）之后、类定义之前。一个 Java 源文件只能包含一条 package 语句，但可以包含多条 import 语句，多条 import 语句用于导入多个包层次下的类。

使用 import 语句导入单个类的用法如下：

```
import package.subpackage...ClassName;
```

上面的语句用于直接导入指定的 Java 类。例如，导入前面提到的 lee.sub.Apple 类，应该使用下面的代码：

```
import lee.sub.Apple;
```

使用 import 语句导入指定包下全部类的用法如下：

```
import package.subpackage...*;
```

上面 import 语句中的星号（*）只能代表类，不能代表包。因此，当使用 import lee.*;语句时，表明导入 lee 包下的所有类，即 Hello 类和 HelloTest 类，而 lee 包下 sub 子包内的类则不会被导入。如果需要导入 lee.sub.Apple 类，则可以使用 import lee.sub.*;语句导入 lee.sub 包下的所有类。

一旦在 Java 源文件中使用 import 语句来导入指定的类，在该源文件中使用这些类时就可以省略包前缀，不再需要使用类全名。修改上面的 HelloTest.java 文件，在该文件中使用 import 语句来导入 lee.sub.Apple 类（程序清单同上）。

```
package lee;
// 使用 import 导入 lee.sub.Apple 类
import lee.sub.Apple;
public class HelloTest
{
    public static void main(String[] args)
    {
        var h = new Hello();
        // 使用类全名的写法
        var a = new lee.sub.Apple();
        // 如果使用 import 语句来导入 Apple 类，就可以不再使用类全名了
        var aa = new Apple();
    }
}
```

正如从上面代码中所看到的，通过使用 import 语句可以简化编程。但 import 语句并不是必需的，只要坚持在类中使用其他类的全名，则无须使用 import 语句。

Java 默认为所有源文件导入 java.lang 包下的所有类，因此，前面在 Java 程序中使用 String、System 类时，都无须使用 import 语句来导入这些类。但对于前面介绍数组时提到的 Arrays 类，其位于 java.util 包下，则必须使用 import 语句来导入该类。

在一些极端的情况下，import 语句也帮不了我们，此时只能在源文件中使用类全名。例如，如果需要在程序中使用 java.sql 包下的类，也需要使用 java.util 包下的类，则可以使用如下两行 import 语句：

```
import java.util.*;
import java.sql.*;
```

接下来，如果在程序中需要使用 Date 类，则会引起如下编译错误：

```
HelloTest.java:25: 对 Date 的引用不明确，
java.sql 中的 类 java.sql.Date 和 java.util 中的 类 java.util.Date 都匹配
```

上面的错误提示：在 HelloTest.java 文件的第 25 行使用了 Date 类，而 import 语句导入的 java.sql 和 java.util 包下都包含了 Date 类，系统糊涂了！再次提醒读者：不要把系统搞糊涂，系统一糊涂就是你错了。在这种情况下，如果需要指定包下的 Date 类，则只能使用该类的全名。

```
// 为了让引用更加明确，即使使用了 import 语句，也还是需要使用类的全名
java.sql.Date d = new java.sql.Date();
```

import 语句可以简化编程，可以导入指定包下的某个类或全部类。

在 JDK 1.5 以后更是增加了一种静态导入的语法，用于导入指定类的某个静态成员变量、静态方法或全部静态成员变量、静态方法。

静态导入使用 import static 语句。静态导入也有两种语法，分别用于导入指定类的单个静态成员变量、静态方法和全部静态成员变量、静态方法，其中导入指定类的单个静态成员变量、静态方法的语法格式如下：

```
import static package.subpackage...ClassName.fieldName|methodName;
```

上面的语法导入 package.subpackage...ClassName 类中名为 fieldName 的静态成员变量或者名为 methodName 的静态方法。例如，可以使用 import static java.lang.System.out;语句导入 java.lang.System 类的 out 静态成员变量。

导入指定类的全部静态成员变量、静态方法的语法格式如下：

```
import static package.subpackage...ClassName.*;
```

上面语法中的星号只能代表静态成员变量或静态方法名。

import static 语句也被放在 Java 源文件的 package 语句（如果有的话）之后、类定义之前，即被放在与普通 import 语句相同的位置，而且 import 语句和 import static 语句之间没有任何顺序要求。

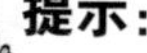

所谓静态成员变量、静态方法其实就是前面介绍的类变量、类方法，它们都需要使用 static 修饰，而 static 在很多地方都被翻译为静态，因此 import static 也就被翻译成“静态导入”。其实完全可以抛开这个翻译，用一句话来归纳 import 和 import static 的作用：使用 import 可以省略写包名；而使用 import static 则可以连类名都省略。

下面使用 import static 语句来导入 java.lang.System 类下的全部静态成员变量，从而可以将程序简化成如下形式。

程序清单：codes\05\5.4\StaticImportTest.java

```
import static java.lang.System.*;
import static java.lang.Math.*;
public class StaticImportTest
{
    public static void main(String[] args)
    {
        // out 是 java.lang.System 类的静态成员变量，代表标准输出
        // PI 是 java.lang.Math 类的静态成员变量，表示π常量
        out.println(PI);
        // 直接调用 Math 类的 sqrt 静态方法
        out.println(sqrt(256));
    }
}
```

从上面的程序不难看出，import 和 import static 的功能非常相似，只是它们导入的对象不一样而已。import 语句和 import static 语句都是用于减少程序中代码编写量的。

现在可以总结出 Java 源文件的大体结构如下：

```
package 语句                                              // 零条或一条，必须放在文件的开始
import | import static 语句                               // 零条或多条，必须放在所有类定义之前
public classDefinition | interfaceDefinition | enumDefinition
                                                    // 零个或一个 public 类、接口或枚举的定义
classDefinition | interfaceDefinition | enumDefinition  // 零个或多个普通类、接口或枚举的定义
```

上面提到了接口定义、枚举定义，读者可以暂时把接口、枚举都当成一种特殊的类。

5.4.4 Java 的常用包

Java 的核心类都被放在 java 包及其子包下，Java 扩展的许多类都被放在 javax 包及其子包下。这些实用类也就是前面所说的 API（应用程序接口），Oracle 按这些类的功能将其分别放在不同的包下。下面几个包是 Java 语言中的常用包。

- java.lang：这个包下包含了 Java 语言的核心类，如 String、Math、System 和 Thread 类等，使用这个包下的类无须使用 import 语句导入，系统会自动导入这个包下的所有类。
- java.util：这个包下包含了 Java 的大量工具类/接口和集合框架类/接口，如 Arrays 和 List、Set 等。
- java.net：这个包下包含了一些与 Java 网络编程相关的类/接口。
- java.io：这个包下包含了一些与 Java 输入/输出编程相关的类/接口。
- java.text：这个包下包含了一些与 Java 格式化相关的类。
- java.sql：这个包下包含了与使用 Java 进行 JDBC 数据库编程相关的类/接口。
- java.awt：这个包下包含了与抽象窗口工具集（Abstract Window Toolkits）相关的类/接口，这些类主要用于构建图形用户界面（GUI）程序。
- java.swing：这个包下包含了与 Swing 图形用户界面编程相关的类/接口，这些类可用于构建与平台无关的 GUI 程序。

现在读者只需要对这些包有一个大致印象即可。随着本书后面的介绍，读者会逐渐熟悉这些包下各类和接口的用法。

5.5 深入构造器

构造器是一个特殊的方法，这个特殊的方法用于在创建实例时执行初始化。构造器是创建对象的重要途径（即使使用工厂模式、反射等方式创建对象，其实质上也依然依赖于构造器），因此，Java 类必须包含一个或一个以上的构造器。

5.5.1　使用构造器执行初始化

构造器最大的用处就是在创建对象时执行初始化。前面已经介绍过了，当创建一个对象时，系统为这个对象的实例变量执行默认初始化，这种默认的初始化把所有基本类型的实例变量都设为 0（对数值型实例变量）或 false（对布尔型实例变量），把所有引用类型的实例变量都设为 null。

如果想改变这种默认的初始化，让系统在创建对象时就为该对象的实例变量显式指定初始值，则可以通过构造器来实现。

如果程序员没有为 Java 类提供任何构造器，那么系统会为这个类提供一个无参数的构造器，这个构造器的执行体为空，不做任何事情。无论如何，Java 类至少包含一个构造器。

下面的类提供了一个自定义的构造器，通过这个构造器就可以让程序员执行自定义的初始化操作。

程序清单：codes\05\5.5\ConstructorTest.java

```
public class ConstructorTest
{
    public String name;
    public int count;
    // 提供自定义的构造器，该构造器包含两个参数
    public ConstructorTest(String name, int count)
    {
        // 构造器中的 this 代表它执行初始化的对象
        // 下面两行代码将传入的两个参数赋给 this 所代表对象的 name 和 count 实例变量
        this.name = name;
        this.count = count;
    }
    public static void main(String[] args)
    {
        // 使用自定义的构造器来创建对象
        // 系统将会对该对象执行自定义的初始化
        var tc = new ConstructorTest("疯狂 Java 讲义", 90000);
        // 输出 ConstructorTest 对象的 name 和 count 两个实例变量
        System.out.println(tc.name);
        System.out.println(tc.count);
    }
}
```

运行上面的程序，将看到在输出 ConstructorTest 对象时，它的 name 实例变量不再是 null，而且 count 实例变量也不再是 0，这就是提供自定义构造器的作用。

学生提问：构造器是创建 Java 对象的途径，是不是说构造器完全负责创建 Java 对象？

答：不是！构造器是创建 Java 对象的重要途径，当通过 new 关键字调用构造器时，构造器也确实返回了该类的对象，但这个对象并不是完全由构造器负责创建的。实际上，当程序员调用构造器时，系统会先为该对象分配内存空间，并为这个对象执行默认初始化，这个对象已经产生了——这些操作在构造器执行之前就都完成了。也就是说，当系统开始执行构造器的执行体之前，系统已经创建了一个对象，只是这个对象还不能被外部程序访问，只能在该构造器中通过 this 来引用。当构造器的执行体执行结束后，这个对象将作为构造器的返回值被返回，通常还会赋给另一个引用类型的变量，从而让外部程序可以访问该对象。

一旦程序员提供了自定义的构造器，系统就不再提供默认的构造器，因此，上面的 ConstructorTest

类不能再通过 new ConstructorTest();代码来创建实例，因为该类不再包含无参数的构造器。

如果用户希望该类保留无参数的构造器，或者希望有多个初始化过程，则可以为该类提供多个构造器。如果一个类中提供了多个构造器，那么就形成了构造器重载。

因为构造器主要被其他方法调用，用于返回该类的实例，因此通常把构造器设置成 public 访问权限，从而允许系统中任何位置的类来创建该类的对象。除非在一些极端的情况下，业务需要限制创建该类的对象，则可以把构造器设置成其他访问权限，例如，设置为 protected，主要用于被其子类调用；设置为 private，用于阻止其他类创建该类的实例。

5.5.2 构造器重载

同一个类中具有多个构造器，多个构造器的形参列表不同，这被称为构造器重载。构造器重载允许 Java 类中包含多个初始化逻辑，从而允许使用不同的构造器来初始化 Java 对象。

构造器重载和方法重载基本相似：要求构造器的名字相同，这一点不需要特别要求，因为构造器名必须与类名相同，所以同一个类的所有构造器名肯定相同。为了让系统能区分不同的构造器，多个构造器的参数列表必须不同。

下面的 Java 类示范了构造器重载，利用构造器重载就可以通过不同的构造器来创建 Java 对象。

程序清单：codes\05\5.5\ConstructorOverload.java

```
public class ConstructorOverload
{
    public String name;
    public int count;
    // 提供无参数的构造器
    public ConstructorOverload(){ }
    // 提供带两个参数的构造器
    // 对该构造器返回的对象执行初始化
    public ConstructorOverload(String name, int count)
    {
        this.name = name;
        this.count = count;
    }
    public static void main(String[] args)
    {
        // 通过无参数的构造器创建 ConstructorOverload 对象
        var oc1 = new ConstructorOverload();
        // 通过有参数的构造器创建 ConstructorOverload 对象
        var oc2 = new ConstructorOverload(
            "轻量级 Java EE 企业应用实战", 300000);
        System.out.println(oc1.name + " " + oc1.count);
        System.out.println(oc2.name + " " + oc2.count);
    }
}
```

上面的 ConstructorOverload 类提供了两个重载的构造器，这两个构造器的名字相同，但形参列表不同。当系统通过 new 调用构造器时，系统将根据传入的实参列表来决定调用哪个构造器。

如果系统中包含多个构造器，其中一个构造器的执行体中完全包含另一个构造器的执行体，如图 5.16 所示。

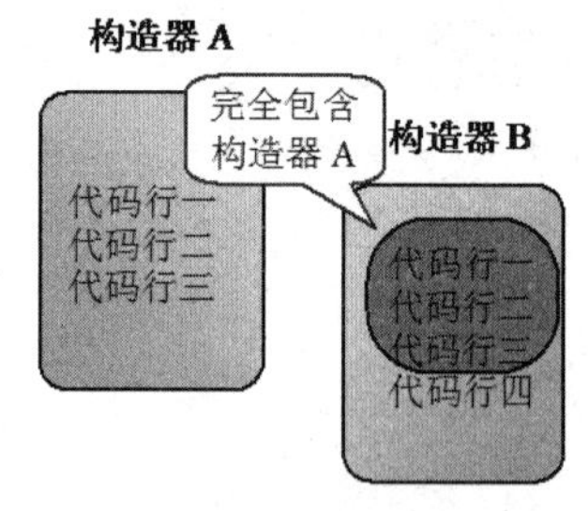

图 5.16 构造器 B 完全包含构造器 A

从图 5.16 中可以看出，构造器 B 完全包含构造器 A。对于这种完全包含的情况，如果是两个方法之间存在这种关系，则可在方法 B 中调用方法 A。但构造器不能直接被调用，构造器必须使用 new 关键字来调用。但一旦使用 new 关键字来调用构造器，就会导致系统重新创建一个对象。为了在构造器 B 中调用构造器 A 的初始化代码，又不会重新创建一个 Java 对象，可以使用 this 关键字来调用相应的构造器。下面的代码实现了在一个构造器中直接调用另一个构造器的初始化代码。

程序清单：codes\05\5.5\Apple.java

```
public class Apple
{
    public String name;
    public String color;
    public double weight;
    public Apple(){}
    // 带两个参数的构造器
    public Apple(String name, String color)
    {
        this.name = name;
        this.color = color;
    }
    // 带三个参数的构造器
    public Apple(String name, String color, double weight)
    {
        // 通过 this 调用另一个重载的构造器的初始化代码
        this(name, color);
        // 下面的 this 引用该构造器正在初始化的 Java 对象
        this.weight = weight;
    }
}
```

在上面的 Apple 类中包含了三个构造器，其中第三个构造器通过 this 来调用另一个重载的构造器的初始化代码。程序中的 this(name, color);调用表明，调用该类中另一个带两个字符串参数的构造器。

使用 this 调用另一个重载的构造器只能在构造器中使用，而且必须作为构造器执行体的第一条语句。当使用 this 调用重载的构造器时，系统会根据 this 后括号里的实参来调用形参列表与之对应的构造器。

学生提问：为什么要用 this 来调用另一个重载的构造器？我把另一个构造器中的代码复制到这个构造器中不就可以了吗？

答：如果仅仅从软件功能实现上来看，这样复制确实可以实现这个效果；但从软件工程的角度来看，这样做是相当糟糕的。在软件开发中有一条规则：不要把相同的代码段书写两次以上！因为软件是一个需要不断更新的产品，如果有一天需要更新图 5.16 所示的构造器 A 的初始化代码，假设构造器 B、构造器 C……都包含了相同的初始化代码，则需要同时打开构造器 A、构造器 B、构造器 C……的代码进行修改；反之，如果构造器 B、构造器 C……是通过 this 调用构造器 A 的初始化代码的，则只需要打开构造器 A 进行修改即可。因此，尽量避免相同的代码重复出现，充分复用每一段代码，既可以让程序代码更加简洁，也可以降低软件的维护成本。

5.6　类的继承

继承是面向对象的三大特征之一，也是实现软件复用的重要手段。Java 的继承具有单继承的特点，每个子类只有一个直接父类。

5.6.1　继承的特点

Java 的继承通过 extends 关键字来实现，实现继承的类被称为子类，被继承的类被称为父类，有的地方也称其为基类、超类。父类和子类的关系，是一种一般和特殊的关系。例如水果和苹果的关系，苹果继承了水果，苹果是水果的子类，则可以说苹果是一种特殊的水果。

因为子类是一种特殊的父类，因此父类包含的范围总比子类包含的范围要大，所以可以认为父类是大类，而子类是小类。

Java 中子类继承父类的语法格式如下：

```
修饰符 class SubClass extends SuperClass
{
    // 类定义部分
}
```

从上面的语法格式来看，定义子类的语法非常简单，只需要在原来的类定义上增加 extends SuperClass，即表明该子类继承了 SuperClass 类。

Java 使用 extends 作为继承的关键字，extends 在英文中是扩展，而不是继承！这个关键字很好地体现了子类和父类的关系：子类是对父类的扩展，子类是一种特殊的父类。从这个意义上来看，使用继承来描述子类和父类的关系是错误的，用扩展更恰当。因此，这样的说法更加准确：Apple 类扩展了 Fruit 类。

为什么国内把 extends 翻译为“继承”呢？除与历史原因有关之外，把 extends 翻译为“继承”也是有其理由的：子类扩展了父类，将可以获得父类的全部成员变量、方法和内部类（包括内部接口、枚举），这与汉语中的继承（子辈从父辈那里获得一笔财富称为继承）具有很好的类似性。值得指出的是，Java 的子类不能获得父类的构造器。

子类只能从被扩展的父类中获得成员变量、方法和内部类（包括内部接口、枚举），不能获得构造器和初始化块。

下面的程序示范了子类继承父类的特点。下面是 Fruit 类的代码。

程序清单：codes\05\5.6\Fruit.java

```
public class Fruit
{
    public double weight;
    public void info()
    {
        System.out.println("我是一个水果！重"
            + weight + "g！");
    }
}
```

接下来定义该 Fruit 类的子类 Apple。

程序清单：codes\05\5.6\Apple.java

```
public class Apple extends Fruit
{
    public static void main(String[] args)
    {
        // 创建 Apple 对象
        var a = new Apple();
        // Apple 对象本身没有 weight 成员变量
        // 因为 Apple 的父类有 weight 成员变量，也可以访问 Apple 对象的 weight 成员变量
        a.weight = 56;
        // 调用 Apple 对象的 info()方法
        a.info();
    }
}
```

上面的 Apple 类基本上是一个空类，它只包含了一个 main()方法，但程序中创建了 Apple 对象之后，可以访问该 Apple 对象的 weight 实例变量和 info()方法，这表明 Apple 对象也具有 weight 实例变量和 info()方法，这就是继承的作用。

Java 语言摒弃了 C++中难以理解的多继承特征，即每个类最多只有一个直接父类。例如，下面的代码将会引起编译错误。

```
class SubClass extends Base1, Base2, Base3{...}
```

很多书在介绍 Java 的单继承时，可能会说 Java 类只能有一个父类。严格来讲，这种说法是错误的，应该换成如下说法：Java 类只能有一个直接父类，实际上，Java 类可以有无限多个间接父类。例如：

```
class Fruit extends Plant{...}
class Apple extends Fruit{...}
```

在上面的类定义中，Fruit 类是 Apple 类的父类，Plant 类也是 Apple 类的父类。区别是，Fruit 类是 Apple 类的直接父类，而 Plant 类则是 Apple 类的间接父类。

如果在定义一个 Java 类时并未显式指定这个类的直接父类，则这个类默认扩展 java.lang.Object 类。因此，java.lang.Object 类是所有类的父类，要么是其直接父类，要么是其间接父类。因此，所有的 Java 对象都可调用 java.lang.Object 类所定义的实例方法。关于 java.lang.Object 类的介绍请参考 7.3.1 节。

从子类的角度来看，子类扩展（extends）了父类；但从父类的角度来看，父类派生（derive）出了子类。也就是说，扩展和派生所描述的是同一个动作，只是观察的角度不同而已。

5.6.2 重写父类的方法

子类扩展了父类，子类是一种特殊的父类。大部分时候，子类总是以父类为基础，额外增加新的成员变量和方法。但有一种情况例外：子类需要重写父类的方法。例如，鸟类都包含了飞翔方法，其中鸵鸟是一种特殊的鸟类，因此鸵鸟应该是鸟的子类，它也将从鸟类获得飞翔方法，但这个飞翔方法明显不适合鸵鸟。为此，鸵鸟需要重写鸟类的方法。

下面的程序先定义了一个 Bird 类。

程序清单：codes\05\5.6\Bird.java

```
public class Bird
{
    // Bird类的fly()方法
    public void fly()
    {
        System.out.println("我在天空里自由自在地飞翔...");
    }
}
```

下面再定义一个 Ostrich 类，这个类扩展了 Bird 类，重写了 Bird 类的 fly()方法。

程序清单：codes\05\5.6\Ostrich.java

```
public class Ostrich extends Bird
{
    // 重写Bird类的fly()方法
    public void fly()
    {
        System.out.println("我只能在地上奔跑...");
    }
    public static void main(String[] args)
    {
        // 创建Ostrich对象
        var os = new Ostrich();
        // 执行Ostrich对象的fly()方法，将输出"我只能在地上奔跑..."
        os.fly();
    }
}
```

执行上面的程序，将看到在执行 os.fly()时，执行的不再是 Bird 类的 fly()方法，而是 Ostrich 类的 fly()方法。

这种子类中包含与父类中同名的方法的现象被称为方法重写（Override），也被称为方法覆盖。可以说子类重写了父类的方法，也可以说子类覆盖了父类的方法。

方法重写要遵循“两同、两小、一大”规则，“两同”即方法名相同、形参列表相同；“两小”指的是子类方法的返回值类型应比父类方法的返回值类型更小或它们相等，子类方法声明抛出的异常类应比父类方法声明抛出的异常类更小或它们相等；“一大”指的是子类方法的访问权限应比父类方法的访问权限更大或它们相等。尤其需要指出的是，覆盖的方法和被覆盖的方法都只能是实例方法，不能一个是类方法，一个是实例方法。例如，如下代码将会引发编译错误。

```
class BaseClass
{
    public static void test(){...}
}
class SubClass extends BaseClass
{
    public void test(){...}
}
```

当子类覆盖了父类的方法后，子类的对象将无法访问父类中被覆盖的方法，但可以在子类的方法中调用父类中被覆盖的方法。如果需要在子类的方法中调用父类中被覆盖的方法，则可以使用 super（被覆盖的是实例方法）或者父类类名（被覆盖的是类方法）作为调用者来调用父类中被覆盖的方法。

如果父类的方法具有 private 访问权限，则该方法对其子类是隐藏的，因此其子类无法访问该方法，也就是无法重写该方法。即使子类中定义了一个与父类的 private 方法具有相同的方法名、相同的形参列表、相同的返回值类型的方法，也依然不是重写，只是在子类中重新定义了一个新方法。例如，下面的代码是完全正确的。

```
class BaseClass
{
    // test()方法具有private访问权限，子类不可访问该方法
    private void test(){...}
}
class SubClass extends BaseClass
{
    // 此处并不是方法重写，所以可以增加static关键字
    public static void test(){...}
}
```

方法重载和方法重写在英语中分别是 overload 和 override，经常看到有些初学者或一些低水平的公司喜欢询问重载和重写的区别。其实把重载和重写放在一起比较本身没有太大的意义，因为重载主要发生在同一个类的多个同名方法之间，而重写发生在子类和父类的同名方法之间。它们之间的联系很少，除二者都发生在方法之间，并要求方法名相同之外，没有太大的相似之处。当然，父类的方法和子类的方法之间也可能发生重载，因为子类会获得父类的方法，如果子类定义了一个与父类的方法有相同的方法名，但参数列表不同的方法，就会形成父类的方法和子类的方法重载。

5.6.3 super 限定

如果需要在子类的方法中调用父类中被覆盖的实例方法，则可以使用 super 来限定。为上面的 Ostrich 类添加一个方法，在这个方法中调用 Bird 类中被覆盖的 fly()方法。

```
public void callOverridedMethod()
{
    // 在子类的方法中通过super显式调用父类中被覆盖的实例方法
    super.fly();
}
```

借助 callOverridedMethod()方法的帮助，就可以让 Ostrich 对象既可以调用自己重写的 fly()方法，也可以调用 Bird 类中被覆盖的 fly()方法（调用 callOverridedMethod()方法即可）。

super 是 Java 提供的一个关键字，super 用于限定该对象调用它从父类继承得到的实例变量或方法。正如 this 不能出现在 static 修饰的方法中一样，super 也不能出现在 static 修饰的方法中。使用 static 修饰的方法是属于类的，该方法的调用者可能是一个类，而不是对象，因而 super 限定也就失去了意义。

如果在构造器中使用 super，则 super 用于限定该构造器初始化的是该对象从父类继承得到的实例变量，而不是该类自己定义的实例变量。

如果子类中定义了与父类中同名的实例变量，则会发生子类实例变量隐藏父类实例变量的情形。在正常情况下，子类中定义的方法直接访问该实例变量，默认会访问到子类中定义的实例变量，无法访问到父类中被隐藏的实例变量。在子类定义的实例方法中可以通过 super 来访问父类中被隐藏的实例变量，代码如下所示。

程序清单：codes\05\5.6\SubClass.java

```
class BaseClass
{
    public int a = 5;
}
public class SubClass extends BaseClass
{
    public int a = 7;
    public void accessOwner()
    {
        System.out.println(a);
    }
    public void accessBase()
    {
        // 通过 super 来限定访问从父类继承得到的 a 实例变量
        System.out.println(super.a);
    }
    public static void main(String[] args)
    {
        var sc = new SubClass();
        sc.accessOwner(); // 输出 7
        sc.accessBase(); // 输出 5
    }
}
```

上面程序中的 BaseClass 和 SubClass 中都定义了名为 a 的实例变量，SubClass 的 a 实例变量将会隐藏 BaseClass 的 a 实例变量。当系统创建了 SubClass 对象时，实际上会为 SubClass 对象分配两块内存区，其中一块用于存储在 SubClass 类中定义的 a 实例变量，另一块用于存储从 BaseClass 类继承得到的 a 实例变量。

看程序中的粗体字代码，在访问 super.a 时，使用 super 来限定访问该实例从父类继承得到的 a 实例变量，而不是在当前类中定义的 a 实例变量。

如果子类中没有包含与父类中同名的成员变量，那么在子类的实例方法中访问该成员变量时，无须显式使用 super 或父类名作为调用者。如果在某个方法中访问名为 a 的成员变量，但没有显式指定调用者，则系统查找 a 的顺序为：

① 查找该方法中是否有名为 a 的局部变量。

② 查找当前类中是否包含名为 a 的成员变量。

③ 查找 a 的直接父类中是否包含名为 a 的成员变量，依次上溯 a 的所有父类，直到 java.lang.Object 类，如果最终不能找到名为 a 的成员变量，则系统出现编译错误。

如果被覆盖的是类变量，那么在子类的方法中，可以使用父类名作为调用者来访问被覆盖的类变量。

提示：

当程序创建了一个子类对象时，系统不仅会为该类中定义的实例变量分配内存，也会为它从父类继承得到的所有实例变量分配内存，即使子类中定义了与父类中同名的实例变量。也就是说，当系统创建了一个 Java 对象时，如果该 Java 类有 2 个父类（一个是直接父类 A，一个是间接父类 B），假设 A 类中定义了 2 个实例变量，B 类中定义了 3 个实例变量，当前类中定义了 2 个实例变量，那么这个 Java 对象将会保存 7（2+3+2）个实例变量。

如果在子类中定义了与父类中已有变量同名的变量，那么在子类中定义的变量会隐藏在父类中定义的变量。注意不是完全覆盖，因此系统在创建子类对象时，依然会为父类中定义的、被隐藏的变量分配内存空间。

注意：

为了在子类的方法中访问在父类中定义的、被隐藏的实例变量，或为了在子类的方法中调用在父类中定义的、被覆盖的方法，可以通过 super 限定来调用这些实例变量和实例方法。

因为在子类中定义的与父类中同名的实例变量并不会完全覆盖在父类中定义的实例变量，它只是简单地隐藏了父类中的实例变量，所以会出现如下特殊的情形。

程序清单：codes\05\5.6\HideTest.java

```
class Parent
{
    public String tag = "疯狂 Java 讲义";          // ①
}
class Derived extends Parent
{
    // 定义一个私有的 tag 实例变量来隐藏父类的 tag 实例变量
    private String tag = "轻量级 Java EE 企业应用实战";          // ②
}
public class HideTest
{
    public static void main(String[] args)
    {
        var d = new Derived();
        // 程序不可访问 d 的私有变量 tag，所以下面的语句将引起编译错误
        // System.out.println(d.tag);          // ③
        // 将 d 变量显式地向上转型为 Parent 后，即可访问 tag 实例变量
        // 程序将输出“疯狂 Java 讲义”
        System.out.println(((Parent) d).tag);          // ④
    }
}
```

上面程序中的①号粗体字代码为父类 Parent 定义了一个 tag 实例变量，②号粗体字代码为其子类定义了一个 private 的 tag 实例变量，在子类中定义的这个实例变量将会隐藏在父类中定义的 tag 实例变量。

在程序的入口 main()方法中先创建了一个 Derived 对象。这个 Derived 对象将会保存两个 tag 实例变量，其中一个是在 Parent 类中定义的 tag 实例变量，另一个是在 Derived 类中定义的 tag 实例变量。此时程序中包括一个 d 变量，它引用一个 Derived 对象，内存中的存储示意图如图 5.17 所示。

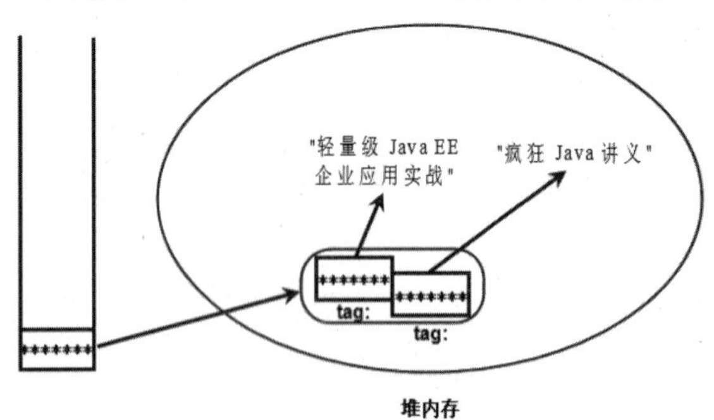

图 5.17　子类的实例变量隐藏父类的实例变量存储示意图

接着，程序将 Derived 对象赋给 d 变量，当在③号粗体字代码处试图通过 d 来访问 tag 实例变量时，程序将提示访问权限不允许。这是因为访问哪个实例变量由声明该变量的类型决定，所以系统将会试图访问在②号粗体代码处定义的 tag 实例变量；程序在④号粗体字代码处先将 d 变量强制向上转型为 Parent 类型，再通过它来访问 tag 实例变量是允许的，因为此时系统将会访问在①号粗体字代码处定义的 tag 实例变量，也就是输出“疯狂 Java 讲义”。

5.6.4 调用父类构造器

子类不会获得父类的构造器，但在子类构造器中可以调用父类构造器的初始化代码，类似于前面所介绍的一个构造器调用另一个重载的构造器。

在一个构造器中调用另一个重载的构造器使用 this 调用来完成，在子类构造器中调用父类构造器使用 super 调用来完成。

下面的程序定义了 Base 类和 Sub 类，其中 Sub 类是 Base 类的子类，程序在 Sub 类的构造器中使用 super 来调用 Base 构造器的初始化代码。

程序清单：codes\05\5.6\Sub.java

```
class Base
{
    public double size;
    public String name;
    public Base(double size, String name)
    {
        this.size = size;
        this.name = name;
    }
}
public class Sub extends Base
{
    public String color;
    public Sub(double size, String name, String color)
    {
        // 通过 super 来调用父类构造器的初始化代码
        super(size, name);
        this.color = color;
    }
    public static void main(String[] args)
    {
        var s = new Sub(5.6, "测试对象", "红色");
        // 输出 Sub 对象的三个实例变量
        System.out.println(s.size + "--" + s.name
            + "--" + s.color);
    }
}
```

从上面的程序中不难看出，使用 super 调用和使用 this 调用也很像，区别在于，super 调用的是父类构造器，而 this 调用的是同一个类中重载的构造器。因此，使用 super 调用父类构造器也必须出现在子类构造器执行体的第一行，this 调用和 super 调用不会同时出现。

不管是否使用 super 调用来执行父类构造器的初始化代码，子类构造器总会调用父类构造器一次。子类构造器调用父类构造器分如下几种情况。

- 子类构造器执行体的第一行代码使用 super 显式调用父类构造器，系统将根据 super 调用中传入的实参列表调用父类对应的构造器。
- 子类构造器执行体的第一行代码使用 this 显式调用本类中重载的构造器，系统将根据 this 调用中传入的实参列表调用本类中的另一个构造器。在执行本类中另一个构造器时也会先调用父类构造器。
- 在子类构造器执行体中既没有 super 调用，也没有 this 调用，系统将会在执行子类构造器之前，隐式调用父类无参数的构造器。

不管上面哪种情况，当调用子类构造器来初始化子类对象时，父类构造器总会在子类构造器之前执行；不仅如此，当执行父类构造器时，系统会再次上溯执行其父类构造器……依此类推，创建任何 Java 对象，最先执行的总是 java.lang.Object 类的构造器。

对于图 5.18 所示的继承树：如果创建 ClassB 的对象，系统将先执行 java.lang.Object 类的构造器，再执行 ClassA 类的构造器，然后才执行 ClassB 类的构造器，这个执行过程还是最基本的情况。如果

ClassB 显式调用 ClassA 的构造器，而该构造器又调用了 ClassA 类中重载的构造器，则会看到 ClassA 的两个构造器先后执行的情形。

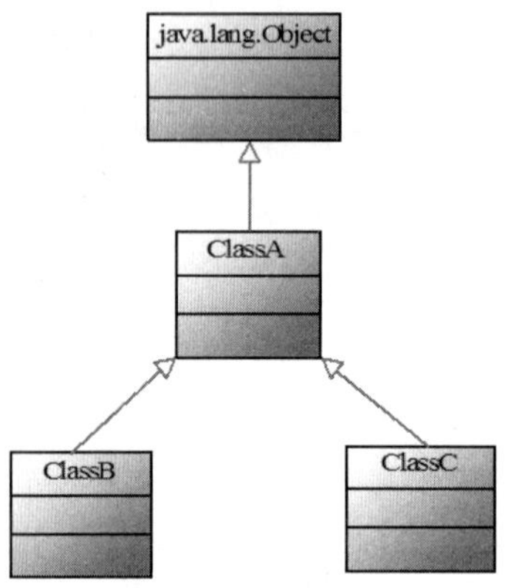

图 5.18　继承树

下面的程序定义了三个类，它们之间有严格的继承关系，通过这种继承关系让读者看到构造器之间的调用关系。

程序清单：codes\05\5.6\Wolf.java

```
class Creature
{
    public Creature()
    {
        System.out.println("Creature 无参数的构造器");
    }
}
class Animal extends Creature
{
    public Animal(String name)
    {
        System.out.println("Animal 带一个参数的构造器，"
            + "该动物的 name 为" + name);
    }
    public Animal(String name, int age)
    {
        // 使用 this 调用同一个重载的构造器
        this(name);
        System.out.println("Animal 带两个参数的构造器，"
            + "其 age 为" + age);
    }
}
public class Wolf extends Animal
{
    public Wolf()
    {
        // 显式调用父类的有两个参数的构造器
        super("灰太狼", 3);
        System.out.println("Wolf 无参数的构造器");
    }
    public static void main(String[] args)
    {
        new Wolf();
    }
}
```

上面程序中的 main 方法只创建了一个 Wolf 对象，但系统在底层完成了复杂的操作。运行上面的程序，将看到如下运行结果：

```
Creature 无参数的构造器
Animal 带一个参数的构造器，该动物的 name 为灰太狼
Animal 带两个参数的构造器，其 age 为 3
```

```
Wolf 无参数的构造器
```

从上面的运行过程来看，创建任何对象总是从该类所在继承树最顶层类的构造器开始执行，然后依次向下执行，最后才执行本类的构造器。如果某个父类通过 this 调用了同类中重载的构造器，那么就会依次执行此父类的多个构造器。

学生提问：为什么我在创建 Java 对象时从未感觉到 java.lang.Object 类的构造器被调用过？

答：你当然感觉不到了，因为自定义的类从未显式调用过 java.lang.Object 类的构造器，即使显式调用，java.lang.Object 类也只有一个默认的构造器可被调用。当系统执行 java.lang.Object 类的默认构造器时，该构造器的执行体并未输出任何内容，所以你感觉不到调用过 java.lang.Object 类的构造器。

5.7　多态

Java 引用变量有两种类型：一种是编译时类型，一种是运行时类型。编译时类型由声明该变量时使用的类型决定，运行时类型由实际赋给该变量的对象决定。如果编译时类型和运行时类型不一致，就可能出现所谓的多态（Polymorphism）。

5.7.1　多态性

先看下面的程序。

程序清单：codes\05\5.7\SubClass.java

```
class BaseClass
{
    public int book = 6;
    public void base()
    {
        System.out.println("父类的普通方法");
    }
    public void test()
    {
        System.out.println("父类的被覆盖的方法");
    }
}
public class SubClass extends BaseClass
{
    // 重新定义一个 book 实例变量隐藏父类的 book 实例变量
    public String book = "轻量级 Java EE 企业应用实战";
    public void test()
    {
        System.out.println("子类的覆盖父类的方法");
    }
    public void sub()
    {
        System.out.println("子类的普通方法");
    }
    public static void main(String[] args)
    {
        // 下面的编译时类型和运行时类型完全一样，因此不存在多态性
        BaseClass bc = new BaseClass();
        // 输出 6
        System.out.println(bc.book);
        // 下面的两次调用将执行 BaseClass 的方法
        bc.base();
        bc.test();
```

```
        // 下面的编译时类型和运行时类型完全一样，因此不存在多态性
        SubClass sc = new SubClass();
        // 输出"轻量级 Java EE 企业应用实战"
        System.out.println(sc.book);
        // 下面的调用将执行从父类继承的 base()方法
        sc.base();
        // 下面的调用将执行当前类的 test()方法
        sc.test();
        // 下面的编译时类型和运行时类型不一样，多态发生
        BaseClass ploymophicBc = new SubClass();
        // 输出 6——表明访问的是父类对象的实例变量
        System.out.println(ploymophicBc.book);
        // 下面的调用将执行从父类继承的 base()方法
        ploymophicBc.base();
        // 下面的调用将执行当前类的 test()方法
        ploymophicBc.test();
        // 因为 ploymophicBc 的编译时类型是 BaseClass
        // BaseClass 类没有提供 sub()方法，所以下面的代码编译时会出现错误
        // ploymophicBc.sub();
    }
}
```

上面程序中的 main()方法显式创建了三个引用变量，对于前两个引用变量 bc 和 sc，它们的编译时类型和运行时类型完全相同，因此调用它们的成员变量和方法非常正常，完全没有任何问题。但第三个引用变量 ploymophicBc 则比较特殊，它的编译时类型是 BaseClass，而运行时类型是 SubClass，当调用该引用变量的 test()方法（在 BaseClass 类中定义了该方法，子类 SubClass 覆盖了父类的该方法）时，实际执行的是 SubClass 类中覆盖后的 test()方法，这就可能出现多态了。

因为子类其实是一种特殊的父类，所以 Java 允许把一个子类对象直接赋给一个父类引用变量，不需要任何类型转换，这被称为向上转型（Upcasting），向上转型由系统自动完成。

当把一个子类对象直接赋给父类引用变量时，例如上面的 BaseClass ploymophicBc = new SubClass();，这个 ploymophicBc 引用变量的编译时类型是 BaseClass，而运行时类型是 SubClass，在运行时调用该引用变量的方法，其行为总是表现出子类方法的行为特征，而不是父类方法的行为特征，这就可能出现：相同类型的变量，在调用同一个方法时呈现出多种不同的行为特征，这就是多态。

在上面的 main()方法中注释掉了 ploymophicBc.sub();，这行代码会在编译时引发错误。虽然 ploymophicBc 引用变量实际上确实包含了 sub()方法（例如，可以通过反射来执行该方法），但因为它的编译时类型为 BaseClass，因此编译时无法调用 sub()方法。

与方法不同的是，对象的实例变量则不具有多态性。比如上面的 ploymophicBc 引用变量，在程序中输出它的 book 实例变量时，并不是输出在 SubClass 类中定义的实例变量，而是输出 BaseClass 类的实例变量。

注意：

引用变量在编译阶段只能调用其编译时类型所具有的方法，但在运行时则执行其运行时类型所具有的方法。因此，在编写 Java 代码时，引用变量只能调用在声明该变量时所用类中包含的方法。例如，通过 Object p = new Person()代码定义一个变量 p，则这个 p 只能调用 Object 类的方法，而不能调用在 Person 类中定义的方法。

当通过引用变量来访问其包含的实例变量时，系统总是试图访问其编译时类型所定义的成员变量，而不是其运行时类型所定义的成员变量。

使用 var 定义变量并不能改变变量的类型，因此使用 var 定义的变量同样会发生多态。例如，在上

面的 main 方法中增加如下代码：

```
// 编译器推断出 v1 是 SubClass 类型
var v1 = new SubClass();
// 由于 ploymophicBc 的编译时类型是 BaseClass
// 因此编译器推断出 v2 是 BaseClass 类型
var v2 = ploymophicBc;
// 由于 BaseClass 类没有提供 sub 方法，所以下面的代码编译时会出现错误
v2.sub();
```

对于 var v1 = new SubClass();代码，程序将新创建的 SubClass 对象赋给 v1 变量，毫无疑问，编译器会推断出 v1 是 SubClass 类型。但对于粗体字代码：var v2 = ploymophicBc;，对于编译器而言，ploymophicBc 是 BaseClass 类型，因此编译器会推断出 v2 也是 BaseClass 类型，v2 同样可以发生多态。

5.7.2　引用变量的强制类型转换

在编写 Java 程序时，引用变量只能调用其编译时类型的方法，而不能调用其运行时类型的方法，即使它实际所引用的对象确实包含该方法。如果需要让这个引用变量调用其运行时类型的方法，则必须把它强制类型转换成运行时类型，强制类型转换需要借助于类型转换运算符。

类型转换运算符是小括号，其用法是：(type) variable，这种用法可以将 variable 变量转换成一个 type 类型的变量。前面在介绍基本类型的强制类型转换时，我们已经看到了使用这种类型转换运算符的用法，类型转换运算符可以将一个基本类型变量转换成另一种类型。

此外，这个类型转换运算符还可以将一个引用类型变量转换成其子类类型。这种强制类型转换不是万能的，当进行强制类型转换时需要注意：

- 基本类型之间的转换只能在数值类型之间进行，这里所说的数值类型包括整数型、字符型和浮点型。但在数值类型和布尔类型之间不能进行类型转换。
- 引用类型之间的转换只能在具有继承关系的类型之间进行，如果是没有任何继承关系的类型，则无法进行类型转换，否则在编译时就会出现错误。如果试图把一个父类实例转换成子类类型，则这个对象必须实际上是子类实例才行（即其编译时类型为父类类型，而运行时类型是子类类型），否则将在运行时引发 ClassCastException 异常。

下面是进行强制类型转换的示范程序。下面的程序详细说明了哪些情况可以进行类型转换，哪些情况不可以进行类型转换。

程序清单：codes\05\5.7\ConversionTest.java

```
public class ConversionTest
{
    public static void main(String[] args)
    {
        var d = 13.4;
        var l = (long) d;
        System.out.println(l);
        var in = 5;
        // 试图把一个数值类型的变量转换为 boolean 类型，下面的代码编译出错
        // 在编译时会提示：不可转换的类型
        // var b = (boolean) in;
        Object obj = "Hello";
        // obj 变量的编译时类型为 Object，Object 与 String 存在继承关系，可以进行强制类型转换
        // 而且 obj 变量的实际类型是 String，所以在运行时也可通过
        var objStr = (String) obj;
        System.out.println(objStr);
        // 定义一个 objPri 变量，其编译时类型为 Object，实际类型为 Integer
        Object objPri = Integer.valueOf(5);
        // objPri 变量的编译时类型为 Object，objPri 的运行时类型为 Integer
        // Object 与 Integer 存在继承关系，可以进行强制类型转换
        // 而 objPri 变量的实际类型是 Integer
        // 所以下面的代码在运行时将引发 ClassCastException 异常
```

```
            var str = (String) objPri;
        }
    }
```

考虑到在进行强制类型转换时可能出现异常，因此在进行类型转换之前应先通过 instanceof 运算符来判断是否可以成功转换。例如，上面的 var str = (String)objPri;代码在运行时会引发 ClassCastException 异常，这是因为 objPri 不可被转换成 String 类型。为了让程序更加健壮，可以将代码改为如下：

```
    if (objPri instanceof String)
    {
        var str = (String)objPri;
    }
```

在进行强制类型转换之前，先用 instanceof 运算符判断是否可以成功转换，从而避免出现 ClassCastException 异常，这样可以保证程序更加健壮。

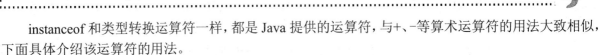

> **注意：**
>
> 当把子类对象赋给父类引用变量时，称为向上转型（Upcasting），这种转型总是可以成功的，这也从另一个侧面证实了子类是一种特殊的父类。这种转型只是表明这个引用变量的编译时类型是父类，但实际在执行它的方法时，依然表现出子类对象的行为方式。当把一个父类对象赋给子类引用变量时，就需要进行强制类型转换，而且还可能在运行时出现 ClassCastException 异常，使用 instanceof 运算符可以让强制类型转换更加安全。

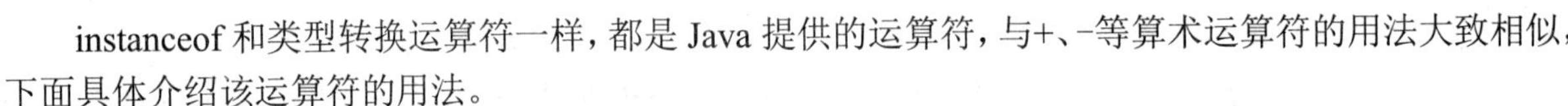

instanceof 和类型转换运算符一样，都是 Java 提供的运算符，与+、-等算术运算符的用法大致相似，下面具体介绍该运算符的用法。

5.7.3 instanceof 运算符

instanceof 运算符的前一个操作数通常是一个引用类型变量，后一个操作数通常是一个类（也可以是接口，可以把接口理解成一种特殊的类），它用于判断前面的对象是否是后面的类，或者其子类、实现类的实例。如果是，则返回 true，否则返回 false。

在使用 instanceof 运算符时需要注意：instanceof 运算符前面的操作数的编译时类型要么与后面的类相同，要么与后面的类具有父子继承关系，否则会引起编译错误。下面的程序示范了 instanceof 运算符的用法。

程序清单：codes\05\5.7\InstanceofTest.java

```
public class InstanceofTest
{
    public static void main(String[] args)
    {
        // 在声明 hello 时使用了 Object 类，则 hello 的编译时类型是 Object
        // Object 是所有类的父类。hello 变量的实际类型是 String
        Object hello = "Hello";
        // String 类与 Object 类存在继承关系，可以进行 instanceof 运算，返回 true
        System.out.println("字符串是否是 Object 类的实例："
            + (hello instanceof Object));
        System.out.println("字符串是否是 String 类的实例："
            + (hello instanceof String)); // 返回 true
        // Math 类与 Object 类存在继承关系，可以进行 instanceof 运算，返回 false
        System.out.println("字符串是否是 Math 类的实例："
            + (hello instanceof Math));
        // String 实现了 Comparable 接口，所以返回 true
        System.out.println("字符串是否是 Comparable 接口的实例："
            + (hello instanceof Comparable));
        var a = "Hello";
        // String 类与 Math 类没有继承关系，所以下面的代码编译时无法通过
        System.out.println("字符串是否是 Math 类的实例："
```

```
            + (a instanceof Math));
    }
}
```

上面的程序通过 Object hello = "Hello";代码定义了一个 hello 变量，这个变量的编译时类型是 Object，但实际类型是 String。因为 Object 类是所有类、接口的父类，因此可以执行 hello instanceof String 和 hello instanceof Math 等。

但如果使用 var a = "Hello";代码定义了变量 a，那么就不能执行 a instanceof Math，因为编译器会推断出 a 的编译时类型是 String，String 既不是 Math 类型，也不是 Math 类型的父类，所以这行代码编译时就会出错。

instanceof 运算符的作用是：在进行强制类型转换之前，首先判断前一个对象是否是后一个类的实例，是否可以成功转换，从而保证代码更加健壮。

instanceof 和(type)是 Java 提供的两个相关的运算符，通常先用 instanceof 判断一个对象是否可以进行强制类型转换，然后再用（type）运算符进行强制类型转换，从而保证程序不会出现错误。

5.7.4　Java 17 为 instanceof 增加的模式匹配

正如在前面所看到的：早期 instanceof 的用法是先判断类型，然后再用（type）进行强制类型转换，这种编程方式比较臃肿。

Java 17 为 instanceof 增加了模式匹配功能（准确地说，是从 Java 16 开始的）——增加了模式匹配功能后的 instanceof 运算符可以同时完成类型判断和类型转换，因此程序更加简洁。看如下代码的对比。

程序清单：codes\05\5.7\InstanceofMatch.java

```
public class InstanceofMatch
{
    public static void main(String[] args)
    {
        Object obj = "疯狂 Spring Boot 终极讲义";
        // 传统 instanceof 的用法：先判断类型，再做类型转换
        if (obj instanceof String)
        {
            String s = (String) obj;   // ①
            System.out.println(s.toUpperCase());
        }
        // 模式匹配的 instanceof：同时进行类型判断和类型转换
        if (obj instanceof String s)
        {
            System.out.println(s.toUpperCase());
        }
    }
}
```

对比上面的两段粗体字代码可以发现，传统 instanceof 只能做简单的类型判断，因此必须在判断之后进行类型转换，这就是程序中①号代码所做的事情；在为 instanceof 增加了模式匹配功能之后，instanceof 可以同时完成类型判断和类型转换，因此代码更加简洁。

在 instanceof 模式匹配中定义的模式变量有如下两个特征。

- 模式变量是代码块局部变量，只在模式匹配的代码块内有效。
- 编译器会基于程序流程来判断模式变量是否有效。

先看如下程序。

程序清单：codes\05\5.7\PatternVarScope.java

```
public class PatternVarScope
{
    public static void main(String[] args)
    {
        Object obj = "疯狂 Spring Boot 终极讲义";
        if (obj instanceof PatternVarScope ps)
```

```
            {
                System.out.println(ps);
                // 变量ps的作用域仅到此处有效
            }
            // 变量ps到此处已不可访问，因此下面可以重新声明变量s
            if (obj instanceof String ps)
            {
                System.out.println(ps.toUpperCase());
            }
        }
    }
```

上面程序中的两行粗体字代码定义了相同的模式变量名：ps，但由于模式变量属于代码块局部变量，其作用域仅在其代码块内有效，因此它们可以互不干扰。

再看如下程序。

程序清单：codes\05\5.7\PatternVarFlow.jav

```
public class PatternVarFlow
{
    public static void main(String[] args)
    {
        Object obj = "疯狂Spring Boot终极讲义";
        // &&要求两个条件都为true才返回true，当Java计算s.length() > 5时
        // 前面的条件必然为true，因此s变量必须是有效的。所以，下面的代码正确
        if (obj instanceof String s && s.length() > 5)
        {
            System.out.println(s.toUpperCase());
        }
        // ||只要求一个条件为true就返回true，当Java计算s.length() > 5时
        // 前面的条件必然为false，因此s变量其实并不存在。所以，下面的代码报错
        if (obj instanceof String s || s.length() > 5)
        {
            System.out.println(s.toUpperCase());
        }
    }
}
```

上面的两行粗体字代码几乎相同，除了它们中间所使用的逻辑运算符不同。

对于“obj instanceof String s && s.length() > 5”代码，由于在两个条件之间使用了&&逻辑运算符，因此，只有当前一个条件“obj instanceof String s”为true时，才会计算&&后的第二个条件；当第一个条件为true时，模式变量s就是有效的，因此后面的条件可以使用s变量。

对于“obj instanceof String s || s.length() > 5”代码，由于在两个条件之间使用了||逻辑运算符，因此，只有当前一个条件“obj instanceof String s”为false时，才会计算||后的第二个条件；当第一个条件为false时，模式变量s就不存在了，因此后面的条件不可以使用s变量。所以，这行代码会在编译时报错。

再看如下代码片段（程序清单同上）：

```
Object obj2 = "疯狂Java讲义";
// 如果obj2的类型不是String，程序抛出异常中止
if (!(obj2 instanceof String s))
    throw new RuntimeException();
// 此处还可访问模式变量s
System.out.println(s.toUpperCase());   // ①
```

上面程序中的粗体字代码判断obj2是否为String类型，如果不是，程序会抛出异常中止程序，这意味着只要程序能向下执行，模式变量s就是有效的，因此①号代码也是有效的。

5.7.5 Java 17为switch增加的模式匹配

Java 17为switch语句、switch表达式也增加了模式匹配功能，这意味着switch语句、switch表达式不仅可以用于处理数值匹配，而且可以用于处理类型匹配。

支持模式匹配后的switch语法如下：

```
switch (expression)
{
    case 类型1 模式变量1-> 表达式、代码块
    case 类型2 模式变量2，类型3 模式变量3->表达式、代码块
    ……
    case 类型N 模式变量N->表达式、代码块
    default ->表达式、代码块
}
```

相应地，对传统的 switch 也增加了模式匹配支持，只不过传统的 switch 在 case 分支后使用的是英文冒号，而不是箭头。

如下程序示范了 switch 模式匹配的用法。

程序清单：codes\05\5.7\SwitchMatch.jav

```
class Shape {}
class Triangle extends Shape
{
    double area;
    public Triangle(double area)
    {
        this.area = area;
    }
}
class Rectangle extends Shape {}
public class SwitchMatch
{
    public static void main(String[] args)
    {
        var switchMatch = new SwitchMatch();
        switchMatch.test(new Triangle(120.4));  // ①
        switchMatch.test(new Rectangle());     // ②
    }
    public void test(Shape s)
    {
        switch (s)
        {
            // case 不再只是判断 s 的值，而是判断 s 的类型
            case Triangle t -> System.out.println(s + "是三角形");
            case Rectangle r -> System.out.println(r + "是矩形");
            default -> System.out.println("其他图形");
        }
    }
}
```

从上面的粗体字代码可以看到，此处的 switch 语句不再是对 switch 表达式的值进行判断，而是基于 switch 表达式的类型进行判断。

需要指出的是，switch 的模式匹配在 Java 17 中依然处于预览状态，因此需要使用如下命令来编译上面的程序：

```
javac -d . --enable-preview -source 17 SwitchMatch.java
```

上面程序中的--enable-preview 选项指定启用预览功能；-source 17 指定源代码的兼容级别是 Java 17。运行该程序，同样使用--enable-preview 选项，即使用如下命令：

```
java --enable-preview SwitchMatch
```

上面程序中的①②两行代码传给 switch 的表达式（也就是传给 test()方法的参数）分别是 Triangle 对象和 Rectangle 对象，因此运行程序会生成如下输出：

```
Triangle@87aac27 是三角形
Rectangle@6ce253f1 是矩形
```

如果使用传统的 switch 语句，上面的 test()方法可被改写为如下形式（程序清单同上）：

```
public void test(Shape s)
```

```
{
    switch (s)
    {
        case Triangle t:
            System.out.println(s + "是三角形");
            break;
        case Rectangle r:
            System.out.println(r + "是矩形");
            break;
        default:
            System.out.println("其他图形");
    }
}
```

Java 17 提供的模式匹配具有如下 4 个特征：

➢ 增强的类型检查。

➢ null 值处理。

➢ switch 表达式和语句必须具有完备性。

➢ 模式变量的作用范围。

首先说说“增强的类型检查”。传统的 switch 只能判断 4 种整数类型（byte、short、char、int）、String 以及枚举（下一章介绍）类型的表达式，而增加了模式匹配后的 switch 则可处理任意类型的表达式，因为 switch 本身就用于对表达式类型进行判断。

此外，当使用 switch 模式匹配的类型判断时，一定要先判断范围小的类（子类），再判断范围大的类（父类），否则编译会报错。看如下代码（程序清单同上）：

```
public void test(Shape s)
{
    switch (s)
    {
        // 在判断 Shape 类型之后，后面就不能再判断 Shape 的子类了
        case Shape sh -> System.out.println(sh + "是普通形状");
        case Rectangle r -> System.out.println(r + "是矩形");
        default -> System.out.println("其他图形");
    }
}
```

上面 test()方法中的一行粗体字代码先判断了 Shape 类型，这意味着只要 s 变量属于 Shape 类型就会进入该 case 分支，这样后面的 case 分支再去判断 Shape 的子类就没有意义了。因此，上面的程序在编译时会报错。

再来说说“null 值处理”。早期 switch 在遇到表达式为 null 时，程序会引发 NullPointerException 异常，现在 switch 则可用 case 来处理 null 值。例如如下代码（程序清单同上）：

```
public void test(Shape s)
{
    switch (s)
    {
        // 使用 case 分支处理表达式为 null 的情况
        case null -> System.out.println("s 为 null");
        case Triangle t -> System.out.println(s + "是三角形");
        case Rectangle r -> System.out.println(r + "是矩形");
        default -> System.out.println("其他图形");    // ③
    }
}
```

在上面的 test()方法中使用 case null 来处理 switch 表达式为 null 的情况，这样即使在调用 test()方法时传入 null 值，程序也不会出现异常。例如如下代码：

```
test(null);
```

接下来说说“switch 表达式和语句必须具有完备性”。这一点意味着当使用 switch 模式匹配时，所有 case 分支必须要覆盖所有可能的类型，但大部分时候这是不可能的（因为普通类可派生无数个子类）。

因此，当使用模式匹配的 switch 时，通常需要添加 default 分支，这样才能保证“switch 表达式和语句必须具有完备性”。例如，将上面 test()方法中的③号代码注释掉，然后再编译该程序，就会报如下错误：

```
错误: the switch statement does not cover all possible input values
```

与 Instanceof 模式匹配中模式变量的作用域类似，switch 模式匹配的模式变量也是代码块局部变量，且流程敏感——只有在程序流程能执行到的地方，模式变量才是有效的。例如如下程序(程序清单同上)：

```
public void test(Shape s)
{
    switch (s)
    {
        // 使用 case 分支处理表达式为 null 的情况
        case null -> System.out.println("s 为 null");
        case Triangle t && t.area > 100 -> System.out.println(s + "是大三角形");
        case Triangle t -> System.out.println(s + "是小三角形");
        case Rectangle r -> System.out.println(r + "是矩形");
        default -> System.out.println("其他图形");
    }
}
```

正如从上面的粗体字代码所看到的，在 case 分支中声明模式变量之后，接下来就可在 case 分支判断模式变量 t 的 area 是否大于 100——只有当模式变量 t 的 area 大于 100 时，才会执行该分支。

5.8 继承与组合

继承是实现类复用的重要手段，但继承带来了一个最大的坏处：破坏封装。相比之下，组合也是实现类复用的重要方式，而采用组合方式来实现类复用则能提供更好的封装性。下面将详细介绍继承和组合之间的联系与区别。

5.8.1 使用继承的注意点

子类在扩展父类时，子类可以从父类继承得到成员变量和方法。如果访问权限允许，那么子类可以直接访问父类的成员变量和方法，相当于子类可以直接复用父类的成员变量和方法，确实非常方便。

继承在带来高度复用的同时，也带来了一个严重的问题：继承严重地破坏了父类的封装性。前面在介绍封装时提到：每个类都应该封装其内部信息和实现细节，而只暴露必要的方法给其他类使用。但在继承关系中，子类可以直接访问父类的成员变量(内部信息)和方法，从而造成子类和父类的严重耦合。

从这个角度来看，父类的实现细节对子类不再透明，子类可以访问父类的成员变量和方法，并可以改变父类方法的实现细节（例如，通过方法重写的方式来改变父类的方法实现），从而导致子类可以恶意篡改父类的方法。例如前面提到的 Ostrich 类，它就重写了 Bird 类的 fly()方法，从而改变了 fly()方法的实现细节。有如下代码：

```
Bird b = new Ostrich();
b.fly();
```

对于上面代码中声明的 Bird 引用变量，因为实际引用一个 Ostrich 对象，所以在调用 b 的 fly()方法时执行的不再是 Bird 类提供的 fly()方法，而是 Ostrich 类重写后的 fly()方法。

为了保证父类有良好的封装性，不会被子类随意改变，在设计父类时通常应该遵循如下规则。

- 尽量隐藏父类的内部数据。尽量把父类的所有成员变量都设置成 private 访问类型，不要让子类直接访问父类的成员变量。
- 不要让子类可以随意访问、修改父类的方法。父类中那些仅为辅助其他的工具方法，应该使用 private 访问控制符修饰，让子类无法访问该方法；如果父类中的方法需要被外部类调用，则必须以 public 修饰，但又不希望子类重写该方法，那么可以使用 final 修饰符（后面会有更详细的介绍）来修饰该方法；如果希望父类的某个方法被子类重写，但不希望被其他类自由访问，则可以使用 protected 来修饰该方法。

- 尽量不要在父类构造器中调用将要被子类重写的方法。

看如下程序。

程序清单：codes\05\5.8\Sub.java

```
class Base
{
    public Base()
    {
        test();
    }
    public void test()          // ①号 test()方法
    {
        System.out.println("将被子类重写的方法");
    }
}
public class Sub extends Base
{
    private String name;
    public void test()         // ②号 test()方法
    {
        System.out.println("子类重写父类的方法，"
            + "其 name 字符串长度" + name.length());
    }
    public static void main(String[] args)
    {
        // 下面的代码会引发空指针异常
        var s = new Sub();
    }
}
```

当系统试图创建 Sub 对象时，同样会先执行其父类构造器，如果父类构造器调用了被其子类重写的方法，则变成调用被子类重写后的方法。当创建 Sub 对象时，会先执行 Base 类中的 Base 构造器，而在 Base 构造器中调用了 test()方法——并不是调用①号 test()方法，而是调用②号 test()方法，此时 Sub 对象的 name 实例变量为 null，因此将引发空指针异常。

如果想把某些类设置成最终类，即不能被当成父类，则可以使用 final 修饰这个类，例如，JDK 提供的 java.lang.String 类和 java.lang.System 类。此外，使用 private 修饰这个类的所有构造器，从而保证子类无法调用该类的构造器，也就无法继承该类。对于把所有的构造器都使用 private 修饰的父类而言，可另外提供一个静态方法，用于创建该类的实例。

对于很多初学者而言，何时使用继承关系是一个难以把握的问题，他们常常可能根据状态值的不同来派生子类。例如，对于 Animal 类，有的初学者可能派生出 BigAnimal 和 SmallAnimal 两个子类，如果从一般到特殊的角度来看，确实可以把 BigAnimal 和 SmallAnimal 两个类当成 Animal 类的子类。但从程序的角度来看，完全没有必要设计这样两个类：主要在 Animal 类中增加一个 size 实例变量，用于表示不同的 Animal 对象到底是 BigAnimal 还是 SmallAnimal，完全没有必要重新派生出两个新类。

到底何时需要从父类派生新的子类呢？不仅需要保证子类是一种特殊的父类，而且需要具备以下两个条件之一。

- 子类需要额外增加成员变量，而不仅仅是变量值的改变。例如，从 Person 类派生出 Student 子类，Person 类中没有提供 grade（年级）成员变量，而 Student 类需要 grade 成员变量来保存 Student 对象就读的年级，这种从父类到子类的派生，就符合 Java 继承的前提。
- 子类需要增加自己独有的行为方式（包括增加新的方法或重写父类的方法）。例如，从 Person 类派生出 Teacher 类，其中 Teacher 类需要增加一个 teaching()方法，该方法用于描述 Teacher 对象独有的行为方式：教学。

上面详细介绍了继承关系可能存在的问题，以及如何处理这些问题。如果只是出于类复用的目的，则不一定需要使用继承，完全可以使用组合来实现。

5.8.2　利用组合实现复用

如果需要复用一个类，除把这个类当成基类来继承之外，还可以把该类当成另一个类的组合成分，从而允许新类直接复用该类的 public 方法。不管是继承还是组合，都允许在新类（对于继承，就是子类）中直接复用旧类的方法。

对于继承而言，子类可以直接获得父类的 public 方法，程序在使用子类时，将可以直接访问该子类从父类那里继承的方法；而组合则是把旧类对象作为新类的成员变量组合进来，用于实现新类的功能，用户看到的是新类的方法，而不能看到被组合对象的方法。因此，通常需要在新类中使用 private 修饰被组合的旧类对象。

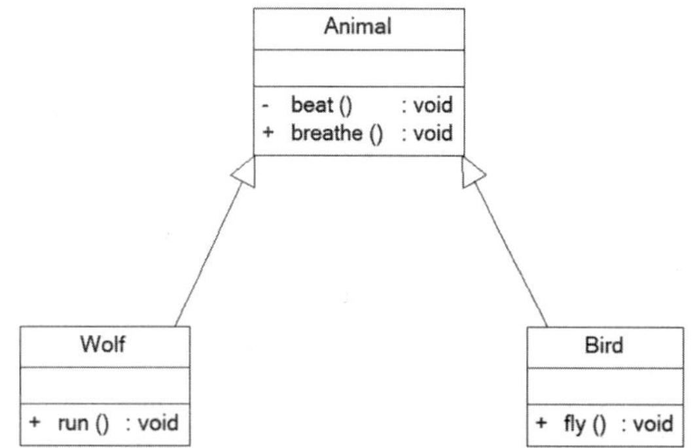

图 5.19　通过继承实现类复用

仅从类复用的角度来看，不难发现父类的功能等同于被组合的类，都将自身的方法提供给新类使用；子类和组合关系中的整体类，都可复用原有类的方法，用于实现自身的功能。

假设有三个类：Animal、Wolf 和 Bird，它们之间存在如图 5.19 所示的继承关系。

图 5.19 所示三个类的代码如下。

程序清单：codes\05\5.8\InheritTest.java

```
class Animal
{
    private void beat()
    {
        System.out.println("心脏跳动...");
    }
    public void breathe()
    {
        beat();
        System.out.println("吸一口气，吐一口气，呼吸中...");
    }
}
// 继承 Animal，直接复用父类的 breathe()方法
class Bird extends Animal
{
    public void fly()
    {
        System.out.println("我在天空自在地飞翔...");
    }
}
// 继承 Animal，直接复用父类的 breathe()方法
class Wolf extends Animal
{
    public void run()
    {
        System.out.println("我在陆地上快速地奔跑...");
    }
}
public class InheritTest
{
    public static void main(String[] args)
    {
        var b = new Bird();
        b.breathe();
        b.fly();
        var w = new Wolf();
        w.breathe();
```

```
        w.run();
    }
}
```

正如上面的代码所示，通过让 Bird 和 Wolf 继承 Animal，从而允许 Wolf 和 Bird 获得 Animal 的方法，进而复用了 Animal 提供的 breathe()方法。通过这种方式，相当于让 Wolf 类和 Bird 类同时拥有其父类 Animal 的 breathe()方法，从而让 Wolf 对象和 Bird 对象都可直接复用 Animal 中定义的 breathe()方法。

如果仅仅从软件复用的角度来看，将上面三个类的定义改为如下形式也可实现相同的复用。

程序清单：codes\05\5.8\CompositeTest.java

```
class Animal
{
    private void beat()
    {
        System.out.println("心脏跳动...");
    }
    public void breathe()
    {
        beat();
        System.out.println("吸一口气，吐一口气，呼吸中...");
    }
}
class Bird
{
    // 将原来的父类组合到原来的子类中，作为子类的一个组合成分
    private Animal a;
    public Bird(Animal a)
    {
        this.a = a;
    }
    // 重新定义一个自己的breathe()方法
    public void breathe()
    {
        // 直接复用Animal提供的breathe()方法来实现Bird的breathe()方法
        a.breathe();
    }
    public void fly()
    {
        System.out.println("我在天空自在地飞翔...");
    }
}
class Wolf
{
    // 将原来的父类组合到原来的子类中，作为子类的一个组合成分
    private Animal a;
    public Wolf(Animal a)
    {
        this.a = a;
    }
    // 重新定义一个自己的breathe()方法
    public void breathe()
    {
        // 直接复用Animal提供的breathe()方法来实现Wolf的breathe()方法
        a.breathe();
    }
    public void run()
    {
        System.out.println("我在陆地上快速地奔跑...");
    }
}
public class CompositeTest
{
    public static void main(String[] args)
    {
        // 此时需要显式创建被组合的对象
```

```
        var a1 = new Animal();
        var b = new Bird(a1);
        b.breathe();
        b.fly();
        // 此时需要显式创建被组合的对象
        var a2 = new Animal();
        var w = new Wolf(a2);
        w.breathe();
        w.run();
    }
}
```

对于上面定义的三个类：Animal、Wolf和Bird，它们对应的UML图如图5.20所示。

从图5.20中可以看出，此时的Wolf对象和Bird对象由Animal对象组合而成，因此在上面的程序中创建Wolf对象和Bird对象之前先创建Animal对象，并利用这个Animal对象来创建Wolf对象和Bird对象。运行该程序，可以看到与前面的程序有相同的运行结果。

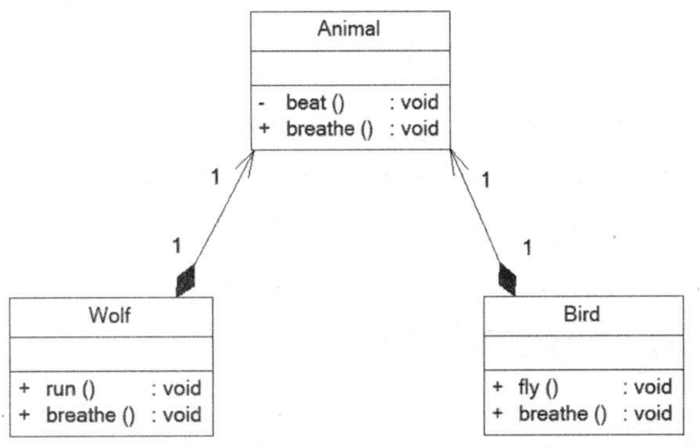

图5.20 通过组合实现复用

学生提问：当使用组合关系实现复用时，需要创建两个Animal对象，这是不是意味着使用组合关系时系统开销更大？

答：不是。回忆前面在介绍继承时所讲的内容，当创建一个子类对象时，系统不仅需要为该子类定义的实例变量分配内存空间，而且需要为它的父类所定义的实例变量分配内存空间。如果采用继承的设计方式，假设父类定义了2个实例变量，子类定义了3个实例变量，当创建子类实例时，系统需要为子类实例分配5块内存空间；如果采用组合的设计方式，则先创建被嵌入的类实例，此时需要分配2块内存空间，再创建整体类实例，需要分配3块内存空间，但是需要多一个引用变量来引用被嵌入的对象。通过这个分析来看，继承设计与组合设计的系统开销不会有本质的差别。

大部分时候，在继承关系中从多个子类中抽象出共有父类的过程，类似于在组合关系中从多个整体类中提取被组合类的过程；在继承关系中从父类派生子类的过程，则类似于在组合关系中把被组合类组合到整体类中的过程。

到底是该用继承，还是该用组合呢？继承是对已有的类做一番改造，以此获得一个特殊的版本。简而言之，就是将一个较为抽象的类改造成能适用于某些特定需求的类。因此，对于上面的Wolf和Animal的关系，使用继承更能表达其现实意义。用一个动物来合成一匹狼毫无意义：狼并不是由动物组成的。反之，如果两个类之间有明确的整体和部分的关系，例如，Person类需要复用Arm类的方法（Person对象由Arm对象组合而成），此时就应该采用组合关系来实现复用，把Arm作为Person类的组合成员变量，借助于Arm的方法来实现Person的方法，这是一个不错的选择。

总之，继承要表达的是一种"是（is-a）"的关系，而组合表达的是"有（has-a）"的关系。

5.9 初始化块

Java使用构造器来对单个对象进行初始化操作——使用构造器先完成整个Java对象的状态初始化，然后将Java对象返回给程序，从而让该Java对象的信息更加完整。与构造器的作用非常类似的是初始化块，它也可以对 Java 对象进行初始化操作。

5.9.1 使用初始化块

初始化块是可以在 Java 类中出现的第 4 种成员（前面依次是成员变量、方法和构造器）。一个类中可以有多个初始化块，相同类型的初始化块之间有顺序要求：前面定义的初始化块先执行，后面定义的初始化块后执行。初始化块的语法格式如下：

```
[修饰符] {
    // 初始化块的可执行代码
    ...
}
```

初始化块的修饰符只能是 static，使用 static 修饰的初始化块被称为类初始化块（静态初始化块），没有 static 修饰的初始化块被称为实例初始化块（非静态初始化块）。初始化块中的代码可以包含任何可执行语句，如定义局部变量、调用其他对象的方法，以及使用分支、循环语句等。

下面的程序定义了一个 Person 类，它既包含了构造器，也包含了实例初始化块。下面看看在程序中创建 Person 对象时发生了什么。

程序清单：code\05\5.9\Person.java

```
public class Person
{
    // 下面定义一个实例初始化块
    {
        var a = 6;
        if (a > 4)
        {
            System.out.println("Person 实例初始化块：局部变量 a 的值大于 4");
        }
        System.out.println("Person 的实例初始化块");
    }
    // 定义第二个实例初始化块
    {
        System.out.println("Person 的第二个实例初始化块");
    }
    // 定义无参数的构造器
    public Person()
    {
        System.out.println("Person 类的无参数构造器");
    }
    public static void main(String[] args)
    {
        new Person();
    }
}
```

上面程序中的 main()方法只创建了一个 Person 对象，程序输出如下：

```
Person 实例初始化块：局部变量 a 的值大于 4
Person 的实例初始化块
Person 的第二个实例初始化块
Person 类的无参数构造器
```

从输出结果可以看出，当创建 Java 对象时，系统总是先调用该类中定义的实例初始化块。如果一个类中定义了两个实例初始化块，则前面定义的实例初始化块先执行，后面定义的实例初始化块后执行。

虽然初始化块也是 Java 类的一种成员，但它没有名字，也就没有标识，因此无法通过类、对象来调用初始化块。实例初始化块只在创建 Java 对象时隐式执行，而且在构造器执行之前自动执行。类初始化块则在类初始化阶段自动执行。

虽然 Java 允许在一个类中定义两个实例初始化块，但这没有任何意义。因为实例初始化块是在创建 Java 对象时隐式执行的，而且它们总是全部执行，所以完全可以把多个实例初始化块合并成一个实例初始化块，从而让程序更加简洁，可读性更强。

从上面的代码可以看出，实例初始化块和构造器的作用非常相似，它们都用于对 Java 对象执行指定的初始化操作，但它们之间依然存在一些差异，下面具体分析实例初始化块和构造器之间的差异。

实例初始化块、声明实例变量指定的默认值都可被认为是对象的初始化代码，它们的执行顺序与源程序中的排列顺序相同。看如下代码。

程序清单：codes\05\5.9\InstanceInitTest.java

```
public class InstanceInitTest
{
    // 先执行实例初始化块将 a 实例变量赋值为 6
    {
        a = 6;
    }
    // 再将 a 实例变量赋值为 9
    int a = 9;
    public static void main(String[] args)
    {
        // 下面的代码将输出 9
        System.out.println(new InstanceInitTest().a);
    }
}
```

上面程序中定义了两次对 a 实例变量赋值，执行结果是，a 实例变量的值为 9，这表明 int a = 9; 这行代码比实例初始化块后执行。但如果将粗体字实例初始化块与 int a = 9;的顺序调换一下，将可以看到程序输出 InstanceInitTest 的 a 实例变量的值为 6，这是由于实例初始化块中的代码将 a 实例变量的值设为 6。

注意：

当 Java 创建一个对象时，系统先为该对象的所有实例变量分配内存空间（前提是该类已经被加载过了），接着程序开始对这些实例变量执行初始化，其初始化顺序是：先执行实例初始化块或在声明实例变量时指定初始值(在这两个地方指定初始值的执行顺序与它们在源代码中的排列顺序相同），再执行在构造器中指定初始值。

5.9.2　实例初始化块和构造器

从某种程度上看，实例初始化块是构造器的补充，实例初始化块总是在构造器执行之前执行。系统同样可以使用实例初始化块来进行对象的初始化操作。

与构造器不同的是，实例初始化块是一段固定执行的代码，它不能接收任何参数。因此，实例初始化块对同一个类的所有对象所进行的初始化处理完全相同。基于此，不难发现实例初始化块的基本用法。如果有一段初始化处理代码对所有的对象完全相同，且无须接收任何参数，那么就可以把这段初始化处理代码提取到实例初始化块中。图 5.21 显示了把两个构造器中的代码提取到实例初始化块中。

从图 5.21 中可以看出，如果两个构造器中有相同的初始化代码，且这些初始化代码无须接收参数，那么就可以把它们放在实例初始化块中定义。通过把多个构造器中的相同代码提取到实例初始化块中定义，能更好地提高初始化代码的复用，提高整个应用的可维护性。

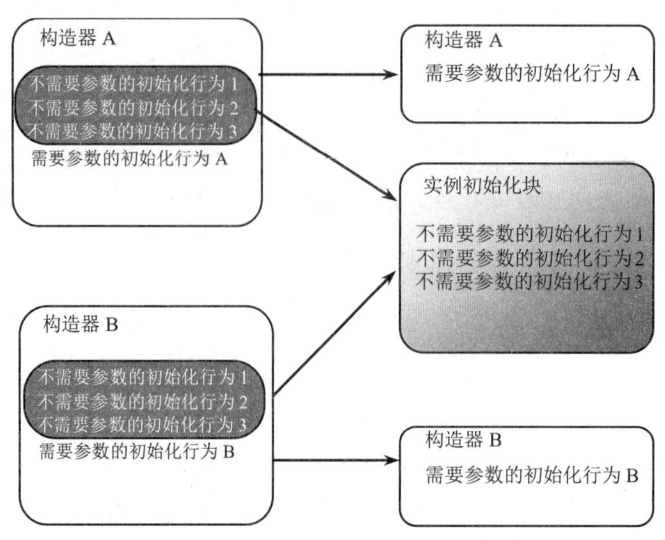

图 5.21　将构造器中的代码提取到实例初始化块中

注意：

实际上，实例初始化块是一个假象，使用 javac 命令编译 Java 类后，该 Java 类中的实例初始化块会消失——实例初始化块中的代码会被“还原”到每个构造器中，且位于构造器中所有代码的前面。

与构造器类似，当创建一个 Java 对象时，不仅会执行该类的实例初始化块和构造器，而且系统会一直上溯到 java.lang.Object 类，先执行 java.lang.Object 类的实例初始化块，开始执行 java.lang.Object 类的构造器，然后依次向下执行其父类的实例初始化块，开始执行其父类的构造器……最后才执行该类的实例初始化块和构造器，返回该类的对象。

此外，如果希望类加载后对整个类进行某些初始化操作，例如，当 Person 类加载后，把 Person 类的 eyeNumber 类变量初始化为 2，此时就需要使用 static 关键字来修饰初始化块，使用 static 修饰的初始化块被称为类初始化块（静态初始化块）。

5.9.3　类初始化块

如果在定义初始化块时使用了 static 修饰符，那么这个初始化块就变成了类初始化块，也被称为静态初始化块（实例初始化块负责对对象执行初始化，类初始化块负责对类执行初始化）。类初始化块是与类相关的，系统将在类初始化阶段执行类初始化块，而不是在创建对象时执行，因此类初始化块总是比实例初始化块先执行。

类初始化块对整个类进行初始化处理，通常用于对类变量执行初始化处理。类初始化块不能对实例变量进行初始化处理。

注意：

类初始化块也被称为静态初始化块，也属于类的静态成员，同样需要遵循静态成员不能访问非静态成员的规则，因此类初始化块不能访问非静态成员，包括不能访问实例变量和实例方法。

与实例初始化块类似的是，系统在类初始化阶段执行类初始化块时，不仅会执行本类的类初始化块，而且还会一直上溯到 java.lang.Object 类（如果它包含类初始化块的话），先执行 java.lang.Object 类的类初始化块（如果有的话），然后执行其父类的类初始化块……最后才执行该类的类初始化块。经过这个

过程，才完成了该类的初始化。只有当类初始化完成后，才可以在系统中使用这个类，包括访问这个类的类方法、类变量，或者用这个类来创建实例。

下面的程序创建了三个类：Root、Mid 和 Leaf，这三个类都提供了类初始化块和实例初始化块，而且在 Mid 类中还使用了 this 调用重载的构造器，而 Leaf 则使用 super 显式调用其父类指定的构造器。

程序清单：codes\05\5.9\Test.java

```
class Root
{
    static{
        System.out.println("Root 的类初始化块");
    }
    {
        System.out.println("Root 的实例初始化块");
    }
    public Root()
    {
        System.out.println("Root 的无参数的构造器");
    }
}
class Mid extends Root
{
    static{
        System.out.println("Mid 的类初始化块");
    }
    {
        System.out.println("Mid 的实例初始化块");
    }
    public Mid()
    {
        System.out.println("Mid 的无参数的构造器");
    }
    public Mid(String msg)
    {
        // 通过 this 调用同一个类中重载的构造器
        this();
        System.out.println("Mid 的带参数构造器，其参数值："
            + msg);
    }
}
class Leaf extends Mid
{
    static{
        System.out.println("Leaf 的类初始化块");
    }
    {
        System.out.println("Leaf 的实例初始化块");
    }
    public Leaf()
    {
        // 通过 super 调用父类中有一个字符串参数的构造器
        super("疯狂 Java 讲义");
        System.out.println("执行 Leaf 的构造器");
    }
}
public class Test
{
    public static void main(String[] args)
    {
        new Leaf();
        new Leaf();
    }
}
```

上面定义了三个类，其继承树如图 5.22 所示。

在上面的主程序中执行 new Leaf();代码两次，创建两个 Leaf 对象，将可看到如图 5.23 所示的输出。

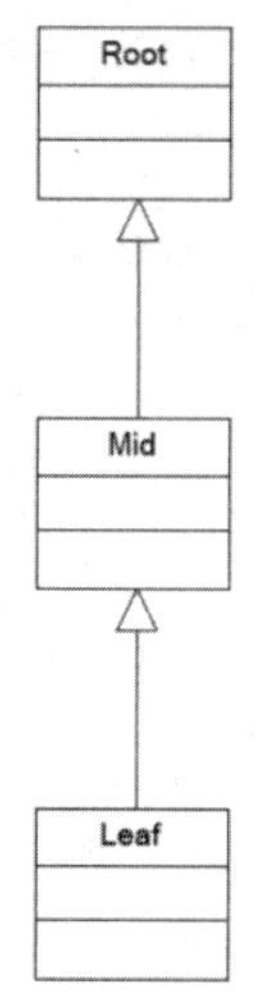

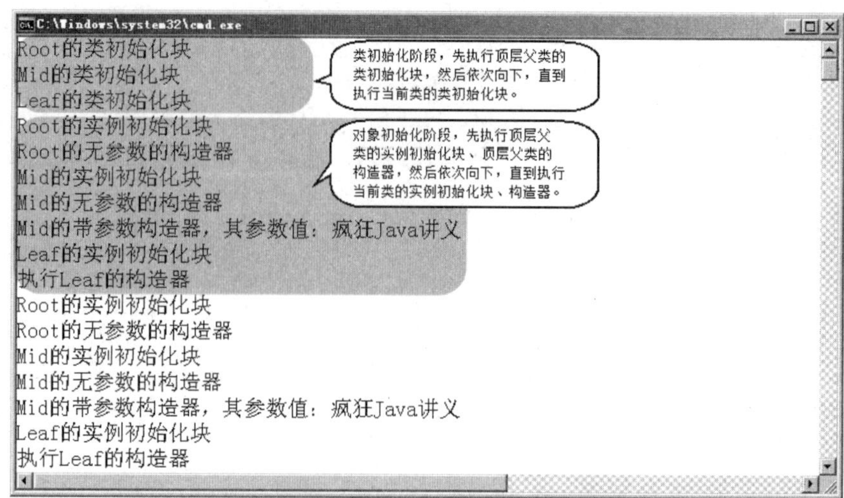

图 5.22　继承树　　　　图 5.23　创建 Leaf 对象的执行过程

从图 5.23 来看，当第一次创建 Leaf 对象时，因为系统中还不存在 Leaf 类，所以需要先加载并初始化 Leaf 类。在初始化 Leaf 类时，会先执行其顶层父类的类初始化块，然后执行其直接父类的类初始化块，最后才执行 Leaf 本身的类初始化块。

一旦 Leaf 类初始化成功后，Leaf 类在该虚拟机中就将一直存在，因此当第二次创建 Leaf 实例时，无须再次对 Leaf 类进行初始化。

实例初始化块和构造器的执行顺序与前面介绍的一致，每次创建一个 Leaf 对象时，都需要先执行顶层父类的实例初始化块、构造器，然后执行其父类的实例初始化块、构造器……最后才执行 Leaf 类的实例初始化块和构造器。

Java 系统在加载并初始化某个类时，总是保证该类的所有父类（包括直接父类和间接父类）全部加载并初始化。关于类初始化的知识可参阅本书 18.1 节的介绍。

类初始化块和在声明类变量时指定初始值都是该类的初始化代码，它们的执行顺序与源程序中的排列顺序相同。看如下代码。

程序清单：codes\05\5.9\StaticInitTest.java

```
public class StaticInitTest
{
    // 先执行类初始化块将 a 类变量赋值为 6
    static{
        a = 6;
    }
    // 再将 a 类变量赋值为 9
    static int a = 9;
    public static void main(String[] args)
    {
        // 下面的代码将输出 9
        System.out.println(StaticInitTest.a);
    }
}
```

上面程序中定义了两次对 a 类变量进行赋值，执行结果是，a 的值为 9，这表明 static int a = 9;这行代码在类初始化块之后执行。但如果将上面程序中的粗体字类初始化块与 static int a = 9;调换顺序，将可以看到程序输出 6，这是由于类初始化块中的代码将 a 的值设为 6。

提示：

当 JVM 第一次主动使用某个类时，系统会在类准备阶段为该类的所有类变量分配内存空间，在初始化阶段负责初始化这些类变量，初始化类变量就是执行类初始化块和在声明类成员变量时指定初始值，它们的执行顺序与源代码中的排列顺序相同。

5.10　本章小结

本章主要介绍了 Java 面向对象的基本知识，包括如何定义类，如何为类定义成员变量、方法，以及如何创建类的对象。本章还深入分析了对象和引用变量之间的关系。方法也是本章介绍的重点，本章详细介绍了方法的参数传递机制、递归方法、重载方法、形参个数可变的方法等内容，并详细对比了成员变量和局部变量在用法上的差别，且深入对比了成员变量和局部变量在运行机制上的差别。

本章详细讲解了如何使用访问控制符来设计封装良好的类，并使用 package 语句来组合系统中大量的类，以及如何使用 import 语句导入其他包中的类。

本章着重讲解了 Java 的继承和多态，包括如何利用 extends 关键字来实现继承，以及当把一个子类对象赋给父类变量时产生的多态行为。本章还深入比较了继承、组合这两种类复用机制各自的优缺点和适用场景。

▶▶ 本章练习

1. 编写一个学生类 Student，提供 name、age、gender、phone、address、email 成员变量，且为每个成员变量提供 setter、getter 方法。为学生类提供默认的构造器和带所有成员变量的构造器；为学生类提供方法，用于描绘吃、喝、玩、睡等行为。

2. 利用第 1 题定义的 Student 类，定义一个 Student[]数组保存多个 Student 对象作为通讯录数据。程序可通过 name、email、address 查询，如果找不到数据，则进行友好提示。

3. 定义普通人、老师、班主任、学生、学校这些类，提供适当的成员变量、方法，用于描述其内部数据和行为特征，并提供主类使之运行。要求有良好的封装性，将不同的类放在不同的包下，增加文档注释，生成 API 文档。

4. 改写第 1 题的程序，利用组合来实现类复用。

5. 定义交通工具、汽车、火车、飞机这些类，注意它们的继承关系，为这些类提供超过 3 个的不同构造器，并通过实例初始化块提取构造器中的通用代码。

CHAPTER

6

第6章 面向对象（下）

本章要点

- 包装类及其用法
- toString 方法的用法
- ==和 equals 的区别
- static 关键字的用法
- 实现单例类
- final 关键字的用法
- 不可变类和可变类
- 缓存实例的不可变类
- abstract 关键字的用法
- 实现模板模式
- 接口的概念和作用
- 定义接口的语法
- 实现接口
- 接口和抽象类的联系与区别
- 面向接口编程的优势
- 内部类的概念和定义语法
- 非静态内部类和静态内部类
- 创建内部类的对象
- 扩展内部类
- 匿名内部类和局部内部类
- Lambda 表达式与函数式接口
- 方法引用和构造器引用
- 枚举类的概念和作用
- 手动实现枚举类
- 枚举类
- 枚举类的成员变量、方法和构造器
- 实现接口的枚举类
- 包含抽象方法的枚举类
- 密封类与密封接口
- 密封类与 switch 模式匹配
- Record 类及其特性
- 内部 Record 类与局部 Record 类
- 垃圾回收和对象的 finalize 方法
- 强制垃圾回收的方法
- 对象的软引用、弱引用和虚引用
- JAR 文件的用途
- 使用 jar 命令创建多版本 JAR 包

除第 5 章介绍的关于类、对象的基本语法之外，本章将会继续介绍 Java 面向对象的特性。Java 为 8 种基本数据类型提供了对应的包装类，通过这些包装类可以把 8 种基本数据类型的值包装成对象使用。JDK 1.5 提供了自动装箱和自动拆箱功能，允许把基本数据类型值直接赋给对应的包装类引用变量，也允许把包装类对象直接赋给对应的基本类型变量。

Java 提供了 final 关键字来修饰变量、方法和类，系统不允许为 final 变量重新赋值，子类不允许覆盖父类的 final 方法，final 类不能派生子类。通过使用 final 关键字，允许 Java 实现不可变类，不可变类会让系统更加安全。

abstract 和 interface 两个关键字分别用于定义抽象类和接口，抽象类和接口都是从多个子类中抽象出来的共同特征。但抽象类主要作为多个类的模板，而接口则定义了多个类应该遵守的规范。Lambda 表达式是 Java 8 的重要更新，本章将会详细介绍 Lambda 表达式的相关内容。enum 关键字用于创建枚举类，枚举类是一种不能自由创建对象的类，枚举类的对象在定义类时已经固定下来。枚举类特别适合定义像行星、季节这样的类，它们能创建的实例是有限且确定的。

本章将进一步介绍对象在内存中的运行机制，并深入介绍对象的几种引用方式，以及垃圾回收机制如何处理具有不同引用的对象，并详细介绍如何使用 jar 命令来创建 JAR 包。

6.1 包装类

Java 是面向对象的编程语言，但它也包含了 8 种基本数据类型，这 8 种基本数据类型不支持面向对象的编程机制，基本数据类型的数据也不具备“对象”的特性：没有成员变量、方法可以被调用。Java 之所以提供这 8 种基本数据类型，主要是为了照顾程序员的传统习惯。

这 8 种基本数据类型带来了一定的方便性，例如，程序员可以进行简单、有效的常规数据处理。但在某些时候，对基本数据类型会有一些制约，例如，所有引用类型的变量都继承了 Object 类，都可被当成 Object 类型的变量使用。但基本数据类型的变量就不可以，如果有一个方法需要 Object 类型的参数，但实际需要的值却是 2、3 等，这可能就比较难以处理。

为了解决 8 种基本数据类型的变量不能被当成 Object 类型变量使用的问题，Java 提供了包装类（Wrapper Class）的概念，为 8 种基本数据类型分别定义了相应的引用类型，并称之为基本数据类型的包装类。基本数据类型和包装类的对应关系如表 6.1 所示。

表 6.1　基本数据类型和包装类的对应关系

基本数据类型	包　装　类
byte	Byte
short	Short
int	Integer
long	Long
char	Character
float	Float
double	Double
boolean	Boolean

从表 6.1 可以看出，除 int 和 char 有点例外之外，其他的基本数据类型对应的包装类都是将其首字母大写即可。

在 JDK 1.5 以前，把基本数据类型变量变成包装类实例需要通过对应包装类的 valueOf()静态方法来实现；如果希望获得包装类对象中包装的基本类型变量，则可以使用包装类提供的 xxxValue()实例方法。由于这种用法已经过时，故此处不再给出示例代码。

通过上面的介绍不难看出，基本类型变量和包装类对象之间的转换关系如图 6.1 所示。

从图 6.1 中可以看出，Java 提供的基本类型变量和包装类对象之间的转换有点烦琐，但在 JDK 1.5 之后，这种烦琐就消除了，JDK 1.5 提供了自动装箱（autoboxing）和自动拆箱（autounboxing）功能。所谓自动装箱，就是可以把一个基本类型变量直接赋给对应的包装类变量，或者赋给 Object 变量（Object 类是所有类的父类，可以把子类对象直接赋给父类变量）；自动拆箱则与之相反，允许把包装类对象直接赋给一个对应的基本类型变量。

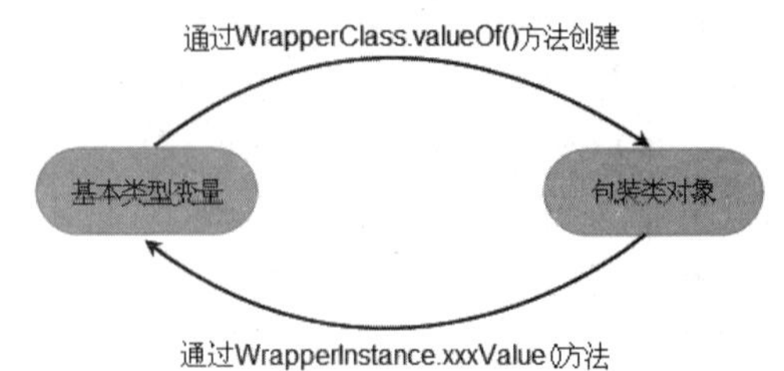

图 6.1　在 JDK 1.5 以前基本类型变量与包装类实例之间的转换关系

下面的程序示范了自动装箱和自动拆箱的用法。

程序清单：codes\06\6.1\AutoBoxingUnboxing.java

```
public class AutoBoxingUnboxing
{
    public static void main(String[] args)
    {
        // 直接把一个基本类型变量赋给 Integer 对象
        Integer inObj = 5;
        // 直接把一个 boolean 类型变量赋给 Object 类型变量
        Object boolObj = true;
        // 直接把一个 Integer 对象赋给 int 类型变量
        int it = inObj;
        if (boolObj instanceof Boolean boolWrap)
        {
            // 将 Boolean 类型变量赋给 boolean 变量
            boolean b = boolWrap;
            System.out.println(b);
        }
    }
}
```

当 JDK 提供了自动装箱和自动拆箱功能后，大大简化了基本类型变量和包装类对象之间的转换过程。值得指出的是，在进行自动装箱和自动拆箱时必须注意类型匹配，例如，Integer 对象只能被自动拆箱成 int 类型变量，不要试图拆箱成 boolean 类型变量；与之类似的是，int 类型变量只能被自动装箱成 Integer 对象（即使赋给 Object 类型变量，也只是利用了 Java 的向上自动转型特性），不要试图装箱成 Boolean 对象。

借助于包装类的帮助，再加上 JDK 1.5 提供的自动装箱和自动拆箱功能，开发者可以把基本类型变量“近似”地当成对象使用（所有装箱和拆箱过程都由系统自动完成，程序员无须理会）；反过来，开发者也可以把包装类的实例“近似”地当成基本类型变量使用。

此外，利用包装类还可实现基本类型变量和字符串之间的转换。把字符串类型的值转换为基本类型的值有两种方式。

- 利用包装类提供的 parseXxx(String s)静态方法（除 Character 之外的所有包装类都提供了该方法）。
- 利用包装类提供的 valueOf(String s)静态方法。

String 类也提供了多个重载的 valueOf()方法，用于将基本类型变量转换成字符串。下面的程序示范了这种转换关系。

程序清单：codes\06\6.1\Primitive2String.java

```
public class Primitive2String
{
    public static void main(String[] args)
    {
        var intStr = "123";
        // 把一个特定的字符串转换成 int 变量
        var it1 = Integer.parseInt(intStr);
        var it2 = Integer.valueOf(intStr);
```

```
        System.out.println(it2);
        var floatStr = "4.56";
        // 把一个特定的字符串转换成 float 变量
        var ft1 = Float.parseFloat(floatStr);
        var ft2 = Float.valueOf(floatStr);
        System.out.println(ft2);
        // 把一个 float 变量转换成 String 变量
        var ftStr = String.valueOf(2.345f);
        System.out.println(ftStr);
        // 把一个 double 变量转换成 String 变量
        var dbStr = String.valueOf(3.344);
        System.out.println(dbStr);
        // 把一个 boolean 变量转换成 String 变量
        var boolStr = String.valueOf(true);
        System.out.println(boolStr.toUpperCase());
    }
}
```

通过上面的程序可以看出基本类型变量和字符串之间的转换关系，如图 6.2 所示。

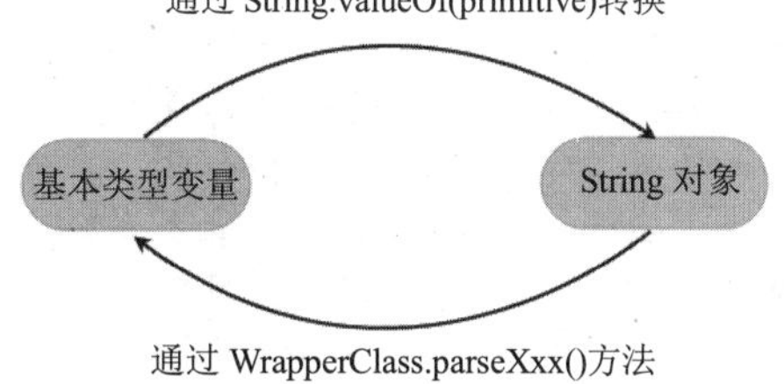

图 6.2　基本类型变量和字符串之间的转换关系

如果希望把基本类型变量转换成字符串，还有一种更简单的方法：将基本类型变量和""进行连接运算，系统会自动把基本类型变量转换成字符串。例如下面的代码：

```
// itStr 的值为"5"
var itStr = 5 + "";
```

此处要指出的是，虽然包装类型的变量是引用类型，但包装类的实例可以与数值类型的值进行比较，这种比较是直接取出包装类的实例所包装的数值来进行的。

看下面的代码。

程序清单：codes\06\6.1\WrapperClassCompare.java

```
var a = Integer.valueOf(6);
// 输出 true
System.out.println("6 的包装类实例是否大于 5.0" + (a > 5.0));
```

对两个包装类的实例进行比较的情况就比较复杂，因为包装类的实例实际上是引用类型，只有当两个包装类的引用指向同一个对象时才会返回 true。下面的代码示范了这种效果（程序清单同上）。

```
System.out.println("比较两个包装类的实例是否相等："
    + (Integer.valueOf(2) == Integer.valueOf(2))); // 输出 true
```

但在 JDK 1.5 以后支持所谓的自动装箱，自动装箱就是可以直接把一个基本类型值赋给一个包装类实例，在这种情况下可能会出现一些特别的情形。看如下代码（程序清单同上）：

```
// 通过自动装箱，允许把基本类型值赋给包装类实例
Integer ina = 2;
Integer inb = 2;
System.out.println("两个 2 自动装箱后是否相等：" + (ina == inb)); // 输出 true
Integer biga = 128;
Integer bigb = 128;
System.out.println("两个 128 自动装箱后是否相等：" + (biga == bigb)); // 输出 false
```

上面的程序让人比较费解：同样是把两个 int 类型的数值自动装箱成 Integer 实例，如果是两个 2 自动装箱后就相等，但如果是两个 128 自动装箱后就不相等，这是为什么呢？这与 Java 的 Integer 类的设

计有关，查看 Java 系统中 java.lang.Integer 类的源代码，如下所示。

```
// 定义一个长度为256的Integer数组
static final Integer[] cache = new Integer[-(-128) + 127 + 1];
static {
    // 执行初始化，创建从-128到127的Integer实例，并放入cache数组中
    for (int i = 0; i < cache.length; i++)
        cache[i] = new Integer(i - 128);
}
```

从上面的代码可以看出，系统把一个-128~127 的整数自动装箱成 Integer 实例，并放入一个名为 cache 的数组中缓存起来。如果以后把一个-128~127 的整数自动装箱成 Integer 实例，那么实际上是直接指向对应的数组元素。因此，当把-128~127 的同一个整数自动装箱成 Integer 实例时，永远都是引用 cache 数组的同一个数组元素，所以它们全部相等；但每次把一个不在-128~127 范围内的整数自动装箱成 Integer 实例时，系统总是重新创建一个 Integer 实例，所以出现上面程序中所示的运行结果。

学生提问：Java 为什么要对这些数据进行缓存呢？

答：缓存是一种非常优秀的设计模式，在 Java、Java EE 平台的很多地方都会通过缓存来提高系统的运行性能。简单地说，如果你需要一台电脑，那么你就去买了一台电脑。但你不可能一直使用这台电脑，你总会离开这台电脑——在你离开电脑的这段时间内，你如何做？你会不会立即把电脑扔掉？当然不会，你会把电脑放在房间里，等下次需要电脑时直接开机使用，而不是再去购买一台。假设电脑是内存中的对象，而你的房间是内存，如果房间足够大，则可以把所有曾经用过的各种东西都缓存起来，但这不可能，房间的空间是有限的，因此有些东西你用过一次就扔掉了，你只会把一些购买成本高、需要频繁使用的东西保存下来。类似地，Java 也把一些创建成本高、需要频繁使用的对象缓存起来，从而提高程序的运行性能。

Java 7 增强了包装类的功能，Java 7 为所有的包装类都提供了一个静态的 compare(xxx val1, xxx val2)方法，这样开发者就可以通过包装类提供的 compare(xxx val1, xxx val2)方法来比较两个基本类型值的大小，包括比较两个 boolean 类型值，当对两个 boolean 类型值进行比较时，true > false。例如如下代码：

```
System.out.println(Boolean.compare(true, false));        // 输出1
System.out.println(Boolean.compare(true, true));         // 输出0
System.out.println(Boolean.compare(false, true));        // 输出-1
```

此外，Java 7 还为 Character 包装类增加了大量的工具方法来对一个字符进行判断。关于 Character 中可用的方法，请参考 Character 的 API 文档。

Java 8 再次增强了这些包装类的功能，其中一个重要的增强就是支持无符号算术运算。Java 8 为整型包装类增加了支持无符号运算的方法。Java 8 为 Integer、Long 增加了如下方法。

- static String toUnsignedString(int/long i)：该方法将指定 int 或 long 类型的整数转换为无符号整数对应的字符串。
- static String toUnsignedString(int i/long,int radix)：该方法将指定 int 或 long 类型的整数转换为指定进制的无符号整数对应的字符串。
- static xxx parseUnsignedXxx(String s)：该方法将指定字符串解析成无符号整数。当调用类为 Integer 时，xxx 代表 int；当调用类为 Long 时，xxx 代表 long。
- static xxx parseUnsignedXxx(String s, int radix)：该方法将指定字符串按指定进制解析成无符号整数。当调用类为 Integer 时，xxx 代表 int；当调用类为 Long 时，xxx 代表 long。

- static int compareUnsigned(xxx x, xxx y)：该方法将 x、y 两个整数转换为无符号整数后比较大小。当调用类为 Integer 时，xxx 代表 int；当调用类为 Long 时，xxx 代表 long。
- static long divideUnsigned(long dividend, long divisor)：该方法将 x、y 两个整数转换为无符号整数后计算它们相除的商。当调用类为 Integer 时，xxx 代表 int；当调用类为 Long 时，xxx 代表 long。
- static long remainderUnsigned(long dividend, long divisor)：该方法将 x、y 两个整数转换为无符号整数后计算它们相除的余数。当调用类为 Integer 时，xxx 代表 int；当调用类为 Long 时，xxx 代表 long。

Java 8 还为 Byte、Short 增加了 toUnsignedInt(xxx x)和 toUnsignedLong(yyy x)两个方法，这两个方法用于将指定 byte 或 short 类型的变量或值转换成无符号的 int 值或 long 值。

下面的程序示范了这些包装类的无符号算术运算功能。

程序清单：codes\06\6.1\UnsignedTest.java

```
public class UnsignedTest
{
    public static void main(String[] args)
    {
        byte b = -3;
        // 将 byte 类型的-3 转换为无符号整数
        System.out.println("byte 类型的-3 对应的无符号整数："
            + Byte.toUnsignedInt(b)); // 输出 253
        // 指定使用十六进制解析无符号整数
        var val = Integer.parseUnsignedInt("ab", 16);
        System.out.println(val); // 输出 171
        // 将-12 转换为无符号 int 类型，然后转换为十六进制形式的字符串
        System.out.println(Integer.toUnsignedString(-12, 16)); // 输出 fffffff4
        // 将两个数转换为无符号整数后相除
        System.out.println(Integer.divideUnsigned(-2, 3));
        // 将两个数转换为无符号整数后相除求余
        System.out.println(Integer.remainderUnsigned(-2, 7));
    }
}
```

无符号整数最大的特点是最高位不再被当成符号位，因此无符号整数不支持负数，其最小值为 0。上面程序的运算结果可能不太直观。理解该程序的关键是先把操作数转换为无符号整数，然后再进行运算。以 byte 类型的-3 为例，其原码为 10000011（最高位 1 代表负数），其反码为 11111100，补码为 11111101，如果将该数当成无符号整数处理，那么最高位的 1 就不再是符号位，它也是数值位，该数就对应为 253，即上面程序的输出结果。读者只要先将上面表达式中的操作数转换为无符号整数，然后再进行运算，即可得到程序的输出结果。

6.2 处理对象

Java 对象都是 Object 类的实例，都可直接调用该类中定义的方法，这些方法提供了处理 Java 对象的通用方法。

6.2.1 打印对象和 toString 方法

先看下面的程序。

程序清单：codes\06\6.2\PrintObject.java

```
class Person
{
    private String name;
    public Person(String name)
    {
        this.name = name;
```

```
        }
    }
    public class PrintObject
    {
        public static void main(String[] args)
        {
            // 创建一个 Person 对象，将其赋给 p 变量
            var p = new Person("孙悟空");
            // 打印 p 所引用的 Person 对象
            System.out.println(p);
        }
    }
```

上面的程序创建了一个 Person 对象，然后使用 System.out.println()方法输出 Person 对象。编译、运行该程序，将看到如下运行结果：

```
Person@15db9742
```

当读者运行上面的程序时，可能会看到不同的输出结果：@符号后的 8 位十六进制数字可能发生改变。但这个输出结果是怎么来的呢？System.out 的 println()方法只能在控制台输出字符串，而 Person 实例是一个内存中的对象，怎么能直接转换为字符串输出呢？当使用该方法输出 Person 对象时，实际上输出的是 Person 对象的 toString()方法的返回值。也就是说，下面两行代码的效果完全一样。

```
System.out.println(p);
System.out.println(p.toString());
```

toString()方法是 Object 类中的一个实例方法，所有的 Java 类都是 Object 类的子类，因此所有的 Java 对象都具有 toString()方法。

不仅如此，所有的 Java 对象都可以和字符串进行连接运算。当 Java 对象和字符串进行连接运算时，系统自动调用 Java 对象的 toString()方法的返回值和字符串进行连接运算，即下面两行代码的效果也完全相同。

```
var pStr = p + "";
var pStr = p.toString() + "";
```

toString()方法是一个非常特殊的方法——它是一个"自我描述"方法，该方法通常用于实现这样一个功能：当程序员直接打印该对象时，系统将会输出该对象的"自我描述"信息，用于告诉外界该对象所具有的状态信息。

Object 类提供的 toString()方法总是返回该对象实现类的"类名+@+hashCode"值，这个返回值并不能真正实现"自我描述"的功能，因此，如果用户需要自定义类能实现"自我描述"的功能，就必须重写 Object 类的 toString()方法。例如下面的程序。

程序清单：codes\06\6.2\ToStringTest.java

```
class Apple
{
    private String color;
    private double weight;
    public Apple(){    }
    // 提供有参数的构造器
    public Apple(String color, double weight)
    {
        this.color = color;
        this.weight = weight;
    }
    // 省略 color、weight 的 setter 和 getter 方法
    ...
    // 重写 toString()方法，用于实现 Apple 对象的"自我描述"
    public String toString()
    {
        return "一个苹果，颜色是：" + color
            + "，重量是：" + weight;
    }
```

```
    }
    public class ToStringTest
    {
        public static void main(String[] args)
        {
            var a = new Apple("红色", 5.68);
            // 打印 Apple 对象
            System.out.println(a);
        }
    }
```

编译、运行上面的程序，将看到如下运行结果：

```
一个苹果，颜色是：红色，重量是：5.68
```

从上面的运行结果可以看出，通过重写 Apple 类的 toString()方法，就可以让系统在打印 Apple 对象时打印出该对象的“自我描述”信息。

大部分时候，重写 toString()方法总是返回该对象的所有令人感兴趣的信息所组成的字符串。通常可返回如下格式的字符串：

```
类名{field1=值 1, field2=值 2,...}
```

因此，可以将上面 Apple 类的 toString()方法改为如下形式：

```
public String toString()
{
    return "Apple{color=" + color + ",weight=" + weight + "}";
}
```

这个 toString()方法提供了足够多的有效信息来描述 Apple 对象，也就实现了 toString()方法的功能。

6.2.2　==和 equals 方法

在 Java 程序中测试两个变量是否相等有两种方式：一种是利用==运算符，另一种是利用 equals()方法。当使用==来判断两个变量是否相等时，如果两个变量是基本类型变量，且都是数值类型（不一定要求数据类型严格相同），那么只要两个变量的值相等，就将返回 true。

但对于两个引用类型变量，只有当它们指向同一个对象时，==判断才会返回 true。==不可用于比较在类型上没有父子关系的两个对象。下面的程序示范了使用==来判断两种类型变量是否相等的结果。

程序清单：codes\06\6.2\EqualTest.java

```
public class EqualTest
{
    public static void main(String[] args)
    {
        var it = 65;
        var fl = 65.0f;
        // 将输出 true
        System.out.println("65 和 65.0f 是否相等？" + (it == fl));
        var ch = 'A';
        // 将输出 true
        System.out.println("65 和'A'是否相等？" + (it == ch));
        var str1 = new String("hello");
        var str2 = new String("hello");
        // 将输出 false
        System.out.println("str1 和 str2 是否相等？"
            + (str1 == str2));
        // 将输出 true
        System.out.println("str1 是否 equals str2？"
            + (str1.equals(str2)));
        // 由于 java.lang.String 与 EqualTest 类没有继承关系
        // 所以下面的语句导致编译错误
        System.out.println("hello" == new EqualTest());
    }
}
```

运行上面的程序，可以看到 65、65.0f 和'A'相等。但对于 str1 和 str2，因为它们都是引用类型变量，它们分别指向两个通过 new 关键字创建的 String 对象，所以 str1 和 str2 两个变量不相等。

对于初学者而言，String 还有一个非常容易让人迷惑的地方："hello"直接量和 new String("hello")有什么区别呢？当 Java 程序直接使用形如"hello"的字符串直接量（包括在编译时就可以计算出来的字符串值）时，JVM 将会使用常量池来管理这些字符串；当 Java 程序使用 new String("hello")时，JVM 会先使用常量池来管理"hello"直接量，然后再调用 String 类的构造器来创建一个新的 String 对象，新创建的 String 对象被保存在堆内存中。换句话说，new String("hello")一共产生了两个字符串对象。

> **提示：**
> 常量池（constant pool）专门用于管理在编译时就被确定下来并被保存在已编译的.class 文件中的一些数据。它包括了类、方法、接口中的常量，还包括了字符串常量。

下面的程序示范了 JVM 使用常量池管理字符串直接量的情形。

程序清单：codes\06\6.2\StringCompareTest.java

```
public class StringCompareTest
{
    public static void main(String[] args)
    {
        // s1 直接引用常量池中的"疯狂 Java"
        var s1 = "疯狂 Java";
        var s2 = "疯狂";
        var s3 = "Java";
        // s4 后面的字符串值可以在编译时就确定下来
        // s4 直接引用常量池中的"疯狂 Java"
        var s4 = "疯狂" + "Java";
        // s5 后面的字符串值可以在编译时就确定下来
        // s5 直接引用常量池中的"疯狂 Java"
        var s5 = "疯" + "狂" + "Java";
        // s6 后面的字符串值不能在编译时就确定下来
        // 它不能引用常量池中的字符串
        var s6 = s2 + s3;
        // 使用 new 调用构造器将会创建一个新的 String 对象
        // s7 引用堆内存中新创建的 String 对象
        var s7 = new String("疯狂 Java");
        System.out.println(s1 == s4); // 输出 true
        System.out.println(s1 == s5); // 输出 true
        System.out.println(s1 == s6); // 输出 false
        System.out.println(s1 == s7); // 输出 false
    }
}
```

JVM 常量池保证相同的字符串直接量只有一个，不会产生多个副本。例子中的 s1、s4、s5 所引用的字符串可以在编译时就确定下来，因此它们都将引用常量池中的同一个字符串对象。

使用 new String()创建的字符串对象是在运行时创建出来的，它被保存在运行时内存区（即堆内存）中，不会被放入常量池中。

但在很多时候，程序判断两个引用变量是否相等时，也希望有一种类似于“值相等”的判断规则，并不严格要求两个引用变量指向同一个对象。例如，对于两个字符串变量，可能只是要求它们所引用字符串对象中包含的字符序列相同即可认为相等。此时就可以利用 String 对象的 equals()方法来进行判断，例如，前面程序中的 str1.equals(str2)将返回 true。

> **提示：**
> String 还提供了一个 equalsIgnoreCase()方法，该方法用于判断两个字符串忽略大小写后是否相等。

equals()方法是 Object 类提供的一个实例方法，因此，所有引用变量都可调用该方法来判断是否与其他引用变量相等。但使用这个方法判断两个对象相等的标准与使用==运算符没有区别，同样要求两个引用变量指向同一个对象才会返回 true。因此，Object 类提供的这个 equals()方法没有太大的实际意义，如果希望采用自定义的相等标准，则可通过重写 equals 方法来实现。

String 已经重写了 Object 的 equals()方法，String 的 equals()方法判断两个字符串相等的标准是：只要两个字符串所包含的字符序列相同，通过 equals()比较就会返回 true，否则返回 false。

注意：

很多书上经常说，equals()方法用于判断两个对象的值是否相等。这个说法并不准确，什么叫对象的值呢？对象的值如何相等？实际上，重写 equals()方法就是提供自定义的相等标准，你认为怎样是相等，那就怎样是相等，一切都由你做主！在极端的情况下，你可以让 Person 对象和 Dog 对象相等。

下面的程序示范了重写 equals 方法产生 Person 对象和 Dog 对象相等的情形。

程序清单：codes\06\6.2\OverrideEqualsError.java

```
// 定义一个 Person 类
class Person
{
    // 重写 equals()方法，提供自定义的相等标准
    public boolean equals(Object obj)
    {
        // 不加判断，总是返回 true，即 Person 对象与任何对象都相等
        return true;
    }
}
// 定义一个 Dog 空类
class Dog{}
public class OverrideEqualsError
{
    public static void main(String[] args)
    {
        var p = new Person();
        System.out.println("Person 对象是否 equals Dog 对象？"
            + p.equals(new Dog()));
        System.out.println("Person 对象是否 equals String 对象？"
            + p.equals(new String("Hello")));
    }
}
```

编译、运行上面的程序，可以看到 Person 对象和 Dog 对象相等，Person 对象和 String 对象也相等的“荒唐结果”。造成这种结果的原因是，在重写 Person 类的 equals()方法时没有进行任何判断，无条件地返回 true。实际上，这种结果也不算太荒唐，因为 Dog 对象和 Person 对象也不是完全不可能相等的，这要看关心的角度，比如仅仅关心 Person 对象和 Dog 对象的年龄，从年纪相等的角度来看，就可以认为年龄相等，Person 对象和 Dog 对象就是相等的。

大部分时候，我们并不希望看到 Person 对象和 Dog 对象相等的“荒唐局面”，还是希望两个类型相同的对象才可能相等，并且关键的成员变量相等才能相等。看下面重写 Person 类的 equals()方法，更符合实际情况。

程序清单：code\06\6.2\OverrideEqualsRight.java

```
class Person
{
    private String name;
    private String idStr;
```

```
    public Person(){}
    public Person(String name, String idStr)
    {
        this.name = name;
        this.idStr = idStr;
    }
    // 此处省略name与idStr的setter和getter方法
    ...
    // 重写equals()方法，提供自定义的相等标准
    public boolean equals(Object obj)
    {
        // 如果两个对象为同一个对象
        if (this == obj)
            return true;
        // 只有当obj是Person对象时
        if (obj != null && obj.getClass() == Person.class)
        {
            var personObj = (Person) obj;
            // 并且当前对象的idStr与obj对象的idStr相等时，才可判断两个对象相等
            return this.getIdStr().equals(personObj.getIdStr());
        }
        return false;
    }
}
public class OverrideEqualsRight
{
    public static void main(String[] args)
    {
        var p1 = new Person("孙悟空", "12343433433");
        var p2 = new Person("孙行者", "12343433433");
        var p3 = new Person("孙悟饭", "99933433");
        // p1和p2的idStr相等，所以输出true
        System.out.println("p1和p2是否相等？"
            + p1.equals(p2));
        // p2和p3的idStr不相等，所以输出false
        System.out.println("p2和p3是否相等？"
            + p2.equals(p3));
    }
}
```

上面的程序重写了Person类的equals()方法，指定Person对象和另一个对象相等的标准：另一个对象必须是Person类的实例，且两个Person对象的idStr相等，即可判断两个Person对象相等。在这种判断标准下，可以认为：只要两个Person对象的身份证字符串相等，即可判断为相等。

学生提问：上面程序中在判断obj是否为Person类的实例时，为何不用obj instanceof Person来判断呢？

答：对于instanceof运算符而言，当前面对象是后面类的实例或其子类的实例时都将返回true，所以重写equals()方法判断两个对象是否为同一个类的实例时使用instanceof是有问题的。比如有一个Teacher类型的变量t，如果判断t instanceof Person，则也将返回true。但对于重写equals()方法的要求而言，通常要求两个对象是同一个类的实例，因此使用instanceof运算符不太合适。而改为使用t.getClass()==Person.class就比较合适了。这行代码用到了反射基础，读者可参考第18章来理解此行代码。

通常而言，正确地重写equals()方法应该满足下列条件。

- 自反性：对于任意x，x.equals(x)一定返回true。
- 对称性：对于任意x和y，如果y.equals(x)返回true，则x.equals(y)也返回true。
- 传递性：对于任意x, y, z，如果x.equals(y)返回true，y.equals(z)返回true，则x.equals(z)一定返回true。

➢ 一致性：对于任意 x 和 y，如果对象中用于等价比较的信息没有改变，那么无论调用 x.equals(y)多少次，返回的结果都应该保持一致，要么一直是 true，要么一直是 false。

➢ 对于任何不是 null 的 x，x.equals(null)一定返回 false。

Object 默认提供的 equals()只是比较对象的地址，即 Object 类的 equals()方法比较的结果与==运算符比较的结果完全相同。因此，在实际应用中常常需要重写 equals()方法。在重写 equals()方法时，相等条件是由业务要求决定的，因此，equals()方法的实现也是由业务要求决定的。

6.3　类成员

使用 static 关键字修饰的成员就是类成员，前面已经介绍的类成员有类变量、类方法和静态初始化块，static 关键字不能修饰构造器。使用 static 修饰的类成员属于整个类，不属于单个实例。

6.3.1　理解类成员

在 Java 类中只能包含成员变量、方法、构造器、初始化块、内部类（包括接口、枚举）5 种成员，目前已经介绍了前面 4 种，其中成员变量、方法、初始化块、内部类（包括接口、枚举）可以用 static 修饰，以 static 修饰的成员就是类成员。类成员属于整个类，而不属于单个对象。

类变量属于整个类，当系统第一次准备使用该类时，系统会为该类变量分配内存空间，类变量开始生效，直到该类被卸载，该类的类变量所占用的内存才被系统的垃圾回收机制回收。类变量的生存范围几乎等同于该类的生存范围。当类初始化完成后，类变量也被初始化完成。

类变量既可通过类来访问，也可通过类的对象来访问。但通过类的对象来访问类变量时，实际上并不是访问该对象所拥有的变量，因为当系统创建该类的对象时，系统不会再为类变量分配内存空间，也不会再次对类变量进行初始化，也就是说，对象根本不拥有对应类的类变量。通过对象访问类变量只是一种假象，通过对象访问的依然是该类的类变量，可以这样理解：当通过对象来访问类变量时，系统会在底层转换为通过该类来访问类变量。

提示：

很多语言都不允许通过对象访问类变量，对象只能访问实例变量；类变量必须通过类来访问。

由于对象实际上并不持有类变量，类变量是由该类持有的，当同一个类的所有对象访问类变量时，实际上访问的都是该类所持有的变量。因此，从程序运行的表面来看，即可看到同一个类的所有实例的类变量共享同一块内存区。

类方法也是类成员的一种，类方法也是属于类的，通常直接使用类作为调用者来调用类方法，但也可以使用对象来调用类方法。与类变量类似，即使使用对象来调用类方法，其效果也与采用类来调用类方法完全一样。

当使用实例来访问类成员时，实际上依然是委托给该类来访问类成员的，因此，即使某个实例为 null，它也可以访问其所属类的类成员。例如如下代码。

程序清单：codes\06\6.3\NullAccessStatic.java

```
public class NullAccessStatic
{
    private static void test()
    {
        System.out.println("static 修饰的类方法");
    }
    public static void main(String[] args)
    {
        // 定义一个 NullAccessStatic 变量，其值为 null
        NullAccessStatic nas = null;
        // 使用 null 对象调用所属类的静态方法
```

```
        nas.test();
    }
}
```

编译、运行上面的程序，一切正常，程序将打印出“static 修饰的类方法”字符串，这表明 null 对象可以访问其所属类的类成员。

提示： 如果一个 null 对象访问实例成员（包括实例变量和实例方法），将会引发 NullPointerException 异常，因为 null 表明该实例根本不存在——既然实例不存在，那么它的实例变量和实例方法自然也不存在。

类初始化块（静态初始化块）也是类成员的一种，类初始化块用于执行类初始化动作，在类的初始化阶段，系统会调用该类的类初始化块来对类进行初始化。一旦该类初始化结束后，类初始化块将永远不会获得执行的机会。

对于 static 关键字而言，有一条非常重要的规则：类成员（包括成员变量、方法、初始化块、内部类和内部枚举）不能访问实例成员（包括成员变量、方法、初始化块、内部类和内部枚举）。因为类成员是属于类的，类成员的作用域比实例成员的作用域更大，完全可能出现类成员已经初始化完成，而实例成员还不曾初始化的情况，如果允许类成员访问实例成员，将会引起大量错误。

6.3.2 单例类

大部分时候都把类的构造器定义成 public 访问权限，允许任何类自由创建该类的对象。但在某些时候，允许其他类自由创建该类的对象没有任何意义，还可能造成系统性能下降（因为频繁地创建对象、回收对象带来系统开销问题）。例如，系统可能只有一个窗口管理器、一个假脱机打印设备或一个数据库引擎访问点，此时在系统中为这些类创建多个对象就没有太大的实际意义。

如果一个类始终只能创建一个实例，则这个类被称为单例（Singleton）类。

总之，在一些特殊场景下，要求不允许自由创建该类的对象，而只允许为该类创建一个对象。为了避免其他类自由创建该类的实例，应该使用 private 来修饰该类的构造器，从而把该类的所有构造器隐藏起来。

根据良好封装的原则：一旦把该类的构造器隐藏起来，就需要提供一个 public 方法作为该类的访问点，用于创建该类的对象，且该方法必须使用 static 修饰（因为在调用该方法之前还不存在对象，因此调用该方法的不可能是对象，只能是类）。

此外，该类还必须缓存已经创建的对象，否则该类无法知道是否曾经创建过对象，也就无法保证只创建一个对象。为此该类需要使用一个成员变量来保存曾经创建的对象，因为该成员变量需要被上面的静态方法访问，故该成员变量必须使用 static 修饰。

基于上面的介绍，下面的程序创建了一个单例类。

程序清单：codes\06\6.3\SingletonTest.java

```
class Singleton
{
    // 使用一个类变量来缓存曾经创建的实例
    private static Singleton instance;
    // 对构造器使用 private 修饰，隐藏该构造器
    private Singleton(){}
    // 提供一个静态方法，用于返回 Singleton 实例
    // 该方法可以加入自定义控制，保证只产生一个 Singleton 对象
    public static Singleton getInstance()
    {
        // 如果 instance 为 null，则表明还不曾创建 Singleton 对象
        // 如果 instance 不为 null，则表明已经创建了 Singleton 对象
        // 将不会重新创建新的实例
        if (instance == null)
        {
```

```
            // 创建一个 Singleton 对象，并将其缓存起来
            instance = new Singleton();
        }
        return instance;
    }
}
public class SingletonTest
{
    public static void main(String[] args)
    {
        // 创建 Singleton 对象不能通过构造器
        // 只能通过 getInstance()方法来得到实例
        Singleton s1 = Singleton.getInstance();
        Singleton s2 = Singleton.getInstance();
        System.out.println(s1 == s2); // 将输出 true
    }
}
```

正是通过上面的 getInstance()方法提供的自定义控制（这也是封装的优势：不允许自由访问类的成员变量和实现细节，而是通过方法来控制合适的暴露），保证 Singleton 类只能产生一个实例。所以，在 SingletonTest 类的 main()方法中，可以看到两次产生的 Singleton 对象实际上是同一个对象。

6.4 final 修饰符

final 关键字可用于修饰类、变量和方法。final 关键字有点类似于 C#里的 sealed 关键字，用于表示它修饰的类、方法和变量不可改变。

当使用 final 修饰变量时，表示该变量一旦获得了初始值就不可被改变。final 既可用于修饰成员变量（包括类变量和实例变量），也可用于修饰局部变量、形参。有的书上介绍说 final 变量不能被赋值，这种说法是错误的！严格的说法应该是，final 变量不能被重新赋值。final 变量一旦获得初始值之后，该 final 变量将不能被重新赋值。

由于 final 变量在获得初始值之后不能被重新赋值，因此使用 final 修饰成员变量和修饰局部变量有一定的不同。

6.4.1 final 成员变量

成员变量是随类初始化或对象初始化而初始化的。当类初始化时，系统会为该类的类变量分配内存空间，并分配默认值；当创建对象时，系统会为该对象的实例变量分配内存空间，并分配默认值。也就是说，当执行静态初始化块时可以对类变量赋初始值；当执行普通初始化块、构造器时可对实例变量赋初始值。因此，成员变量的初始值可以在定义该变量时指定默认值，也可以在初始化块、构造器中指定初始值。

对于 final 修饰的成员变量而言，一旦有了初始值，它就不能被重新赋值。如果既没有在定义成员变量时指定初始值，也没有在初始化块、构造器中为成员变量指定初始值，那么这些成员变量的值将一直是系统默认分配的 0、'\u0000'、false 或 null，这些成员变量也就完全失去了存在的意义。因此，Java 语法规定：**final 修饰的成员变量必须由程序员显式地指定初始值。**

归纳起来，能为 final 修饰的类变量、实例变量指定初始值的地方如下。

- 类变量：必须在静态初始化块中为该类变量指定初始值，或者在声明该类变量时指定初始值，而且只能在这两个地方的其中之一指定。
- 实例变量：必须在非静态初始化块或构造器中为该实例变量指定初始值，或者在声明该实例变量时指定初始值，而且只能在这三个地方的其中之一指定。

对于 final 修饰的实例变量，要么在定义该实例变量时指定初始值，要么在普通初始化块或构造器中为其指定初始值。但需要注意的是，如果在普通初始化块中已经为某个实例变量指定了初始值，则不能再在构造器中为该实例变量指定初始值；对于 final 修饰的类变量，要么在定义该类变量时指定初始

值，要么在静态初始化块中为其指定初始值。

对于实例变量，不能在静态初始化块中指定初始值，因为静态初始化块是静态成员，不可访问实例变量——非静态成员；对于类变量，不能在普通初始化块中指定初始值，因为类变量在类初始化阶段已经被初始化了，在普通初始化块中不能对其重新赋值。

下面的程序演示了使用 final 修饰成员变量的效果，详细示范了使用 final 修饰成员变量的各种具体情况。

程序清单：codes\06\6.4\FinalVariableTest.java

```
public class FinalVariableTest
{
    // 在定义成员变量时指定默认值，合法
    final int a = 6;
    // 下面的变量将在构造器或初始化块中被分配初始值
    final String str;
    final int c;
    final static double d;
    // 既没有指定默认值，又没有在初始化块、构造器中指定初始值
    // 下面定义的 ch 实例变量是不合法的
    // final char ch;
    // 初始化块，可以对没有指定默认值的实例变量指定初始值
    {
        // 在初始化块中为实例变量指定初始值，合法
        str = "Hello";
        // 在定义 a 实例变量时已经指定了默认值
        // 不能为 a 重新赋值，因此下面的赋值语句非法
        // a = 9;
    }
    // 静态初始化块，可以对没有指定默认值的类变量指定初始值
    static
    {
        // 在静态初始化块中为类变量指定初始值，合法
        d = 5.6;
    }
    // 构造器，可以对既没有指定默认值，又没有在初始化块中
    // 指定初始值的实例变量指定初始值
    public FinalVariableTest()
    {
        // 如果在初始化块中已经对 str 指定了初始值
        // 那么在构造器中不能对 final 变量重新赋值，因此下面的赋值语句非法
        // str = "java";
        c = 5;
    }
    public void changeFinal()
    {
        // 普通方法不能为 final 修饰的成员变量赋值
        // d = 1.2;
        // 不能在普通方法中为 final 成员变量指定初始值
        // ch = 'a';
    }
    public static void main(String[] args)
    {
        var ft = new FinalVariableTest();
        System.out.println(ft.a);
        System.out.println(ft.c);
        System.out.println(ft.d);
    }
}
```

上面的程序详细示范了初始化 final 成员变量的各种情形，读者参考程序中的注释应该可以很清楚

地看出 final 修饰成员变量的用法。

与普通成员变量不同的是，final 成员变量（包括实例变量和类变量）必须由程序员显式初始化。

如果打算在构造器、初始化块中对 final 成员变量进行初始化，则不要在初始化之前访问 final 成员变量；否则，由于 Java 允许通过方法来访问 final 成员变量，此时将看到系统将 final 成员变量默认初始化为 0（或'\u0000'、false 或 null）的情况。例如，如下示例程序。

程序清单：codes\06\6.4\FinalErrorTest.java

```
public class FinalErrorTest
{
    // 定义一个 final 修饰的实例变量
    // 系统不会对 final 成员变量进行默认初始化
    final int age;
    {
        // age 没有初始化，所以此处的代码将引起错误
        System.out.println(age);
        printAge(); // 这行代码是合法的，程序输出 0
        age = 6;
        System.out.println(age);
    }
    public void printAge() {
        System.out.println(age);
    }
    public static void main(String[] args)
    {
        new FinalErrorTest();
    }
}
```

上面程序中定义了一个 final 成员变量：age，Java 不允许在 final 成员变量显式初始化之前，直接访问 final 修饰的 age 成员变量，所以初始化块中的第一行粗体字代码将引起错误；而第二行粗体字代码通过方法来访问 final 修饰的 age 成员变量，此时又是允许的，此处将看到输出 0。但这显然违背了 final 成员变量的设计初衷：对于 final 成员变量，程序当然希望总是能访问到其固定的、显式初始化的值。

final 成员变量在显式初始化之前不能被直接访问，但可以通过方法来访问，这基本上可断定是 Java 设计的一个缺陷。按照正常逻辑，final 成员变量在显式初始化之前是不应该允许被访问的。因此，建议开发者尽量避免在 final 成员变量显式初始化之前访问它。

6.4.2 final 局部变量

系统不会对局部变量进行初始化，局部变量必须由程序员显式初始化。因此，当使用 final 修饰局部变量时，既可以在定义时指定默认值，也可以不指定默认值。

如果 final 修饰的局部变量在定义时没有指定默认值，则可以在后面的代码中对该 final 变量赋初始值，但只能赋值一次，不能重复赋值；如果 final 修饰的局部变量在定义时已经指定默认值，那么在后面的代码中不能再对该变量赋值。下面的程序示范了使用 final 修饰局部变量、形参的情形。

程序清单：codes\06\6.4\FinalLocalVariableTest.java

```
public class FinalLocalVariableTest
{
    public void test(final int a)
```

```
    {
        // 不能对 final 修饰的形参赋值，下面的语句非法
        // a = 5;
    }
    public static void main(String[] args)
    {
        // 在定义 final 局部变量时指定默认值，则 str 变量无法被重新赋值
        final var str = "hello";
        // 下面赋值语句非法
        // str = "Java";
        // 在定义 final 局部变量时没有指定默认值，则 d 变量可被赋值一次
        final double d;
        // 第一次赋初始值，成功
        d = 5.6;
        // 对 final 变量重复赋值，下面的语句非法
        // d = 3.4;
    }
}
```

在上面的程序中还示范了使用 final 修饰形参的情形。因为形参在调用该方法时，由系统根据传入的参数来完成初始化，因此 final 修饰的形参不能被赋值。

6.4.3 使用 final 修饰基本类型变量和引用类型变量的区别

当使用 final 修饰基本类型变量时，不能对基本类型变量重新赋值，因此基本类型变量不能被改变。但对于引用类型变量而言，它保存的仅仅是一个引用，final 只保证这个引用类型变量所引用的地址不会改变，即一直引用同一个对象，但这个对象完全可以发生改变。

下面的程序示范了使用 final 修饰数组和 Person 对象的情形。

程序清单：codes\06\6.4\FinalReferenceTest.java

```
class Person
{
    private int age;
    public Person(){}
    // 有参数的构造器
    public Person(int age)
    {
        this.age = age;
    }
    // 省略 age 的 setter 和 getter 方法
    ...
}
public class FinalReferenceTest
{
    public static void main(String[] args)
    {
        // 使用 final 修饰数组变量，iArr 是一个引用变量
        final int[] iArr = {5, 6, 12, 9};
        System.out.println(Arrays.toString(iArr));
        // 对数组元素进行排序，合法
        Arrays.sort(iArr);
        System.out.println(Arrays.toString(iArr));
        // 对数组元素赋值，合法
        iArr[2] = -8;
        System.out.println(Arrays.toString(iArr));
        // 下面的语句对 iArr 重新赋值，非法
        // iArr = null;
        // 使用 final 修饰 Person 变量，p 是一个引用变量
        final var p = new Person(45);
        // 改变 Person 对象的 age 实例变量，合法
        p.setAge(23);
        System.out.println(p.getAge());
        // 下面的语句对 p 重新赋值，非法
```

```
        // p = null;
    }
}
```

从上面的程序中可以看出，final 修饰的引用类型变量不能被重新赋值，但可以改变引用类型变量所引用对象的内容。例如，上面的 iArr 变量所引用的数组对象，final 修饰后的 iArr 变量不能被重新赋值，但 iArr 所引用数组的数组元素可以被改变。与此类似的是，p 变量也使用了 final 修饰，表明 p 变量不能被重新赋值，但 p 变量所引用 Person 对象的成员变量的值可以被改变。

6.4.4 可执行“宏替换”的 final 变量

对于一个 final 变量来说，不管它是类变量、实例变量，还是局部变量，只要满足三个条件，这个 final 变量就不再是一个变量，而是相当于一个直接量。

- 使用 final 修饰符修饰。
- 在定义该 final 变量时指定了初始值。
- 该初始值可以在编译时就被确定下来。

看如下程序。

程序清单：codes\06\6.4\FinalLocalTest.java

```
public class FinalLocalTest
{
    public static void main(String[] args)
    {
        // 定义一个普通局部变量
        final var a = 5;
        System.out.println(a);
    }
}
```

上面程序中的粗体字代码定义了一个 final 局部变量，并在定义该 final 变量时指定初始值为 5。对于这个程序来说，变量 a 其实根本不存在，当程序执行 System.out.println(a);代码时，实际转换为执行 System.out.println(5)。

注意：

final 修饰符的一个重要用途就是定义“宏变量”。如果在定义 final 变量时为该变量指定了初始值，而且该初始值可以在编译时就确定下来，那么这个 final 变量本质上就是一个“宏变量”，编译器会把程序中所有用到该变量的地方直接替换成该变量的值。

除上面那种为 final 变量赋值时赋直接量的情况外，如果被赋值的表达式只是基本的算术表达式或者是字符串连接运算，没有访问普通变量、调用方法，Java 编译器同样会将这种 final 变量当成“宏变量”处理。示例如下。

程序清单：codes\06\6.4\FinalReplaceTest.java

```
public class FinalReplaceTest
{
    public static void main(String[] args)
    {
        // 下面定义了 4 个 final“宏变量”
        final var a = 5 + 2;
        final var b = 1.2 / 3;
        final var str = "疯狂" + "Java";
        final var book = "疯狂 Java 讲义：" + 99.0;
        // 下面的 book2 变量的值因为调用了方法，所以无法在编译时被确定下来
        final var book2 = "疯狂 Java 讲义：" + String.valueOf(99.0);  // ①
        System.out.println(book == "疯狂 Java 讲义：99.0");
        System.out.println(book2 == "疯狂 Java 讲义：99.0");
    }
}
```

上面程序中的粗体字代码定义了4个final变量，程序为这4个变量赋初始值时指定的初始值要么是算术表达式，要么是字符串连接运算。即使在字符串连接运算中包含隐式类型（将数值转换为字符串）转换，编译器也依然可以在编译时就确定a、b、str、book这4个变量的值，因此它们都是“宏变量”。

从表面上看，①号代码定义的book2与book没有太大的区别，只是在定义book2变量时显式将数值99.0转换为字符串。但由于该变量的值需要调用String类的方法，因此，编译器无法在编译时确定book2的值，book2不会被当成“宏变量”处理。

程序中最后两行代码分别判断book、book2和“疯狂Java讲义：99.0”是否相等。由于book是一个“宏变量”，它将被直接替换成“疯狂Java讲义：99.0”，因此book和“疯狂Java讲义：99.0”相等，但book2和该字符串不相等。

提示： Java会使用常量池来管理曾经用过的字符串直接量，例如，在执行var a = "java";语句之后，在常量池中就会缓存一个字符串" java "；如果程序再次执行var b = "java";，系统将会让b直接指向常量池中的"java"字符串，因此a==b将会返回true。

为了加深对final修饰符的印象，下面再看一个程序。

程序清单：codes\06\6.4\StringJoinTest.java

```
public class StringJoinTest
{
    public static void main(String[] args)
    {
        var s1 = "疯狂Java";
        // s2变量引用的字符串可以在编译时就确定下来
        // 因此s2直接引用常量池中已有的"疯狂Java"字符串
        var s2 = "疯狂" + "Java";
        System.out.println(s1 == s2); // 输出true
        // 定义两个字符串直接量
        var str1 = "疯狂";     // ①
        var str2 = "Java";     // ②
        // 将str1和str2进行连接运算
        var s3 = str1 + str2;
        System.out.println(s1 == s3); // 输出false
    }
}
```

上面程序中的两行粗体字代码分别判断s1和s2是否相等，以及s1和s3是否相等。s1是一个普通的字符串直接量“疯狂Java”，s2的值是两个字符串直接量进行连接运算。由于编译器可以在编译阶段就确定s2的值为“疯狂Java”，所以系统会让s2直接指向常量池中缓存的“疯狂Java”字符串。因此，s1==s2将输出true。

对于s3而言，它的值由str1和str2进行连接运算后得到。由于str1、str2只是两个普通变量，编译器不会执行“宏替换”，因此编译器无法在编译时确定s3的值，也就无法让s3指向字符串池中缓存的“疯狂Java”。由此可见，s1==s3将输出false。

让s1==s3输出true也很简单，只要让编译器可以对str1、str2两个变量执行“宏替换”，编译器即可在编译阶段就确定s3的值，就会让s3指向字符串池中缓存的“疯狂Java”。也就是说，只要将①②两行代码所定义的str1、str2使用final修饰即可。

注意： 对于实例变量而言，既可以在定义该变量时赋初始值，也可以在非静态初始化块、构造器中对它赋初始值，在这三个地方指定初始值的效果基本一样。但对于final实例变量而言，只有在定义该变量时指定初始值才会有“宏变量”的效果。

6.4.5　final 方法

final 修饰的方法不可被重写。如果出于某些原因，不希望子类重写父类的某个方法，则可以使用 final 修饰该方法。

Java 提供的 Object 类中就有一个 final 方法：getClass()，因为 Java 不希望任何类重写这个方法，所以使用 final 把这个方法密封起来。但对于该类提供的 toString()和 equals()方法，都允许子类重写，因此没有使用 final 修饰它们。

下面的程序试图重写 final 方法，将会引发编译错误。

程序清单：codes\06\6.4\FinalMethodTest.java

```
public class FinalMethodTest
{
    public final void test(){}
}
class Sub extends FinalMethodTest
{
    // 下面的方法定义将出现编译错误，不能重写 final 方法
    public void test(){}
}
```

上面程序中的父类是 FinalMethodTest，该类中定义的 test()方法是一个 final 方法，如果其子类试图重写该方法，将会引发编译错误。

对于一个 private 方法，因为它仅在当前类中可见，其子类无法访问该方法，所以子类无法重写该方法——如果在子类中定义一个与父类 private 方法有相同方法名、相同形参列表、相同返回值类型的方法，也不是方法重写，只是重新定义了一个新方法。因此，即使使用 final 修饰一个 private 访问权限的方法，也依然可以在其子类中定义与该方法具有相同方法名、相同形参列表、相同返回值类型的方法。

下面的程序示范了如何在子类中“重写”父类的 private final 方法。

程序清单：codes\06\6.4\PrivateFinalMethodTest.java

```
public class PrivateFinalMethodTest
{
    private final void test(){}
}
class Sub extends PrivateFinalMethodTest
{
    // 下面的方法定义不会出现问题
    public void test(){}
}
```

上面的程序没有任何问题，虽然子类和父类中同样包含了同名的 void test()方法，但子类并没有重写父类的方法。因此，即使父类的 void test()方法使用了 final 修饰，在子类中也依然可以定义 void test()方法。

final 修饰的方法仅仅是不能被重写，并不是不能被重载，因此，下面的程序完全没有问题。

程序清单：codes\06\6.4\FinalOverload.java

```
public class FinalOverload
{
    // final 修饰的方法只是不能被重写，但完全可以被重载
    public final void test(){}
    public final void test(String arg){}
}
```

6.4.6　final 类

final 修饰的类不可以有子类，例如，java.lang.Math 类就是一个 final 类，它不可以有子类。

当子类继承父类时，将可以访问到父类内部数据，并可通过重写父类方法来改变父类方法的实现细节，这可能导致出现一些不安全的因素。为了保证某个类不可被继承，可以使用 final 修饰这个类。下

面的代码示范了 final 修饰的类不可被继承。

```
public final class FinalClass {}
// 下面的类定义将出现编译错误
class Sub extends FinalClass {}
```

因为 FinalClass 类是一个 final 类，而 Sub 试图继承 FinalClass 类，所以将会引起编译错误。

6.4.7 不可变类

不可变（immutable）类的意思是，在创建了该类的实例后，该实例的实例变量是不可改变的。Java 提供的 8 个包装类和 java.lang.String 类都是不可变类，在创建了它们的实例后，其实例的实例变量不可改变。

例如如下代码：

```
var d = Double.valueOf(6.5);
var str = new String("Hello");
```

上面的代码创建了一个 Double 对象和一个 String 对象，并为这个两对象传入了 6.5 和"Hello"字符串作为参数，那么 Double 类和 String 类肯定需要提供实例变量来保存这两个参数，但程序无法修改这两个实例变量的值，因此 Double 类和 String 类没有提供修改它们的方法。

如果需要创建自定义的不可变类，则可遵守如下规则。

- 使用 private 和 final 修饰符来修饰该类的成员变量。
- 提供带参数的构造器（或返回该实例的类方法），用于根据传入参数来初始化类中的成员变量。
- 仅为该类的成员变量提供 getter 方法，不要为该类的成员变量提供 setter 方法，因为普通方法不允许修改 final 修饰的成员变量。
- 如果有必要，则可以重写 Object 类的 hashCode()和 equals()方法（关于重写 hashCode()方法的步骤可参考 8.3.1 节）。equals()方法根据关键成员变量来作为两个对象是否相等的标准。此外，还应该保证用 equals()方法判断为相等的两个对象的 hashCode()也相等。

例如，java.lang.String 这个类就做得很好，它就是根据 String 对象中的字符序列来作为相等的标准的，其 hashCode()方法也是根据字符序列计算得到的。下面的程序测试了 java.lang.String 类的 equals()和 hashCode()方法。

程序清单：codes\06\6.4\ImmutableStringTest.java

```
public class ImmutableStringTest
{
    public static void main(String[] args)
    {
        var str1 = new String("Hello");
        var str2 = new String("Hello");
        System.out.println(str1 == str2); // 输出 false
        System.out.println(str1.equals(str2)); // 输出 true
        // 下面两次输出的 hashCode 相同
        System.out.println(str1.hashCode());
        System.out.println(str2.hashCode());
    }
}
```

下面定义一个不可变的 Address 类，程序把 Address 类的 detail 和 postCode 成员变量都使用 private 隐藏起来，并使用 final 修饰这两个成员变量，不允许其他方法修改这两个成员变量的值。

程序清单：codes\06\6.4\Address.java

```
public class Address
{
    private final String detail;
    private final String postCode;
    // 在构造器中初始化两个实例变量
    public Address(String detail, String postCode)
```

```
    {
        this.detail = detail;
        this.postCode = postCode;
    }
    // 仅为两个实例变量提供 getter 方法
    public String getDetail()
    {
        return this.detail;
    }
    public String getPostCode()
    {
        return this.postCode;
    }
    // 重写 equals()方法，判断两个对象是否相等
    public boolean equals(Object obj)
    {
        if (this == obj)
        {
            return true;
        }
        if (obj != null && obj.getClass() == Address.class)
        {
            var ad = (Address) obj;
            // 当 detail 和 postCode 相等时，可以认为两个 Address 对象相等
            return this.getDetail().equals(ad.getDetail())
                && this.getPostCode().equals(ad.getPostCode());
        }
        return false;
    }
    public int hashCode()
    {
        return detail.hashCode() + postCode.hashCode() * 31;
    }
}
```

对于上面的 Address 类，当程序创建了 Address 对象后，同样无法修改该 Address 对象的 detail 和 postCode 实例变量的值。

与不可变类对应的是可变类，可变类的含义是，该类的实例变量的值是可变的。大部分时候所创建的类都是可变类，特别是 JavaBean，因为总是为其实例变量提供了 setter 和 getter 方法。

与可变类相比，不可变类的实例在整个生命周期中永远处于初始化状态，它的实例变量的值不可改变，因此对不可变类的实例的控制将更加简单。

前面在介绍 final 关键字时提到，当使用 final 修饰引用类型变量时，仅表示这个引用类型变量不可被重新赋值，但引用类型变量所指向的对象依然可改变。这就产生了一个问题：当创建不可变类时，如果它包含的成员变量的类型是可变的，那么其对象的成员变量的值依然是可改变的——这个不可变类其实是失败的。

下面的程序试图定义一个不可变的 Person 类，但因为 Person 类包含一个引用类型的成员变量，且这个引用类是可变类，所以导致 Person 类也变成了可变类。

程序清单：codes\06\6.4\Person.java

```
class Name
{
    private String firstName;
    private String lastName;
    public Name(){}
    public Name(String firstName, String lastName)
    {
        this.firstName = firstName;
        this.lastName = lastName;
    }
    // 省略 firstName、lastName 的 setter 和 getter 方法
    ...
}
public class Person
```

```
{
    private final Name name;
    public Person(Name name)
    {
        this.name = name;
    }
    public Name getName()
    {
        return name;
    }
    public static void main(String[] args)
    {
        var n = new Name("悟空", "孙");
        var p = new Person(n);
        // Person对象的name的firstName值为"悟空"
        System.out.println(p.getName().getFirstName());
        // 改变Person对象的name的firstName值
        n.setFirstName("八戒");
        // Person对象的name的firstName值被改为"八戒"
        System.out.println(p.getName().getFirstName());
    }
}
```

上面程序中的粗体字代码修改了Name对象（可变类的实例）的firstName的值，但由于Person类的name实例变量引用了该Name对象，因此导致Person对象的name的firstName会被改变，这就破坏了设计Person类的初衷。

为了保持Person对象的不可变性，必须保护好Person对象的引用类型的成员变量：name，让程序无法访问到Person对象的name成员变量，也就无法利用name成员变量的可变性来改变Person对象了。为此，将Person类改为如下形式：

```
public class Person
{
    private final Name name;
    public Person(Name name)
    {
        // 设置name实例变量为临时创建的Name对象，该对象的firstName和lastName
        // 与传入的name参数的firstName和lastName相同
        this.name = new Name(name.getFirstName(), name.getLastName());
    }
    public Name getName()
    {
        // 返回一个匿名对象，该对象的firstName和lastName
        // 与该对象中的name的firstName和lastName相同
        return new Name(name.getFirstName(), name.getLastName());
    }
}
```

注意上面代码中的粗体字部分，Person类改写了设置name实例变量的方法，也改写了name的getter方法。当程序向Person构造器中传入一个Name对象时，该构造器在创建Person对象时并不是直接利用已有的Name对象（利用已有的Name对象有风险，因为这个已有的Name对象是可变的，如果程序改变了这个Name对象，将会导致Person对象也发生变化）的，而是重新创建了一个Name对象来赋给Person对象的name实例变量。当Person对象返回name变量时，它并没有直接把name实例变量返回，直接返回name实例变量的值也可能导致它所引用的Name对象被修改。

如果将Person类的定义改为上面的形式，再次运行codes\06\6.4\Person.java程序，将看到Person对象的name的firstName不会被修改。

因此，在设计一个不可变类时，尤其要注意其引用类型的成员变量，如果引用类型的成员变量的类是可变的，就必须采取必要的措施来保护该成员变量所引用的对象不会被修改，这样才能创建真正的不可变类。

6.4.8　缓存实例的不可变类

不可变类的实例状态不可改变，可以很方便地被多个对象所共享。如果程序经常需要使用相同的不可变类的实例，则应该考虑缓存这种不可变类的实例，毕竟重复创建相同的对象没有太大的意义，而且加大了系统开销。如果可能，则应该将已经创建的不可变类的实例进行缓存。

提示：
缓存是软件设计中一种非常有用的模式，缓存的实现方式有很多种，不同的实现方式可能存在较大的性能差异。关于缓存的性能问题，此处不做深入讨论。

本节将使用一个数组来作为缓存池，从而实现一个缓存实例的不可变类。

程序清单：codes\06\6.4\CacheImmutableTest.java

```
class CacheImmutable
{
    private static int MAX_SIZE = 10;
    // 使用数组来缓存已有的实例
    private static CacheImmutable[] cache
        = new CacheImmutable[MAX_SIZE];
    // 记录缓存的实例在缓存池中的位置，cache[pos-1]是最新缓存的实例
    private static int pos = 0;
    private final String name;
    private CacheImmutable(String name)
    {
        this.name = name;
    }
    public String getName()
    {
        return name;
    }
    public static CacheImmutable valueOf(String name)
    {
        // 遍历已缓存的对象
        for (var i = 0; i < MAX_SIZE; i++)
        {
            // 如果已有相同的实例，则直接返回该缓存的实例
            if (cache[i] != null
                && cache[i].getName().equals(name))
            {
                return cache[i];
            }
        }
        // 如果缓存池已满
        if (pos == MAX_SIZE)
        {
            // 把缓存的第一个对象覆盖，即把刚刚生成的对象放在缓存池的最开始位置
            cache[0] = new CacheImmutable(name);
            // 把 pos 设为 1
            pos = 1;
        }
        else
        {
            // 把新创建的对象缓存起来，pos 加 1
            cache[pos++] = new CacheImmutable(name);
        }
        return cache[pos - 1];
    }
    public boolean equals(Object obj)
    {
        if (this == obj)
        {
            return true;
        }
        if (obj != null && obj.getClass() == CacheImmutable.class)
        {
            var ci = (CacheImmutable) obj;
```

```
            return name.equals(ci.getName());
        }
        return false;
    }
    public int hashCode()
    {
        return name.hashCode();
    }
}
public class CacheImmutableTest
{
    public static void main(String[] args)
    {
        var c1 = CacheImmutable.valueOf("hello");
        var c2 = CacheImmutable.valueOf("hello");
        // 下面的代码将输出true
        System.out.println(c1 == c2);
    }
}
```

上面的CacheImmutable类使用一个数组来缓存该类的对象，这个数组长度为MAX_SIZE，即该类一共可以缓存MAX_SIZE个CacheImmutable对象。当缓存池已满时，缓存池采用“先进先出（FIFO）”的规则来决定哪个对象将被移出缓存池。图6.3示范了缓存实例的不可变类示意图。

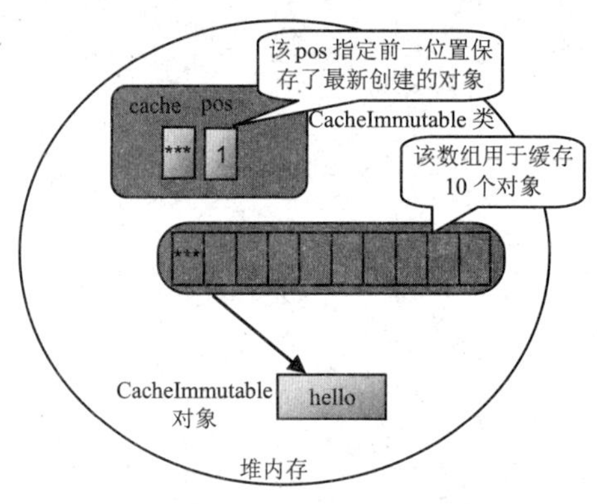

图6.3　缓存实例的不可变类示意图

从图6.3中不难看出，当使用CacheImmutable类的valueOf()方法来生成对象时，系统是否重新生成新的对象，取决于图6.3中被灰色覆盖的数组内是否已经存在该对象。如果该数组中已经缓存了该类的对象，系统将不会重新生成对象。

CacheImmutable类能控制系统生成CacheImmutable对象的个数，需要程序使用该类的valueOf()方法来得到其对象，而且程序使用private修饰符隐藏该类的构造器，因此程序只能通过该类提供的valueOf()方法来获取实例。

提示：

是否需要隐藏CacheImmutable类的构造器完全取决于系统需求。盲目乱用缓存也可能导致系统性能下降，缓存的对象会占用系统内存，如果某个对象只使用一次，重复使用的概率不大，那么缓存该实例就弊大于利；反之，如果某个对象需要频繁地重复使用，那么缓存该实例就利大于弊。

例如Java提供的java.lang.Integer类，它就采用了与CacheImmutable类相同的处理策略。如果采用new构造器来创建Integer对象，则每次返回全新的Integer对象；如果采用valueOf()方法来创建Integer对象，则会缓存该方法创建的对象。下面的程序示范了Integer类构造器和valueOf()方法存在的差异。

提示：

由于通过new构造器创建Integer对象不会启用缓存，因此性能较差，Java 9已经将该构造器标记为过时，这说明Java未来也可能会将该构造器设为private进行隐藏。

程序清单：codes\06\6.4\IntegerCacheTest.java

```
public class IntegerCacheTest
{
    public static void main(String[] args)
    {
        // 生成新的Integer对象
        var in1 = new Integer(6);
        // 生成新的Integer对象，并缓存该对象
```

```
        var in2 = Integer.valueOf(6);
        // 直接从缓存中取出 Integer 对象
        var in3 = Integer.valueOf(6);
        System.out.println(in1 == in2); // 输出 false
        System.out.println(in2 == in3); // 输出 true
        // 由于 Integer 只缓存-128~127 之间的值
        // 因此 200 对应的 Integer 对象没有被缓存
        var in4 = Integer.valueOf(200);
        var in5 = Integer.valueOf(200);
        System.out.println(in4 == in5); // 输出 false
    }
}
```

运行上面的程序，即可发现两次通过 Integer.valueOf(6);方法生成的 Integer 对象是同一个对象。但由于 Integer 只缓存-128~127 的 Integer 对象，因此两次通过 Integer.valueOf(200);方法生成的 Integer 对象不是同一个对象。

6.5 抽象类

在编写一个类时，常常会为该类定义一些方法，这些方法用于描述该类的行为方式，那么这些方法都有具体的方法体。但在某些情况下，某个父类只是知道其子类应该包含什么样的方法，但无法准确地知道这些子类如何实现这些方法。比如定义了一个 Shape 类，这个类应该提供一个计算周长的方法 calPerimeter()，但不同的 Shape 子类对周长的计算方法是不一样的，即 Shape 类无法准确地知道其子类计算周长的方法。

可能有读者会提出，既然 Shape 类不知道如何实现 calPerimeter()方法，那么干脆就不要管它了！这不是一个好思路：假设有一个 Shape 引用变量，该变量实际上引用到 Shape 子类的实例，那么这个 Shape 变量就无法调用 calPerimeter()方法，必须将其强制类型转换为其子类类型，才可调用 calPerimeter()方法，这就降低了程序的灵活性。

如何既能让 Shape 类中包含 calPerimeter()方法，又无须提供其方法实现呢？使用抽象方法即可满足该要求：抽象方法是只有方法签名，没有方法实现的方法。

6.5.1 抽象方法和抽象类

抽象方法和抽象类必须使用 abstract 修饰符来定义，有抽象方法的类只能被定义成抽象类，在抽象类中可以没有抽象方法。

抽象方法和抽象类的规则如下：

- 抽象类必须使用 abstract 修饰符来修饰，抽象方法也必须使用 abstract 修饰符来修饰，抽象方法不能有方法体。
- 抽象类不能被实例化，无法使用 new 关键字来调用抽象类的构造器创建抽象类的实例。即使抽象类中不包含抽象方法，这个抽象类也不能创建实例。
- 抽象类可以包含成员变量、方法（普通方法和抽象方法都可以）、构造器、初始化块、内部类（接口、枚举）5 种成分。抽象类的构造器不能用于创建实例，其主要用于被其子类调用。
- 含有抽象方法的类（包括直接定义了一个抽象方法；或继承了一个抽象父类，但没有完全实现父类包含的抽象方法；或实现了一个接口，但没有完全实现接口包含的抽象方法三种情况）只能被定义成抽象类。

归纳起来，抽象类可用“有得有失”4 个字来描述。“得”指的是抽象类多了一个能力——抽象类可以包含抽象方法；“失”指的是抽象类失去了一个能力——抽象类不能用于创建实例。

定义抽象方法只需在普通方法上增加 abstract 修饰符，并把普通方法的方法体（也就是方法后的花括号括起来的部分）全部去掉，并在方法后增加分号即可。

注意：

抽象方法和空方法体的方法不是同一个概念。例如，public abstract void test();是一个抽象方法，它根本没有方法体，即在方法定义的后面没有一对花括号；但 public void test(){}是一个普通方法，它已经定义了方法体，只是方法体为空，即它的方法体什么也不做，因此这个方法不可使用 abstract 来修饰。

定义抽象类只需在普通类上增加 abstract 修饰符即可。甚至为一个普通类(没有包含抽象方法的类)增加 abstract 修饰符后，它也将变成抽象类。

下面定义一个 Shape 抽象类。

程序清单：codes\06\6.5\Shape.java

```
public abstract class Shape
{
    {
        System.out.println("执行 Shape 的初始化块...");
    }
    private String color;
    // 定义一个计算周长的抽象方法
    public abstract double calPerimeter();
    // 定义一个返回形状的抽象方法
    public abstract String getType();
    // 定义 Shape 的构造器，该构造器并不是用于创建 Shape 对象的
    // 而是用于被子类调用
    public Shape(){}
    public Shape(String color)
    {
        System.out.println("执行 Shape 的构造器...");
        this.color = color;
    }
    // 省略 color 的 setter 和 getter 方法
    ...
}
```

上面的 Shape 类中包含了两个抽象方法：calPerimeter()和 getType()，所以这个 Shape 类只能被定义成抽象类。Shape 类中既包含了初始化块，也包含了构造器，这些都不是在创建 Shape 对象时被调用的，而是在创建其子类的实例时被调用的。

抽象类不能用于创建实例，只能当作父类被其他子类继承。

下面定义一个三角形类，三角形类被定义成普通类，因此必须实现 Shape 类中的所有抽象方法。

程序清单：codes\06\6.5\Triangle.java

```
public class Triangle extends Shape
{
    // 定义三角形的三边
    private double a;
    private double b;
    private double c;
    public Triangle(String color, double a, double b, double c)
    {
        super(color);
        this.setSides(a, b, c);
    }
    public void setSides(double a, double b, double c)
    {
        if (a >= b + c || b >= a + c || c >= a + b)
        {
            System.out.println("三角形的两边之和必须大于第三边");
```

```
            return;
        }
        this.a = a;
        this.b = b;
        this.c = c;
    }
    // 重写 Shape 类的计算周长的抽象方法
    public double calPerimeter()
    {
        return a + b + c;
    }
    // 重写 Shape 类的返回形状的抽象方法
    public String getType()
    {
        return "三角形";
    }
}
```

上面的 Triangle 类继承了 Shape 抽象类，并实现了 Shape 类中的两个抽象方法。它是一个普通类，因此可以创建 Triangle 类的实例，让一个 Shape 类型的引用变量指向 Triangle 对象。

下面再定义一个 Circle 普通类，Circle 类也是 Shape 类的一个子类。

程序清单：codes\06\6.5\Circle.java

```
public class Circle extends Shape
{
    private double radius;
    public Circle(String color, double radius)
    {
        super(color);
        this.radius = radius;
    }
    public void setRadius(double radius)
    {
        this.radius = radius;
    }
    // 重写 Shape 类的计算周长的抽象方法
    public double calPerimeter()
    {
        return 2 * Math.PI * radius;
    }
    // 重写 Shape 类的返回形状的抽象方法
    public String getType()
    {
        return getColor() + "圆形";
    }
    public static void main(String[] args)
    {
        Shape s1 = new Triangle("黑色", 3, 4, 5);
        Shape s2 = new Circle("黄色", 3);
        System.out.println(s1.getType());
        System.out.println(s1.calPerimeter());
        System.out.println(s2.getType());
        System.out.println(s2.calPerimeter());
    }
}
```

在上面的 main()方法中定义了两个 Shape 类型的引用变量，它们分别指向 Triangle 对象和 Circle 对象。由于在 Shape 类中定义了 calPerimeter()方法和 getType()方法，所以程序可以直接调用 s1 变量与 s2 变量的 calPerimeter()方法和 getType()方法，无须强制类型转换为其子类类型。

利用抽象类和抽象方法的优势，可以更好地发挥多态的优势，使程序更加灵活。

当使用 abstract 修饰类时，表明这个类只能被继承；当使用 abstract 修饰方法时，表明这个方法必须由子类提供实现（即重写）。而 final 修饰的类不能被继承，final 修饰的方法不能被重写。因此，final 和 abstract 永远不能同时使用。

注意：

abstract 不能用于修饰成员变量，不能用于修饰局部变量，即没有抽象变量、没有抽象成员变量等说法；abstract 也不能用于修饰构造器，没有抽象构造器，在抽象类中定义的构造器只能是普通构造器。

此外，当使用 static 修饰一个方法时，表明这个方法属于该类本身，即通过类就可调用该方法，但如果该方法被定义成抽象方法，则将导致通过该类来调用该方法时出现错误（调用了一个没有方法体的方法肯定会引起错误）。因此，static 和 abstract 不能同时修饰某个方法，即没有所谓的类抽象方法。

注意：

static 和 abstract 并不是绝对互斥的，虽然 static 和 abstract 不能同时修饰某个方法，但它们可以同时修饰内部类。

注意：

abstract 关键字修饰的方法必须被其子类重写才有意义，否则这个方法将永远不会有方法体。因此，abstract 方法不能被定义为 private 访问权限，即 private 和 abstract 不能同时修饰方法。

6.5.2 抽象类的作用

从前面的示例程序可以看出，抽象类不能创建实例，只能当成父类被继承。从语义的角度来看，抽象类是从多个具体类中抽象出来的父类，它具有更高层次的抽象。从多个具有相同特征的类中抽象出一个抽象类，以这个抽象类作为其子类的模板，从而避免了子类设计的随意性。

抽象类体现的就是一种模板模式的设计，抽象类作为多个子类的通用模板，子类在抽象类的基础上进行扩展、改造，但子类总体上会大致保留抽象类的行为方式。

假如编写一个抽象父类，父类提供了多个子类的通用方法，并把一个或多个方法留给其子类实现，这就是一种模板模式，模板模式也是十分常见且简单的设计模式之一。例如前面介绍的 Shape、Circle 和 Triangle 三个类，已经使用了模板模式。下面再介绍一个模板模式的范例，在这个范例的抽象父类中，父类的普通方法依赖于一个抽象方法，而抽象方法则被推迟到子类中实现。

程序清单：codes\06\6.5\SpeedMeter.java

```
public abstract class SpeedMeter
{
    // 转速
    private double turnRate;
    public SpeedMeter(){}
    // 把计算车轮周长的方法定义成抽象方法
    public abstract double calGirth();
    public void setTurnRate(double turnRate)
    {
        this.turnRate = turnRate;
    }
    // 定义计算速度的通用算法
    public double getSpeed()
    {
        // 速度等于 周长 * 转速
        return calGirth() * turnRate;
    }
}
```

上面的程序定义了一个抽象的 SpeedMeter 类（速度表），该类中定义了一个 getSpeed()方法，该方法用于返回当前车速。getSpeed()方法依赖于 calGirth()方法的返回值。对于一个抽象的 SpeedMeter 类而言，它无法确定车轮的周长，因此 calGirth()方法必须被推迟到其子类中实现。

下面是其子类 CarSpeedMeter 的代码，该类实现了其抽象父类的 calGirth()方法，既可创建 CarSpeedMeter 类的对象，也可通过该对象来取得当前速度。

程序清单：codes\06\6.5\CarSpeedMeter.java

```
public class CarSpeedMeter extends SpeedMeter
{
    private double radius;
    public CarSpeedMeter(double radius)
    {
        this.radius = radius;
    }
    public double calGirth()
    {
        return radius * 2 * Math.PI;
    }
    public static void main(String[] args)
    {
        var csm = new CarSpeedMeter(0.34);
        csm.setTurnRate(15);
        System.out.println(csm.getSpeed());
    }
}
```

SpeedMeter 类中提供了速度表的通用算法，但一些具体的实现细节则被推迟到其子类 CarSpeedMeter 类中实现。这也是一种典型的模板模式。

模板模式在面向对象的软件中很常用，其原理简单，实现也很简单。下面是使用模板模式的一些简单规则。

- 抽象父类可以只定义需要使用的某些方法，把不能实现的部分抽象成抽象方法，留给其子类去实现。
- 父类中可能包含需要调用其他系列方法的方法，这些被调方法既可以由父类实现，也可以由其子类实现。父类中提供的方法只是定义了一个通用算法，其实现也许并不完全由自身完成，而必须依赖于其子类的辅助。

6.6 改进后的接口

抽象类是从多个类中抽象出来的模板，如果将这种抽象进行得更彻底，则可以提炼出一种更加特殊的“抽象类”——接口（interface）。Java 9 对接口进行了改进，允许在接口中定义默认方法和类方法，默认方法和类方法都可以提供方法实现。Java 9 为接口增加了一种私有方法，私有方法也可提供方法实现。

6.6.1 接口的概念

读者可能经常听说“接口”，比如 PCI 接口、AGP 接口等，因此很多读者认为接口等同于主板上的插槽，这其实是一种错误的认识。当说 PCI 接口时，指的是主板上的那个插槽遵守了 PCI 规范，而具体的 PCI 插槽只是 PCI 接口的实例。

对于不同型号的主板而言，它们各自的 PCI 插槽都需要遵守一个规范——遵守这个规范就可以保证插入该插槽内的板卡能与主板正常通信。对于同一个型号的主板而言，它们的 PCI 插槽需要有相同的数据交换方式、相同的实现细节，它们都是同一个类的不同实例。图 6.4 显示了这种抽象过程。

从图 6.4 中可以看出，同一个类的内部状态数据、各种方法的实现细节完全相同，类是一种具体实现体。而接口定义了一种规范——接口定义了某一批类所需要遵守的规范，接口不关心这些类的内部状态数据，也不关心这些类中方法的实现细节，它只规定这批类中必须提供某些方法，提供这些方法的类就可满足实际需要。

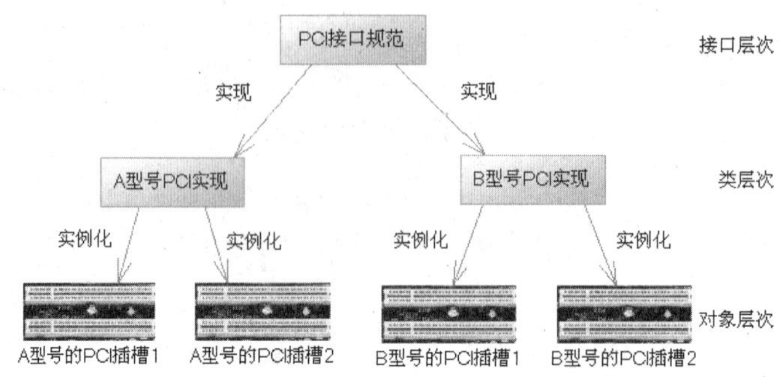

图 6.4　接口、类和实例的抽象示意图

可见，接口是从多个相似类中抽象出来的规范，接口不提供任何实现。接口体现的是规范和实现分离的设计哲学。

让规范和实现分离正是接口的好处，让软件系统的各组件之间面向接口耦合，是一种松耦合的设计。例如，主板上提供了 PCI 插槽，只要一块显卡遵守 PCI 接口规范，就可以插入 PCI 插槽内，与该主板正常通信。至于这块显卡是哪个厂家制造的，内部是如何实现的，主板无须关心。

类似地，软件系统的各模块之间也应该采用这种面向接口的耦合，从而尽量降低各模块之间的耦合，为系统提供更好的可扩展性和可维护性。

因此，接口定义的是多个类共同的公共行为规范，这些行为是与外部交流的通道，这就意味着在接口里通常是定义一组公用方法。

6.6.2　改进后的接口定义

与类定义不同，定义接口不再使用 class 关键字，而是使用 interface 关键字。定义接口的基本语法格式如下：

```
[修饰符] interface 接口名 extends 父接口1, 父接口2...
{
    零个到多个常量定义...
    零个到多个抽象方法定义...
    零个到多个内部类、接口、枚举定义...
    零个到多个私有方法、默认方法或类方法定义...
}
```

对上面的语法格式详细说明如下：

- 修饰符可以是 public 或者省略，如果省略了 public 访问控制符，则默认采用包权限访问控制符，即只有在相同的包结构下才可以访问该接口。
- 接口名应与类名采用相同的命名规则——如果仅从语法的角度来看，接口名只要是合法的标识符即可；如果要遵守 Java 可读性规范，则接口名应由多个有意义的单词连缀而成，每个单词首字母大写，单词与单词之间不需要任何分隔符。接口名通常能够使用形容词。
- 一个接口可以有多个直接父接口，但接口只能继承接口，不能继承类。

提示：

在上面的语法格式中，只有在 Java 8 以上的版本中，才允许在接口中定义默认方法、类方法。关于内部类、内部接口、内部枚举的知识，将在下一节中详细介绍。

由于接口定义的是一种规范，因此接口里不能包含构造器和初始化块的定义。接口里可以包含成员变量（只能是静态常量）、方法（只能是抽象实例方法、类方法、默认方法或私有方法）、内部类（包括内部接口、枚举）的定义。

对比接口和类的定义方式，不难发现接口的成员比类中的成员少了两种，而且接口里的成员变量只能是静态常量，接口里的方法只能是抽象方法、类方法、默认方法或私有方法。

前面已经说过了，在接口里定义的是多个类共同的公共行为规范，因此接口里的常量、方法、内部类和内部枚举都是 public 访问权限的。在定义接口成员时，可以省略访问控制符，如果指定访问控制符，则只能使用 public 访问控制符。

Java 9 为接口增加了一种新的私有方法。其实私有方法的主要作用就是作为工具方法，为接口中的默认方法或类方法提供支持。私有方法可以拥有方法体，但私有方法不能使用 default 修饰。私有方法可以使用 static 修饰，也就是说，私有方法既可以是类方法，也可以是实例方法。

对于接口里定义的静态常量而言，它们是与接口相关的，因此系统会自动为这些成员变量增加 static 和 final 两个修饰符。也就是说，在接口中定义成员变量时，不管是否使用 public static final 修饰符，接口里的成员变量总是使用这三个修饰符来修饰。而且接口里没有构造器和初始化块，因此在接口里定义的成员变量只能在定义时指定默认值。

在接口里定义成员变量采用如下两行代码的结果完全一样。

```
// Java 自动为在接口里定义的成员变量增加 public static final 修饰符
int MAX_SIZE = 50;
public static final int MAX_SIZE = 50;
```

在接口里定义的方法只能是抽象方法、类方法、默认方法或私有方法。因此，如果不是定义默认方法、类方法或私有方法，系统将自动为普通方法增加 abstract 修饰符；在定义接口里的普通方法时，不管是否使用 public abstract 修饰符，接口里的普通方法总是使用 public abstract 来修饰。接口里的普通方法不能有方法实现（方法体）；但类方法、默认方法、私有方法都必须有方法实现（方法体）。

在接口里定义的内部类、内部接口、内部枚举默认采用 public static 修饰符，不管在定义时是否指定这两个修饰符，系统都会自动使用 public static 对它们进行修饰。

下面定义一个接口。

程序清单：codes\06\6.6\Output.java

```
package lee;
public interface Output
{
    // 在接口里定义的成员变量只能是常量
    int MAX_CACHE_LINE = 50;
    // 在接口里定义的普通方法只能是 public 抽象方法
    void out();
    void getData(String msg);
    // 在接口中定义默认方法时，需要使用 default 修饰
    default void print(String... msgs)
    {
        for (var msg : msgs)
        {
            System.out.println(msg);
        }
    }
    // 在接口中定义默认方法时，需要使用 default 修饰
    default void test()
    {
        System.out.println("默认的 test()方法");
    }
    // 在接口中定义类方法时，需要使用 static 修饰
    static String staticTest()
    {
        return "接口里的类方法";
    }
    // 定义私有方法
    private void foo()
    {
        System.out.println("foo 私有方法");
```

```
    }
    // 定义私有静态方法
    private static void bar()
    {
        System.out.println("bar私有静态方法");
    }
}
```

上面定义了一个 Output 接口，这个接口里包含了一个成员变量：MAX_CACHE_LINE。除此之外，这个接口还定义了两个普通方法：表示取得数据的 getData()方法和表示输出的 out()方法。这就定义了 Output 接口的规范：只要某个类能取得数据，并可以将数据输出，它就是一个输出设备，至于这个设备的实现细节，接口作为规范并不关心。

从 Java 8 开始，在接口里允许定义默认方法，默认方法必须使用 default 修饰，该方法不能使用 static 修饰；无论程序是否指定，默认方法总是使用 public 修饰——如果开发者没有指定 public，系统会自动为默认方法添加 public 修饰符。由于默认方法并没有 static 修饰，因此不能直接使用接口来调用默认方法，需要使用接口的实现类的实例来调用默认方法。

提示：

接口里的默认方法其实就是实例方法，但由于早期 Java 的设计是，接口中的实例方法不能有方法体；Java 8 也不能直接"推倒"以前的规则，因此只好重定义一个所谓的"默认方法"，默认方法就是有方法体的实例方法。

从 Java 8 开始，在接口里允许定义类方法，类方法必须使用 static 修饰，该方法不能使用 default 修饰；无论程序是否指定，类方法总是使用 public 修饰——如果开发者没有指定 public，系统会自动为类方法添加 public 修饰符。类方法可以直接使用接口来调用。

Java 9 增加了带方法体的私有方法，这也是 Java 8 埋下的伏笔：Java 8 允许在接口中定义带方法体的默认方法和类方法——这样势必会引发一个问题，当两个默认方法（或类方法）中包含一段相同的实现逻辑时，程序必然考虑将这段实现逻辑抽取成工具方法，而工具方法是应该被隐藏的，这就是 Java 9 增加私有方法的必然性。

接口里的成员变量默认是使用 public static final 修饰的，因此，即使另一个类处于不同的包下，也可以通过接口来访问接口里的成员变量。例如下面的程序。

程序清单：codes\06\6.6\OutputFieldTest.java

```
package yeeku;
public class OutputFieldTest
{
    public static void main(String[] args)
    {
        // 访问另一个包中的Output接口的MAX_CACHE_LINE
        System.out.println(lee.Output.MAX_CACHE_LINE);
        // 下面的语句将引发"为final变量赋值"的编译异常
        // lee.Output.MAX_CACHE_LINE = 20;
        // 使用接口来调用类方法
        System.out.println(lee.Output.staticTest());
    }
}
```

从上面的 main()方法中可以看出，OutputFieldTest 与 Output 处于不同的包下，但可以访问 Output 的 MAX_CACHE_LINE 常量，这表明该成员变量是 public 访问权限的，而且可通过接口来访问该成员变量，表明这个成员变量是一个类变量；当为这个成员变量赋值时，将引发"为 final 变量赋值"的编译异常，表明这个成员变量使用了 final 修饰。

注意：

从某个角度来看，接口可被当成一个特殊的类，因此，在一个 Java 源文件中最多只能有一个 public 接口；如果在一个 Java 源文件中定义了一个 public 接口，则该源文件的主文件名必须与该接口名相同。

6.6.3 接口的继承

接口的继承和类的继承不一样，接口完全支持多继承，即一个接口可以有多个直接父接口。与类的继承相似，子接口扩展某个父接口，将会获得父接口里定义的所有抽象方法、常量。

当一个接口继承多个父接口时，多个父接口排在 extends 关键字之后，多个父接口之间以英文逗号（,）隔开。下面的程序定义了三个接口，其中第三个接口继承了前面两个接口。

程序清单：codes\06\6.6\InterfaceExtendsTest.java

```
interface InterfaceA
{
    int PROP_A = 5;
    void testA();
}
interface InterfaceB
{
    int PROP_B = 6;
    void testB();
}
interface InterfaceC extends InterfaceA, InterfaceB
{
    int PROP_C = 7;
    void testC();
}
public class InterfaceExtendsTest
{
    public static void main(String[] args)
    {
        System.out.println(InterfaceC.PROP_A);
        System.out.println(InterfaceC.PROP_B);
        System.out.println(InterfaceC.PROP_C);
    }
}
```

上面程序中的 InterfaceC 接口继承了 InterfaceA 和 InterfaceB，所以 InterfaceC 获得了它们的常量，在 main()方法中可以看到通过 InterfaceC 来访问 PROP_A、PROP_B 和 PROP_C 常量。

6.6.4 使用接口

接口不能用于创建实例，但接口可以用于声明引用类型变量。当使用接口来声明引用类型变量时，这个引用类型变量必须引用到其实现类的对象。此外，接口的主要用途就是被实现类实现。归纳起来，接口主要有如下用途。

- 定义变量，也可用于进行强制类型转换。
- 调用接口中定义的常量。
- 被其他类实现。

一个类可以实现一个或多个接口，继承使用 extends 关键字，实现则使用 implements 关键字。一个类可以实现多个接口，这也是 Java 为单继承灵活性不足所做的补充。类实现接口的语法格式如下：

```
[修饰符] class 类名 extends 父类 implements 接口1,接口2...
{
    类体部分
}
```

实现接口与继承父类相似，一样可以获得所实现接口里定义的常量（成员变量）、方法（包括抽象方法和默认方法）。

让类实现接口需要在类定义后增加 implements 部分，当需要实现多个接口时，多个接口之间以英文逗号（,）隔开。一个类可以继承一个父类，并同时实现多个接口，implements 部分必须被放在 extends 部分之后。

一个类实现了一个或多个接口之后，这个类必须完全实现这些接口里所定义的全部抽象方法（也就是重写这些抽象方法）；否则，该类将保留从父接口那里继承到的抽象方法，该类也必须被定义成抽象类。

当一个类实现某个接口时，该类将会获得该接口中定义的常量（成员变量）、方法等，因此可以把实现接口理解为一种特殊的继承，相当于实现类继承了一个彻底抽象的类（相当于除默认方法外，所有方法都是抽象方法的类）。

下面看一个实现接口的类。

程序清单：codes\06\6.6\Printer.java

```
// 定义一个 Product 接口
interface Product
{
    int getProduceTime();
}
// 让 Printer 类实现 Output 和 Product 接口
public class Printer implements Output, Product
{
    private String[] printData
        = new String[MAX_CACHE_LINE];
    // 用于记录当前需打印的作业数
    private int dataNum = 0;
    public void out()
    {
        // 只要还有作业，就继续打印
        while (dataNum > 0)
        {
            System.out.println("打印机打印：" + printData[0]);
            // 把作业队列整体前移一位，并将剩下的作业数减 1
            System.arraycopy(printData, 1,
                printData, 0, --dataNum);
        }
    }
    public void getData(String msg)
    {
        if (dataNum >= MAX_CACHE_LINE)
        {
            System.out.println("输出队列已满，添加失败");
        }
        else
        {
            // 把打印数据添加到队列里，已保存数据的数量加 1
            printData[dataNum++] = msg;
        }
    }
    public int getProduceTime()
    {
        return 45;
    }
    public static void main(String[] args)
    {
        // 创建一个 Printer 对象，当成 Output 使用
        Output o = new Printer();
        o.getData("轻量级 Java EE 企业应用实战");
        o.getData("疯狂 Java 讲义");
        o.out();
        o.getData("疯狂 Android 讲义");
        o.getData("疯狂 Ajax 讲义");
        o.out();
```

```
        // 调用 Output 接口中定义的默认方法
        o.print("孙悟空", "猪八戒", "白骨精");
        o.test();
        // 创建一个 Printer 对象，当成 Product 使用
        Product p = new Printer();
        System.out.println(p.getProduceTime());
        // 所有接口类型的引用变量都可被直接赋给 Object 类型的变量
        Object obj = p;
    }
}
```

从上面的程序中可以看出，Printer 类实现了 Output 接口和 Product 接口，因此 Printer 对象既可被直接赋给 Output 变量，也可被直接赋给 Product 变量。仿佛 Printer 类既是 Output 类的子类，也是 Product 类的子类，这就是 Java 提供的模拟多继承。

上面程序中的 Printer 实现了 Output 接口，即可获取 Output 接口中定义的 print()和 test()两个默认方法，因此 Printer 实例可以直接调用这两个默认方法。

在实现接口方法时，必须使用 public 访问控制符，因为接口里的方法都是 public 的，而子类（相当于实现类）重写父类方法时访问权限只能更大或者与其相等，所以当实现类实现接口里的方法时只能使用 public 访问权限。

接口不能显式继承任何类，但所有接口类型的引用变量都可以被直接赋给 Object 类型的引用变量。所以，在上面的程序中可以把 Product 类型的变量直接赋给 Object 类型的变量，这是利用向上转型来实现的，因为编译器知道任何 Java 对象都必须是 Object 类或其子类的实例，Product 类型的对象也不例外（它必须是 Product 接口实现类的对象，该实现类肯定是 Object 类的显式或隐式子类）。

6.6.5 接口和抽象类

接口和抽象类很像，它们都具有如下特征。

- 接口和抽象类都不能被实例化，它们都位于继承树的顶端，用于被其他类实现和继承。
- 接口和抽象类都可以包含抽象方法，实现接口或继承抽象类的普通子类都必须实现这些抽象方法。

但接口和抽象类之间的差别非常大，这种差别主要体现在二者设计目的上。下面具体分析二者的差别。

接口作为系统与外界交互的窗口，体现的是一种规范。对于接口的实现者而言，接口规定了实现者必须向外提供哪些服务（以方法的形式来提供）；对于接口的调用者而言，接口规定了调用者可以调用哪些服务，以及如何调用这些服务（就是如何来调用方法）。当在一个程序中使用接口时，接口是多个模块间的耦合标准；当在多个应用程序之间使用接口时，接口是多个程序之间的通信标准。

从某种程度上来看，接口类似于整个系统的“总纲”，它制定了系统各模块应该遵循的标准，因此一个系统中的接口不应该经常被改变。一旦接口被改变，对整个系统甚至其他系统的影响将是辐射式的，导致系统中的大部分类都需要改写。

抽象类则不一样，抽象类作为系统中多个子类的共同父类，它所体现的是一种模板式设计。抽象类作为多个子类的抽象父类，可以被当成系统实现过程中的中间产品，这个中间产品已经实现了系统的部分功能（那些已经提供实现的方法），但这个产品依然不能被当成最终产品，必须有更进一步的完善，这种完善可能有几种不同方式。

此外，接口和抽象类在用法上也存在如下差别。

- 接口里只能包含抽象方法、静态方法、默认方法和私有方法，不能为普通方法提供方法实现；抽象类则完全可以包含普通方法。

- 在接口里只能定义静态常量，不能定义普通成员变量；在抽象类中则既可以定义普通成员变量，也可以定义静态常量。
- 接口里不包含构造器；但抽象类可以包含构造器，抽象类中的构造器并不是用于创建对象的，而是用于让其子类调用这些构造器来完成属于抽象类的初始化操作。
- 接口里不能包含初始化块；但抽象类则完全可以包含初始化块。
- 一个类最多只能有一个直接父类，包括抽象类；但一个类可以直接实现多个接口，通过实现多个接口可以弥补 Java 单继承的不足。

6.6.6 面向接口编程

前面已经提到，接口体现的是一种规范和实现分离的设计哲学，充分利用接口可以极好地降低程序各模块之间的耦合，从而提高系统的可扩展性和可维护性。

基于这个原则，很多软件架构设计理论都倡导“面向接口”编程，而不是面向实现类编程，希望通过面向接口编程来降低程序的耦合。下面介绍两种常用场景来示范面向接口编程的优势。

1. 简单工厂模式

有一种场景：假设程序中有一个 Computer 类需要组合一个输出设备，现在有两个选择——直接让 Computer 类组合一个 Printer，或者让 Computer 类组合一个 Output。那么，到底采用哪种方式更好呢？

假设让 Computer 类组合一个 Printer 对象，如果有一天系统需要重构，需要使用 BetterPrinter 来代替 Printer，那么这时就需要打开 Computer 类的源代码进行修改。如果系统中只有一个 Computer 类组合了 Printer 还好，但如果系统中有 100 个类组合了 Printer，甚至有 1000 个、10000 个……这将意味着需要打开 100 个、1000 个、10000 个类的源代码进行修改，这是多么大的工作量啊！

为了避免这个问题，工厂模式建议让 Computer 类组合一个 Output 类型的对象，将 Computer 类与 Printer 类完全分离。Computer 对象实际组合的是 Printer 对象还是 BetterPrinter 对象，对 Computer 而言完全透明。当将 Printer 对象切换到 BetterPrinter 对象时，系统完全不受影响。下面是这个 Computer 类的定义代码。

程序清单：codes\06\6.6\Computer.java

```java
public class Computer
{
    private Output out;
    public Computer(Output out)
    {
        this.out = out;
    }
    // 定义一个模拟获取字符串输入的方法
    public void keyIn(String msg)
    {
        out.getData(msg);
    }
    // 定义一个模拟打印的方法
    public void print()
    {
        out.out();
    }
}
```

上面的 Computer 类已经完全与 Printer 类分离，只是与 Output 接口耦合。Computer 不再负责创建 Output 对象，系统提供一个 Output 工厂来负责生成 Output 对象。这个 OutputFactory 工厂类的代码如下。

程序清单：codes\06\6.6\OutputFactory.java

```java
public class OutputFactory
{
    public Output getOutput()
    {
        return new Printer();
```

```
    }
    public static void main(String[] args)
    {
        var of = new OutputFactory();
        var c = new Computer(of.getOutput());
        c.keyIn("轻量级 Java EE 企业应用实战");
        c.keyIn("疯狂 Java 讲义");
        c.print();
    }
}
```

在该 OutputFactory 类中包含了一个 getOutput()方法，该方法返回一个 Output 实现类的实例，该方法负责创建 Output 实例，具体创建哪一个实现类的对象由该方法决定（具体由该方法中的粗体字部分控制，当然也可以增加更复杂的控制逻辑）。如果系统需要将 Printer 改为 BetterPrinter 实现类，那么只需让 BetterPrinter 实现 Output 接口，并改变 OutputFactory 类中的 getOutput()方法即可。

下面是 BetterPrinter 实现类的代码。BetterPrinter 只是对原有的 Printer 进行简单修改，以模拟系统重构后的改进。

程序清单：codes\06\6.6\BetterPrinter.java

```
public class BetterPrinter implements Output
{
    private String[] printData
        = new String[MAX_CACHE_LINE * 2];
    // 用于记录当前需打印的作业数
    private int dataNum = 0;
    public void out()
    {
        // 只要还有作业，就继续打印
        while (dataNum > 0)
        {
            System.out.println("高速打印机正在打印：" + printData[0]);
            // 把作业队列整体前移一位，并将剩下的作业数减 1
            System.arraycopy(printData, 1, printData, 0, --dataNum);
        }
    }
    public void getData(String msg)
    {
        if (dataNum >= MAX_CACHE_LINE * 2)
        {
            System.out.println("输出队列已满，添加失败");
        }
        else
        {
            // 把打印数据添加到队列里，已保存数据的数量加 1
            printData[dataNum++] = msg;
        }
    }
}
```

上面的 BetterPrinter 类也实现了 Output 接口，因此也可被当成 Output 对象使用。于是，只需要把 OutputFactory 工厂类的 getOutput()方法中的粗体字部分改为如下代码：

```
return new BetterPrinter();
```

再次运行前面的 OutputFactory.java 程序，发现系统在运行时已经改为 BetterPrinter 对象，而不再是原来的 Printer 对象。

通过这种方式，即可把所有生成 Output 对象的逻辑集中在 OutputFactory 工厂类中管理，而所有需要使用 Output 对象的类只与 Output 接口耦合，而不与具体的实现类耦合。即使系统中有很多类使用了 Printer 对象，只要 OutputFactory 类的 getOutput()方法生成的 Output 对象是 BetterPrinter 对象，它们全部都会改为使用 BetterPrinter 对象，而所有程序无须修改，只需要修改 OutputFactory 工厂类的 getOutput()方法实现即可。

提示：上面介绍的就是一种被称为“简单工厂”的设计模式。所谓设计模式，就是对经常出现的软件设计问题的成熟解决方案。很多人把设计模式想象成非常高深的概念，实际上设计模式仅仅是对特定问题的一种惯性思维。有些学员喜欢抱着一本设计模式的书研究，以期成为一个“高手”（估计他肯定是武侠小说看多了），实际上，对设计模式的理解必须以足够的代码积累量作为基础。最好是经历过某种苦痛，或者正在经历一种苦痛，这样就会对设计模式有较深的感受。

2. 命令模式

考虑这样一种场景：某个方法需要完成某一个行为，但这个行为的具体实现无法确定，必须等到执行该方法时才可以确定。具体一点：假设有一个方法需要遍历某个数组的数组元素，但无法确定在遍历数组元素时如何处理这些元素，需要在调用该方法时指定具体的处理行为。

这个要求看起来有点奇怪：这个方法不仅需要普通数据可以变化，甚至还有方法执行体也需要变化，难道需要把“处理行为”作为一个参数传入该方法？

提示：在某些编程语言（如 Ruby 等）中，确实允许传入一个代码块作为参数。通过 Java 8 引入的 Lambda 表达式也可传入代码块作为参数。

对于这样的需求，必须把“处理行为”作为参数传入该方法，这个“处理行为”用编程来实现就是一段代码。那么，如何把这段代码传入该方法呢？

可以考虑使用 Command 接口来定义一个方法，用这个方法来封装“处理行为”。下面是该 Command 接口的代码。

程序清单：codes\06\6.6\Command.java

```
public interface Command
{
    // 在接口中定义的process 方法用于封装“处理行为”
    void process(int element);
}
```

在上面的 Command 接口中定义了一个 process()方法，这个方法用于封装“处理行为”，但这个方法没有方法体——因为现在还无法确定这个处理行为。

下面是需要处理数组的处理类，在这个处理类中包含一个 process()方法，这个方法无法确定对数组的处理行为，所以在定义该方法时使用了一个 Command 参数，这个 Command 参数负责对数组的处理行为。该类的程序代码如下。

程序清单：codes\06\6.6\ProcessArray.java

```
public class ProcessArray
{
    public void process(int[] target, Command cmd)
    {
        for (var t : target)
        {
            cmd.process(t);
        }
    }
}
```

通过一个 Command 接口，就实现了让 ProcessArray 类和具体的“处理行为”分离，程序使用 Command 接口代表对数组元素的处理行为。Command 接口也没有提供真正的处理，只有等到需要调用 ProcessArray 对象的 process()方法时，才真正传入一个 Command 对象，才确定对数组的处理行为。

下面的程序示范了对数组的两种处理方式。

程序清单：codes\06\6.6\CommandTest.java

```
public class CommandTest
{
    public static void main(String[] args)
    {
        var pa = new ProcessArray();
        int[] target = {3, -4, 6, 4};
        // 第一次处理数组，具体的处理行为取决于 PrintCommand
        pa.process(target, new PrintCommand());
        System.out.println("------------------");
        // 第二次处理数组，具体的处理行为取决于 SquareCommand
        pa.process(target, new SquareCommand());
    }
}
```

运行上面的程序，将看到如图 6.5 所示的结果。

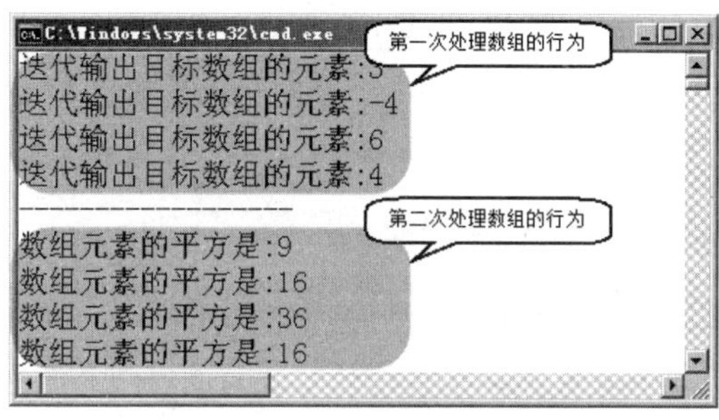

图 6.5　两次处理数组的结果

图 6.5 显示了两次不同处理行为的效果，也就实现了 process()方法和“处理行为”的分离，两次不同的处理行为是通过 PrintCommand 类和 SquareCommand 类提供的。下面分别是 PrintCommand 类和 SquareCommand 类的代码。

程序清单：codes\06\6.6\PrintCommand.java

```
public class PrintCommand implements Command
{
    public void process(int element)
    {
        System.out.println("迭代输出目标数组的元素:" + element);
    }
}
```

程序清单：codes\06\6.6\SquareCommand.java

```
public class SquareCommand implements Command
{
    public void process(int element)
    {
        System.out.println("数组元素的平方是:" + element * element);
    }
}
```

对于 PrintCommand 和 SquareCommand 两个实现类而言，实际有意义的部分就是 process(int element) 方法，该方法的方法体就是传入 ProcessArray 类中的 process()方法的“处理行为”，通过这种方式就可实现 process()方法和“处理行为”的分离。

6.7　内部类

大部分时候，类被定义成一个独立的程序单元。在某些情况下，也会把一个类放在另一个类的内部定义，这个定义在其他类内部的类就被称为内部类（有的地方也叫嵌套类），包含内部类的类也被称为外部类（有的地方也叫宿主类）。Java 从 JDK 1.1 开始引入内部类，内部类主要有如下作用。

- 内部类提供了更好的封装，可以把内部类隐藏在外部类之内，不允许同一个包中的其他类访问该类。假设需要创建 Cow 类，Cow 类需要组合一个 CowLeg 对象，CowLeg 类只有在 Cow 类中才有效，离开了 Cow 类之后没有任何意义。在这种情况下，就可以把 CowLeg 定义成 Cow 的内部类，不允许其他类访问 CowLeg。
- 内部类成员可以直接访问外部类的 private 成员（变量、方法等），因为内部类被当成其外部类成员，同一个类的成员之间可以互相访问。同时，内部类整体处于外部类中，因此外部类也能直接访问内部类的 private 成员（变量、方法等）。
- 匿名内部类适合用于创建那些仅需要使用一次的类。对于前面介绍的命令模式，当需要传入一个 Command 对象时，重新专门定义 PrintCommand 和 SquareCommand 两个实现类可能没有太大的意义，因为这两个实现类可能仅需要使用一次。在这种情况下，使用匿名内部类将更方便。

从语法的角度来看，定义内部类与定义外部类的语法大致相同，内部类除需要被定义在其他类里面之外，其中关键的一点区别在于：内部类比外部类可以多使用三个修饰符——private、protected、static——外部类不可以使用这三个修饰符。

6.7.1　Java 17 改进的非静态内部类

定义内部类非常简单，只要把一个类放在另一个类内部定义即可。此处的“类内部”包括类中的任何位置，甚至在方法中也可以定义内部类（在方法中定义的内部类被称为局部内部类）。定义内部类的语法格式如下：

```
public class OuterClass
{
    // 此处可以定义内部类
}
```

大部分时候，内部类都被作为成员内部类定义，而不是作为局部内部类。成员内部类是一种与成员变量、方法、构造器和初始化块相似的类成员；局部内部类和匿名内部类则不是类成员。

成员内部类分为两种：静态内部类和非静态内部类。使用 static 修饰的成员内部类是静态内部类，没有使用 static 修饰的成员内部类是非静态内部类。

前面经常看到在同一个 Java 源文件中定义了多个类，在那种情况下它们不是内部类，它们依然是相互独立的类。例如下面的程序：

```
// 下面的 A、B 两个空类相互独立，没有谁是谁的内部类
class A{}
public class B{}
```

上面的两个类定义虽然被写在同一个源文件中，但它们相互独立，没有谁是谁的内部类这种关系。内部类一定是在另一个类的类体部分（也就是类名后的花括号部分）定义的。

由于内部类是其外部类的成员，所以可以使用任意访问控制符如private、protected和public等修饰。

提示：

外部类的上一级程序单元是包，所以它只有两个作用域：同一个包内和任何位置。因此只需要两种访问权限：包访问权限和公开访问权限，正好对应于省略访问控制符和 public 访问控制符。省略访问控制符是包访问权限，即同一个包中的其他类可以访问省略访问控制符的成员。因此，如果一个外部类不使用任何访问控制符修饰，那么它只能被同一个包中的其他类访问。而内部类的上一级程序单元是外部类，它具有 4 个作用域：同一个类中、同一个包内、父子类中和任何位置，因此可以使用 4 种访问权限。

下面的程序在 Cow 类中定义了一个 CowLeg 非静态内部类，并在 CowLeg 类的实例方法中直接访问 Cow 的具有 private 访问权限的实例变量。

程序清单：codes\06\6.7\Cow.java

```
public class Cow
{
    private double weight;
    // 外部类的两个重载的构造器
    public Cow(){}
    public Cow(double weight)
    {
        this.weight = weight;
    }
    // 定义一个非静态内部类
    private class CowLeg
    {
        // 非静态内部类的两个实例变量
        private double length;
        private String color;
        // 非静态内部类的两个重载的构造器
        public CowLeg(){}
        public CowLeg(double length, String color)
        {
            this.length = length;
            this.color = color;
        }
        // 下面省略 length、color 的 setter 和 getter 方法
        ...
        // 非静态内部类的实例方法
        private void info()
        {
            System.out.println("当前牛腿颜色是："
                + color + ", 高：" + length);
            // 直接访问外部类的 private 修饰的成员变量
            System.out.println("本牛腿所在奶牛重：" + weight);   // ①
        }
    }
    public void test()
    {
        var cl = new CowLeg(1.12, "黑白相间");
        // 访问内部类的 private 成员（变量和方法）
        System.out.println(cl.length);
        cl.info();
    }
    public static void main(String[] args)
    {
        var cow = new Cow(378.9);
        cow.test();
    }
}
```

上面程序中的粗体字部分是一个普通的类定义，但因为把这个类定义放在了另一个类的内部，所以它就成了一个内部类，可以使用 private 修饰符来修饰这个类。

外部类 Cow 中包含了一个 test()方法，在该方法中创建了一个 CowLeg 对象，并访问该对象的 length 变量、调用 info()方法，而它们都是内部类的 private 成员，这说明外部类可直接访问内部类的 private 成员。

编译上面的程序，可以看到在文件所在的路径下生成了两个 class 文件，其中一个是 Cow.class，另一个是 Cow$CowLeg.class；前者是外部类 Cow 的 class 文件，后者是内部类 CowLeg 的 class 文件，即成员内部类（包括静态内部类、非静态内部类）的 class 文件总是这种形式：OuterClass$InnerClass.class。

前面提到过，在非静态内部类中可以直接访问外部类的 private 成员，上面程序中的①号粗体字代码行，就是在 CowLeg 类的方法内直接访问其外部类的 private 实例变量。这是因为在非静态内部类对象中，保存了一个它所寄生的外部类对象的引用（当调用非静态内部类的实例方法时，必须有一个非静态内部类实例，非静态内部类实例必须寄生在外部类实例中）。图 6.6 显示了上面的程序运行时的内存示意图。

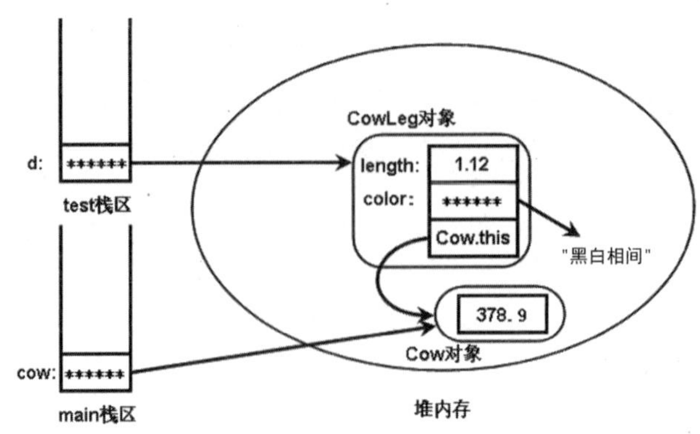

图 6.6　非静态内部类对象中保存外部类对象的引用的内存示意图

当在非静态内部类的方法内访问某个变量时，系统优先在该方法内查找是否存在该名字的局部变量，如果存在，就使用该变量；如果不存在，则到该方法所在的内部类中查找是否存在该名字的成员变量，如果存在，则使用该成员变量；如果不存在，则到该内部类所在的外部类中查找是否存在该名字的成员变量，如果存在，则使用该成员变量；如果依然不存在，系统将出现编译错误，提示找不到该变量。

因此，如果外部类成员变量、内部类成员变量与内部类中方法的局部变量同名，则可通过使用 this、外部类类名.this 限定来区分。程序如下所示。

程序清单：codes\06\6.7\DiscernVariable.java

```
public class DiscernVariable
{
    private String prop = "外部类的实例变量";
    private class InClass
    {
        private String prop = "内部类的实例变量";
        public void info()
        {
            var prop = "局部变量";
            // 通过外部类类名.this.varName 访问外部类实例变量
            System.out.println("外部类的实例变量值："
                + DiscernVariable.this.prop);
            // 通过 this.varName 访问内部类实例的变量
            System.out.println("内部类的实例变量值：" + this.prop);
            // 直接访问局部变量
            System.out.println("局部变量的值：" + prop);
        }
    }
    public void test()
    {
        var in = new InClass();
        in.info();
    }
    public static void main(String[] args)
    {
        new DiscernVariable().test();
    }
}
```

上面程序中的粗体字代码行分别访问外部类的实例变量、非静态内部类的实例变量。通过 OuterClass.this.propName 的形式访问外部类的实例变量，通过 this.propName 的形式访问非静态内部类的实例变量。

非静态内部类的成员可以访问外部类的实例成员，但反过来就不成立了。如果外部类需要访问非静态内部类的实例成员，则必须显式创建非静态内部类对象来访问其实例成员。下面的程序示范了这个规则。

程序清单：codes\06\6.7\Outer.java

```
public class Outer
{
```

```
    private int outProp = 9;
    class Inner
    {
        private int inProp = 5;
        public void accessOuterProp()
        {
            // 非静态内部类可以直接访问外部类的 private 实例变量
            System.out.println("外部类的 outProp 值:"
                + outProp);
        }
    }
    public void accessInnerProp()
    {
        // 外部类不能直接访问非静态内部类的实例变量
        // 下面的代码出现编译错误
        // System.out.println("内部类的 inProp 值:" + inProp);
        // 如果需要访问内部类的实例变量，则必须显式创建内部类对象
        System.out.println("内部类的 inProp 值:"
            + new Inner().inProp);
    }
    public static void main(String[] args)
    {
        // 执行下面的代码，只创建了外部类对象，还未创建内部类对象
        var out = new Outer();      // ①
        out.accessInnerProp();
    }
}
```

程序中的粗体字代码行试图在外部类方法中访问非静态内部类的实例变量，这将引起编译错误。

外部类不允许访问非静态内部类的实例成员的原因是，上面程序中 main()方法的①号粗体字代码创建了一个外部类对象，并调用外部类对象的 accessInnerProp()方法。此时非静态内部类对象根本不存在，如果允许 accessInnerProp()方法访问非静态内部类的实例成员，将肯定引起错误。

学生提问：非静态内部类对象和外部类对象的关系是怎样的？

答：非静态内部类对象必须寄生在外部类对象中，而外部类对象则不必一定有非静态内部类对象寄生其中。简单地说，如果存在一个非静态内部类对象，则一定存在一个被它寄生的外部类对象。但当外部类对象存在时，外部类对象中不一定寄生了非静态内部类对象。因此，当外部类对象访问非静态内部类成员时，可能非静态普通内部类对象根本不存在！而当非静态内部类对象访问外部类成员时，外部类对象一定存在。

根据静态成员不能访问非静态成员的规则，外部类的静态方法、静态代码块不能访问非静态内部类，包括不能使用非静态内部类定义变量、创建实例等。总之，不允许在外部类的静态成员中直接使用非静态内部类。程序如下所示。

程序清单：codes\06\6.7\StaticTest.java

```
public class StaticTest
{
    // 定义一个非静态内部类，它是一个空类
    private class In{}
    // 外部类的静态方法
    public static void main(String[] args)
    {
        // 下面的代码引发编译异常，因为静态成员（main()方法）
        // 无法访问非静态成员（In 类）
        new In();
    }
}
```

在 Java 16 以前，Java 不允许在非静态内部类中定义静态成员。从 Java 16 开始，这个限制被取消了，这意味着 Java 17 允许在非静态内部类中定义静态成员，这就解决了长久以来一直困扰 Java 开发者的问题。下面的程序示范了非静态内部类中包含静态成员不会引发编译错误。

程序清单：codes\06\6.7\InnerHasStatic.java

```
public class InnerHasStatic
{
    private class InnerClass
    {
        // 从 Java 16 开始，下面三个静态声明完全合法
        static
        {
            System.out.println("==========");
        }
        private static int inProp;
        private static void test(){}
    }
}
```

在 Java 16 以前，上面三行粗体字代码所声明的静态成员都是错误的；从 Java 16 开始，上面的程序完全正确，这就相当于 Java 17 解除了非静态内部类的“封印”。

6.7.2 静态内部类

如果使用 static 来修饰一个内部类，那么这个内部类就属于外部类本身，而不属于外部类的某个对象。因此 static 修饰的内部类被称为类内部类，有的地方也称为静态内部类。

注意：

static 关键字的作用是把类的成员变成与类相关的，而不是与实例相关的，即 static 修饰的成员属于整个类，而不属于单个对象。外部类的上一级程序单元是包，所以不可使用 static 修饰；而内部类的上一级程序单元是外部类，使用 static 修饰可以将内部类变成与外部类相关的，而不是与外部类实例相关的。因此，static 关键字不可修饰外部类，但可修饰内部类。

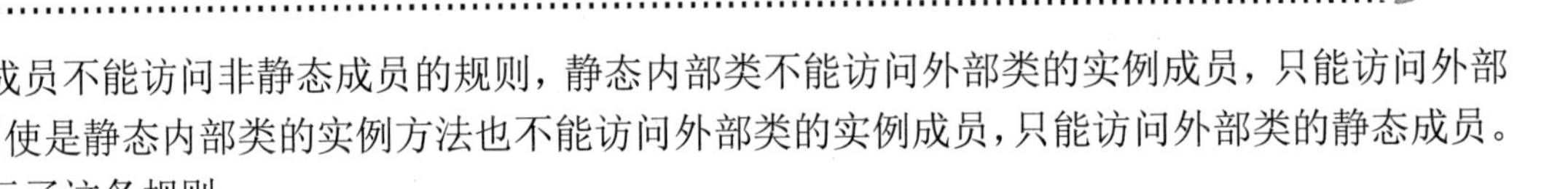

根据静态成员不能访问非静态成员的规则，静态内部类不能访问外部类的实例成员，只能访问外部类的类成员。即使是静态内部类的实例方法也不能访问外部类的实例成员，只能访问外部类的静态成员。下面的程序演示了这条规则。

程序清单：codes\06\6.7\StaticInnerClassTest.java

```
public class StaticInnerClassTest
{
    private int prop1 = 5;
    private static int prop2 = 9;
    static class StaticInnerClass
    {
        public void accessOuterProp()
        {
            // 下面的代码出现错误
            // 静态内部类无法访问外部类的实例变量
            System.out.println(prop1);
            // 下面的代码正常
            System.out.println(prop2);
        }
    }
}
```

在上面的程序中，在 StaticInnerClass 类中定义了一个 accessOuterProp()方法，这是一个实例方法，它依然不能访问外部类的 prop1 成员变量，因为这是实例变量（静态内部类不能访问外部类的实例成员）；

但它可以访问 prop2，因为它是静态成员变量。

学生提问：为什么静态内部类的实例方法也不能访问外部类的实例变量呢？

答：因为静态内部类是与外部类的类相关的，而不是与外部类的对象相关的。也就是说，静态内部类对象不是寄生在外部类的实例中，而是寄生在外部类的类本身中的。当静态内部类对象存在时，并不存在一个被它寄生的外部类对象，静态内部类对象只持有外部类的类引用，没有持有外部类对象的引用。如果允许静态内部类的实例方法访问外部类的实例成员，但是找不到被寄生的外部类对象，这将引起错误。

静态内部类是外部类的一个静态成员，因此在外部类的所有方法、所有初始化块中可以使用静态内部类来定义变量、创建对象等。

外部类依然不能直接访问静态内部类的成员，但可以使用静态内部类的类名作为调用者来访问静态内部类的类成员，也可以使用静态内部类对象作为调用者来访问静态内部类的实例成员。下面的程序示范了这条规则。

程序清单：codes\06\6.7\AccessStaticInnerClass.java

```
public class AccessStaticInnerClass
{
    static class StaticInnerClass
    {
        private static int prop1 = 5;
        private int prop2 = 9;
    }
    public void accessInnerProp()
    {
        // System.out.println(prop1);
        // 上面的代码出现错误，应改为如下形式
        // 通过类名访问静态内部类的类成员
        System.out.println(StaticInnerClass.prop1);
        // System.out.println(prop2);
        // 上面的代码出现错误，应改为如下形式
        // 通过实例访问静态内部类的实例成员
        System.out.println(new StaticInnerClass().prop2);
    }
}
```

此外，Java 还允许在接口里定义内部类，在接口里定义的内部类默认使用 public static 修饰，也就是说，接口内部类只能是静态内部类。

如果为接口内部类指定访问控制符，则只能指定 public 访问控制符；如果在定义接口内部类时省略访问控制符，则该内部类默认是 public 访问权限的。

学生提问：在接口里是否可以定义内部接口？

答：可以。接口里的内部接口是接口的成员，因此系统默认添加 public static 两个修饰符。如果在定义接口里的内部接口时指定访问控制符，则只能使用 public 修饰符。典型地，在第 8 章中介绍 Map 时，在 Map 接口中就定义了一个内部接口：Entry。

Java 也许在类里面定义内部接口（包括内部枚举，6.9 节会介绍枚举），与内部类不同的是，内部接口和内部枚举默认都是静态的。换言之，当程序定义内部接口、内部枚举时，不管你是否使用 static 修

饰它们，Java 始终会为它们添加 static 修饰符。

6.7.3 使用内部类

定义类的主要作用就是定义变量、创建实例和作为父类被继承。定义内部类的主要作用也是如此，但使用内部类定义变量和创建实例则与外部类存在一些小小的差异。下面分三种情况讨论内部类的用法。

1. 在外部类内部使用内部类

从前面的程序中可以看出，在外部类内部使用内部类时，与平常使用普通类没有太大的区别——一样可以直接通过内部类的类名来定义变量，通过 new 调用内部类的构造器来创建实例。

唯一存在的一个区别是：不要在外部类的静态成员（包括静态方法和静态初始化块）中使用非静态内部类，因为静态成员不能访问非静态成员。

在外部类内部定义内部类的子类与平常定义子类也没有太大的区别。

2. 在外部类以外使用非静态内部类

如果希望在外部类以外的地方使用内部类（包括静态的和非静态的两种），则内部类不能使用 private 访问权限，private 修饰的内部类只能在外部类内部使用。对于使用其他访问控制符修饰的内部类，则能在访问控制符对应的访问权限内使用。

- 省略访问控制符的内部类，只能被与外部类处于同一个包中的其他类所访问。
- protected 修饰的内部类，可以被与外部类处于同一个包中的其他类和外部类的子类所访问。
- public 修饰的内部类，可以在任何地方被访问。

在外部类以外的地方定义内部类（包括静态的和非静态的两种）变量的语法格式如下：

```
OuterClass.InnerClass varName
```

从上面的语法格式可以看出，在外部类以外的地方使用内部类时，内部类完整的类名应该是 OuterClass.InnerClass。如果外部类有包名，则还应该增加包名前缀。

由于非静态内部类的对象必须寄生在外部类的对象中，因此在创建非静态内部类的对象之前，必须先创建其外部类对象。在外部类以外的地方创建非静态内部类实例的语法格式如下：

```
outerInstance.new InnerConstructor()
```

从上面的语法格式可以看出，在外部类以外的地方创建非静态内部类实例必须使用外部类实例和 new 来调用非静态内部类的构造器。下面的程序示范了如何在外部类以外的地方创建非静态内部类的对象，并把它赋给非静态内部类类型的变量。

程序清单：codes\06\6.7\CreateInnerInstance.java

```
class Out
{
    // 定义一个内部类，不使用访问控制符修饰
    // 即只有同一个包中的其他类可访问该内部类
    class In
    {
        public In(String msg)
        {
            System.out.println(msg);
        }
    }
}
public class CreateInnerInstance
{
    public static void main(String[] args)
    {
        Out.In in = new Out().new In("测试信息");
        /*
        上面的代码可被改为如下三行代码
        使用 OuterClass.InnerClass 的形式定义内部类变量
```

```
        Out.In in;
        创建外部类实例，非静态内部类实例将寄生在该实例中
        Out out = new Out();
        通过外部类实例和 new 调用内部类的构造器来创建非静态内部类实例
        in = out.new In("测试信息");
        */
    }
}
```

上面程序中的粗体字代码行创建了一个非静态内部类的对象。从上面的代码可以看出，非静态内部类的构造器必须使用外部类对象来调用。

如果需要在外部类以外的地方创建非静态内部类的子类，则尤其要注意上面的规则：非静态内部类的构造器必须通过其外部类对象来调用。

当创建一个子类时，子类的构造器总会调用父类的构造器，因此在创建非静态内部类的子类时，必须保证让子类的构造器可以调用非静态内部类的构造器，在调用非静态内部类的构造器时，必须存在一个外部类对象。下面的程序定义了一个子类继承 Out 类的非静态内部类 In 类。

程序清单：codes\06\6.7\SubClass.java

```
public class SubClass extends Out.In
{
    // 显式定义 SubClass 的构造器
    public SubClass(Out out)
    {
        // 通过传入的 Out 对象显式调用 In 的构造器
        out.super("hello");
    }
}
```

上面程序中的粗体字代码行看起来有点奇怪，其实很正常：非静态内部类 In 类的构造器必须使用外部类对象来调用，代码中的 super 代表调用 In 类的构造器，而 out 则代表外部类对象（Out、In 这两个类直接来自前一个 CreateInnerInstance.java 程序）。

从上面的程序中可以看出，如果需要创建 SubClass 对象，则必须先创建一个 Out 对象。这是合理的，因为 SubClass 是非静态内部类 In 类的子类，非静态内部类 In 对象中必须有一个对 Out 对象的引用，其子类 SubClass 对象中也应该持有对 Out 对象的引用。当创建 SubClass 对象时，传给该构造器的 Out 对象就是 SubClass 对象中 Out 对象引用所指向的对象。

非静态内部类 In 对象和 SubClass 对象都必须持有指向 Outer 对象的引用，区别是，在创建这两种对象时传入 Out 对象的方式不同：当创建非静态内部类 In 类的对象时，必须通过 Outer 对象来调用 new 关键字；当创建 SubClass 类的对象时，必须使用 Outer 对象作为调用者来调用 In 类的构造器。

非静态内部类的子类不一定是内部类，它可以是一个外部类。但非静态内部类的子类实例一样需要保留一个引用，该引用指向其父类所在外部类的对象。也就是说，如果有一个内部类子类的对象存在，则一定存在与之对应的外部类对象。

3. 在外部类以外使用静态内部类

因为静态内部类是与外部类的类相关的，因此在创建静态内部类的对象时无须创建外部类对象。在外部类以外的地方创建静态内部类实例的语法格式如下：

```
new OuterClass.InnerConstructor()
```

下面的程序示范了如何在外部类以外的地方创建静态内部类实例。

程序清单：codes\06\6.7\CreateStaticInnerInstance.java

```
class StaticOut
{
    // 定义一个静态内部类，不使用访问控制符修饰
    // 即同一个包中的其他类可访问该内部类
    static class StaticIn
```

```
    {
        public StaticIn()
        {
            System.out.println("静态内部类的构造器");
        }
    }
}
public class CreateStaticInnerInstance
{
    public static void main(String[] args)
    {
        StaticOut.StaticIn in = new StaticOut.StaticIn();
        /*
        上面的代码可被改为如下两行代码
        使用 OuterClass.InnerClass 的形式定义内部类变量
        StaticOut.StaticIn in;
        通过 new 调用内部类的构造器来创建静态内部类实例
        in = new StaticOut.StaticIn();
        */
    }
}
```

从上面的代码中可以看出，不管是静态内部类还是非静态内部类，它们声明变量的语法完全一样。区别是在创建内部类的对象时，静态内部类只需要使用外部类即可调用构造器，而非静态内部类必须使用外部类对象来调用构造器。

因为在调用静态内部类的构造器时无须使用外部类对象，所以创建静态内部类的子类也比较简单。下面的代码就为静态内部类 StaticIn 类定义了一个空的子类。

```
public class StaticSubClass extends StaticOut.StaticIn {}
```

从上面的代码中可以看出，当定义一个静态内部类时，其外部类非常像一个包空间。

相比之下，使用静态内部类比使用非静态内部类要简单得多，只要把外部类当成静态内部类的包空间即可。因此，当程序需要使用内部类时，应该优先考虑使用静态内部类。

学生提问：既然内部类是外部类的成员，那么是否可以为外部类定义子类，在子类中再定义一个内部类来重写其父类中的内部类呢?
答：不可以！从上面的知识可以看出，内部类的类名不再简单地由内部类的类名组成，它实际上还把外部类的类名作为一个命名空间来限制内部类的类名。因此，子类中的内部类和父类中的内部类不可能完全同名。虽然二者所包含的内部类的类名相同，但因为它们所处的外部类空间不同，所以它们不可能完全同名，也就不可能重写。

6.7.4 局部内部类

如果把一个内部类放在方法中定义，那么这个内部类就是一个局部内部类，局部内部类仅在该方法中有效。由于局部内部类不能在外部类的方法以外的地方使用，因此局部内部类也不能使用访问控制符和 static 修饰符修饰。

如果需要用局部内部类定义变量、创建实例或派生子类，那么都只能在局部内部类所在的方法内进行。

对于局部成员而言，不管是局部变量还是局部内部类，它们的上一级程序单元都是方法，而不是类，使用 static 修饰它们没有任何意义。因此，所有的局部成员都不能使用 static 修饰。不仅如此，因为局部成员的作用域是其所在的方法，其他程序单元永远也不可能访问另一个方法中的局部成员，所以，所有的局部成员都不能使用访问控制符修饰。

程序清单：codes\06\6.7\LocalInnerClass.java

```
public class LocalInnerClass
{
    public static void main(String[] args)
    {
        // 定义局部内部类
        class InnerBase
        {
            int a;
        }
        // 定义局部内部类的子类
        class InnerSub extends InnerBase
        {
            int b;
        }
        // 创建局部内部类的对象
        var is = new InnerSub();
        is.a = 5;
        is.b = 8;
        System.out.println("InnerSub 对象的 a 和 b 实例变量是："
            + is.a + "," + is.b);
    }
}
```

编译上面的程序，将看到生成了三个 class 文件：LocalInnerClass.class、LocalInnerClass$1InnerBase.class 和 LocalInnerClass$1InnerSub.class，这表明局部内部类的 class 文件总是遵循如下命名格式：OuterClass$NInnerClass.class。注意到局部内部类的 class 文件的文件名比成员内部类的 class 文件的文件名多了一个数字，这是因为在同一个类中不可能有两个同名的成员内部类，而在同一个类中则可能有两个以上同名的局部内部类（处于不同的方法中），所以 Java 为局部内部类的 class 文件名增加了一个数字，用于区分。

局部内部类是一个非常“鸡肋”的语法，在实际开发中很少定义局部内部类，因为局部内部类的作用域太小了——它只能在当前方法中使用。大部分时候，在定义一个类之后，当然希望多次复用这个类，但局部内部类无法离开它所在的方法，因此在实际开发中很少使用局部内部类。

6.7.5 匿名内部类

匿名内部类适合创建那种只需要使用一次的类，例如，前面在介绍命令模式时所需要的 Command 对象。匿名内部类的语法有点奇怪，在创建匿名内部类时会立即创建一个该类的实例，这个类定义立即消失，匿名内部类不能被重复使用。

定义匿名内部类的语法格式如下：

```
new 实现接口() | 父类构造器(实参列表)
{
    // 匿名内部类的类体部分
}
```

从上面的定义可以看出，匿名内部类必须继承一个父类，或实现一个接口，但最多只能继承一个父类，或实现一个接口。

关于匿名内部类还有如下两条规则。

- 匿名内部类不能是抽象类。因为系统在创建匿名内部类时，会立即创建匿名内部类的对象，所以不允许将匿名内部类定义成抽象类。
- 匿名内部类不能定义构造器。由于匿名内部类没有类名，所以无法定义构造器。但匿名内部类可以定义初始化块，可以通过实例初始化块来完成构造器需要完成的事情。

最常用的创建匿名内部类的方式是需要创建某个接口类型的对象，如下面的程序所示。

程序清单：codes\06\6.7\AnonymousTest.java

```
interface Product
{
    double getPrice();
    String getName();
}
public class AnonymousTest
{
    public void test(Product p)
    {
        System.out.println("购买了一个" + p.getName()
            + "，花掉了" + p.getPrice());
    }
    public static void main(String[] args)
    {
        var ta = new AnonymousTest();
        // 在调用test()方法时，需要传入一个Product参数
        // 此处传入其匿名实现类的实例
        ta.test(new Product()
        {
            public double getPrice()
            {
                return 567.8;
            }
            public String getName()
            {
                return "AGP显卡";
            }
        });
    }
}
```

上面程序中的AnonymousTest类定义了一个test()方法，该方法需要一个Product对象作为参数，但Product只是一个接口，无法直接创建对象，因此，此处考虑创建一个Product接口实现类的对象传入该方法——如果这个Product接口实现类需要重复使用，则应该将该实现类定义成一个独立类；如果这个Product接口实现类只需要使用一次，则可采用上面程序中的方式，定义一个匿名内部类。

正如从上面程序中所看到的，定义匿名内部类不需要class关键字，而是在定义匿名内部类时直接生成该匿名内部类的对象。上面的粗体字代码部分就是匿名内部类的类体部分。

由于匿名内部类不能是抽象类，所以匿名内部类必须实现它的抽象父类或者接口里包含的所有抽象方法。

对于上面创建Product实现类对象的代码，可以将其拆分成如下代码。

```
class AnonymousProduct implements Product
{
    public double getPrice()
    {
        return 567.8;
    }
    public String getName()
    {
        return "AGP显卡";
```

```
        }
    }
    ta.test(new AnonymousProduct());
```

对比两段代码中的粗体字代码部分，它们完全一样，但显然采用匿名内部类的写法更加简洁。

当通过实现接口来创建匿名内部类时，匿名内部类不能显式地定义构造器，因此，匿名内部类只有一个隐式的无参数构造器，在 new 接口名后的括号里不能传入参数值。

但如果通过继承父类来创建匿名内部类，那么匿名内部类将拥有和父类相似的构造器，此处的“相似”指的是拥有相同的形参列表。

程序清单：codes\06\6.7\AnonymousInner.java

```
abstract class Device
{
    private String name;
    public abstract double getPrice();
    public Device(){}
    public Device(String name)
    {
        this.name = name;
    }
    // 此处省略了 name 的 setter 和 getter 方法
    ...
}
public class AnonymousInner
{
    public void test(Device d)
    {
        System.out.println("购买了一个" + d.getName()
            + "，花掉了" + d.getPrice());
    }
    public static void main(String[] args)
    {
        var ai = new AnonymousInner();
        // 调用有参数的构造器创建 Device 匿名实现类的对象
        ai.test(new Device("电子示波器")
        {
            public double getPrice()
            {
                return 67.8;
            }
        });
        // 调用无参数的构造器创建 Device 匿名实现类的对象
        var d = new Device()
        {
            // 初始化块
            {
                System.out.println("匿名内部类的初始化块...");
            }
            // 实现抽象方法
            public double getPrice()
            {
                return 56.2;
            }
            // 重写父类的实例方法
            public String getName()
            {
                return "键盘";
            }
        };
        ai.test(d);
    }
}
```

上面的程序创建了一个抽象父类——Device 类，这个抽象父类中包含两个构造器：一个是无参数的构造器，一个是有参数的构造器。当创建以 Device 为父类的匿名内部类时，既可以传入参数（如上面程序中的第一段粗体字代码部分），代表调用父类的有参数的构造器；也可以不传入参数（如上面程序中的第二段粗体字代码部分），代表调用父类的无参数的构造器。

当创建匿名内部类时，必须实现接口或抽象父类中的所有抽象方法。如果有需要，则也可以重写父类中的普通方法，如上面程序中的第二段粗体字代码部分，匿名内部类重写了抽象父类——Dcvice 类的 getName()方法，而 getName()方法并不是抽象方法。

在 Java 8 之前，Java 要求被局部内部类、匿名内部类访问的局部变量必须使用 final 修饰，从 Java 8 开始这个限制被取消了，Java 8 更加智能：如果局部变量被匿名内部类访问，那么该局部变量相当于自动使用了 final 修饰。例如如下程序。

程序清单：codes\06\6.7\ATest.java

```
interface A
{
    void test();
}
public class ATest
{
    public static void main(String[] args)
    {
        int age = 8;     // ①
        var a = new A()
        {
            public void test()
            {
                // 在 Java 8 以前，下面的语句将提示错误：age 必须使用 final 修饰
                // 从 Java 8 开始，允许匿名内部类、局部内部类访问非 final 的局部变量
                System.out.println(age);
            }
        };
        a.test();
    }
}
```

如果使用 Java 8 以后版本的 JDK 来编译、运行上面的程序，则程序完全正常。但如果使用 Java 8 以前版本的 JDK 编译上面的程序，粗体字代码将会引起编译错误，编译器提示用户必须用 final 修饰 age 局部变量。

如果在①号代码后增加如下代码：

```
// 下面的代码将会导致编译错误
// 由于 age 局部变量被匿名内部类访问了，因此 age 相当于被 final 修饰了
age = 2;
```

由于程序中①号代码在定义 age 局部变量时指定了初始值，而上面的代码再次对 age 变量赋值，这会导致 Java 8 以后版本的 JDK 无法自动使用 final 修饰 age 局部变量，因此编译器将会报错：被匿名内部类访问的局部变量必须使用 final 修饰。

提示：

Java 8 以后版本的 JDK 将这个功能称为“effectively final”，它的意思是，对于被匿名内部类访问的局部变量，可以用 final 修饰，也可以不用 final 修饰，但必须按照有 final 修饰的方式来用——也就是一次赋值后，以后不能重新赋值。

6.8 Lambda 表达式

Lambda 表达式支持将代码块作为方法参数，Lambda 表达式允许使用更简洁的代码来创建只有一个抽象方法的接口（这种接口被称为函数式接口）的实例。

6.8.1 Lambda 表达式入门

下面先使用匿名内部类来改写前面介绍的 command 表达式的例子，改写后的程序如下。

程序清单：codes\06\6.8\CommandTest.java

```
public class CommandTest
{
    public static void main(String[] args)
    {
        var pa = new ProcessArray();
        int[] target = {3, -4, 6, 4};
        // 处理数组，具体的处理行为取决于匿名内部类
        pa.process(target, new Command()
            {
                public void process(int element)
                {
                    System.out.println("数组元素的平方是:" + element * element);
                }
            });
    }
}
```

前面已经提到，ProcessArray 类的 process()方法在处理数组时，希望可以动态传入一段代码作为具体的处理行为，因此程序创建了一个匿名内部类实例来封装处理行为。从上面的代码可以看出，用于封装处理行为的关键就是实现程序中的粗体字方法。但为了向 process()方法中传入这段粗体字代码，程序不得不使用匿名内部类的语法来创建对象。

Lambda 表达式完全可用于简化创建匿名内部类的对象，因此可以将上面的代码改为如下形式。

程序清单：codes\06\6.8\CommandTest2.java

```
public class CommandTest2
{
    public static void main(String[] args)
    {
        var pa = new ProcessArray();
        int[] array = {3, -4, 6, 4};
        // 处理数组，具体的处理行为取决于 Lambda 表达式
        pa.process(array, (int element) -> {
                System.out.println("数组元素的平方是:" + element * element);
            });
    }
}
```

从上面程序中的粗体字代码可以看出，这段粗体字代码与创建匿名内部类时需要实现的 process(int element)方法完全相同，只是不需要 new Xxx(){}这种烦琐的代码，不需要指出重写的方法名，也不需要给出重写的方法的返回值类型——只要给出重写的方法括号以及括号里的形参列表即可。

从上面的介绍可以看出，当使用 Lambda 表达式代替匿名内部类创建对象时，Lambda 表达式的代码块将会代替实现抽象方法的方法体，Lambda 表达式就相当一个匿名方法。

从上面的语法格式可以看出，Lambda 表达式的主要作用就是代替匿名内部类的烦琐语法。它由三部分组成。

- 形参列表。形参列表允许省略形参类型。如果形参列表中只有一个参数，那么甚至连形参列表的圆括号也可以省略。
- 箭头（->）。箭头必须由英文短横线和大于符号组成。
- 代码块。如果代码块中只包含一条语句，Lambda 表达式允许省略代码块的花括号，那么这条语句就不要用花括号表示语句结束了。Lambda 代码块中只有一条 return 语句，甚至可以省略 return 关键字。Lambda 表达式需要返回值，而它的代码块中仅有一条省略了 return 的语句，Lambda 表达式会自动返回这条语句的值。

下面的程序示范了 Lambda 表达式的几种简化写法。

程序清单：codes\06\6.8\LambdaQs.java

```
interface Eatable
{
    void taste();
}
interface Flyable
{
    void fly(String weather);
}
interface Addable
{
    int add(int a, int b);
}
public class LambdaQs
{
    // 调用该方法需要 Eatable 对象
    public void eat(Eatable e)
    {
        System.out.println(e);
        e.taste();
    }
    // 调用该方法需要 Flyable 对象
    public void drive(Flyable f)
    {
        System.out.println("我正在驾驶：" + f);
        f.fly("【碧空如洗的晴日】");
    }
    // 调用该方法需要 Addable 对象
    public void test(Addable add)
    {
        System.out.println("5 与 3 的和为：" + add.add(5, 3));
    }
    public static void main(String[] args)
    {
        var lq = new LambdaQs();
        // Lambda 表达式的代码块中只有一条语句，可以省略花括号
        lq.eat(() -> System.out.println("苹果的味道不错！"));
        // Lambda 表达式的形参列表中只有一个形参，可以省略圆括号
        lq.drive(weather -> {
            System.out.println("今天天气是：" + weather);
            System.out.println("直升机飞行平稳");
        });
        // Lambda 表达式的代码块中只有一条语句，可以省略花括号
        // 代码块中只有一条语句，即使该表达式需要返回值，也可以省略 return 关键字
        lq.test((a, b) -> a + b);
    }
}
```

上面程序中的第一段粗体字代码使用 Lambda 表达式相当于不带形参的匿名方法，由于该 Lambda 表达式的代码块中只有一行代码，因此可以省略代码块的花括号；第二段粗体字代码使用 Lambda 表达式相当于只带一个形参的匿名方法，由于该 Lambda 表达式的形参列表中只有一个形参，因此省略了形参列表的圆括号；第三段粗体字代码的 Lambda 表达式的代码块中只有一条语句，这条语句的返回值将作为该代码块的返回值。

上面程序中的第一段粗体字代码调用了 eat()方法，调用该方法需要一个 Eatable 类型的参数，但实际上传入的是 Lambda 表达式；第二段粗体字代码调用了 drive()方法，调用该方法需要一个 Flyable 类型的参数，但实际上传入的是 Lambda 表达式；第三段粗体字代码调用了 test()方法，调用该方法需要一个 Addable 类型的参数，但实际上传入的是 Lambda 表达式。上面的程序可以正常编译、运行，这说明 Lambda 表达式实际上将会被当成一个“任意类型”的对象，到底需要被当成何种类型的对象，这取决于运行环境的需要。下面将详细介绍 Lambda 表达式被当成何种类型的对象。

6.8.2 Lambda 表达式与函数式接口

Lambda 表达式的类型，也被称为“目标类型（target type）”，Lambda 表达式的目标类型必须是“函数式接口（functional interface）”。函数式接口代表只包含一个抽象方法的接口。函数式接口可以包含多个默认方法、类方法，但只能声明一个抽象方法。

如果采用匿名内部类的语法来创建函数式接口的实例，则只需要实现一个抽象方法，在这种情况下即可采用 Lambda 表达式来创建对象，该表达式创建出来的对象的目标类型就是这个函数式接口。查询 Java 8 的 API 文档，可以发现大量的函数式接口，例如，Runnable、ActionListener 等接口都是函数式接口。

Java 8 专门为函数式接口提供了@FunctionalInterface 注解，该注解通常被放在接口定义的前面。该注解对程序功能没有任何作用，它用于告诉编译器执行更严格的检查——检查该接口必须是函数式接口，否则编译器就会报错。

由于 Lambda 表达式的结果就是被当成对象的，因此在程序中完全可以使用 Lambda 表达式进行赋值。例如如下代码。

程序清单：codes\06\6.8\LambdaTest.java

```
// Runnable 接口中只包含一个无参数的方法
// Lambda 表达式代表的匿名方法实现了 Runnable 接口中唯一的、无参数的方法
// 因此，下面的 Lambda 表达式创建了一个 Runnable 对象
Runnable r = () -> {
    for (var i = 0; i < 100; i++)
    {
        System.out.println();
    }
};
```

Runnable 是 Java 本身提供的一个函数式接口。

从上面的粗体字代码可以看出，Lambda 表达式实现的是匿名方法——因此，它只能实现特定函数式接口中的唯一方法。这意味着 Lambda 表达式有如下两个限制。

- Lambda 表达式的目标类型必须是明确的函数式接口。
- Lambda 表达式只能为函数式接口创建对象。Lambda 表达式只能实现一个方法，因此，它只能为只有一个抽象方法的接口（函数式接口）创建对象。

关于上面的第一点限制，看下面的代码是否正确（程序清单同上）。

```
Object obj = () -> {
    for (var i = 0; i < 100; i++)
    {
        System.out.println();
    }
};
```

上面的代码与前一段代码几乎完全相同，只是此时程序将 Lambda 表达式不再赋值给 Runnable 变量，而是直接赋值给 Object 变量。编译上面的代码，会报如下错误：

```
不兼容的类型：Object 不是函数式接口
```

从该错误信息可以看出，Lambda 表达式的目标类型必须是明确的函数式接口。上面的代码将 Lambda 表达式赋值给 Object 变量，编译器只能确定该 Lambda 表达式的类型为 Object，而 Object 并不是函数式接口，因此上面的代码报错。

为了保证 Lambda 表达式的目标类型是一个明确的函数式接口，可以采用如下三种常见方式。

- 将 Lambda 表达式赋值给函数式接口类型的变量。
- 将 Lambda 表达式作为函数式接口类型的参数传给某个方法。
- 使用函数式接口对 Lambda 表达式进行强制类型转换。

因此，只要将上面的代码改为如下形式即可（程序清单同上）。

```
Object obj1 = (Runnable) () -> {
    for (var i = 0; i < 100; i++)
    {
        System.out.println();
    }
};
```

上面代码中的粗体字代码对 Lambda 表达式执行了强制类型转换，这样就可以确定该表达式的目标类型为 Runnable 函数式接口。

需要说明的是，同样的 Lambda 表达式的目标类型完全可能是变化的——唯一的要求是，Lambda 表达式实现的匿名方法与目标类型（函数式接口）中唯一的抽象方法有相同的形参列表。

例如，定义了如下接口（程序清单同上）：

```
@FunctionalInterface
interface FkTest
{
    void test();
}
```

上面的函数式接口中仅定义了一个不带参数的方法，因此前面强制类型转换为 Runnable 的 Lambda 表达式也可强转为 FkTest 类型——因为 FkTest 接口中唯一的抽象方法是不带参数的，而该 Lambda 表达式也是不带参数的。因此，下面的代码是正确的（程序清单同上）。

```
// 同样的 Lambda 表达式可以被当成不同的目标类型，唯一的要求是
// Lambda 表达式的形参列表与函数式接口中唯一的抽象方法的形参列表相同
Object obj2 = (FkTest) () -> {
    for (var i = 0; i < 100; i++)
    {
        System.out.println();
    }
};
```

java.util.function 包下预定义了大量函数式接口，典型地，包含如下几类接口。

- XxxFunction：这类接口中通常包含一个 apply(参数)抽象方法，该方法对一个参数进行处理、转换（apply()方法的处理逻辑由 Lambda 表达式来实现），然后返回一个新的值。该函数式接口通常用于对指定的数据进行转换处理。
- XxxBiFunction：与 XxxFunction 接口类似，只不过这类接口中的方法定义了两个参数，因此这种函数式接口用于对两个参数进行处理，然后返回一个新的值。
- XxxConsumer：这类接口中通常包含一个 accept（参数）抽象方法，该方法与 XxxFunction 接口中的 apply(参数)方法基本相似，也负责对参数进行处理，只是该方法不会返回处理结果。
- BiConsumer：与 XxxConsumer 接口类似，只不过这类接口中的方法定义了两个参数，因此这种函数式接口用于对两个参数进行处理。

提示：

其实上面这 4 类接口很容易记——Function 代表有传入参数、有返回值的 Lambda 表达式；Consumer 代表有传入参数、无返回值的 Lambda 表达式；Bi 则代表“二”，代表要处理两个参数。

- XxxPredicate：这类接口中通常包含一个 test（参数）抽象方法，该方法通常用来对参数进行某种判断（test()方法的判断逻辑由 Lambda 表达式来实现），然后返回一个 boolean 值。该函数式接口通常用于判断参数是否满足特定条件，经常用于进行筛选数据。
- BiPredicate：与 XxxPredicate 接口类似，只不过这类接口中的方法定义了两个参数，因此这种函数式接口基于两个参数来进行判断。

➢ XxxSupplier：这类接口中通常包含一个 getAsXxx()抽象方法，该方法不需要输入参数，该方法会按某种逻辑算法（getAsXxx ()方法的逻辑算法由 Lambda 表达式来实现）返回一个数据。

综上所述，不难发现 Lambda 表达式的本质很简单，就是使用简洁的语法来创建函数式接口的实例——这种语法避免了匿名内部类的烦琐。

6.8.3 在 Lambda 表达式中使用 var

对于用 var 声明的变量，程序可以使用 Lambda 表达式进行赋值。但由于 var 代表需要由编译器推断的类型，因此使用 Lambda 表达式对 var 定义的变量赋值时，必须明确指定 Lambda 表达式的目标类型。例如如下代码。

程序清单：codes\06\6.8\VarInLambda.java

```
public class VarInLambda
{
    public static void main(String[] args)
    {
        // 使用 Lambda 表达式对 var 变量赋值
        // 必须显式指定 Lambda 表达式的目标类型
        var run = (Runnable) () -> {
            for (var i = 0; i < 100; i++)
            {
                System.out.println();
            }
        };
    }
}
```

上面的程序代码将 Lambda 表达式赋值给 run 变量。由于该变量是用 var 声明的，因此程序必须明确指定该 Lambda 表达式的目标类型，如粗体字代码所示。

此外，如果程序需要对 Lambda 表达式的形参添加注解，此时就不能省略 Lambda 表达式的形参类型——因为注解只能被放在形参类型之前。在 Java 11 之前，程序必须严格声明 Lambda 表达式中每个形参的类型，但实际上编译器完全可以推断出 Lambda 表达式中每个形参的类型（毕竟，不使用注解时，Lambda 表达式完全可以省略每个形参的类型）。

注意：

注解是本书第 14 章的内容，读者可以暂时先不理会注解。读者只要记住一点：从 Java 11 开始，允许使用 var 来声明 Lambda 表达式的形参类型。

例如，如下程序先定义了一个 Predator 接口，该接口中 prey 方法的形参使用了@NotNull 注解修饰（程序清单同上）。

```
@interface NotNull{}
interface Predator
{
    void prey(@NotNull String animal);
}
```

接下来，程序打算使用Lambda表达式来实现一个Predator对象。如果Lambda表达式不需要对animal形参使用@NotNull 注解，则完全可以省略 animal 形参的类型声明；但如果希望为 animal 形参添加@NotNull 注解，则必须为该形参声明类型，此时可直接使用 var 来声明形参类型。例如如下代码：

```
// 使用 var 声明 Lambda 表达式的形参类型
// 这样即可为 Lambda 表达式的形参添加@NotNull 注解
Predator predator = (@NotNull var animal) -> {
    System.out.println("老鹰正在猎捕" + animal);
};
predator.prey("兔子");
```

正如上面的代码所示，程序使用 var 声明 animal 参数的类型，这样就可使用@NotNull 注解修饰该形参了。

6.8.4 方法引用与构造器引用

前面已经介绍过，如果 Lambda 表达式的代码块中只有一条代码，程序就可以省略 Lambda 表达式中代码块的花括号。不仅如此，如果 Lambda 表达式的代码块中只有一条代码，则还可以在代码块中使用方法引用和构造器引用。

方法引用和构造器引用可以让 Lambda 表达式的代码块更加简洁。方法引用和构造器引用都需要使用两个英文冒号。Lambda 表达式支持如表 6.2 所示的方法引用和构造器引用。

表 6.2 Lambda 表达式支持的方法引用和构造器引用

种　类	示　例	说　明	对应的 Lambda 表达式
引用类方法	类名::类方法	将函数式接口中被实现方法的全部参数传给该类方法作为参数	(a,b,...) -> 类名.类方法(a,b, ...)
引用特定对象的实例方法	特定对象::实例方法	将函数式接口中被实现方法的全部参数传给该方法作为参数	(a,b, ...) -> 特定对象.实例方法(a,b, ...)
引用某类对象的实例方法	类名::实例方法	将函数式接口中被实现方法的第一个参数作为调用者，将后面的参数全部传给该方法作为参数	(a,b, ...) ->a.实例方法(b, ...)
引用构造器	类名::new	将函数式接口中被实现方法的全部参数传给该构造器作为参数	(a,b, ...) ->new 类名(a,b, ...)

1. 引用类方法

先看第一种方法引用：引用类方法。例如，定义了如下函数式接口。

程序清单：codes\06\6.8\MethodRefer.java

```
@FunctionalInterface
interface Converter {
    Integer convert(String from);
}
```

该函数式接口中包含一个 convert()抽象方法，该方法负责将 String 参数转换为 Integer。下面的代码使用 Lambda 表达式来创建一个 Converter 对象（程序清单同上）。

```
// 下面的代码使用 Lambda 表达式创建 Converter 对象
Converter converter1 = from -> Integer.valueOf(from);
```

上面 Lambda 表达式的代码块中只有一条语句，因此程序省略了该代码块的花括号；而且由于表达式所实现的 convert()方法需要返回值，因此 Lambda 表达式将会把这条语句的值作为返回值。

接下来，程序就可以调用 converter1 对象的 convert()方法将字符串转换为整数了。例如如下代码（程序清单同上）：

```
Integer val = converter1.convert("99");
System.out.println(val); // 输出整数 99
```

上面的代码在调用 converter1 对象的 convert()方法时——由于 converter1 对象是 Lambda 表达式创建的，convert()方法执行体就是 Lambda 表达式的代码块部分，因此输出 99。

上面 Lambda 表达式的代码块中只有一行调用类方法的代码，因此可以使用如下方法引用进行替换（程序清单同上）。

```
// 方法引用代替 Lambda 表达式：引用类方法
// 将函数式接口中被实现方法的全部参数传给该类方法作为参数
Converter converter1 = Integer::valueOf;
```

对于上面的类方法引用，也就是调用 Integer 类的 valueOf()类方法来实现 Converter 函数式接口中唯一的抽象方法，当调用 Converter 接口中唯一的抽象方法时，调用参数将会被传给 Integer 类的 valueOf()类方法。

提示：

不管是方法引用，还是构造器引用，其实都是为了省略声明 Lambda 表达式的参数列表。但 Java 的 Lambda 表达式又没有为参数定义默认的引用（有些语言可用$0、$1、…来代表 Lambda 表达式的参数），于是就只能通过方法引用或构造器引用来隐式传入 Lambda 表达式的参数列表。比如上面的方法引用：Integer::valueOf，其实质就相当于如下语句：

```
Integer.valueOf(参数列表)
```

但为了简洁，Lambda 表达式省略了声明参数列表，因此在 valueOf 后就不能写"(参数列表)"部分了，这就变成了 Integer.valueOf。但这么写显然不符合传统 Java 语言，于是就搞了一个"双冒号"的写法：Integer::valueOf，这种写法表示将省略声明的 Lambda 表达式的全部参数传给 Integer 的 valueOf()方法。

2. 引用特定对象的实例方法

下面看第二种方法引用：引用特定对象的实例方法。先使用 Lambda 表达式来创建一个 Converter 对象（程序清单同上）。

```
// 下面的代码使用 Lambda 表达式创建 Converter 对象
Converter converter2 = from -> "fkit.org".indexOf(from);
```

上面 Lambda 表达式的代码块中只有一条语句，因此程序省略了该代码块的花括号；而且由于表达式所实现的 convert()方法需要返回值，因此 Lambda 表达式将会把这条语句的值作为返回值。

接下来，程序就可以调用 converter2 对象的 convert()方法将字符串转换为整数了。例如如下代码（程序清单同上）：

```
Integer value = converter2.convert("it");
System.out.println(value); // 输出 2
```

上面的代码在调用 converter2 对象的 convert()方法时——由于 converter2 对象是 Lambda 表达式创建的， convert()方法执行体就是 Lambda 表达式的代码块部分，因此输出 2。

上面 Lambda 表达式的代码块中只有一行调用"fkit.org"的 indexOf()实例方法的代码，因此可以使用如下方法引用进行替换（程序清单同上）。

```
// 方法引用代替 Lambda 表达式：引用特定对象的实例方法
// 将函数式接口中被实现方法的全部参数传给该方法作为参数
Converter converter2 = "fkit.org"::indexOf;
```

对于上面的实例方法引用，也就是调用"fkit.org"对象的 indexOf()实例方法来实现 Converter 函数式接口中唯一的抽象方法，当调用 Converter 接口中唯一的抽象方法时，调用参数将会被传给"fkit.org"对象的 indexOf()实例方法。

提示：

此处的方法引用依然是为了省略声明 Lambda 表达式的参数，而省略的所有参数将会被直接传给"fkit.org"对象的 indexOf()方法。

3. 引用某类对象的实例方法

下面看第三种方法引用：引用某类对象的实例方法。例如，定义了如下函数式接口（程序清单同上）。

```
@FunctionalInterface
interface MyTest
{
```

```
    String test(String a, int b, int c);
}
```

该函数式接口中包含一个test()抽象方法，该方法负责根据String、int、int三个参数生成一个String返回值。下面的代码使用Lambda表达式来创建一个MyTest对象（程序清单同上）。

```
// 下面的代码使用 Lambda 表达式创建 MyTest 对象
MyTest mt = (a, b, c) -> a.substring(b, c);
```

上面Lambda表达式的代码块中只有一条语句，因此程序省略了该代码块的花括号；而且由于表达式所实现的test()方法需要返回值，因此Lambda表达式将会把这条语句的值作为返回值。

接下来，程序就可以调用mt对象的test()方法了。例如如下代码（程序清单同上）：

```
String str = mt.test("Java I Love you", 2, 9);
System.out.println(str); // 输出 va I Lo
```

上面的代码在调用mt对象的test()方法时——由于mt对象是Lambda表达式创建的，test()方法执行体就是Lambda表达式的代码块部分，因此输出va I Lo。

上面Lambda表达式的代码块中只有一行a.substring(b, c);，因此可以使用如下方法引用进行替换（程序清单同上）。

```
// 方法引用代替 Lambda 表达式：引用某类对象的实例方法
// 将函数式接口中被实现方法的第一个参数作为调用者
// 将后面的参数全部传给该方法作为参数
MyTest mt = String::substring;
```

对于上面的实例方法引用，也就是调用某个String对象的substring()实例方法来实现MyTest函数式接口中唯一的抽象方法，当调用MyTest接口中唯一的抽象方法时，第一个调用参数将作为substring()方法的调用者，剩下的调用参数会作为substring()实例方法的调用参数。

注意：

这种方法引用和前面介绍的第一种方法引用很容易搞混，因为乍一看都是"类名::方法名"的形式。甚至可能有读者会问：Java是怎么区分"类名::方法名"形式到底是哪一种方法引用呢？其实很简单，Java会根据"类名::方法名"所引用方法的参数列表来确定：

- 若"类名::方法名"所引用方法所需的参数列表与Lambda表达式省略声明的参数列表能匹配，则意味着是第一种方法引用，此时Lambda表达式省略声明的全部参数都被传给由类名所引用的方法。
- 若"类名::方法名"所引用方法所需的参数列表比Lambda表达式省略声明的参数列表少一个参数，则意味着是第三种方法引用，此时Lambda表达式省略声明的第一个参数将作为方法调用者，剩下的全部参数都被传给被引用的方法。
- 其他情形，直接报错。

4. 引用构造器

下面看构造器引用。例如，定义了如下函数式接口（程序清单同上）。

```
@FunctionalInterface
interface YourTest
{
    JFrame win(String title);
}
```

该函数式接口中包含一个win()抽象方法，该方法负责根据String参数生成一个JFrame返回值。下面的代码使用Lambda表达式来创建一个YourTest对象（程序清单同上）。

```
// 下面的代码使用 Lambda 表达式创建 YourTest 对象
YourTest yt = a -> new JFrame(a);
```

上面 Lambda 表达式的代码块中只有一条语句，因此程序省略了该代码块的花括号；而且由于表达式所实现的 win()方法需要返回值，因此 Lambda 表达式将会把这条语句的值作为返回值。

接下来，程序就可以调用 yt 对象的 win()方法了。例如如下代码（程序清单同上）：

```
JFrame jf = yt.win("我的窗口");
System.out.println(jf);
```

上面的代码在调用 yt 对象的 win()方法时——由于 yt 对象是 Lambda 表达式创建的，因此 win()方法执行体就是 Lambda 表达式的代码块部分，即执行体就是执行 new JFrame(a);语句，并将这条语句的值作为方法的返回值。

上面 Lambda 表达式的代码块中只有一行 new JFrame(a);，因此可以使用如下构造器引用进行替换（程序清单同上）。

```
// 构造器引用代替 Lambda 表达式
// 将函数式接口中被实现方法的全部参数传给该构造器作为参数
YourTest yt = JFrame::new;
```

对于上面的构造器引用，也就是调用某个 JFrame 类的构造器来实现 YourTest 函数式接口中唯一的抽象方法，当调用 YourTest 接口中唯一的抽象方法时，调用参数将会被传给 JFrame 构造器。从上面的代码中可以看出，在调用 YourTest 对象的 win()抽象方法时，实际上只传入了一个 String 类型的参数，这个 String 类型的参数会被传给 JFrame 构造器——这就确定了是调用 JFrame 类的带一个 String 参数的构造器。

提示：

构造器引用同样是为了省略声明 Lambda 表达式的参数，对于构造器引用来说，Lambda 表达式省略声明的参数会被全部传给“类名::new”所引用的构造器。

6.8.5 Lambda 表达式与匿名内部类的联系和区别

从前面的介绍可以看出，Lambda 表达式是匿名内部类的一种简化，因此它可以部分取代匿名内部类的作用。Lambda 表达式与匿名内部类存在如下相同点。

- Lambda 表达式与匿名内部类一样，都可以直接访问“effectively final”的局部变量，以及外部类的成员变量（包括实例变量和类变量）。
- Lambda 表达式创建的对象与匿名内部类生成的对象一样，都可以直接调用从接口中继承的默认方法。

下面的程序示范了 Lambda 表达式与匿名内部类的相似之处。

程序清单：codes\06\6.8\LambdaAndInner.java

```
@FunctionalInterface
interface Displayable
{
    // 定义一个抽象方法和默认方法
    void display();
    default int add(int a, int b)
    {
        return a + b;
    }
}
public class LambdaAndInner
{
    private int age = 12;
    private static String name = "疯狂软件教育中心";
    public void test()
    {
        var book = "疯狂 Java 讲义";
        Displayable dis = () -> {
            // 访问“effectively final”的局部变量
```

```
            System.out.println("book 局部变量为：" + book);
            // 访问外部类的实例变量和类变量
            System.out.println("外部类的 age 实例变量为：" + age);
            System.out.println("外部类的 name 类变量为：" + name);
        };
        dis.display();
        // 调用 dis 对象从接口中继承的 add()方法
        System.out.println(dis.add(3, 5));      // ①
    }
    public static void main(String[] args)
    {
        var lambda = new LambdaAndInner();
        lambda.test();
    }
}
```

上面的程序使用 Lambda 表达式创建了一个 Displayable 的对象，Lambda 表达式的代码块中的三行粗体字代码分别示范了访问“effectively final”的局部变量、外部类的实例变量和类变量。从这一点来看，Lambda 表达式的代码块与匿名内部类的方法体是相同的。

与匿名内部类相似的是，由于 Lambda 表达式访问了 book 局部变量，因此该局部变量相当于有一个隐式的 final 修饰，因此同样不允许对 book 局部变量重新赋值。

当程序使用 Lambda 表达式创建了 Displayable 的对象之后，该对象不仅可调用接口中唯一的抽象方法，也可调用接口中的默认方法，如上面程序中的①号粗体字代码所示。

Lambda 表达式与匿名内部类主要存在如下区别。

- 匿名内部类可以为任意接口创建实例——不管接口中包含多少个抽象方法，只要匿名内部类实现所有的抽象方法即可；但 Lambda 表达式只能为函数式接口创建实例。
- 匿名内部类可以为抽象类甚至普通类创建实例；但 Lambda 表达式只能为函数式接口创建实例。
- 匿名内部类实现的抽象方法的方法体允许调用接口中定义的默认方法；但 Lambda 表达式的代码块不允许调用接口中定义的默认方法。

针对 Lambda 表达式的代码块不允许调用接口中定义的默认方法的限制，可以尝试对上面的 LambdaAndInner.java 程序稍做修改，在 Lambda 表达式的代码块中增加如下一行：

```
// 尝试调用接口中的默认方法，编译器会报错
System.out.println(add(3, 5));
```

虽然 Lambda 表达式的目标类型：Displayable 中包含了 add()方法，但 Lambda 表达式的代码块不允许调用这个方法；如果将上面的 Lambda 表达式改为匿名内部类的写法，当匿名内部类实现 display()抽象方法时，则完全可以调用这个 add()方法。

6.8.6 使用 Lambda 表达式调用 Arrays 的类方法

前面在介绍 Arrays 类的功能时已经提到，Arrays 类的有些方法需要 Comparator、XxxOperator、XxxFunction 等接口的实例，这些接口都是函数式接口，因此可以使用 Lambda 表达式来调用 Arrays 的方法。例如如下程序。

程序清单：codes\06\6.8\LambdaArrays.java

```
public class LambdaArrays
{
    public static void main(String[] args)
    {
        var arr1 = new String[] {"java", "fkava", "fkit", "ios", "android"};
        Arrays.parallelSort(arr1, (o1, o2) -> o1.length() - o2.length());
        System.out.println(Arrays.toString(arr1));
        var arr2 = new int[] {3, -4, 25, 16, 30, 18};
        // left 代表数组中前一个索引处的元素，在计算第一个元素时，left 为 1
        // right 代表数组中当前索引处的元素
        Arrays.parallelPrefix(arr2, (left, right)-> left * right);
```

```
        System.out.println(Arrays.toString(arr2));
        var arr3 = new long[5];
        // operand 代表正在计算的元素索引
        Arrays.parallelSetAll(arr3, operand -> operand * 5);
        System.out.println(Arrays.toString(arr3));
    }
}
```

上面程序中的粗体字代码就是 Lambda 表达式，第一段粗体字代码的 Lambda 表达式的目标类型是 Comparator，该 Comparator 指定了判断字符串大小的标准：字符串越长，即可认为该字符串越大；第二段粗体字代码的 Lambda 表达式的目标类型是 IntBinaryOperator，该对象将会根据前后两个元素来计算当前元素的值；第三段粗体字代码的 Lambda 表达式的目标类型是 IntToLongFunction，该对象将会根据元素的索引来计算当前元素的值。编译、运行该程序，即可看到如下输出：

```
[ios, java, fkit, fkava, android]
[3, -12, -300, -4800, -144000, -2592000]
[0, 5, 10, 15, 20]
```

通过该程序不难看出，Lambda 表达式可以让程序更加简洁。

6.9 枚举类

在某些情况下，一个类的对象是有限且固定的，比如季节类，它只有 4 个对象；再比如行星类，目前只有 8 个对象。这种实例有限且固定的类，在 Java 中被称为枚举类。

6.9.1 手动实现枚举类

在早期的代码中，可能会直接使用简单的静态常量来表示枚举。例如如下代码：

```
public static final int SEASON_SPRING = 1;
public static final int SEASON_SUMMER = 2;
public static final int SEASON_FALL = 3;
public static final int SEASON_WINTER = 4;
```

这种定义方法简单明了，但存在如下几个问题。

- 类型不安全：因为上面的每个季节实际上都是一个 int 类型的整数，因此完全可以把一个季节当成一个 int 类型的整数使用。例如进行加法运算 SEASON_SPRING + SEASON_SUMMER，这样的代码完全正常。
- 没有命名空间：当需要使用季节时，必须在 SPRING 前加上 SEASON_前缀，否则程序可能与其他类中的静态常量混淆。
- 打印输出的意义不明确：当输出某个季节时，例如输出 SEASON_SPRING，实际上输出的是 1，这个 1 让人很难猜测到它代表了春天。

但枚举又确实有存在的意义，因此，早期也可采用通过定义类的方式来实现，可以采用如下设计方式。

- 通过 private 将构造器隐藏起来。
- 把这个类的所有可能实例都使用 public static final 修饰的类变量来保存。
- 如果有必要，则可以提供一些静态方法，允许其他程序根据特定参数来获取与之匹配的实例。
- 使用枚举类可以使程序更加健壮，避免创建对象的随意性。

但通过定义类来实现枚举的代码量比较大，实现起来也比较麻烦，Java 在 JDK 1.5 后就增加了对枚举类的支持。

如果读者确实需要了解通过定义类的方法来实现枚举，则可参考本书的第 2 版或第 1 版，也可参考本书配套资料中 codes\06\6.9 目录下的 Season.java 文件。

6.9.2 枚举类入门

Java 5 新增了一个 enum 关键字（它与 class、interface 关键字的地位相同），用于定义枚举类。正如从前面所看到的，枚举类是一种特殊的类，它一样可以有自己的成员变量、方法，可以实现一个或多个接口，也可以定义自己的构造器。因此，在一个 Java 源文件中最多只能定义一个 public 访问权限的枚举类，且该 Java 源文件名也必须和该枚举类的类名相同。

但枚举类终究不是普通类，它与普通类有如下区别。

- 枚举类可以实现一个或多个接口，使用 enum 定义的枚举类默认继承了 java.lang.Enum 类，而不是默认继承 Object 类，因此枚举类不能显式继承其他父类。其中 java.lang.Enum 类实现了 java.lang.Serializable 和 java.lang. Comparable 两个接口。
- 使用 enum 定义、非抽象的枚举类默认会使用 final 修饰。
- 枚举类的构造器只能使用 private 访问控制符，如果省略了构造器的访问控制符，则默认使用 private 修饰；如果强制指定访问控制符，则只能指定 private。由于枚举类的所有构造器都是用 private 修饰的，而子类构造器总要调用父类构造器一次，因此枚举类不能派生子类。
- 枚举类的所有实例必须在枚举类的第一行显式列出，否则这个枚举类永远都不能产生实例。在列出这些实例时，系统会自动添加 public static final 修饰，不需要程序员显式添加。
- 枚举类默认提供了一个 values()方法，该方法可以很方便地遍历所有的枚举值。

下面的程序定义了一个 SeasonEnum 枚举类。

程序清单：codes\06\6.9\SeasonEnum.java

```
public enum SeasonEnum
{
    // 在第一行列出 4 个枚举实例
    SPRING, SUMMER, FALL, WINTER;
}
```

编译上面的 Java 程序，将生成一个 SeasonEnum.class 文件，这表明枚举类是一种特殊的 Java 类。由此可见，enum 关键字和 class、interface 关键字的作用大致相似。

在定义枚举类时，需要显式列出所有的枚举值，如上面的 SPRING,SUMMER,FALL,WINTER;所示，所有的枚举值之间以英文逗号（,）隔开，枚举值列举结束后以英文分号作为结束。这些枚举值代表了该枚举类的所有可能的实例。

如果需要使用该枚举类的某个实例，则可使用 EnumClass.variable 的形式，如 SeasonEnum.SPRING。

程序清单：codes\06\6.9\EnumTest.java

```
public class EnumTest
{
    public void judge(SeasonEnum s)
    {
        // switch 语句中的表达式可以是枚举值
        switch (s)
        {
            case SPRING -> System.out.println("春暖花开，正好踏青");
            case SUMMER -> System.out.println("夏日炎炎，适合游泳");
            case FALL -> System.out.println("秋高气爽，进补及时");
            case WINTER -> System.out.println("冬日雪飘，围炉赏雪");
        }
    }
    public static void main(String[] args)
    {
        // 枚举类默认有一个 values()方法，该方法返回该枚举类的所有实例
        for (var s : SeasonEnum.values())
        {
            System.out.println(s);
        }
        // 当使用枚举实例时，可通过 EnumClass.variable 的形式来访问
        new EnumTest().judge(SeasonEnum.SPRING);
    }
}
```

上面的程序测试了 SeasonEnum 枚举类的用法，EnumTest 类通过 values()方法返回了 SeasonEnum 枚举类的所有实例，并通过循环迭代输出了 SeasonEnum 枚举类的所有实例。

不仅如此，上面程序中的 switch 表达式中还使用了 SeasonEnum 对象作为表达式，这是 JDK 1.5 增加枚举后对 switch 的扩展：switch 控制表达式可以是任何枚举类型。不仅如此，当 switch 控制表达式使用枚举类型时，后面 case 表达式中的值直接使用枚举值的名称，无须添加枚举类来限定。

前面已经介绍过，所有的枚举类都继承了 java.lang.Enum 类，所以枚举类可以直接使用 java.lang.Enum 类中所包含的方法。java.lang.Enum 类中提供了如下几个方法。

- int compareTo(E o)：该方法用于与指定的枚举对象比较顺序，同一个枚举实例只能与相同类型的枚举实例进行比较。如果该枚举对象位于指定的枚举对象之后，则返回正整数；如果该枚举对象位于指定的枚举对象之前，则返回负整数；否则返回 0。
- String name()：返回此枚举实例的名称，这个名称就是在定义枚举类时列出的所有枚举值之一。与此方法相比，大多数程序员应该优先考虑使用 toString()方法，因为 toString()方法返回更加用户友好的名称。
- int ordinal()：返回枚举值在枚举类中的索引值（就是枚举值在枚举声明中的位置，第一个枚举值的索引值为 0）。
- String toString()：返回枚举常量的名称，与 name 方法相似，但 toString()方法更常用。
- public static <T extends Enum<T>> T valueOf(Class<T> enumType, String name)：这是一个静态方法，用于返回在指定的枚举类中指定名称的枚举值。名称必须与在该枚举类中声明枚举值时所用的标识符完全匹配，不允许使用额外的空白字符。

正如从前面所看到的，当程序使用 System.out.println(s)语句来打印枚举值时，实际上输出的是该枚举值的 toString()方法的返回值，也就是输出该枚举值的名称。

6.9.3　枚举类的成员变量、方法和构造器

枚举类也是一种类，只是它是一种比较特殊的类，因此它一样可以定义成员变量、方法和构造器。下面的程序将定义一个 Gender 枚举类，该枚举类中包含了一个 name 实例变量。

程序清单：codes\06\6.9\Gender.java

```
public enum Gender
{
    MALE, FEMALE;
    // 定义一个 public 修饰的实例变量
    public String name;
}
```

上面的 Gender 枚举类中定义了一个名为 name 的实例变量，并且将它定义成 public 访问权限的。接下来通过如下程序来使用该枚举类。

程序清单：codes\06\6.9\GenderTest.java

```
public class GenderTest
{
    public static void main(String[] args)
    {
        // 通过 Enum 的 valueOf()方法来获取指定枚举类的枚举值
        Gender g = Enum.valueOf(Gender.class, "FEMALE");
        // 直接为枚举值的 name 实例变量赋值
        g.name = "女";
        // 直接访问枚举值的 name 实例变量
        System.out.println(g + "代表:" + g.name);
    }
}
```

上面的程序在使用 Gender 枚举类时与使用一个普通类没有太大的差别，只是产生 Gender 对象的方

式不同，枚举类的实例只能是枚举值，而不能随意地通过 new 来创建枚举类对象。

正如前面所提到的，Java 应该把所有的类设计成良好封装的类，所以不应该允许直接访问 Gender 类的 name 成员变量，而是应该通过方法来控制对 name 的访问；否则可能出现很混乱的情形。例如，上面的程序恰好设置了 g.name = "女"，如果采用 g.name = "男"，那么程序就会非常混乱，可能出现 FEMALE 代表“男”的局面。可以按如下代码来改进 Gender 类的设计。

程序清单：codes\06\6.9\better\Gender.java

```
public enum Gender
{
    MALE, FEMALE;
    private String name;
    public void setName(String name)
    {
        switch (this)
        {
            case MALE -> {
                if (name.equals("男"))
                {
                    this.name = name;
                }
                else
                {
                    System.out.println("参数错误");
                    return;
                }
            }
            case FEMALE -> {
                if (name.equals("女"))
                {
                    this.name = name;
                }
                else
                {
                    System.out.println("参数错误");
                    return;
                }
            }
        }
    }
    public String getName()
    {
        return this.name;
    }
}
```

上面的程序把 name 设置成 private 权限的，从而避免其他程序直接访问该 name 成员变量，必须通过 setName()方法来修改 Gender 实例的 name 变量，而 setName()方法就可以保证不会产生混乱。上面程序中的粗体字代码部分保证 FEMALE 枚举值的 name 变量只能被设置为"女"，而 MALE 枚举值的 name 变量只能被设置为"男"。看如下程序。

程序清单：codes\06\6.9\better\GenderTest.java

```
public class GenderTest
{
    public static void main(String[] args)
    {
        Gender g = Gender.valueOf("FEMALE");
        g.setName("女");
        System.out.println(g + "代表:" + g.getName());
        // 此时设置 name 值时将会提示参数错误
        g.setName("男");
        System.out.println(g + "代表:" + g.getName());
    }
}
```

上面程序中的粗体字代码部分试图将一个 FEMALE 枚举值的 name 变量设置为"男"，系统将会提示参数错误。

实际上，这种做法依然不够好，枚举类通常应该被设计成不可变类，也就是说，它的成员变量值不应该允许改变，这样会更安全，而且代码更加简洁。因此，建议将枚举类的成员变量都使用 private final 修饰。

如果将所有的成员变量都使用了 final 修饰符来修饰，则必须在构造器中为这些成员变量指定初始值（或者在定义成员变量时指定默认值，或者在初始化块中指定初始值，但这两种情况并不常见），因此应该为枚举类显式定义带参数的构造器。

一旦为枚举类显式定义了带参数的构造器，在列出枚举值时就必须对应地传入参数。

程序清单：codes\06\6.9\best\Gender.java

```
public enum Gender
{
    // 此处的枚举值必须调用对应的构造器来创建
    MALE("男"), FEMALE("女");
    private final String name;
    // 枚举类的构造器只能使用 private 修饰
    private Gender(String name)
    {
        this.name = name;
    }
    public String getName()
    {
        return this.name;
    }
}
```

从上面的程序中可以看出，当为 Gender 枚举类创建了一个 Gender(String name)构造器之后，列出枚举值就应该采用粗体字代码来完成。也就是说，在枚举类中列出枚举值时，实际上就是调用构造器创建枚举类对象，只是这里无须使用 new 关键字，也无须显式调用构造器。前面在列出枚举值时无须传入参数，甚至无须使用括号，仅仅是因为前面的枚举类包含无参数的构造器。

不难看出，上面程序中的粗体字代码实际上等同于如下两行代码：

```
public static final Gender MALE = new Gender("男");
public static final Gender FEMALE = new Gender("女");
```

6.9.4 实现接口的枚举类

枚举类也可以实现一个或多个接口。与普通类实现一个或多个接口完全一样，当枚举类实现一个或多个接口时，也需要实现该接口所包含的方法。下面的程序定义了一个 GenderDesc 接口。

程序清单：codes\06\6.9\interface\GenderDesc.java

```
public interface GenderDesc
{
    void info();
}
```

在上面的 GenderDesc 接口中定义了一个 info()方法，下面的 Gender 枚举类实现了该接口，并实现了该接口里包含的 info()方法。

程序清单：codes\06\6.9\interface\Gender.java

```
public enum Gender implements GenderDesc
{
    // 其他部分与 codes\06\6.9\best\Gender.java 中的 Gender 类完全相同
    ...
    // 增加下面的 info()方法，实现 GenderDesc 接口必须实现的方法
    public void info()
```

```
    {
        System.out.println(
            "这是一个用于定义性别的枚举类");
    }
}
```

读者可能会发现，枚举类实现接口不过如此，与普通类实现接口完全一样：使用 implements 实现接口，并实现接口里包含的抽象方法。

如果由枚举类来实现接口里的方法，则每个枚举值在调用该方法时都有相同的行为方式（因为方法体完全一样）。如果需要每个枚举值在调用该方法时呈现出不同的行为方式，则可以让每个枚举值分别来实现该方法，每个枚举值提供不同的实现方式，从而让不同的枚举值在调用该方法时具有不同的行为方式。在下面的 Gender 枚举类中，不同的枚举值对 info()方法的实现各不相同（程序清单同上）。

```
public enum Gender implements GenderDesc
{
    // 此处的枚举值必须调用对应的构造器来创建
    MALE("男")
    // 花括号部分实际上是一个类体部分
    {
        public void info()
        {
            System.out.println("这个枚举值代表男性");
        }
    },
    FEMALE("女")
    {
        public void info()
        {
            System.out.println("这个枚举值代表女性");
        }
    };
    // 枚举类的其他部分与 codes\06\6.9\best\Gender.java 中的 Gender 类完全相同
    ...
}
```

上面程序中的粗体字代码部分看起来有些奇怪：当创建 MALE 和 FEMALE 两个枚举值时，后面又紧跟了一对花括号，这对花括号里包含了一个 info()方法定义。如果读者还记得匿名内部类的语法，则可能对这样的语法有点印象，花括号部分实际上就是一个类体部分。在这种情况下，当创建 MALE、FEMALE 枚举值时，并不是直接创建 Gender 枚举类的实例的，而是相当于创建 Gender 的匿名子类的实例。因为粗体字花括号部分实际上是匿名内部类的类体部分，所以这个部分的代码语法与前面介绍的匿名内部类的语法大致相似，只是它依然是枚举类的匿名内部子类。

学生提问：枚举类不是用 final 修饰了吗？怎么还能派生子类呢？

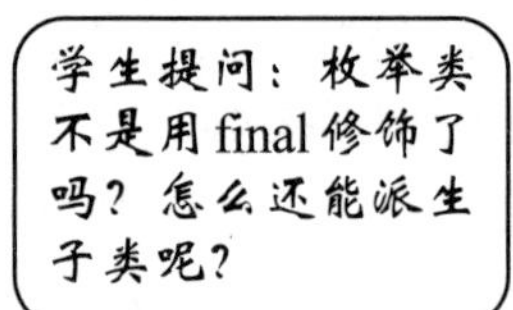

答：并不是所有的枚举类都使用了 final 修饰！只有非抽象的枚举类才默认使用 final 修饰。对于一个抽象的枚举类而言，只要它包含了抽象方法，它就是抽象枚举类，系统会默认使用 abstract 修饰，而不是使用 final 修饰。

编译上面的程序，可以看到生成了 Gender.class、Gender$1.class 和 Gender$2.class 三个文件，这样的三个 class 文件正好证明了上面的结论：MALE 和 FEMALE 实际上是 Gender 匿名子类的实例，而不是 Gender 类的实例。当调用 MALE 和 FEMALE 两个枚举值的方法时，就会看到两个枚举值的方法表现出不同的行为方式。

6.9.5 包含抽象方法的枚举类

假设有一个 Operation 枚举类，它的 4 个枚举值 PLUS, MINUS, TIMES, DIVIDE 分别代表加、减、

乘、除 4 种运算，该枚举类需要定义一个 eval()方法来完成运算。

从上面的描述可以看出，Operation 需要让 PLUS, MINUS, TIMES, DIVIDE 4 个值对 eval()方法各有不同的实现。此时可考虑为 Operation 枚举类定义一个 eval()抽象方法，然后让 4 个枚举值分别为 eval()提供不同的实现。例如如下代码。

程序清单：codes\06\6.9\abstract\Operation.java

```
public enum Operation
{
    PLUS
    {
        public double eval(double x, double y)
        {
            return x + y;
        }
    },
    MINUS
    {
        public double eval(double x, double y)
        {
            return x - y;
        }
    },
    TIMES
    {
        public double eval(double x, double y)
        {
            return x * y;
        }
    },
    DIVIDE
    {
        public double eval(double x, double y)
        {
            return x / y;
        }
    };
    // 为枚举类定义一个抽象方法
    // 这个抽象方法由不同的枚举值提供不同的实现
    public abstract double eval(double x, double y);
    public static void main(String[] args)
    {
        System.out.println(Operation.PLUS.eval(3, 4));
        System.out.println(Operation.MINUS.eval(5, 4));
        System.out.println(Operation.TIMES.eval(5, 4));
        System.out.println(Operation.DIVIDE.eval(5, 4));
    }
}
```

编译上面的程序，会生成 5 个 class 文件，其实 Operation 对应一个 class 文件，它的 4 个匿名内部子类分别对应一个 class 文件。

在枚举类中定义抽象方法时不能使用 abstract 关键字将枚举类定义成抽象类（因为系统会自动为它添加 abstract 关键字），但因为枚举类需要显式创建枚举值，而不是作为父类，所以在定义每个枚举值时必须为抽象方法提供实现，否则将出现编译错误。

6.10　Java 17 引入的密封类

前面介绍了可用 final 类，final 类不允许派生任何子类，这样可以很好地保护 final 类的行为不会被子类改写。但又不得不面临一个新的需求：有些时候可以明确地知道某个父类只能派生特定的几个子类，那么对该父类应该用什么限定呢？用 final 肯定不行，因为用 final 之后它就不能派生任何子类了；如果不加任何限制，那么该父类又可能被其他类继承，这也不行。

为了解决这个问题，Java 17 引入了密封类。密封类可以限制父类只能派生预先指定的子类，不允许再派生其他子类。

提示： final 类相当于密封类的一种特例，final 类相当于不允许派生任何子类的密封类（虽然在语法上不允许定义这种不能派生任何子类的密封类）。

6.10.1 密封类与其子类

定义密封类的语法格式如下：

```
[其他修饰符] sealed class 类名 permits 允许派生的子类列表
{
    // 类体部分
}
```

从上面的语法格式可以看出，密封类需要使用 sealed 关键字修饰，并使用 permits 关键字指定它允许派生的子类列表，多个子类之间用英文逗号隔开。

如果密封类和被允许的子类位于同一个源文件中，则密封类可以省略 permits 子句。Java 编译器会自动推断出该密封类只允许被同一个源文件中已有的子类继承，其他子类不允许再继承该密封类。

在定义密封类时，如果既没有通过 permits 指定允许派生的子类列表，也没有在相同的源文件中为密封类定义其他子类，那么 Java 会在编译该类时报错。

例如，如下程序定义了一个了密封类。

程序清单：codes\06\6.10\Apple.java

```
public abstract sealed class Apple
    permits Gala, Macintosh, GrannySmith
{
    public abstract void taste();
}
```

从上面的粗体字修饰符可以看出，abstract 能与 sealed 同时出现，因此密封类与 final 类不同，密封类完全可以是抽象类。

上面的粗体字代码指定了 Apple 密封类只能派生三个子类：Gala、Macintosh 和 GrannySmith，因此程序在定义 Apple 类时必须同时定义这三个子类。例如如下代码。

程序清单：codes\06\6.10\Gala.java

```
public final class Gala extends Apple
{
    public void taste()
    {
        System.out.println("香甜清脆，多汁爽口");
    }
}
```

程序清单：codes\06\6.10\Macintosh.java

```
public final class Macintosh extends Apple
{
    public void taste()
    {
        System.out.println("果肉细腻、果汁不多");
    }
}
```

程序清单：codes\06\6.10\GrannySmith.java

```
public non-sealed class GrannySmith extends Apple
{
    public void taste()
```

```
    {
        System.out.println("酸酸甜甜就是我");
    }
}
```

上面 4 个源程序完成了 Apple 密封类及其三个子类的定义。与定义其他父类不同的是，在定义密封类时，必须同步定义密封类的所有子类，这意味着上面 4 个源文件必须同时定义才能通过编译。

如果在同一个源文件中定义密封类及其所有子类（子类既可是密封类的内部类，也可不是），那么在定义密封类时就可以省略 permits 子句。例如如下程序。

程序清单：codes\06\6.10\Shape.java

```
// 定义 Shape 密封类，省略 permits 子句
public sealed class Shape
{
    // 定义 Shape 的子类
    public final class Triangle extends Shape {}
}
// 定义 Shape 的子类
final class Rectangle extends Shape {}
```

上面程序中定义了一个 Shape 密封类，该源文件中还定义了 Triangle 和 Rectangle 两个子类，其中 Triangle 是 Shape 的内部类，而 Rectangle 并不是 Shape 的内部类——不管怎么样，只要在同一个源文件中定义 Shape 的两个子类：Triangle 和 Rectangle，那么就能省略 Shape 密封类的 permits 子句，Java 编译器能推断出 Shape 只允许派生 Triangle 和 Rectangle 两个子类。

正如从上面的粗体字代码所看到的，密封类的子类要么使用了 final 修饰，要么使用了 non-final 修饰，这正是密封类对子类的要求。

总结来说，密封类对子类有如下要求。

- 子类与密封类要么属于同一个模块，要么属于同一个类（当然也可同时满足二者）。如果在未命名的模块中定义密封类及其子类，那么它们必须属于同一个包。
- 密封类允许派生的子类必须直接继承密封类，不能是密封类的孙子等后代类。
- 密封类的子类必须使用 final、sealed 或 non-sealed 三个修饰符的其中之一进行修饰。

使用 final、sealed 或 non-sealed 修饰密封类的子类具有如下意义。

- final 子类：这是最简单的情况，这意味着密封类的子类不能再派生新的子类。
- sealed 子类：这意味着密封类的子类依然是密封类，因此必须再次为该密封类的子类定义子类。
- non-sealed 子类：这意味着对密封类的子类没有任何限制，non-sealed 修饰的子类可以自由地派生其他子类。

很显然，final、sealed、non-sealed 这三个修饰符是互斥的，它们不可能同时修饰某个类。比如用 final sealed 修饰某个类，这显然是矛盾的——因为 final 声明该类不能派生子类，而 sealed 又声明该类可以派生有限个子类。

还有一点需要说明的是，由于密封类的子类都必须有正规的类名，因此匿名类和局部类都不能作为密封类的子类。

6.10.2　密封类与类型转换

密封类限制了允许派生的子类，因此在强制类型转换时会出现一些变化。先看如下程序。

程序清单：codes\06\6.10\InstanceofTest.java

```
interface Foo {}
class Bar {} // 该类并未实现 Foo 接口
public class InstanceofTest
{
    public void test(Bar b)
    {
        if (b instanceof Foo f)
```

```
            {
                System.out.println(b + "是Foo类型，可转换为" + f);
            }
        }
    }
```

上面的程序定义了一个 Foo 接口、一个 Bar 类（Bar 类并未实现 Foo 接口），上面的粗体字代码使用 instanceof 运算符判断 Bar 对象是否属于 Foo 类型。

根据前面介绍的 instanceof 运算符的规则：它要求前面的变量要么与 instanceof 后面的类型具有父子关系，要么是 instanceof 后面的类型的实例，否则编译时就会报错。

很显然，上面粗体字代码中的 Bar 对象并未实现 Foo 接口，那么上面的程序编译时会报错吗？答案是否定的，这似乎看上去很奇怪，但其实完全正常——虽然 Bar 类并未实现 Foo 接口，但由于 Bar 类并不是用 final 修饰的，因此 Bar 类完全可以派生子类，而这个子类是可以实现 Foo 接口的，这个子类对象自然也可被当成 Bar 类使用（子类对象都可被当成父类使用）。

比如，为上面的 Bar 类定义如下子类：

```
class Baz extends Bar implements Foo {}
```

当传入 Baz 对象作为 test()方法的调用参数时，此时的 Baz 就实现了 Foo 接口，这就是为何上面的粗体字代码可以正常编译通过的原因。

现在将上面的程序改为如下形式。

程序清单：codes\06\6.10\InstanceofTest2.java

```
interface Foo {}
final class Bar {} // 该类并未实现Foo接口
public class InstanceofTest2
{
    public void test(Bar b)
    {
        if (b instanceof Foo f)
        {
            System.out.println(b + "是Foo类型，可转换为" + f);
        }
    }
}
```

上面的程序为 Bar 类添加了 final 修饰符，此时程序中的粗体字代码编译时就会报错，这是因为 final 类不能派生子类，这样 Bar 类及其所有子类（final 类不会有任何子类）都不可能实现 Foo 接口，因此编译器会报错。

接下来的问题是：如果不使用 final 修饰 Bar 类，而是使用 sealed 修饰 Bar 类，那么会发生什么呢？与 final 修饰符不同的是，sealed 允许密封类派生有限的子类，因此此时要分以下几种情况。

- 若密封类的所有子类都是 final 类，且这些子类都没有实现 Foo 接口，上面粗体字代码的类型转换依然会在编译时报错。
- 若密封类的所有子类，以及这些子类所派生的后代类都不是 non-sealed 类（而是 final 类或 sealed 类），且这些子类及其后代类都没有实现 Foo 接口，上面粗体字代码的类型转换依然会在编译时报错。但只要有任何一个子类或后代类实现了 Foo 接口，上面粗体字代码的类型转换在编译时就不会报错。
- 若密封类的所有子类，以及这些子类所派生的后代类中任意一个是 non-sealed 类，这意味着该类可随意地派生子类，上面粗体字代码的类型转换在编译时就不会报错。

提示：

其实 Java 编译器的设计是非常精确而完美的，简而言之，一句话：只要编译器检测到 instanceof 前面的变量存在任何可能和后面的类型是父子关系，这行类型转换代码即可通过编译。

例如如下程序。

程序清单：codes\06\6.10\InstanceofTest3.java

```
interface Foo {}
sealed class Bar {} // 该类并未实现 Foo 接口
final class Baz extends Bar {}
sealed class Qux extends Bar {}
final class FooBar extends Qux {}
public class InstanceofTest3
{
    public void test(Bar b)
    {
        if (b instanceof Foo f)
        {
            System.out.println(b + "是 Foo 类型，可转换为" + f);
        }
    }
}
```

上面的程序定义了 Bar 密封类，由于该 Bar 类并未实现 Foo 接口，并且该 Bar 类的所有后代类：Baz、Qux、FooBar 要么是 final 类，要么是 sealed 类，它们都不是 non-sealed 类，且它们都没有实现 Foo 接口，因此 Java 编译器可以判断出 Bar 类型（包括它所有后代类型）的变量都不可能实现 Foo 接口。因此，上面程序中的粗体字代码编译时会报错。

再看如下程序。

程序清单：codes\06\6.10\InstanceofTest4.java

```
interface Foo {}
sealed class Bar {} // 该类并未实现 Foo 接口
final class Baz extends Bar {}
sealed class Qux extends Bar {}
non-sealed class FooBar extends Qux {}
public class InstanceofTest4
{
    public void test(Bar b)
    {
        if (b instanceof Foo f)
        {
            System.out.println(b + "是 Foo 类型，可转换为" + f);
        }
    }
}
```

上面的程序与前一个程序基本相似，区别只在于 FooBar 类使用了 non-sealed 修饰，这就意味着该 FooBar 类可以任意地派生子类，这些子类就有可能实现 Foo 接口。因此，虽然上面程序中的 Bar 密封类及其所有后代类目前都未实现 Foo 接口，但它依然有可能派生出实现了 Foo 接口的后代类。因此，上面程序中的粗体字代码编译时不会报错。

6.10.3　密封接口

与密封类相似的是，Java 允许使用 sealed 修饰接口，使之成为密封接口。

类似地，密封接口的子接口、实现类必须使用 final、sealed、non-sealed 的其中之一进行修饰。不过，由于 final 和 interface 不可能同时出现，因此密封接口的子接口只能使用 sealed 或 non-sealed 修饰。

程序清单：codes\06\6.10\SealedInterface.java

```
// 定义密封接口
sealed interface Celestial
{
    void fly();
}
```

```
// 密封接口的子接口，只能用sealed或non-sealed修饰
non-sealed interface Artificial extends Celestial {}
non-sealed class Star implements Celestial
{
    public void fly()
    {
        System.out.println("恒星在星系内转动");
    }
}
final class Planet implements Celestial {
    public void fly()
    {
        System.out.println("行星绕恒星转动");
    }
}
```

正如从上面的代码所看到的，上面的程序定义了一个密封接口：Celestial，该密封接口派生了一个子接口：Artificial，密封接口的子接口必须使用 sealed 或 non-sealed 修饰——如果使用 sealed 修饰，则意味着该子接口同样是密封接口；如果使用 non-sealed 修饰，则意味着该子接口可以被自由地实现或继承。

程序还为 Celestial 密封接口定义了两个实现类：Star 和 Planet，其中 Star 子类使用了 non-sealed 修饰，这表明 Star 子类可以自由地派生子类；Planet 子类使用了 final 修饰，这表明 Planet 子类不能再派生子类。

上面的程序将 Celestial 密封接口及其子接口、实现类定义在同一个源文件中，因此同样可以省略密封接口定义后面的 permits 子句。

6.10.4 密封类与 switch 模式匹配

前面在介绍 switch 模式匹配时已经说过，switch 模式匹配必须具有完备性，这意味着对普通类进行 switch 模式匹配时，只能使用 default 分支来匹配“其他剩下”的类型，因为你永远也无法确定一个普通类可以派生多少个子类。

但是若对密封类进行 switch 模式匹配，假如密封类的后代类中没有出现 non-sealed 子类，那么密封类的子类数量是有限的，这样 switch 模式匹配就可以省略 default 分支。

如下程序示范了密封类与 switch 模式匹配。

程序清单：codes\06\6.10\SealedSwitch.java

```
sealed class Shape permits Triangle, Rectangle {}
final class Triangle extends Shape
{
    public void info()
    {
        System.out.println("三角形");
    }
}
final class Rectangle extends Shape
{
    public void area()
    {
        System.out.println("面积等于长乘以宽");
    }
}
public class SealedSwitch
{
    public static void test(Shape s)
    {
        // 对Shape执行模式匹配
        switch(s)
        {
            // 使用case可以覆盖所有可能的Shape类型及其后代类
            // 因此可以不需要default分支
```

```
            case Rectangle rect -> rect.area();
            case Triangle tri -> tri.info();
            case Shape shape -> System.out.println("通用 Shape");
        }
    }
    public static void main(String[] args)
    {
        test(new Triangle());
        test(new Rectangle());
    }
}
```

上面程序中定义了一个 Shape 密封类，该密封类派生了两个 final 子类：Triangle 和 Rectangle，这意味着 Shape 类不会再有其他后代类。

上面程序中的粗体字代码使用 switch 对 Shape 变量执行模式匹配，其中 3 个 case 分支覆盖了所有可能的 Shape 类型：Triangle、Rectangle 和 Shape，这已经达到了 switch 的完备性，因此该 switch 模式匹配可以不需要 default 分支。

6.11　Java 17 引入的 Record 类

Record 类是一种特殊的不可变类，它能以非常简洁的代码来实现专门用作数据载体的类。不过，这种数据载体对象是不可变的：一旦它完成初始化之后，它的内部状态值就固定下来了，以后无法改变。

6.11.1　Record 类入门

定义 Record 类的语法格式如下：

```
修饰符 record 类名(组件类型 组件名, 组件类型 组件名, … )
{
    类变量
    方法
    构造器
    类初始化块
    内部类
}
```

在上面的语法格式中，record 前面的修饰符有隐式的 final，因此不能使用 abstract 修饰来定义抽象 Record 类。当定义顶层 Record 类时，该修饰符只能是 public（或不用修饰符）；当把 Record 类定义在其他类中、成为内部 Record 类时，该修饰符可以是 static，也可以是 private、protected 或 public 的其中之一。

需要说明的是，在定义 Record 类时，不管你是否使用 final 修饰，这个 final 修饰符始终都在。

与定义普通类不同的是，在定义 Record 类时，需要在类名后使用圆括号来定义该 Record 类的组件，也就是该 Record 对象的状态数据。Java 编译器会自动为组件生成如下两个成员：

- 与该组件同名的、带 final 修饰符的成员变量。
- 与该组件同名的、用于返回该组件值的方法（相当于 getter 方法，只不过没有 get 前缀）。

此外，Java 编译器还会为 Record 类自动生成如下成分：

- 用于初始化所有组件对应的、final 成员变量的构造器。
- toString()、equals()、hashCode()方法，这三个方法都已根据 Record 类的组件进行了重写。

如下程序示范了 Record 类的定义和用法。

程序清单：codes\06\6.11\PointTest.java

```
final record Point(int x, int y)
{
    // 成员变量只能是类变量
    private static String color;
    // 初始化块只能是类初始化块
    static
```

```
    {
        System.out.println("初始化快");
    }
    // 可以定义方法
    public void info()
    {
        System.out.println("Point的info方法");
    }
}
public class PointTest
{
    public static void main(String[] args)
    {
        // 声明变量、创建对象，该构造器由编译器自动提供
        Point p = new Point(2, 3);   // ①
        // 调用自动生成的x()方法（相当于getter方法）
        System.out.println(p.x());    // ②
        System.out.println(p);
    }
}
```

上面程序中定义了一个Record类：Point。程序在Point类后使用圆括号为它定义了两个组件：x和y，这意味着Java编译器会为x、y分别生成final实例变量及同名方法。Java编译器还会为它生成带两个参数的构造器用于初始化x、y两个变量，也会为它生成toString()、equals()和hashCode()方法。

简单来说，上面的程序只要简单地定义"final record Point(int x, int y) {}"（这个final其实可以省略，不管写不写，它都在那里），编译器就会为之生成如下Java类。

```
final class Point
{
    private final int x;
    private final int y;
    public Point(int x, int y)
    {
        this.x = x;
        this.y = y;
    }
    public int x() { return this.x; }
    public int y() { return this.y; }
    public final String toString()
    {
        return "Point[x=" + x + ", y=" + y + "]";
    }
    public final boolean equals(Object obj)
    {
        if (this == obj) return true;
        if (obj != null && obj.getClass() == Point.class)
        {
            Point target = (Point) obj;
            return this.x == target.x && this.y == target.y;
        }
        return false;
    }
    public final int hashCode() {…}
}
```

由此可见，Record类是多么的简洁，开发者只要定义一个简单的Record类，Java编译器就会自动为它生成这么多的内容。

在理解了Record类所对应的Java类之后，自然就能理解上面的PointTest程序了——程序中的①号粗体字代码调用了Point类的带两个参数的构造器，这就是编译器为Record类自动生成的构造器；程序中的②号粗体字代码调用了Point对象的x()方法，这也是编译器为Record类自动生成的getter方法（没有get前缀）。实际上，编译器还为Point类生成了y()方法。

运行上面的程序，将可看到如下输出：

```
初始化快
```

```
2
Point[x=2, y=3]
```

上面的粗体字代码输出就是编译器自动重写 Record 类的 toString()方法的效果。

与普通类相比，Record 类存在如下限制：

- Record 类不能显式使用 extends 指定父类，因为 Record 类总是隐式地继承 java.lang.Record 类。就像前面介绍的枚举类，它也不能显式使用 extends 指定父类，因为所有枚举类都隐式地继承 java.lang.Enum 类。
- 编译器会自动为 Record 类添加 final 修饰符，这意味着所有的 Record 类都是 final 类，因此，Record 类不可能是抽象类，也不可能派生其他子类。
- Record 类的所有组件都是 final 的，因此，这些组件也不会有相应的 setter 方法，这正体现了 Record 类的不可变性。
- Record 类不允许定义实例变量、不允许定义实例初始化块，这两个限制保证了只有 Record 类的头才能定义它的状态值。
- Record 类不能定义 native 方法。如果 Record 类可以定义 native 方法，那么该方法的实现就可能改变 Record 实例的状态，从而破坏它的不可变性。

除了上面的限制，Record 类的其他方面和普通类相似。

- Record 类同样用于声明变量，也可通过 new 来创建对象。
- Record 类可以被定义为顶层类，它也可以是内部类，也可以带泛型。

提示：

> 关于泛型的介绍，请参考本书第 8 章。

- Recode 类可以定义类方法（静态方法）、类变量（静态变量）和类初始化块（静态初始化块）。
- Record 类可以定义实例方法。
- Record 类可以实现接口，并实现接口中的抽象方法。
- Record 类本身可以被定义为内部类，在 Record 类中也可以定义内部类。如果将 Record 类定义成内部类，那么它就是隐式静态的——这意味着，当定义内部 Record 类时，不管是否使用 static 修饰，这个 static 修饰符始终都在。

提示：

> 还记得前面介绍的关于非静态内部类的知识吗？非静态内部类的实例必须"寄生"在外部类实例中，这就意味着非静态内部类的实例必须持有一个它所寄生的外部类实例。如果允许将 Record 类定义成非静态内部类，则会导致 Record 类的实例也必须持有一个它所寄生的外部类实例，这就破坏了 Record 类的不可变性，因此 Java 限制了内部 Record 类只能是静态内部类。

- Record 类的实例可以被序列化和反序列化，但不能通过提供 writeObject、readObject、readObjectNoData、writeExternal 或 readExternal 方法来实现自定义序列化。

提示：

> 关于序列化和反序列化的介绍，请参考本书 15.8 节。

6.11.2　Record 类的构造器

与普通类不同的是，不管你是否为 Record 类定义了构造器，系统总会为 Record 类生成带参数的构造器，用于初始化根据 Record 组件生成的 final 实例变量。

如果你定义的构造器与系统为 Record 生成的构造器有不同的形参列表，则属于为 Record 类定义额外的构造器。当为 Record 类定义额外的构造器时，必须在该构造器内直接或间接调用系统为 Record 类所生成的构造器。看如下程序。

程序清单：codes\06\6.11\RecordConstructor.java

```
record MyRecord(int x, int y)
{
    // 新增的构造器
    public MyRecord(int x, int y, String color)  // ①
    {
        // 直接调用系统为MyRecord生成的带int、int参数的构造器
        this(x, y);
    }
    // 新增的构造器
    public MyRecord()
    {
        // 直接调用①号构造器
        // 间接调用系统为MyRecord生成的带int、int、String参数的构造器
        this(2, 3, "clear");
    }
}
public class RecordConstructor
{
    public static void main(String[] args)
    {
        // 调用系统生成的带int、int参数的构造器创建实例
        var mr1 = new MyRecord(4, 5);
        System.out.println(mr1);
        // 调用自己定义的、无参数的构造器创建实例
        var mr2 = new MyRecord();
        System.out.println(mr2);
        // 调用自己定义的、带3个参数的构造器创建实例
        var mr3 = new MyRecord(7, 8, "red");
        System.out.println(mr3);
    }
}
```

上面的程序为MyRecord类额外定义了2个构造器：一个是无参数的构造器，一个是带3个参数的构造器；再加上系统为MyRecord类生成的构造器，这样该类就有了3个构造器。

在MyRecord类的带3个参数的构造器中，粗体字代码this(x, y);直接调用了系统生成的带2个参数的构造器，如果没有这行代码，程序编译时就会报错；在MyRecord类的无参数的构造器中，粗体字代码this(2, 3, "clear");直接调用了带3个参数的构造器，从而间接调用了系统为MyRecord类生成的带2个参数的构造器。这也是可以的，当然，也可以将这行代码改为形如this(2, 3);这样的代码，这样就可直接调用系统为MyRecord类生成的带2个参数的构造器。

总之，如果要为Record类定义额外的构造器，则一定要直接或间接调用系统为Record类所生成的构造器。

如果想对系统自动生成的Record构造器进行一些定制，则有两种方式。

- 定义一个构造器，且该构造器具有与系统自动生成的构造器相同的形参列表，并在构造器中提供自定义的初始化代码。在这种方式下，构造器必须用代码显式初始化Record组件所对应的final实例变量。
- 定义一个省略括号及括号内参数列表的构造器，该构造器将默认具有与系统自动生成的构造器相同的形参列表。在这种方式下，系统会在构造器的末尾处自动完成Record组件所对应的final实例变量的初始化，构造器不能用代码显式初始化Record组件所对应的final实例变量。

提示： 简单来说，当重新定义系统为Record类所生成的构造器时，如果你声明的构造器有参数列表，那么你就要自己负责完成对final变量的初始化；如果你声明的构造器省略了参数列表，那么你就不能完成对final变量的初始化。

下面先看第一种方式。

程序清单：codes\06\6.11\RedefineConstructor.java

```
record Name(String first, String last)
{
    public Name(String first, String last)
    {
        // 对 first 和 last 两个组件进行验证
        if (first.length() > 6 || last.length() > 4)
        {
            // 当验证失败时抛出异常，避免创建不符合规定的 Name 对象
            throw new IllegalArgumentException(
                "名不能超过 6 个字符，且姓不能超过 4 个字符");
        }
        this.first = first;
        this.last = last;
    }
}
public class RedefineConstructor
{
    public static void main(String[] args)
    {
        var name1 = new Name("悟空", "孙");
        System.out.println(name1);
        // 创建 Name 失败
        var name2 = new Name("悟空", "疯狂 Java"); // ①
    }
}
```

上面程序中的粗体字代码为 Name 类定义了一个带两个 String 参数的构造器，该构造器的形参列表与系统自动生成的构造器的形参列表相同，因此这属于重新定义该构造器。该构造器的代码对 first 和 last 两个组件进行了验证，如果验证失败，则抛出异常，阻止程序继续创建 Name 对象。

提示： 关于异常的知识，可参考本书第 10 章。

由于在声明 Name 构造器时指定了圆括号和两个形参，因此需要在构造器中显式使用代码来初始化两个 final 变量，如 Name 构造器的最后两行代码所示。

实际上，Java 推荐采用第二种方式来重新定义系统为 Record 类所生成的构造器，这种方式的代码更加简洁，如下面的代码所示。

程序清单：codes\06\6.11\RedefineConstructor2.java

```
record Name(String first, String last)
{
    public Name
    {
        // 对 first 和 last 两个组件进行验证
        if (first.length() > 6 || last.length() > 4)
        {
            // 当验证失败时抛出异常，避免创建不符合规定的 Name 对象
            throw new IllegalArgumentException(
                "名不能超过 6 个字符，且姓不能超过 4 个字符");
        }
    }
}
public class RedefineConstructor2
{
    public static void main(String[] args)
    {
        var name1 = new Name("悟空", "孙");
        System.out.println(name1);
        // 创建 Name 失败
```

```
        var name2 = new Name("悟空", "疯狂 Java"); // ①
    }
}
```

正如从上面的粗体字代码所看到的，此时的构造器完全省略了圆括号及形参列表，这就表示重新定义了系统为 Record 生成的构造器。与第一种方式的构造器相比，采用这种方式来重新定义构造器可以省略如下两行初始化代码：

```
this.first = first;
this.last = last;
```

这就是 Java 推荐采用第二种方式来重新定义构造器的原因。

6.11.3 局部 Record 类

前面已经介绍过，如果将 Record 类定义在其他类中，那么它就变成了内部 Record 类。与内部枚举、内部接口相同的是，内部 Record 类总是静态的——这意味着，无论是否使用 static 修饰内部 Record 类，内部 Record 类总有 static 修饰符。看如下程序。

程序清单：codes\06\6.11\InnerRecord.java

```
class Out
{
    private int foo;
    // 下面的 static 修饰符写不写都一样
    public static record Address(String detail, String zip)
    {
        public void test()
        {
            // 下面的代码编译时报错
//            System.out.println(foo);  // ①
        }
    }
}
public class InnerRecord
{
    public static void main(String[] args)
    {
        Out.Address addr = new Out.Address("广州天河", "510000");
        System.out.println(addr);
    }
}
```

上面的程序在 Out 类中定义了一个内部 Record 类——不管是否使用 static 修饰该内部 Record 类，该内部 Record 类总是静态的。因此，上面程序中的①号代码编译时会报错：

```
错误：无法从静态上下文中引用非静态 变量 foo
```

这是因为 Address 是静态内部类，它属于类成员。Java 有一条底线：类成员不能直接访问实例成员（也说静态成员不能引用非静态成员）。因此，这行代码会报出如上所示的编译错误。

接下来，在 InnerRecord 的 main()方法中可以看到使用如下代码来声明变量、创建对象：

```
Out.Address addr = new Out.Address("广州天河", "510000");
```

这很明显地说明了 Address 类是 Out 类的静态内部类。

此外，如果将 Record 类定义在外部类的方法中，那么它就变成了局部内部 Record 类（简称局部 Record 类）。与局部内部类不同的是，局部 Record 类也是隐式静态的——虽然它不能使用 static 修饰。

由于局部 Record 类是隐式静态的，因此局部 Record 同样不能访问外部类的实例变量，甚至不能访问它所在方法的局部变量。看如下程序。

程序清单：codes\06\6.11\LocalRecord.java

```
class Out
{
```

```
    private static String str = "fkjava";
    private int foo;
    public void test()
    {
        int bar = 2;
        // 下面的局部 Record 类不能用 static 修饰，但它依然是隐式静态的
        record Address(String detail, String zip)
        {
            public void test()
            {
                System.out.println(str);
                // 下面两行代码编译时报错
                System.out.println(foo); // ①
                System.out.println(bar); // ②
            }
        }
    }
}
```

上面的程序在 test()方法中定义了一个局部 Record 类，虽然该局部 Record 类不能使用 static 修饰，但它依然是静态的，因此该局部 Record 类的方法不能访问外部类的实例变量，甚至不能访问它所在方法的局部变量。因此，上面的①号和②号代码编译时会报出如下错误：

```
错误：无法从静态上下文中引用非静态 变量 foo
```

需要补充的是，Java 17 对局部枚举类（定义在方法中的内部枚举）、局部接口（定义在方法中的内部接口）进行了统一：局部枚举类、局部接口和局部 Record 类一样，现在它们统一都是隐式静态的——虽然它们都不能使用 static 修饰。

 6.12　对象与垃圾回收

第 1 章已经介绍过，Java 的垃圾回收机制是 Java 语言的重要功能之一。当程序创建对象、数组等引用类型实体时，系统都会在堆内存中为之分配一块内存区，对象就被保存在这块内存区中，当这块内存区不再被任何引用变量引用时，它就变成垃圾，等待垃圾回收机制进行回收。垃圾回收机制具有如下特征。

- 垃圾回收机制只负责回收堆内存中的对象，不会回收任何物理资源（例如，数据库连接、网络 I/O 等资源）。
- 程序无法精确控制垃圾回收机制的运行，垃圾回收机制会在合适的时候运行。当对象永久性地失去引用后，系统就会在合适的时候回收它所占的内存。
- 在垃圾回收机制回收任何对象之前，系统总会先调用它的 finalize()方法，该方法可能使该对象重新复活（让一个引用变量重新引用该对象），从而导致垃圾回收机制取消回收。

6.12.1　对象在内存中的状态

当一个对象在堆内存中运行时，根据它被引用变量所引用的状态，可以把它所处的状态分为如下三种。

- 可达状态：当一个对象被创建后，若有一个以上的引用变量引用它，则这个对象在程序中处于可达状态，程序可通过引用变量来调用该对象的实例变量和方法。
- 可恢复状态：如果程序中某个对象不再有任何引用变量引用它，那么它就进入了可恢复状态。在这种状态下，系统的垃圾回收机制准备回收该对象所占用的内存，在回收该对象之前，系统会调用所有可恢复状态对象的 finalize()方法进行资源清理。如果系统在调用 finalize()方法时重新让一个引用变量引用该对象，则这个对象会再次变为可达状态；否则，该对象将进入不

可达状态。

➢ 不可达状态：当对象与所有引用变量的关联都被切断，且系统已经调用所有对象的finalize()方法后，依然没有使该对象变成可达状态，那么这个对象将永久性地失去引用，最后变成不可达状态。只有当一个对象处于不可达状态时，系统才会真正回收该对象所占有的资源。

图 6.7 显示了对象的三种状态转换示意图。

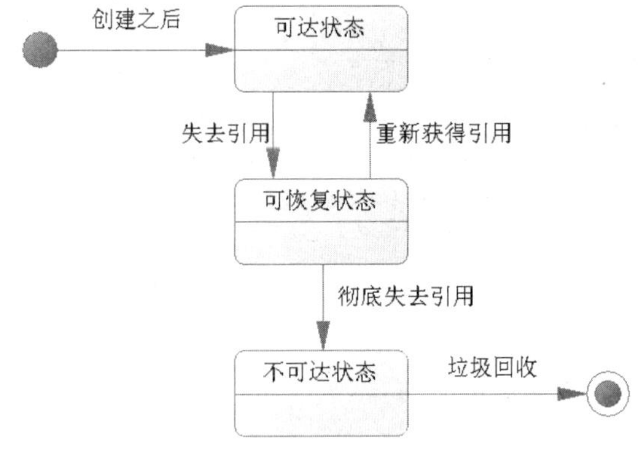

图 6.7　对象的状态转换示意图

例如，下面的程序简单地创建了两个字符串对象，并创建了一个引用变量依次指向这两个对象。

程序清单：codes\06\6.12\StatusTransfer.java

```
public class StatusTransfer
{
    public static void test()
    {
        var a = new String("轻量级 Java EE 企业应用实战"); // ①
        a = new String("疯狂 Java 讲义");   // ②
    }
    public static void main(String[] args)
    {
        test();    // ③
    }
}
```

当程序执行 test 方法的①号代码时，代码定义了一个 a 变量，并让该变量指向"轻量级 Java EE 企业应用实战"字符串。该代码执行结束后，"轻量级 Java EE 企业应用实战"字符串对象处于可达状态。

当程序执行了 test 方法的②号代码后，代码再次创建了"疯狂 Java 讲义"字符串对象，并让 a 变量指向该对象。此时，"轻量级 Java EE 企业应用实战"字符串对象处于可恢复状态，而"疯狂 Java 讲义"字符串对象处于可达状态。

一个对象可以被一个方法的局部变量引用，也可以被其他类的类变量引用，或者被其他对象的实例变量引用。当某个对象被其他类的类变量引用时，只有当该类被销毁后，该对象才会进入可恢复状态；当某个对象被其他对象的实例变量引用时，只有当该对象被销毁后，该对象才会进入可恢复状态。

6.12.2　强制垃圾回收

当一个对象失去引用后，系统何时调用它的 finalize()方法对它进行资源清理，何时它会变成不可达状态，系统何时回收它所占用的内存，对于程序完全透明。程序只能控制一个对象何时不再被任何引用变量所引用，绝不能控制它何时被回收。

程序无法精确控制 Java 垃圾回收的时机，但依然可以强制系统进行垃圾回收——这种强制只是通知系统进行垃圾回收，但系统是否进行垃圾回收依然不确定。大部分时候，程序强制系统垃圾回收后总会有一些效果。强制系统垃圾回收有如下两种方式。

➢ 调用 System 类的 gc()静态方法：System.gc()。
➢ 调用 Runtime 对象的 gc()实例方法：Runtime.getRuntime().gc()。

提示：关于 System 和 Runtime，请参考本书第 7 章的内容。

下面的程序创建了 4 个匿名对象，每个对象在创建之后都立即进入可恢复状态，等待系统回收，但直到系统退出，系统依然不会回收该资源。

程序清单：codes\06\6.12\GcTest.java

```
public class GcTest
{
    public static void main(String[] args)
    {
        for (var i = 0; i < 4; i++)
        {
            new GcTest();
        }
    }
    public void finalize()
    {
        System.out.println("系统正在清理 GcTest 对象的资源...");
    }
}
```

编译、运行上面的程序，看不到任何输出，可见直到系统退出，系统都不曾调用 GcTest 对象的 finalize() 方法。现在将程序修改成如下形式（程序清单同上）。

提示： 由于系统何时调用对象的 finalize()方法是不确定的，因此从 Java 9 开始，该方法被标记为不推荐。

```
public class GcTest
{
    public static void main(String[] args)
    {
        for (var i = 0; i < 4; i++)
        {
            new GcTest();
            // 下面两行代码的作用完全相同，强制系统进行垃圾回收
            // System.gc();
            Runtime.getRuntime().gc();
        }
    }
    public void finalize()
    {
        System.out.println("系统正在清理 GcTest 对象的资源...");
    }
}
```

上面的程序与前一个程序相比，只是增加了粗体字代码行，此代码行强制系统进行垃圾回收。编译上面的程序，使用如下命令来运行此程序：

```
java -verbose:gc GcTest
```

在运行 java 命令时指定-verbose:gc 选项，可以看到每次垃圾回收的运行提示信息，如图 6.8 所示。

```
管理员: C:\Windows\system32\cmd.exe
G:\publish\codes\06\6.12>java -verbose:gc GcTest
[0.005s][info][gc] Using G1
[0.064s][info][gc] GC(0) Pause Full (System.gc()) 2M->0M(8M) 5.708ms
[0.070s][info][gc] GC(1) Pause Full (System.gc()) 0M->0M(8M) 3.080ms
[0.074s][info][gc] GC(2) Pause Full (System.gc()) 0M->0M(8M) 2.955ms
[0.078s][info][gc] GC(3) Pause Full (System.gc()) 0M->0M(8M) 2.947ms
系统正在清理GcTest对象的资源...
```

图 6.8　垃圾回收的运行提示信息

从图 6.8 中可以看出，每次调用 Runtime. getRuntime().gc()代码后，系统垃圾回收机制还是“有所动作”的，可以看出垃圾回收之前、回收之后的内存占用对比情况。

虽然图 6.8 显示了程序强制垃圾回收的效果，但这种强制只是建议系统立即进行垃圾回收，系统完全有可能并不立即进行垃圾回收，垃圾回收机制也不会对程序的建议完全置之不理：垃圾回收机制会在收到通知后，尽快进行垃圾回收。

6.12.3 finalize 方法

在垃圾回收机制回收某个对象所占用的内存之前，通常要求程序调用适当的方法来清理资源。在没有明确指定清理资源的情况下，Java 提供了默认机制来清理该对象的资源，该机制就是 finalize()方法。该方法是定义在 Object 类中的实例方法，方法原型为：

```
protected void finalize() throws Throwable
```

当 finalize()方法返回后，对象消失，垃圾回收机制开始运行。方法原型中的 throws Throwable 表示它可以抛出任何类型的异常。

任何 Java 类都可以重写 Object 类的 finalize()方法，在该方法中清理对象占用的资源。如果在程序终止之前始终没有进行垃圾回收，则不会调用失去引用对象的 finalize()方法来清理资源。垃圾回收机制何时调用对象的 finalize()方法是完全透明的，只有当程序认为需要更多的额外内存时，垃圾回收机制才会进行垃圾回收。因此，完全有可能出现这样一种情形：某个失去引用的对象只占用了少量内存，而且系统没有产生严重的内存需求，因此垃圾回收机制并没有试图回收该对象所占用的资源，所以该对象的 finalize()方法也不会得到调用。

finalize()方法具有如下 4 个特点。

- 永远不要主动调用某个对象的 finalize()方法，应将该方法交给垃圾回收机制调用。
- finalize()方法何时被调用、是否被调用具有不确定性，不要把 finalize()方法当成一定会被执行的方法。
- 当 JVM 执行可恢复对象的 finalize()方法时，可能使该对象或系统中其他对象重新变成可达状态。
- 当 JVM 执行 finalize()方法出现异常时，垃圾回收机制不会报告异常，程序继续运行。

由于 finalize()方法并不一定会被执行，因此，如果想清理某个类中打开的资源，则不要在 finalize()方法中进行清理，后面会介绍专门用于清理资源的方法。

下面的程序演示了如何在 finalize()方法中复活自身，并可通过该程序看出垃圾回收的不确定性。

程序清单：codes\06\6.12\FinalizeTest.java

```
public class FinalizeTest
{
    private static FinalizeTest ft = null;
    public void info()
    {
        System.out.println("测试资源清理的 finalize 方法");
    }
    public static void main(String[] args) throws Exception
    {
        // 创建 FinalizeTest 对象，它立即进入可恢复状态
        new FinalizeTest();
        // 通知系统进行资源回收
        System.gc();    // ①
        // 强制垃圾回收机制调用可恢复对象的 finalize()方法
//      Runtime.getRuntime().runFinalization();  // ②
        System.runFinalization();   // ③
        ft.info();
    }
    public void finalize()
    {
        // 让 ft 引用到试图回收的可恢复对象，即可恢复对象重新变成可达状态
        ft = this;
    }
}
```

上面程序中定义了一个 FinalizeTest 类，重写了该类的 finalize()方法，在该方法中把需要清理的可

恢复对象重新赋给 ft 引用变量，从而让该可恢复对象重新变成可达状态。

上面程序中的 main()方法创建了一个 FinalizeTest 类的匿名对象，因为在创建后没有把这个对象赋给任何引用变量，所以该对象立即进入可恢复状态。当该对象进入可恢复状态后，程序调用①号粗体字代码通知系统进行资源回收，②号粗体字代码强制垃圾回收机制立即调用可恢复对象的 finalize()方法，再次调用 ft 对象的 info()方法。编译、运行上面的程序，可以看到 ft 的 info()方法被正常执行。

如果删除①号粗体字代码，取消强制垃圾回收，再次编译、运行上面的程序，将会看到如图 6.9 所示的结果。

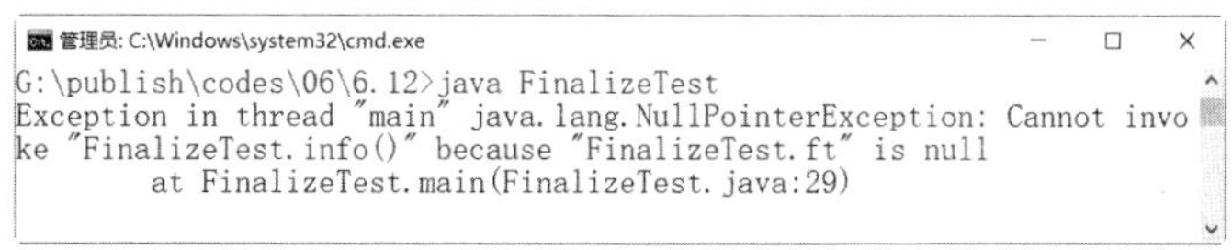

```
G:\publish\codes\06\6.12>java FinalizeTest
Exception in thread "main" java.lang.NullPointerException: Cannot invoke "FinalizeTest.info()" because "FinalizeTest.ft" is null
        at FinalizeTest.main(FinalizeTest.java:29)
```

图 6.9 在调用 ft.info()方法时引发空指针异常

从图 6.9 所示的运行结果可以看出，如果删除①号粗体字代码，程序并没有通知系统开始执行垃圾回收（而且程序内存也没有紧张），那么系统通常不会立即进行垃圾回收，也就不会调用 FinalizeTest 对象的 finalize()方法，这样 FinalizeTest 的 ft 类变量将依然保持为 null，这就导致了空指针异常。

上面程序中的②号和③号粗体字代码都用于强制垃圾回收机制调用可恢复对象的 finalize()方法，如果程序仅执行 System.gc();代码，而不执行②号或③号粗体字代码——由于 JVM 垃圾回收机制的不确定性，JVM 往往并不立即调用可恢复对象的 finalize()方法，那么 FinalizeTest 的 ft 类变量可能依然为 null，可能依然会导致空指针异常。

6.12.4 对象的软引用、弱引用和虚引用

对于大部分对象而言，程序里会有一个引用变量引用该对象，这是最常见的引用方式。除此之外，java.lang.ref 包下提供了三个类：SoftReference、PhantomReference 和 WeakReference，它们分别代表了系统对对象的三种引用方式：软引用、虚引用和弱引用。因此，Java 语言对对象的引用有如下 4 种方式。

1. 强引用（StrongReference）

强引用是 Java 程序中最常见的引用方式。程序创建一个对象，并把这个对象赋给一个引用变量，程序通过该引用变量来操作实际的对象，前面介绍的对象和数组都采用了这种强引用的方式。当一个对象被一个或一个以上的引用变量所引用时，它处于可达状态，不可能被系统垃圾回收机制回收。

2. 软引用（SoftReference）

软引用通过 SoftReference 类来实现，当一个对象只有软引用时，它有可能被垃圾回收机制回收。对于只有软引用的对象而言，当系统内存空间足够时，它不会被系统回收，程序也可使用该对象；当系统内存空间不足时，系统可能会回收它。软引用通常用于对内存敏感的程序中。

3. 弱引用（WeakReference）

弱引用通过 WeakReference 类来实现，弱引用和软引用很像，但弱引用的引用级别更低。对于只有弱引用的对象而言，当系统垃圾回收机制运行时，不管系统内存是否足够，总会回收该对象所占用的内存。当然，并不是说当一个对象只有弱引用时，它就会立即被回收——正如那些失去引用的对象一样，必须等到系统垃圾回收机制运行时才会回收它。

4. 虚引用（PhantomReference）

虚引用通过 PhantomReference 类来实现，虚引用完全类似于没有引用。虚引用对对象本身没有太大的影响，对象甚至感觉不到虚引用的存在。如果一个对象只有一个虚引用，那么它和没有引用的效果大致相同。虚引用主要用于跟踪对象被垃圾回收的状态，虚引用不能单独使用，虚引用必须和引用队列（ReferenceQueue）联合使用。

上面三个引用类都包含了一个 get()方法，用于获取被它们所引用的对象。

提示：

如果需要掌握 JDK 系统类的详细用法，例如，其包含哪些可用的成员变量和方法（protected 和 public 权限的成员变量和方法），以及包含哪些构造器，则应该查阅 Java 提供的 API 文档。

引用队列由 java.lang.ref.ReferenceQueue 类表示，它用于保存被回收后的对象的引用。当联合使用软引用、弱引用和引用队列时，系统在回收被引用的对象之后，将把被回收的对象所对应的引用添加到关联的引用队列中。与软引用和弱引用不同的是，虚引用在对象被释放之前，将把其对应的虚引用添加到关联的引用队列中，这使得在对象被回收之前可以采取行动。

软引用和弱引用可以单独使用，但虚引用不能单独使用，单独使用虚引用没有太大的意义。虚引用的主要作用就是跟踪对象被垃圾回收的状态，程序可以通过检查与虚引用关联的引用队列中是否已经包含了该虚引用，从而了解虚引用所引用的对象是否即将被回收。

下面的程序示范了弱引用所引用的对象被系统垃圾回收的过程。

程序清单：codes\06\6.12\ReferenceTest.java

```
public class ReferenceTest
{
    public static void main(String[] args)
        throws Exception
    {
        // 创建一个字符串对象
        var str = new String("疯狂 Java 讲义");
        // 创建一个弱引用，让此弱引用引用到"疯狂 Java 讲义"字符串
        var wr = new WeakReference(str);  // ①
        // 切断 str 和"疯狂 Java 讲义"字符串对象之间的引用关系
        str = null;   // ②
        // 取出弱引用所引用的对象
        System.out.println(wr.get());  // ③
        // 强制垃圾回收
        System.gc();
        System.runFinalization();
        // 再次取出弱引用所引用的对象
        System.out.println(wr.get());  // ④
    }
}
```

上面的程序先创建了一个"疯狂 Java 讲义"字符串对象，并让 str 引用变量引用它。当执行①号粗体字代码时，系统创建了一个弱引用对象，并让该对象和 str 引用同一个对象。当程序执行到②号代码时，程序切断了 str 和"疯狂 Java 讲义"字符串对象之间的引用关系。此时系统内存如图 6.10 所示。

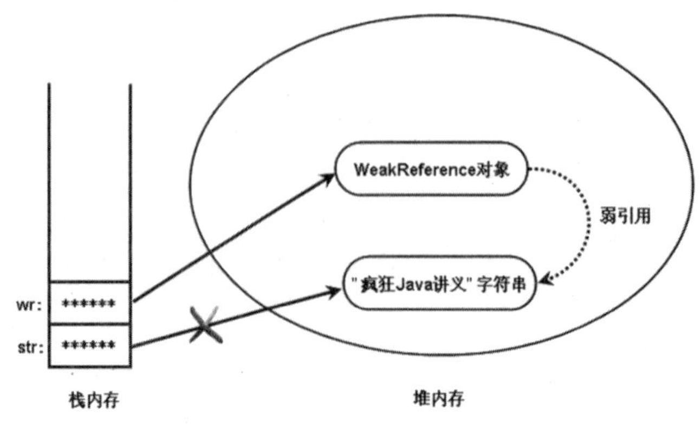

图 6.10 仅被弱引用引用的字符串对象

提示：

在编译上面上程序时会出现一个警告提示，这个警告提示是一个泛型提示，此处先不要理它。不仅如此，上面的程序在创建"疯狂 Java 讲义"字符串对象时，不要使用 String str = "疯狂 Java 讲义";，否则将看不到运行效果。因为采用 String str = "疯狂 Java 讲义";代码定义字符串时，系统会使用常量池来管理这个字符串直接量（会使用强引用来引用它），系统不会回收这个字符串直接量。

当程序执行到③号粗体字代码时，由于本程序不会导致内存紧张，此时程序通常还不会回收弱引用 wr 所引用的对象，因此在③号粗体字代码处可以看到输出"疯狂 Java 讲义"字符串。

在执行了③号粗体字代码之后，程序调用了 System.gc();和 System.runFinalization();通知系统进行垃圾回收，如果系统立即进行垃圾回收，那么就会将弱引用 wr 所引用的对象回收。接下来在④号粗体字代码处将看到输出 null。

下面的程序与上面的程序基本相似，只是使用了虚引用来引用字符串对象，虚引用无法获取它引用的对象。下面的程序还将虚引用和引用队列结合使用，可以看到虚引用引用的对象被垃圾回收后，虚引用将被添加到引用队列中。

程序清单：codes\06\6.10\PhantomReferenceTest.java

```
public class PhantomReferenceTest
{
    public static void main(String[] args)
        throws Exception
    {
        // 创建一个字符串对象
        var str = new String("疯狂 Java 讲义");
        // 创建一个引用队列
        var rq = new ReferenceQueue();
        // 创建一个虚引用，让此虚引用引用到"疯狂 Java 讲义"字符串
        var pr = new PhantomReference(str, rq);
        // 切断 str 和"疯狂 Java 讲义"字符串对象之间的引用关系
        str = null;
        // 取出虚引用所引用的对象，并不能通过虚引用获取被引用的对象，所以此处输出 null
        System.out.println(pr.get());  // ①
        // 强制垃圾回收
        System.gc();
        System.runFinalization();
        // 在垃圾回收之后，虚引用将被放入引用队列中
        // 取出引用队列中最先进入队列的引用与 pr 进行比较
        System.out.println(rq.poll() == pr);   // ②
    }
}
```

因为系统无法通过虚引用来获得被引用的对象，所以在执行①号粗体字代码时，程序将输出 null（即使此时并未强制进行垃圾回收）。当程序强制垃圾回收后，只有虚引用引用的字符串对象会被垃圾回收。当被引用的对象被回收后，对应的虚引用将被添加到关联的引用队列中，因此将在②号粗体字代码处看到输出 true。

使用这些引用类可以避免在程序执行期间将对象留在内存中。如果以软引用、弱引用或虚引用的方式引用对象，垃圾回收器就能够随意地释放对象。如果希望尽可能减小程序在其生命周期中所占用的内存大小，这些引用类就很有用处。

必须指出的是，要使用这些特殊的引用类，就不能保留对对象的强引用；如果保留了对对象的强引用，就会浪费这些引用类所提供的好处。

由于垃圾回收的不确定性，当程序希望从软引用、弱引用中取出被引用的对象时，可能这个被引用的对象已经被释放了。如果程序需要使用这个被引用的对象，则必须重新创建该对象。这个过程可以采用两种方式完成，下面的代码显示了其中一种方式。

```
// 取出弱引用所引用的对象
obj = wr.get();
// 如果取出的对象为null
if (obj == null)
{
    // 重新创建一个新的对象，再次让弱引用去引用该对象
    wr = new WeakReference(recreateIt());      // ①
    // 取出弱引用所引用的对象，将其赋给 obj 变量
    obj = wr.get();    // ②
}
... // 操作 obj 对象
// 再次切断 obj 和对象之间的关联
obj = null;
```

下面的代码显示了另一种取出被引用的对象的方式。

```
// 取出弱引用所引用的对象
obj = wr.get();
// 如果取出的对象为null
if (obj == null)
{
    // 重新创建一个新的对象，并使用强引用来引用它
    obj = recreateIt();
    // 取出弱引用所引用的对象，将其赋给 obj 变量
    wr = new WeakReference(obj);
}
... // 操作 obj 对象
// 再次切断 obj 和对象之间的关联
obj = null;
```

上面两段代码采用的都是伪码，其中 recreateIt()方法用于生成一个 obj 对象。这两段代码都是先判断 obj 对象是否已经被回收，如果 obj 对象已经被回收，则重新创建该对象。如果弱引用引用的对象已经被垃圾回收器释放了，则重新创建该对象。但第一段代码存在一定的问题：当 if 块执行完成后，obj 对象还是有可能为 null 的。因为垃圾回收的不确定性，假设系统在①号和②号粗体字代码之间进行垃圾回收，则系统会再次将 wr 所引用的对象回收，从而导致 obj 对象依然为 null。第二段代码则不会存在这个问题，当 if 块执行结束后，obj 对象一定不为 null。

6.13 修饰符的适用范围

到目前为止，我们已经学习了 Java 中的大部分修饰符，如访问控制符、static 和 final 等。还有其他一些修饰符将会在后面的章节中继续介绍，此处给出 Java 修饰符的适用范围总表（见表 6.3）。

表 6.3 Java 修饰符的适用范围总表

	外部类/接口	成员变量	方 法	构造器	初始化块	成员内部类	局部成员
public	√	√	√	√		√	
protected		√	√	√		√	
包访问控制符	√	√	√	√	○	√	○
private		√	√	√		√	
abstract	√		√			√	
final	√	√	√			√	√
static		√	√		√	√	
strictfp	√		√			√	
synchronized			√				
native			√				

续表

	外部类/接口	成员变量	方 法	构造器	初始化块	成员内部类	局部成员
transient		√					
volatile		√					
default			√				

在表 6.3 中，包访问控制符是一种特殊的修饰符，不用任何访问控制符的就是包访问控制。对于初始化块和局部成员而言，它们不能使用任何访问控制符，所以看起来像使用了包访问控制符。

strictfp 关键字的含义是 FP-strict，也就是精确浮点的意思。在 Java 虚拟机中进行浮点运算时，如果没有指定 strictfp 关键字，Java 的编译器和运行时环境在浮点运算上不一定令人满意。一旦使用了 strictfp 来修饰类、接口或者方法，在其所修饰的范围内 Java 的编译器和运行时环境就会完全依照浮点规范 IEEE-754 来执行。因此，如果想让浮点运算更加精确，则可以使用 strictfp 关键字来修饰类、接口和方法。

native 关键字主要用于修饰方法，使用 native 修饰的方法类似于抽象方法。与抽象方法不同的是，native 方法通常采用 C 语言来实现。如果某个方法需要利用平台相关特性，或者访问系统硬件等，则可以使用 native 修饰该方法，再把该方法交给 C 语言去实现。一旦 Java 程序中包含了 native 方法，这个程序就将失去跨平台的功能。

其他修饰符如 synchronized、transient，在后面的章节中将有更详细的介绍，此处不再赘述。

在表 6.3 中列出的所有修饰符中，private、protected、public 这 3 个访问控制符是互斥的，最多只能出现其中之一。不仅如此，还有 abstract 和 final 永远不能同时使用；abstract 和 static 不能同时修饰方法，但可以同时修饰内部类；abstract 和 private 不能同时修饰方法，但可以同时修饰内部类。private 和 final 同时修饰方法虽然语法是合法的，但没有太大的意义——由于 private 修饰的方法不可能被子类重写，因此使用 final 修饰没什么意义。

6.14 多版本 JAR 包

JAR 文件的全称是 Java Archive File，意思就是 Java 档案文件。通常 JAR 文件是一种压缩文件，与常见的 ZIP 压缩文件兼容，也被称为 JAR 包。JAR 文件与 ZIP 文件的区别就是，在 JAR 文件中默认包含了一个名为 META-INF/MANIFEST.MF 的清单文件，这个清单文件是在生成 JAR 文件时由系统自动创建的。

比如开发了一个应用程序，这个应用程序包含了很多类，如果需要把这个应用程序提供给他人使用，则通常会将这些类文件打包成一个 JAR 文件，把这个 JAR 文件提供给他人使用。只要他们在系统的 CLASSPATH 环境变量中添加这个 JAR 文件，Java 虚拟机就可以自动在内存中解压缩这个 JAR 文件，把这个 JAR 文件当成一个路径，在这个路径下查找所需要的类或包层次对应的路径结构。

使用 JAR 文件有以下好处。

- 安全：对 JAR 文件进行数字签名，只让能够识别数字签名的用户使用里面的东西。
- 加快下载速度：在网上使用 Java 程序时，如果存在多个 class 文件而不打包，为了能够把每个文件都下载到客户端，需要为每个文件单独建立一个 HTTP 连接，这是非常耗时的工作。而将这些文件压缩成一个 JAR 包，只要建立一次 HTTP 连接就能够一次下载所有的文件。
- 压缩：使文件变小，JAR 的压缩机制和 ZIP 完全相同。
- 包封装：让 JAR 包里面的文件依赖于统一版本的类文件。
- 可移植性：JAR 包作为内嵌在 Java 平台内部处理的标准，能够在各种平台上直接使用。

把一个 JAR 文件添加到系统的 CLASSPATH 环境变量中后，Java 将会把这个 JAR 文件当成一个路径来处理。实际上，JAR 文件就是一个路径，JAR 文件通常使用 jar 命令压缩而成。当使用 jar 命令压缩生成 JAR 文件时，可以把一个或多个路径压缩成一个 JAR 文件。

例如，在 test 目录下包含了如下目录结构和文件。

```
test
  ├─a
  │  ├─Test.class
  │  └─Test.java
  └─b
     ├─Test.class
     └─Test.java
```

如果把上面 test 路径下的所有文件压缩成一个 JAR 文件，则 JAR 文件的内部目录结构为：

```
test.jar
  ├─META-INF
  │  ├─MANIFEST.MF
  ├─a
  │  ├─Test.class
  │  └─Test.java
  └─b
     ├─Test.class
     └─Test.java
```

6.14.1 jar 命令详解

jar 是随 JDK 自动安装的，在 JDK 安装目录下的 bin 目录中（本书中就是 D:\Java\jdk-17.0.1\bin 路径下），在 Windows 系统下文件名为 jar.exe，在 Linux 系统下文件名为 jar。

如果在命令行窗口中运行不带任何参数的 jar -h 命令，系统将会提示 jar 命令的用法，提示信息如图 6.11 所示。

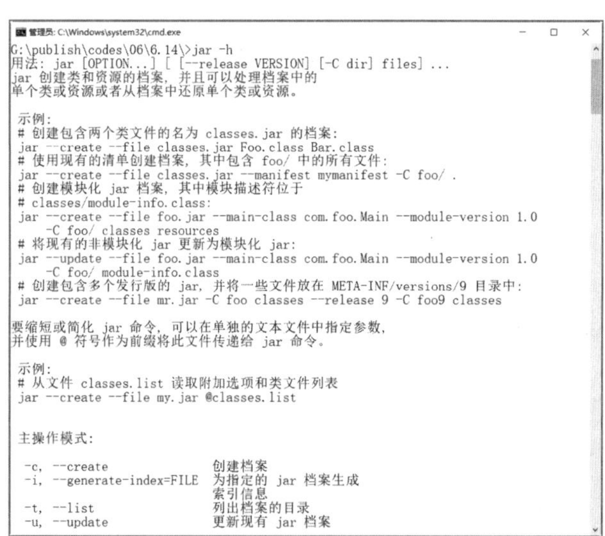

图 6.11 jar 命令用法的详细信息

下面通过一些例子来说明 jar 命令的用法。

1. 创建 JAR 文件：jar cf test.jar -C dist/ .

该命令没有显示压缩过程，执行结果是将当前路径下的 dist 路径下的全部内容打包生成一个 test.jar 文件。如果当前目录中已经存在 test.jar 文件，那么该文件将被覆盖。

2. 创建 JAR 文件，并显示压缩过程：jar cvf test.jar -C dist/ .

该命令的结果与第 1 个命令相同，但是由于 v 参数的作用，显示了打包过程，如下所示：

```
已添加清单
正在添加: test/(输入 = 0) (输出 = 0)(存储了 0%)
正在添加: test/Test.class(输入 = 414) (输出 = 289)(压缩了 30%)
```

```
正在添加: test/Test.java(输入 = 409) (输出 = 305)(压缩了 25%)
```

3．不使用清单文件：jar cvfM test.jar -C dist/ .

该命令的结果与第 2 个命令类似，其中 M 选项表示不生成清单文件，因此在生成的 test.jar 中没有包含 META-INF/MANIFEST.MF 文件，打包过程的信息也略有差别。

```
正在添加: test/(输入 = 0) (输出 = 0)(存储了 0%)
正在添加: test/Test.class(输入 = 414) (输出 = 289)(压缩了 30%)
正在添加: test/Test.java(输入 = 409) (输出 = 305)(压缩了 25%)
```

4．自定义清单文件内容：jar cvfm test.jar 用户清单文件 -C dist/ .

该命令的执行结果与第 2 个命令相似，显示信息也相同，其中 m 选项指定读取用户清单文件信息，该命令会读取“用户清单文件”中的内容，并添加到 jar 命令自动生成的 META-INF/MANIFEST.MF 文件中。

当开发者要向 MANIFEST.MF 清单文件中添加自己的内容时，就需要借助于“用户清单文件”了，“用户清单文件”只是一个普通的文本文件，使用记事本编辑即可。清单文件的内容由如下格式的多个 key-value 对组成。

```
key:<空格>value
```

清单文件的内容格式要求如下：

- 每行只能定义一个 key-value 对，在每行的 key-value 对之前不能有空格，即 key-value 对必须顶格写。
- 每组 key-value 对之间以“: ”（英文冒号后紧跟一个英文空格）分隔，少写了冒号或者空格都是错误的。
- 文件开头不能有空行。
- 文件必须以一个空行结束。

可以将上面的文件保存在任意位置，以任意文件名存放。例如，将上面的文件保存在当前路径下，文件名为 a.txt。使用如下命令即可将清单文件中的 key-value 对提取到 META-INF/MANIFEST.MF 文件中。

```
jar cvfm test.jar a.txt -C dist/ .
```

5．查看 JAR 包内容：jar tf test.jar

在 test.jar 文件已经存在的前提下，使用此命令可以查看 test.jar 文件中的内容。例如，对使用第 2 个命令生成的 test.jar 执行此命令，结果如下：

```
META-INF/
META-INF/MANIFEST.MF
test/
test/Test.class
test/Test.java
```

当 JAR 包中的文件路径和文件非常多时，直接执行该命令将无法看到包的全部内容（因为命令行窗口能显示的行数有限），此时可利用重定向将显示结果保存到文件中。例如，采用如下命令：

```
jar tf test.jar > info.txt
```

执行上面的命令看不到任何输出，但命令执行结束后，将在当前路径下生成一个 info.txt 文件，该文件中保存了 test.jar 包里文件的详细信息。

6．查看 JAR 包详细内容：jar tvf test.jar

该命令与第 5 个命令基本相似，但它更详细——除包括第 5 个命令中显示的内容外，还包括包内文件的详细信息。例如：

```
  0 Mon Feb 07 23:27:58 EST 2022 META-INF/
 72 Mon Feb 07 23:27:58 EST 2022 META-INF/MANIFEST.MF
  0 Thu Jan 06 18:01:42 EST 2022 test/
419 Sat Apr 12 07:29:48 EDT 2014 test/Test.class
440 Sat Jan 08 12:09:02 EST 2022 test/Test.java
```

7．解压缩：jar xf test.jar

将 test.jar 文件解压缩到当前目录下，不显示任何信息。假设将第 2 个命令生成的 test.jar 文件解压缩，将看到如下目录结构：

```
├─META-INF
│  └─MANIFEST.MF
└─test
    ├─Test.java
    └─Test.class
```

8．带提示信息解压缩：jar xvf test.jar

这个命令的解压缩效果与第 7 个命令相同，但系统会显示解压缩过程的详细信息。例如：

```
已创建: META-INF/
已解压: META-INF/MANIFEST.MF
已创建: test/
已解压: test/Test.class
已解压: test/Test.java
```

9．更新 JAR 文件：jar uf test.jar Hello.class

该命令用于更新 test.jar 中的 Hello.class 文件。如果 test.jar 中已有 Hello.class 文件，则使用新的 Hello.class 文件替换原来的 Hello.class 文件；如果 test.jar 中没有 Hello.class 文件，则把新的 Hello.class 文件添加到 test.jar 中。

10．更新时显示详细信息：jar uvf test.jar Hello.class

这个命令与第 9 个命令相同，也用于更新 test.jar 中的 Hello.class 文件，但它会显示详细的压缩信息。例如：

```
增加: Hello.class(读入= 51) (写出= 28)(压缩了 45%)
```

11．创建多版本 JAR 包：jar cvf test.jar -C dist7/ . --release 9 -C dist/ .

多版本 JAR 包是 JDK 9 新增的功能，它允许在同一个 JAR 包中包含针对多个 Java 版本的 class 文件。JDK 9 为 jar 命令增加了一个--release 选项，用于创建多版本 JAR 包，该选项的参数值必须大于或等于 9——只有 Java 9 及更新版本才能支持多版本 JAR 包。

在使用多版本 JAR 包之前，可以使用 javac 的--release 选项针对指定 Java 进行编译。比如命令：

```
javac --release 8 Test.java
```

上面的命令代表使用 Java 8 的语法来编译 Test.java。如果在 Test.java 中使用了 Java 11 或 Java 17 的语法，程序将会编译失败。

提示：

--release 选项大致相当于 javac 早期的-target、-source 选项，但--release 选项更完善，因此推荐使用--release 选项代替原有的-target、-source 选项。

假如将针对 Java 8 编译的所有 class 文件放在 dist8 目录下，针对 Java 17 编译的所有 class 文件放在 dist 目录下，接下来可用如下命令来创建多版本 JAR 包：

```
jar cvf test.jar -C dist8/ . --release 17 -C dist/ .
```

执行上面的命令，可以看到如下输出：

```
已添加清单
```

```
正在添加: test/(输入 = 0) (输出 = 0)(存储了 0%)
正在添加: test/Test.class(输入 = 419) (输出 = 291)(压缩了 30%)
正在添加: test/Test.java(输入 = 431) (输出 = 329)(压缩了 23%)
正在添加: META-INF/versions/17/(输入 = 0) (输出 = 0)(存储了 0%)
正在添加: META-INF/versions/17/test/(输入 = 0) (输出 = 0)(存储了 0%)
正在添加: META-INF/versions/17/test/Test.class(输入 = 419) (输出 = 291)(压缩了 30%)
正在添加: META-INF/versions/17/test/Test.java(输入 = 431) (输出 = 329)(压缩了 23%)
```

这样就创建了一个多版本JAR包，在该多版本JAR包内，特定版本的文件位于META-INF/versions/N目录下，其中 N 代表版本号。

6.14.2　创建可执行的 JAR 包

当一个应用程序开发成功后，大致有如下三种发布方式。

- 使用与平台相关的编译器将整个应用程序编译成与平台相关的可执行文件。这种方式常常需要第三方编译器的支持，而且编译生成的可执行文件丧失了跨平台特性，甚至可能有一定的性能下降。
- 为应用程序编辑一个批处理文件。以 Windows 操作系统为例，在批处理文件中只需要定义如下命令：

```
java 包名.MainClass
```

当用户单击上面的批处理文件时，系统将执行批处理文件的 java 命令，从而运行程序的主类。如果不想保留运行 Java 程序的命令行窗口，也可在批处理文件中定义如下命令：

```
start javaw 包名.MainClass
```

- 将一个应用程序制作成可执行的 JAR 包，通过 JAR 包来发布应用程序。

把应用程序压缩成 JAR 包来发布是比较典型的做法，如果开发者把整个应用程序制作成一个可执行的 JAR 包交给用户，那么用户使用起来就方便了。在 Windows 系统下安装 JRE 时，安装文件会将*.jar 文件映射成由 javaw.exe 打开。对于一个可执行的 JAR 包，用户只需要双击它就可以运行程序了，和阅读*.chm 文档一样方便（*.chm 文档默认是由 hh.exe 打开的）。下面介绍如何制作可执行的 JAR 包。

创建可执行的 JAR 包的关键在于：让 javaw 命令知道 JAR 包中哪个类是主类，javaw 命令可以通过运行该主类来运行程序。

jar 命令有一个-e 选项，该选项指定 JAR 包中作为程序入口的主类的类名。因此，制作一个可执行的 JAR 包只要增加-e 选项即可。例如如下命令：

```
jar cvfe test.jar test.Test test
```

上面的命令把 test 目录下的所有文件都压缩到 test.jar 包中，并指定使用 test.Test 类（如果主类带包名，此处必须指定完整的类名）作为程序的入口。

运行上面的 JAR 包有两种方式。

- 使用 java 命令，使用 java 运行时的语法是：java -jar test.jar。
- 使用 javaw 命令，使用 javaw 运行时的语法是：javaw test.jar。

当创建 JAR 包时，所有的类都必须放在与包结构对应的目录结构中，就像上面的-e 选项指定的 Test 类，表明入口类为 Test。因此，必须在 JAR 包下包含 Test.class 文件。

6.14.3　关于 JAR 包的技巧

前面在介绍 JAR 文件时就已经说过，JAR 文件实际上就是 ZIP 文件，所以可以使用一些常见的解压缩工具来解压缩 JAR 文件，如 Windows 系统下的 WinRAR、WinZip 等，以及 Linux 系统下的 unzip 等。使用 WinRAR 和 WinZip 等工具比使用 JAR 命令更加直观、方便；而使用 unzip 则可通过-d 选项来指定目标目录。

在解压缩一个 JAR 文件时，不能使用 jar 的-C 选项来指定解压缩的目标目录，因为-C 选项只在创建或者更新包时可用。如果需要将文件解压缩到指定目录下，则需要先将该 JAR 文件复制到目标目录下，再进行解压缩。如果使用 unzip，就不需要这么麻烦了，只需要指定一个-d 选项即可。例如：

```
unzip test.jar -d dest/
```

使用 WinRAR 则更加方便，它不仅可以解压缩 JAR 文件，而且便于用户浏览 JAR 文件的任意目录。图 6.12 显示了使用 WinRAR 查看 test.jar 包的界面。

如果你不喜欢 jar 命令的字符界面，也可以使用 WinRAR 工具来创建 JAR 包。因为使用 WinRAR 工具创建压缩文件时不会自动添加清单文件，所以需要手动添加清单文件，即需要手动建立 META-INF 路径，并在该路径下建立一个 MANIFEST.MF 文件，该文件中至少需要如下两行：

```
Manifest-Version: 1.0
Created-By: 17.0.1 (Oracle Corporation)
```

上面的 MANIFEST.MF 文件是一个格式敏感的文件，该文件的内容格式要求与前面自定义清单文件的内容格式要求完全一样。

接下来选中需要被压缩的文件、文件夹和 META-INF 文件夹，单击鼠标右键，在弹出的快捷菜单中单击“添加到压缩文件(A)...”菜单项，将看到如图 6.13 所示的压缩界面。

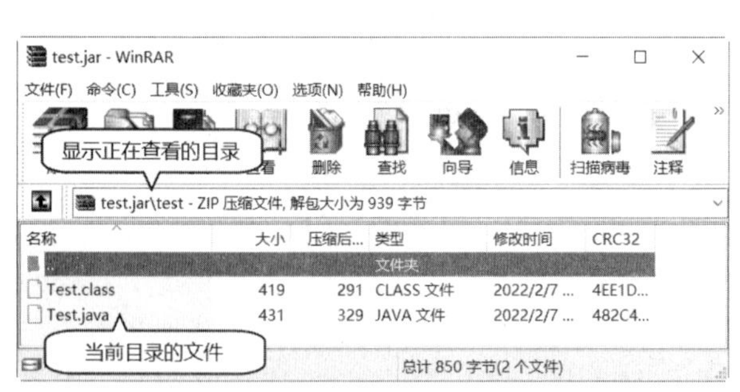

图 6.12　使用 WinRAR 查看 JAR 包

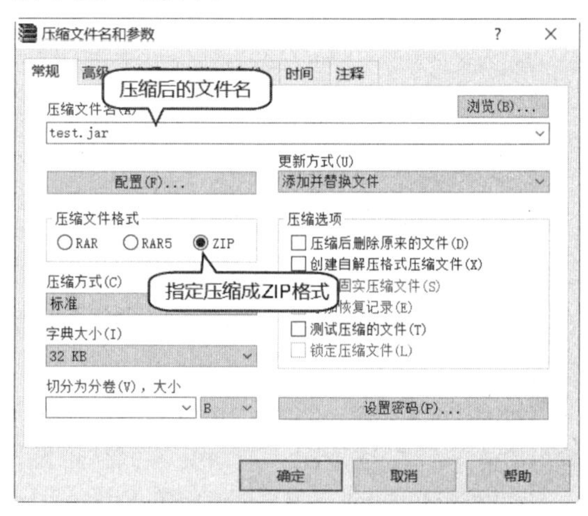

图 6.13　使用 WinRAR 压缩 JAR 包

按图 6.13 所示选择压缩成 ZIP 格式，并输入压缩后的文件名，然后单击“确定”按钮，即可生成一个 JAR 包，与使用 jar 命令生成的 JAR 包没有区别。

此外，Java 还可能生成两种压缩包：WAR 包和 EAR 包。其中 WAR 文件是 Web Archive File，它对应一个 Web 应用文档；而 EAR 文件就是 Enterprise Archive File，它对应于一个企业应用文档（通常由 Web 应用和 EJB 两个部分组成）。实际上，WAR 包和 EAR 包的压缩格式及压缩方式与 JAR 包完全一样，只是改变了文件名后缀而已。

6.15　本章小结

本章主要介绍了 Java 面向对象的深入部分，包括 Java 中 8 种基本数据类型的包装类，以及系统直接输出一个对象时的处理方式，比较了判断对象相等时所用的==和 equals 方法的区别。本章详细介绍了使用 final 修饰符修饰变量、方法和类的用法，讲解了抽象类和接口的用法，并深入比较了接口和抽象类之间的联系与区别，以便读者能掌握接口和抽象类在用法上的区别。

本章还介绍了内部类的概念和用法，包括静态内部类、非静态内部类、局部内部类和匿名内部类等，并深入讲解了内部类的作用。枚举类是 Java 的一个功能，它也是本章讲解的知识点。本章详细讲解了如何手动定义枚举类，以及通过 enum 来定义枚举类的各种相关知识。本章还重点介绍了 Java 的 Lambda 表达式，包括 Lambda 表达式的用法和本质，以及如何在 Lambda 表达式中使用方法引用、构造器引用。

本章的另一个重点是 Java 17 引入的密封类和 Record 类，密封类相当于 final 类的扩展版：final 类不能派生子类，而密封类可派生固定的子类；Record 类则是一种专门用于封装的不可变类，而且 Java 提供了非常简洁的语法来定义 Record 类。

本章最后介绍了对象的几种引用方式，以及系统垃圾回收的各种相关知识，还总结了 Java 所有修饰符的适用范围总表。

本章练习

1. 通过抽象类定义车类的模板，然后通过抽象的车类来派生拖拉机、卡车、小轿车。
2. 定义一个接口，并使用匿名内部类方式创建接口的实例。
3. 定义一个函数式接口，并使用 Lambda 表达式创建函数式接口的实例。
4. 定义一个类，该类用于封装一桌梭哈游戏，这个类应该包含桌上剩下的牌的信息，并包含 5 个玩家的状态信息：他们各自的位置、游戏状态（正在游戏或已放弃）、手上已有的牌等信息。如果有可能，这个类还应该实现发牌方法，这个方法需要控制从谁开始发牌、不要发牌给放弃的人，并修改桌上剩下的牌。

CHAPTER

7

第 7 章 Java 基础类库

本章要点

- Java 程序的参数
- 程序在运行过程中接收用户输入
- System 类的相关用法
- Runtime、ProcessHandle 类的相关用法
- Object 与 Objects 类
- 使用 String、StringBuffer、StringBuilder 类
- 使用 Math 类进行数学计算
- 使用 BigDecimal 类保存精确浮点数
- 使用 Random 类生成各种伪随机数
- Date、Calendar 的用法及其之间的联系
- 日期、时间 API 的功能和用法
- 创建正则表达式
- 通过 Pattern 和 Matcher 使用正则表达式
- 通过 String 类使用正则表达式
- 程序国际化的思路
- 程序国际化
- Java 的新式日志 API
- 使用 NumberFormat 格式化数字
- 使用 HexFormat 处理十六进制字符串
- 使用 DateTimeFormatter 解析日期、时间字符串
- 使用 DateTimeFormatter 格式化日期、时间
- 使用 DateFormat、SimpleDateFormat 格式化日期

Oracle 为 Java 提供了丰富的基础类库，Java 17 提供了 4000 多个基础类（包括下一章将要介绍的集合框架），通过这些基础类库可以提高开发效率，降低开发难度。对于合格的 Java 程序员而言，至少要熟悉 Java SE 中 70%以上的类。当然，本书并不是让读者去背诵 Java API 文档，但在反复查阅 API 文档的过程中，会自动记住大部分类的功能、方法，因此程序员一定要多练、多敲代码。

Java 提供了 String、StringBuffer 和 StringBuilder 来处理字符串，它们之间存在少许差别，本章会详细介绍它们之间的差别，以及如何选择合适的字符串类。Java 还提供了 Date 和 Calendar 来处理日期、时间，其中 Date 是一个已经过时的 API，通常推荐使用 Calendar 来处理日期、时间。

正则表达式是一个强大的文本处理工具，通过正则表达式可以对文本内容进行查找、替换、分割等操作。在 JDK 1.4 以后，Java 也增加了对正则表达式的支持，包括新增的 Pattern 和 Matcher 两个类，并改写了 String 类，让 String 类增加了正则表达式支持，增加了正则表达式功能后的 String 类更加强大。

Java 还提供了非常简单的国际化支持，Java 使用 Locale 对象封装一个国家、语言环境，再使用 ResourceBundle 根据 Locale 加载语言资源包，当 ResourceBundle 加载了指定 Locale 对应的语言资源文件后，ResourceBundle 对象就可调用 getString()方法来取出指定 key 所对应的消息字符串。

7.1　与用户互动

如果一个程序总是按既定的流程运行，无须处理用户动作，那么这个程序总是比较简单的。实际上，绝大部分程序都需要处理用户动作，包括接收用户的键盘输入、鼠标动作等。因为现在还未涉及图形用户接口（GUI）编程，所以本节主要介绍程序如何获得用户的键盘输入。

7.1.1　运行 Java 程序的参数

回忆 Java 程序的入口——main()方法的方法签名：

```
// Java 程序入口：main()方法
public static void main(String[] args){....}
```

下面详细讲解 main()方法为什么采用这个方法签名。

- public 修饰符：Java 类由 JVM 调用，为了让 JVM 可以自由调用这个 main()方法，所以使用 public 修饰符把这个方法暴露出来。
- static 修饰符：JVM 在调用这个主方法时，不会先创建该主类的对象，然后再通过对象来调用该主方法，而是直接通过该主类来调用主方法，因此使用 static 修饰该主方法。
- void 返回值：因为主方法被 JVM 调用，该方法的返回值将返回给 JVM，这没有任何意义，因此 main()方法没有返回值。

上面方法中还包括一个字符串数组形参，根据方法调用的规则：谁调用方法，谁负责为形参赋值。也就是说，main()方法由 JVM 调用，即 args 形参应该由 JVM 负责赋值。但 JVM 怎么知道如何为 args 数组赋值呢？先看下面的程序。

程序清单：codes\07\7.1\ArgsTest.java

```
public class ArgsTest
{
    public static void main(String[] args)
    {
        // 输出 args 数组的长度
        System.out.println(args.length);
        // 遍历 args 数组的每个元素
        for (var arg : args)
        {
            System.out.println(arg);
        }
    }
}
```

上面的程序几乎是最简单的“HelloWorld”程序，只是这个程序增加了输出 args 数组的长度、遍历 args 数组元素的代码。使用 java ArgsTest 命令运行上面的程序，可以看到程序仅仅输出一个 0，这表明 args 数组是一个长度为 0 的数组——这是合理的。因为计算机是没有思考能力的，它只能忠实地执行用户交给它的任务，既然程序没有给 args 数组设定参数值，那么 JVM 就不知道 args 数组的元素，所以 JVM 将 args 数组设置成一个长度为 0 的数组。

下面改为如下命令来运行上面的程序：

```
java ArgsTest Java Spring
```

将看到如图 7.1 所示的运行结果。

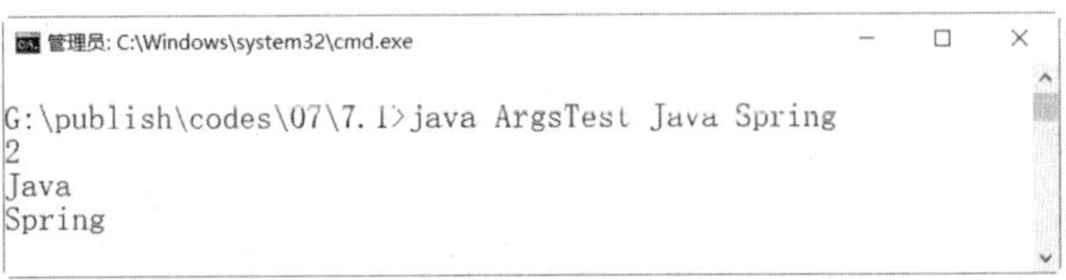

图 7.1　为 main()方法的形参数组赋值

从图 7.1 中可以看出，如果运行 Java 程序时在类名后紧跟一个或多个字符串（多个字符串之间以空格隔开），JVM 就会把这些字符串依次赋给 args 数组元素。运行 Java 程序时的参数与 args 数组之间的对应关系如图 7.2 所示。

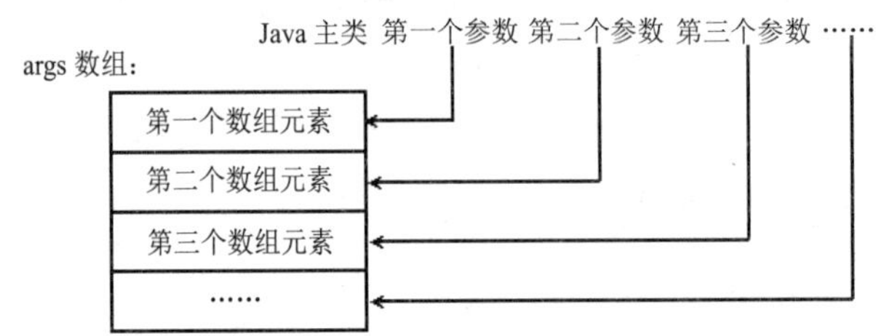

图 7.2　运行 Java 程序时的参数与 args 数组之前的对应关系

如果某参数本身包含了空格，则应该将该参数用双引号（""）包围起来；否则，JVM 会把这个空格当成参数分隔符，而不是当成参数本身。例如，采用如下命令来运行上面的程序：

```
java ArgsTest "Java Spring"
```

可以看到 args 数组的长度为 1，只有一个数组元素，其值是“Java Spring”。

7.1.2　使用 Scanner 获取键盘输入

在运行 Java 程序时传入参数，只能在程序开始运行之前就设定几个固定的参数。对于更复杂的情形，程序需要在运行过程中获取输入，例如，前面介绍的五子棋游戏、梭哈游戏都需要在程序运行过程中获取用户的键盘输入。

使用 Scanner 类可以很方便地获取用户的键盘输入，Scanner 是一个基于正则表达式的文本扫描器，它可以从文件、输入流、字符串中解析出基本类型值和字符串值。Scanner 类提供了多个构造器，不同的构造器可以接收文件、输入流、字符串作为数据源，用于从文件、输入流、字符串中解析数据。

Scanner 主要提供了两种方法来扫描输入。

- hasNextXxx()：判断是否还有下一个输入项，其中 Xxx 可以是 Int、Long 等代表基本类型的字符串。如果只是判断是否包含下一个字符串，则直接使用 hasNext()。
- nextXxx()：获取下一个输入项。Xxx 的含义与前一个方法中的 Xxx 相同。

在默认情况下，Scanner 使用空白（包括空格、Tab 空白、回车符）作为多个输入项之间的分隔符。下面的程序使用 Scanner 来获得用户的键盘输入。

程序清单：codes\07\7.1\ScannerKeyBoardTest.java

```
public class ScannerKeyBoardTest
```

```
{
    public static void main(String[] args)
    {
        // System.in 代表标准输入，就是键盘输入
        var sc = new Scanner(System.in);
        // 增加下面一行，只把回车符作为分隔符
        // sc.useDelimiter("\n");
        // 判断是否还有下一个输入项
        while (sc.hasNext())
        {
            // 输出输入项
            System.out.println("键盘输入的内容是: "
                + sc.next());
        }
    }
}
```

运行上面的程序，程序通过 Scanner 不断地从键盘读取输入，每次读取到键盘输入后，都直接将输入内容打印在控制台上。上面程序的运行结果如图 7.3 所示。

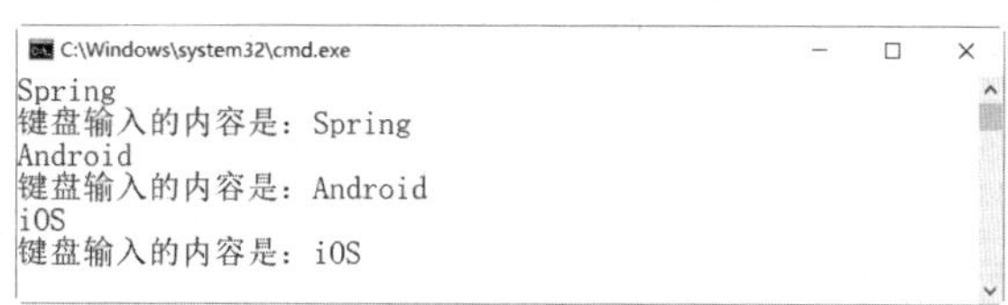

图 7.3 使用 Scanner 获取键盘输入

如果希望改变 Scanner 的分隔符（不使用空白作为分隔符），例如，程序需要每次读取一行，不管这一行中是否包含空格，Scanner 都把它当成一个输入项。在这种需求下，可以把 Scanner 的分隔符设置为回车符，不再使用默认的空白作为分隔符。

Scanner 的读取操作可能被阻塞（当前执行顺序流暂停）来等待信息的输入。如果输入源没有结束，而 Scanner 又读取不到更多的输入项（尤其在键盘输入时比较常见），那么 Scanner 的 hasNext()和 next()方法有可能被阻塞——hasNext()方法是否阻塞和与其相关的 next()方法是否阻塞无关。

为 Scanner 设置分隔符使用 useDelimiter(String pattern)方法即可，该方法的参数应该是一个正则表达式（关于正则表达式的介绍请参考本章后面的内容）。只要把上面程序中粗体字代码行的注释去掉，该程序就会把键盘的每行输入当成一个输入项，而不会以空格、Tab 空白等作为分隔符。

事实上，Scanner 提供了两个简单的方法来逐行读取。

- boolean hasNextLine()：返回输入源中是否还有下一行。
- String nextLine()：返回输入源中下一行的字符串。

Scanner 不仅可以获取字符串输入项，也可以获取任何基本类型的输入项，如下面的程序所示。

程序清单：codes\07\7.1\ScannerLongTest.java

```
public class ScannerLongTest
{
    public static void main(String[] args)
    {
        // System.in 代表标准输入，就是键盘输入
        var sc = new Scanner(System.in);
        // 判断是否还有下一个 long 类型整数
        while (sc.hasNextLong())
        {
            // 输出输入项
            System.out.println("键盘输入的内容是: "
                + sc.nextLong());
        }
    }
}
```

注意上面程序中的粗体字代码部分，正如通过 hasNextLong()和 nextLong()两个方法，Scanner 可以

直接从输入流中获得 long 类型整数的输入项。与此类似的是，如果需要获取其他基本类型的输入项，则可以使用相应的方法。

上面的程序不如 ScannerKeyBoardTest 程序的适应性强，因为 ScannerLongTest 程序要求键盘输入必须是整数，否则程序就会退出。

Scanner 不仅能读取用户的键盘输入，还能读取文件输入。只要在创建 Scanner 对象时传入一个 File 对象作为参数，就可以让 Scanner 读取该文件的内容。例如如下程序。

程序清单：codes\07\7.1\ScannerFileTest.java

```
public class ScannerFileTest
{
    public static void main(String[] args)
        throws Exception
    {
        // 将一个 File 对象作为 Scanner 的构造器参数，Scanner 读取文件内容
        var sc = new Scanner(new File("ScannerFileTest.java"));
        System.out.println("ScannerFileTest.java 文件内容如下：");
        // 判断是否还有下一行
        while (sc.hasNextLine())
        {
            // 输出文件中的下一行
            System.out.println(sc.nextLine());
        }
    }
}
```

上面的程序在创建 Scanner 对象时传入一个 File 对象作为参数（如第一行粗体字代码所示），这表明该程序将会读取 ScannerFileTest.java 文件中的内容。上面的程序使用了 hasNextLine()和 nextLine()两个方法来读取文件内容（如第二行和第三行粗体字代码所示），这表明该程序将逐行读取 ScannerFileTest.java 文件的内容。

因为上面的程序涉及文件输入，可能引发文件 IO 相关异常，所以主程序声明 throws Exception 表明 main()方法不处理任何异常。关于异常处理请参考第 10 章内容。

7.2 系统相关类

Java 程序在不同的操作系统上运行时，可能需要获得与平台相关的属性，或者调用平台命令来完成特定功能。Java 提供了 System 类和 Runtime 类来与程序的运行平台进行交互。

7.2.1 Java 17 增强的 System 类

System 类代表当前 Java 程序的运行平台，程序不能创建 System 类的对象，System 类提供了一些类变量和类方法，允许直接通过 System 类来调用这些类变量和类方法。

System 类提供了代表标准输入、标准输出和错误输出的类变量，并提供了一些静态方法用于访问环境变量、系统属性的方法，Java 17 为 System 新增了一个 native.encoding 系统属性，用于获取操作系统的字符集。

System 还提供了加载文件和动态链接库的方法。

提示：

加载文件和动态链接库主要对 native 方法有用，对于一些特殊的功能（如访问操作系统底层硬件设备等），Java 程序无法实现，必须借助于 C 语言来完成，此时需要使用 C 语言为 Java 方法提供实现。其实现步骤如下：

① 在Java程序中声明native修饰的方法，类似于abstract方法，只有方法签名，没有实现。使用带-h选项的javac命令编译该Java程序，将生成一个.class文件和一个.h头文件。

② 写一个.cpp文件实现native方法，这一步需要包含第1步产生的.h文件（在这个.h文件中又包含了JDK带的jni.h文件）。

③ 将第2步的.cpp文件编译成动态链接库文件。

④ 在Java中用System类的loadLibrary..()方法或Runtime类的loadLibrary()方法加载第3步产生的动态链接库文件，在Java程序中就可以调用这个native方法了。

在Java 9以前，javac命令没有-h选项，因此JDK提供了javah命令来为.class文件生成.h头文件。Java 10彻底删除了javah命令，javac的-h选项代替了javah。

下面的程序通过System类来访问操作的环境变量和系统属性。

程序清单：codes\07\7.2\SystemTest.java

```
public class SystemTest
{
    public static void main(String[] args) throws Exception
    {
        // 输出操作系统的字符集
        System.out.println(System.getProperty("native.encoding"));
        // 获取系统所有的环境变量
        Map<String, String> env = System.getenv();
        for (var name : env.keySet())
        {
            System.out.println(name + " ---> " + env.get(name));
        }
        // 获取指定环境变量的值
        System.out.println(System.getenv("JAVA_HOME"));
        // 获取所有的系统属性
        Properties props = System.getProperties();
        // 将所有的系统属性保存到props.txt文件中
        props.store(new FileOutputStream("props.txt"),
            "System Properties");
        // 输出特定的系统属性
        System.out.println(System.getProperty("os.name"));
    }
}
```

上面的程序通过调用System类的getenv()、getProperties()、getProperty()等方法来访问程序所在平台的环境变量和系统属性，程序运行的结果会输出操作系统所有的环境变量值，并输出JAVA_HOME环境变量，以及os.name系统属性的值，如图7.4所示。

该程序运行结束后，还会在当前路径下生成一个props.txt文件，该文件中记录了当前平台的所有系统属性。

提示：

System类提供了通知系统进行垃圾回收的gc()方法，以及通知系统进行资源清理的runFinalization()方法。关于这两个方法的用法，请参考本书6.12节的内容。

System类还有两个获取系统当前时间的方法：currentTimeMillis()和nanoTime()，它们都返回一个long类型整数。实际上，它们都返回当前时间与UTC 1970年1月1日午夜的时间差，前者以毫秒作为单位，后者以纳秒作为单位。必须指出的是，这两个方法返回的时间粒度取决于底层操作系统——可能当前操作系统根本不支持以毫秒、纳秒作为计时单位。例如，许多操作系统都以几十毫秒为单位测量时间，currentTimeMillis()方法不可能返回精确的毫秒数；而 nanoTime()方法很少用，因为大部分操作系统都不支持使用纳秒作为计时单位。

```
C:\Windows\system32\cmd.exe
LOCALAPPDATA ---> C:\Users\yeeku\AppData\Local
USERDOMAIN ---> YEEKU-PC
FPS_BROWSER_APP_PROFILE_STRING ---> Internet Explorer
LOGONSERVER ---> \\YEEKU-PC
JAVA_HOME ---> D:\Java\jdk-17.0.1
KOTLIN_HOME ---> D:\kotlinc
PROMPT ---> $P$G
=G: ---> G:\publish\codes\07\7.2
ANT_HOME ---> D:\Ant11012
ERLANG_HOME ---> D:\erl-24.0
APPDATA ---> C:\Users\yeeku\AppData\Roaming
ES_JAVA_HOME ---> D:\Java\jdk-11.0.9
CommonProgramFiles ---> C:\Program Files\Common Files
Path ---> C:\Windows\system32;C:\Windows;C:\Windows\System32\Wbem;C:\Windows\System3
2\WindowsPowerShell\v1.0\;C:\Windows\System32\OpenSSH\;C:\Program Files (x86)\NVIDIA
 Corporation\PhysX\Common;C:\Program Files\NVIDIA Corporation\NVIDIA NvDLISR,C:\Prog
ram Files\Git\cmd;D:\Python\Python310;D:\Python\Python310\Scripts;D:\Java\jdk-17.0.1
\bin;D:\Ant11012\bin;D:\Maven384\bin;D:\kotlinc\bin;D:\curl-7.73.0-win64-mingw\bin;D
:\mongodb-4.4.10\bin;D:\solr-8.9.0\bin;D:\elasticsearch-7.14.0\bin;D:\ActiveMQ-5.16.
3\bin;D:\Artemis-2.18.0\bin;D:\RabbitMQ-3.9.4\sbin;D:\kafka_2.13-2.8.1\bin\windows;
OS ---> Windows_NT
COMPUTERNAME ---> YEEKU-PC
PROCESSOR_REVISION ---> a502
CLASSPATH ---> .
CommonProgramW6432 ---> C:\Program Files\Common Files
ComSpec ---> C:\Windows\system32\cmd.exe
SystemRoot ---> C:\Windows
TEMP ---> C:\Users\yeeku\AppData\Local\Temp
HOMEDRIVE ---> C:
USERPROFILE ---> C:\Users\yeeku
TMP ---> C:\Users\yeeku\AppData\Local\Temp
```

图 7.4　访问环境变量和系统属性的效果

此外，System 类的 in、out 和 err 分别代表系统的标准输入（通常是键盘）、标准输出（通常是显示器）和错误输出流，并提供了 setIn()、setOut()和 setErr()方法来改变系统的标准输入、标准输出和错误输出流。

提示：

关于如何改变系统的标准输入、标准输出的方法，可以参考本书第 15 章的内容。

System 类还提供了一个 identityHashCode(Object x)方法，该方法返回指定对象的精确 hashCode 值，也就是根据该对象的地址计算得到的 hashCode 值。当某个类的 hashCode()方法被重写后，该类实例的 hashCode()方法就不能唯一地标识该对象；但通过 identityHashCode()方法返回的 hashCode 值，依然是根据该对象的地址计算得到的 hashCode 值。所以，如果两个对象的 identityHashCode 值相同，那么这两个对象绝对是同一个对象。例如如下程序。

程序清单：codes\07\7.2\IdentityHashCodeTest.java

```
public class IdentityHashCodeTest
{
    public static void main(String[] args)
    {
        // 下面程序中的 s1 和 s2 是两个不同的对象
        var s1 = new String("Hello");
        var s2 = new String("Hello");
        // String 重写了 hashCode()方法——改为根据字符序列计算 hashCode 值
        // 因为 s1 和 s2 的字符序列相同，所以它们的 hashCode()方法的返回值相同
        System.out.println(s1.hashCode()
            + "----" + s2.hashCode());
        // s1 和 s2 是不同的字符串对象，所以它们的 identityHashCode 值不同
        System.out.println(System.identityHashCode(s1)
            + "----" + System.identityHashCode(s2));
        var s3 = "Java";
        var s4 = "Java";
        // s3 和 s4 是相同的字符串对象，所以它们的 identityHashCode 值相同
        System.out.println(System.identityHashCode(s3)
            + "----" + System.identityHashCode(s4));
    }
}
```

通过 identityHashCode(Object x)方法可以获得对象的 identityHashCode 值，这个特殊的 identityHashCode 值可以唯一地标识该对象。因为 identityHashCode 值是根据对象的地址计算得到的，所以任何两个对象的 identityHashCode 值总是不相同。

7.2.2 Runtime 类与 ProcessHandle

Runtime 类代表 Java 程序的运行时环境，每个 Java 程序都有一个与之对应的 Runtime 实例，应用程序通过该对象与其运行时环境相关联。应用程序不能创建自己的 Runtime 实例，但可以通过 getRuntime()方法获取与之关联的 Runtime 对象。

与 System 类似的是，Runtime 类也提供了 gc()和 runFinalization()方法来通知系统进行垃圾回收和清理系统资源，并提供了 load(String filename)和 loadLibrary(String libname)方法来加载文件和动态链接库。

Runtime 类代表 Java 程序的运行时环境，可以访问 JVM 的相关信息，如处理器数量、内存信息等。程序如下。

程序清单：codes\07\7.2\RuntimeTest.java

```
public class RuntimeTest
{
    public static void main(String[] args)
    {
        // 获取与 Java 程序关联的运行时对象
        var rt = Runtime.getRuntime();
        System.out.println("处理器数量："
            + rt.availableProcessors());
        System.out.println("空闲内存数："
            + rt.freeMemory());
        System.out.println("总内存数："
            + rt.totalMemory());
        System.out.println("可用最大内存数："
            + rt.maxMemory());
    }
}
```

上面程序中的粗体字代码就是 Runtime 类提供的访问 JVM 相关信息的方法。此外，Runtime 类还有一个功能——它可以直接单独启动一个进程来运行操作系统命令，如下面的程序所示。

程序清单：codes\07\7.2\ExecTest.java

```
public class ExecTest
{
    public static void main(String[] args)
        throws Exception
    {
        var rt = Runtime.getRuntime();
        // 运行记事本程序
        rt.exec("notepad.exe");
    }
}
```

上面程序中的粗体字代码将启动 Windows 系统里的记事本程序。Runtime 提供了一系列 exec()方法来运行操作系统命令，关于它们之间的细微差别，请读者自行查阅 API 文档。

通过 exec 启动平台上的命令之后，它就变成了一个进程，Java 使用 Process 来代表进程。Java 9 还新增了一个 ProcessHandle 接口，通过该接口可以获取进程的 ID、父进程和后代进程；通过该接口的 onExit()方法可以在进程结束时完成某些行为。

ProcessHandle 还提供了一个 ProcessHandle.Info 类，用于获取进程的命令、参数、启动时间、累计运行时间、用户等信息。下面的程序示范了通过 ProcessHandle 获取进程相关信息。

程序清单：codes\07\7.2\ProcessHandleTest.java

```
public class ProcessHandleTest
{
```

```
    public static void main(String[] args)
        throws Exception
    {
        var rt = Runtime.getRuntime();
        // 运行记事本程序
        Process p = rt.exec("notepad.exe");
        ProcessHandle ph = p.toHandle();
        System.out.println("进程是否运行: " + ph.isAlive());
        System.out.println("进程 ID: " + ph.pid());
        System.out.println("父进程: " + ph.parent());
        // 获取 ProcessHandle.Info 信息
        ProcessHandle.Info info = ph.info();
        // 通过 ProcessHandle.Info 信息获取进程相关信息
        System.out.println("进程命令: " + info.command());
        System.out.println("进程参数: " + info.arguments());
        System.out.println("进程启动时间: " + info.startInstant());
        System.out.println("进程累计运行时间: " + info.totalCpuDuration());
        // 通过 CompletableFuture 在进程结束时运行某个任务
        CompletableFuture<ProcessHandle> cf = ph.onExit();
        cf.thenRunAsync(()->{
            System.out.println("程序退出");
        });
        Thread.sleep(5000);
    }
}
```

上面的程序比较简单，就是通过粗体字代码获取 Process 对象的 ProcessHandle 对象，接下来即可通过 ProcessHandle 对象来获取进程相关信息。

7.3 常用类

本节将介绍 Java 提供的一些常用类，如 String、Math、BigDecimal 等的用法。

7.3.1 Object 类

Object 类是所有类、数组、枚举类的父类，也就是说，Java 允许把任何类型的对象赋给 Object 类型的变量。在定义一个类时，如果没有使用 extends 关键字为它显式指定父类，则该类默认继承 Object 父类。

因为所有的 Java 类都是 Object 类的子类，所以任何 Java 对象都可以调用 Object 类的方法。Object 类提供了如下几个常用方法。

- boolean equals(Object obj)：判断指定对象与该对象是否相等。此处相等的标准是，两个对象是同一个对象，因此该 equals()方法通常没有太大的实用价值。
- protected void finalize()：当系统中没有引用变量引用到该对象时，垃圾回收器调用此方法来清理该对象的资源。
- Class<?> getClass()：返回该对象的运行时类，该方法在本书第 18 章中还有更详细的介绍。
- int hashCode()：返回该对象的 hashCode 值。在默认情况下，Object 类的 hashCode()方法根据该对象的地址来计算（即与 System.identityHashCode(Object x)方法的计算结果相同）。但很多类都重写了 Object 类的 hashCode()方法，不再根据地址来计算其 hashCode()方法值。
- String toString()：返回该对象的字符串表示，当程序使用 System.out.println()方法输出一个对象，或者把某个对象和字符串进行连接运算时，系统会自动调用该对象的 toString()方法返回该对象的字符串表示。Object 类的 toString()方法返回“运行时类名@十六进制 hashCode 值”格式的字符串，但很多类都重写了 Object 类的 toString()方法，用于返回可以表示该对象信息的字符串。

提示：

Object 类还提供了 wait()、notify()、notifyAll()方法，通过这几个方法可以控制线程的暂停和运行。本书将在第 16 章中介绍这几个方法的详细用法。

Java 还提供了一个 protected 修饰的 clone()方法，该方法用于帮助其他对象来实现“自我克隆”。所谓“自我克隆”就是得到一个当前对象的副本，而且二者之间完全隔离。由于 Object 类提供的 clone()方法使用了 protected 修饰，因此该方法只能被子类重写或调用。

自定义类实现“克隆”的步骤如下。

① 自定义类实现 Cloneable 接口。这是一个标记性的接口，实现该接口的对象可以实现“自我克隆”，接口里没有定义任何方法。

② 自定义类实现自己的 clone()方法。

③ 通过调用 super.clone()来实现 clone()方法；调用 Object 实现的 clone()方法得到该对象的副本，并返回该副本。如下程序示范了如何实现“自我克隆”。

程序清单：codes\07\7.3\CloneTest.java

```
class Address
{
    String detail;
    public Address(String detail)
    {
        this.detail = detail;
    }
}
// 实现Cloneable接口
class User implements Cloneable
{
    int age;
    Address address;
    public User(int age)
    {
        this.age = age;
        address = new Address("广州天河");
    }
    // 通过调用super.clone()来实现clone()方法
    public User clone()
        throws CloneNotSupportedException
    {
        return (User) super.clone();
    }
}
public class CloneTest
{
    public static void main(String[] args)
        throws CloneNotSupportedException
    {
        var u1 = new User(29);
        // 克隆得到u1对象的副本
        var u2 = u1.clone();
        // 判断u1、u2是否相同
        System.out.println(u1 == u2);    // ①
        // 判断u1、u2的address是否相同
        System.out.println(u1.address == u2.address);    // ②
    }
}
```

上面的程序让 User 类实现了 Cloneable 接口，而且实现了 clone()方法，因此 User 对象就可实现“自我克隆”——克隆出来的对象只是原有对象的副本。程序在①号粗体字代码处判断原有的 User 对象与克隆出来的 User 对象是否相同，程序返回 false。

Object 类提供的克隆机制只对对象里的各实例变量进行“简单复制”，即使实例变量的类型是引用

类型，Object 的克隆机制也只是简单地复制这个引用变量，这样原有对象的引用类型的实例变量与克隆对象的引用类型的实例变量依然指向内存中的同一个实例，所以上面的程序在②号粗体字代码处输出 true。上面的程序克隆出来的 u1、u2 所指向的对象在内存中的存储示意图如图 7.5 所示。

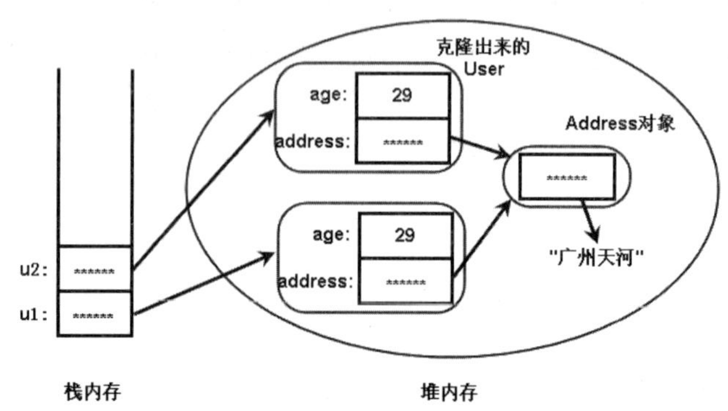

图 7.5　Object 类提供的克隆机制

Object 类提供的 clone()方法不仅能简单地处理“复制”对象的问题，而且这种“自我克隆”机制十分高效。比如克隆一个包含 100 个元素的 int[]数组，用系统默认的 clone 方法比用静态 copy 方法快近两倍。

需要指出的是，Object 类的 clone()方法虽然简单、易用，但它只是一种“浅克隆”——它只克隆该对象的所有成员变量值，不会对引用类型的成员变量值所引用的对象进行克隆。如果开发者需要对对象进行“深克隆”，则需要开发者自己进行“递归”克隆，保证所有引用类型的成员变量值所引用的对象都被复制了。

7.3.2　操作对象的 Objects 工具类

从 Java 7 开始引入的 Objects 工具类提供了一些工具方法来操作对象，这些工具方法大多是“空指针”安全的。比如你不能确定一个引用变量是否为 null，如果贸然地调用该变量的 toString()方法，则可能引发 NullPointerExcetpion 异常；但如果使用 Objects 类提供的 toString(Object o)方法，就不会引发空指针异常，当 o 为 null 时，程序将返回一个"null"字符串。

提示： Java 为工具类的命名习惯是添加一个字母 s，比如操作数组的工具类是 Arrays，操作集合的工具类是 Collections。

如下程序示范了 Objects 工具类的用法。

程序清单：codes\07\7.3\ObjectsTest.java

```
public class ObjectsTest
{
    // 定义一个 obj 变量，它的默认值是 null
    static ObjectsTest obj;
    public static void main(String[] args)
    {
        // 输出一个 null 对象的 hashCode 值，输出 0
        System.out.println(Objects.hashCode(obj));
        // 输出一个 null 对象的 toString，输出 null
        System.out.println(Objects.toString(obj));
        // 要求 obj 不能为 null，如果 obj 为 null，则引发异常
        System.out.println(Objects.requireNonNull(obj,
            "obj 参数不能是 null！"));
    }
}
```

上面的程序还示范了 Objects 提供的 requireNonNull()方法，当传入的参数不为 null 时，该方法返回

参数本身；否则，将会引发 NullPointerException 异常。该方法主要用来对方法形参进行输入校验，例如如下代码：

```
public Foo(Bar bar)
{
    // 校验 bar 参数，如果 bar 参数为 null，则将引发异常；否则，this.bar 被赋值为 bar 参数
    this.bar = Objects.requireNonNull(bar);
}
```

7.3.3 使用 Optional 操作可空值

Optional 相当于一个容器，它所盛装的对象可能为 null，也可能不为 null，它的主要作用就是结合 Lambda 表达式来更优雅地处理是否为 null 的判断。

例如，以前要对某个可能为 null 的变量进行处理，可能要使用类似于如下的代码：

```
类型 myVar = …; // myVar 是一个可能为 null 的变量
if (myVar != null) {
    // 接下来可调用 myVar 变量
}
```

与 Optional 结合后，则可使用类似于如下的代码：

```
类型 myVar = …; // myVar 是一个可能为 null 的变量
Optional.ofNullable(myVar).ifPresent(s -> {
    // 接下来可调用 myVar 变量
});
```

上面代码中的 ofNullable 用于将一个可能为 null 的变量包装成 Optional，而 ifPresent()方法会“自动”判断 Optional 包装的变量是否为 null，只有当它不为 null 时才会执行传给该方法的 Lambda 表达式。

Optional 还包含了不少专门用于处理 null 判断的方法，例如如下方法。

程序清单：codes\07\7.3\Optional.java

```
public class OptionalTest
{
    public static void main(String[] args)
    {
        test("fkjava");
        System.out.println("--------");
        test(null);
    }
    public static void test(String st)
    {
        var op = Optional.ofNullable(st);
        // 只有当被包装的变量不为 null 时才执行 Lambda 表达式
        op.ifPresent(s -> System.out.println(s.length()));
        // 当被包装的变量不为 null 时，执行第 1 个 Lambda 表达式
        // 否则执行第 2 个 Lambda 表达式
        op.ifPresentOrElse(s -> System.out.println(s.length()),
            () -> System.out.println("为空"));
        // 如果被包装的变量不为 null，则返回被包装的变量；否则返回默认值
        System.out.println(op.orElse("默认值"));
        // 如果被包装的变量不为 null，则返回 true
        System.out.println(op.isPresent());
        // 如果被包装的变量为 null，则返回 true
        System.out.println(op.isEmpty());
    }
}
```

7.3.4 String、StringBuffer 和 StringBuilder 类

字符串就是一连串的字符序列，Java 提供了 String、StringBuffer 和 StringBuilder 三个类来封装字符串，并提供了一系列方法来操作字符串对象。

String 类是不可变类，即一旦一个 String 对象被创建以后，包含在这个对象中的字符序列就是不可

改变的，直至这个对象被销毁。

StringBuffer 对象则代表一个字符序列可变的字符串，当一个 StringBuffer 对象被创建以后，通过 StringBuffer 提供的 append()、insert()、reverse()、setCharAt()、setLength()等方法可以改变这个字符串对象的字符序列。一旦通过 StringBuffer 生成了最终想要的字符串，就可以调用它的 toString()方法将其转换为一个 String 对象。

StringBuilder 类是 JDK 1.5 新增的类，它也代表可变字符串对象。实际上，StringBuilder 和 StringBuffer 基本相似，两个类的构造器和方法也基本相同。不同的是，StringBuffer 是线程安全的，而 StringBuilder 则没有实现线程安全功能，所以性能略高。在通常情况下，如果需要创建一个内容可变的字符串对象，则应该优先考虑使用 StringBuilder 类。

提示：

String、StringBuilder、StringBuffer 都实现了 CharSequence 接口，因此 CharSequence 可被认为是一个字符串的协议接口。

Java 9 改进了字符串（包括 String、StringBuffer、StringBuilder）的实现。在 Java 9 以前，字符串采用 char[]数组来保存字符，因此字符串的每个字符占 2 字节；而 Java 9 及更新版本的 JDK 的字符串采用 byte[]数组再加一个 encoding-flag 字段来保存字符，因此字符串的每个字符只占 1 字节。可见，Java 9 及更新版本的 JDK 的字符串更加节省空间，但字符串的功能方法没有受到任何影响。

String 类提供了大量构造器来创建 String 对象，其中如下几个有特殊用途。

- String()：创建一个包含 0 个字符串序列的 String 对象（并不是返回 null）。
- String(byte[] bytes, Charset charset)：使用指定的字符集将指定的 byte[]数组解码成一个新的 String 对象。
- String(byte[] bytes, int offset, int length)：使用平台的默认字符集将指定的 byte[]数组从 offset 开始、长度为 length 的子数组解码成一个新的 String 对象。
- String(byte[] bytes, int offset, int length, String charsetName)：使用指定的字符集将指定的 byte[]数组从 offset 开始、长度为 length 的子数组解码成一个新的 String 对象。
- String(byte[] bytes, String charsetName)：使用指定的字符集将指定的 byte[]数组解码成一个新的 String 对象。
- String(char[] value, int offset, int count)：将指定的字符数组从 offset 开始、长度为 count 的字符元素连缀成字符串。
- String(String original)：根据字符串直接量来创建一个 String 对象。也就是说，新创建的 String 对象是该参数字符串的副本。
- String(StringBuffer buffer)：根据 StringBuffer 对象来创建对应的 String 对象。
- String(StringBuilder builder)：根据 StringBuilder 对象来创建对应的 String 对象。

String 类也提供了大量方法来操作字符串对象，下面详细介绍常用方法。

- char charAt(int index)：获取字符串中指定位置的字符。其中，index 参数指的是字符串的序数，字符串的序数从 0 开始到 length()-1。

```
var s = "fkit.org";
System.out.println("s.charAt(5): " + s.charAt(5));
```

结果为：

```
s.charAt(5): o
```

- int compareTo(String anotherString)：比较两个字符串的大小。如果两个字符串的字符序列相同，则返回 0；否则，从两个字符串的第 0 个字符开始比较，返回第一个不相同的字符差。另一种情况是，较长字符串的前面部分恰好是较短的字符串，则返回它们的长度差。

```
var s1 = "abcdefghijklmn";
```

```
var s2 = "abcdefghij";
var s3 = "abcdefghijalmn";
System.out.println("s1.compareTo(s2): " + s1.compareTo(s2));       // 返回长度差
System.out.println("s1.compareTo(s3): " + s1.compareTo(s3));       // 返回'k'-'a'的差
```

结果为：

```
s1.compareTo(s2): 4
s1.compareTo(s3): 10
```

- String concat(String str)：将该 String 对象与 str 连接在一起。与 Java 提供的字符串连接运算符“+”的功能相同。
- boolean contentEquals(StringBuffer sb)：将该 String 对象与 StringBuffer 对象 sb 进行比较，当它们包含的字符序列相同时返回 true。
- static String copyValueOf(char[] data)：将字符数组连缀成字符串，与 String(char[] content)构造器的功能相同。
- static String copyValueOf(char[] data, int offset, int count)：将 char[]数组的子数组中的元素连缀成字符串，与 String(char[] value, int offset, int count)构造器的功能相同。
- boolean endsWith(String suffix)：返回该 String 对象是否以 suffix 结尾。

```
var s4 = "fkit.org"; var s5 = ".org";
System.out.println("s4.endsWith(s5): " + s4.endsWith(s5));
```

结果为：

```
s4.endsWith(s5): true
```

- boolean equals(Object anObject)：将该字符串与指定对象进行比较，如果二者包含的字符序列相同，则返回 true；否则返回 false。
- boolean equalsIgnoreCase(String str)：与前一个方法基本相似，只是忽略字符的大小写。
- byte[] getBytes()：将该 String 对象转换成 byte[]数组。
- void getChars(int srcBegin, int srcEnd, char[] dst, int dstBegin)：该方法将字符串中从 srcBegin 开始，到 srcEnd 结束的字符复制到 dst 字符数组中，其中 dstBegin 指定放入目标字符数组的起始位置。

```
char[] s6 = {'I',' ','l','o','v','e',' ','j','a','v','a'}; // s6=I love java
var s7 = "ejb";
s7.getChars(0, 3, s6, 7);    // s6=I love ejba
System.out.println(s6);
```

结果为：

```
I love ejba
```

- int indexOf(int ch)：找出 ch 字符在该字符串中第一次出现的位置。
- int indexOf(int ch, int fromIndex)：找出 ch 字符在该字符串中从 fromIndex 开始后第一次出现的位置。
- int indexOf(String str)：找出 str 子字符串在该字符串中第一次出现的位置。
- int indexOf(String str, int fromIndex)：找出 str 子字符串在该字符串中从 fromIndex 开始后第一次出现的位置。

```
var sa = "www.fkit.org";
var ss = "it";
System.out.println("sa.indexOf('r'): " + sa.indexOf('r'));
System.out.println("sa.indexOf('r',2): " + sa.indexOf('r',2));
System.out.println("sa.indexOf(ss): " + sa.indexOf(ss));
```

结果为：

```
sa.indexOf('r'): 10
sa.indexOf('r',2): 10
sa.indexOf(ss): 6
```

- int lastIndexOf(int ch)：找出 ch 字符在该字符串中最后一次出现的位置。
- int lastIndexOf(int ch, int fromIndex)：找出 ch 字符在该字符串中从 fromIndex 开始后最后一次出现的位置。
- int lastIndexOf(String str)：找出 str 子字符串在该字符串中最后一次出现的位置。
- int lastIndexOf(String str, int fromIndex)：找出 str 子字符串在该字符串中从 fromIndex 开始后最后一次出现的位置。
- int length()：返回当前字符串长度。
- String replace(char oldChar, char newChar)：将字符串中的第一个 oldChar 替换成 newChar。
- boolean startsWith(String prefix)：该 String 对象是否以 prefix 开始。
- boolean startsWith(String prefix, int toffset)：该 String 对象从 toffset 位置算起，是否以 prefix 开始。

```
var sa1 = "www.fkit.org";
var ss1 = "www";
var sss = "fkit";
System.out.println("sa1.startsWith(ss1): " + sa1.startsWith(ss1));
System.out.println("sa1.startsWith(sss, 4): " + sa1.startsWith(sss, 4));
```

结果为：

```
sa1.startsWith(ss1): true
sa1.startsWith(sss, 4): true
```

- String substring(int beginIndex)：获取从 beginIndex 位置开始到结束的子字符串。
- String substring(int beginIndex, int endIndex)：获取从 beginIndex 位置开始到 endIndex 位置的子字符串。
- char[] toCharArray()：将该 String 对象转换成 char[]数组。
- String toLowerCase()：将字符串转换成小写。
- String toUpperCase()：将字符串转换成大写。

```
var st = "fkjava.org";
System.out.println("st.toUpperCase(): " + st.toUpperCase());
System.out.println("st.toLowerCase(): " + st.toLowerCase());
```

结果为：

```
st.toUpperCase(): FKJAVA.ORG
st.toLowerCase(): fkjava.org
```

- static String valueOf(X x)：一系列用于将基本类型值转换为 String 对象的方法。

本书详细列出了 String 类的各种方法，有读者可能会觉得烦琐，因为这些方法都可以从 API 文档中找到，所以后面在介绍各个常用类时不会再列出每个类中所有方法的详细用法了，读者应该自行查阅 API 文档来掌握各方法的用法。

String 类是不可变的，String 的实例一旦生成就不会再改变了。例如如下代码。

```
var str1 = "java";
str1 = str1 + "struts";
str1 = str1 + "spring";
```

上面的程序除了使用 3 个字符串直接量，还会额外生成 2 个字符串直接量——"java"和"struts"连接生成的"javastruts"，接着"javastruts"与"spring"连接生成的"javastrutsspring"，程序中的 str1 依次指向 3 个不同的字符串对象。

因为 String 类是不可变的，所以会额外产生很多临时变量，使用 StringBuffer 或 StringBuilder 就可以避免这个问题。

StringBuilder 提供了一系列插入、追加、改变该字符串中包含的字符序列的方法。而 StringBuffer 与其用法完全相同，只是 StringBuffer 是线程安全的。

StringBuilder、StringBuffer 有两个属性：length 和 capacity，其中 length 属性表示其包含的字符序

列的长度。与 String 对象的 length 不同的是，StringBuilder、StringBuffer 的 length 是可以改变的，可以通过 length()、setLength(int len)方法来访问和修改其字符序列的长度。capacity 属性表示 StringBuilder 的容量，capacity 通常比 length 大，程序通常无须关心 capacity 属性。如下程序示范了 StringBuilder 类的用法。

程序清单：codes\07\7.3\StringBuilderTest.java

```
public class StringBuilderTest
{
    public static void main(String[] args)
    {
        StringBuilder sb = new StringBuilder();
        // 追加字符串
        sb.append("java");// sb = "java"
        // 插入
        sb.insert(0, "hello "); // sb="hello java"
        // 替换
        sb.replace(5, 6, ","); // sb="hello,java"
        // 删除
        sb.delete(5, 6); // sb="hellojava"
        System.out.println(sb);
        // 反转
        sb.reverse(); // sb="avajolleh"
        System.out.println(sb);
        System.out.println(sb.length()); // 输出 9
        System.out.println(sb.capacity()); // 输出 16
        // 改变 StringBuilder 的长度，只保留前面部分
        sb.setLength(5); // sb="avajo"
        System.out.println(sb);
    }
}
```

上面程序中的粗体字代码部分示范了 StringBuilder 类的追加、插入、替换、删除等操作，这些操作改变了 StringBuilder 中的字符序列，这就是 StringBuilder 与 String 之间最大的区别：StringBuilder 的字符序列是可变的。从程序中看到 StringBuilder 的 length()方法返回其字符序列的长度，而 capacity()的返回值则比 length()的返回值大。

7.3.5　Math 类

Java 提供了基本的+、-、*、/、%等算术运算符，但对于更复杂的数学运算，例如三角函数、对数运算、指数运算等则无能为力。Java 提供了 Math 工具类来完成这些复杂的运算。Math 类是一个工具类，它的构造器被定义成 private 的，因此无法创建 Math 类的对象；Math 类中的所有方法都是类方法，可以直接通过类名来调用它们。Math 类除了提供大量的静态方法，还提供了两个类变量：PI 和 E，正如它们的名字所暗示的，它们的值分别等于 π 和 e。

Math 类的所有方法名都明确标识了该方法的作用，读者可自行查阅 API 来了解 Math 类各方法的说明。下面的程序示范了 Math 类的用法。

程序清单：codes\07\7.3\MathTest.java

```
public class MathTest
{
    public static void main(String[] args)
    {
        /*---------下面是三角函数运算---------*/
        // 将弧度转换成角度
        System.out.println("Math.toDegrees(1.57): "
            + Math.toDegrees(1.57));
        // 将角度转换为弧度
        System.out.println("Math.toRadians(90): "
            + Math.toRadians(90));
        // 计算反余弦，返回的角度范围在 0.0 和 pi 之间
```

```
System.out.println("Math.acos(1.2): " + Math.acos(1.2));
// 计算反正弦，返回的角度范围在-pi/2 和 pi/2 之间
System.out.println("Math.asin(0.8): " + Math.asin(0.8));
// 计算反正切，返回的角度范围在-pi/2 和 pi/2 之间
System.out.println("Math.atan(2.3): " + Math.atan(2.3));
// 计算三角余弦
System.out.println("Math.cos(1.57): " + Math.cos(1.57));
// 计算双曲余弦
System.out.println("Math.cosh(1.2 ): " + Math.cosh(1.2));
// 计算正弦
System.out.println("Math.sin(1.57 ): " + Math.sin(1.57));
// 计算双曲正弦
System.out.println("Math.sinh(1.2 ): " + Math.sinh(1.2));
// 计算三角正切
System.out.println("Math.tan(0.8 ): " + Math.tan(0.8));
// 计算双曲正切
System.out.println("Math.tanh(2.1 ): " + Math.tanh(2.1));
// 将矩形坐标 (x, y) 转换成极坐标 (r, thet))
System.out.println("Math.atan2(0.1, 0.2): " + Math.atan2(0.1, 0.2));
/*---------下面是取整运算---------*/
// 取整，返回小于目标数的最大整数
System.out.println("Math.floor(-1.2 ): " + Math.floor(-1.2 ));
// 取整，返回大于目标数的最小整数
System.out.println("Math.ceil(1.2): " + Math.ceil(1.2));
// 四舍五入取整
System.out.println("Math.round(2.3 ): " + Math.round(2.3 ));
/*---------下面是乘方、开方、指数运算---------*/
// 计算平方根
System.out.println("Math.sqrt(2.3 ): " + Math.sqrt(2.3 ));
// 计算立方根
System.out.println("Math.cbrt(9): " + Math.cbrt(9));
// 返回欧拉数 e 的n次幂
System.out.println("Math.exp(2): " + Math.exp(2));
// 返回 sqrt(x2 +y2)，没有中间溢出或下溢
System.out.println("Math.hypot(4, 4): " + Math.hypot(4, 4));
// 按照 IEEE 754 标准的规定，对两个参数进行余数运算
System.out.println("Math.IEEEremainder(5, 2): "
    + Math.IEEEremainder(5, 2));
// 计算乘方
System.out.println("Math.pow(3, 2): " + Math.pow(3, 2));
// 计算自然对数
System.out.println("Math.log(12): " + Math.log(12));
// 计算底数为 10 的对数
System.out.println("Math.log10(9): " + Math.log10(9));
// 返回参数与 1 之和的自然对数
System.out.println("Math.log1p(9): " + Math.log1p(9));
/*---------下面是符号相关运算---------*/
// 计算绝对值
System.out.println("Math.abs(-4.5): " + Math.abs(-4.5));
// 符号赋值，返回带有第二个浮点数符号的第一个浮点参数
System.out.println("Math.copySign(1.2, -1.0): "
    + Math.copySign(1.2, -1.0));
// 符号函数，如果参数为 0，则返回 0；如果参数大于 0，则返回 1.0；
// 如果参数小于 0，则返回 -1.0
System.out.println("Math.signum(2.3): " + Math.signum(2.3));
/*---------下面是大小相关运算---------*/
// 计算最大值
System.out.println("Math.max(2.3, 4.5): " + Math.max(2.3, 4.5));
// 计算最小值
System.out.println("Math.min(1.2, 3.4): " + Math.min(1.2, 3.4));
// 返回第一个参数和第二个参数之间与第一个参数相邻的浮点数
System.out.println("Math.nextAfter(1.2, 1.0): "
```

```
            + Math.nextAfter(1.2, 1.0));
        // 返回比目标数略大的浮点数
        System.out.println("Math.nextUp(1.2 ): " + Math.nextUp(1.2 ));
        // 返回一个伪随机数，该值大于或等于 0.0 且小于 1.0
        System.out.println("Math.random(): " + Math.random());
    }
}
```

上面程序中关于 Math 类的用法几乎覆盖了 Math 类的所有数学运算功能，读者可参考上面的程序来学习 Math 类的用法。

7.3.6 ThreadLocalRandom 与 Random

Random 类专门用于生成一个伪随机数，它有两个构造器：一个构造器使用默认的种子（以当前时间作为种子），另一个构造器需要程序员显式传入一个 long 类型整数的种子。

ThreadLocalRandom 类是 Java 7 新增的一个类，它是 Random 的增强版。在并发访问的环境下，使用 ThreadLocalRandom 来代替 Random 可以减少多线程资源竞争，最终保证系统具有更好的线程安全性。

提示：

关于多线程编程的知识，请参考本书第 16 章的内容。

ThreadLocalRandom 类的用法与 Random 类的用法基本相似，它提供了一个静态的 current()方法来获取 ThreadLocalRandom 对象，在获取该对象之后，即可调用各种 nextXxx()方法来获取伪随机数了。

ThreadLocalRandom 与 Random 都比 Math 的 random()方法提供了更多的方式来生成各种伪随机数，比如可以生成浮点类型的伪随机数，也可以生成整数类型的伪随机数，还可以指定生成随机数的范围。关于 Random 类的用法如下面的程序所示。

程序清单：codes\07\7.3\RandomTest.java

```
public class RandomTest
{
    public static void main(String[] args)
    {
        var rand = new Random();
        System.out.println("rand.nextBoolean(): "
            + rand.nextBoolean());
        var buffer = new byte[16];
        rand.nextBytes(buffer);
        System.out.println(Arrays.toString(buffer));
        // 生成 0.0~1.0 之间的伪随机 double 数
        System.out.println("rand.nextDouble(): "
            + rand.nextDouble());
        // 生成 0.0~1.0 之间的伪随机 float 数
        System.out.println("rand.nextFloat(): "
            + rand.nextFloat());
        // 生成平均值是 0.0、标准差是 1.0 的伪高斯数
        System.out.println("rand.nextGaussian(): "
            + rand.nextGaussian());
        // 生成一个处于 int 类型整数取值范围的伪随机整数
        System.out.println("rand.nextInt(): " + rand.nextInt());
        // 生成 0~26 之间的伪随机整数
        System.out.println("rand.nextInt(26): " + rand.nextInt(26));
        // 生成一个处于 long 类型整数取值范围的伪随机整数
        System.out.println("rand.nextLong(): " + rand.nextLong());
    }
}
```

从上面的程序中可以看出，Random 可以提供很多选项来生成伪随机数。

Random 使用一个 48 位的种子，如果这个类的两个实例是用同一个种子创建的，那么对它们以同样的顺序调用方法，它们会产生相同的数字序列。

下面就对上面的介绍做一个实验，可以看到当两个 Random 对象的种子相同时，它们会产生相同的数字序列。值得指出的，当使用默认的种子构造 Random 对象时，它们属于同一个种子。

程序清单：codes\07\7.3\SeedTest.java

```
public class SeedTest
{
    public static void main(String[] args)
    {
        var r1 = new Random(50);
        System.out.println("第一个种子为 50 的 Random 对象");
        System.out.println("r1.nextBoolean():\t" + r1.nextBoolean());
        System.out.println("r1.nextInt():\t\t" + r1.nextInt());
        System.out.println("r1.nextDouble():\t" + r1.nextDouble());
        System.out.println("r1.nextGaussian():\t" + r1.nextGaussian());
        System.out.println("---------------------------");
        var r2 = new Random(50);
        System.out.println("第二个种子为 50 的 Random 对象");
        System.out.println("r2.nextBoolean():\t" + r2.nextBoolean());
        System.out.println("r2.nextInt():\t\t" + r2.nextInt());
        System.out.println("r2.nextDouble():\t" + r2.nextDouble());
        System.out.println("r2.nextGaussian():\t" + r2.nextGaussian());
        System.out.println("---------------------------");
        var r3 = new Random(100);
        System.out.println("种子为 100 的 Random 对象");
        System.out.println("r3.nextBoolean():\t" + r3.nextBoolean());
        System.out.println("r3.nextInt():\t\t" + r3.nextInt());
        System.out.println("r3.nextDouble():\t" + r3.nextDouble());
        System.out.println("r3.nextGaussian():\t" + r3.nextGaussian());
    }
}
```

运行上面的程序，可以看到如下运行结果：

```
第一个种子为 50 的 Random 对象
r1.nextBoolean():      true
r1.nextInt():         -1727040520
r1.nextDouble():       0.6141579720626675
r1.nextGaussian():     2.377650302287946
---------------------------
第二个种子为 50 的 Random 对象
r2.nextBoolean():      true
r2.nextInt():         -1727040520
r2.nextDouble():       0.6141579720626675
r2.nextGaussian():     2.377650302287946
---------------------------
种子为 100 的 Random 对象
r3.nextBoolean():      true
r3.nextInt():         -1139614796
r3.nextDouble():       0.19497605734770518
r3.nextGaussian():     0.6762208162903859
```

从上面的运行结果来看，只要两个 Random 对象的种子相同，而且方法的调用顺序也相同，它们就会产生相同的数字序列。也就是说，Random 产生的数字并不是真正随机的，而是一种伪随机。

为了避免两个 Random 对象产生相同的数字序列，通常推荐使用当前时间作为 Random 对象的种子，如下面的代码所示。

```
Random rand = new Random(System.currentTimeMillis());
```

在多线程环境下，使用 ThreadLocalRandom 的方式与使用 Random 基本类似，如下程序片段示范了 ThreadLocalRandom 的用法。

```
ThreadLocalRandom rand = ThreadLocalRandom.current();
// 生成一个 4~20 之间的伪随机整数
var val1 = rand.nextInt(4, 20);
// 生成一个 2.0~10.0 之间的伪随机浮点数
var val2 = rand.nextDouble(2.0, 10.0);
```

7.3.7 BigDecimal 类

前面在介绍 float 和 double 两种基本浮点类型时已经指出，这两种基本类型的浮点数容易引起精度丢失。先看如下程序。

程序清单：codes\07\7.3\DoubleTest.java

```
public class DoubleTest
{
    public static void main(String args[])
    {
        System.out.println("0.05 + 0.01 = " + (0.05 + 0.01));
        System.out.println("1.0 - 0.42 = " + (1.0 - 0.42));
        System.out.println("4.015 * 100 = " + (4.015 * 100));
        System.out.println("123.3 / 100 = " + (123.3 / 100));
    }
}
```

程序输出结果是：

```
0.05 + 0.01 = 0.060000000000000005
1.0 - 0.42 = 0.5800000000000001
4.015 * 100 = 401.49999999999994
123.3 / 100 = 1.2329999999999999
```

上面程序的运行结果表明，Java 的 double 类型会发生精度丢失，尤其在进行算术运算时更容易发生这种情况。不仅是 Java，很多编程语言也存在这样的问题（只要这门语言采用 IEEE 754 规则存储浮点数，就会存在这个问题）。

为了能精确表示、计算浮点数，Java 提供了 BigDecimal 类，该类提供了大量的构造器用于创建 BigDecimal 对象，包括把所有的基本数值型变量转换成 BigDecimal 对象，也包括利用数字字符串、数字字符数组来创建 BigDecimal 对象。

当查看 BigDecimal 类的 BigDecimal(double val)构造器的详细说明时，可以看到不推荐使用该构造器的说明，主要是因为使用该构造器有一定的不可预知性。当程序使用 new BigDecimal(0.1)来创建一个 BigDecimal 对象时，它的值并不是 0.1，它实际上等于一个近似 0.1 的数。这是因为 0.1 无法准确地表示为 double 浮点数，所以传入 BigDecimal 构造器的值不会正好等于 0.1（虽然表面上等于该值）。

如果使用 BigDecimal(String val)构造器的结果是可预知的——写入 new BigDecimal("0.1")将创建一个 BigDecimal 对象，它正好等于预期的 0.1，则通常建议优先使用基于 String 的构造器。

如果必须使用 double 浮点数作为 BigDecimal 构造器的参数，则不要直接将该 double 浮点数作为构造器参数创建 BigDecimal 对象，而是应该通过 BigDecimal.valueOf(double value)静态方法来创建 BigDecimal 对象。

BigDecimal 类提供了 add()、subtract()、multiply()、divide()、pow()等方法对精确浮点数进行常规算术运算。下面的程序示范了 BigDecimal 的基本运算。

程序清单：codes\07\7.3\BigDecimalTest.java

```
public class BigDecimalTest
{
    public static void main(String[] args)
    {
        var f1 = new BigDecimal("0.05");
        var f2 = BigDecimal.valueOf(0.01);
        var f3 = new BigDecimal(0.05);
        System.out.println("使用 String 作为 BigDecimal 构造器参数：");
        System.out.println("0.05 + 0.01 = " + f1.add(f2));
        System.out.println("0.05 - 0.01 = " + f1.subtract(f2));
        System.out.println("0.05 * 0.01 = " + f1.multiply(f2));
        System.out.println("0.05 / 0.01 = " + f1.divide(f2));
        System.out.println("使用 double 作为 BigDecimal 构造器参数：");
        System.out.println("0.05 + 0.01 = " + f3.add(f2));
        System.out.println("0.05 - 0.01 = " + f3.subtract(f2));
```

```
        System.out.println("0.05 * 0.01 = " + f3.multiply(f2));
        System.out.println("0.05 / 0.01 = " + f3.divide(f2));
    }
}
```

上面程序中的 f1 和 f3 都是基于 0.05 创建的 BigDecimal 对象，其中 f1 是基于"0.05"的字符串，f3 是基于 0.05 的 double 浮点数。运行上面的程序，可以看到如下运行结果：

```
使用 String 作为 BigDecimal 构造器参数：
0.05 + 0.01 = 0.06
0.05 - 0.01 = 0.04
0.05 * 0.01 = 0.0005
0.05 / 0.01 = 5
使用 double 作为 BigDecimal 构造器参数：
0.05 + 0.01 = 0.06000000000000000277555756156289135105907917022705078125
0.05 - 0.01 = 0.04000000000000000277555756156289135105907917022705078125
0.05 * 0.01 = 0.0005000000000000000277555756156289135105907917022705078125
0.05 / 0.01 = 5.000000000000000277555756156289135105907917022705078125
```

从上面的运行结果可以看出 BigDecimal 进行算术运算的效果，而且可以看出在创建 BigDecimal 对象时，一定要使用 String 对象作为构造器参数，而不是直接使用 double 浮点数。

注意：

在创建 BigDecimal 对象时，不要直接使用 double 浮点数作为构造器参数来调用 BigDecimal 构造器，否则同样会发生精度丢失的问题。

如果程序中要求对 double 浮点数进行加、减、乘、除基本运算，则需要先将 double 类型的数值包装成 BigDecimal 对象，调用 BigDecimal 对象的方法执行运算后再将结果转换成 double 类型的变量。这是比较烦琐的过程，可以考虑以 BigDecimal 为基础定义一个 Arith 工具类，该工具类的代码如下。

程序清单：codes\07\7.3\Arith.java

```
public class Arith
{
    // 默认除法运算精度
    private static final int DEF_DIV_SCALE = 10;
    // 构造器私有，让这个类不能实例化
    private Arith()    {}
    // 提供精确的加法运算
    public static double add(double v1, double v2)
    {
        var b1 = BigDecimal.valueOf(v1);
        var b2 = BigDecimal.valueOf(v2);
        return b1.add(b2).doubleValue();
    }
    // 提供精确的减法运算
    public static double sub(double v1, double v2)
    {
        var b1 = BigDecimal.valueOf(v1);
        var b2 = BigDecimal.valueOf(v2);
        return b1.subtract(b2).doubleValue();
    }
    // 提供精确的乘法运算
    public static double mul(double v1, double v2)
    {
        var b1 = BigDecimal.valueOf(v1);
        var b2 = BigDecimal.valueOf(v2);
        return b1.multiply(b2).doubleValue();
    }
    // 提供（相对）精确的除法运算，当发生除不尽的情况时
    // 精确到小数点以后 10 位的数字四舍五入
    public static double div(double v1, double v2)
    {
        var b1 = BigDecimal.valueOf(v1);
        var b2 = BigDecimal.valueOf(v2);
```

```
        return b1.divide(b2, DEF_DIV_SCALE,
            RoundingMode.HALF_UP).doubleValue();
    }
    public static void main(String[] args)
    {
        System.out.println("0.05 + 0.01 = "
            + Arith.add(0.05, 0.01));
        System.out.println("1.0 - 0.42 = "
            + Arith.sub(1.0, 0.42));
        System.out.println("4.015 * 100 = "
            + Arith.mul(4.015, 100));
        System.out.println("123.3 / 100 = "
            + Arith.div(123.3, 100));
    }
}
```

Arith 工具类还提供了 main 方法用于测试加、减、乘、除等运算。运行上面的程序，将看到如下运行结果：

```
0.05 + 0.01 = 0.06
1.0 - 0.42 = 0.58
4.015 * 100 = 401.5
123.3 / 100 = 1.233
```

上面的运行结果才是期望的结果，这也正是使用 BigDecimal 类的作用。

在 BigDecimal 的使用过程中存在一个陷阱：如果要比较两个 BigDecimal 所代表的数值是否相等，不能用 equals()方法进行比较，因为 equals()判断相等的规则不仅要求具有相等的数值，而且要求具有相同的小数位数。这意味着代表 2 的 BigDecimal 不等于代表 2.0 的 BigDecimal。

如果仅想比较两个 BigDecimal 的数值是否相等，则应该使用 compareTo()方法，当两个 BigDecimal 的数值相等时，compareTo()方法会返回 0。例如如下代码。

程序清单：codes\07\7.3\BigDecimalTrap.java

```
public class BigDecimalTrap
{
    public static void main(String[] args)
    {
        var f1 = new BigDecimal("2.0");
        var f2 = new BigDecimal("2");
        System.out.println(f1.equals(f2)); // 输出 false
        var f3 = new BigDecimal("0.00");
        System.out.println(f3.equals(BigDecimal.ZERO)); // 输出 false
        System.out.println(f1.compareTo(f2));  // 输出 0
        System.out.println(f3.compareTo(BigDecimal.ZERO));  // 输出 0
    }
}
```

上面程序中的两行粗体字代码调用了 equals()方法来比较两个 BigDecimal，虽然它们的值完全相等，但由于它们的小数位数不相同，因此比较结果也是输出 false。

7.4　日期、时间类

Java 原本提供了 Date 和 Calendar 类用于处理日期、时间，包括创建日期、时间对象，获取系统当前日期、时间等操作。但 Date 不仅无法实现国际化，而且它对不同的属性也使用了前后矛盾的偏移量，比如月份与小时都是从 0 开始的，月份中的天数则是从 1 开始的，年又是从 1900 开始的，而 java.util.Calendar 则显得过于复杂，从下面的介绍中会看到传统 Java 对日期、时间处理的不足。Java 8 则吸取了 Joda-Time 库（一个被广泛使用的日期、时间库）的经验，提供了一套全新的日期、时间库。

7.4.1　Date 类

Java 提供了 Date 类来处理日期、时间（此处的 Date 是指 java.util 包下的 Date 类，而不是 java.sql

包下的 Date 类），Date 对象既包含日期，也包含时间。Date 类从 JDK 1.0 起就开始存在了，但正因为它历史悠久，所以它的大部分构造器、方法都已经过时，不再推荐使用了。

Date 类提供了 6 个构造器，其中 4 个 Deprecated（Java 不再推荐使用，使用不再推荐的构造器时编译器会发出警告信息，并导致程序性能、安全性等方面的问题），剩下的 2 个构造器如下。

- Date()：生成一个代表当前日期、时间的 Date 对象。该构造器在底层调用 System.currentTimeMillis() 获得 long 类型整数作为日期参数。
- Date(long date)：根据指定的 long 类型整数来生成一个 Date 对象。该构造器的参数表示创建的 Date 对象和 GMT 1970 年 1 月 1 日 00:00:00 之间的时间差，以毫秒作为计时单位。

与 Date 构造器相同的是，Date 对象的大部分方法也 Deprecated 了，剩下为数不多的几个方法。

- boolean after(Date when)：测试该日期是否在指定的日期 when 之后。
- boolean before(Date when)：测试该日期是否在指定的日期 when 之前。
- long getTime()：返回该时间对应的 long 类型整数，即从 GMT 1970-01-01 00:00:00 到该 Date 对象之间的时间差，以毫秒作为计时单位。
- void setTime(long time)：设置该 Date 对象的时间。

下面的程序示范了 Date 类的用法。

程序清单：codes\07\7.4\DateTest.java

```
public class DateTest
{
    public static void main(String[] args)
    {
        var d1 = new Date();
        // 获取当前时间之后 100ms 的时间
        var d2 = new Date(System.currentTimeMillis() + 100);
        System.out.println(d2);
        System.out.println(d1.compareTo(d2));
        System.out.println(d1.before(d2));
    }
}
```

总体来说，Date 是一个设计相当糟糕的类，因此 Java 官方推荐尽量少用 Date 的构造器和方法。如果需要对日期、时间进行加减运算，或者获取指定时间的年、月、日、时、分、秒信息，则可使用 Calendar 工具类。

7.4.2 Calendar 类

因为 Date 类在设计上存在一些缺陷，所以 Java 提供了 Calendar 类来更好地处理日期、时间。Calendar 类是一个抽象类，用于表示日历。

历史上有着许多种纪年方法，它们的差异实在太大了，比如一个人的生日是“七月七日”，那么一种可能是阳（公）历的七月七日，但也可以是阴（农）历的日期。为了统一计时，全世界通常选择最普及、最通用的日历：Gregorian Calendar，也就是日常介绍年份时常用的“公元几几年”。

Calendar 类本身是一个抽象类，它是所有日历类的模板，并提供了一些所有日历通用的方法；但它本身不能直接实例化，程序只能创建 Calendar 子类的实例，Java 本身提供了一个 GregorianCalendar 类，一个代表格里高利日历的子类，它代表了通常所说的公历。

当然，你也可以创建自己的 Calendar 子类，然后将它作为 Calendar 对象使用（这就是多态）。因为篇幅关系，本章不会详细介绍如何扩展 Calendar 子类，读者可通过互联网查看 Calendar 各子类的源码来学习。

Calendar 类是一个抽象类，所以不能使用构造器来创建 Calendar 对象。但它提供了几个静态 getInstance()方法来获取 Calendar 对象，这些方法根据 TimeZone、Locale 类来获取特定的 Calendar，如果不指定 TimeZone、Locale，则使用默认的 TimeZone、Locale 来创建 Calendar。

提示：

关于 TimeZone、Locale 的介绍，请参考本章后面知识。

Calendar 与 Date 都是表示日期的工具类，它们直接可以自由转换，如下面的代码所示。

```
// 创建一个默认的 Calendar 对象
var calendar = Calendar.getInstance();
// 从 Calendar 对象中取出 Date 对象
var date = calendar.getTime();
// 通过 Date 对象获得对应的 Calendar 对象
// 由于 Calendar/GregorianCalendar 没有构造函数可以接收 Date 对象
// 所以必须先获得一个 Calendar 实例，然后调用其 setTime()方法
var calendar2 = Calendar.getInstance();
calendar2.setTime(date);
```

Calendar 类提供了大量访问和修改日期、时间的方法，常用的方法如下。

- void add(int field, int amount)：根据日历的规则，为给定的日历字段添加或减去指定的时间量。
- int get(int field)：返回指定的日历字段的值。
- int getActualMaximum(int field)：返回指定的日历字段可能拥有的最大值。例如月，最大值为 11。
- int getActualMinimum(int field)：返回指定的日历字段可能拥有的最小值。例如月，最小值为 0。
- void roll(int field, int amount)：与 add()方法类似，区别在于，当加上 amount 后超过了该字段所能表示的最大范围时，也不会向上一个字段进位。
- void set(int field, int value)：将给定的日历字段设置为给定值。
- void set(int year, int month, int date)：设置 Calendar 对象的年、月、日 3 个字段的值。
- void set(int year, int month, int date, int hourOfDay, int minute, int second)：设置 Calendar 对象的年、月、日、时、分、秒 6 个字段的值。

上面的很多方法都需要一个 int 类型的 field 参数，field 是 Calendar 类的类变量，如 Calendar.YEAR、Calendar.MONTH 等分别代表年、月、日、小时、分钟、秒等时间字段。需要指出的是，Calendar.MONTH 字段代表月份，月份的起始值不是 1，而是 0，比如要设置 8 月，用 7 而不是 8。如下程序示范了 Calendar 类的常规用法。

程序清单：codes\07\7.4\CalendarTest.java

```
public class CalendarTest
{
    public static void main(String[] args)
    {
        var c = Calendar.getInstance();
        // 取出年
        System.out.println(c.get(YEAR));
        // 取出月份
        System.out.println(c.get(MONTH));
        // 取出日
        System.out.println(c.get(DATE));
        // 分别设置年、月、日、小时、分钟、秒
        c.set(2003, 10, 23, 12, 32, 23); // 2003-11-23 12:32:23
        System.out.println(c.getTime());
        // 将 Calendar 的年前推 1 年
        c.add(YEAR, -1); // 2002-11-23 12:32:23
        System.out.println(c.getTime());
        // 将 Calendar 的月前推 8 个月
        c.roll(MONTH, -8); // 2002-03-23 12:32:23
        System.out.println(c.getTime());
    }
}
```

上面程序中的粗体字代码示范了 Calendar 类的用法，Calendar 可以很灵活地改变它对应的日期。

提示：上面的程序使用了静态导入，其导入了 Calendar 类中所有的类变量，所以在上面的程序中可以直接使用 Calendar 类的 YEAR、MONTH、DATE 等类变量。

对 Calendar 类还有如下几个注意点。

1. add 与 roll 的区别

add(int field, int amount)的功能非常强大，其主要用于改变 Calendar 的特定字段的值。如果需要增加某字段的值，则让 amount 为正数；如果需要减少某字段的值，则让 amount 为负数即可。

add(int field, int amount)有如下两条规则。

➢ 当被修改的字段超出它允许的范围时，会发生进位，即上一级字段也会增大。例如：

```
var cal1 = Calendar.getInstance();
cal1.set(2003, 7, 23, 0, 0, 0); // 2003-8-23
cal1.add(MONTH, 6); // 2003-8-23 => 2004-2-23
```

➢ 如果下一级字段也需要改变，那么该字段会被修正到变化最小的值。例如：

```
var cal2 = Calendar.getInstance();
cal2.set(2003, 7, 31, 0, 0, 0); // 2003-8-31
// 因为进位后月份改为2月，2月没有31日，自动变成29日
cal2.add(MONTH, 6); // 2003-8-31 => 2004-2-29
```

对于上面的例子，8-31 就会变成 2-29。因为 MONTH 的下一级字段是 DATE，从 31 到 29 改变最小。所以，上面 2003-8-31 的 MONTH 字段增加 6 后，不是变成 2004-3-2，而是变成 2004-2-29。

roll()的规则与 add()的规则不同：当被修改的字段超出它允许的范围时，上一级字段不会增大。

```
var cal3 = Calendar.getInstance();
cal3.set(2003, 7, 23, 0, 0, 0); // 2003-8-23
// MONTH 字段“进位”，但 YEAR 字段并不增大
cal3.roll(MONTH, 6); // 2003-8-23 => 2003-2-23
```

对下一级字段的处理规则与 add()相似：

```
var cal4 = Calendar.getInstance();
cal4.set(2003, 7, 31, 0, 0, 0); // 2003-8-31
// MONTH 字段“进位”后变成2，2月没有31日
// YEAR 字段不会改变，2003年2月只有28天
cal4.roll(MONTH, 6); // 2003-8-31 => 2003-2-28
```

2. 设置 Calendar 的容错性

当调用 Calendar 对象的 set()方法来改变指定的时间字段的值时，有可能传入一个不合法的参数。例如，为 MONTH 字段设置 13，这将会导致怎样的结果呢？看如下程序。

程序清单：codes\07\7.4\LenientTest.java

```
public class LenientTest
{
    public static void main(String[] args)
    {
        Calendar cal = Calendar.getInstance();
        // 结果是 YEAR 字段加 1，MONTH 字段为 1（2月）
        cal.set(MONTH, 13);   // ①
        System.out.println(cal.getTime());
        // 关闭容错性
        cal.setLenient(false);
        // 导致运行时异常
        cal.set(MONTH, 13);   // ②
        System.out.println(cal.getTime());
    }
}
```

上面程序中的①号和②号代码完全相同，但它们的运行结果不一样：①号代码可以正常运行，因为

设置 MONTH 字段的值为 13，将会使得 YEAR 字段加 1；②号代码将会导致运行时异常，因为设置的 MONTH 字段值超出了 MONTH 字段允许的范围。关键在于程序中的粗体字代码行，Calendar 提供了一个 setLenient()方法用于设置其容错性，Calendar 默认支持较好的容错性，通过 setLenient(false)可以关闭 Calendar 的容错性，让它进行严格的参数检查。

提示：

Calendar 有两种解释日历字段的模式：lenient 模式和 non-lenient 模式。当 Calendar 处于 lenient 模式时，每个时间字段都可接受超出它允许范围的值；当 Calendar 处于 non-lenient 模式时，如果为某个时间字段设置的值超出了它允许的取值范围，程序将会抛出异常。

3. set()方法延迟修改

set(f, value)方法将日历字段 f 更改为 value。此外，它还设置了一个内部成员变量，以指示日历字段 f 已经被更改。尽管日历字段 f 是立即被更改的，但该 Calendar 所代表的时间却不会立即被修改，直到下次调用 get()、getTime()、getTimeInMillis()、add() 或 roll()时才会重新计算日历的时间。这被称为 set()方法延迟修改。采用延迟修改的优势是，多次调用 set()，不会触发多次不必要的计算（需要计算出一个代表实际时间的 long 类型整数）。

下面的程序演示了 set()方法延迟修改的效果。

程序清单：codes\07\7.4\LazyTest.java

```
public class LazyTest
{
    public static void main(String[] args)
    {
        Calendar cal = Calendar.getInstance();
        cal.set(2003, 7, 31);  // 2003-8-31
        // 将月份设为 9，但 9 月 31 日不存在
        // 如果立即修改，系统将会把 cal 自动调整到 10 月 1 日
        cal.set(MONTH, 8);
        // 下面的代码输出 10 月 1 日
        // System.out.println(cal.getTime());    // ①
        // 设置 DATE 字段为 5
        cal.set(DATE, 5);    // ②
        System.out.println(cal.getTime());    // ③
    }
}
```

上面程序中创建了代表 2003-8-31 的 Calendar 对象，当把这个对象的 MONTH 字段加 1 后应该得到 2003-10-1（因为 9 月没有 31 日）。如果程序在①号代码处输出当前 Calendar 中的日期，也会看到输出 2003-10-1，在③号代码处将输出 2003-10-5。

如果将程序中①号代码注释掉，因为 Calendar 的 set()方法具有延迟修改的特性，即调用 set()方法后 Calendar 实际上并未计算真实的日期，它只是使用内部成员变量表记录 MONTH 字段被修改为 8，接着程序设置 DATE 字段为 5，程序内部再次记录 DATE 字段为 5——就是 9 月 5 日，因此可以看到③号代码处输出 2003-9-5。

7.4.3 Java 17 增强的新式日期、时间包

Java 8 专门新增了一个 java.time 包，该包下包含了如下常用的类。

- Clock：该类用于获取指定时区的当前日期、时间。该类可取代 System 类的 currentTimeMillis()方法，而且提供了更多方法来获取当前日期、时间。该类提供了大量静态方法来获取 Clock 对象。
- InstantSource：Java 17 引入的规范性接口，它是一个代表可获取时刻（Instant）的通用接口，通过切换使用该接口的不同实现类，能以可插拔的方式来获取当前时刻。Clock 就是该接口的实现类。

- Duration：该类代表持续时间。该类可以非常方便地获取一段时间。
- Instant：该类代表一个具体的时刻，可以精确到纳秒。该类提供了静态的 now()方法来获取当前时刻，也提供了静态的 now(Clock clock)方法来获取 clock 对应的时刻。此外，它还提供了一系列 minusXxx()方法在当前时刻的基础上减去一段时间，也提供了 plusXxx()方法在当前时刻的基础上加上一段时间。
- LocalDate：该类代表不带时区的日期，例如 2007-12-03。该类提供了静态的 now()方法来获取当前日期，也提供了静态的 now(Clock clock)方法来获取 clock 对应的日期。此外，它还提供了 minusXxx()方法在当前日期的基础上减去几年、几月、几周或几日等，也提供了 plusXxx()方法在当前日期的基础上加上几年、几月、几周或几日等。
- LocalTime：该类代表不带时区的时间，例如 10:15:30。该类提供了静态的 now()方法来获取当前时间，也提供了静态的 now(Clock clock)方法来获取 clock 对应的时间。此外，它还提供了 minusXxx()方法在当前日期的基础上减去几小时、几分、几秒等，也提供了 plusXxx()方法在当前日期的基础上加上几小时、几分、几秒等。
- LocalDateTime：该类代表不带时区的日期、时间，例如 2007-12-03T10:15:30。该类提供了静态的 now()方法来获取当前日期、时间，也提供了静态的 now(Clock clock)方法来获取 clock 对应的日期、时间。此外，它还提供了 minusXxx()方法在当前日期的基础上减去几年、几月、几日、几小时、几分、几秒等，也提供了 plusXxx()方法在当前日期、时间的基础上加上几年、几月、几日、几小时、几分、几秒等。
- MonthDay：该类仅代表月日，例如--04-12。该类提供了静态的 now()方法来获取当前月日，也提供了静态的 now(Clock clock)方法来获取 clock 对应的月日。
- Year：该类仅代表年，例如 2014。该类提供了静态的 now()方法来获取当前年份，也提供了静态的 now(Clock clock)方法来获取 clock 对应的年份。此外，它还提供了 minusYears()方法在当前年份的基础上减去几年，也提供了 plusYears()方法在当前年份的基础上加上几年。
- YearMonth：该类仅代表年月，例如 2014-04。该类提供了静态的 now()方法来获取当前年月，也提供了静态的 now(Clock clock)方法来获取 clock 对应的年月。此外，它还提供了 minusXxx()方法在当前年月的基础上减去几年、几月，也提供了 plusXxx()方法在当前年月的基础上加上几年、几月。
- ZonedDateTime：该类代表一个时区化的日期、时间。
- ZoneId：该类代表一个时区。
- DayOfWeek：这是一个枚举类，定义了周日到周六的枚举值。
- Month：这也是一个枚举类，定义了一月到十二月的枚举值。

下面通过一个简单的程序来示范这些类的用法。

程序清单：codes\07\7.4\NewDatePackageTest.java

```
public class NewDatePackageTest
{
    public static void main(String[] args)
    {
        // -----下面是关于 Clock 的用法-----
        // 获取当前 Clock
        var clock = Clock.systemUTC();
        // 通过 Clock 获取当前时刻
        System.out.println("当前时刻为：" + clock.instant());
        // 获取 clock 对应的毫秒数，与 System.currentTimeMillis()的输出相同
        System.out.println(clock.millis());
        System.out.println(System.currentTimeMillis());
        // 使用 InstantSource 来获取当前时刻
        System.out.println("当前时刻：" + InstantSource.system().instant());
        // -----下面是关于 Duration 的用法-----
        var d = Duration.ofSeconds(6000);
```

```
        System.out.println("6000 秒相当于" + d.toMinutes() + "分");
        System.out.println("6000 秒相当于" + d.toHours() + "小时");
        System.out.println("6000 秒相当于" + d.toDays() + "天");
        // 在 clock 的基础上增加 6000 秒，返回新的 Clock
        var clock2 = Clock.offset(clock, d);
        // 可以看到 clock2 与 clock1 相差 1 小时 40 分
        System.out.println("当前时刻加 6000 秒为：" +clock2.instant());
        // -----下面是关于 Instant 的用法-----
        // 获取当前时间
        var instant = Instant.now();
        System.out.println(instant);
        // instant 添加 6000 秒（即 100 分钟），返回新的 Instant
        var instant2 = instant.plusSeconds(6000);
        System.out.println(instant2);
        // 根据字符串解析 Instant 对象
        var instant3 = Instant.parse("2014-02-23T10:12:35.342Z");
        System.out.println(instant3);
        // 在 instant3 的基础上增加 5 小时 4 分钟
        var instant4 = instant3.plus(Duration
            .ofHours(5).plusMinutes(4));
        System.out.println(instant4);
        // 获取 instant4 的 5 天以前的时刻
        var instant5 = instant4.minus(Duration.ofDays(5));
        System.out.println(instant5);
        // -----下面是关于 LocalDate 的用法-----
        var localDate = LocalDate.now();
        System.out.println(localDate);
        // 获得 2014 年的第 146 天
        localDate = LocalDate.ofYearDay(2014, 146);
        System.out.println(localDate); // 2014-05-26
        // 设置为 2014 年 5 月 21 日
        localDate = LocalDate.of(2014, Month.MAY, 21);
        System.out.println(localDate); // 2014-05-21
        // -----下面是关于 LocalTime 的用法-----
        // 获取当前时间
        var localTime = LocalTime.now();
        // 设置为 22 点 33 分
        localTime = LocalTime.of(22, 33);
        System.out.println(localTime); // 22:33
        // 返回一天中的第 5503 秒
        localTime = LocalTime.ofSecondOfDay(5503);
        System.out.println(localTime); // 01:31:43
        // -----下面是关于 localDateTime 的用法-----
        // 获取当前日期、时间
        var localDateTime = LocalDateTime.now();
        // 当前日期、时间加上 25 小时 3 分钟
        var future = localDateTime.plusHours(25).plusMinutes(3);
        System.out.println("当前日期、时间的 25 小时 3 分钟之后：" + future);
        // -----下面是关于 Year、YearMonth、MonthDay 的用法示例-----
        var year = Year.now(); // 获取当前年份
        System.out.println("当前年份：" + year); // 输出当前年份
        year = year.plusYears(5); // 当前年份再加 5 年
        System.out.println("当前年份再加 5 年：" + year);
        // 根据指定月份获取 YearMonth
        var ym = year.atMonth(10);
        System.out.println("year 年 10 月：" + ym); // 输出 XXXX-10，XXXX 代表当前年份
        // 当前年月再加 5 年、减 3 个月
        ym = ym.plusYears(5).minusMonths(3);
        System.out.println("year 年 10 月再加 5 年、减 3 个月：" + ym);
        var md = MonthDay.now();
        System.out.println("当前月日：" + md); // 输出--XX-XX，代表几月几日
        // 设置为 5 月 23 日
        var md2 = md.with(Month.MAY).withDayOfMonth(23);
        System.out.println("5 月 23 日为：" + md2); // 输出--05-23
    }
}
```

该程序就是这些常用类的用法示例，这些 API 和它们的方法都非常简单，而且程序中的注释也很清楚，此处不再赘述。

7.5 正则表达式

正则表达式是一个强大的字符串处理工具，可以对字符串进行查找、提取、分割、替换等操作。String 类中也提供了如下几个特殊的方法。

- boolean matches(String regex)：判断该字符串是否匹配指定的正则表达式。
- String replaceAll(String regex, String replacement)：将该字符串中所有匹配 regex 的子串替换成 replacement。
- String replaceFirst(String regex, String replacement)：将该字符串中第一个匹配 regex 的子串替换成 replacement。
- String[] split(String regex)：以 regex 作为分隔符，把该字符串分割成多个子串。

上面这些特殊的方法都依赖于 Java 提供的正则表达式支持。此外，Java 还提供了 Pattern 和 Matcher 两个类专门用于提供正则表达式支持。

提示：

很多读者都会觉得正则表达式的知识非常神奇、高级，其实正则表达式是一个非常简单且非常实用的工具。正则表达式是一个用于匹配字符串的模板。实际上，任何字符串都可以被当成正则表达式使用，例如"abc"，它也是一个正则表达式，只是它只能匹配"abc"字符串。

如果正则表达式仅能匹配"abc"这样的字符串，那么正则表达式也就不值得学习了。下面开始学习如何创建正则表达式。

7.5.1 创建正则表达式

前面已经介绍了，正则表达式就是一个用于匹配字符串的模板，其可以匹配一批字符串，所以创建正则表达式就是创建一个特殊的字符串。正则表达式所支持的合法字符如表 7.1 所示。

表 7.1 正则表达式所支持的合法字符

字 符	解 释
x	字符 x（x 可代表任何合法的字符）
\0mnn	八进制数 0mnn 所表示的字符
\xhh	十六进制值 0xhh 所表示的字符
\uhhhh	十六进制值 0xhhhh 所表示的 Unicode 字符
\t	制表符（'\u0009'）
\n	换行符（'\u000A'）
\r	回车符（'\u000D'）
\f	换页符（'\u000C'）
\a	报警（bell）符（'\u0007'）
\e	Escape 符（'\u001B'）
\cx	x 对应的控制符。例如，\cM 匹配 Ctrl-M。x 值必须为 A~Z 或 a~z 之一

此外，正则表达式中有一些特殊字符，这些特殊字符在正则表达式中有其特殊的用途，比如前面介绍的反斜线（\）。如果需要匹配这些特殊字符，就必须先将这些字符转义，也就是在其前面添加一个反斜线（\）。正则表达式中的特殊字符如表 7.2 所示。

表 7.2　正则表达式中的特殊字符

特殊字符	说　明
$	匹配一行的结尾。要匹配 $ 字符本身，请使用 \$
^	匹配一行的开头。要匹配 ^ 字符本身，请使用 \^
()	标记子表达式的开始和结束位置。要匹配这些字符，请使用 \(和 \)
[]	用于确定方括号表达式的开始和结束位置。要匹配这些字符，请使用 \[和 \]
{}	用于标记前面的子表达式出现的频度。要匹配这些字符，请使用 \{ 和 \}
*	指定前面的子表达式可以出现零次或多次。要匹配 * 字符本身，请使用 *
+	指定前面的子表达式可以出现一次或多次。要匹配 + 字符本身，请使用 \+
?	指定前面的子表达式可以出现零次或一次。要匹配 ? 字符本身，请使用 \?
.	匹配除换行符 \n 之外的任何单字符。要匹配 . 字符本身，请使用 \.
\	用于转义下一个字符，或指定八进制、十六进制的字符。如果要匹配 \ 字符，请用\\
|	指定在两项之间任选一项。如果要匹配 | 字符本身，请使用 \\|

将上面多个字符拼起来，就可以创建一个正则表达式。例如：

```
"\u0041\\\\"  // 匹配A\
"\u0061\t"   // 匹配 a<制表符>
"\\?\\["   // 匹配?[
```

可能有读者会提出，第一个正则表达式中怎么有那么多反斜线啊？这是由于 Java 字符串中的反斜线本身需要转义，因此两个反斜线（\\）实际上相当于一个（前一个用于转义）。

上面的正则表达式依然只能匹配单个字符，这是因为还未在正则表达式中使用“通配符”，“通配符”是可以匹配多个字符的特殊字符。正则表达式中的“通配符”远远超出了普通通配符的功能，它被称为预定义字符，正则表达式支持的预定义字符如表 7.3 所示。

表 7.3　正则表达式支持的预定义字符

预定义字符	说　明
.	可以匹配任何字符
\d	匹配 0~9 的所有数字
\D	匹配非数字
\s	匹配所有的空白字符，包括空格、制表符、回车符、换页符、换行符等
\S	匹配所有的非空白字符
\w	匹配所有的单词字符，包括 0~9 所有数字、26 个英文字母和下画线（_）
\W	匹配所有的非单词字符

上面的 7 个预定义字符其实很容易记忆——d 是 digit 的意思，代表数字；s 是 space 的意思，代表空白；w 是 word 的意思，代表单词。d、s、w 的大写形式恰好匹配与之相反的字符。

有了上面的预定义字符后，接下来就可以创建更强大的正则表达式了。例如：

```
c\\wt  // 可以匹配 cat、cbt、cct、c0t、c9t 等一批字符串
\\d\\d\\d-\\d\\d\\d-\\d\\d\\d\\d  // 匹配如 000-000-0000 形式的电话号码
```

在一些特殊情况下，例如，若只想匹配 a~f 的字母，或者匹配除 ab 之外的所有小写字母，或者匹配中文字符，上面这些预定义字符就无能为力了，此时就需要使用方括号表达式，方括号表达式有如表 7.4 所示的几种形式。

表 7.4 方括号表达式

方括号表达式	说 明
表示枚举	例如[abc]，表示 a、b、c 其中任意一个字符；[gz]，表示 g、z 其中任意一个字符
表示范围：-	例如[a-f]，表示 a~f 范围内的任意字符；[\\u0041-\\u0056]，表示十六进制字符\u0041 到\u0056 范围内的字符。范围可以和枚举结合使用，如[a-cx-z]，表示 a~c、x~z 范围内的任意字符
表示求否：^	例如[^abc]，表示非 a、b、c 的任意字符；[^a-f]，表示不是 a~f 范围内的任意字符
表示“与”运算：&&	例如[a-z&&[def]]，求 a~z 和[def]的交集，表示 d、e 或 f；[a-z&&[^bc]]，表示 a~z 范围内除 b 和 c 之外的所有字符，即[ad-z]；[a-z&&[^m-p]]，表示 a~z 范围内除 m~p 之外的所有字符，即[a-lq-z]
表示“并”运算	“并”运算与前面的枚举类似。例如[a-d[m-p]]，表示[a-dm-p]

方括号表达式比预定义字符灵活多了，几乎可以匹配任何字符。例如，若需要匹配所有的中文字符，就可以利用[\\u0041-\\u0056]形式——因为所有中文字符的 Unicode 值是连续的，只要找出所有中文字符中最小、最大的 Unicode 值，就可以利用上面的形式来匹配所有的中文字符。

正则表示还支持圆括号表达式，用于将多个表达式组成一个子表达式，在圆括号中可以使用“或”运算符（|）。例如，正则表达式((public)|(protected)|(private))用于匹配 Java 的三个访问控制符其中之一。

此外，Java 正则表达式还支持如表 7.5 所示的几个边界匹配符。

表 7.5 边界匹配符

边界匹配符	说 明
^	行的开头
$	行的结尾
\b	单词的边界
\B	非单词的边界
\A	输入的开头
\G	前一个匹配的结尾
\Z	输入的结尾，仅用作最后的结束符
\z	输入的结尾

在前面的例子中，当需要建立一个匹配 000-000-0000 形式的电话号码时，使用了\\d\\d\\d-\\d\\d\\d-\\d\\d\\d\\d 正则表达式，这看起来比较烦琐。实际上，正则表达式还提供了数量表示符，正则表达式支持的数量表示符有如下匹配模式。

- Greedy（贪婪模式）：数量表示符默认采用贪婪模式，除非另有表示。贪婪模式的表达式会一直匹配下去，直到无法匹配为止。如果你发现表达式匹配的结果与预期的不符，则很有可能是因为——你以为表达式只会匹配前面几个字符，而实际上它是贪婪模式，所以会一直匹配下去。
- Reluctant（勉强模式）：用问号（?）后缀表示，它只会匹配最少的字符。这也被称为最小匹配模式。
- Possessive（占有模式）：用加号（+）后缀表示，目前只有 Java 支持占有模式，通常比较少用。

这三种模式的数量表示符如表 7.6 所示。

表 7.6 三种模式的数量表示符

贪婪模式	勉强模式	占有模式	说 明
X?	X??	X?+	X 表达式出现零次或一次
X*	X*?	X*+	X 表达式出现零次或多次
X+	X+?	X++	X 表达式出现一次或多次
X{*n*}	X{*n*}?	X{*n*}+	X 表达式出现 *n* 次
X{*n*,}	X{*n*,}?	X{*n*,}+	X 表达式最少出现 *n* 次
X{*n*,*m*}	X{*n*,*m*}?	X{*n*,*m*}+	X 表达式最少出现 *n* 次，最多出现 *m* 次

关于贪婪模式和勉强模式的对比，看如下代码：

```
String str = "hello , java!";
// 贪婪模式的正则表达式
System.out.println(str.replaceFirst("\\w*" , "■"));                // 输出■ , java!
// 勉强模式的正则表达式
System.out.println(str.replaceFirst("\\w*?" , "■"));               // 输出■hello , java!
```

当从"hello , java!"字符串中查找匹配"\\w*"子串时，因为"\w*"使用了贪婪模式，数量表示符（*）会一直匹配下去，该字符串前面的所有单词字符都被它匹配到，直到遇到空格，所以替换后的结果是"■ , java!"；如果使用勉强模式，数量表示符（*）会尽量匹配最少的字符，即匹配 0 个字符，那么替换后的结果是"■hello , java!"。

7.5.2　使用正则表达式

一旦在程序中定义了正则表达式，就可以通过 Pattern 和 Matcher 来使用正则表达式。

Pattern 对象是正则表达式编译后在内存中的表示形式，因此，正则表达式字符串必须先被编译为 Pattern 对象，然后再利用该 Pattern 对象创建对应的 Matcher 对象。执行匹配所涉及的状态被保留在 Matcher 对象中，多个 Matcher 对象可共享同一个 Pattern 对象。

因此，典型的调用顺序如下：

```
// 将一个字符串编译成 Pattern 对象
Pattern p = Pattern.compile("a*b");
// 使用 Pattern 对象创建 Matcher 对象
Matcher m = p.matcher("aaaaab");
boolean b = m.matches(); // 返回 true
```

上面定义的 Pattern 对象可以多次重复使用。如果某个正则表达式仅需要使用一次，则可直接使用 Pattern 类的静态 matches()方法，此方法自动把指定的字符串编译成匿名的 Pattern 对象，并执行匹配，如下所示。

```
boolean b = Pattern.matches("a*b", "aaaaab");  // 返回 true
```

上面的语句等效于前面的三条语句。但采用这种语句每次都需要重新编译新的 Pattern 对象，不能重复利用已编译的 Pattern 对象，所以效率不高。

Pattern 是不可变类，可供多个并发线程安全使用。

Matcher 类提供了如下几个常用的方法。

- find()：返回目标字符串中是否包含与 Pattern 匹配的子串。
- group()：返回上一次与 Pattern 匹配的子串。
- start()：返回上一次与 Pattern 匹配的子串在目标字符串中的开始位置。
- end()：返回上一次与 Pattern 匹配的子串在目标字符串中的结束位置加 1。
- lookingAt()：返回目标字符串前面的部分与 Pattern 是否匹配。
- matches()：返回整个目标字符串与 Pattern 是否匹配。
- reset()：将现有的 Matcher 对象应用于一个新的字符序列。

提示：

在 Pattern、Matcher 类的介绍中经常会看到一个 CharSequence 接口，该接口代表一个字符序列，其中 CharBuffer、String、StringBuffer、StringBuilder 都是它的实现类。简单地说，CharSequence 代表一个各种表示形式的字符串。

通过 Matcher 类的 find()和 group()方法可以从目标字符串中依次取出特定的子串（匹配正则表达式的子串），例如互联网的网络爬虫，它们可以自动从网页中识别出所有的电话号码。下面的程序示范了如何从大段的字符串中找出电话号码。

程序清单：codes\07\7.5\FindGroup.java

```
public class FindGroup
{
    public static void main(String[] args)
    {
        // 使用字符串模拟从网络上得到的网页源码
        var str = "我想求购一本《疯狂 Java 讲义》，尽快联系我 13500006666"
            + "交朋友，电话号码是 13611125565"
            + "出售二手电脑，联系方式 15899903312";
        // 创建一个 Pattern 对象，并用它建立一个 Matcher 对象
        // 该正则表达式只抓取 13X 段和 15X 段的手机号
        // 实际要抓取哪些电话号码，只要修改正则表达式即可
        Matcher m = Pattern.compile("((13\\d)|(15\\d))\\d{8}")
            .matcher(str);
        // 将所有符合正则表达式的子串（电话号码）全部输出
        while (m.find())
        {
            System.out.println(m.group());
        }
    }
}
```

运行上面的程序，将看到如下运行结果：

```
13500006666
13611125565
15899903312
```

从上面的运行结果可以看出，find()方法依次查找字符串中与 Pattern 匹配的子串，一旦找到对应的子串，下次调用 find()方法时将接着向下查找。

提示：通过程序的运行结果可以看出，使用正则表达式可以提取网页上的电话号码，也可以提取邮件地址等信息。如果程序再进一步，可以从网页上提取超链接信息，再根据超链接打开其他网页，然后在其他网页上重复这个过程，就可以实现简单的网络爬虫了。

find()方法还可以传入一个 int 类型的参数，带 int 类型参数的 find()方法将从该 int 索引处向下搜索。start()和 end()方法主要用于确定子串在目标字符串中的位置，如下面的程序所示。

程序清单：codes\07\7.5\StartEnd.java

```
public class StartEnd
{
    public static void main(String[] args)
    {
        // 创建一个 Pattern 对象，并用它建立一个 Matcher 对象
        var regStr = "Java is very easy!";
        System.out.println("目标字符串是：" + regStr);
        Matcher m = Pattern.compile("\\w+")
            .matcher(regStr);
        while (m.find())
        {
            System.out.println(m.group() + "子串的起始位置："
                + m.start() + "，其结束位置：" + m.end());
        }
    }
}
```

上面的程序使用 find()、group()方法逐项取出目标字符串中与指定的正则表达式匹配的子串，并使用 start()、end()方法返回子串在目标字符串中的位置。运行上面的程序，将看到如下运行结果：

```
目标字符串是：Java is very easy!
Java 子串的起始位置：0，其结束位置：4
is 子串的起始位置：5，其结束位置：7
very 子串的起始位置：8，其结束位置：12
```

```
easy 子串的起始位置：13，其结束位置：17
```

matches()和 lookingAt()方法有点相似，只是 matches()方法要求整个字符串和 Pattern 完全匹配时才返回 true，而 lookingAt()只要字符串以 Pattern 开头就会返回 true。reset()方法可将现有的 Matcher 对象应用于新的字符序列。看如下例子程序。

程序清单：codes\07\7.5\MatchesTest.java

```
public class MatchesTest
{
    public static void main(String[] args)
    {
        String[] mails =
        {
            "kongyeeku@163.com",
            "kongyeeku@gmail.com",
            "ligang@crazyit.org",
            "wawa@abc.xx"
        };
        var mailRegEx = "\\w{3,20}@\\w+\\.(com|org|cn|net|gov)";
        var mailPattern = Pattern.compile(mailRegEx);
        Matcher matcher = null;
        for (var mail : mails)
        {
            if (matcher == null)
            {
                matcher = mailPattern.matcher(mail);
            }
            else
            {
                matcher.reset(mail);
            }
            String result = mail + (matcher.matches() ? "是" : "不是")
                + "一个有效的邮件地址！";
            System.out.println(result);
        }
    }
}
```

上面的程序创建了一个邮件地址的 Pattern，然后用这个 Pattern 与多个邮件地址进行匹配。当程序中的 Matcher 为 null 时，程序调用 matcher()方法来创建一个 Matcher 对象——一旦 Matcher 对象被创建，程序就调用 Matcher 的 reset()方法将该 Matcher 应用于新的字符序列。

从某个角度来看，Matcher 的 matches()、lookingAt()和 String 类的 equals()、startsWith()有点相似。区别是，String 类的 equals()和 startsWith()都是与字符串进行比较的，而 Matcher 的 matches()和 lookingAt()则是与正则表达式进行匹配的。

事实上，String 类中也提供了 matches()方法，该方法返回该字符串是否匹配指定的正则表达式。例如：

```
"kongyeeku@163.com".matches("\\w{3,20}@\\w+\\.(com|org|cn|net|gov)"); // 返回 true
```

此外，还可以利用正则表达式对目标字符串进行分割、查找、替换等操作。看如下例子程序。

程序清单：codes\07\7.5\ReplaceTest.java

```
public class ReplaceTest
{
    public static void main(String[] args)
    {
        String[] msgs =
        {
            "Java has regular expressions in 1.4",
            "regular expressions now expressing in Java",
            "Java represses oracular expressions"
        };
        var p = Pattern.compile("re\\w*");
        Matcher matcher = null;
```

```
        for (var i = 0; i < msgs.length; i++)
        {
            if (matcher == null)
            {
                matcher = p.matcher(msgs[i]);
            }
            else
            {
                matcher.reset(msgs[i]);
            }
            System.out.println(matcher.replaceAll("哈哈:)"));
        }
    }
}
```

上面的程序使用 Matcher 类提供的 replaceAll()把字符串中所有与正则表达式匹配的子串都替换成“哈哈:)”。实际上，Matcher 类还提供了一个 replaceFirst()方法，该方法只替换第一个匹配的子串。运行上面的程序，会看到字符串中所有以“re”开头的单词都会被替换成“哈哈:)”。

实际上，String 类中也提供了 replaceAll()、replaceFirst()、split()等方法。下面的例子程序直接使用 String 类提供的正则表达式功能来进行替换和分割。

程序清单：codes\07\7.5\StringReg.java

```
public class StringReg
{
    public static void main(String[] args)
    {
        String[] msgs =
        {
            "Java has regular expressions in 1.4",
            "regular expressions now expressing in Java",
            "Java represses oracular expressions"
        };
        for (var msg : msgs)
        {
            System.out.println(msg.replaceFirst("re\\w*", "哈哈:)"));
            System.out.println(Arrays.toString(msg.split(" ")));
        }
    }
}
```

上面的程序只使用 String 类的 replaceFirst()和 split()方法对目标字符串进行了一次替换和分割。运行上面的程序，会看到如图 7.6 所示的运行效果。

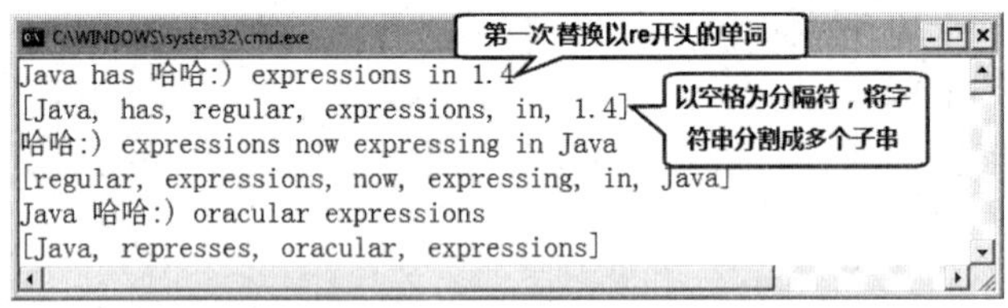

图 7.6 直接使用 String 类提供的正则表达式支持

提示：

正则表达式是一个功能非常灵活的文本处理工具，增加了正则表达式支持后的 Java，可以不再使用 StringTokenizer 类（它也是一个处理字符串的工具，但功能远不如正则表达式强大）来进行复杂的字符串处理。

7.6 变量处理和方法处理

Java 9 引入了一个新的 VarHandle 类，并增强了原有的 MethodHandle 类。通过这两个类，允许 Java 像动态语言一样引用变量、引用方法，并调用它们。

7.6.1 使用 MethodHandle 动态调用方法

MethodHandle 为 Java 增加了方法引用的功能，方法引用的概念有点类似于 C 语言的“函数指针”。这种方法引用是一种轻量级的引用方式，它不会检查方法的访问权限，也不管方法所属的类、实例方法或静态方法，MethodHandle 就是简单地代表特定的方法，并可通过 MethodHandle 来调用方法。

为了使用 MethodHandle，还涉及如下几个类。

- MethodHandles：MethodHandle 的工厂类，它提供了一系列静态方法用于获取 MethodHandle。
- MethodHandles.Lookup：Lookup 静态内部类也是 MethodHandle、VarHandle 的工厂类，专门用于获取 MethodHandle 和 VarHandle。
- MethodType：代表一个方法类型。MethodType 根据方法的形参、返回值类型来确定方法类型。

下面的程序示范了 MethodHandle 的用法。

程序清单：codes\07\7.6\MethodHandleTest.java

```
public class MethodHandleTest
{
    // 定义一个 private 类方法
    private static void hello()
    {
        System.out.println("Hello world!");
    }
    // 定义一个 private 实例方法
    private String hello(String name)
    {
        System.out.println("执行带参数的 hello" + name);
        return name + ",您好";
    }
    public static void main(String[] args) throws Throwable
    {
        // 定义一个返回值为 void、不带形参的方法类型
        var type = MethodType.methodType(void.class);
        // 使用 MethodHandles.Lookup 的 findStatic 获取类方法
        var mtd = MethodHandles.lookup()
            .findStatic(MethodHandleTest.class, "hello", type);
        // 通过 MethodHandle 执行方法
        mtd.invoke();
        // 使用 MethodHandles.Lookup 的 findVirtual 获取实例方法
        var mtd2 = MethodHandles.lookup()
            .findVirtual(MethodHandleTest.class, "hello",
            // 指定获取返回值为 String、形参为 String 的方法类型
            MethodType.methodType(String.class, String.class));
        // 通过 MethodHandle 执行方法，传入主调对象和参数
        System.out.println(mtd2.invoke(new MethodHandleTest(), "孙悟空"));
    }
}
```

从上面的三行粗体字代码可以看出，程序使用 MethodHandles.Lookup 对象根据类、方法名、方法类型来获取 MethodHandle 对象。由于此处的方法名只是一个字符串，而该字符串可以来自变量、配置文件等，这意味着通过 MethodHandle 可以让 Java 动态调用某个方法。

7.6.2 使用 VarHandle 动态操作变量

VarHandle 主要用于动态操作数组的元素或对象的成员变量。VarHandle 与 MethodHandle 非常相似，它也需要通过 MethodHandles 来获取实例，接下来调用 VarHandle 的方法即可动态操作指定数组的元素或指定对象的成员变量。

下面的程序示范了 VarHandle 的用法。

程序清单：codes\07\7.6\VarHandleTest.java

```
class User
{
```

```
    String name;
    static int MAX_AGE;
}
public class VarHandleTest
{
    public static void main(String[] args) throws Throwable
    {
        var sa = new String[] {"Java", "Kotlin", "Go"};
        // 获取一个 String[]数组的 VarHandle 对象
        var avh = MethodHandles.arrayElementVarHandle(String[].class);
        // 比较并设置：如果第三个元素是 Go，则该元素被设为 Lua
        var r = avh.compareAndSet(sa, 2, "Go", "Lua");
        // 输出比较结果
        System.out.println(r); // 输出 true
        // 看到第三个元素被替换成 Lua
        System.out.println(Arrays.toString(sa));
        // 获取 sa 数组的第二个元素
        System.out.println(avh.get(sa, 1)); // 输出 Kotlin
        // 获取并设置：返回第三个元素，并将第三个元素设为 Swift
        System.out.println(avh.getAndSet(sa, 2, "Swift"));
        // 看到第三个元素被替换成 Swift
        System.out.println(Arrays.toString(sa));

        // 用 findVarHandle 方法获取 User 类中名为 name、
        // 类型为 String 的实例变量
        var vh1 = MethodHandles.lookup().findVarHandle(User.class,
            "name", String.class);
        var user = new User();
        // 通过 VarHandle 获取实例变量的值，需要传入对象作为调用者
        System.out.println(vh1.get(user)); // 输出 null
        // 通过 VarHandle 设置指定实例变量的值
        vh1.set(user, "孙悟空");
        // 输出 user 的 name 实例变量的值
        System.out.println(user.name); // 输出孙悟空
        // 用 findVarHandle 方法获取 User 类中名为 MAX_AGE、
        // 类型为 Integer 的类变量
        var vh2 = MethodHandles.lookup().findStaticVarHandle(User.class,
            "MAX_AGE", int.class);
        // 通过 VarHandle 获取指定类变量的值
        System.out.println(vh2.get()); // 输出 0
        // 通过 VarHandle 设置指定类变量的值
        vh2.set(100);
        // 输出 User 的 MAX_AGE 类变量
        System.out.println(User.MAX_AGE); // 输出 100
    }
}
```

从上面的前两行粗体字代码可以看出，程序调用 MethodHandles 类的静态方法可获取操作数组的 VarHandle 对象，接下来程序可通过 VarHandle 对象来操作数组的方法，包括比较并设置数组元素、获取并设置数组元素等，VarHandle 具体支持哪些方法则可参考 API 文档。

上面程序中后面的三行粗体字代码则示范了使用 VarHandle 操作实例变量的情形。由于实例变量需要使用对象来访问，因此使用 VarHandle 操作实例变量时需要传入一个 User 对象。VarHandle 既可设置实例变量的值，也可获取实例变量的值。当然，VarHandle 也提供了更多的方法来操作实例变量，具体可参考 API 文档。

使用 VarHandle 操作类变量与操作实例变量差别不大，区别只是类变量不需要对象，因此使用 VarHandle 操作类变量时无须传入对象作为参数。

VarHandle 与 MethodHandle 一样，它也是一种动态调用机制，当程序通过 MethodHandles.Lookup 来获取成员变量时，可以根据字符串名称来获取成员变量，这个字符串名称同样可以是动态改变的，因此非常灵活。

7.7 国际化与格式化

全球化的 Internet 需要全球化的软件。全球化软件，意味着同一种版本的产品能够容易地适用于不同地区的市场，软件的全球化意味着国际化和本地化。当一个应用需要在全球范围使用时，就必须考虑在不同的地域和语言环境下的使用情况，最简单的要求就是用户界面上的信息可以用本地化语言来显示。

国际化是指应用程序运行时，可以根据客户端请求来自的国家/地区、语言的不同而显示不同的界面。例如，如果请求来自中文操作系统的客户端，则应用程序中的各种提示信息和帮助等都使用中文文字；如果客户端使用英文操作系统，则应用程序能自动识别，并做出英文的响应。

引入国际化的目的是为了提供自适应、更友好的用户界面，并不需要改变程序的逻辑功能。国际化的英文单词是 Internationalization，因为这个单词太长了，有时也简称 I18N，其中 I 是这个单词的第一个字母，18 表示中间省略的字母个数，而 N 代表这个单词的最后一个字母。

一个国际化支持很好的应用，在不同的区域使用时，会呈现出本地语言的提示。这个过程也被称为 Localization，即本地化。类似于国际化可以称为 I18N，本地化也可以称为 L10N。

Java 17 的国际化支持升级到了 Unicode 13.0 字符集，因此提供了对不同国家、不同语言的支持，它已经具有了国际化和本地化的特征及 API，因此 Java 程序的国际化相对比较简单。尽管 Java 开发工具为国际化和本地化的工作提供了一些基本的类，但还是有一些对于 Java 应用程序的本地化和国际化来说较困难的工作，例如，消息获取，编码转换，显示布局和数字、日期、货币的格式等。

当然，一个优秀的全球化软件产品，对国际化和本地化的要求远远不止于此，甚至还包括用户提交数据的国际化和本地化。

7.7.1 Java 国际化的思路

Java 程序的国际化思路是将程序中的标签、提示等信息放在资源文件中，程序需要支持哪些国家、语言环境，就提供相应的资源文件。资源文件是 key-value 对，每个资源文件中的 key 都是不变的，value 则随不同的国家、语言而改变。图 7.7 显示了 Java 程序国际化的思路。

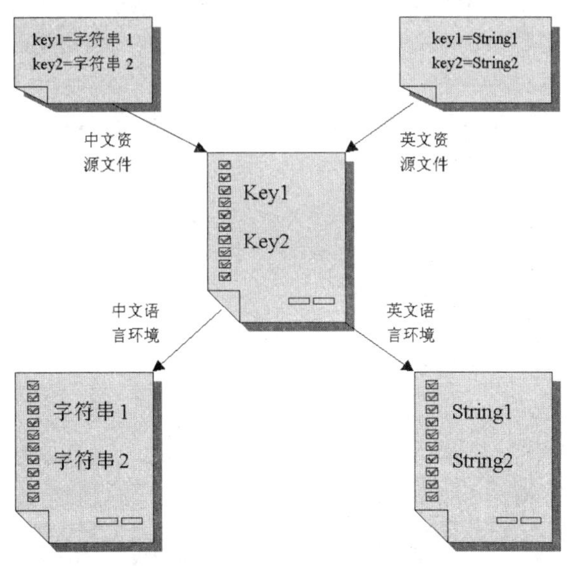

图 7.7 Java 程序国际化的思路

Java 程序的国际化主要通过如下三个类完成。

- java.util.ResourceBundle：用于加载国家、语言资源包。
- java.util.Locale：用于封装特定的国家/区域、语言环境。
- java.text.MessageFormat：用于格式化带占位符的字符串。

为了实现程序的国际化，必须先提供程序所需要的资源文件。资源文件的内容是很多 key-value 对，其中 key 是程序使用的部分，value 则是程序界面的显示字符串。

对资源文件的命名可以有如下三种形式。

- baseName_language_country.properties
- baseName_language.properties
- baseName.properties

其中，baseName 是资源文件的基本名，用户可随意指定；而 language 和 country 都不可随意变化，必须是 Java 所支持的语言和国家。

7.7.2 Java 支持的国家和语言

事实上，Java 不可能支持所有的国家和语言，如果需要获取 Java 所支持的国家和语言，则可调用 Locale 类的 getAvailableLocales()方法，该方法返回一个 Locale 数组，该数组里包含了 Java 所支持的国家和语言。

下面的程序简单地示范了如何获取 Java 所支持的国家和语言。

程序清单：codes\07\7.7\LocaleList.java

```
public class LocaleList
{
    public static void main(String[] args)
    {
        // 返回 Java 所支持的全部国家和语言的数组
        Locale[] localeList = Locale.getAvailableLocales();
        // 遍历数组的每个元素，依次获取所支持的国家和语言
        for (var i = 0; i < localeList.length; i++)
        {
            // 输出所支持的国家和语言
            System.out.println(localeList[i].getDisplayCountry()
                + "=" + localeList[i].getCountry()+ " "
                + localeList[i].getDisplayLanguage()
                + "=" + localeList[i].getLanguage());
        }
    }
}
```

程序的运行结果如图 7.8 所示。

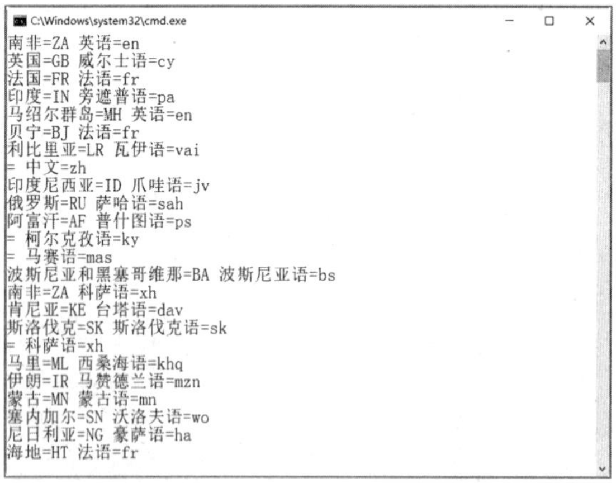

```
C:\Windows\system32\cmd.exe
南非=ZA 英语=en
英国=GB 威尔士语=cy
法国=FR 法语=fr
印度=IN 旁遮普语=pa
马绍尔群岛=MH 英语=en
贝宁=BJ 法语=fr
利比里亚=LR 瓦伊语=vai
= 中文=zh
印度尼西亚=ID 爪哇语=jv
俄罗斯=RU 萨哈语=sah
阿富汗=AF 普什图语=ps
= 柯尔克孜语=ky
= 马赛语=mas
波斯尼亚和黑塞哥维那=BA 波斯尼亚语=bs
南非=ZA 科萨语=xh
肯尼亚=KE 台塔语=dav
斯洛伐克=SK 斯洛伐克语=sk
= 科萨语=xh
马里=ML 西桑海语=khq
伊朗=IR 马赞德兰语=mzn
蒙古=MN 蒙古语=mn
塞内加尔=SN 沃洛夫语=wo
尼日利亚=NG 豪萨语=ha
海地=HT 法语=fr
```

图 7.8 Java 所支持的国家和语言

通过该程序就可获得 Java 所支持的国家/语言环境。

提示： 虽然可以通过查阅相关资料来获取 Java 语言所支持的国家/语言环境，但如果这些资料不能随手可得，则可以通过上面的程序来获得 Java 语言所支持的国家/语言环境。

7.7.3 完成程序国际化

对于如下最简单的程序：

```
public class RawHello
{
    public static void main(String[] args)
    {
        System.out.println("Hello World");
    }
}
```

这个程序的执行结果也很简单——肯定是打印出简单的“Hello World”字符串，不管在哪里执行都不会有任何改变！为了让该程序支持国际化，肯定不能让程序直接输出“Hello World”字符串——这种写法直接输出一个字符串直接量，永远不会有任何改变。为了让程序可以输出不同的字符串，此处绝不可使用该字符串直接量。

为了让上面输出的字符串内容可以改变，将需要输出的各种字符串（不同的国家/语言环境对应不同的字符串）定义在资源包中。

为上面的程序提供如下两个文件。

第一个文件：mess_zh_CN.properties。该文件的内容为：

```
# 资源文件的内容是 key-value 对
hello=你好!
```

第二个文件：mess_en_US.properties。该文件的内容为：

```
# 资源文件的内容是 key-value 对
hello=Welcome You!
```

从 Java 9 开始，Java 支持使用 UTF-8 字符集来保存属性文件，这样在属性文件中就可以直接包含非西欧字符，因此属性文件也不再需要使用 native2ascii 工具进行处理。唯一要注意的是，属性文件必须被显式保存为 UTF-8 字符集。

Windows 是一个非常奇葩的操作系统，它保存文件默认采用 GBK 字符集。因此，在 Windows 平台上执行 javac 命令时，默认也用 GBK 字符集读取 Java 源文件。但实际开发项目时采用 GBK 字符集会引起很多乱码问题，所以通常推荐使用 UTF-8 字符集保存源代码。如果使用 UTF-8 字符集保存 Java 源代码，在命令行编译源程序时需要为 javac 显式指定-encoding utf-8 选项，用于告诉 javac 命令使用 UTF-8 字符集读取 Java 源文件。本书出于降低学习难度的考虑，开始没有介绍该选项，所以用平台默认的字符集（GBK）来保存 Java 源文件。

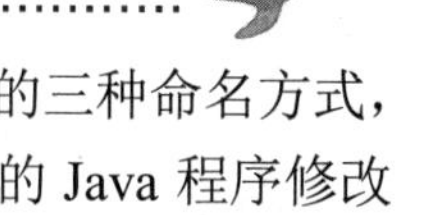

看到两份文件的文件名的 baseName 是相同的：mess。前面已经介绍了资源文件的三种命名方式，其中 baseName 后面的国家、语言必须是 Java 所支持的国家、语言组合。现在将上面的 Java 程序修改成如下形式。

程序清单：codes\07\7.7\Hello.java

```
public class Hello
{
    public static void main(String[] args)
    {
        // 获得系统默认的国家/语言环境
        var myLocale = Locale.getDefault(Locale.Category.FORMAT);
        // 根据指定的国家/语言环境加载资源文件
        var bundle = ResourceBundle.getBundle("mess", myLocale);
        // 打印从资源文件中获得的消息
```

```
            System.out.println(bundle.getString("hello"));
        }
    }
```

上面程序中的打印语句不再是直接打印“Hello World”字符串，而是打印从资源包中读取的信息。如果在中文环境下运行该程序，则将打印出“你好！”；如果在“控制面板”中将机器的语言环境设置成英语（美国），然后再次运行该程序，则将打印出“Welcome You!”字符串。

从上面的程序可以看出，如果希望实现程序国际化，只需要将不同的国家/语言（Locale）的提示信息分别以不同的文件存放即可。例如，简体中文的语言资源文件就是 Xxx_zh_CN.properties 文件，而美国英语的语言资源文件就是 Xxx_en_US.properties 文件。

Java 程序国际化的关键类之一是 ResourceBundle，它有一个静态方法：getBundle(String baseName, Locale locale)，该方法将根据 Locale 加载资源文件，而 Locale 封装了一个国家、语言，例如，简体中文环境可以用简体中文的 Locale 代表，美国英语环境可以用美国英语的 Locale 代表。

从上面资源文件的命名中可以看出，不同国家、语言环境的资源文件的 baseName 是相同的，即 baseName 为 mess 的资源文件有很多个，不同的国家、语言环境对应不同的资源文件。

例如，通过如下代码来加载资源文件。

```
// 根据指定的国家/语言环境加载资源文件
var bundle = ResourceBundle.getBundle("mess", myLocale);
```

上面的代码将会加载 baseName 为 mess 的系列资源文件之一，到底加载其中的哪个资源文件，则取决于 myLocale。对于简体中文的 Locale，则加载 mess_zh_CN.properties 文件。

一旦加载了该文件后，该资源文件的内容就是多个 key-value 对，程序就根据 key 来获取指定的信息，例如获取 key 为 hello 的消息，该消息是“你好！”——这就是 Java 程序国际化的过程。

对于美国英语的 Locale，则加载 mess_en_US.properties 文件，该文件中 key 为 hello 的消息是“Welcome You!”。

Java 程序国际化的关键类是 ResourceBundle 和 Locale，ResourceBundle 根据不同的 Locale 加载语言资源文件，再根据指定的 key 来获得已加载的语言资源文件中的字符串。

7.7.4 使用 MessageFormat 处理包含占位符的字符串

上面程序中输出的消息是一个简单的消息，如果需要在输出的消息中必须包含动态的内容，比如这些内容必须是从程序中获得的。例如如下字符串：

```
你好，yeeku！今天是 2022-2-13 下午 11:55。
```

在上面的输出字符串中，yeeku 是浏览者的名字，必须动态改变，后面的时间也必须动态改变。在这种情况下，可以使用带占位符的消息。例如，提供一个 myMess_en_US.properties 文件，该文件的内容如下：

```
msg=Hello,{0}!Today is {1}.
```

提供一个 myMess_zh_CN.properties 文件，该文件的内容如下：

```
msg=你好，{0}！今天是{1}。
```

上面的两个资源文件必须用 UTF-8 字符集保存。

当程序直接使用 ResourceBundle 的 getString()方法来取出 msg 对应的字符串时，在简体中文环境下得到“你好，{0}！今天是{1}。”字符串，这显然不是所需要的结果，程序还需要为{0}和{1}两个占位符赋值。此时需要使用 MessageFormat 类，该类包含一个有用的静态方法：format(String pattern, Object... values)，该方法返回后面的多个参数值填充前面的 pattern 字符串，其中 pattern 字符串不是正则表达式，而是一个带占位符的字符串。

借助于上面的 MessageFormat 类的帮助，将国际化程序修改成如下形式。

程序清单：codes\07\7.7\HelloArg.java

```
public class HelloArg
{
    public static void main(String[] args)
    {
        // 定义一个 Locale 变量
        Locale currentLocale = null;
        // 如果运行程序指定了两个参数
        if (args.length == 2)
        {
            // 则使用运行程序的两个参数构造 Locale 实例
            currentLocale = new Locale(args[0], args[1]);
        }
        else
        {
            // 否则直接使用系统默认的 Locale
            currentLocale = Locale.getDefault(Locale.Category.FORMAT);
        }
        // 根据 Locale 加载语言资源文件
        var bundle = ResourceBundle.getBundle("myMess", currentLocale);
        // 获得已加载的语言资源文件中 msg 对应的消息
        var msg = bundle.getString("msg");
        // 使用 MessageFormat 为带占位符的字符串传入参数
        System.out.println(MessageFormat.format(msg,
            "yeeku", new Date()));
    }
}
```

从上面的程序中可以看出，对于带占位符的消息字符串，只需要使用 MessageFormat 类的 format() 方法为消息中的占位符指定参数即可。

7.7.5 使用类文件代替资源文件

除使用属性文件作为资源文件外，Java 也允许使用类文件代替资源文件，即将所有的 key-value 对存入 class 文件，而不是属性文件中。

使用类文件来代替资源文件必须满足如下条件。

- 该类的类名必须是 baseName_language_country，这与属性文件的命名相似。
- 该类必须继承 ListResourceBundle，并重写 getContents()方法，该方法返回 Object 数组，该数组的每一项都是 key-value 对。

下面的类文件可以代替上面的属性文件。

程序清单：codes\07\7.7\myMess_zh_CN.java

```
public class myMess_zh_CN extends ListResourceBundle
{
    // 定义资源
    private final Object[][] myData =
    {
        {"msg", "{0}，你好！今天的日期是{1}"}
    };
    // 重写 getContents()方法
    public Object[][] getContents()
    {
        // 该方法返回资源的 key-value 对
        return myData;
    }
}
```

上面的文件是一个简体中文语言环境的资源文件，该文件可以代替 myMess_zh_CN.properties 文件；

如果需要代替美国英语语言环境的资源文件，则还应该提供一个 myMess_en_US 类。

如果系统同时存在资源文件、类文件，系统将以类文件为主，而不会调用资源文件。对于简体中文的 Locale，ResourceBundle 搜索资源文件的顺序是：

1. baseName_zh_CN.class
2. baseName_zh_CN.properties
3. baseName_zh.class
4. baseName_zh.properties
5. baseName.class
6. baseName.properties

系统按上面的顺序搜索资源文件，只有当前面的文件不存在时，才会使用下一个文件。如果一直找不到对应的文件，系统将抛出异常。

7.7.6 Java 的新式日志 API

Java 9 强化了原有的日志 API，这套日志 API 只是定义了记录消息的最小 API，开发者可以将这些日志消息路由到各种主流的日志框架（如 SLF4J、Log4J 等），否则默认使用 Java 传统的 java.util.logging 日志 API。

这套日志 API 的用法非常简单，只要两步即可。

1. 调用 System 类的 getLogger(String name)方法获取 System.Logger 对象。
2. 调用 System.Logger 对象的 log()方法输出日志。该方法的第一个参数用于指定日志级别。

为了与传统 java.util.logging 日志级别、主流日志框架的级别兼容，Java 9 定义了如表 7.7 所示的日志级别。

表 7.7　日志级别（由低到高）

Java 9 日志级别	传统日志级别	说明
ALL	ALL	最低级别，系统将会输出所有日志信息，因此将会生成非常多、非常冗余的日志信息
TRACE	FINER	输出系统的各种跟踪信息，也会生成很多、很冗余的日志信息
DEBUG	FINE	输出系统的各种调试信息，会生成较多的日志信息
INFO	INFO	输出系统内需要提示用户的提示信息，生成中等冗余的日志信息
WARNING	WARNING	只输出系统内警告用户的警告信息，生成较少的日志信息
ERROR	SEVERE	只输出系统发生错误的错误信息，生成很少的日志信息
OFF	OFF	关闭日志输出

日志级别是一个非常有用的东西：在开发阶段调试程序时，可能需要大量输出调试信息；在发布软件时，又希望关掉这些调试信息。此时就可通过日志来实现，只要将系统日志级别调高，所有低于该级别的日志信息就会被自动关闭；如果将日志级别设为 OFF，那么所有日志信息都会被关闭。

例如，如下程序示范了 Java 9 新增的日志 API。

程序清单：codes\07\7.7\LoggerTest.java

```
public class LoggerTest
{
    public static void main(String[] args) throws Exception
    {
        // 获取 System.Logger 对象
        var logger = System.getLogger("fkjava");
        // 设置系统日志级别（FINE 对应于 DEBUG）
        Logger.getLogger("fkjava").setLevel(Level.FINE);
        // 设置使用 a.xml 保存日志记录
        Logger.getLogger("fkjava").addHandler(new FileHandler("a.xml"));
        logger.log(System.Logger.Level.DEBUG, "debug 信息");
        logger.log(System.Logger.Level.INFO, "info 信息");
```

```
        logger.log(System.Logger.Level.ERROR, "error 信息");
    }
}
```

上面程序中的第一行粗体字代码获取 Java 9 提供的日志 API。由于此处并未使用第三方日志框架，因此系统默认使用 java.util.logging 日志作为实现。所以，第二行粗体字代码使用 java.util.logging.Logger 来设置日志级别。程序将系统日志级别设为 FINE（等同于 DEBUG），这意味着高于或等于 DEBUG 级别的日志信息都会被输出到 a.xml 文件中。运行上面的程序，将可以看到在该文件所在的目录下生成了一个 a.xml 文件，该文件中包含三条日志记录，分别对应于上面三行代码调用 log()方法输出的日志记录。

如果将上面第二行粗体字代码中的日志级别改为 SEVERE（等同于 ERROR），则意味着只有高于或等于 ERROR 级别的日志信息才会被输出到 a.xml 文件中。再次运行该程序，将会看到该程序生成的 a.xml 文件中仅包含一条日志记录，这意味着 DEBUG、INFO 级别的日志信息都被自动关闭了。

除简单使用之外，Java 9 的日志 API 也支持国际化——System 类除使用简单的 getLogger(String name)方法获取 System.Logger 对象之外，还可使用 getLogger(String name, ResourceBundle bundle)方法来获取该对象，该方法需要传入一个国际化语言资源包，这样该 Logger 对象即可根据 key 来输出国际化的日志信息。

下面先为美式英语环境提供一个 logMess_en_US.properties 文件，该文件的内容如下：

```
debug=Debug Message
info=Plain Message
error=Error Message
```

再为简体中文环境提供一个 logMess_zh_CN.properties 文件，该文件的内容如下：

```
debug=调试信息
info=普通信息
error=错误信息
```

接下来程序可使用 ResourceBundle 先加载该国际化语言资源包，然后就可通过 Java 9 的日志 API 来输出国际化的日志信息了。

程序清单：codes\07\7.6\LoggerI18N.java

```
public class LoggerI18N
{
    public static void main(String[] args) throws Exception
    {
        // 加载国际化资源包
        var resourceBundle = ResourceBundle.getBundle("logMess",
            Locale.getDefault(Locale.Category.FORMAT));
        // 获取 System.Logger 对象
        var logger = System.getLogger("fkjava", resourceBundle);
        // 设置系统日志级别
        Logger.getLogger("fkjava").setLevel(Level.INFO);
        // 设置使用 a.xml 保存日志记录
        Logger.getLogger("fkjava").addHandler(new FileHandler("a.xml"));
        // 下面三个方法的第二个参数是国际化消息 key
        logger.log(System.Logger.Level.DEBUG, "debug");
        logger.log(System.Logger.Level.INFO, "info");
        logger.log(System.Logger.Level.ERROR, "error");
    }
}
```

该程序与前一个程序的区别就体现在粗体字代码上，这行粗体字代码获取 System.Logger 时加载了 ResourceBundle 资源包。接下来调用 System.Logger 的 log()方法输出日志信息时，第二个参数应该使用国际化消息 key，这样即可输出国际化的日志信息。

在简体中文环境下运行该程序，将会看到 a.xml 文件中的日志信息是中文信息；在美式英语环境下运行该程序，将会看到 a.xml 文件中的日志信息是英文信息。

7.7.7 Java 17 增强的 NumberFormat

MessageFormat 是 Format 抽象类的子类，Format 抽象类还有两个子类：NumberFormat 和 DateFormat，它们分别用于实现数值、日期的格式化。NumberFormat、DateFormat 可以分别将数值、日期转换成字符串，也可以将字符串转换成数值、日期。图 7.9 显示了 NumberFormat 和 DateFormat 的主要功能。

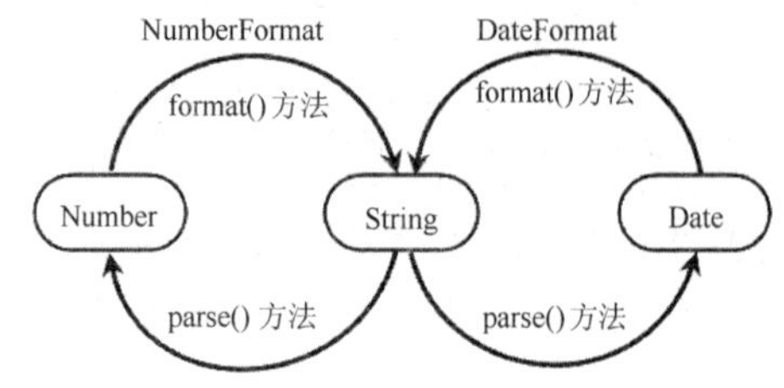

图 7.9 NumberFormat 和 DateFormat 的主要功能

NumberFormat 和 DateFormat 都包含了 format()与 parse()方法，其中 format()用于将数值、日期格式化成字符串，parse()用于将字符串解析成数值、日期。

NumberFormat 也是一个抽象基类，所以无法通过它的构造器来创建 NumberFormat 对象。它提供了如下几个类方法来得到 NumberFormat 对象。

- getCurrencyInstance()：返回默认 Locale 的货币格式器。也可以在调用该方法时传入指定的 Locale，获取指定 Locale 的货币格式器。
- getIntegerInstance()：返回默认 Locale 的整数格式器。也可以在调用该方法时传入指定的 Locale，获取指定 Locale 的整数格式器。
- getNumberInstance()：返回默认 Locale 的通用数值格式器。也可以在调用该方法时传入指定的 Locale，获取指定 Locale 的通用数值格式器。
- getPercentInstance()：返回默认 Locale 的百分比格式器。也可以在调用该方法时传入指定的 Locale，获取指定 Locale 的百分比格式器。
- getCompactNumberInstance()：这是 Java 17 新增（由 Java 12 引入）的紧凑格式器。也可以在调用该方法时传入指定的 Locale，获取指定 Locale 的紧凑格式器。

一旦获得了 NumberFormat 对象后，就可以调用它的 format()方法来格式化数值，包括整数和浮点数。如下例子程序示范了 NumberFormat 的 4 种数值格式器的用法。

程序清单：codes\07\7.7\NumberFormatTest.java

```
public class NumberFormatTest
{
    public static void main(String[] args)
    {
        // 需要被格式化的数值
        var db = 1234000.567;
        // 创建 4 个 Locale，分别代表中国、日本、德国、美国
        Locale[] locales = {Locale.CHINA, Locale.JAPAN,
            Locale.GERMAN, Locale.US};
        var nf = new NumberFormat[16];
        // 为上面 4 个 Locale 创建 16 个 NumberFormat 对象
        // 每个 Locale 分别有通用数值格式器、百分比格式器、货币格式器、紧凑格式器
        for (var i = 0; i < locales.length; i++)
        {
            nf[i * 4] = NumberFormat.getNumberInstance(locales[i]);
            nf[i * 4 + 1] = NumberFormat.getPercentInstance(locales[i]);
            nf[i * 4 + 2] = NumberFormat.getCurrencyInstance(locales[i]);
            nf[i * 4 + 3] = NumberFormat.getCompactNumberInstance(locales[i],
                NumberFormat.Style.SHORT);
        }
        for (var i = 0; i < locales.length; i++)
        {
            var tip = i == 0 ? "----中国的格式----" :
                i == 1 ? "----日本的格式----" :
                i == 2 ? "----德国的格式----" :"----美国的格式----";
            System.out.println(tip);
            System.out.println("通用数值格式："
                + nf[i * 4].format(db));
            System.out.println("百分比数值格式："
```

```
                + nf[i * 4 + 1].format(db));
            System.out.println("货币数值格式: "
                + nf[i * 4 + 2].format(db));
            System.out.println("紧凑数值格式: "
                + nf[i * 4 + 3].format(db));
        }
    }
}
```

运行上面的程序，将看到如图 7.10 所示的结果。

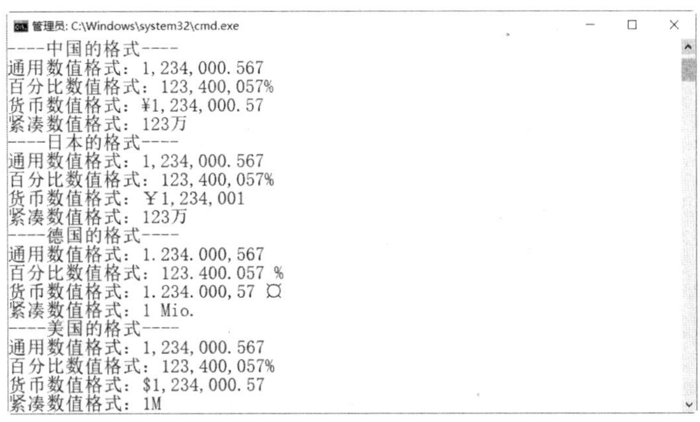
管理员: C:\Windows\system32\cmd.exe
----中国的格式----
通用数值格式: 1,234,000.567
百分比数值格式: 123,400,057%
货币数值格式: ¥1,234,000.57
紧凑数值格式: 123万
----日本的格式----
通用数值格式: 1,234,000.567
百分比数值格式: 123,400,057%
货币数值格式: ￥1,234,001
紧凑数值格式: 123万
----德国的格式----
通用数值格式: 1.234.000,567
百分比数值格式: 123.400.057 %
货币数值格式: 1.234.000,57 ¤
紧凑数值格式: 1 Mio.
----美国的格式----
通用数值格式: 1,234,000.567
百分比数值格式: 123,400,057%
货币数值格式: $1,234,000.57
紧凑数值格式: 1M

图 7.10　不同 Locale、不同类型的 NumberFormat

从图 7.10 中可以看出，德国的数值小数点比较特殊，它们采用逗号（,）作为小数点；中国、日本分别使用¥、￥作为货币符号，美国则采用$作为货币符号。细心的读者可能会发现，NumberFormat 其实也有国际化的作用！没错，同样的数值在不同国家的写法是不同的，而 NumberFormat 的作用就是把数值转换成不同国家的本地写法。

至于使用 NumberFormat 类将字符串解析成数值的意义不大（因为可以使用 Integer、Double 等包装类完成这种解析），故此处不再赘述。

7.7.8　使用 JDK 17 新增的 HexFormat 处理十六进制数

HexFormat 可用于处理字节数组与十六进制字符串之间的转换。这种转换主要通过两个方法来完成，如图 7.11 所示。

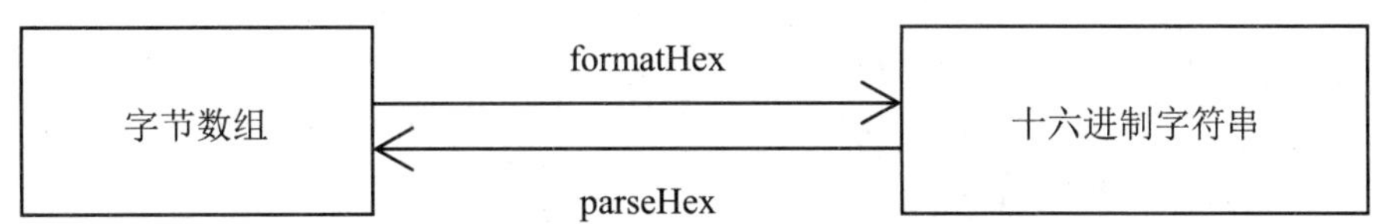
字节数组
formatHex
parseHex
十六进制字符串

图 7.11　字节数组与十六进制字符串之间的转换

在格式化十六进制字符串时，HexFormat 还可指定如下 4 个属性。

- 使用大写字母 A~F 或小写字母 a~f：可通过 withUpperCase()方法、withLowerCase()方法来进行切换。
- 指定每个字节（两个十六进制数）的前缀：通过 withPrefix(String prefix)方法设置。
- 指定每个字节（两个十六进制数）的后缀：通过 withSuffix(String prefix)方法设置。
- 指定字节（两个十六进制数）之间的分隔符：通过 withDelimiter(String delimiter)方法设置。

HexFormat 不暴露构造器来创建实例，而是通过 of()或 ofDelimiter(String delimiter)方法来创建实例。有了 HexFormat 对象之后，接下来即可通过 formatHex 和 parseHex 这两个方法来完成字节数组与十六进制字符串之间的转换。例如如下程序。

程序清单：codes\07\7.7\HexFormatTest.java

```
public class HexFormatTest
{
    public static void main(String[] args)
    {
        // 创建使用冒号作为分隔符的格式器
        var hexFormat = HexFormat.ofDelimiter(":")
            // 设置使用 A~F
            .withUpperCase()
            // 设置使用 0x 前缀
            .withPrefix("0x");
        byte[] data = {2, 3, 17, 34, 36, 92, 78};
        // 格式化十六进制字符串
        var hexStr = hexFormat.formatHex(data);    // ①
        // 输出：0x02:0x03:0x11:0x22:0x24:0x5C:0x4E
        System.out.println(hexStr);
        // 将十六进制字符串格式化成字节数组
        var parseData = hexFormat.parseHex(hexStr);    // ②
        // 判断原数组和解析得到的数组是否相同，输出：true
        System.out.println(Arrays.equals(data, parseData));
    }
}
```

上面程序中的第一段粗体字代码调用 HexFormat 的 ofDelimiter()方法得到了该类的实例，并设置了该格式器使用 A~F 代表 10~15，还设置了每个字节的前缀。

程序中①号粗体字代码用于将字节数组格式化为十六进制字符串；②号粗体字代码则负责将十六进制字符串解析成字节数组——不难发现，这两个方法互为逆运算。

如果要完成基本类型（byte、char、short、int、long）的值与十六进制字符串之间的转换，则可借助于如下两个互为逆运算的方法。

➢ toHexDigits(xxx value)：将基本类型的值转换成十六进制字符串。

➢ fromHexDigits(str) | fromHexDigitsToLong(str)：将十六进制字符串恢复成整数。

如下代码示范了上面两个方法的用法（程序清单同上）。

```
var bitFormat = HexFormat.of();
// 将 200 转换为十六进制字符串
var hex = bitFormat.toHexDigits(200);  // ③
// 输出 000000C8（8 位的十六进制数，相当于 32 位的 int 值）
System.out.println(hex);
// 恢复 int 值
System.out.println(HexFormat.fromHexDigits(hex));    // ④
// 将 short 类型的 200 转换为十六进制字符串
var hex2 = bitFormat.toHexDigits((short) 200);
// 输出 00C8（4 位的十六进制数，相当于 16 位的 short 值）
System.out.println(hex2);
```

上面的③号粗体字代码用于将 int 值转换为十六进制字符串，④号粗体字代码则用于将十六进制字符串恢复成 int 值，相当于这两个方法互为逆运算。

对应上面程序的输出结果做一下简单解释：每个 int 类型的数值占 32 位，而每个十六进制的数值则占 4 位，因此，当一个 int 值被转换为十六进制字符串时，一共需要 8 位；由于 short 类型的数值只占 16 位，因此，在将其转换为十六进制字符串时，只需要 4 位即可。

7.7.9 使用 DateFormat 格式化日期、时间

与 NumberFormat 相似的是，DateFormat 也是一个抽象类，它也提供了如下几个类方法用于获取 DateFormat 对象。

➢ getDateInstance()：返回一个日期格式器，它格式化后的字符串只有日期，没有时间。该方法可以传入多个参数，用于指定日期样式和 Locale 等参数；如果不指定这些参数，则使用默认参数。

- getTimeInstance()：返回一个时间格式器，它格式化后的字符串只有时间，没有日期。该方法可以传入多个参数，用于指定时间样式和 Locale 等参数；如果不指定这些参数，则使用默认参数。
- getDateTimeInstance()：返回一个日期、时间格式器，它格式化后的字符串既有日期，也有时间。该方法可以传入多个参数，用于指定日期样式、时间样式和 Locale 等参数；如果不指定这些参数，则使用默认参数。

上面三个方法可以指定日期样式、时间样式参数，它们是 DateFormat 的 4 个静态常量：FULL、LONG、MEDIUM 和 SHORT，通过这 4 个样式参数可以控制生成的格式化字符串。看如下例子程序。

程序清单：codes\07\7.7\DateFormatTest.java

```
public class DateFormatTest
{
    public static void main(String[] args)
        throws ParseException
    {
        // 需要被格式化的时间
        var dt = new Date();
        // 创建两个 Locale，分别代表中国、美国
        Locale[] locales = {Locale.CHINA, Locale.US};
        var df = new DateFormat[16];
        // 为上面的两个 Locale 创建 16 个 DateFormat 对象
        for (var i = 0; i < locales.length; i++)
        {
            df[i * 8] = DateFormat.getDateInstance(SHORT, locales[i]);
            df[i * 8 + 1] = DateFormat.getDateInstance(MEDIUM, locales[i]);
            df[i * 8 + 2] = DateFormat.getDateInstance(LONG, locales[i]);
            df[i * 8 + 3] = DateFormat.getDateInstance(FULL, locales[i]);
            df[i * 8 + 4] = DateFormat.getTimeInstance(SHORT, locales[i]);
            df[i * 8 + 5] = DateFormat.getTimeInstance(MEDIUM, locales[i]);
            df[i * 8 + 6] = DateFormat.getTimeInstance(LONG, locales[i]);
            df[i * 8 + 7] = DateFormat.getTimeInstance(FULL, locales[i]);
        }
        for (var i = 0; i < locales.length; i++)
        {
            var tip = i == 0 ? "----中国日期格式----":"----美国日期格式----";
            System.out.println(tip);
            System.out.println("SHORT 格式的日期格式："
                + df[i * 8].format(dt));
            System.out.println("MEDIUM 格式的日期格式："
                + df[i * 8 + 1].format(dt));
            System.out.println("LONG 格式的日期格式："
                + df[i * 8 + 2].format(dt));
            System.out.println("FULL 格式的日期格式："
                + df[i * 8 + 3].format(dt));
            System.out.println("SHORT 格式的时间格式："
                + df[i * 8 + 4].format(dt));
            System.out.println("MEDIUM 格式的时间格式："
                + df[i * 8 + 5].format(dt));
            System.out.println("LONG 格式的时间格式："
                + df[i * 8 + 6].format(dt));
            System.out.println("FULL 格式的时间格式："
                + df[i * 8 + 7].format(dt));
        }
    }
}
```

上面程序共创建了 16 个 DateFormat 对象，分别为中国、美国两个 Locale 各创建 8 个 DateFormat 对象，分别是 SHORT、MEDIUM、LONG、FULL 这 4 种样式的日期格式器、时间格式器。运行上面的程序，会看到如图 7.12 所示的效果。

从图 7.12 中可以看出，正如 NumberFormat 提供了国际化的能力一样，DateFormat 也具有国际化的能力，同一个日期使用不同的 Locale 格式器格式化的效果完全不同，格式化后的字符串正好符合 Locale 对应的本地习惯。

```
----中国日期格式----
SHORT格式的日期格式：2022/2/14
MEDIUM格式的日期格式：2022年2月14日
LONG格式的日期格式：2022年2月14日
FULL格式的日期格式：2022年2月14日星期一
SHORT格式的时间格式：上午12:03
MEDIUM格式的时间格式：上午12:03:00
LONG格式的时间格式：EST 上午12:03:00
FULL格式的时间格式：北美东部标准时间 上午12:03:00
----美国日期格式----
SHORT格式的日期格式：2/14/22
MEDIUM格式的日期格式：Feb 14, 2022
LONG格式的日期格式：February 14, 2022
FULL格式的日期格式：Monday, February 14, 2022
SHORT格式的时间格式：12:03 AM
MEDIUM格式的时间格式：12:03:00 AM
LONG格式的时间格式：12:03:00 AM EST
FULL格式的时间格式：12:03:00 AM Eastern Standard Time
```

图 7.12　16 种 DateFormat 格式化的效果

在获得了 DateFormat 之后，还可以调用它的 setLenient(boolean lenient)方法来设置该格式器是否采用严格语法。举例来说，如果采用不严格的日期语法（该方法的参数为 true），对于字符串"2004-2-31"，将会被转换成 2004 年 3 月 2 日；如果采用严格的日期语法，那么在解析该字符串时将抛出异常。

DateFormat 的 parse()方法可以把一个字符串解析成 Date 对象，但它要求被解析的字符串必须符合日期字符串的要求，否则可能抛出 ParseException 异常。例如，如下代码片段：

```
var str1 = "2017/10/07";
var str2 = "2017年10月07日";
// 下面输出 Sat Oct 07 00:00:00 CST 2017
System.out.println(DateFormat.getDateInstance().parse(str2));
// 下面输出 Sat Oct 07 00:00:00 CST 2017
System.out.println(DateFormat.getDateInstance(SHORT).parse(str1));
// 下面抛出 ParseException 异常
System.out.println(DateFormat.getDateInstance().parse(str1));
```

上面代码中的最后一行代码在解析日期字符串时引发 ParseException 异常，因为"2017/10/07"是一个 SHORT 样式的日期字符串，必须用 SHORT 样式的 DateFormat 实例解析，否则将抛出异常。

7.7.10　使用 SimpleDateFormat 格式化日期

前面介绍的DateFormat的parse()方法可以把字符串解析成Date对象，但实际上DateFormat的parse()方法不够灵活——它要求被解析的字符串必须满足特定的格式！为了更好地格式化日期、解析日期字符串，Java 提供了 SimpleDateFormat 类。

SimpleDateFormat 是 DateFormat 的子类，正如它的名字所暗示的，它是“简单”的日期格式器。很多读者对“简单”的日期格式器不屑一顾，实际上 SimpleDateFormat 比 DateFormat 更简单，功能更强大。

提示：有一封读者来信让笔者记忆很深刻，他说：“相对于有些人喜欢深奥的图书，我更喜欢"简单"的 IT 图书，"简单"的东西很清晰、明确，下一步该怎么做，为什么这样做，一切都清清楚楚，无须任何猜测、想象——正好符合计算机哲学——0 就是 0，1 就是 1，中间没有任何回旋的余地。如果喜欢深奥的图书，那就看《老子》吧！够深奥，几乎可以包罗万象，但有人是通过《老子》开始学习编程的吗……”

SimpleDateFormat 可以非常灵活地格式化 Date，也可以用于解析各种格式的日期字符串。在创建 SimpleDateFormat 对象时需要传入一个 pattern 字符串，这个 pattern 不是正则表达式，而是一个日期模板字符串。

程序清单：codes\07\7.7\SimpleDateFormatTest.java

```
public class SimpleDateFormatTest
{
    public static void main(String[] args)
```

```
        throws ParseException
    {
        var d = new Date();
        // 创建一个 SimpleDateFormat 对象
        var sdf1 = new SimpleDateFormat("Gyyyy 年中第 D 天");
        // 将 d 格式化成日期，输出：公元 2017 年中第 281 天
        var dateStr = sdf1.format(d);
        System.out.println(dateStr);
        // 一个非常特殊的日期字符串
        var str = "14###3 月##21";
        var sdf2 = new SimpleDateFormat("y###MMM##d");
        // 将日期字符串解析成日期，输出：Fri Mar 21 00:00:00 CST 2014
        System.out.println(sdf2.parse(str));
    }
}
```

从上面的程序中可以看出，使用 SimpleDateFormat 可以将日期格式化成形如"公元 2014 年中第 101 天"这样的字符串，也可以把形如"14###三月##21"这样的字符串解析成日期，功能非常强大。SimpleDateFormat 把日期格式化成怎样的字符串，以及把怎样的字符串解析成 Date，完全取决于创建该对象时指定的 pattern 参数，pattern 是一个使用日期字段占位符的日期模板。

如果读者想知道 SimpleDateFormat 支持哪些日期、时间占位符，则可以查阅 API 文档中 SimpleDateFormat 类的说明，此处不再赘述。

7.8　Java 17 增强的日期、时间格式器

Java 8 新增的日期、时间 API 中不仅包括了 Instant、LocalDate、LocalDateTime、LocalTime 等代表日期、时间的类，而且在 java.time.format 包下提供了一个 DateTimeFormatter 格式器类，该类相当于前面介绍的 DateFormat 和 SimpleDateFormat 的合体，功能非常强大。

与 DateFormat、SimpleDateFormat 类似，DateTimeFormatter 不仅可以将日期、时间对象格式化成字符串，也可以将特定格式的字符串解析成日期、时间对象。

为了使用 DateTimeFormatter 进行格式化或解析，必须先获取 DateTimeFormatter 对象。获取 DateTimeFormatter 对象有如下三种常见的方式。

- 直接使用静态常量创建 DateTimeFormatter 格式器。DateTimeFormatter 类中包含了大量形如 ISO_LOCAL_DATE、ISO_LOCAL_TIME、ISO_LOCAL_DATE_TIME 等的静态常量，这些静态常量本身就是 DateTimeFormatter 实例。
- 使用代表不同风格的枚举值来创建 DateTimeFormatter 格式器。在 FormatStyle 枚举类中定义了 FULL、LONG、MEDIUM、SHORT 4 个枚举值，它们代表日期、时间的不同风格。
- 根据模式字符串来创建 DateTimeFormatter 格式器。类似于 SimpleDateFormat，可以采用模式字符串来创建 DateTimeFormatter。如果需要了解 DateTimeFormatter 支持哪些模式字符串，则可以参考该类的 API 文档。

提示：

Java 17 为 DateTimeFormatter 新增了 B 模式字符，用于标识当前时间处于一天的早上、下午或晚上。

7.8.1　使用 DateTimeFormatter 完成格式化

使用 DateTimeFormatter 将日期、时间（LocalDate、LocalDateTime、LocalTime 等实例）格式化为字符串，可通过如下两种方式。

- 调用 DateTimeFormatter 的 format(TemporalAccessor temporal)方法执行格式化，其中 LocalDate、LocalDateTime、LocalTime 等类都是 TemporalAccessor 接口的实现类。

➢ 调用 LocalDate、LocalDateTime、LocalTime 等日期、时间对象的 format(DateTimeFormatter formatter)方法执行格式化。

上面两种方式的功能相同，用法也基本相似。如下程序示范了使用 DateTimeFormatter 来格式化日期、时间。

程序清单：codes\07\7.8\NewFormatterTest.java

```
public class NewFormatterTest
{
    public static void main(String[] args)
    {
        var formatters = new DateTimeFormatter[] {
            // 直接使用常量创建 DateTimeFormatter 格式器
            DateTimeFormatter.ISO_LOCAL_DATE,
            DateTimeFormatter.ISO_LOCAL_TIME,
            DateTimeFormatter.ISO_LOCAL_DATE_TIME,
            // 使用本地化的不同风格来创建 DateTimeFormatter 格式器
            DateTimeFormatter.ofLocalizedDateTime(FormatStyle.FULL, FormatStyle.MEDIUM),
            DateTimeFormatter.ofLocalizedDate(FormatStyle.LONG),
            // 根据模式字符串来创建 DateTimeFormatter 格式器
            DateTimeFormatter.ofPattern("Gyyyy%%MMM%%dd B HH:mm:ss")
        };
        var date = LocalDateTime.now();
        // 依次使用不同的格式器对 LocalDateTime 进行格式化
        for (var i = 0; i < formatters.length; i++)
        {
            // 下面两行代码的作用相同
            System.out.println(date.format(formatters[i]));
            System.out.println(formatters[i].format(date));
        }
    }
}
```

上面的程序使用三种方式创建了 6 个 DateTimeFormatter 对象，然后程序中的两行粗体字代码分别使用不同方式来格式化日期。运行上面的程序，会看到如图 7.13 所示的效果。

```
C:\Windows\system32\cmd.exe
2022-02-14
2022-02-14
22:15:21.5406246
22:15:21.5406246
2022-02-14T22:15:21.5406246
2022-02-14T22:15:21.5406246
2022年2月14日星期一 下午10:15:21
2022年2月14日星期一 下午10:15:21
2022年2月14日
2022年2月14日
公元2022%%2月%%14 晚上 22:15:21
公元2022%%2月%%14 晚上 22:15:21
```

图 7.13　DateTimeFormatter 格式化的效果

从图 7.13 中可以看出，使用 DateTimeFormatter 进行格式化时不仅可按系统预置的格式对日期、时间进行格式化，也可使用模式字符串对日期、时间进行自定义格式化。由此可见，DateTimeFormatter 的功能完全覆盖了传统的 DateFormat、SimpleDateFormat 的功能。

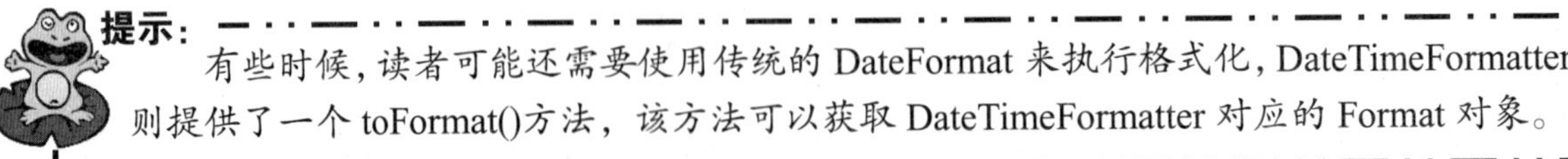

提示： 有些时候，读者可能还需要使用传统的 DateFormat 来执行格式化，DateTimeFormatter 则提供了一个 toFormat()方法，该方法可以获取 DateTimeFormatter 对应的 Format 对象。

7.8.2 使用 DateTimeFormatter 解析字符串

为了使用 DateTimeFormatter 将指定格式的字符串解析成日期、时间对象（LocalDate、LocalDateTime、LocalTime 等实例），可通过日期、时间对象提供的 parse(CharSequence text, DateTimeFormatter formatter)方法进行解析。

如下程序示范了使用 DateTimeFormatter 解析日期、时间字符串。

程序清单：codes\07\7.8\NewFormatterParse.java

```
public class NewFormatterParse
{
    public static void main(String[] args)
    {
        // 定义一个任意格式的日期、时间字符串
        var str1 = "2014==04==12 01时06分09秒";
        // 根据需要解析的日期、时间字符串定义解析所用的格式器
        var formatter1 = DateTimeFormatter
            .ofPattern("yyyy==MM==dd HH时mm分ss秒");
        // 执行解析
        var dt1 = LocalDateTime.parse(str1, formatter1);
        System.out.println(dt1); // 输出 2014-04-12T01:06:09
        // ---下面的代码再次解析另一个字符串---
        var str2 = "2014$$$4月$$$13 20小时";
        var formatter2 = DateTimeFormatter
            .ofPattern("yyy$$$MMM$$$dd HH小时");
        var dt2 = LocalDateTime.parse(str2, formatter2);
        System.out.println(dt2); // 输出 2014-04-13T20:00
    }
}
```

上面程序中定义了两个不同格式的日期、时间字符串，为了解析它们，程序分别使用对应的格式字符串创建了 DateTimeFormatter 对象，这样 DateTimeFormatter 即可按该格式字符串将日期、时间字符串解析成 LocalDateTime 对象。编译、运行该程序，即可看到两个日期、时间字符串都被成功地解析成 LocalDateTime。

7.9 本章小结

本章介绍了运行 Java 程序时的参数，并详细解释了 main 方法签名的含义。为了实现字符界面程序与用户交互功能，本章介绍了两种读取键盘输入的方法。本章还介绍了 System、Runtime、String、StringBuffer、StringBuilder、Math、BigDecimal、Random、Date、Calendar 和 TimeZone 等常用类的用法。本章重点介绍了 JDK 的正则表达式支持，包括如何创建正则表达式，以及通过 Pattern、Matcher、String 等类来使用正则表达式。本章还详细介绍了程序国际化的相关知识，包括消息、日期、时间的国际化以及格式化等内容。除此之外，本章详细介绍了 Java 的日期、时间包，以及 Java 17 增强的日期、时间格式器。

▶▶本章练习

1. 定义一个长度为 10 的整数数组，可用于保存用户通过控制台输入的 10 个整数，并计算它们的平均值、最大值、最小值。
2. 将"ABCDEFG"字符串中的"CD"截取出来，再将"B"、"F"截取出来。
3. 将 A1B2C3D4E5F6G7H8 拆分开来，并分别存入 int[]和 String[]数组中，得到的结果为[1,2,3,4,5,6,7,8]和[A,B,C,D,E,F,G,H]。
4. 改写第 4 章练习中的五子棋游戏，通过正则表达式保证用户输入必须合法。
5. 改写第 4 章练习中的五子棋游戏，为该程序增加国际化功能。

CHAPTER

8

第8章 Java集合

本章要点

- 集合的概念和作用
- 使用 Lambda 表达式遍历集合
- Collection 集合的常规用法
- 使用 Predicate 操作集合
- 使用 Iterator 和 foreach 循环遍历 Collection 集合
- HashSet、LinkedHashSet 的用法
- 使用 Stream 对集合进行流式编程
- EnumSet 的用法
- TreeSet 的用法
- ArrayList 和 Vector
- List 集合的常规用法
- Queue 接口与 Deque 接口
- 固定长度的 List 集合
- ArrayDeque 的用法
- PriorityQueue 的用法
- Map 的概念和常规用法
- LinkedList 集合的用法
- TreeMap 的用法
- HashMap 和 Hashtable
- 几种特殊的 Map 实现类
- Hash 算法对 HashSet、HashMap 性能的影响
- Collections 工具类的用法
- 不可变集合
- Enumeration 迭代器的用法
- Java 的集合体系

Java 集合类是一种特别有用的工具类，可用于存储数量不等的对象，并可以实现常用的数据结构，如栈、队列等。除此之外，Java 集合还可用于保存具有映射关系的关联数组。Java 集合大致可分为 Set、List、Queue 和 Map 4 种体系，其中 Set 代表无序、不可重复的集合；List 代表有序、重复的集合；Map 则代表具有映射关系的集合；Java 5 又增加了 Queue 体系集合，代表一种队列集合实现。

Java 集合就像一种容器，可以把多个对象（实际上是对象的引用，但习惯上都称为对象）“丢进”该容器中。本章将重点介绍 Java 的 4 种集合体系的功能和用法本章暂不会介绍泛型的知识，泛型知识会在下一章介绍。本章将详细介绍 Java 的 4 种集合体系的常规功能，深入介绍各集合实现类所提供的独特功能，深入分析各实现类的实现机制，以及用法上的细微差别，并给出在不同应用场景下选择哪种集合实现类的建议。

8.1　Java 集合概述

在编程时，常常需要集中存放多个数据，例如，第 6 章练习题中梭哈游戏里剩下的牌。虽然可以使用数组来保存多个对象，但数组长度不可变化，一旦在初始化数组时指定了数组长度，这个数组长度就是不可变的，如果需要保存数量变化的数据，数组就有点无能为力了；而且数组无法保存具有映射关系的数据，如成绩表：语文—79，数学—80，这种数据看上去像两个数组，但这两个数组的元素之间有一定的关联关系。

为了保存数量不确定的数据，以及保存具有映射关系的数据（也被称为关联数组），Java 提供了集合类。集合类主要负责保存、盛装其他数据，因此集合类也被称为容器类。所有的集合类都位于 java.util 包下，后来为了处理多线程环境下的并发安全问题，Java 还在 java.util.concurrent 包下提供了一些多线程支持的集合类。

集合类和数组不一样，数组元素既可以是基本类型的值，也可以是对象（实际上保存的是对象的引用变量）；而集合中只能保存对象（实际上只是保存对象的引用变量，但通常习惯上认为集合中保存的是对象）。

Java 的集合类主要由两个接口派生：Collection 和 Map。Collection 和 Map 是 Java 集合框架的根接口，这两个接口又包含了一些子接口或实现类。如图 8.1 所示是 Collection 接口、子接口及其实现类的继承树。

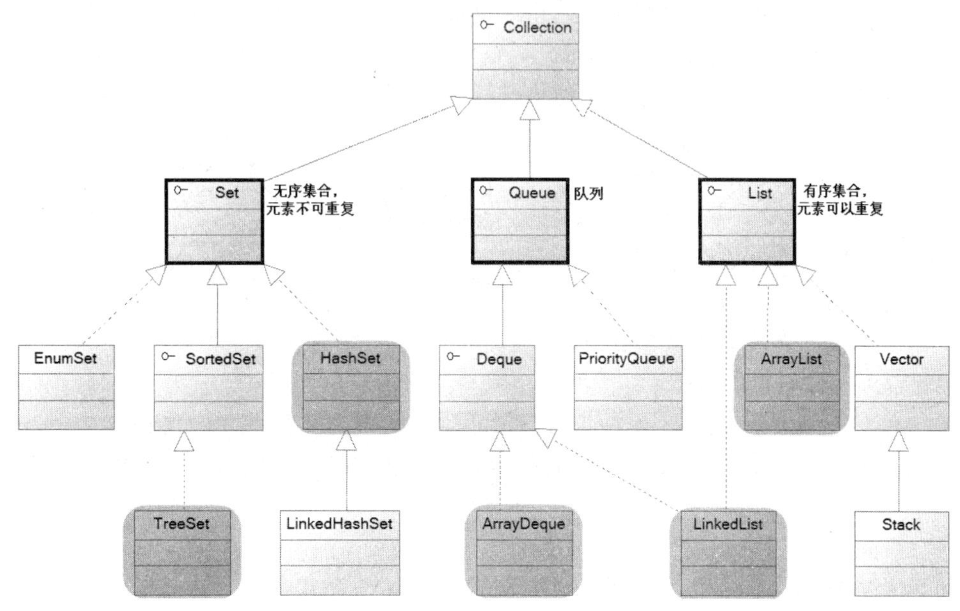

图 8.1　Collection 集合体系的继承树

图 8.1 显示了 Collection 体系里的集合，其中粗线圈出的 Set 和 List 接口是 Collection 接口派生的两

个子接口，它们分别代表了无序集合和有序集合；Queue 是 Java 提供的队列实现，有点类似于 List，后面章节中还会有更详细的介绍，此处先不展开细述。

如图 8.2 所示是 Map 体系的继承树，所有的 Map 实现类都用于保存具有映射关系的数据（也就是前面介绍的关联数组）。

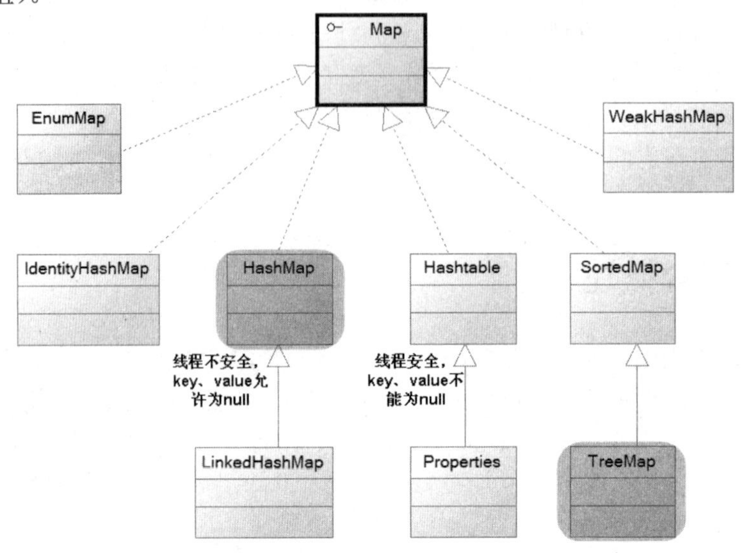

图 8.2　Map 体系的继承树

图 8.2 显示了 Map 接口的众多实现类，这些实现类在功能、用法上存在一定的差异，但它们都有一个功能特征——Map 保存的每项数据都是 key-value 对，也就是由 key 和 value 两个值组成。就像前面介绍的成绩单：语文—79，数学—80，每项成绩都由两个值组成，即科目名和成绩。对于一张成绩表而言，科目通常不会重复，而成绩是可重复的，通常习惯根据科目来查阅成绩，而不会根据成绩来查阅科目。Map 与此类似，Map 中的 key 是不可重复的，key 用于标识集合里的每项数据，如果需要查阅 Map 中的数据，则总是根据 Map 中的 key 来获取。

对于图 8.1 和图 8.2 中粗线标识的 4 个接口，可以把 Java 所有集合分成三大类，其中 Set 集合类似于一个罐子，当把一个对象添加到 Set 集合时，Set 集合无法记住添加这个元素的顺序，所以 Set 中的元素不能重复（否则系统无法准确识别这个元素）；List 集合非常像一个数组，它可以记住每次添加元素的顺序，且 List 的长度可变。Map 集合也像一个罐子，只是它里面的每项数据都由两个值组成。图 8.3 显示了这三种集合的示意图。

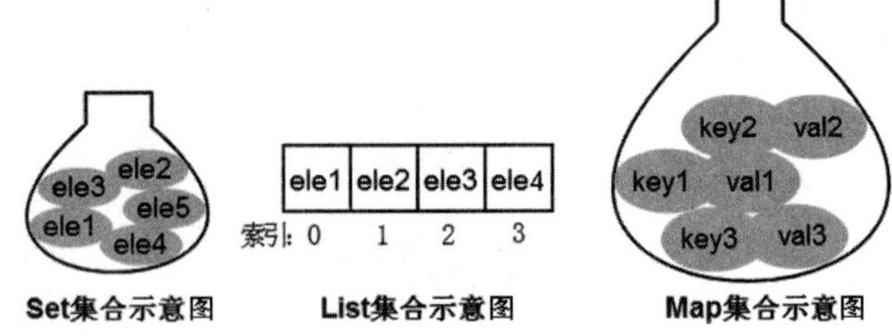

图 8.3　三种集合示意图

从图 8.3 中可以看出，如果访问 List 集合中的元素，则可以直接根据元素的索引来访问；如果访问 Map 集合中的元素，则可以根据每项元素的 key 来访问其 value；如果访问 Set 集合中的元素，则只能根据元素本身来访问（这也是 Set 集合中元素不允许重复的原因）。

对于 Set、List、Queue 和 Map 这 4 种集合，最常用的实现类（在图 8.1、图 8.2 中以灰色背景色覆盖）分别是 HashSet、TreeSet、ArrayList、ArrayDeque、LinkedList 和 HashMap、TreeMap 等。

注意：

本章主要讲解没有涉及并发控制的集合类，对于 Java 5 新增的具有并发控制的集合类，以及 Java 7 新增的 TransferQueue 及其实现类 LinkedTransferQueue，将在第 16 章中与多线程一起介绍。

8.2 Collection 和 Iterator 接口

Collection 接口是 List、Set 和 Queue 接口的父接口，该接口里定义的方法既可用于操作 Set 集合，也可用于操作 List 和 Queue 集合。Collection 接口里定义了如下操作集合元素的方法。

- boolean add(Object o)：该方法用于向集合里添加一个元素。如果集合对象被添加操作改变了，则返回 true。
- boolean addAll(Collection c)：该方法把集合 c 里的所有元素添加到指定集合中。如果集合对象被添加操作改变了，则返回 true。
- void clear()：清除集合里的所有元素，将集合长度变为 0。
- boolean contains(Object o)：返回集合里是否包含指定元素。
- boolean containsAll(Collection c)：返回集合中是否包含集合 c 里的所有元素。
- boolean isEmpty()：返回集合是否为空。当集合长度为 0 时返回 true，否则返回 false。
- Iterator iterator()：返回一个 Iterator 对象，用于遍历集合里的元素。
- boolean remove(Object o)：删除集合中的指定元素 o，当集合中包含了一个或多个元素 o 时，该方法只删除第一个符合条件的元素，该方法将返回 true。
- boolean removeAll(Collection c)：从集合中删除集合 c 里包含的所有元素（相当于用调用该方法的集合减集合 c）。如果删除了一个或一个以上的元素，则该方法返回 true。
- boolean retainAll(Collection c)：从集合中删除集合 c 里不包含的元素（相当于把调用该方法的集合变成该集合和集合 c 的交集）。如果该操作改变了调用该方法的集合，则该方法返回 true。
- int size()：该方法返回集合里元素的个数。
- Object[] toArray()：该方法把集合转换成一个数组，所有的集合元素变成对应的数组元素。

提示：

这些方法完全来自 Java API 文档，读者可自行参考 API 文档来查阅这些方法的详细信息。实际上，读者无须硬性记忆这些方法，只要牢记一点：集合类就像容器，现实生活中容器的功能，无非就是添加对象、删除对象、清空容器、判断容器是否为空等，集合类就为这些功能提供了对应的方法。

下面的程序示范了如何通过以上方法来操作 Collection 集合里的元素。

程序清单：codes\08\8.2\CollectionTest.java

```
public class CollectionTest
{
    public static void main(String[] args)
    {
        Collection c = new ArrayList();
        // 添加元素
        c.add("孙悟空");
        // 虽然集合里不能放基本类型的值，但 Java 支持自动装箱
        c.add(6);
        System.out.println("c 集合的元素个数为：" + c.size()); // 输出 2
        // 删除指定元素
        c.remove(6);
        System.out.println("c 集合的元素个数为：" + c.size()); // 输出 1
        // 判断是否包含指定字符串
        System.out.println("c 集合是否包含\"孙悟空\"字符串："
            + c.contains("孙悟空")); // 输出 true
        c.add("轻量级 Java EE 企业应用实战");
        System.out.println("c 集合的元素：" + c);
        Collection books = new HashSet();
        books.add("轻量级 Java EE 企业应用实战");
        books.add("疯狂 Java 讲义");
        System.out.println("c 集合是否完全包含 books 集合？"
```

```
            + c.containsAll(books)); // 输出 false
        // 用 c 集合减去 books 集合里的元素
        c.removeAll(books);
        System.out.println("c 集合的元素：" + c);
        // 删除 c 集合里的所有元素
        c.clear();
        System.out.println("c 集合的元素：" + c);
        // 控制 books 集合里只剩下 c 集合中也包含的元素
        books.retainAll(c);
        System.out.println("books 集合的元素：" + books);
    }
}
```

上面程序中创建了两个Collection对象，即一个是c集合，一个是books集合，其中c集合是ArrayList，而 books 集合是 HashSet。虽然它们使用的实现类不同，但当把它们当成 Collection 来使用时，使用 add、remove、clear 等方法来操作集合元素没有任何区别。

编译和运行上面的程序，可以看到如下运行结果：

```
c 集合的元素个数为：2
c 集合的元素个数为：1
c 集合是否包含"孙悟空"字符串：true
c 集合的元素：[孙悟空，轻量级 Java EE 企业应用实战]
c 集合是否完全包含 books 集合？false
c 集合的元素：[孙悟空]
c 集合的元素：[]
books 集合的元素：[]
```

把运行结果和粗体字代码结合在一起看，可以看出 Collection 的用法有：添加元素、删除元素、返回 Collection 集合的元素个数以及清空整个集合等。

提示：

在编译上面的程序时，系统可能输出一些警告（warning）提示，这些警告提醒用户没有使用泛型（Generic）来限制集合里的元素类型，读者现在暂时不要理会这些警告，第 9 章会详细介绍泛型编程。

当使用 System.out 的 println()方法来输出集合对象时，将输出[ele1,ele2,...]的形式，这显然是因为所有的 Collection 实现类都重写了 toString()方法，该方法可以一次性地输出集合中的所有元素。

如果想依次访问集合里的每一个元素，则需要使用某种方式来遍历集合元素。下面介绍遍历集合元素的两种方法。

注意：

在传统模式下，把一个对象"丢进"集合中后，集合会忘记这个对象的类型——也就是说，系统把所有的集合元素都当成 Object 类型。在 JDK 1.5 以后，这种状态得到了改进：可以使用泛型来限制集合里元素的类型，并让集合记住所有集合元素的类型。关于泛型的介绍，请参考本书第 9 章。

Java 11 为 Collection 新增了一个 toArray(IntFunction)方法，使用该方法的主要目的就是利用泛型。对于传统的 toArray()方法而言，不管 Collection 本身是否使用泛型，toArray()的返回值总是 Object[]；但新增的 toArray(IntFunction)方法不同，当 Collection 使用泛型时，toArray(IntFunction)可以返回特定类型的数组。例如如下代码：

```
// 该 Collection 使用了泛型，指定它的集合元素都是 String
var strColl = List.of("Java", "Kotlin", "Swift", "Python");
// toArray()方法的参数是一个 Lambda 表达式，代表 IntFunction 对象
// 此时 toArray()方法的返回值类型是 String[]，而不是 Object[]
String[] sa = strColl.toArray(String[]::new);
```

```
System.out.println(Arrays.toString(sa));
```

上面的粗体字代码示范了 toArray(IntFunction)方法的特点：由于编译器推断 strColl 的类型为 List<String>（带泛型），因此该方法的返回值就是 String[]类型。需要额外说明的是，由于使用该方法的主要目的就是利用泛型，因此 toArray(IntFunction)方法的参数通常就是它要返回的数组类型后面加双冒号和 new（构造器引用）。

8.2.1 使用 Lambda 表达式遍历集合

Java 8 为 Iterable 接口新增了一个 forEach(Consumer action)默认方法，该方法所需参数的类型是一个函数式接口，而 Iterable 接口是 Collection 接口的父接口，因此 Collection 集合也可直接调用该方法。

当程序调用 Iterable 的 forEach(Consumer action)方法遍历集合元素时，程序会依次将集合元素传给 Consumer 的 accept(T t)方法（该接口中唯一的抽象方法）。正因为 Consumer 是函数式接口，因此可以使用 Lambda 表达式来遍历集合元素。

如下程序示范了使用 Lambda 表达式来遍历集合元素。

程序清单：codes\08\8.2\CollectionEach.java

```
public class CollectionEach
{
    public static void main(String[] args)
    {
        // 创建一个集合
        var books = new HashSet();
        books.add("轻量级 Java EE 企业应用实战");
        books.add("疯狂 Java 讲义");
        books.add("疯狂 Android 讲义");
        // 调用 forEach()方法遍历集合
        books.forEach(obj -> System.out.println("迭代集合元素：" + obj));
    }
}
```

上面程序中的粗体字代码调用了 Iterable 的 forEach()默认方法来遍历集合元素，传给该方法的参数是一个 Lambda 表达式，该 Lambda 表达式的目标类型是 Consumer。forEach()方法会自动将集合元素逐个地传给 Lambda 表达式的形参，这样 Lambda 表达式的代码体即可遍历到集合元素了。

8.2.2 使用 Iterator 遍历集合元素

Iterator 接口也是 Java 集合框架的成员，但它与 Collection 系列、Map 系列的集合不一样：Collection 系列集合、Map 系列集合主要用于盛装其他对象，而 Iterator 则主要用于遍历（即迭代访问）Collection 集合中的元素，Iterator 对象也被称为迭代器。

Iterator 接口隐藏了各种 Collection 实现类的底层细节，向应用程序提供了遍历 Collection 集合元素的统一编程接口。Iterator 接口里定义了如下 4 个方法。

- boolean hasNext()：如果被迭代的集合元素还没有被遍历完，则返回 true。
- Object next()：返回集合里的下一个元素。
- void remove()：删除集合里上一次 next 方法返回的元素。
- void forEachRemaining(Consumer action)：这是 Java 8 为 Iterator 新增的默认方法，该方法可使用 Lambda 表达式来遍历集合元素。

下面的程序示范了通过 Iterator 接口来遍历集合元素。

程序清单：codes\08\8.2\IteratorTest.java

```
public class IteratorTest
{
    public static void main(String[] args)
    {
        // 创建集合、添加元素的代码与前一个程序相同
```

```
        ...
        // 获取books集合对应的迭代器
        var it = books.iterator();
        while (it.hasNext())
        {
            // it.next()方法返回的数据类型是Object类型，因此需要强制类型转换
            var book = (String) it.next();
            System.out.println(book);
            if (book.equals("疯狂Java讲义"))
            {
                // 从集合中删除上一次next()方法返回的元素
                it.remove();
            }
            // 对book变量赋值，不会改变集合元素本身
            book = "测试字符串";    // ①
        }
        System.out.println(books);
    }
}
```

从上面的代码中可以看出，Iterator 仅用于遍历集合，Iterator 本身并不提供盛装对象的能力。如果需要创建 Iterator 对象，则必须有一个被迭代的集合。没有集合的 Iterator 仿佛无本之木，没有存在的价值。

注意：

Iterator 必须依附于 Collection 对象，若有一个 Iterator 对象，则必然有一个与之关联的 Collection 对象。Iterator 提供了两个方法来迭代访问 Collection 集合里的元素，并可通过 remove()方法来删除集合中上一次 next()方法返回的集合元素。

上面程序中的①号粗体字代码对迭代变量 book 进行赋值，但当再次输出 books 集合时，会看到集合里的元素没有任何改变。这就可以得到一个结论：当使用 Iterator 对集合元素进行迭代时，Iterator 并不是把集合元素本身传给了迭代变量，而是把集合元素的值传给了迭代变量，所以修改迭代变量的值对集合元素本身没有任何影响。

当使用 Iterator 迭代访问 Collection 集合元素时，Collection 集合里的元素不能被改变，只有通过 Iterator 的 remove()方法删除上一次 next()方法返回的集合元素才可以；否则，将会引发 java.util.ConcurrentModificationException 异常。下面的程序示范了这一点。

程序清单：codes\08\8.2\IteratorErrorTest.java

```
public class IteratorErrorTest
{
    public static void main(String[] args)
    {
        // 创建集合、添加元素的代码与前一个程序相同
        ...
        // 获取books集合对应的迭代器
        var it = books.iterator();
        while (it.hasNext())
        {
            var book = (String) it.next();
            System.out.println(book);
            if (book.equals("疯狂Android讲义"))
            {
                // 在使用Iterator迭代的过程中，不可修改集合元素，下面的代码引发异常
                books.remove(book);
            }
        }
    }
}
```

上面程序中的粗体字代码位于 Iterator 迭代块内，也就是在 Iterator 迭代 Collection 集合的过程中修

改了 Collection 集合，所以程序在运行时将引发异常。

Iterator 迭代器采用的是快速失败（fail-fast）机制，一旦在迭代过程中检测到该集合已经被修改（通常是程序中的其他线程修改的），程序立即引发 ConcurrentModificationException 异常，而不是显示修改后的结果，这样可以避免共享资源而引发的潜在问题。

注意：

在上面的程序中，如果改为删除“疯狂 Java 讲义”字符串，则不会引发异常，这时可能有些读者会“心存侥幸”地想：在迭代时好像也可以删除集合元素啊！实际上，这是一种危险的行为：对于 HashSet 以及后面的 ArrayList 等，在迭代时删除元素都会导致异常——只有在删除集合中的某个特定元素时才不会抛出异常，这是由集合类的实现代码决定的，程序员不应该这么做。

8.2.3 使用 Lambda 表达式遍历 Iterator

Java 8 为 Iterator 新增了一个 forEachRemaining(Consumer action)方法，该方法所需的 Consumer 参数同样也是函数式接口。当程序调用 Iterator 的 forEachRemaining(Consumer action)方法遍历集合元素时，程序会依次将集合元素传给 Consumer 的 accept(T t)方法（该接口中唯一的抽象方法）。

如下程序示范了使用 Lambda 表达式来遍历集合元素。

程序清单：codes\08\8.2\IteratorEach.java

```
public class IteratorEach
{
    public static void main(String[] args)
    {
        // 创建集合、添加元素的代码与前一个程序相同
        ...
        // 获取 books 集合对应的迭代器
        var it = books.iterator();
        // 使用 Lambda 表达式（目标类型是 Consumer）来遍历集合元素
        it.forEachRemaining(obj -> System.out.println("迭代集合元素：" + obj));
    }
}
```

上面程序中的粗体字代码调用了 Iterator 的 forEachRemaining()方法来遍历集合元素，传给该方法的参数是一个 Lambda 表达式，该 Lambda 表达式的目标类型是 Consumer，因此上面的代码也可用于遍历集合元素。

8.2.4 使用 foreach 循环遍历集合元素

除可使用 Iterator 接口迭代访问 Collection 集合里的元素之外，使用 Java 5 提供的 foreach 循环迭代访问集合元素更加便捷。如下程序示范了使用 foreach 循环来迭代访问集合元素。

程序清单：codes\08\8.2\ForeachTest.java

```
public class ForeachTest
{
    public static void main(String[] args)
    {
        // 创建集合、添加元素的代码与前一个程序相同
        ...
        for (var obj : books)
        {
            // 此处的 book 变量不是集合元素本身
            var book = (String) obj;
            System.out.println(book);
            if (book.equals("疯狂 Android 讲义"))
            {
                // 下面的代码会引发 ConcurrentModificationException 异常
```

```
                books.remove(book);     // ①
            }
        }
        System.out.println(books);
    }
}
```

上面的代码使用 foreach 循环迭代访问 Collection 集合里的元素更加简洁，这正是 JDK 1.5 的 foreach 循环带来的优势。与使用 Iterator 接口迭代访问集合元素类似的是，foreach 循环中的迭代变量也不是集合元素本身，系统只是依次把集合元素的值赋给迭代变量，因此在 foreach 循环中修改迭代变量的值没有任何实际意义。

同样，当使用 foreach 循环迭代访问集合元素时，该集合也不能被改变，否则将引发 ConcurrentModificationException 异常。所以，上面程序中的①号粗体字代码将引发该异常。

8.2.5 使用 Predicate 操作集合

Java 8 为 Collection 集合新增了一个 removeIf(Predicate filter)方法，该方法将会批量删除符合 filter 条件的所有元素。该方法需要一个 Predicate（谓词）对象作为参数，Predicate 也是函数式接口，因此可使用 Lambda 表达式作为参数。

如下程序示范了使用 Predicate 来过滤集合。

程序清单：codes\08\8.2\PredicateTest.java

```
// 创建一个集合
var books = new HashSet();
books.add("轻量级 Java EE 企业应用实战");
books.add("疯狂 Java 讲义");
books.add("疯狂 iOS 讲义");
books.add("疯狂 Ajax 讲义");
books.add("疯狂 Android 讲义");
// 使用 Lambda 表达式（目标类型是 Predicate）过滤集合
books.removeIf(ele -> ((String) ele).length() < 10);
System.out.println(books);
```

上面程序中的粗体字代码调用了 Collection 集合的 removeIf()方法批量删除集合中符合条件的元素，程序传入一个 Lambda 表达式作为过滤条件：所有长度小于 10 的字符串元素都会被删除。编译、运行这段代码，可以看到如下输出：

```
[疯狂 Android 讲义, 轻量级 Java EE 企业应用实战]
```

使用 Predicate 可以充分简化集合的运算。假设依然有上面程序所示的 books 集合，如果程序有如下三个统计需求：

- 统计书名中出现“疯狂”字符串的图书数量。
- 统计书名中出现“Java”字符串的图书数量。
- 统计书名长度大于 10 的图书数量。

此处只是一个假设，实际上还可能有更多的统计需求。如果采用传统的编程方式来完成这些需求，则需要执行三次循环，但采用 Predicate 只需要一个方法即可。如下程序示范了这种用法。

程序清单：codes\08\8.2\PredicateTest2.java

```
public class PredicateTest2
{
    public static void main(String[] args)
    {
        // 创建 books 集合、为 books 集合添加元素的代码与前一个程序相同
        ...
        // 统计书名中包含“疯狂”子串的图书数量
        System.out.println(calAll(books, ele->((String) ele).contains("疯狂")));
        // 统计书名中包含“Java”子串的图书数量
        System.out.println(calAll(books, ele->((String) ele).contains("Java")));
```

```
        // 统计书名字符串长度大于 10 的图书数量
        System.out.println(calAll(books, ele->((String) ele).length() > 10));
    }
    public static int calAll(Collection books, Predicate p)
    {
        int total = 0;
        for (var obj : books)
        {
            // 使用 Predicate 的 test()方法判断该对象是否满足 Predicate 指定的条件
            if (p.test(obj))
            {
                total++;
            }
        }
        return total;
    }
}
```

上面的程序先定义了一个 calAll()方法，该方法将会使用 Predicate 判断每个集合元素是否符合特定条件——该条件将通过 Predicate 参数动态传入。从上面程序中的三行粗体字代码可以看到，程序传入了三个 Lambda 表达式（其目标类型都是 Predicate），这样 calAll()方法就只会统计满足 Predicate 条件的图书数量。

8.2.6　使用 Stream 操作集合

Java 8 还新增了 Stream、IntStream、LongStream、DoubleStream 等流式 API，这些 API 代表多个支持串行和并行聚集操作的元素。上面 4 个接口中，Stream 是一个通用的流接口，而 IntStream、LongStream、DoubleStream 则代表元素类型为 int、long、double 的流。

Java 8 还为上面的每个流式 API 提供了对应的 Builder，例如 Stream.Builder、IntStream.Builder、LongStream.Builder、DoubleStream.Builder，开发者可以通过这些 Builder 来创建对应的流。

独立使用 Stream 的步骤如下：

1. 使用 Stream 或 XxxStream 的 builder()类方法创建该 Stream 对应的 Builder。
2. 重复调用 Builder 的 add()方法向该流中添加多个元素。
3. 调用 Builder 的 build()方法获取对应的 Stream。
4. 调用 Stream 的聚集方法。

在上面的 4 个步骤中，第 4 步可以根据具体需求来调用不同的方法，Stream 提供了大量的聚集方法供用户调用，具体可参考 Stream 或 XxxStream 的 API 文档。对于大部分聚集方法而言，每个 Stream 只能执行一次。例如如下程序。

程序清单：codes\08\8.2\IntStreamTest.java

```
public class IntStreamTest
{
    public static void main(String[] args)
    {
        var is = IntStream.builder()
            .add(20)
            .add(13)
            .add(-2)
            .add(18)
            .build();
        // 下面调用聚集方法的代码每次只能执行一行
        System.out.println("is 所有元素的最大值：" + is.max().getAsInt());
        System.out.println("is 所有元素的最小值：" + is.min().getAsInt());
        System.out.println("is 所有元素的总和：" + is.sum());
        System.out.println("is 所有元素的总数：" + is.count());
        System.out.println("is 所有元素的平均值：" + is.average());
        System.out.println("is 所有元素的平方是否都大于 20："
            + is.allMatch(ele -> ele * ele > 20));
        System.out.println("is 是否包含任何元素的平方都大于 20："
```

```
            + is.anyMatch(ele -> ele * ele > 20));
        // 将 is 映射成一个新 Stream，新 Stream 的每个元素都是原 Stream 元素的 2 倍+1
        var newIs = is.map(ele -> ele * 2 + 1);
        // 使用方法引用的方式来遍历集合元素
        newIs.forEach(System.out::println); // 输出 41 27 -3 37
    }
}
```

上面的程序先创建了一个 IntStream，然后分别多次调用 IntStream 的聚集方法执行操作，这样即可获取该流的相关信息。注意：上面的粗体字代码每次只能执行一行，因此需要把其他粗体字代码注释掉。

Stream 提供了大量的方法进行聚集操作，这些方法既可以是“中间的”（intermediate），也可以是“末端的”（terminal）。

- 中间方法：中间操作允许流保持打开状态，并允许直接调用后续方法。上面程序中的 map()方法就是中间方法。中间方法的返回值是另一个流。
- 末端方法：末端方法是对流的最终操作。当对某个 Stream 执行末端方法后，该流将被“消耗”且不再可用。上面程序中的 sum()、count()、average()等方法都是末端方法。

提示：

简单来说，所谓中间方法，就是指对该流调用这些方法后，可继续调用其他方法；所谓末端方法，就是指对该流调用这些方法后，不能再继续调用其他方法。

此外，关于流的方法还有如下两个特征。

- 有状态的方法：这种方法会给流增加一些新的属性，比如元素的唯一性、元素的最大数量、保证元素以排序的方式被处理等。有状态的方法往往需要更大的性能开销。
- 短路方法：短路方法可以尽早结束对流的操作，不必检查所有的元素。

下面简单介绍 Stream 常用的中间方法。

- filter(Predicate predicate)：过滤 Stream 中所有不符合 predicate 的元素。
- mapToXxx(ToXxxFunction mapper)：使用 ToXxxFunction 对流中的元素执行一对一的转换，该方法返回的新流中包含了 ToXxxFunction 转换生成的所有元素。
- peek(Consumer action)：依次对每个元素执行一些操作，该方法返回的流与原有流包含相同的元素。该方法主要用于调试。
- distinct()：该方法用于排序流中所有重复的元素（判断元素重复的标准是使用 equals()比较，返回 true）。这是一个有状态的方法。
- sorted()：该方法用于保证流中元素在后续的访问中处于有序状态。这是一个有状态的方法。
- limit(long maxSize)：该方法用于保证对该流的后续访问中最大允许访问的元素个数。这是一个有状态的、短路方法。

下面简单介绍 Stream 常用的末端方法。

- forEach(Consumer action)：遍历流中所有元素，对每个元素执行 action。
- toArray()：将流中所有元素转换为一个数组。
- toList()：将流中所有元素转换为一个 List 集合。这是 Java 17 正式新增的一个方法。
- reduce()：该方法有三个重载的版本，都用于通过某种操作来合并流中的元素。
- min()：返回流中所有元素的最小值。
- max()：返回流中所有元素的最大值。
- count()：返回流中所有元素的数量。
- anyMatch(Predicate predicate)：判断流中是否至少包含一个元素符合 Predicate 条件。
- allMatch(Predicate predicate)：判断流中是否每个元素都符合 Predicate 条件。
- noneMatch(Predicate predicate)：判断流中是否所有元素都不符合 Predicate 条件。
- findFirst()：返回流中的第一个元素。

➢ findAny()：返回流中的任意一个元素。

此外，Java 8 允许使用流式 API 来操作集合。Collection 接口提供了一个 stream()默认方法，该方法可返回该集合对应的流，接下来即可通过流式 API 来操作集合元素。由于 Stream 可以对集合元素进行整体的聚集操作，因此 Stream 极大地丰富了集合的功能。

例如，对于 8.2.5 节介绍的示例程序，该程序需要额外定义一个 calAll()方法来遍历集合元素，然后依次对每个集合元素进行判断——这太麻烦了。如果使用 Stream，则可直接对集合中所有元素进行批量操作。下面使用 Stream 来改写这个程序。

程序清单：codes\08\8.2\CollectionStream.java

```
public class CollectionStream
{
    public static void main(String[] args)
    {
        // 创建 books 集合、为 books 集合添加元素的代码与 8.2.5 节的程序相同
        ...
        // 统计书名中包含“疯狂”子串的图书数量
        System.out.println(books.stream()
            .filter(ele->((String) ele).contains("疯狂"))
            .count()); // 输出 4
        // 统计书名中包含“Java”子串的图书数量
        System.out.println(books.stream()
            .filter(ele->((String) ele).contains("Java") )
            .count()); // 输出 2
        // 统计书名字符串长度大于 10 的图书数量
        System.out.println(books.stream()
            .filter(ele->((String) ele).length() > 10)
            .count()); // 输出 2
        // 先调用 Collection 对象的 stream()方法将集合转换为 Stream
        // 再调用 Stream 的 mapToInt()方法获取原有的 Stream 对应的 IntStream
        books.stream().mapToInt(ele -> ((String) ele).length())
            // 调用 forEach()方法遍历 IntStream 中每个元素
            .forEach(System.out::println);// 输出 8  11  16  7  8
    }
}
```

从上面程序中的粗体字代码可以看出，程序只要调用 Collection 的 stream()方法即可返回该集合对应的 Stream，接下来就可通过 Stream 提供的方法对所有集合元素进行处理，这样大大地简化了集合编程的代码，这也是 Stream 编程带来的优势。

上面程序中最后两行粗体字代码先调用 Collection 对象的 stream()方法将集合转换为 Stream 对象，再调用 Stream 对象的 mapToInt()方法将其转换为 IntStream——这个 mapToInt()方法就是一个中间方法，因此程序可继续调用 IntStream 的 forEach()方法来遍历流中的元素。

8.3 Set 集合

前面已经介绍过 Set 集合，它类似于一个罐子，程序可以依次把多个对象“丢进”Set 集合中，而 Set 集合通常不能记住元素的添加顺序。Set 集合与 Collection 基本相同，没有提供任何额外的方法。实际上，Set 就是 Collection，只是行为略有不同（Set 不允许包含重复元素）。

Set 集合不允许包含相同的元素，如果试图把两个相同的元素加入同一个 Set 集合中，则添加操作失败，add()方法返回 false，且新元素不会被加入。

上面介绍的是 Set 集合的通用知识，因此完全适合后面介绍的 HashSet、TreeSet 和 EnumSet 三个实现类，不过这三个实现类各有特色。

8.3.1 HashSet 类

HashSet 是 Set 接口的典型实现，大多数时候使用 Set 集合时就是使用这个实现类。HashSet 按 Hash

算法来存储集合中的元素，因此具有很好的存取和查找性能。

HashSet 具有以下特点。

- 不能保证元素的排列顺序，元素的排列顺序可能与元素的添加顺序不同，元素的排列顺序也有可能发生变化。
- HashSet 不是同步的，如果多个线程同时访问一个 HashSet，假设有两个或者两个以上的线程同时修改了 HashSet 集合，则必须通过代码来保证其同步。
- 集合元素值可以是 null。

当向 HashSet 集合中存入一个元素时，HashSet 会调用该对象的 hashCode()方法来得到该对象的 hashCode 值，然后根据该 hashCode 值决定该对象在 HashSet 中的存储位置。如果有两个元素通过 equals()方法比较返回 true，而它们的 hashCode()方法的返回值不相同，HashSet 将会把它们存储在不同的位置，但依然可以添加成功。

也就是说，HashSet 集合判断两个元素相同的标准是，两个对象通过 equals()方法比较相等，并且两个对象的 hashCode()方法的返回值也相同。

下面的程序分别提供了 A、B 和 C 三个类，它们分别重写了 equals()、hashCode()两个方法中的一个或全部，通过此程序可以让读者看到 HashSet 判断集合元素相同的标准。

程序清单：codes\08\8.3\HashSetTest.java

```
// A 类的 equals()方法总是返回 true，但没有重写其 hashCode()方法
class A
{
    public boolean equals(Object obj)
    {
        return true;
    }
}
// B 类的 hashCode()方法总是返回 1，但没有重写其 equals()方法
class B
{
    public int hashCode()
    {
        return 1;
    }
}
// C 类的 hashCode()方法总是返回 2，且重写了其 equals()方法总是返回 true
class C
{
    public int hashCode()
    {
        return 2;
    }
    public boolean equals(Object obj)
    {
        return true;
    }
}
public class HashSetTest
{
    public static void main(String[] args)
    {
        var books = new HashSet();
        // 分别向 books 集合中添加两个 A 对象、两个 B 对象、两个 C 对象
        books.add(new A());
        books.add(new A());
        books.add(new B());
        books.add(new B());
        books.add(new C());
        books.add(new C());
        System.out.println(books);
    }
}
```

上面程序中向 books 集合中分别添加了两个 A 对象、两个 B 对象和两个 C 对象，其中 C 类重写了 equals()方法总是返回 true，hashCode()方法总是返回 2，这将导致 HashSet 把两个 C 对象当成同一个对象。运行上面的程序，可以看到如下运行结果：

```
[B@1, B@1, C@2, A@5483cd, A@9931f5]
```

从上面的程序可以看出，即使两个 A 对象通过 equals()方法比较返回 true，HashSet 也依然把它们当成两个对象；即使两个 B 对象的 hashCode()返回相同的值（都是 1），HashSet 也依然把它们当成两个对象。

可见：当把一个对象放入 HashSet 中时，如果需要重写该对象对应类的 equals()方法，则也应该重写其 hashCode()方法。规则是：如果两个对象通过 equals()方法比较返回 true，那么这两个对象的 hashCode 值也应该相同。

如果两个对象通过 equals()方法比较返回 true，但这两个对象的 hashCode()方法返回不同的 hashCode 值，则将导致 HashSet 会把这两个对象保存在 Hash 表的不同位置，从而使这两个对象都可以添加成功，这就与 Set 集合的规则冲突了。

如果两个对象的 hashCode()方法返回的 hashCode 值相同，它们通过 equals()方法比较返回 false 将更麻烦——因为两个对象的 hashCode 值相同，HashSet 将试图把它们保存在同一个位置，但又不行（否则将只剩下一个对象），所以实际上会在这个位置用链式结构来保存多个对象；而 HashSet 在访问集合元素时也是根据元素的 hashCode 值来快速定位的，如果 HashSet 中两个以上的元素具有相同的 hashCode 值，则会导致性能的下降。

如果需要把某个类的对象保存到 HashSet 集合中，在重写这个类的 equals()方法和 hashCode()方法时，则应该尽量保证两个对象通过 equals()方法比较返回 true 时，它们的 hashCode()方法的返回值也相同。

HashSet 中每个能存储元素的“槽位”（slot），通常被称为“桶”（bucket）。如果有多个元素的 hashCode 值相同，但它们通过 equals()方法比较返回 false，那么就需要在一个“桶”里放多个元素，这样会导致性能的下降。

学生提问：hashCode()方法对于 HashSet 是不是十分重要？

答：hash（也被翻译为哈希、散列）算法的功能是，它能保证快速查找被检索的对象，hash 算法的价值在于速度。当需要查询集合中某个元素时，hash 算法可以直接根据该元素的 hashCode 值计算出该元素的存储位置，从而快速定位该元素。为了理解这个概念，先来看数组（数组是所有能存储一组元素中最快的数据结构）。数组可以包含多个元素，每个元素都有索引，如果需要访问某个数组元素，只需提供该元素的索引，接下来即可根据该索引计算出该元素在内存中的存储位置。

表面上看，HashSet 集合里的元素都没有索引，实际上，当程序向 HashSet 集合中添加元素时，HashSet 会根据该元素的 hashCode 值来计算它的存储位置，这样也可快速定位该元素。

为什么不直接使用数组，还需要使用 HashSet 呢？因为数组元素的索引是连续的，而且数组的长度是固定的，无法自由增加数组的长度。而 HashSet 就不一样了，HashSet 采用每个元素的 hashCode 值来计算其存储位置，从而可以自由增加 HashSet 的长度，并可以根据元素的 hashCode 值来访问元素。因此，当从 HashSet 中访问元素时，HashSet 先计算出该元素的 hashCode 值（也就是调用该对象的 hashCode()方法的返回值），然后直接到该 hashCode 值对应的位置去取出该元素——这就是 HashSet 速度很快的原因。

前面介绍了 hashCode()方法对于 HashSet 的重要性(实际上，对象的 hashCode 值对于后面的 HashMap 同样重要)，下面给出重写 hashCode()方法的基本规则。

- 在程序运行过程中，同一个对象多次调用 hashCode()方法应返回相同的值。
- 当两个对象通过 equals()方法比较返回 true 时，这两个对象的 hashCode()方法应返回相同的值。
- 对象中用作 equals()方法比较标准的实例变量，都应该用于计算 hashCode 值。

下面给出重写 hashCode()方法的一般步骤。

① 把对象内每个有意义的实例变量（即每个参与 equals()方法比较标准的实例变量）都计算出一个 int 类型的 hashCode 值。计算方式如表 8.1 所示。

表 8.1　hashCode 值的计算方式

实例变量类型	计 算 方 式	实例变量类型	计 算 方 式
boolean	hashCode = (f ? 0 : 1);	float	hashCode = Float.floatToIntBits(f);
整数类型（byte、short、char、int）	hashCode = (int)f;	double	long l = Double.doubleToLongBits(f); hashCode = (int)(l ^ (l >>> 32));
Long	hashCode = (int)(f ^ (f >>> 32));	引用类型	hashCode = f.hashCode();

② 用第 1 步计算出来的多个 hashCode 值组合计算出一个 hashCode 值返回。例如如下代码：

```
return f1.hashCode() + (int)f2;
```

为了避免直接相加产生偶然相等（两个对象的 f1、f2 实例变量并不相等，但它们的 hashCode 值的和恰好相等），可以通过为各实例变量的 hashCode 值乘以任意一个质数后再相加。例如如下代码：

```
return f1.hashCode() * 19 + (int)f2 * 31;
```

如果向 HashSet 中添加一个可变对象后，后面的程序修改了该可变对象的实例变量，则可能导致它与集合中的其他元素相同(即两个对象通过 equals()方法比较返回 true，两个对象的 hashCode 值也相同)，这就有可能导致 HashSet 中包含两个相同的对象。下面的程序演示了这种情况。

程序清单：codes\08\8.3\HashSetTest2.java

```
class R
{
    int count;
    public R(int count)
    {
        this.count = count;
    }
    public String toString()
    {
        return "R[count:" + count + "]";
    }
    public boolean equals(Object obj)
    {
        if (this == obj)
            return true;
        if (obj != null && obj.getClass() == R.class)
        {
            var r = (R) obj;
            return this.count == r.count;
        }
        return false;
    }
    public int hashCode()
    {
        return this.count;
    }
}
public class HashSetTest2
{
    public static void main(String[] args)
    {
```

```
        var hs = new HashSet();
        hs.add(new R(5));
        hs.add(new R(-3));
        hs.add(new R(9));
        hs.add(new R(-2));
        // 打印 HashSet 集合，集合元素没有重复
        System.out.println(hs);
        // 取出第一个元素
        var it = hs.iterator();
        var first = (R) it.next();
        // 为第一个元素的 count 实例变量赋值
        first.count = -3;    // ①
        // 再次输出 HashSet 集合，集合元素有重复
        System.out.println(hs);
        // 删除 count 为-3 的 R 对象
        hs.remove(new R(-3));    // ②
        // 可以看到删除了一个 R 元素
        System.out.println(hs);
        System.out.println("hs 是否包含 count 为-3 的 R 对象？"
            + hs.contains(new R(-3))); // 输出 false
        System.out.println("hs 是否包含 count 为-2 的 R 对象？"
            + hs.contains(new R(-2))); // 输出 false
    }
}
```

上面程序中提供了 R 类，R 类重写了 equals(Object obj)方法和 hashCode()方法，这两个方法都是根据 R 对象的 count 实例变量来判断的。上面程序中的①号粗体字代码改变了 HashSet 集合中第一个 R 对象的 count 实例变量的值，这将导致该 R 对象与集合中的其他对象相同。程序运行结果如图 8.4 所示。

```
C:\Windows\System32\cmd.exe
C:\G\publish\codes\08\8.3>java HashSetTest2
[R[count:-2], R[count:-3], R[count:5], R[count:9]]
[R[count:-3], R[count:-3], R[count:5], R[count:9]]
[R[count:-3], R[count:5], R[count:9]]
hs是否包含count为-3的R对象？ false
hs是否包含count为-2的R对象？ false
```

图 8.4　HashSet 集合中出现重复的元素

正如从图 8.4 中所看到的，HashSet 集合中的第一个元素和第二个元素完全相同，这表明两个元素已经重复。此时 HashSet 会比较混乱：当试图删除 count 为-3 的 R 对象时，HashSet 会计算出该对象的 hashCode 值，从而找出该对象在集合中的保存位置，然后把此处的对象与 count 为-3 的 R 对象通过 equals()方法进行比较，如果相等则删除该对象——HashSet 只有第二个元素才满足该条件（第一个元素实际上被保存在 count 为-2 的 R 对象对应的位置），所以第二个元素被删除。至于第一个 count 为-3 的 R 对象，它被保存在 count 为-2 的 R 对象对应的位置，但使用 equals()方法将它和 count 为-2 的 R 对象比较时又返回 false——这将导致 HashSet 不可能准确访问该元素。

由此可见，当程序把可变对象添加到 HashSet 中之后，不要再去修改该集合元素中参与计算 hashCode()、equals()的实例变量，否则将会导致 HashSet 无法正确操作这些集合元素。

当向 HashSet 中添加可变对象时，必须十分小心。如果修改 HashSet 集合中的对象，则有可能导致该对象与集合中的其他对象相等，从而导致 HashSet 无法准确访问该对象。如果有可能，则尽量只向 HashSet 中添加不可变对象。

8.3.2　LinkedHashSet 类

HashSet 还有一个子类 LinkedHashSet，LinkedHashSet 集合也是根据元素的 hashCode 值来决定元素

的存储位置的，但它同时使用链表来维护元素的次序，这样就使得元素看起来是以添加的顺序保存的。也就是说，当遍历 LinkedHashSet 集合里的元素时，LinkedHashSet 将会按元素的添加顺序来访问集合里的元素。

LinkedHashSet 需要维护元素的添加顺序，因此其性能比 HashSet 的性能略差，但在迭代访问 LinkedHashSet 里的全部元素时将有很好的性能，因为它以链表来维护内部顺序。

程序清单：codes\08\8.3\LinkedHashSetTest.java

```
public class LinkedHashSetTest
{
    public static void main(String[] args)
    {
        var books = new LinkedHashSet();
        books.add("疯狂 Java 讲义");
        books.add("轻量级 Java EE 企业应用实战");
        System.out.println(books);
        // 删除 疯狂 Java 讲义
        books.remove("疯狂 Java 讲义");
        // 重新添加 疯狂 Java 讲义
        books.add("疯狂 Java 讲义");
        System.out.println(books);
    }
}
```

编译、运行上面的程序，可以看到如下输出：

```
[疯狂 Java 讲义, 轻量级 Java EE 企业应用实战]
[轻量级 Java EE 企业应用实战, 疯狂 Java 讲义]
```

当输出 LinkedHashSet 集合的元素时，元素的顺序总是与其添加顺序一致。

虽然 LinkedHashSet 使用了链表来记录集合元素的添加顺序，但 LinkedHashSet 依然是 HashSet，因此依然不允许集合元素重复。

8.3.3 TreeSet 类

TreeSet 是 SortedSet 接口的实现类，正如 SortedSet 名字所暗示的，TreeSet 可以确保集合元素处于排序状态。与 HashSet 集合相比，TreeSet 还提供了如下几个额外的方法。

- Comparator comparator()：如果 TreeSet 采用了定制排序，则该方法返回定制排序所使用的 Comparator；如果 TreeSet 采用了自然排序，则该方法返回 null。
- Object first()：返回集合中的第一个元素。
- Object last()：返回集合中的最后一个元素。
- Object lower(Object e)：返回集合中位于指定元素之前的元素（即小于指定元素的最大元素，参考元素不需要是 TreeSet 集合里的元素）。
- Object higher (Object e)：返回集合中位于指定元素之后的元素（即大于指定元素的最小元素，参考元素不需要是 TreeSet 集合里的元素）。
- SortedSet subSet(Object fromElement, Object toElement)：返回此 TreeSet 的子集合，范围从 fromElement（包含）到 toElement（不包含）。
- SortedSet headSet(Object toElement)：返回此 TreeSet 的子集合，由小于 toElement 的元素组成。
- SortedSet tailSet(Object fromElement)：返回此 TreeSet 的子集合，由大于或等于 fromElement 的元素组成。

提示：

表面上看，这些方法很多，其实它们很简单，因为 TreeSet 中的元素是有序的，所以增加了访问第一个元素、前一个元素、后一个元素、最后一个元素的方法，并提供了 3 个从 TreeSet 中截取子 TreeSet 的方法。

下面的程序测试了 TreeSet 的通用用法。

程序清单：codes\08\8.3\TreeSetTest.java

```
public class TreeSetTest
{
    public static void main(String[] args)
    {
        var nums = new TreeSet();
        // 向 TreeSet 中添加 4 个 Integer 对象
        nums.add(5);
        nums.add(2);
        nums.add(10);
        nums.add(-9);
        // 输出集合元素，将看到集合元素已经处于排序状态
        System.out.println(nums);
        // 输出集合里的第一个元素
        System.out.println(nums.first()); // 输出-9
        // 输出集合里的最后一个元素
        System.out.println(nums.last());  // 输出 10
        // 返回小于 4 的子集，不包含 4
        System.out.println(nums.headSet(4)); // 输出[-9, 2]
        // 返回大于 5 的子集，如果 TreeSet 中包含 5，则子集中也包含 5
        System.out.println(nums.tailSet(5)); // 输出 [5, 10]
        // 返回大于或等于-3、小于 4 的子集
        System.out.println(nums.subSet(-3, 4)); // 输出[2]
    }
}
```

根据上面程序的运行结果即可看出，TreeSet 并不是根据元素的添加顺序进行排序的，而是根据元素实际值的大小来进行排序的。

与 HashSet 集合采用 hash 算法来决定元素的存储位置不同，TreeSet 采用红黑树的数据结构来存储集合元素。那么，TreeSet 进行排序的规则是怎样的呢？TreeSet 支持两种排序方法：自然排序和定制排序。TreeSet 默认采用自然排序。

1．自然排序

TreeSet 会调用集合元素的 compareTo(Object obj)方法来比较元素之间的大小关系，然后将集合元素按升序排列，这种方式就是自然排序。

Java 提供了一个 Comparable 接口，该接口里定义了一个 compareTo(Object obj)方法，该方法返回一个整数值，实现该接口的类必须实现该方法，实现了该接口的类的对象就可以比较大小。当一个对象调用该方法与另一个对象进行比较时，例如 obj1.compareTo(obj2)，如果该方法返回 0，则表明这两个对象相等；如果该方法返回一个正整数，则表明 obj1 大于 obj2；如果该方法返回一个负整数，则表明 obj1 小于 obj2。

Java 的一些常用类已经实现了 Comparable 接口，并提供了比较大小的标准。下面是实现了 Comparable 接口的常用类。

- BigDecimal、BigInteger 以及所有的数值型对应的包装类：按它们对应的数值大小进行比较。
- Character：按字符的 Unicode 值进行比较。
- Boolean：true 对应的包装类实例大于 false 对应的包装类实例。
- String：依次比较字符串中每个字符的 Unicode 值。
- Date、Time：后面的日期、时间比前面的日期、时间大。

如果试图把一个对象添加到 TreeSet 中，则该对象的类必须实现 Comparable 接口，否则程序将会抛出异常。如下程序示范了这个错误。

程序清单：codes\08\8.3\TreeSetErrorTest.java

```
class Err { }
public class TreeSetErrorTest
{
    public static void main(String[] args)
    {
        var ts = new TreeSet();
        // 向 TreeSet 集合中添加两个 Err 对象
        ts.add(new Err());
    }
}
```

上面的程序试图向 TreeSet 集合中添加 Err 对象，在自然排序时，集合元素必须实现 Comparable 接口，否则将会引发运行时异常：ClassCastException——因此，TreeSet 要求自然排序的集合元素必须实现该接口。

注意：

Java 9 改进了 TreeSet 实现，如果采用自然排序的 TreeSet 集合的元素没有实现 Comparable 接口，程序就会立即引发 ClassCastException 异常。

还有一点必须指出：大部分类在实现 compareTo(Object obj)方法时，都需要将被比较对象 obj 强制类型转换成相同的类型，因为只有相同类的两个实例才会比较大小。当试图把一个对象添加到 TreeSet 集合中时，TreeSet 会调用该对象的 compareTo(Object obj)方法与集合中的其他元素进行比较——这就要求集合中的其他元素与该元素是同一个类的实例。也就是说，向 TreeSet 中添加的需要是同一个类的实例，否则也会引发 ClassCastException 异常。如下程序示范了这个错误。

程序清单：codes\08\8.3\TreeSetErrorTest2.java

```
public class TreeSetErrorTest2
{
    public static void main(String[] args)
    {
        var ts = new TreeSet();
        // 向 TreeSet 集合中添加两个对象
        ts.add(new String("疯狂 Java 讲义"));
        ts.add(new Date());    // ①
    }
}
```

上面的程序先向 TreeSet 集合中添加了一个字符串对象，这个操作完全正常。当添加第二个 Date 对象时，TreeSet 就会调用该对象的 compareTo(Object obj)方法与集合中的其他元素进行比较——Date 对象的 compareTo(Object obj)方法无法将其与字符串对象比较大小，所以上面的程序将在①号代码处引发异常。

如果向 TreeSet 中添加的对象是程序员自定义类的对象，则可以向 TreeSet 中添加多种类型的对象，前提是用户自定义类实现了 Comparable 接口，且实现 compareTo(Object obj)方法时没有进行强制类型转换。但是当试图取出 TreeSet 中的集合元素时，不同类型的元素依然可能发生 ClassCastException 异常。

注意：

总结起来一句话：如果希望 TreeSet 能正常运作，那么 TreeSet 只能添加同一种类型的对象。

当把一个对象加入 TreeSet 集合中时，TreeSet 调用该对象的 compareTo(Object obj)方法与容器中的

其他对象比较大小，然后根据红黑树结构找到它的存储位置。如果两个对象通过 compareTo(Object obj)方法比较相等，那么新对象将无法添加到 TreeSet 集合中。

对于 TreeSet 集合而言，判断两个对象是否相等的唯一标准是：两个对象通过 compareTo(Object obj)方法比较是否返回 0——如果通过 compareTo(Object obj)方法比较返回 0，那么 TreeSet 会认为它们相等；否则就认为它们不相等。

程序清单：codes\08\8.3\TreeSetTest2.java

```
class Z implements Comparable
{
    int age;
    public Z(int age)
    {
        this.age = age;
    }
    // 重写 equals()方法，总是返回 true
    public boolean equals(Object obj)
    {
        return true;
    }
    // 重写 compareTo(Object obj)方法，总是返回 1
    public int compareTo(Object obj)
    {
        return 1;
    }
}
public class TreeSetTest2
{
    public static void main(String[] args)
    {
        var set = new TreeSet();
        var z1 = new Z(6);
        set.add(z1);
        // 第二次添加同一个对象，输出 true，表明添加成功
        System.out.println(set.add(z1));    // ①
        // 下面输出 set 集合，将看到有两个元素
        System.out.println(set);
        // 修改 set 集合中第一个元素的 age 变量
         ((Z)(set.first())).age = 9;
        // 输出 set 集合中最后一个元素的 age 变量，将看到也变成了 9
        System.out.println(((Z)(set.last())).age);
    }
}
```

程序中①号代码把同一个对象再次添加到 TreeSet 集合中，因为 z1 对象的 compareTo(Object obj)方法总是返回 1——虽然它的 equals()方法总是返回 true，但 TreeSet 会认为 z1 对象和它自己也不相等，因此 TreeSet 可以添加两个 z1 对象。图 8.5 显示了 TreeSet 及 Z 对象在内存中的存储示意图。

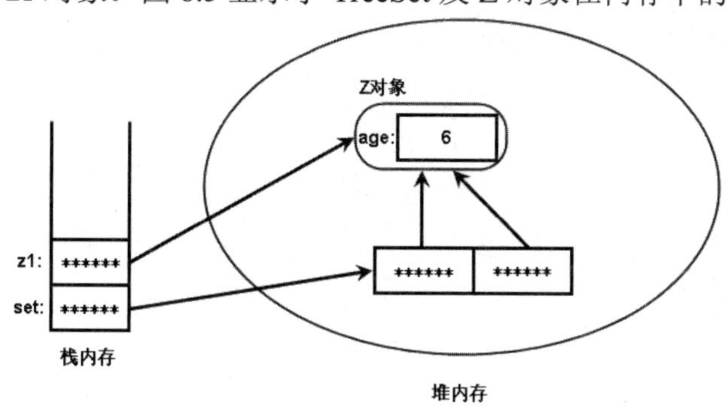

图 8.5　TreeSet 及 Z 对象在内存中的存储示意图

从图 8.5 中可以看到 TreeSet 对象保存的两个元素（集合里的元素总是引用，但习惯上把被引用的对象称为集合元素），实际上，它们引用的是同一个对象。所以，在修改了 TreeSet 集合里第一个元素

的 age 变量后，该 TreeSet 集合里最后一个元素的 age 变量也随之改变了。

由此应该注意一个问题：当需要把一个对象放入 TreeSet 中，重写该对象对应类的 equals()方法时，应保证该方法与 compareTo(Object obj)方法有一致的结果。其规则是：如果两个对象通过 equals()方法比较返回 true，那么这两个对象通过 compareTo(Object obj)方法比较应返回 0。

如果两个对象通过 compareTo(Object obj)方法比较返回 0，它们通过 equals()方法比较返回 false 将很麻烦，因为两个对象通过 compareTo(Object obj)方法比较相等，TreeSet 不会让第二个元素添加进去，这就与 Set 集合的规则产生冲突。

如果向 TreeSet 中添加一个可变对象后，后面的程序修改了该可变对象的实例变量，则将导致它与其他对象的大小顺序发生变化，但 TreeSet 不会再次调整它们的顺序，甚至可能导致 TreeSet 中保存的这两个对象通过 compareTo(Object obj)方法比较返回 0。下面的程序演示了这种情况。

程序清单：codes\08\8.3\TreeSetTest3.java

```
class R implements Comparable
{
    int count;
    public R(int count)
    {
        this.count = count;
    }
    public String toString()
    {
        return "R[count:" + count + "]";
    }
    // 重写 equals()方法，根据 count 来判断是否相等
    public boolean equals(Object obj)
    {
        if (this == obj)
        {
            return true;
        }
        if (obj != null && obj.getClass() == R.class)
        {
            var r = (R) obj;
            return r.count == this.count;
        }
        return false;
    }
    // 重写 compareTo()方法，根据 count 来比较大小
    public int compareTo(Object obj)
    {
        var r = (R) obj;
        return count > r.count ? 1 :
            count < r.count ? -1 : 0;
    }
}
public class TreeSetTest3
{
    public static void main(String[] args)
    {
        var ts = new TreeSet();
        ts.add(new R(5));
        ts.add(new R(-3));
        ts.add(new R(9));
        ts.add(new R(-2));
        // 打印 TreeSet 集合，集合元素是有序排列的
        System.out.println(ts);    // ①
        // 取出第一个元素
        var first = (R) ts.first();
        // 对第一个元素的 count 赋值
        first.count = 20;
        // 取出最后一个元素
        var last = (R) ts.last();
        // 对最后一个元素的 count 赋值，与第二个元素的 count 相同
```

```
        last.count = -2;
        // 再次输出，将看到 TreeSet 中的元素处于无序状态，且有重复元素
        System.out.println(ts);   // ②
        // 删除实例变量被改变的元素，删除失败
        System.out.println(ts.remove(new R(-2)));   // ③
        System.out.println(ts);
        // 删除实例变量没有被改变的元素，删除成功
        System.out.println(ts.remove(new R(5)));   // ④
        System.out.println(ts);
    }
}
```

上面程序中的 R 对象对应的类正常重写了 equals()方法和 compareTo()方法，这两个方法都以 R 对象的 count 实例变量作为判断的依据。当程序执行①号代码时，将看到程序输出的 TreeSet 集合元素处于有序状态；因为 R 类是一个可变类，因此可以改变 R 对象的 count 实例变量的值，程序通过粗体字代码行改变了该集合中第一个元素和最后一个元素的 count 实例变量的值。当程序执行②号代码输出时，将看到该集合处于无序状态，而且集合中包含了重复元素。运行上面的程序，将看到如图 8.6 所示的结果。

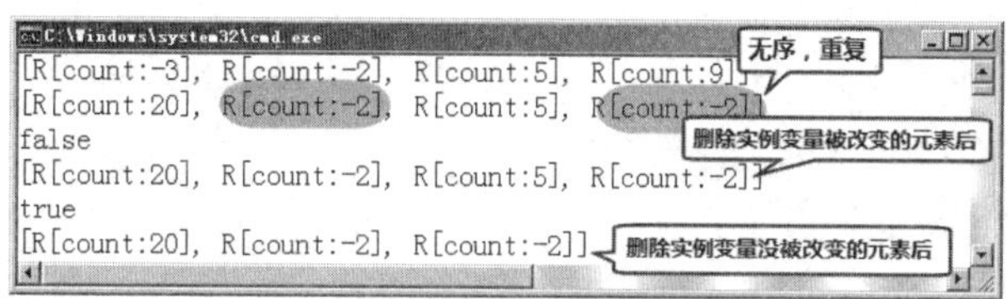

图 8.6　TreeSet 中出现重复元素

一旦改变了 TreeSet 集合中可变元素的实例变量，当再次试图删除该对象时，TreeSet 就会删除失败（甚至集合中原有的、实例变量没被修改，但与修改后元素相等的元素也无法删除），所以在上面程序的③号代码处，在删除 count 为-2 的 R 对象时，没有任何元素被删除；程序执行④号代码，可以看到删除了 count 为 5 的 R 对象，这表明 TreeSet 可以删除没有被修改的实例变量，且不与其他被修改的实例变量的对象重复的对象。

在执行了④号代码后，TreeSet 会对集合中的元素重新索引（不是重新排序），接下来就可以删除 TreeSet 中的所有元素了，包括那些被修改过实例变量的元素。与 HashSet 类似的是，如果 TreeSet 中包含了可变对象，当可变对象的实例变量被修改时，TreeSet 在处理这些对象时将非常复杂，而且容易出错。为了让程序更加健壮，推荐不要修改放入 HashSet 和 TreeSet 集合中的元素的关键实例变量。

2. 定制排序

TreeSet 的自然排序是根据集合元素的大小，TreeSet 将它们以升序排列。如果需要实现定制排序，例如，以降序排列，则可以通过 Comparator 接口的帮助。该接口里包含一个 int compare(T o1, T o2)方法，该方法用于比较 o1 和 o2 的大小：如果该方法返回正整数，则表明 o1 大于 o2；如果该方法返回 0，则表明 o1 等于 o2；如果该方法返回负整数，则表明 o1 小于 o2。

如果需要实现定制排序，则需要在创建 TreeSet 集合对象时，提供一个 Comparator 对象与该 TreeSet 集合关联，由该 Comparator 对象负责集合元素的排序逻辑。由于 Comparator 是一个函数式接口，因此可以使用 Lambda 表达式来代替 Comparator 对象。

程序清单：codes\08\8.3\TreeSetTest4.java

```
class M
{
    int age;
    public M(int age)
```

```
    {
        this.age = age;
    }
    public String toString()
    {
        return "M [age:" + age + "]";
    }
}
public class TreeSetTest4
{
    public static void main(String[] args)
    {
        // 此处 Lambda 表达式的目标类型是 Comparator
        var ts = new TreeSet((o1, o2) ->
        {
            var m1 = (M) o1;
            var m2 = (M) o2;
            // 根据 M 对象的 age 属性来决定大小，age 越大，M 对象反而越小
            return m1.age > m2.age ? -1
                : m1.age < m2.age ? 1 : 0;
        });
        ts.add(new M(5));
        ts.add(new M(-3));
        ts.add(new M(9));
        System.out.println(ts);
    }
}
```

上面程序中的粗体字代码使用了目标类型为 Comparator 的 Lambda 表达式，它负责 ts 集合的排序。所以，当把 M 对象添加到 ts 集合中时，无须 M 类实现 Comparable 接口，因为此时 TreeSet 无须通过 M 对象本身来比较大小，而是由与 TreeSet 关联的 Lambda 表达式来负责集合元素的排序。运行程序，将看到如下运行结果：

```
[M [age:9], M [age:5], M [age:-3]]
```

注意：

当通过 Comparator 对象（或 Lambda 表达式）来实现 TreeSet 的定制排序时，依然不可以向 TreeSet 中添加类型不同的对象，否则会引发 ClassCastException 异常。当使用定制排序时，TreeSet 对集合元素的排序不管集合元素本身的大小，而是由 Comparator 对象（或 Lambda 表达式）负责集合元素的排序规则。TreeSet 判断两个集合元素相等的标准是：通过 Comparator（或 Lambda 表达式）比较两个元素返回了 0，这样 TreeSet 就不会把第二个元素添加到集合中。

8.3.4 EnumSet 类

EnumSet 是一个专为枚举类设计的集合类，EnumSet 中的所有元素都必须是指定枚举类型的枚举值，该枚举类型在创建 EnumSet 时显式或隐式地指定。EnumSet 的集合元素也是有序的，EnumSet 以枚举值在 Enum 类内的定义顺序来决定集合元素的顺序。

EnumSet 在内部以位向量的形式存储，这种存储形式非常紧凑、高效，因此 EnumSet 对象占用的内存很小，而且运行效率很好。尤其是进行批量操作（如调用 containsAll() 和 retainAll()方法）时，如果其参数也是 EnumSet 集合，则该批量操作的执行速度也非常快。

EnumSet 集合不允许插入 null 元素，如果试图插入 null 元素，EnumSet 将抛出 NullPointerException 异常。如果只是想判断 EnumSet 是否包含 null 元素或试图删除 null 元素，则都不会抛出异常，只是删除操作将返回 false，因为没有任何 null 元素被删除。

EnumSet 类没有暴露任何构造器来创建该类的实例，程序应该通过它提供的类方法来创建 EnumSet 对象。EnumSet 类提供了如下常用的类方法来创建 EnumSet 对象。

- EnumSet allOf(Class elementType)：创建一个包含指定枚举类里所有枚举值的 EnumSet 集合。
- EnumSet complementOf(EnumSet s)：创建一个其元素类型与指定 EnumSet 里元素类型相同的 EnumSet 集合，新的 EnumSet 集合中包含原 EnumSet 集合中所不包含的、此枚举类剩下的枚举值（即新的 EnumSet 集合和原 EnumSet 集合的集合元素加起来就是该枚举类的所有枚举值）。
- EnumSet copyOf(Collection c)：使用一个普通集合来创建 EnumSet 集合。
- EnumSet copyOf(EnumSet s)：创建一个与指定 EnumSet 具有相同元素类型、相同集合元素的 EnumSet 集合。
- EnumSet noneOf(Class elementType)：创建一个元素类型为指定枚举类型的空 EnumSet 集合。
- EnumSet of(E first, E... rest)：创建一个包含一个或多个枚举值的 EnumSet 集合，传入的多个枚举值必须属于同一个枚举类。
- EnumSet range(E from, E to)：创建一个包含从 from 枚举值到 to 枚举值范围内所有枚举值的 EnumSet 集合。

下面的程序示范了如何使用 EnumSet 来保存枚举类的多个枚举值。

程序清单：codes\08\8.3\EnumSetTest.java

```
enum Season
{
    SPRING,SUMMER,FALL,WINTER
}
public class EnumSetTest
{
    public static void main(String[] args)
    {
        // 创建一个 EnumSet 集合，集合元素就是 Season 枚举类的全部枚举值
        var es1 = EnumSet.allOf(Season.class);
        System.out.println(es1); // 输出[SPRING, SUMMER, FALL, WINTER]
        // 创建一个空 EnumSet 集合，指定其集合元素是 Season 类的枚举值
        var es2 = EnumSet.noneOf(Season.class);
        System.out.println(es2); // 输出[]
        // 手动添加两个元素
        es2.add(Season.WINTER);
        es2.add(Season.SPRING);
        System.out.println(es2); // 输出[SPRING, WINTER]
        // 以指定枚举值创建 EnumSet 集合
        var es3 = EnumSet.of(Season.SUMMER, Season.WINTER);
        System.out.println(es3); // 输出[SUMMER, WINTER]
        var es4 = EnumSet.range(Season.SUMMER, Season.WINTER);
        System.out.println(es4); // 输出[SUMMER, FALL, WINTER]
        // 新创建的 EnumSet 集合元素和 es4 集合元素有相同的类型
        // es5 集合元素 + es4 集合元素 = Season 枚举类的全部枚举值
        var es5 = EnumSet.complementOf(es4);
        System.out.println(es5); // 输出[SPRING]
    }
}
```

上面程序中的粗体字代码示范了 EnumSet 集合的常规用法。此外，还可以复制另一个 EnumSet 集合中所有的元素来创建新的 EnumSet 集合，或者复制另一个 Collection 集合中所有的元素来创建新的 EnumSet 集合。当复制 Collection 集合中所有的元素来创建新的 EnumSet 集合时，要求 Collection 集合中所有的元素必须是同一个枚举类的枚举值。下面的程序示范了这个用法。

程序清单：codes\08\8.3\EnumSetTest2.java

```
public class EnumSetTest2
{
    public static void main(String[] args)
    {
        var c = new HashSet();
        c.clear();
        c.add(Season.FALL);
```

```
        c.add(Season.SPRING);
        // 复制Collection集合中所有的元素来创建EnumSet集合
        var enumSet = EnumSet.copyOf(c);   // ①
        System.out.println(enumSet); // 输出[SPRING, FALL]
        c.add("疯狂Java讲义");
        c.add("轻量级Java EE企业应用实战");
        // 下面的代码出现异常，因为c集合中的元素不全是枚举值
        enumSet = EnumSet.copyOf(c);  // ②
    }
}
```

上面程序中的两行粗体字代码没有任何区别，只是在执行②号粗体字代码时，c集合中的元素不全是枚举值，而是包含了两个字符串对象，所以在②号粗体字代码处抛出ClassCastException异常。

当试图复制一个Collection集合中的元素来创建EnumSet集合时，必须保证Collection集合中所有的元素都是同一个枚举类的枚举值。

8.3.5 各Set实现类的性能分析

HashSet和TreeSet是Set的两个典型实现，到底如何选择HashSet和TreeSet呢？HashSet的性能总是比TreeSet好（特别是最常用的添加、查询元素等操作），因为TreeSet需要额外的红黑树算法来维护集合元素的次序。只有当需要一个保持排序的Set时，才应该使用TreeSet，否则都应该使用HashSet。

HashSet还有一个子类：LinkedHashSet，对于普通的添加、删除操作，LinkedHashSet比HashSet要略微慢一点，这是由维护链表所带来的额外开销造成的，但由于有了链表，遍历LinkedHashSet会更快。

EnumSet是所有Set实现类中性能最好的，但它只能保存同一个枚举类的枚举值作为集合元素。

必须指出的是，Set的HashSet、TreeSet和EnumSet三个实现类都是线程不安全的。如果有多个线程同时访问一个Set集合，并且有超过一个线程修改了该Set集合，则必须手动保证该Set集合的同步性。通常可以通过Collections工具类的synchronizedSortedSet方法来“包装”该Set集合。此操作最好在创建时进行，以防止对Set集合的意外非同步访问。例如：

```
SortedSet s = Collections.synchronizedSortedSet(new TreeSet(...));
```

关于Collections工具类的更进一步用法，可以参考8.8节的内容。

8.4 List集合

List集合代表一个元素有序、可重复的集合，集合中每个元素都有其对应的顺序索引。List集合允许使用重复元素，可以通过索引来访问指定位置的集合元素。List集合默认按元素的添加顺序设置元素的索引，例如，第一次添加的元素索引为0，第二次添加的元素索引为1……

8.4.1 改进的List接口和ListIterator接口

List作为Collection接口的子接口，当然可以使用Collection接口里的全部方法。而且由于List集合是有序集合，因此在List集合中增加了一些根据索引来操作集合元素的方法。

- void add(int index, Object element)：将元素element插入List集合的index索引处。
- boolean addAll(int index, Collection c)：将集合c中包含的所有元素都插入List集合的index索引处。
- Object get(int index)：返回集合index索引处的元素。
- int indexOf(Object o)：返回对象o在List集合中第一次出现的位置索引。

➢ int lastIndexOf(Object o)：返回对象 o 在 List 集合中最后一次出现的位置索引。
➢ Object remove(int index)：删除并返回 index 索引处的元素。
➢ Object set(int index, Object element)：将 index 索引处的元素替换成 element 对象，返回被替换的旧元素。
➢ List subList(int fromIndex, int toIndex)：返回从索引 fromIndex（包含）到索引 toIndex（不包含）所有集合元素组成的子集合。

所有的 List 实现类都可以调用这些方法来操作集合元素。与 Set 集合相比，List 增加了根据索引来插入、替换和删除集合元素的方法。除此之外，Java 8 还为 List 接口添加了如下两个默认方法。

➢ void replaceAll(UnaryOperator operator)：根据 operator 指定的计算规则重新设置 List 集合的所有元素。
➢ void sort(Comparator c)：根据 Comparator 参数对 List 集合的元素进行排序。

下面的程序示范了 List 集合的常规用法。

程序清单：codes\08\8.4\ListTest.java

```
public class ListTest
{
    public static void main(String[] args)
    {
        var books = new ArrayList();
        // 向 books 集合中添加三个元素
        books.add("轻量级 Java EE 企业应用实战");
        books.add("疯狂 Java 讲义");
        books.add("疯狂 Android 讲义");
        System.out.println(books);
        // 将新字符串对象插入第二个位置
        books.add(1, new String("疯狂 Ajax 讲义"));
        for (var i = 0; i < books.size(); i++)
        {
            System.out.println(books.get(i));
        }
        // 删除第三个元素
        books.remove(2);
        System.out.println(books);
        // 判断指定元素在 List 集合中的位置：输出 1，表明位于第二位
        System.out.println(books.indexOf(new String("疯狂 Ajax 讲义"))); // ①
        // 将第二个元素替换成新的字符串对象
        books.set(1, "疯狂 Java 讲义");
        System.out.println(books);
        // 将 books 集合的第二个元素（包含）
        // 到第三个元素（不包含）截取成子集合
        System.out.println(books.subList(1, 2));
    }
}
```

上面程序中的粗体字代码示范了 List 集合的独特用法。对于 List 集合，可以根据位置索引来访问集合中的元素，因此其增加了一种新的遍历集合元素的方法：使用普通的 for 循环来遍历集合元素。运行上面的程序，将看到如下运行结果：

```
[轻量级 Java EE 企业应用实战, 疯狂 Java 讲义, 疯狂 Android 讲义]
轻量级 Java EE 企业应用实战
疯狂 Ajax 讲义
疯狂 Java 讲义
疯狂 Android 讲义
[轻量级 Java EE 企业应用实战, 疯狂 Ajax 讲义, 疯狂 Android 讲义]
1
[轻量级 Java EE 企业应用实战, 疯狂 Java 讲义, 疯狂 Android 讲义]
[疯狂 Java 讲义]
```

从上面的运行结果可以清楚地看出 List 集合的用法。注意①号粗体字代码，程序试图返回新字符

串对象在 List 集合中的位置，实际上 List 集合中并未包含该字符串对象。因为当 List 集合添加字符串对象时，添加的是通过 new 关键字创建的新字符串对象，①号粗体字代码也是通过 new 关键字来创建新字符串对象的，两个字符串对象显然不是同一个对象，但 List 的 indexOf 方法依然可以返回 1。List 判断两个对象相等的标准是什么呢？List 判断两个对象相等，只要通过 equals()方法比较返回 true 即可。看下面的程序。

程序清单：codes\08\8.4\ListTest2.java

```
class A
{
    public boolean equals(Object obj)
    {
        return true;
    }
}
public class ListTest2
{
    public static void main(String[] args)
    {
        var books = new ArrayList();
        books.add("轻量级 Java EE 企业应用实战");
        books.add("疯狂 Java 讲义");
        books.add("疯狂 Android 讲义");
        System.out.println(books);
        // 删除集合中的 A 对象，将导致第一个元素被删除
        books.remove(new A());     // ①
        System.out.println(books);
        // 删除集合中的 A 对象，将再次删除集合中的第一个元素
        books.remove(new A());     // ②
        System.out.println(books);
    }
}
```

编译、运行上面的程序，将看到如下运行结果：

```
[轻量级 Java EE 企业应用实战, 疯狂 Java 讲义, 疯狂 Android 讲义]
[疯狂 Java 讲义, 疯狂 Android 讲义]
[疯狂 Android 讲义]
```

从上面的运行结果可以看出，当执行①号粗体字代码时，程序试图删除一个 A 对象，List 将会调用该 A 对象的 equals()方法依次与集合元素进行比较，如果该 equals()方法以某个集合元素作为参数返回 true，List 将会删除该元素——A 类重写了 equals()方法，该方法总是返回 true。所以，每次从 List 集合中删除 A 对象时，总是删除 List 集合中的第一个元素。

注意：

当调用 List 的 set(int index, Object element)方法来改变 List 集合指定索引处的元素时，指定的索引必须是 List 集合的有效索引。例如，集合长度是 4，就不能指定替换索引为 4 处的元素——set(int index, Object element)方法不会改变 List 集合的长度。

Java 8 为 List 集合增加了 sort()和 replaceAll()两个常用的默认方法，其中 sort()方法需要一个 Comparator 对象来控制元素排序，程序可使用 Lambda 表达式来作为参数；replaceAll()方法则需要一个 UnaryOperator 来替换所有的集合元素，UnaryOperator 也是一个函数式接口，因此，程序也可使用 Lambda 表达式作为参数。如下程序示范了 List 集合的两个默认方法的功能。

程序清单：codes\08\8.4\ListTest3.java

```
public class ListTest3
{
    public static void main(String[] args)
    {
```

```
        var books = new ArrayList();
        // 向 books 集合中添加 4 个元素
        books.add("轻量级 Java EE 企业应用实战");
        books.add("疯狂 Java 讲义");
        books.add("疯狂 Android 讲义");
        books.add("疯狂 iOS 讲义");
        // 使用目标类型为 Comparator 的 Lambda 表达式对 List 集合进行排序
        books.sort((o1, o2) -> ((String) o1).length() - ((String) o2).length());
        System.out.println(books);
        // 使用目标类型为 UnaryOperator 的 Lambda 表达式来替换集合中所有的元素
        // 该 Lambda 表达式控制使用每个字符串的长度作为新的集合元素
        books.replaceAll(ele -> ((String) ele).length());
        System.out.println(books); // 输出[7, 8, 11, 16]
    }
}
```

上面程序中的第一行粗体字代码控制对 List 集合进行排序，传给 sort()方法的 Lambda 表达式指定的排序规则是：字符串的长度越长，字符串越大。因此，执行第一行粗体字代码之后，List 集合中的字符串会按由短到长的顺序排列。

程序中第二行粗体字代码传给 replaceAll()方法的 Lambda 表达式指定了替换集合元素的规则：直接用集合元素（字符串）的长度作为新的集合元素。执行该方法后，集合元素被替换为[7, 8, 11, 16]。

与 Set 只提供了一个 iterator()方法不同，List 还额外提供了一个 listIterator()方法，该方法返回一个 ListIterator 对象。ListIterator 接口继承了 Iterator 接口，提供了专门操作 List 的方法。ListIterator 接口在 Iterator 接口的基础上增加了如下方法。

- boolean hasPrevious()：返回与该迭代器关联的集合中是否还有上一个元素。
- Object previous()：返回该迭代器的上一个元素。
- void add(Object o)：在指定位置插入一个元素。

将 ListIterator 与普通的 Iterator 进行对比，不难发现 ListIterator 增加了向前迭代的功能（Iterator 只能向后迭代），而且 ListIterator 还可通过 add()方法向 List 集合中添加元素（Iterator 只能删除元素）。下面的程序示范了 ListIterator 的用法。

程序清单：codes\08\8.4\ListIteratorTest.java

```
public class ListIteratorTest
{
    public static void main(String[] args)
    {
        String[] books = {
            "疯狂 Java 讲义", "疯狂 iOS 讲义",
            "轻量级 Java EE 企业应用实战"
        };
        var bookList = new ArrayList();
        for (var i = 0; i < books.length; i++)
        {
            bookList.add(books[i]);
        }
        var lit = bookList.listIterator();
        // 从前向后遍历
        while (lit.hasNext())
        {
            System.out.println(lit.next());
            lit.add("-------分隔符-------");
        }
        System.out.println("=======下面开始反向迭代=======");
        // 从后向前遍历
        while (lit.hasPrevious())
        {
            System.out.println(lit.previous());
        }
    }
}
```

从上面的程序中可以看出，当使用 ListIterator 迭代 List 集合时，开始也需要采用正向迭代，即先使用 next()方法进行迭代，在迭代过程中可以使用 add()方法在上一次迭代元素的后面添加一个新元素。运行上面的程序，将看到如下运行结果：

```
疯狂 Java 讲义
疯狂 iOS 讲义
轻量级 Java EE 企业应用实战
=======下面开始反向迭代=======
-------分隔符-------
轻量级 Java EE 企业应用实战
-------分隔符-------
疯狂 iOS 讲义
-------分隔符-------
疯狂 Java 讲义
```

8.4.2 ArrayList 和 Vector 实现类

ArrayList 和 Vector 作为 List 类的两个典型实现，完全支持前面介绍的 List 接口的全部功能。

ArrayList 和 Vector 类都是基于数组实现的 List 类，所以 ArrayList 和 Vector 类封装了一个动态的、允许再分配的 Object[]数组。ArrayList 或 Vector 对象使用 initialCapacity 参数来设置该数组的长度，当向 ArrayList 或 Vector 中添加元素超出了该数组的长度时，它们的 initialCapacity 会自动增加。

对于通常的编程场景，程序员无须关心 ArrayList 或 Vector 的 initialCapacity。但如果向 ArrayList 或 Vector 集合中添加大量元素，则可使用 ensureCapacity(int minCapacity)方法一次性地增加 initialCapacity 的大小。这可以减少重新分配的次数，从而提高性能。

如果开始就知道 ArrayList 或 Vector 集合需要保存多少个元素，则可以在创建它们时就指定 initialCapacity 的大小。如果在创建空的 ArrayList 或 Vector 集合时不指定 initialCapacity 参数，则 Object[]数组的长度默认为 10。

此外，ArrayList 和 Vector 还提供了如下两个方法来重新分配 Object[]数组。

- void ensureCapacity(int minCapacity)：将 ArrayList 或 Vector 集合的 Object[]数组长度增加大于或等于 minCapacity 值。
- void trimToSize()：调整 ArrayList 或 Vector 集合的 Object[]数组长度为当前元素的个数。调用该方法可减少 ArrayList 或 Vector 集合对象占用的存储空间。

ArrayList 和 Vector 在用法上几乎完全相同，但由于 Vector 是一个古老的集合（从 JDK 1.0 就有了），那时候 Java 还没有提供系统的集合框架，所以 Vector 中提供了一些方法名很长的方法，例如 addElement(Object obj)，实际上这个方法与 add(Object obj)没有任何区别。在 JDK 1.2 以后，Java 提供了系统的集合框架，就将 Vector 改为实现 List 接口，作为 List 的实现之一，从而导致 Vector 中有一些功能重复的方法。

在 Vector 的系列方法中，方法名更短的方法属于后来新增的方法，方法名更长的方法则是 Vector 原有的方法。Java 改写了 Vector 原有的方法，将其方法名缩短是为了简化编程。而 ArrayList 开始就作为 List 的主要实现类，因此没有那些方法名很长的方法。实际上，Vector 具有很多缺点，通常尽量少用 Vector 实现类。

此外，ArrayList 和 Vector 的显著区别是：ArrayList 是线程不安全的，当多个线程访问同一个 ArrayList 集合时，如果有超过一个线程修改了 ArrayList 集合，则必须手动保证该集合的同步性；Vector 集合则是线程安全的，不需要程序保证该集合的同步性。因为 Vector 是线程安全的，所以 Vector 的性能比 ArrayList 的性能要差。实际上，即使需要保证 List 集合线程安全，也同样不推荐使用 Vector 实现类。后面会介绍一个 Collections 工具类，它可以将一个 ArrayList 变成线程安全的。

Vector 还提供了一个 Stack 子类，它用于模拟"栈"这种数据结构，"栈"通常是指"后进先出"（LIFO）的容器，最后"push"进栈的元素，将最先被"pop"出栈。与 Java 中的其他集合一样，进栈和出栈的都是 Object，因此从栈中取出元素后必须进行类型转换，除非你只是使用 Object 所具有的操作。所以，Stack 类中提供了如下几个方法。

- Object peek()：返回“栈”的第一个元素，但并不将该元素“pop”出栈。
- Object pop()：返回“栈”的第一个元素，并将该元素“pop”出栈。
- void push(Object item)：将一个元素“push”进栈，最后一个进“栈”的元素总是位于“栈”顶。

需要指出的是，由于 Stack 继承了 Vector，因此它也是一个非常古老的 Java 集合类，它同样是线程安全的、性能较差的，因此应该尽量少用 Stack 类。如果程序需要使用“栈”这种数据结构，则建议使用后面将要介绍的 ArrayDeque 代替它。

8.4.3 固定长度的 List

前面讲数组时介绍了一个操作数组的工具类：Arrays，该工具类中提供了 asList(Object... a)方法，该方法可以把一个数组或指定个数的对象转换成 List 集合，这个 List 集合既不是 ArrayList 实现类的实例，也不是 Vector 实现类的实例，而是 Arrays 的内部类 ArrayList 的实例。

Arrays.ArrayList 是一个具有固定长度的 List 集合，程序只能遍历访问该集合中的元素，不可增加、删除该集合中的元素。程序如下。

程序清单：codes\08\8.4\FixedSizeList.java

```
public class FixedSizeList
{
    public static void main(String[] args)
    {
        var fixedList = Arrays.asList("疯狂 Java 讲义",
            "轻量级 Java EE 企业应用实战");
        // 获取 fixedList 的实现类，将输出 Arrays$ArrayList
        System.out.println(fixedList.getClass());
        // 使用方法引用遍历集合元素
        fixedList.forEach(System.out::println);
        // 试图增加、删除元素都会引发 UnsupportedOperationException 异常
        fixedList.add("疯狂 Android 讲义");
        fixedList.remove("疯狂 Java 讲义");
    }
}
```

上面程序中的两行粗体字代码对于普通的 List 集合完全正常，但如果试图通过这两个方法来增加、删除 Arrays.ArrayList 集合中的元素，将会引发异常。所以上面的程序在编译时完全正常，但在运行第一行粗体字代码时会引发 UnsupportedOperationException 异常。

8.5 Queue 集合

Queue 用于模拟队列这种数据结构，队列通常是指“先进先出”（FIFO）的容器，队列的头部保存在队列中存放时间最长的元素，队列的尾部保存在队列中存放时间最短的元素。新元素被插入（offer）队列的尾部，访问元素（poll）操作会返回队列头部的元素。通常，队列不允许随机访问其中的元素。

在 Queue 接口中定义了如下几个方法。

- void add(Object e)：将指定元素插入此队列的尾部。
- Object element()：获取队列头部的元素，但是不删除该元素。
- boolean offer(Object e)：将指定元素插入此队列的尾部。当使用有容量限制的队列时，此方法通常比 add(Object e)方法更好。
- Object peek()：获取队列头部的元素，但是不删除该元素。如果此队列为空，则返回 null。
- Object poll()：获取队列头部的元素，并删除该元素。如果此队列为空，则返回 null。
- Object remove()：获取队列头部的元素，并删除该元素。

Queue 接口有一个 PriorityQueue 实现类。此外，Queue 还有一个 Deque 接口，Deque 代表一个双端队列，双端队列可以同时从两端来添加、删除元素，因此 Deque 的实现类既可被当成队列使用，也可被当成栈使用。Java 为 Deque 提供了 ArrayDeque 和 LinkedList 两个实现类。

8.5.1 PriorityQueue 实现类

PriorityQueue 是一个比较标准的队列实现类。之所以说 PriorityQueue 是比较标准的队列实现类，而不是绝对标准的队列实现类，是因为它保存队列元素的顺序并不是按元素插入队列的顺序，而是按队列元素的大小进行重新排序的。因此，当调用 peek()方法或者 poll()方法取出队列中的元素时，并不是取出最先进入队列的元素，而是取出队列中最小的元素。从这个意义上来看，PriorityQueue 已经违反了队列的最基本规则：先进先出（FIFO）。下面的程序示范了 PriorityQueue 队列的用法。

程序清单：codes\08\8.5\PriorityQueueTest.java

```
public class PriorityQueueTest
{
    public static void main(String[] args)
    {
        var pq = new PriorityQueue();
        // 下面的代码依次向 pq 中插入 4 个元素
        pq.offer(6);
        pq.offer(-3);
        pq.offer(20);
        pq.offer(18);
        // 输出 pq 队列，并不是按元素的插入顺序排列的
        System.out.println(pq); // 输出[-3, 6, 20, 18]
        // 访问队列的第一个元素，其实就是队列中最小的元素：-3
        System.out.println(pq.poll());
    }
}
```

运行上面的程序直接输出 PriorityQueue 集合时，可能看到该队列中的元素并没有很好地按大小进行排序，但这只是受到 PriorityQueue 的 toString()方法的返回值的影响。实际上，程序多次调用 PriorityQueue 集合对象的 poll()方法，即可看到元素按从小到大的顺序被“移出队列”。

PriorityQueue 不允许插入 null 元素，它还需要对队列元素进行排序，PriorityQueue 的元素有两种排序方式。

- 自然排序：采用自然排序的 PriorityQueue 集合中的元素必须实现 Comparable 接口，而且应该是同一个类的多个实例，否则可能导致 ClassCastException 异常。
- 定制排序：在创建 PriorityQueue 队列时，传入一个 Comparator 对象，该对象负责对队列中的所有元素进行排序。采用定制排序时，不要求队列元素实现 Comparable 接口。

PriorityQueue 队列对元素的要求与 TreeSet 对元素的要求基本一致，因此，关于采用自然排序和定制排序的详细介绍请参考 8.3.3 节。

8.5.2 Deque 接口与 ArrayDeque 实现类

Deque 接口是 Queue 接口的子接口，它代表一个双端队列。Deque 接口里定义了一些双端队列的方法，这些方法允许从两端来操作队列的元素。

- void addFirst(Object e)：将指定元素插入该双端队列的开头。
- void addLast(Object e)：将指定元素插入该双端队列的末尾。
- Iterator descendingIterator()：返回该双端队列对应的迭代器，该迭代器将以逆向顺序来迭代队列中的元素。
- Object getFirst()：获取但不删除双端队列的第一个元素。
- Object getLast()：获取但不删除双端队列的最后一个元素。
- boolean offerFirst(Object e)：将指定元素插入该双端队列的开头。

- boolean offerLast(Object e)：将指定元素插入该双端队列的末尾。
- Object peekFirst()：获取但不删除该双端队列的第一个元素；如果此双端队列为空，则返回 null。
- Object peekLast()：获取但不删除该双端队列的最后一个元素；如果此双端队列为空，则返回 null。
- Object pollFirst()：获取并删除该双端队列的第一个元素；如果此双端队列为空，则返回 null。
- Object pollLast()：获取并删除该双端队列的最后一个元素；如果此双端队列为空，则返回 null。
- Object pop()（栈方法）：pop 出该双端队列所表示的栈的栈顶元素。其相当于 removeFirst()。
- void push(Object e)（栈方法）：将一个元素 push 进该双端队列所表示的栈的栈顶。其相当于 addFirst(e)。
- Object removeFirst()：获取并删除该双端队列的第一个元素。
- Object removeFirstOccurrence(Object o)：删除该双端队列的第一次出现的元素 o。
- Object removeLast()：获取并删除该双端队列的最后一个元素。
- boolean removeLastOccurrence(Object o)：删除该双端队列的最后一次出现的元素 o。

从以上方法中可以看出，Deque 不仅可以被当成双端队列使用，而且可以被当成栈来使用，因为该类中还包含了 pop（出栈）、push（入栈）两个方法。

Deque 的方法与 Queue 的方法对照表如表 8.2 所示。

表 8.2　Deque 的方法与 Queue 的方法对照表

Queue 的方法	Deque 的方法
add(e)/offer(e)	addLast(e)/offerLast(e)
remove()/poll()	removeFirst()/pollFirst()
element()/peek()	getFirst()/peekFirst()

Deque 的方法与 Stack 的方法对照表如表 8.3 所示。

表 8.3　Deque 的方法与 Stack 的方法对照表

Stack 的方法	Deque 的方法
push(e)	addFirst(e)/offerFirst(e)
pop()	removeFirst()/pollFirst()
peek()	getFirst()/peekFirst()

Deque 接口提供了一个典型的实现类：ArrayDeque，从该名称就可以看出，它是一个基于数组实现的双端队列，在创建 Deque 时同样可指定一个 numElements 参数，该参数用于指定 Object[]数组的长度；如果不指定 numElements 参数，则 Deque 底层数组的长度为 16。

提示：

ArrayList 和 ArrayDeque 两个集合类的实现机制基本相似，它们的底层都采用一个动态的、可重新分配的 Object[]数组来存储集合元素；当集合元素超出了该数组的容量时，系统会在底层重新分配一个 Object[]数组来存储集合元素。

下面的程序示范了把 ArrayDeque 当成"栈"来使用。

程序清单：codes\08\8.5\ArrayDequeStack.java

```
public class ArrayDequeStack
{
    public static void main(String[] args)
    {
        var stack = new ArrayDeque();
        // 依次将三个元素 push 入"栈"
        stack.push("疯狂 Java 讲义");
        stack.push("轻量级 Java EE 企业应用实战");
        stack.push("疯狂 Android 讲义");
        // 输出：[疯狂 Android 讲义，轻量级 Java EE 企业应用实战，疯狂 Java 讲义]
```

```
        System.out.println(stack);
        // 访问第一个元素，但并不将其 pop 出“栈”，输出：疯狂 Android 讲义
        System.out.println(stack.peek());
        // 依然输出：[疯狂 Android 讲义，疯狂 Java 讲义，轻量级 Java EE 企业应用实战]
        System.out.println(stack);
        // pop 出第一个元素，输出：疯狂 Android 讲义
        System.out.println(stack.pop());
        // 输出：[轻量级 Java EE 企业应用实战，疯狂 Java 讲义]
        System.out.println(stack);
    }
}
```

上面程序的运行结果显示了 ArrayDeque 作为栈的行为。因此，当程序中需要使用“栈”这种数据结构时，推荐使用 ArrayDeque，尽量避免使用 Stack——因为 Stack 是古老的集合，性能较差。

当然，ArrayDeque 也可以被当成队列使用，此处 ArrayDeque 将按“先进先出”的方式操作集合元素。例如如下程序。

程序清单：codes\08\8.5\ArrayDequeQueue.java

```
public class ArrayDequeQueue
{
    public static void main(String[] args)
    {
        ArrayDeque queue = new ArrayDeque();
        // 依次将三个元素加入队列中
        queue.offer("疯狂 Java 讲义");
        queue.offer("轻量级 Java EE 企业应用实战");
        queue.offer("疯狂 Android 讲义");
        // 输出：[疯狂 Java 讲义，轻量级 Java EE 企业应用实战，疯狂 Android 讲义]
        System.out.println(queue);
        // 访问队列头部的元素，但并不将其 poll 出队列“栈”，输出：疯狂 Java 讲义
        System.out.println(queue.peek());
        // 依然输出：[疯狂 Java 讲义，轻量级 Java EE 企业应用实战，疯狂 Android 讲义]
        System.out.println(queue);
        // poll 出第一个元素，输出：疯狂 Java 讲义
        System.out.println(queue.poll());
        // 输出：[轻量级 Java EE 企业应用实战，疯狂 Android 讲义]
        System.out.println(queue);
    }
}
```

上面程序的运行结果显示了 ArrayDeque 作为队列的行为。

通过上面两个程序可以看出，ArrayDeque 不仅可以作为栈使用，也可以作为队列使用。

8.5.3 LinkedList 实现类

LinkedList 类是 List 接口的实现类——这意味着它是一个 List 集合，可以根据索引来随机访问集合中的元素。此外，LinkedList 还实现了 Deque 接口，可以被当成双端队列来使用，因此，它既可以被当成“栈”来使用，也可以被当成队列使用。下面的程序简单示范了 LinkedList 集合的用法。

程序清单：codes\08\8.5\LinkedListTest.java

```
public class LinkedListTest
{
    public static void main(String[] args)
    {
        var books = new LinkedList();
        // 将字符串元素插入队列的尾部
        books.offer("疯狂 Java 讲义");
        // 将字符串元素插入栈的顶部
        books.push("轻量级 Java EE 企业应用实战");
        // 将字符串元素添加到队列的头部（相当于栈的顶部）
        books.offerFirst("疯狂 Android 讲义");
        // 以 List 的方式（按索引访问的方式）遍历集合元素
```

```
        for (var i = 0; i < books.size(); i++)
        {
            System.out.println("遍历中：" + books.get(i));
        }
        // 访问但不删除栈顶的元素
        System.out.println(books.peekFirst());
        // 访问但不删除队列的最后一个元素
        System.out.println(books.peekLast());
        // 将栈顶的元素弹出"栈"
        System.out.println(books.pop());
        // 从下面的输出中将看到队列中第一个元素被删除
        System.out.println(books);
        // 访问并删除队列的最后一个元素
        System.out.println(books.pollLast());
        // 下面输出：[轻量级 Java EE 企业应用实战]
        System.out.println(books);
    }
}
```

上面程序中的粗体字代码分别示范了 LinkedList 作为 List 集合、双端队列、栈的用法。由此可见，LinkedList 是一个功能非常强大的集合类。

LinkedList 与 ArrayList、ArrayDeque 的实现机制完全不同，ArrayList、ArrayDeque 内部以数组的形式来保存集合中的元素，因此随机访问集合元素时有较好的性能；而 LinkedList 内部以链表的形式来保存集合中的元素，因此随机访问集合元素时性能较差，但在插入、删除元素时性能比较出色（只需改变指针所指的地址即可）。需要指出的是，虽然 Vector 也是以数组的形式来存储集合元素的，但因为它实现了线程同步功能（而且实现机制也不好），所以各方面性能都比较差。

对于所有的内部基于数组的集合实现，例如 ArrayList、ArrayDeque 等，采用随机访问的性能比使用 Iterator 迭代访问的性能要好，因为随机访问会被映射成对数组元素的访问。

8.5.4 各种线性表的性能分析

Java 提供的 List 就是一个线性表接口，而 ArrayList、LinkedList 又是线性表的两种典型实现：基于数组的线性表和基于链的线性表。Queue 代表队列，Deque 代表双端队列（既可作为队列使用，也可作为栈使用），接下来对各种实现类的性能进行分析。

初学者可以无须理会 ArrayList 和 LinkedList 之间的性能差异，只需要知道 LinkedList 集合不仅提供了 List 的功能，而且提供了双端队列、栈的功能就行。但对于一个成熟的 Java 程序员，在一些性能非常敏感的地方，可能需要慎重选择使用哪个 List 实现。

一般来说，由于数组以一块连续的内存区来保存所有的数组元素，所以数组在随机访问时性能最好，所有的内部以数组作为底层实现的集合在随机访问时性能都比较好；而内部以链表作为底层实现的集合在执行插入、删除操作时有较好的性能。但总体来说，ArrayList 的性能比 LinkedList 的性能要好，因此大部分时候都应该考虑使用 ArrayList。

关于使用 List 集合有如下建议。

- 如果需要遍历 List 集合元素，对于 ArrayList、Vector 集合，应该使用随机访问方法（get）来遍历集合元素，这样性能更好；对于 LinkedList 集合，则应该采用迭代器（Iterator）来遍历集合元素。
- 如果需要经常执行插入、删除操作来改变包含大量数据的 List 集合的大小，则可考虑使用 LinkedList 集合。使用 ArrayList、Vector 集合可能需要经常重新分配内部数组的大小，效果可能较差。
- 如果有多个线程需要同时访问 List 集合中的元素，开发者可考虑使用 Collections 将集合包装成线程安全的集合。

8.6 Map 集合

Map 用于保存具有映射关系的数据，因此 Map 集合中保存着两组值，其中一组值用于保存 Map 里的key，另一组值用于保存Map 里的value，key和 value都可以是任何引用类型的数据。Map 的 key 不允许重复，即同一个 Map 对象的任何两个 key 通过 equals方法比较总是返回 false。

key 和 value 之间存在单向的一对一关系，即通过指定的 key，总能找到唯一的、确定的 value。从 Map中取出数据时，只要给出指定的 key，就可以取出对应的 value。如果把 Map 的两组值拆开来看，则 Map里的数据有如图 8.7 所示的结构。

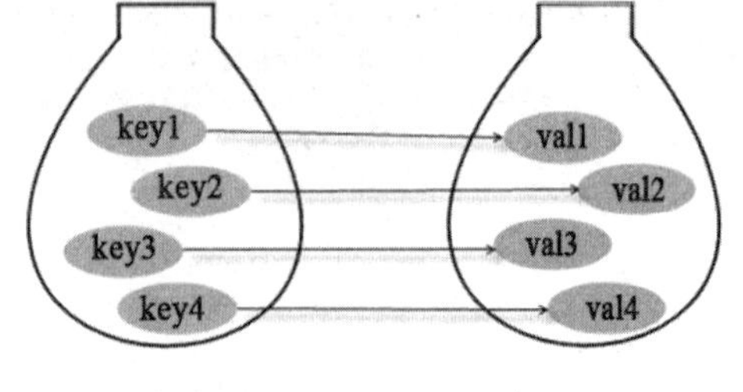

图 8.7　分开看 Map 的 key 数据组和 value 数据组

从图 8.7 中可以看出，如果把 Map 里的所有 key 放在一起来看，它们就组成了一个 Set 集合（所有的 key 没有顺序，key 与 key 之间不能重复）。实际上，Map 确实包含了一个 keySet()方法，用于返回 Map 里所有 key 组成的 Set 集合。

不仅如此，Map 中 key 集和 Set 集合中元素的存储形式也很像，Map 子类和 Set 子类在名字上也惊人地相似，比如 Set 接口下有 HashSet、LinkedHashSet、SortedSet（接口）、TreeSet、EnumSet 等子接口和实现类，Map 接口下则有 HashMap、LinkedHashMap、SortedMap（接口）、TreeMap、EnumMap 等子接口和实现类。正如它们的名字所暗示的，Map 的这些实现类和子接口中 key 集的存储形式和对应 Set集合中元素的存储形式完全相同。

提示：

Set 与 Map 之间的关系非常密切。虽然 Map 中存放的元素是 key-value 对，Set 集合中存放的元素是单个对象，但如果把 key-value 对中的 value 当成 key 的附庸：key 在哪里，value 就跟在哪里，那么就可以像对待 Set 一样来对待 Map 了。事实上，Map 提供了一个 Entry 内部类来封装 key-value 对，而在计算 Entry 存储时则只考虑 Entry 封装的 key。从 Java 源码来看，Java 是先实现了 Map，然后通过包装一个所有 value 都为空对象的 Map来实现 Set 集合的。

如果把Map中的所有value放在一起来看，它们又非常类似于一个List：元素与元素之间可以重复，每个元素都可以根据索引来查找，只是 Map 中的索引不再使用整数值，而是以另一个对象作为索引。如果需要从 List 集合中取出元素，则需要提供该元素的数字索引；如果需要从 Map 中取出元素，则需要提供该元素的 key 索引。因此，Map 有时也被称为字典，或关联数组。Map 接口中定义了如下常用的方法。

- void clear()：删除该 Map 对象中的所有 key-value 对。
- boolean containsKey(Object key)：查询 Map 中是否包含指定的 key；如果包含，则返回 true。
- boolean containsValue(Object value)：查询 Map 中是否包含一个或多个 value；如果包含，则返回 true。
- Set entrySet()：返回 Map 中包含的 key-value 对所组成的 Set 集合，每个集合元素都是 Map.Entry（Entry 是 Map 的内部类）对象。
- Object get(Object key)：返回指定 key 所对应的 value；如果此 Map 中不包含该 key，则返回 null。
- boolean isEmpty()：查询该 Map 是否为空（即不包含任何 key-value 对）；如果为空，则返回 true。
- Set keySet()：返回该 Map 中所有 key 组成的 Set 集合。
- Object put(Object key, Object value)：添加一个 key-value 对；如果当前 Map 中已有一个与该 key 相等的 key-value 对，则新的 key-value 对会覆盖原来的 key-value 对。

- void putAll(Map m)：将指定 Map 中的 key-value 对复制到此 Map 中。
- Object remove(Object key)：删除指定 key 所对应的 key-value 对，返回被删除 key 所关联的 value；如果该 key 不存在，则返回 null。
- boolean remove(Object key, Object value)：这是 Java 8 新增的方法，删除指定 key、value 所对应的 key-value 对。如果从该 Map 中成功地删除了该 key-value 对，则该方法返回 true，否则返回 false。
- int size()：返回该 Map 中 key-value 对的个数。
- Collection values()：返回该 Map 中所有 value 组成的 Collection。

Map 接口提供了大量的实现类，典型的实现类有 HashMap 和 Hashtable 等、HashMap 的子类 LinkedHashMap、SortedMap 子接口及该接口的实现类 TreeMap，以及 WeakHashMap、IdentityHashMap 等。下面将详细介绍 Map 接口的实现类。

Map 中包括一个内部类 Entry，该类封装了一个 key-value 对。Entry 包含如下三个方法。

- Object getKey()：返回该 Entry 中包含的 key 值。
- Object getValue()：返回该 Entry 中包含的 value 值。
- Object setValue(V value)：设置该 Entry 中包含的 value 值，并返回新设置的 value 值。

Map 集合最典型的用法就是成对地添加、删除 key-value 对，接下来即可判断该 Map 中是否包含指定的 key、指定的 value，也可以通过 Map 提供的 keySet()方法获取所有 key 组成的集合，进而遍历 Map 中所有的 key-value 对。下面的程序示范了 Map 的基本功能。

程序清单：codes\08\8.6\MapTest.java

```
public class MapTest
{
    public static void main(String[] args)
    {
        var map = new HashMap();
        // 成对放入多个 key-value 对
        map.put("疯狂 Java 讲义", 109);
        map.put("疯狂 iOS 讲义", 10);
        map.put("疯狂 Ajax 讲义", 79);
        // 在多次放入的 key-value 对中 value 可以重复
        map.put("轻量级 Java EE 企业应用实战", 99);
        // 当放入重复的 key 时，新的 value 会覆盖原来的 value
        // 如果新的 value 覆盖了原来的 value，该方法将返回被覆盖的 value
        System.out.println(map.put("疯狂 iOS 讲义", 99)); // 输出 10
        System.out.println(map); // 输出的 Map 集合中包含 4 个 key-value 对
        // 判断是否包含指定的 key
        System.out.println("是否包含值为 疯狂 iOS 讲义 的 key："
            + map.containsKey("疯狂 iOS 讲义")); // 输出 true
        // 判断是否包含指定的 value
        System.out.println("是否包含值为 99 的 value："
            + map.containsValue(99)); // 输出 true
        // 获取 Map 集合中所有 key 组成的集合，通过遍历 key 来实现遍历所有的 key-value 对
        for (var key : map.keySet())
        {
            // map.get(key)方法获取指定 key 对应的 value
            System.out.println(key + "-->" + map.get(key));
        }
        map.remove("疯狂 Ajax 讲义"); // 根据 key 来删除 key-value 对
        System.out.println(map); // 输出结果中不再包含 疯狂 Ajax 讲义=79 的 key-value 对
    }
}
```

上面程序中前 5 行粗体字代码示范了向 Map 中成对地添加 key-value 对。在添加 key-value 对时，Map 允许多个 value 重复；但如果在添加 key-value 对时 Map 中已有重复的 key，那么新添加的 value 会覆盖该 key 原来对应的 value，该方法将会返回被覆盖的 value。

程序接下来的 2 行粗体字代码分别判断 Map 集合中是否包含指定的 key、指定的 value。程序中粗体字 foreach 循环用于遍历 Map 集合：程序先调用 Map 集合的 keySet()方法获取所有的 key，然后使用 foreach 循环来遍历 Map 中的所有 key，根据 key 即可遍历所有的 value。

HashMap 重写了 toString()方法，实际上所有的 Map 实现类都重写了 toString()方法，调用 Map 对象的 toString()方法总是返回{key1=value1,key2=value2...}格式的字符串。

8.6.1 与 Lambda 表达式相关的 Map 方法

Java 8 除了为 Map 增加了 remove(Object key, Object value)默认方法，还增加了如下与 Lambda 表达式相关的方法，这些方法都需要函数式接口作为参数，这就意味着可使用 Lambda 表达式作为参数。

- Object compute(Object key, BiFunction remappingFunction)：该方法使用 remappingFunction 根据原 key-value 对计算一个新 value。只要新 value 不为 null，就使用新 value 覆盖原 value；如果原 value 不为 null，但新 value 为 null，则删除原 key-value 对；如果原 value、新 value 同时为 null，那么该方法不改变任何 key-value 对，直接返回 null。
- Object computeIfAbsent(Object key, Function mappingFunction)：如果传给该方法的 key 参数在 Map 中对应的 value 为 null，则使用 mappingFunction 根据 key 计算一个新的结果；如果计算结果不为 null，则用该计算结果覆盖原 value。如果原 Map 中原来不包含该 key，那么该方法可能会添加一个 key-value 对。
- Object computeIfPresent(Object key, BiFunction remappingFunction)：如果传给该方法的 key 参数在 Map 中对应的 value 不为 null，该方法将使用 remappingFunction 根据原 key、value 计算一个新的结果；如果计算结果不为 null，则使用该结果覆盖原 value；如果计算结果为 null，则删除原 key-value 对。
- void forEach(BiConsumer action)：该方法是 Java 8 为 Map 新增的一个遍历 key-value 对的方法，通过该方法可以更简洁地遍历 Map 中的 key-value 对。
- Object getOrDefault(Object key, V defaultValue)：获取指定 key 对应的 value。如果该 key 不存在，则返回 defaultValue。
- Object merge(Object key, Object value, BiFunction remappingFunction)：该方法会先根据 key 参数获取该 Map 中对应的 value。如果获取的 value 为 null，则直接用传入的 value 覆盖原 value（在这种情况下，可能要添加一个 key-value 对）；如果获取的 value 不为 null，则使用 remappingFunction 函数根据原 value、新 value 计算一个新的结果，并用新得到的结果覆盖原 value。
- Object putIfAbsent(Object key, Object value)：该方法会自动检测指定 key 对应的 value 是否为 null，如果该 key 对应的 value 为 null，该方法将会用新 value 代替原来的 null 值。
- Object replace(Object key, Object value)：将 Map 中指定 key 对应的 value 替换成新 value。与传统 put()方法不同的是，该方法不可能添加新的 key-value 对。如果尝试替换的 key 在原 Map 中不存在，则该方法不会添加 key-value 对，而是返回 null。
- boolean replace(K key, V oldValue, V newValue)：将 Map 中指定 key-value 对的原 value 替换成新 value。如果在 Map 中找到指定的 key-value 对，则执行替换并返回 true，否则返回 false。
- replaceAll(BiFunction function)：该方法使用 BiFunction 对原 key-value 对执行计算，并将计算结果作为该 key-value 对的 value 值。

下面的程序示范了与 Lambda 表达式相关的 Map 方法的功能与用法。

程序清单：codes\08\8.6\MapTest2.java

```
public class MapTest2
{
    public static void main(String[] args)
    {
        var map = new HashMap();
        // 成对放入多个 key-value 对
```

```
        map.put("疯狂 Java 讲义", 109);
        map.put("疯狂 iOS 讲义", 99);
        map.put("疯狂 Ajax 讲义", 79);
        // 尝试替换 key 为"疯狂 XML 讲义"的 value，由于原 Map 中没有对应的 key
        // 因此 Map 没有改变，不会添加新的 key-value 对
        map.replace("疯狂 XML 讲义", 66);
        System.out.println(map);
        // 使用原 value 与传入的参数计算出来的结果覆盖原 value
        map.merge("疯狂 iOS 讲义", 10,
            (oldVal, param) -> (Integer) oldVal + (Integer) param);
        System.out.println(map); // "疯狂 iOS 讲义"的 value 增大了 10
        // 当 key 为"Java"对应的 value 为 null（或不存在）时，使用计算结果作为新 value
        map.computeIfAbsent("Java", key -> ((String) key).length());
        System.out.println(map); // 在 map 中添加了 Java=4 这个 key-value 对
        // 当 key 为"Java"对应的 value 存在时，使用计算结果作为新 value
        map.computeIfPresent("Java",
            (key, value) -> (Integer) value * (Integer) value);
        System.out.println(map); // 在 map 中 Java=4 变成 Java=16
    }
}
```

上面程序中的注释已经写得很清楚了，而且给出了每个方法的运行结果，读者可以结合这些方法的介绍文档来阅读该程序，从而掌握与 Lambda 表达式相关的 Map 方法的功能与用法。

8.6.2 改进的 HashMap 和 Hashtable 实现类

HashMap 和 Hashtable 都是 Map 接口的典型实现类，它们之间的关系完全类似于 ArrayList 和 Vector 的关系：Hashtable 是一个古老的 Map 实现类，它从 JDK 1.0 起就已经出现了，当时 Java 还没有提供 Map 接口，所以它包含了两个烦琐的方法，即 elements()（类似于 Map 接口定义的 values()方法）和 keys()（类似于 Map 接口定义的 keySet()方法），现在很少使用这两个方法（关于这两个方法的用法请参考 8.9 节）。

Java 8 改进了 HashMap 的实现，主要是在多个 key-value 对发生 key 冲突时使用红黑树来代替链表，因此 Java 8 之后的 HashMap 即使在存在 key 冲突时，也依然具有较好的性能。

此外，Hashtable 和 HashMap 存在两点典型区别。

- Hashtable 是一个线程安全的 Map 实现，而 HashMap 是一个线程不安全的实现，所以 HashMap 的性能比 Hashtable 的性能好一点；但如果有多个线程访问同一个 Map 对象，那么使用 Hashtable 实现类会更好。
- Hashtable 不允许使用 null 作为 key 和 value，如果试图把 null 值放进 Hashtable 中，将会引发 NullPointerException 异常；而 HashMap 可以使用 null 作为 key 或 value。

由于 HashMap 里的 key 不能重复，所以 HashMap 里最多只有一个 key-value 对的 key 为 null，但可以有无数多个 key-value 对的 value 为 null。下面的程序示范了使用 null 作为 HashMap 的 key 和 value 的情形。

程序清单：codes\08\8.6\NullInHashMap.java

```
public class NullInHashMap
{
    public static void main(String[] args)
    {
        var hm = new HashMap();
        // 试图将两个 key 为 null 的 key-value 对放入 HashMap 中
        hm.put(null, null);
        hm.put(null, null);    // ①
        // 将一个 value 为 null 的 key-value 对放入 HashMap 中
        hm.put("a", null);    // ②
        // 输出 Map 对象
```

```
        System.out.println(hm);
    }
}
```

上面的程序试图向 HashMap 中放入三个 key-value 对，其中①号粗体字代码无法将 key-value 对放入，因为 Map 中已经有一个 key-value 对的 key 为 null，所以无法再放入 key 为 null 的 key-value 对。②号代码可以放入该 key-value 对，因为一个 HashMap 中可以有多个 value 为 null。编译、运行上面的程序，将看到如下输出结果：

```
{null=null, a=null}
```

注意：

从 Hashtable 的类名上就可以看出它是一个古老的类，它的命名甚至没有遵守 Java 的命名规范：每个单词的首字母都应该大写。也许当初开发 Hashtable 的工程师也没有注意到这一点，后来大量 Java 程序中使用了 Hashtable 类，所以这个类名也就不能改为 HashTable 了，否则将导致大量程序需要改写。与 Vector 类似的是，尽量少用 Hashtable 实现类，即使需要创建线程安全的 Map 实现类，也无须使用 Hashtable 实现类，可以通过后面介绍的 Collections 工具类把 HashMap 变成线程安全的。

为了成功地在 HashMap、Hashtable 中存储、获取对象，用作 key 的对象必须实现 hashCode()方法和 equals()方法。

与 HashSet 集合不能保证元素的顺序一样，HashMap、Hashtable 也不能保证其中 key-value 对的顺序。类似于 HashSet，HashMap、Hashtable 判断两个 key 相等的标准是：两个 key 通过 equals()方法比较返回 true，两个 key 的 hashCode 值也相同。

此外，HashMap、Hashtable 中还包含一个 containsValue()方法，用于判断是否包含指定的 value。那么，HashMap、Hashtable 如何判断两个 value 相等呢？HashMap、Hashtable 判断两个 value 相等的标准更简单：只要两个对象通过 equals()方法比较返回 true 即可。下面的程序示范了 Hashtable 判断两个 key 相等的标准和两个 value 相等的标准。

程序清单：codes\08\8.6\HashtableTest.java

```
class A
{
    int count;
    public A(int count)
    {
        this.count = count;
    }
    // 根据 count 的值来判断两个对象是否相等
    public boolean equals(Object obj)
    {
        if (obj == this)
            return true;
        if (obj != null && obj.getClass() == A.class)
        {
            var a = (A) obj;
            return this.count == a.count;
        }
        return false;
    }
    // 根据 count 来计算 hashCode 值
    public int hashCode()
    {
        return this.count;
    }
}
class B
{
    // 重写 equals()方法，B 对象与任何对象通过 equals()方法比较都返回 true
```

```
    public boolean equals(Object obj)
    {
        return true;
    }
}
public class HashtableTest
{
    public static void main(String[] args)
    {
        var ht = new Hashtable();
        ht.put(new A(60000) , "疯狂 Java 讲义");
        ht.put(new A(87563) , "轻量级 Java EE 企业应用实战");
        ht.put(new A(1232) , new B());
        System.out.println(ht);
        // 只要两个对象通过 equals()方法比较返回 true
        // Hashtable 就认为它们是相等的 value
        // 由于 Hashtable 中有一个 B 对象
        // 它与任何对象通过 equals()方法比较都相等，所以下面输出 true
        System.out.println(ht.containsValue("测试字符串")); // ① 输出 true
        // 只要两个 A 对象的 count 相等，它们通过 equals()方法比较返回 true，且 hashCode 值相同
        // Hashtable 即认为它们是相同的 key，所以下面输出 true
        System.out.println(ht.containsKey(new A(87563))); // ② 输出 true
        // 下面的代码可以删除最后一个 key-value 对
        ht.remove(new A(1232));    // ③
        System.out.println(ht);
    }
}
```

上面程序中定义了 A 类和 B 类，其中 A 类判断两个 A 对象相等的标准是 count 实例变量：如果两个 A 对象的 count 变量相等，则通过 equals()方法比较它们返回 true，它们的 hashCode 值也相同；而 B 对象则可以与任何对象相等。

Hashtable 判断 value 相等的标准是：value 与另一个对象通过 equals()方法比较返回 true 即可。上面程序中的 ht 对象中包含了一个 B 对象，它与任何对象通过 equals()方法比较总是返回 true，所以在①号粗体字代码处返回 true。在这种情况下，不管传给 ht 对象的 containsValue()方法参数是什么，程序总是返回 true。

根据 Hashtable 判断两个 key 相等的标准，程序在②号粗体字代码处也将输出 true，因为两个 A 对象虽然不是同一个对象，但它们通过 equals()方法比较返回 true，且 hashCode 值相同，Hashtable 即认为它们是同一个 key。与之类似的是，程序在③号粗体字代码处可以删除对应的 key-value 对。

注意：

当使用自定义类作为 HashMap、Hashtable 的 key 时，如果重写该类的 equals(Object obj)和 hashCode()方法，则应该保证两个方法的判断标准一致——当两个 key 通过 equals()方法比较返回 true 时，两个 key 的 hashCode()返回值也应该相同。因为 HashMap、Hashtable 保存 key 的方式与 HashSet 保存集合元素的方式完全相同，所以 HashMap、Hashtable 对 key 的要求与 HashSet 对集合元素的要求完全相同。

与 HashSet 类似的是，如果使用可变对象作为 HashMap、Hashtable 的 key，并且程序修改了作为 key 的可变对象，则也可能出现与 HashSet 类似的情形：程序再也无法准确访问到 Map 中被修改过的 key。看下面的程序。

程序清单：codes\08\8.6\HashMapErrorTest.java

```
public class HashMapErrorTest
{
    public static void main(String[] args)
    {
        var ht = new HashMap();
        // 此处的 A 类与前一个程序中的 A 类是同一个类
```

```
        ht.put(new A(60000), "疯狂 Java 讲义");
        ht.put(new A(87563), "轻量级 Java EE 企业应用实战");
        // 获得 Hashtable 的 key Set 集合对应的 Iterator 迭代器
        var it = ht.keySet().iterator();
        // 取出 Map 中第一个 key，并修改它的 count 值
        var first = (A) it.next();
        first.count = 87563;   // ①
        // 输出{A@1560b=疯狂 Java 讲义, A@1560b=轻量级 Java EE 企业应用实战}
        System.out.println(ht);
        // 只能删除没有被修改过的 key 所对应的 key-value 对
        ht.remove(new A(87563));
        System.out.println(ht);
        // 无法获取剩下的 value，下面两行代码都将输出 null
        System.out.println(ht.get(new A(87563)));   // ② 输出 null
        System.out.println(ht.get(new A(60000)));   // ③ 输出 null
    }
}
```

该程序使用了前一个程序中定义的 A 类实例作为 key，而 A 对象是可变对象。当程序在①号粗体字代码处修改了 A 对象后，实际上修改的是 HashMap 集合中元素的 key，这就导致该 key 不能被准确访问。当程序试图删除 count 为 87563 的 A 对象时，只能删除没被修改的 key 所对应的 key-value 对。程序中②号和③号代码都不能访问"疯狂 Java 讲义"字符串，这都是因为其对应的 key 被修改过。

注意：

与 HashSet 类似的是，尽量不要使用可变对象作为 HashMap、Hashtable 的 key；如果确实需要使用可变对象作为 HashMap、Hashtable 的 key，则不要在程序中修改作为 key 的可变对象。

8.6.3 LinkedHashMap 实现类

HashSet 有一个 LinkedHashSet 子类，HashMap 也有一个 LinkedHashMap 子类；LinkedHashMap 也使用双向链表来维护 key-value 对的顺序（其实只需要考虑 key 的顺序），该链表负责维护 Map 的迭代顺序，迭代顺序与 key-value 对的插入顺序保持一致。

LinkedHashMap 可以避免对 HashMap、Hashtable 里的 key-value 对进行排序（只要在插入 key-value 对时保持顺序即可），同时又可避免使用 TreeMap 所增加的成本。

LinkedHashMap 需要维护元素的插入顺序，因此其性能比 HashMap 的性能略差；但因为它以链表来维护内部顺序，所以在迭代访问 Map 里的全部元素时将有较好的性能。下面的程序示范了 LinkedHashMap 的功能：当迭代输出 LinkedHashMap 的元素时，将会按添加 key-value 对的顺序输出。

程序清单：codes\08\8.6\LinkedHashMapTest.java

```
public class LinkedHashMapTest
{
    public static void main(String[] args)
    {
        var scores = new LinkedHashMap();
        scores.put("语文", 80);
        scores.put("英文", 82);
        scores.put("数学", 76);
        // 调用 forEach()方法遍历 scores 中所有的 key-value 对
        scores.forEach((key, value) -> System.out.println(key + "-->" + value));
    }
}
```

上面程序中最后一行代码使用 Java 8 为 Map 新增的 forEach()方法来遍历 Map 集合。编译、运行上面的程序，即可看到 LinkedHashMap 的功能：LinkedHashMap 可以记住 key-value 对的添加顺序。

8.6.4 使用 Properties 读/写属性文件

Properties 类是 Hashtable 类的子类，正如它的名字所暗示的，该对象在处理属性文件时特别方便（Windows 操作平台上的 ini 文件就是一种属性文件）。Properties 类可以把 Map 对象和属性文件关联起来，从而可以把 Map 对象中的 key-value 对写入属性文件中，也可以把属性文件中的“属性名=属性值”加载到 Map 对象中。由于属性文件里的属性名、属性值只能是字符串类型，所以 Properties 中的 key、value 都是字符串类型。该类提供了如下三个方法来修改 Properties 中的 key、value。

提示：

Properties 相当于一个 key、value 都是 String 类型的 Map。

- String getProperty(String key)：获取 Properties 中指定属性名对应的属性值，类似于 Map 的 get(Object key)方法。
- String getProperty(String key, String defaultValue)：该方法与前一个方法基本相似。该方法多一个功能——如果 Properties 中不存在指定的 key，则该方法指定默认值。
- Object setProperty(String key, String value)：设置属性值，类似于 Hashtable 的 put()方法。

此外，该类还提供了两个读/写属性文件的方法。

- void load(InputStream inStream)：从属性文件（以输入流表示）中加载 key-value 对，把加载的 key-value 对追加到 Properties 中（Properties 是 Hashtable 的子类，它不保证 key-value 对之间的次序）。
- void store(OutputStream out, String comments)：将 Properties 中的 key-value 对输出到指定的属性文件（以输出流表示）中。

提示：

上面两个方法中使用了 InputStream 类和 OutputStream 类，它们是 Java IO 体系中的两个基类，关于这两个类的详细介绍请参考第 15 章。

程序清单：codes\08\8.6\PropertiesTest.java

```
public class PropertiesTest
{
    public static void main(String[] args)
        throws Exception
    {
        var props = new Properties();
        // 向 Properties 中添加属性
        props.setProperty("username", "yeeku");
        props.setProperty("password", "123456");
        // 将 Properties 中的 key-value 对保存到 a.ini 文件中
        props.store(new FileOutputStream("a.ini"),
            "comment line");   // ①
        // 新建一个 Properties 对象
        var props2 = new Properties();
        // 向 Properties 中添加属性
        props2.setProperty("gender", "male");
        // 将 a.ini 文件中的 key-value 对追加到 props2 中
        props2.load(new FileInputStream("a.ini"));   // ②
        System.out.println(props2);
    }
}
```

上面的程序示范了 Properties 类的用法，其中①号粗体字代码将 Properties 对象中的 key-value 对写入 a.ini 文件中；②号粗体字代码则从 a.ini 文件中读取 key-value 对，并添加到 props2 对象中。编译、运行上面的程序，该程序输出结果如下：

```
{password=123456, gender=male, username=yeeku}
```

上面的程序还在当前路径下生成了一个a.ini文件，该文件的内容如下：

```
#comment line
#Mon Feb 14 18:09:58 EST 2022
password=123456
username=yeeku
```

Properties可以把key-value对以XML文件的形式保存起来，也可以从XML文件中加载key-value对，用法与此类似，此处不再赘述。

8.6.5 Java 17 增强的TreeMap实现类

正如Set接口派生出SortedSet子接口、SortedSet接口有一个TreeSet实现类一样，Map接口也派生出一个SortedMap子接口，SortedMap接口也有一个TreeMap实现类。

TreeMap就是一个红黑树数据结构，每个key-value对即作为红黑树的一个节点。TreeMap在存储key-value对（节点）时，需要根据key对节点进行排序。TreeMap可以保证所有的key-value对处于有序状态。TreeMap也有两种排序方式。

- 自然排序：TreeMap的所有key必须实现Comparable接口，而且所有的key应该是同一个类的对象，否则将会抛出ClassCastException异常。
- 定制排序：在创建TreeMap时，传入一个Comparator对象，该对象负责对TreeMap中的所有key进行排序。采用定制排序时，不要求Map的key实现Comparable接口。

类似于TreeSet中判断两个元素相等的标准，TreeMap中判断两个key相等的标准是：两个key通过compareTo()方法返回0，TreeMap即认为这两个key是相等的。

如果使用自定义类作为TreeMap的key，且想让TreeMap工作良好，那么在重写该类的equals()方法和compareTo()方法时应保持一致的返回结果：当两个key通过equals()方法比较返回true时，它们通过compareTo()方法比较应该返回0。如果equals()方法与compareTo()方法的返回结果不一致，那么TreeMap与Map接口的规则就会发生冲突。

注意：

再次强调：Set和Map的关系十分密切，Java源码就是先实现了HashMap、TreeMap等集合，然后通过包装一个所有value都为空对象的Map集合实现了Set集合类的。

与TreeSet类似的是，TreeMap中也提供了一系列根据key顺序访问key-value对的方法。

- Map.Entry firstEntry()：返回该Map中最小key所对应的key-value对。如果该Map为空，则返回null。
- Object firstKey()：返回该Map中的最小key值。如果该Map为空，则返回null。
- Map.Entry lastEntry()：返回该Map中最大key所对应的key-value对。如果该Map为空或不存在这样的key-value对，则返回null。
- Object lastKey()：返回该Map中的最大key值。如果该Map为空或不存在这样的key，则返回null。
- Map.Entry higherEntry(Object key)：返回该Map中位于key后一位的key-value对（即大于指定key的最小key所对应的key-value对）。如果该Map为空，则返回null。
- Object higherKey(Object key)：返回该Map中位于key后一位的key值（即大于指定key的最小key值）。如果该Map为空或不存在这样的key-value对，则返回null。
- Map.Entry lowerEntry(Object key)：返回该Map中位于key前一位的key-value对（即小于指定key的最大key所对应的key-value对）。如果该Map为空或不存在这样的key-value对，则返回null。
- Object lowerKey(Object key)：返回该Map中位于key前一位的key值（即小于指定key的最大

key 值)。如果该 Map 为空或不存在这样的 key，则返回 null。

- NavigableMap subMap(Object fromKey, boolean fromInclusive, Object toKey, boolean toInclusive)：返回该 Map 的子 Map，其 key 的范围是从 fromKey（是否包含取决于第二个参数）到 toKey（是否包含取决于第四个参数）。
- SortedMap subMap(Object fromKey, Object toKey)：返回该 Map 的子 Map，其 key 的范围是从 fromKey（包含）到 toKey（不包含）。
- SortedMap tailMap(Object fromKey)：返回该 Map 的子 Map，其 key 的范围是大于 fromKey（包含）的所有 key。
- NavigableMap tailMap(Object fromKey, boolean inclusive)：返回该 Map 的子 Map，其 key 的范围是大于 fromKey（是否包含取决于第二个参数）的所有 key。
- SortedMap headMap(Object toKey)：返回该 Map 的子 Map，其 key 的范围是小于 toKey（不包含）的所有 key。
- NavigableMap headMap(Object toKey, boolean inclusive)：返回该 Map 的子 Map，其 key 的范围是小于 toKey（是否包含取决于第二个参数）的所有 key。

提示：

表面上看，这些方法很复杂，其实它们很简单。因为 TreeMap 中的 key-value 对是有序的，所以增加了访问第一个、前一个、后一个、最后一个 key-value 对的方法，并提供了几个从 TreeMap 中截取子 TreeMap 的方法。

下面以自然排序为例，介绍 TreeMap 的基本用法。

程序清单：codes\08\8.6\TreeMapTest.java

```
class R implements Comparable
{
    int count;
    public R(int count)
    {
        this.count = count;
    }
    public String toString()
    {
        return "R[count:" + count + "]";
    }
    // 根据 count 来判断两个对象是否相等
    public boolean equals(Object obj)
    {
        if (this == obj)
            return true;
        if (obj != null && obj.getClass() == R.class)
        {
            var r = (R) obj;
            return r.count == this.count;
        }
        return false;
    }
    // 根据 count 属性值来判断两个对象的大小
    public int compareTo(Object obj)
    {
        var r = (R) obj;
        return count > r.count ? 1 :
            count < r.count ? -1 : 0;
    }
}
public class TreeMapTest
{
    public static void main(String[] args)
    {
        var tm = new TreeMap();
```

```
        tm.put(new R(3), "轻量级 Java EE 企业应用实战");
        tm.put(new R(-5), "疯狂 Java 讲义");
        tm.put(new R(9), "疯狂 Android 讲义");
        System.out.println(tm);
        // 返回该 TreeMap 的第一个 Entry 对象
        System.out.println(tm.firstEntry());
        // 返回该 TreeMap 的最后一个 key 值
        System.out.println(tm.lastKey());
        // 返回该 TreeMap 的比 new R(2)大的最小 key 值
        System.out.println(tm.higherKey(new R(2)));
        // 返回该 TreeMap 的比 new R(2)小的最大 key-value 对
        System.out.println(tm.lowerEntry(new R(2)));
        // 返回该 TreeMap 的子 TreeMap
        System.out.println(tm.subMap(new R(-1), new R(4)));
    }
}
```

上面程序中定义了一个 R 类，该类重写了 equals()方法，并实现了 Comparable 接口，所以可以使用该 R 对象作为 TreeMap 的 key，该 TreeMap 使用自然排序。运行上面的程序，将看到如下运行结果：

```
{R[count:-5]=疯狂 Java 讲义, R[count:3]=轻量级 Java EE 企业应用实战, R[count:9]=疯狂
Android 讲义}
R[count:-5]=疯狂 Java 讲义
R[count:9]
R[count:3]
R[count:-5]=疯狂 Java 讲义
{R[count:3]=轻量级 Java EE 企业应用实战}
```

Java 17 改进了 TreeMap 的 putIfAbsent、computeIfAbsent、computeIfPresent、compute 和 merge 方法的实现：原来的这些方法需要遍历两次底层的红黑树，改进后的这些方法只需遍历一次底层的红黑树，因此它们能显著地提升 TreeMap 的性能。

重新实现的这些以 compute 开头的方法、merge 方法不允许修改 TreeMap，否则将会引发并发修改异常（ConcurrentModificationException）。如下程序示范了这些方法的特性。

程序清单：codes\08\8.6\TreeMapTest2.java

```
public class TreeMapTest2
{
    public static void main(String[] args)
    {
        var tm = new TreeMap();
        tm.put("疯狂 Java 讲义", 139.0);
        tm.put("轻量级 Java Web 企业应用实战", 128.0);
        tm.put("疯狂 Spring Boot 终极讲义", 169.0);
        // 为特定的 key-value 重设 value
        tm.computeIfPresent("疯狂 Java 讲义", (key, value) -> {
            double doubleVal = (double) value;
            return (doubleVal > 130) ? doubleVal * 0.8 : doubleVal * 0.9;
        });
        System.out.println(tm);
        // 下面的代码会引发异常
        tm.computeIfAbsent("疯狂 iOS 讲义", (key) -> {
            // 修改 Map
            tm.put("疯狂 Python 讲义", 129.0); // ①
            return 103.3;
        });
    }
}
```

上面程序中第一段粗体字代码调用 computeIfPresent()方法仅修改了指定的 key-value 对，这是合法的，而且 Java 17 为该方法提供了新的实现，具有更好的性能。

上面程序中①号粗体字代码在调用 computeIfAbsent()方法时修改了 Map，因此这行代码将会引发并发修改异常。

8.6.6 WeakHashMap 实现类

WeakHashMap 与 HashMap 的用法基本相似。其与 HashMap 的区别在于，HashMap 的 key 保留了对实际对象的强引用，这意味着只要该 HashMap 对象不被销毁，该 HashMap 的所有 key 所引用的对象就不会被垃圾回收，HashMap 也不会自动删除这些 key 所对应的 key-value 对；但 WeakHashMap 的 key 只保留了对实际对象的弱引用，这意味着如果 WeakHashMap 对象的 key 所引用的对象没有被其他强引用变量所引用，则这些 key 所引用的对象可能被垃圾回收，WeakHashMap 也可能自动删除这些 key 所对应的 key-value 对。

WeakHashMap 中的每个 key 对象只持有对实际对象的弱引用，因此，当垃圾回收了该 key 所对应的实际对象之后，WeakHashMap 会自动删除该 key 对应的 key-value 对。看如下程序。

程序清单：codes\08\8.6\WeakHashMapTest.java

```
public class WeakHashMapTest
{
    public static void main(String[] args)
    {
        var whm = new WeakHashMap();
        // 向 WeakHashMap 中添加 3 个 key-value 对
        // 3 个 key 都是匿名字符串对象（没有其他引用）
        whm.put(new String("语文"), new String("良好"));
        whm.put(new String("数学"), new String("及格"));
        whm.put(new String("英文"), new String("中等"));
        // 向 WeakHashMap 中添加一个 key-value 对
        // 该 key 是一个系统缓存的字符串对象
        whm.put("java", new String("中等"));    // ①
        // 输出 whm 对象，将看到 4 个 key-value 对
        System.out.println(whm);
        // 通知系统立即进行垃圾回收
        System.gc();
        System.runFinalization();
        // 在通常情况下，将只看到一个 key-value 对
        System.out.println(whm);
    }
}
```

编译、运行上面的程序，将看到如下运行结果：

```
{英文=中等, java=中等, 数学=及格, 语文=良好}
{java=中等}
```

从上面的运行结果可以看出，当系统进行垃圾回收时，删除了 WeakHashMap 对象的前 3 个 key-value 对。这是因为在添加前 3 个 key-value 对（粗体字部分）时，这 3 个 key 都是匿名的字符串对象，WeakHashMap 只保留了对它们的弱引用，这样垃圾回收时会自动删除这 3 个 key-value 对。

WeakHashMap 对象中第 4 个 key-value 对（①号粗体字代码）的 key 是一个字符串直接量（系统会使用缓冲池保留对该字符串对象的强引用），所以垃圾回收时不会回收它。

如果需要使用 WeakHashMap 的 key 来保留对对象的弱引用，则不要让该 key 所引用的对象具有任何强引用，否则将失去使用 WeakHashMap 的意义。

8.6.7 IdentityHashMap 实现类

IdentityHashMap 实现类的实现机制与 HashMap 基本相似，但它在处理两个 key 相等时比较独特：在 IdentityHashMap 中，当且仅当两个 key 严格相等（key1 == key2）时，IdentityHashMap 才认为两个 key 相等；对于普通的 HashMap 而言，只要 key1 和 key2 通过 equals()方法比较返回 true，且它们的 hashCode 值相同即可。

注意：

IdentityHashMap 是一个特殊的 Map 实现类！此类在实现 Map 接口时，它有意违反 Map 的通常规范：IdentityHashMap 要求两个 key 严格相等时才认为两个 key 相等。

IdentityHashMap 提供了与 HashMap 基本相似的方法，也允许使用 null 作为 key 和 value。与 HashMap 相似：IdentityHashMap 也不保证 key-value 对之间的顺序，更不能保证它们的顺序随时间的推移保持不变。

程序清单：codes\08\8.6\IdentityHashMapTest.java

```
public class IdentityHashMapTest
{
    public static void main(String[] args)
    {
        var ihm = new IdentityHashMap();
        // 下面两行代码将会向 IdentityHashMap 对象中添加两个 key-value 对
        ihm.put(new String("语文"), 89);
        ihm.put(new String("语文"), 78);
        // 下面两行代码只会向 IdentityHashMap 对象中添加一个 key-value 对
        ihm.put("java", 93);
        ihm.put("java", 98);
        System.out.println(ihm);
    }
}
```

编译、运行上面的程序，将看到如下运行结果：

```
{java=98, 语文=78, 语文=89}
```

上面的程序试图向 IdentityHashMap 对象中添加 4 个 key-value 对，前两个 key-value 对中的 key 是新创建的字符串对象，它们通过==比较不相等，所以 IdentityHashMap 会把它们当成两个 key 来处理；后两个 key-value 对中的 key 都是字符串直接量，而且它们的字符序列完全相同，Java 使用常量池来管理字符串直接量，所以它们通过==比较返回 true，IdentityHashMap 会认为它们是同一个 key，因此只有一次可以添加成功。

8.6.8 EnumMap 实现类

EnumMap 是一个与枚举类一起使用的 Map 实现类，EnumMap 中的所有 key 都必须是单个枚举类的枚举值。在创建 EnumMap 时，必须显式或隐式指定它对应的枚举类。EnumMap 具有如下特征。

- EnumMap 在内部以数组形式保存，所以这种实现形式非常紧凑、高效。
- EnumMap 根据 key 的自然顺序（即枚举值在枚举类中的定义顺序）来维护 key-value 对的顺序。当程序通过 keySet()、entrySet()、values()等方法遍历 EnumMap 时，可以看到这种顺序。
- EnumMap 不允许使用 null 作为 key，但允许使用 null 作为 value。如果试图使用 null 作为 key，则将抛出 NullPointerException 异常。如果只是查询是否包含值为 null 的 key，或只是删除值为 null 的 key，则不会抛出异常。

与创建普通的 Map 有所区别的是，在创建 EnumMap 时必须指定一个枚举类，从而将该 EnumMap 与指定的枚举类关联起来。

下面的程序示范了 EnumMap 的用法。

程序清单：codes\08\8.6\EnumMapTest.java

```
enum Season
{
    SPRING, SUMMER, FALL, WINTER
}
public class EnumMapTest
{
```

```
    public static void main(String[] args)
    {
        // 创建 EnumMap 对象，该 EnumMap 的所有 key 都是 Season 枚举类的枚举值
        var enumMap = new EnumMap(Season.class);
        enumMap.put(Season.SUMMER, "夏日炎炎");
        enumMap.put(Season.SPRING, "春暖花开");
        System.out.println(enumMap);
    }
}
```

上面程序中创建了一个 EnumMap 对象，在创建该 EnumMap 对象时指定它的 key 只能是 Season 枚举类的枚举值。如果向该 EnumMap 中添加两个 key-value 对，这两个 key-value 对将会以 Season 枚举值的自然顺序排序。

编译、运行上面的程序，将看到如下运行结果：

```
{SPRING=春暖花开, SUMMER=夏日炎炎}
```

8.6.9　各 Map 实现类的性能分析

对于 Map 的常用实现类而言，虽然 HashMap 和 Hashtable 的实现机制几乎一样，但由于 Hashtable 是一个古老的、线程安全的集合，因此 HashMap 通常比 Hashtable 要快。

TreeMap 通常比 HashMap、Hashtable 要慢（尤其在插入、删除 key-value 对时更慢），因为 TreeMap 底层采用红黑树来管理 key-value 对（红黑树的每个节点都是一个 key-value 对）。

使用 TreeMap 有一个好处：TreeMap 中的 key-value 对总是处于有序状态，无须专门进行排序操作。当 TreeMap 被填充之后，就可以调用 keySet()方法，获得由 key 组成的 Set，然后使用 toArray()方法生成 key 的数组，接下来使用 Arrays 的 binarySearch()方法在已排序的数组中快速地查询对象。

对于一般的应用场景，程序应该多考虑使用 HashMap，因为 HashMap 正是为快速查询设计的（HashMap 底层其实也是采用数组来存储 key-value 对的）。但如果程序需要一个总是排序好的 Map，则可以考虑使用 TreeMap。

LinkedHashMap 比 HashMap 慢一点，因为它需要维护链表来保持 Map 中 key-value 对的添加顺序。IdentityHashMap 的性能没有特别出色之处，因为它采用与 HashMap 基本相似的实现，只是它使用==而不是 equals()方法来判断元素相等。EnumMap 的性能最好，但它只能使用同一个枚举类的枚举值作为 key。

8.7　HashSet 和 HashMap 的性能选项

对于 HashSet 及其子类而言，它们采用 hash 算法来决定集合中元素的存储位置，并通过 hash 算法来控制集合的大小；对于 HashMap、Hashtable 及其子类而言，它们采用 hash 算法来决定 Map 中 key 的存储，并通过 hash 算法来增加 key 集合的大小。

在 hash 表中可以存储元素的位置被称为“桶（bucket）”。在通常情况下，单个“桶”里存储一个元素，此时有最好的性能：hash 算法可以根据 hashCode 值计算出“桶”的存储位置，然后从“桶”中取出元素。但 hash 表的状态是 open：在发生“hash 冲突”的情况下，单个“桶”会存储多个元素，这些元素以链表或红黑树的形式存储，此时就需要按顺序或按红黑树规则来检索元素。如图 8.8 所示是在 hash 表中存储各元素且发生“hash 冲突”的示意图。

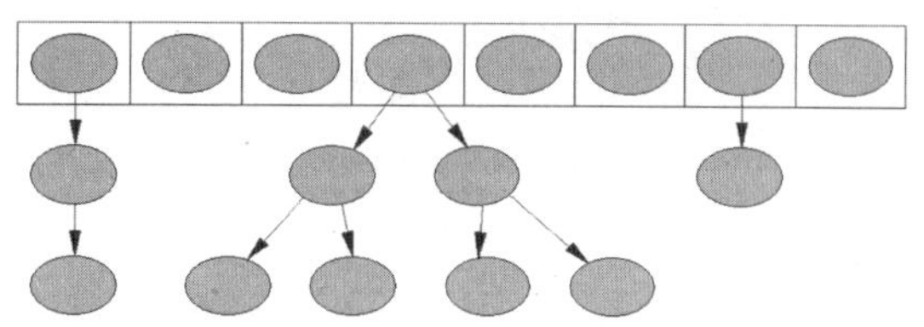

图 8.8　在 hash 表中存储各元素且发生“hash 冲突”的示意图

提示：

当 hash 表发生桶冲突时，早期的 HashMap 实现在发生冲突的“桶”位置只会使用链表来存储多个元素；从 Java 8 开始，HashMap 改变了这种实现，当某个“桶”位置处链表上的元素达到 8 个时，HashMap 会自动将该“桶”位置处的链表改成红黑树，从而提高该“桶”位置处元素的检索效率；反过来，当某个“桶”位置处红黑树中的元素小于 6 个时，HashMap 又会自动将该“桶”位置处的红黑树变成链表。从这个意义上来说，Java 8 之后的 HashMap 已变成 hash 表和红黑树的混合体。

因为 HashSet 和 HashMap、Hashtable 都使用 hash 算法来决定其元素（HashMap 则只考虑 key）的存储，因此 HashSet、HashMap 的 hash 表包含如下属性。

- 容量（capacity）：hash 表中桶的数量。
- 初始化容量（initial capacity）：在创建 hash 表时桶的数量。HashMap 和 HashSet 都允许在构造器中指定初始化容量。
- 尺寸（size）：当前 hash 表中记录的数量。
- 负载因子（load factor）：负载因子等于“尺寸/容量”。负载因子为 0，表示空的 hash 表；负载因子为 0.5，表示半满的 hash 表，依此类推。轻负载的 hash 表具有冲突少、适宜插入与查询的特点（但是使用 Iterator 迭代元素时比较慢）。

此外，hash 表还有一个“负载极限”，它是一个 0~1 的数值，它决定了 hash 表的最大填满程度。当 hash 表的负载因子达到指定的“负载极限”时，hash 表会自动成倍地增加容量（桶的数量），并将原有的对象重新分配，放入新的桶内，这称为 rehashing。

HashSet 和 HashMap、Hashtable 的构造器允许指定一个负载极限，HashSet 和 HashMap、Hashtable 默认的“负载极限”为 0.75，这表明当该 hash 表的 3/4 已经被填满时，hash 表会发生 rehashing。

“负载极限”的默认值（0.75）是时间和空间成本上的一种折中：较高的“负载极限”可以降低 hash 表所占用的内存空间，但会增加查询数据的时间开销，而查询是最频繁的操作（HashMap 的 get()与 put()方法都要用到查询）；较低的“负载极限”会提高查询数据的性能，但会增加 hash 表所占用的内存开销。程序员可以根据实际情况来调整 HashSet 和 HashMap 的“负载极限”值。

如果开始就知道 HashSet 和 HashMap、Hashtable 会保存很多记录，则可以在创建时就使用较大的初始化容量；如果初始化容量始终大于 HashSet 和 HashMap、Hashtable 所包含的最大记录数除以“负载极限”值，就不会发生 rehashing。当使用足够大的初始化容量创建 HashSet 和 HashMap、Hashtable 时，可以更高效地增加记录，但将初始化容量设置得太高可能会浪费空间，因此通常不要将初始化容量设置得过高。

8.8 操作集合的工具类：Collections

Java 提供了一个操作 Set、List 和 Map 等集合的工具类：Collections，该工具类中提供了大量的方法来对集合元素进行排序、查询和修改等操作，还提供了将集合对象设置为不可变、对集合对象实现同步控制等的方法。

8.8.1 排序操作

Collections 提供了如下常用的类方法来对 List 集合元素进行排序。

- void reverse(List list)：反转指定 List 集合中元素的顺序。
- void shuffle(List list)：对 List 集合元素进行随机排序（shuffle 方法模拟了“洗牌”动作）。
- void sort(List list)：根据元素的自然顺序对指定 List 集合中的元素按升序进行排列。
- void sort(List list, Comparator c)：根据指定 Comparator 产生的顺序对 List 集合元素进行排列。
- void swap(List list, int i, int j)：将指定 List 集合中的 i 处元素和 j 处元素进行交换。

➢ void rotate(List list, int distance)：当 distance 为正数时，将 list 集合中后 distance 个元素"整体"移到前面；当 distance 为负数时，将 list 集合中前 distance 个元素"整体"移到后面。该方法不会改变集合的长度。

下面的程序简单示范了利用 Collections 工具类来操作 List 集合。

程序清单：codes\08\8.8\SortTest.java

```
public class SortTest
{
    public static void main(String[] args)
    {
        var nums = new ArrayList();
        nums.add(2);
        nums.add(-5);
        nums.add(3);
        nums.add(0);
        System.out.println(nums); // 输出：[2, -5, 3, 0]
        Collections.reverse(nums); // 将 List 集合元素的次序反转
        System.out.println(nums); // 输出：[0, 3, -5, 2]
        Collections.sort(nums); // 将 List 集合元素按自然顺序排列
        System.out.println(nums); // 输出：[-5, 0, 2, 3]
        Collections.shuffle(nums); // 将 List 集合元素按随机顺序排列
        System.out.println(nums); // 每次输出的次序不固定
    }
}
```

上面的程序示范了 Collections 类常用的排序操作。下面通过编写一个梭哈游戏来演示 List 集合、Collections 工具类的强大功能。

程序清单：codes\08\8.8\ShowHand.java

```
public class ShowHand
{
    // 定义该游戏最多支持多少个玩家
    private final int PLAY_NUM = 5;
    // 定义扑克牌的所有花色和数值
    private String[] types = {"方块", "草花", "红心", "黑桃"};
    private String[] values = {"2", "3", "4", "5",
        "6", "7", "8", "9", "10",
        "J", "Q", "K", "A"};
    // cards 是一局游戏中剩下的扑克牌
    private List<String> cards = new LinkedList<>();
    // 定义所有的玩家
    private String[] players = new String[PLAY_NUM];
    // 所有玩家手上的扑克牌
    private List<String>[] playersCards = new List[PLAY_NUM];
    /**
     * 初始化扑克牌，放入 52 张扑克牌
     * 并且使用 shuffle 方法将它们按随机顺序排列
     */
    public void initCards()
    {
        for (var i = 0; i < types.length; i++)
        {
            for (var j = 0; j < values.length; j++)
            {
                cards.add(types[i] + values[j]);
            }
        }
        // 随机排列
        Collections.shuffle(cards);
    }
    /**
     * 初始化玩家，为每个玩家分派用户名
     */
    public void initPlayer(String... names)
```

```
{
    if (names.length > PLAY_NUM || names.length < 2)
    {
        // 校验玩家数量，此处使用异常机制更合理
        System.out.println("玩家数量不对");
        return;
    }
    else
    {
        // 初始化玩家用户名
        for (var i = 0; i < names.length; i++)
        {
            players[i] = names[i];
        }
    }
}
/**
 * 初始化玩家手上的扑克牌，开始游戏时每个玩家手上的扑克牌为空
 * 程序使用一个长度为 0 的 LinkedList 来表示
 */
public void initPlayerCards()
{
    for (var i = 0; i < players.length; i++)
    {
        if (players[i] != null && !players[i].equals(""))
        {
            playersCards[i] = new LinkedList<String>();
        }
    }
}
/**
 * 输出全部扑克牌，该方法没有实际作用，仅用于测试
 */
public void showAllCards()
{
    for (var card : cards )
    {
        System.out.println(card);
    }
}
/**
 * 派扑克牌
 * @param first 最先派给谁
 */
public void deliverCard(String first)
{
    // 调用 ArrayUtils 工具类的 search 方法
    // 查询出指定元素在数组中的索引
    int firstPos = ArrayUtils.search(players, first);
    // 依次给位于该指定玩家之后的每个玩家派扑克牌
    for (var i = firstPos; i < PLAY_NUM; i++)
    {
        if (players[i] != null)
        {
            playersCards[i].add(cards.get(0));
            cards.remove(0);
        }
    }
    // 依次给位于该指定玩家之前的每个玩家派扑克牌
    for (var i = 0; i < firstPos; i++)
    {
        if (players[i] != null)
        {
            playersCards[i].add(cards.get(0));
            cards.remove(0);
        }
    }
}
/**
```

```
     * 输出玩家手上的扑克牌
     * 在实现该方法时，应该控制每个玩家看不到别人的第一张牌，但此处没有增加该功能
     */
    public void showPlayerCards()
    {
        for (var i = 0; i < PLAY_NUM; i++)
        {
            // 当该玩家不为空时
            if (players[i] != null)
            {
                // 输出玩家
                System.out.print(players[i] + " :  " );
                // 遍历输出玩家手上的扑克牌
                for (var card : playersCards[i])
                {
                    System.out.print(card + "\t");
                }
            }
            System.out.print("\n");
        }
    }
    public static void main(String[] args)
    {
        var sh = new ShowHand();
        sh.initPlayer("电脑玩家", "孙悟空");
        sh.initCards();
        sh.initPlayerCards();
        // 下面测试所有扑克牌，没有实际作用
        sh.showAllCards();
        System.out.println("---------------");
        // 下面从"孙悟空"开始派牌
        sh.deliverCard("孙悟空");
        sh.showPlayerCards();
        /*
        这个地方需要增加处理：
        1. 牌面最大的玩家下注
        2. 其他玩家是否跟注
        3. 游戏是否只剩一个玩家？如果是，则他胜利了
        4. 如果已经是最后一张扑克牌，则需要比较剩下的玩家的牌面大小
        */
        // 再次从“电脑玩家”开始派牌
        sh.deliverCard("电脑玩家");
        sh.showPlayerCards();
    }
}
```

与五子棋游戏类似的是，这个程序也没有写完，读者可以参考该程序的思路把这个游戏补充完整。这个程序还使用了另一个工具类：ArrayUtils，这个工具类的代码被保存在 codes\08\8.8\ArrayUtils.java 文件中，读者可参考本书配套资料中的代码。

运行上面的程序，即可看到如图 8.9 所示的界面。

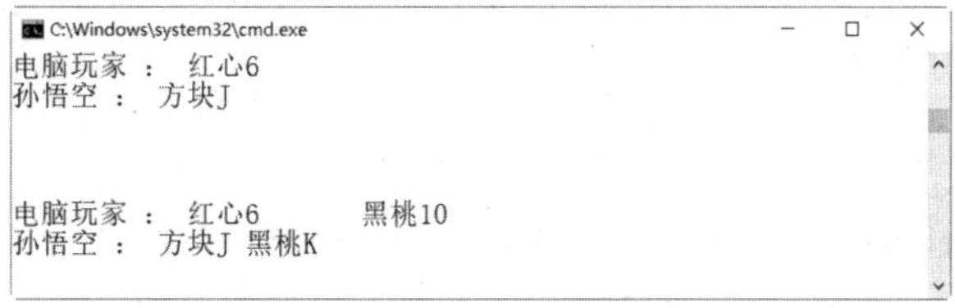

图 8.9　控制台梭哈游戏界面

提示： 上面程序中用到了泛型（Generic）知识，如 List<String>或 LinkedList<String>等写法，其表示在 List 集合中只能放 String 类型的对象。关于泛型的详细介绍，请参考第 9 章知识。

上面的程序还有一个很烦琐的难点，就是比较玩家手上的扑克牌的牌面大小。这主要是因为梭哈游

戏的规则较多（它分为对、三个、同花、顺子等），所以处理起来比较麻烦。读者可以一点点地增加这些规则，只要该游戏符合自定义的规则，即表明这个游戏已经接近完成了。

8.8.2 查找、替换操作

Collections 还提供了如下常用的用于查找、替换集合元素的类方法。

- int binarySearch(List list, Object key)：使用二分搜索法搜索指定的 List 集合，以获得指定对象在 List 集合中的索引。如果要使该方法可以正常工作，则必须保证 List 集合中的元素已经处于有序状态。
- Object max(Collection coll)：根据元素的自然顺序，返回给定集合中的最大元素。
- Object max(Collection coll, Comparator comp)：根据 Comparator 指定的顺序，返回给定集合中的最大元素。
- Object min(Collection coll)：根据元素的自然顺序，返回给定集合中的最小元素。
- Object min(Collection coll, Comparator comp)：根据 Comparator 指定的顺序，返回给定集合中的最小元素。
- void fill(List list, Object obj)：使用指定元素 obj 替换指定 List 集合中的所有元素。
- int frequency(Collection c, Object o)：返回指定集合中指定元素出现的次数。
- int indexOfSubList(List source, List target)：返回子 List 对象在父 List 对象中第一次出现的位置索引；如果父 List 中没有出现这样的子 List，则返回-1。
- int lastIndexOfSubList(List source, List target)：返回子 List 对象在父 List 对象中最后一次出现的位置索引；如果父 List 中没有出现这样的子 List，则返回-1。
- boolean replaceAll(List list, Object oldVal, Object newVal)：使用一个新值 newVal 替换 List 对象的所有旧值 oldVal。

下面的程序简单示范了 Collections 工具类的用法。

程序清单：codes\08\8.8\SearchTest.java

```
public class SearchTest
{
    public static void main(String[] args)
    {
        var nums = new ArrayList();
        nums.add(2);
        nums.add(-5);
        nums.add(3);
        nums.add(0);
        System.out.println(nums); // 输出：[2, -5, 3, 0]
        System.out.println(Collections.max(nums)); // 输出最大元素，将输出 3
        System.out.println(Collections.min(nums)); // 输出最小元素，将输出-5
        Collections.replaceAll(nums, 0, 1); // 将 nums 中的 0 使用 1 来代替
        System.out.println(nums); // 输出：[2, -5, 3, 1]
        // 判断-5 在 List 集合中出现的次数，返回 1
        System.out.println(Collections.frequency(nums, -5));
        Collections.sort(nums); // 对 nums 集合排序
        System.out.println(nums); // 输出:[-5, 1, 2, 3]
        // 只有排序后的 List 集合才可用二分搜索法查询，输出 3
        System.out.println(Collections.binarySearch(nums, 3));
    }
}
```

8.8.3 同步控制

Collections 类中提供了多个 synchronizedXxx()方法，该方法可以将指定的集合包装成线程同步的集合，从而解决多线程并发访问集合时的线程安全问题。

Java 中常用的集合框架中的实现类 HashSet、TreeSet、ArrayList、ArrayDeque、LinkedList、HashMap

和 TreeMap 都是线程不安全的。如果有多个线程访问它们，而且有超过一个的线程试图修改它们，那么就存在线程安全的问题。Collections 提供了多个类方法可以把它们包装成线程同步的集合。

下面的示例程序创建了 4 个线程安全的集合对象。

程序清单：codes\08\8.8\SynchronizedTest.java

```
public class SynchronizedTest
{
    public static void main(String[] args)
    {
        // 下面的程序创建了 4 个线程安全的集合对象
        var c = Collections.synchronizedCollection(new ArrayList());
        var list = Collections.synchronizedList(new ArrayList());
        var s = Collections.synchronizedSet(new HashSet());
        var m = Collections.synchronizedMap(new HashMap());
    }
}
```

在上面的示例程序中，直接将新创建的集合对象传给了 Collections 的 synchronizedXxx 方法，这样就可以直接获取 List、Set 和 Map 的线程安全实现版本。

8.8.4 设置不可变集合

Collections 提供了如下三类方法来返回一个不可变集合。

- emptyXxx()：返回一个空的、不可变的集合对象，此处的集合既可以是 List，也可以是 SortedSet、Set，还可以是 Map、SortedMap 等。
- singletonXxx()：返回一个只包含指定对象（只有一个或一项元素）、不可变的集合对象，此处的集合既可以是 List，也可以是 Map。
- unmodifiableXxx()：返回指定集合对象的不可变视图，此处的集合既可以是 List，也可以是 Set、SortedSet，还可以是 Map、SortedMap 等。

上面三类方法的参数是原有的集合对象，返回值是该集合的“只读”版本。通过 Collections 提供的三类方法，可以生成“只读”的 Collection 或 Map。看下面的程序。

程序清单：codes\08\8.8\UnmodifiableTest.java

```
public class UnmodifiableTest
{
    public static void main(String[] args)
    {
        // 创建一个空的、不可变的 List 对象
        var unmodifiableList = Collections.emptyList();
        // 创建一个只有一个元素且不可变的 Set 对象
        var unmodifiableSet = Collections.singleton("疯狂 Java 讲义");
        // 创建一个普通的 Map 对象
        var scores = new HashMap();
        scores.put("语文", 80);
        scores.put("Java", 82);
        // 返回普通的 Map 对象对应的不可变版本
        var unmodifiableMap = Collections.unmodifiableMap(scores);
        // 下面任意一行代码都将引发 UnsupportedOperationException 异常
        unmodifiableList.add("测试元素");        // ①
        unmodifiableSet.add("测试元素");         // ②
        unmodifiableMap.put("语文", 90);         // ③
    }
}
```

上面程序中的三行粗体字代码分别定义了一个空的、不可变的 List 对象，一个只包含一个元素且不可变的 Set 对象和一个不可变的 Map 对象。不可变的集合对象只能访问集合元素，不可修改集合元素。所以，上面程序中①②③处的代码都将引发 UnsupportedOperationException 异常。

8.8.5 新式的不可变集合

以前，假如要创建一个包含 6 个元素的 Set 集合，程序需要先创建 Set 集合，然后调用 6 次 add() 方法向 Set 集合中添加元素。Java 9 终于增加这个功能了——Java 9 对此进行了简化，程序直接调用 Set、List、Map 的 of()方法即可创建包含 *N* 个元素的不可变集合——这样一行代码就可创建包含 *N* 个元素的集合。

不可变意味着程序不能向集合中添加元素，也不能从集合中删除元素。

如下程序示范了如何创建不可变集合。

程序清单：codes\08\8.8\Java9Collection.java

```
public class Java9Collection
{
    public static void main(String[] args)
    {
        // 创建包含 4 个元素的 Set 集合
        var set = Set.of("Java", "Kotlin", "Go", "Swift");
        System.out.println(set);
        // 不可变集合，下面的代码导致运行时错误
//        set.add("Ruby");
        // 创建包含 4 个元素的 List 集合
        var list = List.of(34, -25, 67, 231);
        System.out.println(list);
        // 不可变集合，下面的代码导致运行时错误
//        list.remove(1);
        // 创建包含 3 个 key-value 对的 Map 集合
        var map = Map.of("语文", 89, "数学", 82, "英语", 92);
        System.out.println(map);
        // 不可变集合，下面的代码导致运行时错误
//        map.remove("语文");
        // 使用 Map.entry()方法显式构建 key-value 对
        var map2 = Map.ofEntries(Map.entry("语文", 89),
            Map.entry("数学", 82),
            Map.entry("英语", 92));
        System.out.println(map2);
    }
}
```

上面的粗体字代码示范了如何使用集合元素创建不可变集合，其中 Set、List 比较简单，程序只要为它们的 of()方法传入 *N* 个集合元素即可创建 Set、List 集合。

从上面的粗体字代码可以看出，创建不可变的 Map 集合有两个方法：使用 of()方法时，只要依次传入多个 key-value 对即可；还可使用 ofEntries()方法，该方法可接受多个 Entry 对象，因此程序显式使用 Map.entry()方法来创建 Map.Entry 对象。

8.9 烦琐的接口：Enumeration

Enumeration 接口是 Iterator 迭代器的“古老版本”，从 JDK 1.0 开始，Enumeration 接口就已经存在了（Iterator 从 JDK 1.2 开始才出现）。Enumeration 接口只有两个名字很长的方法。

- boolean hasMoreElements( )：如果此迭代器还有剩下的元素，则返回 true。
- Object nextElement( )：返回该迭代器的下一个元素（如果还有的话），否则抛出异常。

通过这两个方法不难发现，Enumeration 接口中的方法名称冗长，难以记忆，而且没有提供 Iterator 的 remove()方法。如果现在编写 Java 程序，则应该尽量采用 Iterator 迭代器，而不要采用 Enumeration 迭代器。

Java 之所以保留 Enumeration 接口，主要是为了照顾以前那些“古老”的程序，在那些程序中大量使用了 Enumeration 接口，如果在新版本的 Java 中直接删除 Enumeration 接口，将会导致那些程序全部

出错。在计算机行业有一条规则：加入任何规则都必须慎之又慎，因为以后无法删除规则。

实际上，前面介绍的 Vector（包括其子类 Stack）和 Hashtable 两个集合类，以及另一个极少使用的 BitSet，都是 JDK 1.0 遗留下来的集合类，而 Enumeration 接口可用于遍历这些“古老”的集合类。对于 ArrayList、HashMap 等集合类，不再支持使用 Enumeration 迭代器。

下面的程序示范了如何通过 Enumeration 接口来迭代 Vector 和 Hashtable。

程序清单：codes\08\8.9\EnumerationTest.java

```
public class EnumerationTest
{
    public static void main(String[] args)
    {
        var v = new Vector();
        v.add("疯狂 Java 讲义");
        v.add("轻量级 Java EE 企业应用实战");
        var scores = new Hashtable();
        scores.put("语文", 78);
        scores.put("数学", 88);
        Enumeration em = v.elements();
        while (em.hasMoreElements())
        {
            System.out.println(em.nextElement());
        }
        Enumeration keyEm = scores.keys();
        while (keyEm.hasMoreElements())
        {
            Object key = keyEm.nextElement();
            System.out.println(key + "--->" + scores.get(key));
        }
    }
}
```

上面的程序使用 Enumeration 迭代器来遍历 Vector 和 Hashtable 集合里的元素，其工作方式与 Iterator 迭代器的工作方式基本相似。但使用 Enumeration 迭代器时方法名称更加冗长，而且 Enumeration 迭代器只能遍历 Vector、Hashtable 这种古老的集合，因此通常不要使用它。除非在某些极端情况下，不得不使用 Enumeration，否则都应该选择使用 Iterator 迭代器。

8.10　本章小结

本章详细介绍了 Java 集合框架的相关知识。本章从 Java 的集合框架体系开始讲起，概述了 Java 集合框架的 4 个主要体系：Set、List、Queue 和 Map，并简述了集合在编程中的重要性。本章详细介绍了 Java 8 对集合框架的改进，包括使用 Lambda 表达式简化集合编程，以及集合的 Stream 编程等。本章细致地讲述了 Set、List、Queue、Map 接口及各实现类的详细用法，深入分析了各种实现类实现机制的差异，并给出了选择集合实现类的原则。本章从原理上剖析了 Map 结构特征，以及 Map 结构和 Set、List 之间的区别与联系。本章最后通过梭哈游戏示范了 Collections 工具类的基本用法。

本章练习

1. 创建一个 Set 集合，并用 Set 集合保存用户通过控制台输入的 20 个字符串。

2. 创建一个 List 集合，并随意添加 10 个元素。然后获取索引为 5 处的元素；再获取其中某两个元素的索引；再删除索引为 3 处的元素。

3. 给定["a", "b", "a", "b", "c", "a", "b", "c", "b"]字符串数组，然后使用 Map 的 key 来保存数组中的字符串元素，使用 value 来保存该字符串元素出现的次数，最后统计出各字符串元素出现的次数。

4. 将本章未完成的梭哈游戏补充完整，不断地添加梭哈规则，开发一个控制台的梭哈游戏。

CHAPTER

9

第9章 泛型

本章要点

- 编译时类型检查的重要性
- 使用泛型实现在编译时进行类型检查
- 定义泛型接口、泛型类
- 派生泛型接口、泛型类的子类、实现类
- 使用类型通配符
- 设定类型通配符的上限
- 设定类型通配符的下限
- 设定泛型形参的上限
- 在方法签名中定义泛型
- 泛型方法和类型通配符的区别与联系
- 泛型方法与方法重载
- 类型推断
- 擦除与转换
- 泛型与数组

本章的知识可以作为前一章内容的补充，因为 Java 5 增加泛型支持在很大程度上是为了让集合能记住其元素的数据类型。在没有泛型之前，一旦把一个对象“丢进”Java 集合中，集合就会忘记对象的类型，把所有的对象都当成 Object 类型处理。当程序从集合中取出对象后，就需要进行强制类型转换，这种强制类型转换不仅使代码臃肿，而且容易引起 ClassCastException 异常。

增加了泛型支持后的集合，完全可以记住集合中元素的类型，并可以在编译时检查集合中元素的类型——如果试图向集合中添加不满足类型要求的对象，编译器就会提示错误。增加泛型后的集合，可以让代码更加简洁，程序更加健壮（Java 泛型可以保证：如果程序在编译时没有发出警告，那么在运行时就不会产生 ClassCastException 异常）。除此之外，Java 泛型还增强了枚举类、反射等方面的功能（泛型在反射中的用法，将在第 18 章中介绍）。

本章不仅会介绍如何通过泛型来实现在编译时检查集合元素的类型，而且会深入介绍 Java 泛型的详细用法，包括定义泛型类、泛型接口，以及类型通配符、泛型方法等知识。

9.1 泛型入门

Java 集合有一个缺点——把一个对象“丢进”集合中之后，集合就会“忘记”这个对象的数据类型，当再次取出该对象时，该对象的编译类型就变成了 Object 类型（其运行时类型没变）。

Java 集合之所以被设计成这样，是因为集合的设计者不知道我们会用集合来保存什么类型的对象，所以他们把集合设计成能保存任何类型的对象，这要求具有很好的通用性。但这样做带来如下两个问题：

- 集合对元素类型没有任何限制，这样可能引发一些问题。例如，想创建一个只能保存 Dog 对象的集合，但程序也可以轻易地将 Cat 对象“丢”进去，所以可能引发异常。
- 由于把对象“丢进”集合中时，集合丢失了对象的状态信息，集合只知道它盛装的是 Object，因此取出集合元素后通常还需要进行强制类型转换。这种强制类型转换既增加了编程的复杂度，也可能引发 ClassCastException 异常。

下面将深入介绍在编译时不检查类型可能引发的异常，以及如何做到在编译时进行类型检查。

9.1.1 在编译时不检查类型导致的异常

在下面的程序中将会看到在编译时不检查类型所导致的异常。

程序清单：codes\09\9.1\ListErr.java

```
public class ListErr
{
    public static void main(String[] args)
    {
        // 创建一个只想保存字符串的 List 集合
        var strList = new ArrayList();
        strList.add("疯狂 Java 讲义");
        strList.add("疯狂 Android 讲义");
        // “不小心”把一个 Integer 对象“丢进”了集合中
        strList.add(5);     // ①
        strList.forEach(str -> System.out.println(((String) str).length())); // ②
    }
}
```

上面的程序创建了一个 List 集合，而且只希望该 List 集合保存字符串对象——但程序不能进行任何限制，如果程序在①处“不小心”把一个 Integer 对象“丢进”了 List 集合中，则将导致程序在②处引发 ClassCastException 异常，因为程序试图把一个 Integer 对象转换为 String 类型。

9.1.2 使用泛型

在 Java 5 以后，Java 引入了“参数化类型（parameterized type）”的概念，允许程序在创建集合时指定集合元素的类型，正如在第 8 章的 ShowHand.java 程序中看到的 List<String>，这表明该 List 只能保存字符串类型的对象。Java 的参数化类型被称为泛型（Generic）。

对于前面的 ListErr.java 程序，可以使用泛型来改进这个程序。

程序清单：codes\09\9.1\GenericList.java

```
public class GenericList
{
    public static void main(String[] args)
    {
        // 创建一个只想保存字符串的 List 集合
        List<String> strList = new ArrayList<String>();  // ①
        strList.add("疯狂 Java 讲义");
        strList.add("疯狂 Android 讲义");
        // 下面的代码将引起编译错误
        strList.add(5);    // ②
        strList.forEach(str -> System.out.println(str.length())); // ③
    }
}
```

上面的程序成功地创建了一个特殊的 List 集合：strList，这个 List 集合只能保存字符串对象，不能保存其他类型的对象。创建这种特殊集合的方法是：在集合接口、集合类后增加尖括号，在尖括号中放一个数据类型，即表明这个集合接口、集合类只能保存特定类型的对象。注意①处的类型声明，它指定 strList 不是一个任意的 List，而是一个 String 类型的 List，写作：List<String>。可以称 List 是带一个类型参数的泛型接口，在本例中，类型参数是 String。在创建这个 ArrayList 对象时，也指定了一个类型参数。

上面的程序将在②处引发编译异常，因为 strList 集合只能添加 String 对象，所以不能将 Integer 对象“丢进”该集合中。

而且程序在③处不需要进行强制类型转换，因为 strList 对象可以“记住”它的所有集合元素都是 String 类型的。

上面的代码不仅更加健壮，程序再也不能“不小心”地把其他对象“丢进”strList 集合中；而且程序更加简洁，集合自动记住所有集合元素的数据类型，从而无须对集合元素进行强制类型转换。这一切，都是因为 Java 5 提供了泛型支持。

9.1.3 “菱形”语法

在 Java 7 以前，如果使用带泛型的接口、类定义变量，那么在调用构造器创建对象时构造器的后面也必须带泛型，这显得有些多余了。例如，如下两条语句：

```
List<String> strList = new ArrayList<String>();
Map<String, Integer> scores = new HashMap<String, Integer>();
```

上面两条语句中的粗体字代码部分完全是多余的，但在 Java 7 以前这是必需的，不能省略。从 Java 7 开始，Java 允许在构造器后不需要带完整的泛型信息，只要给出一对尖括号（<>）即可，Java 可以推断出尖括号中应该是什么泛型信息。上面的两条语句可以被改写为如下形式：

```
List<String> strList = new ArrayList<>();
Map<String, Integer> scores = new HashMap<>();
```

把两个尖括号并排放在一起非常像一个菱形，这种语法也就被称为“菱形”语法。下面的程序示范了 Java 7 及以后版本中的“菱形”语法。

程序清单：codes\09\9.1\DiamondTest.java

```
public class DiamondTest
{
    public static void main(String[] args)
    {
        // Java 自动推断出 ArrayList 的<>中应该是 String
        List<String> books = new ArrayList<>();
```

```
        books.add("疯狂 Java 讲义");
        books.add("疯狂 Android 讲义");
        // 遍历 books 集合，集合元素就是 String 类型
        books.forEach(ele -> System.out.println(ele.length()));
        // Java 自动推断出 HashMap 的<>中应该是 String, List<String>
        Map<String, List<String>> schoolsInfo = new HashMap<>();
        // Java 自动推断出 ArrayList 的<>中应该是 String
        List<String> schools = new ArrayList<>();
        schools.add("斜月三星洞");
        schools.add("西天取经路");
        schoolsInfo.put("孙悟空", schools);
        // 在遍历 Map 时，Map 的 key 是 String 类型，value 是 List<String>类型
        schoolsInfo.forEach((key, value) -> System.out.println(key + "-->" + value));
    }
}
```

上面程序中三行粗体字代码就是“菱形”语法的示例。从该程序不难看出，“菱形”语法并没有改变原有的泛型，只是更好地简化了泛型编程。

需要说明的是，当使用 var 声明变量时，编译器无法推断出泛型的类型。因此，如果使用 var 声明变量，程序将无法使用“菱形”语法。

Java 9 再次增强了“菱形”语法，它甚至允许在创建匿名内部类时使用“菱形”语法，Java 可根据上下文来推断匿名内部类中泛型的类型。下面的程序示范了在匿名内部类中使用“菱形”语法。

程序清单：codes\09\9.1\AnnoymousDiamond.java

```
interface Foo<T>
{
    void test(T t);
}
public class AnnoymousTest
{
    public static void main(String[] args)
    {
        // 指定 Foo 类中泛型为 String 类型
        Foo<String> f = new Foo<>()
        {
            // test()方法的参数类型为 String
            public void test(String t)
            {
                System.out.println("test 方法的 t 参数为：" + t);
            }
        };
        // 使用泛型通配符，此时相当于通配符的上限为 Object
        Foo<?> fo = new Foo<>()
        {
            // test()方法的参数类型为 Object
            public void test(Object t)
            {
                System.out.println("test 方法的 Object 参数为：" + t);
            }
        };
        // 使用泛型通配符，通配符的上限为 Number
        Foo<? extends Number> fn = new Foo<>()
        {
            // 此时 test()方法的参数类型为 Number
            public void test(Number t)
            {
                System.out.println("test 方法的 Number 参数为：" + t);
            }
        };
    }
}
```

上面的程序先定义了一个带泛型声明的接口，接下来的三行粗体字代码分别示范了在匿名内部类中使用“菱形”语法。第一行粗体字代码在声明变量时明确地将泛型指定为 String 类型，因此在该匿名内

部类中 T 类型就代表了 String 类型；第二行粗体字代码在声明变量时使用通配符来代表泛型（相当于通配符的上限为 Object），系统只能推断出 T 代表 Object，因此在该匿名内部类中 T 类型就代表了 Object 类型；第三行粗体字代码在声明变量时使用了带上限（上限是 Number）的通配符，因此系统可以推断出 T 代表 Number 类型。

无论哪种方式，Java 9 都允许在使用匿名内部类时使用“菱形”语法。

9.2 深入泛型

所谓泛型，就是允许在定义类、接口、方法时使用类型形参，这个类型形参（或叫泛型）将在声明变量、创建对象、调用方法时被动态地指定（即传入实际的类型参数，也可称为类型实参）。Java 5 改写了集合框架中的全部接口和类，为这些接口和类增加了泛型支持，从而可以在声明集合变量、创建集合对象时传入类型实参，这就是在前面程序中看到的 List<String>和 ArrayList<String>两种类型。

9.2.1 定义泛型接口、泛型类

下面是 Java 5 改写后的 List 接口、Iterator 接口、Map 的代码片段。

```
// 在定义接口时指定了一个泛型形参，形参名为 E
public interface List<E>
{
    // 在该接口里，E 可作为类型使用
    // 下面的方法可以使用 E 作为参数类型
    void add(E x);
    Iterator<E> iterator();    // ①
    ...
}
// 在定义接口时指定了一个泛型形参，形参名为 E
public interface Iterator<E>
{
    // 在该接口里，E 完全可以作为类型使用
    E next();
    boolean hasNext();
    ...
}
// 在定义该接口时指定了两个泛型形参，形参名为 K、V
public interface Map<K, V>
{
    // 在该接口里，K、V 完全可以作为类型使用
    Set<K> keySet()    // ②
    V put(K key, V value)
    ...
}
```

上面的三个接口声明是比较简单的，除了尖括号中的内容——这就是泛型的实质：允许在定义接口、类时声明泛型形参，泛型形参在整个接口、类体内可被当成类型使用，几乎所有可使用普通类型的地方都可以使用这种泛型形参。

此外，①②处方法声明返回值类型分别是 Iterator<E>、Set<K>，这表明 Set<K>形式是一种特殊的数据类型，是一种与 Set 不同的数据类型——可以认为是 Set 类型的子类。

例如，在使用 List 类型时，如果为 E 形参传入 String 类型实参，则将产生一个新的类型：List<String>类型，可以把 List<String>想象成 E 被全部替换成 String 的特殊 List 子接口。

```
// List<String>等同于如下接口
public interface ListString extends List
{
    // 原来的 E 形参全部变成 String 类型实参
    void add(String x);
    Iterator<String> iterator();
    ...
}
```

通过这种方式，就解决了 9.1.2 节中的问题——虽然程序只定义了一个 List<E>接口，但实际使用时可以产生无数多个 List 接口，只要为 E 传入不同的类型实参，系统就会多出一个新的 List 子接口。必须指出：List<String>绝不会被替换成 ListString，系统没有进行源代码复制，二进制代码中没有 ListString 类，磁盘中没有，内存中也没有。

注意：

包含泛型声明的类型可以在定义变量、创建对象时传入一个类型实参，从而可以动态地生成无数多个逻辑上的子类，但这种子类在物理上并不存在。

任何类、接口都可以增加泛型声明（并不是只有集合类才可以使用泛型声明，虽然集合类是泛型的重要使用场所）。下面自定义一个 Apple 类，这个 Apple 类就可以包含一个泛型声明。

程序清单：codes\09\9.2\Apple.java

```
// 在定义 Apple 类时使用了泛型声明
public class Apple<T>
{
    // 使用 T 类型定义实例变量
    private T info;
    public Apple(){}
    // 在下面的方法中使用 T 类型来定义构造器
    public Apple(T info)
    {
        this.info = info;
    }
    public void setInfo(T info)
    {
        this.info = info;
    }
    public T getInfo()
    {
        return this.info;
    }
    public static void main(String[] args)
    {
        // 由于传给 T 形参的是 String，所以构造器参数只能是 String
        Apple<String> a1 = new Apple<>("苹果");
        System.out.println(a1.getInfo());
        // 由于传给 T 形参的是 Double，所以构造器参数只能是 Double 或 double
        Apple<Double> a2 = new Apple<>(5.67);
        System.out.println(a2.getInfo());
    }
}
```

上面的程序定义了一个带泛型声明的 Apple<T>类（不要理会这个泛型形参是否具有实际意义），当使用 Apple<T>类时就可为 T 形参传入实际类型，这样就可以生成如 Apple<String>、Apple<Double>等形式的多个逻辑子类（在物理上并不存在）。这就是 9.1 节可以使用 List<String>、ArrayList<String>等类型的原因——JDK 在定义 List、ArrayList 等接口、类时使用了泛型声明，所以在使用这些接口、类时为之传入了实际的类型参数。

注意：

在创建了带泛型声明的自定义类，并为该类定义构造器时，构造器名还是原来的类名，不要增加泛型声明。例如，为 Apple<T>类定义构造器，构造器名依然是 Apple，而不是 Apple<T>！但在调用该构造器时可以使用 Apple<T>的形式，当然，应该为 T 形参传入实际的类型参数。Java 7 提供了“菱形”语法，允许省略<>中的类型实参。

9.2.2 从泛型类派生子类

在创建了带泛型声明的接口、父类之后，可以为该接口创建实现类，或从该父类派生子类。需要指出的是，当使用这些接口、父类时不能再包含泛型形参。例如，下面的代码就是错误的。

```
// 定义A类继承Apple类，Apple类不能跟泛型形参
public class A extends Apple<T>{ }
```

方法中的形参代表变量、常量、表达式等数据，本书把它们直接称为形参，或者称为数据形参。在定义方法时可以声明数据形参，在调用方法（使用方法）时必须为这些数据形参传入实际的数据；与此类似的是，在定义类、接口、方法时可以声明泛型形参，在使用类、接口、方法时应该为泛型形参传入实际的类型。

如果想从Apple类派生一个子类，则可以改为如下代码：

```
// 在使用Apple类时为T形参传入String类型
public class A extends Apple<String>
```

在调用方法时必须为所有的数据形参传入参数值。与调用方法不同的是，在使用类、接口时也可以不为泛型形参传入实际的类型参数，即下面的代码也是正确的。

```
// 在使用Apple类时，没有为T形参传入实际的类型参数
public class A extends Apple
```

像这种使用Apple类时省略泛型的形式被称为原始类型（raw type）。

如果从Apple<String>类派生子类，则在Apple类中所有使用T类型的地方都将被替换成String类型，即它的子类将会继承到String getInfo()和void setInfo(String info)两个方法。如果子类需要重写父类的方法，就必须注意这一点。下面的程序示范了这一点。

程序清单：codes\09\9.2\A1.java

```
public class A1 extends Apple<String>
{
    // 正确重写了父类的方法，返回值
    // 与父类Apple<String>的返回值完全相同
    public String getInfo()
    {
        return "子类" + super.getInfo();
    }
    /*
    // 下面的方法是错误的，重写父类方法时返回值类型不一致
    public Object getInfo()
    {
        return "子类";
    }
    */
}
```

如果使用Apple类时没有传入实际的类型（即使用原始类型），则Java编译器可能发出警告：使用了未经检查或不安全的操作——这就是泛型检查的警告，读者在第8章中应该多次看到这样的警告。如果希望看到该警告提示的更详细信息，则可以通过为javac命令增加-Xlint:unchecked选项来实现。此时，系统会把Apple<T>类中的T形参当成Object类型处理，如下面的程序所示。

程序清单：codes\09\9.2\A2.java

```
public class A2 extends Apple
{
    // 重写父类的方法
    public String getInfo()
    {
        // super.getInfo()方法的返回值是Object类型
        // 所以加toString()才返回String类型
```

```
        return super.getInfo().toString();
    }
}
```

上面的程序都是从带泛型声明的父类来派生子类的，创建带泛型声明的接口的实现类与此几乎完全一样，此处不再赘述。

9.2.3 并不存在泛型类

前面提到，可以把 ArrayList<String>类当成 ArrayList 的子类，事实上，ArrayList<String>类也确实像一种特殊的 ArrayList 类：该 ArrayList<String>对象只能添加 String 对象作为集合元素。但实际上，系统并没有为 ArrayList<String>生成新的 class 文件，而且也不会把 ArrayList<String>当成新类来处理。

看下面的代码打印结果是什么？

```
// 分别创建 List<String>对象和 List<Integer>对象
List<String> l1 = new ArrayList<>();
List<Integer> l2 = new ArrayList<>();
// 调用 getClass()方法来比较 l1 和 l2 的类是否相等
System.out.println(l1.getClass() == l2.getClass());
```

运行上面的代码片段，可能有读者认为应该输出 false，但实际输出 true。因为不管泛型的实际类型参数是什么，它们在运行时总有同样的类（class）。

不管为泛型形参传入哪一种类型实参，对于 Java 来说，它们依然被当成同一个类处理，在内存中也只占用一块内存空间，因此在静态方法、静态初始化块或者静态变量（它们都与类相关）的声明和初始化中不允许使用泛型形参。下面的程序演示了这种错误。

程序清单：codes\09\9.2\R.java

```
public class R<T>
{
    // 下面的代码错误，不能在静态变量的声明中使用泛型形参
    static T info;
    T age;
    public void foo(T msg){}
    // 下面的代码错误，不能在静态方法的声明中使用泛型形参
    public static void bar(T msg){}
}
```

由于系统中并不会真正生成泛型类，所以在 Java 16 以前的 instanceof 运算符后不能使用泛型。例如，下面的代码在 Java 16 以前是错误的。

```
java.util.Collection<String> cs = new java.util.ArrayList<>();
// 下面的代码编译时引起错误：在 instanceof 运算符后不能使用泛型
if (cs instanceof java.util.ArrayList<String>){...}
```

从 Java 16 开始，instanceof 增加了模式匹配功能，这样的 instanceof 完全有必要精确匹配泛型，因此在 Java 16 以后的 instanceof 运算符后可以使用泛型。例如，如下代码片段：

```
java.util.Collection<String> cs = new java.util.ArrayList<>();
if (cs instanceof java.util.ArrayList<String> strList){
    // 下面可使用 strList，它是 ArrayList<String>类型的
    ...
}
```

9.3 类型通配符

正如前面所讲的，当使用一个泛型类时（包括声明变量和创建对象两种情况），应该为这个泛型类传入一个类型实参。如果没有传入类型实参，编译器就会提出泛型警告。假设现在需要定义一个方法，该方法里有一个集合形参，集合形参的元素类型是不确定的，那么应该怎样定义呢？

考虑如下代码：

```
public void test(List c)
{
    for (var i = 0; i < c.size(); i++)
    {
        System.out.println(c.get(i));
    }
}
```

上面的代码当然没有问题：这是一段最普通的遍历 List 集合的代码。问题在于 List 是一个有泛型声明的接口，此处使用 List 接口时没有传入实际的类型参数，这将引起泛型警告。为此，考虑为 List 接口传入实际的类型参数——因为 List 集合里的元素类型是不确定的。将上面的方法改为如下形式：

```
public void test(List<Object> c)
{
    for (var i = 0; i < c.size(); i++)
    {
        System.out.println(c.get(i));
    }
}
```

表面上看，上面的方法声明没有问题——这个方法声明确实没有任何问题。问题是调用该方法传入的实际参数值可能不是我们所期望的。例如，下面的代码试图调用该方法。

```
// 创建一个List<String>对象
List<String> strList = new ArrayList<>();
// 将strList作为参数来调用前面的test方法
test(strList);    // ①
```

编译上面的程序，将在①处发生如下编译错误：

```
无法将 Test 中的test(java.util.List<java.lang.Object>)
应用于 (java.util.List<java.lang.String>)
```

上面的程序出现了编译错误，这表明 List<String>对象不能被当成 List<Object>对象使用。也就是说，List<String>类并不是 List<Object>类的子类。

注意：

如果 Foo 是 Bar 的一个子类型（子类或者子接口），而 G 是具有泛型声明的类或接口，那么 G<Foo>并不是 G<Bar>的子类型！这一点非常值得注意，因为它与大部分人的习惯认为是不同的。

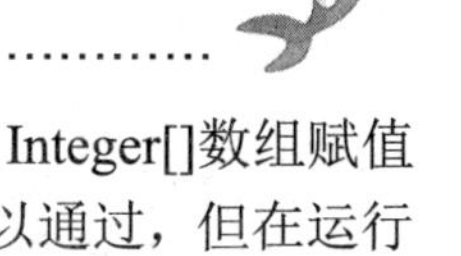

与数组进行对比，先看一下数组是如何工作的。在数组中，程序可以直接把一个 Integer[]数组赋值给 Number[]变量。如果试图把一个 Double 对象保存到该 Number[]数组中，则编译可以通过，但在运行时可能会抛出 ArrayStoreException 异常。例如如下程序。

程序清单：codes\09\9.3\ArrayErr.java

```
public class ArrayErr
{
    public static void main(String[] args)
    {
        // 定义一个Integer[]数组
        Integer[] ia = new Integer[5];
        // 可以把一个Integer[]数组赋值给Number[]变量
        Number[] na = ia;
        // 下面的代码编译正常，但在运行时会引发ArrayStoreException异常
        // 因为0.5并不是Integer
        na[0] = 0.5;    // ①
    }
}
```

上面的程序在①号粗体字代码处会引发 ArrayStoreException 运行时异常，这就是一种潜在的风险。

提示：

一门设计优秀的语言，不仅需要提供强大的功能，而且能提供强大的“错误提示”和“出错警告”，这样才能尽量避免开发者犯错。而 Java 允许将 Integer[]数组赋值给 Number[]变量显然不是一种安全的设计。

在 Java 的早期设计中，允许将 Integer[]数组赋值给 Number[]变量存在缺陷，因此 Java 在设计泛型时进行了改进，它不再允许把 List<Integer>对象赋值给 List<Number>变量。例如，如下代码将会导致编译错误（程序清单同上）。

```
List<Integer> iList = new ArrayList<>();
// 下面的代码导致编译错误
List<Number> nList = iList;
```

Java 泛型的设计原则是，只要代码在编译时没有出现警告，就不会遇到 ClassCastException 运行时异常。

注意：

数组和泛型有所不同，如果 Foo 是 Bar 的一个子类型（子类或者子接口），那么 Foo[]依然是 Bar[]的子类型；但 G<Foo>不是 G<Bar>的子类型。Foo[]自动向上转型为 Bar[]的方式被称为型变。也就是说，Java 的数组支持型变，但 Java 的集合并不支持型变。

9.3.1 使用类型通配符

为了表示各种泛型 List 的父类，可以使用类型通配符。类型通配符是一个问号（?），将一个问号作为类型实参传给 List 集合，写作：List<?>（意思是元素类型未知的 List）。这个问号（?）被称为通配符，它的元素类型可以匹配任何类型。上面的方法可以被改写为如下形式：

```
public void test(List<?> c)
{
    for (int i = 0; i < c.size(); i++)
    {
        System.out.println(c.get(i));
    }
}
```

现在使用任何类型的 List 来调用它，程序依然可以访问集合 c 中的元素，其类型是 Object。这永远是安全的，因为不管 List 的真实类型是什么，它包含的都是 Object。

注意：

上面程序中使用了 List<?>，其实这种写法适合任何支持泛型声明的接口和类，比如可以写成 Set<?>、Collection<?>、Map<?, ?>等。

但这种带通配符的 List 仅表示它是各种泛型 List 的父类，并不能把元素加入其中。例如，如下代码将会引起编译错误。

```
List<?> c = new ArrayList<String>();
// 下面的程序引起编译错误
c.add(new Object());
```

因为程序无法确定集合 c 中元素的类型，所以不能向其中添加对象。根据前面的 List<E>接口定义的代码可以发现：add()方法有类型参数 E 作为集合的元素类型，所以传给 add 的参数必须是 E 类的对象或者其子类的对象。但因为在该例中不知道 E 是什么类型，所以程序无法将任何对象“丢进”该集合中。唯一的例外是 null，它是所有引用类型的实例。

另一方面，程序可以调用 get()方法来返回 List<?>集合中指定索引处的元素，其返回值是一个未知类型，但可以肯定的是，它总是一个 Object。因此，把 get()的返回值赋值给一个 Object 类型的变量，或者放在任何希望是 Object 类型的地方都可以。

9.3.2 设定类型通配符的上限

当直接使用 List<?>这种形式时，即表明这个 List 集合可以是任何泛型 List 的父类。但还有一种特殊的情形，程序不希望这个 List<?>是任何泛型 List 的父类，只希望它代表某一类泛型 List 的父类。考虑一个简单的绘图程序，下面先定义三个形状类。

程序清单：codes\09\9.3\Shape.java

```
// 定义一个抽象类 Shape
public abstract class Shape
{
    public abstract void draw(Canvas c);
}
```

程序清单：codes\09\9.3\Circle.java

```
// 定义 Shape 的子类 Circle
public class Circle extends Shape
{
    // 实现画图方法，以打印字符串来模拟画图方法实现
    public void draw(Canvas c)
    {
        System.out.println("在画布" + c + "上画一个圆");
    }
}
```

程序清单：codes\09\9.3\Rectangle.java

```
// 定义 Shape 的子类 Rectangle
public class Rectangle extends Shape
{
    // 实现画图方法，以打印字符串来模拟画图方法实现
    public void draw(Canvas c)
    {
        System.out.println("把一个矩形画在画布" + c + "上");
    }
}
```

上面定义了三个形状类，其中 Shape 是一个抽象父类，该抽象父类有两个子类：Circle 和 Rectangle。接下来定义一个 Canvas 类，该画布类可以画数量不等的形状（Shape 子类的对象）。那么应该如何定义这个 Canvas 类呢？考虑如下 Canvas 实现类。

程序清单：codes\09\9.3\Canvas.java

```
public class Canvas
{
    // 同时在画布上绘制多个形状
    public void drawAll(List<Shape> shapes)
    {
        for (var s : shapes)
        {
            s.draw(this);
        }
    }
}
```

注意上面的 drawAll()方法的形参类型是 List<Shape>，而 List<Circle>并不是 List<Shape>的子类型，因此，下面的代码将引起编译错误。

```
List<Circle> circleList = new ArrayList<>();
var c = new Canvas();
// 不能把 List<Circle>当成 List<Shape>使用，所以下面的代码引起编译错误
c.drawAll(circleList);
```

其关键在于 List<Circle>并不是 List<Shape>的子类型，所以不能把 List<Circle>对象当成 List<Shape>使用。为了表示 List<Circle>的父类，可以考虑使用 List<?>，但此时从 List<?>集合中取出的元素只能被编译器当成 Object 处理。为了表示 List 集合中所有的元素都是 Shape 的子类，Java 泛型提供了受限制的泛型通配符。受限制的泛型通配符表示如下：

```
// 它表示泛型形参必须是 Shape 子类的 List
List<? extends Shape>
```

有了这种受限制的泛型通配符，就可以把上面的 Canvas 程序改为如下形式（程序清单同上）：

```
public class Canvas
{
    // 同时在画布上绘制多个形状，使用受限制的泛型通配符
    public void drawAll(List<? extends Shape> shapes)
    {
        for (Shape s : shapes)
        {
            s.draw(this);
        }
    }
}
```

将 Canvas 改为如上形式，就可以把 List<Circle>对象当成 List<? extends Shape>使用，即 List<? extends Shape>可以表示 List<Circle>、List<Rectangle>的父类——只要 List 后尖括号中的类型是 Shape 的子类型即可。

List<? extends Shape>是受限制的通配符的例子，此处的问号（?）代表一个未知的类型，就像前面看到的通配符一样。但是此处这个未知的类型一定是 Shape 的子类型（也可以是 Shape 本身），因此可以把 Shape 称为这个通配符的上限（upper bound）。

类似地，由于程序无法确定这个受限制的通配符的具体类型，所以不能把 Shape 对象或其子类的对象加入这个泛型集合中。例如，下面的代码就是错误的。

```
public void addRectangle(List<? extends Shape> shapes)
{
    // 下面的代码引起编译错误
    shapes.add(0, new Rectangle());
}
```

与使用普通通配符相似的是，shapes.add()的第二个参数类型是“? extends Shape”，它表示 Shape 未知的子类，程序无法确定这个类型是什么，所以无法将任何对象添加到这种集合中。

简而言之，对于这种指定通配符上限的集合，只能从集合中取元素（取出的元素总是上限的类型或其子类），不能向集合中添加元素（因为编译器没法确定集合元素实际是哪种子类型）。

对于更广泛的泛型类来说，指定通配符上限就是为了支持类型型变。比如 Foo 是 Bar 的子类，A<Foo>就相当于 A<? extends Bar>的子类，可以将 A<Foo>赋值给 A<? extends Bar>类型的变量，这种型变方式被称为协变。

对于协变的泛型而言，它只能调用泛型类型作为返回值类型的方法（编译器会将该方法的返回值当成通配符上限的类型），而不能调用泛型类型作为参数的方法。口诀是：协变只出不进！

提示：

没有指定通配符上限的泛型类，相当于通配符上限是 Object。

9.3.3 设定类型通配符的下限

除可以指定通配符的上限之外，Java 也允许指定通配符的下限，通配符的下限用<? super 类型>的方式来指定，通配符下限的作用与通配符上限的作用恰好相反。

指定通配符的下限也是为了支持类型型变。比如 Foo 是 Bar 的子类，当程序需要一个 A<? super Foo>

变量时，程序可以将 A<Bar>、A<Object>赋值给 A<? super Foo>类型的变量，这种型变方式被称为逆变。

对于逆变的泛型集合来说，编译器只知道集合元素是下限所代表的子类型，但具体是下限的哪种父类型则不确定。因此，对于这种逆变的泛型集合，能向集合中添加元素（因为实际赋值的集合元素总是逆变声明类型的父类），从集合中取元素时只能被当成 Object 类型处理（编译器无法确定取出的到底是哪个父类的对象）。

对于逆变的泛型而言，它只能调用泛型类型作为参数的方法，而不能调用泛型类型作为返回值类型的方法。口诀是：逆变只进不出！

假设自己要实现一个工具方法：实现将 src 集合中的元素复制到 dest 集合中的功能。因为 dest 集合可以保存 src 集合中的所有元素，所以 dest 集合元素的类型应该是 src 集合元素类型的父类。

对于上面的 copy()方法，可以这样理解两个集合参数之间的依赖关系：不管 src 集合元素的类型是什么，只要 dest 集合元素的类型与前者相同或者是前者的父类即可，此时通配符的下限就有了用武之地。下面的程序采用通配符下限的方式来实现该 copy()方法。

程序清单：codes\09\9.3\MyUtils.java

```
public class MyUtils
{
    // 下面dest 集合元素的类型必须与 src 集合元素的类型相同，或者是其父类
    public static <T> T copy(Collection<? super T> dest,
        Collection<T> src)
    {
        T last = null;
        for (var ele : src)
        {
            last = ele;
            // 逆变的泛型集合添加元素是安全的
            dest.add(ele);
        }
        return last;
    }
    public static void main(String[] args)
    {
        var ln = new ArrayList<Number>();
        var li = new ArrayList<Integer>();
        li.add(5);
        // 此处可准确地知道最后一个被复制的元素是 Integer 类型
        // 与 src 集合元素的类型相同
        Integer last = copy(ln, li);    // ①
        System.out.println(ln);
    }
}
```

使用这种语句，就可以保证程序的①处调用后推断出最后一个被复制的元素类型是 Integer，而不是笼统的 Number 类型。

提示： 上面的方法用到了泛型方法的语法，就是在方法修饰符和返回值类型之间用<>定义泛型形参。关于泛型方法更详细的介绍可参考下一节。

实际上，Java 集合框架中的 TreeSet<E>有一个构造器也用到了这种设定通配符下限的语法，如下所示。

```
// 下面的E是定义 TreeSet 类时的泛型形参
TreeSet(Comparator<? super E> c)
```

正如第 8 章所介绍的，TreeSet 会对集合中的元素按自然顺序或定制顺序进行排列。如果需要 TreeSet 对集合中的所有元素进行定制排序，则要求 TreeSet 对象有一个与之关联的 Comparator 对象。上面构造器中的参数 c 就是进行定制排序的 Comparator 对象。

Comparator 接口也是一个带泛型声明的接口：

```
public interface Comparator<T>
{
    int compare(T fst, T snd);
}
```

通过这种带下限的通配符的语法，可以在创建 TreeSet 对象时灵活地选择合适的 Comparator。假定需要创建一个 TreeSet<String>集合，并传入一个可以比较 String 大小的 Comparator，这个 Comparator 既可以是 Comparator<String>，也可以是 Comparator<Object>——只要尖括号中传入的类型是 String 的父类型（或它本身）即可。

程序清单：codes\09\9.3\TreeSetTest.java

```
public class TreeSetTest
{
    public static void main(String[] args)
    {
        // Comparator 的实际类型是 TreeSet 的元素类型的父类，满足要求
        TreeSet<String> ts1 = new TreeSet<>(
            new Comparator<Object>()
        {
            public int compare(Object fst, Object snd)
            {
                return fst.hashCode() > snd.hashCode() ? 1
                    : fst.hashCode() < snd.hashCode() ? -1 : 0;
            }
        });
        ts1.add("hello");
        ts1.add("wa");
        // Comparator 的实际类型是 TreeSet 元素的类型，满足要求
        TreeSet<String> ts2 = new TreeSet<>(
            new Comparator<String>()
        {
            public int compare(String first, String second)
            {
                return first.length() > second.length() ? -1
                    : first.length() < second.length() ? 1 : 0;
            }
        });
        ts2.add("hello");
        ts2.add("wa");
        System.out.println(ts1);
        System.out.println(ts2);
    }
}
```

通过使用这种通配符下限的方式来定义 TreeSet 构造器的参数，就可以将所有可用的 Comparator 作为参数传入，从而增加了程序的灵活性。当然，不仅 TreeSet 有这种用法，TreeMap 也有类似的用法，具体的请查阅 Java 的 API 文档。

9.3.4 设定泛型形参的上限

Java 泛型不仅允许在使用通配符形参时设定上限，而且可以在定义泛型形参时设定上限，用于表示传给该泛型形参的实际类型要么是该上限类型，要么是该上限类型的子类型。下面的程序示范了这种用法。

程序清单：codes\09\9.3\Apple.java

```
public class Apple<T extends Number>
{
    T col;
    public static void main(String[] args)
    {
        Apple<Integer> ai = new Apple<>();
        Apple<Double> ad = new Apple<>();
        // 下面的代码将引发编译异常。下面的代码试图把 String 类型传给 T 形参
        // 但 String 不是 Number 的子类型，所以引发编译错误
```

```
        Apple<String> as = new Apple<>();     // ①
    }
}
```

上面的程序定义了一个 Apple 泛型类，该 Apple 类的泛型形参的上限是 Number 类型，这表明使用 Apple 类时为 T 形参传入的实际类型参数只能是 Number 或 Number 类型的子类。上面的程序在①处将引发编译错误：T 类型的上限是 Number 类型，而此处传入的实际类型是 String 类型，它既不是 Number 类型，也不是 Number 类型的子类型，所以将会导致编译错误。

在一种更极端的情况下，程序需要为泛型形参设定多个上限（至多有一个父类上限，可以有多个接口上限），表明该泛型形参必须是其父类的子类（是父类本身也行），并且实现了多个上限接口。代码如下所示。

```
// 表明 T 类型必须是 Number 类型或其子类，并且必须实现 java.io.Serializable 接口
public class Apple<T extends Number & java.io.Serializable>
{
    ...
}
```

与类同时继承父类、实现接口类似的是，为泛型形参指定多个上限时，所有的接口上限必须位于类上限之后。也就是说，如果需要为泛型形参指定类上限，那么类上限必须位于第一位。

9.4 泛型方法

前面介绍了在定义类、接口时可以使用泛型形参，在该类的方法定义和成员变量定义，以及接口的方法定义中，这些泛型形参可被当成普通类型来用。在另外一些情况下，在定义类、接口时没有使用泛型形参，但在定义方法时想自己定义泛型形参，这也是可以的，Java 5 还提供了对泛型方法的支持。

9.4.1 定义泛型方法

假设需要实现这样一个方法——该方法负责将一个 Object[]数组的所有元素添加到一个 Collection 集合中。考虑采用如下代码来实现该方法。

```
static void fromArrayToCollection(Object[] a, Collection<Object> c)
{
    for (var o : a)
    {
        c.add(o);
    }
}
```

上面定义的方法没有任何问题，关键在于方法中的 c 形参，它的数据类型是 Collection<Object>。正如前面所介绍的，Collection<String>不是 Collection<Object>的子类型——所以这个方法的功能非常有限，它只能将 Object[]数组的元素复制到元素为 Object（Object 的子类不行）的 Collection 集合中，即下面的代码将引起编译错误。

```
String[] strArr = {"a", "b"};
List<String> strList = new ArrayList<>();
// Collection<String>对象不能被当成 Collection<Object>使用，下面的代码出现编译错误
fromArrayToCollection(strArr, strList);
```

可见，上面方法的参数类型不可以使用 Collection<String>，那使用 Collection<?>是否可行呢？显然也不行，因为 Java 不允许把对象放进一个未知类型的集合中。

为了解决这个问题，可以使用 Java 5 提供的泛型方法（Generic Method）。所谓泛型方法，就是在声明方法时定义一个或多个泛型形参。泛型方法的语法格式如下：

```
修饰符 <T, S> 返回值类型 方法名(形参列表)
{
```

```
    // 方法体...
}
```

把上面方法的语法格式和普通方法的语法格式进行对比，不难发现泛型方法的方法签名比普通方法的方法签名多了泛型形参声明，泛型形参声明以尖括号括起来，多个泛型形参之间以逗号（,）隔开，所有的泛型形参声明都被放在方法修饰符和方法返回值类型之间。

采用支持泛型的方法，就可以将上面的 fromArrayToCollection 方法改为如下形式：

```
static <T> void fromArrayToCollection(T[] a, Collection<T> c)
{
    for (T o : a)
    {
        c.add(o);
    }
}
```

下面的程序示范了其完整的用法。

程序清单：codes\09\9.4\GenericMethodTest.java

```
public class GenericMethodTest
{
    // 声明一个泛型方法，该泛型方法中带一个 T 泛型形参
    static <T> void fromArrayToCollection(T[] a, Collection<T> c)
    {
        for (T o : a)
        {
            c.add(o);
        }
    }
    public static void main(String[] args)
    {
        var oa = new Object[100];
        Collection<Object> co = new ArrayList<>();
        // 下面代码中的 T 代表 Object 类型
        fromArrayToCollection(oa, co);
        var sa = new String[100];
        Collection<String> cs = new ArrayList<>();
        // 下面代码中的 T 代表 String 类型
        fromArrayToCollection(sa, cs);
        // 下面代码中的 T 代表 Object 类型
        fromArrayToCollection(sa, co);
        var ia = new Integer[100];
        var fa = new Float[100];
        var na = new Number[100];
        Collection<Number> cn = new ArrayList<>();
        // 下面代码中的 T 代表 Number 类型
        fromArrayToCollection(ia, cn);
        // 下面代码中的 T 代表 Number 类型
        fromArrayToCollection(fa, cn);
        // 下面代码中的 T 代表 Number 类型
        fromArrayToCollection(na, cn);
        // 下面代码中的 T 代表 Object 类型
        fromArrayToCollection(na, co);
        // 下面代码中的 T 代表 String 类型，但 na 是一个 Number 数组
        // 因为 Number 既不是 String 类型
        // 也不是它的子类，所以出现编译错误
//        fromArrayToCollection(na, cs);
    }
}
```

上面的程序定义了一个泛型方法，该泛型方法中定义了一个 T 泛型形参，这个 T 类型在该方法内就可以被当成普通类型使用。与在接口、类声明中定义的泛型不同的是，在方法声明中定义的泛型只能在该方法里使用，而在接口、类声明中定义的泛型则可以在整个接口、类中使用。

与在类、接口中使用泛型参数不同的是，方法中的泛型参数无须显式传入实际类型参数，如上面的

程序所示，当程序调用 fromArrayToCollection()方法时，无须在调用该方法前传入 String、Object 等类型，但系统依然可以知道为泛型实际传入的类型，因为编译器根据实参推断出泛型所代表的类型，它通常推断出最直接的类型。例如，下面的调用代码：

```
fromArrayToCollection(sa, cs);
```

上面代码中的 cs 是 Collection<String>类型，与方法定义时的 fromArrayToCollection(T[] a, Collection<T> c)进行比较——只比较泛型参数，不难发现该 T 类型代表的实际类型是 String 类型。

对于如下调用代码：

```
fromArrayToCollection(ia, cn);
```

上面代码中的 cn 是 Collection<Number>类型，与此方法的方法签名进行比较——只比较泛型参数，不难发现该 T 类型代表了 Number 类型。

为了让编译器能准确地推断出泛型方法中泛型的类型，不要制造迷惑！系统一旦迷惑了，就是你错了！看如下程序。

程序清单：codes\09\9.4\ErrorTest.java

```
public class ErrorTest
{
    // 声明一个泛型方法，该泛型方法中带一个 T 泛型形参
    static <T> void test(Collection<T> from, Collection<T> to)
    {
        for (var ele : from)
        {
            to.add(ele);
        }
    }
    public static void main(String[] args)
    {
        List<Object> as = new ArrayList<>();
        List<String> ao = new ArrayList<>();
        // 下面的代码将产生编译错误
        test(as, ao);
    }
}
```

上面程序中定义了 test()方法，该方法用于将前一个集合里的元素复制到下一个集合中。该方法中两个形参 from、to 的类型都是 Collection<T>，这要求在调用该方法时两个集合实参中的泛型类型相同，否则编译器无法准确地推断出泛型方法中泛型形参的类型。

上面程序中调用 test 方法传入了两个实际参数，其中 as 的数据类型是 List<String>，而 ao 的数据类型是 List<Object>，与泛型方法签名 test(Collection<T> a, Collection<T> c)进行对比，编译器无法正确识别 T 所代表的实际类型。为了避免这种错误，可以将该方法改为如下形式。

程序清单：codes\09\9.4\RightTest.java

```
public class RightTest
{
    // 声明一个泛型方法，该泛型方法中带一个 T 形参
    static <T> void test(Collection<? extends T> from, Collection<T> to)
    {
        for (var ele : from)
        {
            to.add(ele);
        }
    }
    public static void main(String[] args)
    {
        List<Object> ao = new ArrayList<>();
        List<String> as = new ArrayList<>();
        // 下面的代码完全正常
```

```
        test(as, ao);
    }
}
```

上面的代码改变了 test()方法签名，将该方法的前一个形参类型改为 Collection<? extends T>，这种采用类型通配符的表示方式，只要 test()方法的前一个 Collection 集合里的元素类型是后一个 Collection 集合里元素类型的子类即可。

那么这里产生了一个问题：到底何时使用泛型方法、何时使用类型通配符呢？接下来将详细介绍泛型方法和类型通配符的区别。

9.4.2　泛型方法和类型通配符的区别

大多数时候都可以使用泛型方法来代替类型通配符。例如，Java 的 Collection 接口中的两个方法定义如下：

```
public interface Collection<E>
{
    boolean containsAll(Collection<?> c);
    boolean addAll(Collection<? extends E> c);
    ...
}
```

上面两个方法中的形参都采用了类型通配符的形式，当然也可以采用泛型方法的形式，如下所示。

```
public interface Collection<E>
{
    <T> boolean containsAll(Collection<T> c);
    <T extends E> boolean addAll(Collection<T> c);
    ...
}
```

上面的方法使用了<T extends E>泛型形式，这是在定义泛型形参时设定了上限（其中 E 是 Collection 接口里定义的泛型，在该接口里 E 可被当成普通类型使用）。

上面两个方法中的泛型形参 T 只使用了一次，泛型形参 T 产生的唯一效果是可以在不同的调用点传入不同的实际类型。对于这种情况，应该使用类型通配符：类型通配符就是被设计用来支持灵活的子类化的。

泛型方法允许泛型形参被用来表示方法的一个或多个参数之间的类型依赖关系，或者方法返回值与参数之间的类型依赖关系。如果没有这样的类型依赖关系，就不应该使用泛型方法。

提示：

如果某个方法中一个形参（a）的类型或返回值的类型依赖于另一个形参（b）的类型，则形参（b）的类型声明不应该使用类型通配符——因为形参（a）的类型或返回值的类型依赖于该形参（b）的类型，如果形参（b）的类型无法确定，那么程序就无法定义形参（a）的类型。在这种情况下，只能考虑使用在方法签名中声明泛型——也就是泛型方法。

如果有需要，则也可以同时使用泛型方法和类型通配符，如 Java 的 Collections.copy()方法。

```
public class Collections
{
    public static <T> void copy(List<T> dest, List<? extends T> src){...}
    ...
}
```

上面 copy()方法中的 dest 和 src 存在明显的依赖关系，从源 List 中复制的元素，必须可以被“丢进”目标 List 中，所以源 List 集合元素的类型只能是目标 List 集合元素的类型的子类型或者其本身。但 JDK 在定义 src 形参类型时使用的是类型通配符，而不是泛型方法。这是因为：该方法无须向 src 集合中添加元素，也无须修改 src 集合里的元素，所以可以使用类型通配符，无须使用泛型方法。

提示：

简而言之，指定上限的类型通配符支持协变，这种协变的集合可以被安全地取出元素（协变只出不进），因此无须使用泛型方法。

当然，也可以将上面的方法签名改为使用泛型方法，不使用类型通配符，如下所示。

```
class Collections
{
    public static <T, S extends T> void copy(List<T> dest, List<S> src){...}
    ...
}
```

这个方法签名可以代替前面的方法签名，但注意泛型形参 S，它仅被使用了一次，其他参数的类型、方法返回值的类型都不依赖于它，那么泛型形参 S 就没有存在的必要了，即可以用类型通配符来代替 S。使用类型通配符比使用泛型方法（在方法签名中显式声明泛型形参）更加清晰和准确，因此 Java 在设计该方法时采用了类型通配符，而不是泛型方法。

类型通配符与泛型方法（在方法签名中显式声明泛型形参）还有一个显著的区别：类型通配符既可以在方法签名中定义形参的类型，也可以定义变量的类型；但泛型方法中的泛型形参必须在对应的方法中显式声明。

9.4.3 “菱形”语法与泛型构造器

正如泛型方法允许在方法签名中声明泛型形参一样，Java 也允许在构造器签名中声明泛型形参，这样就产生了所谓的泛型构造器。

一旦定义了泛型构造器，接下来在调用构造器时，就不仅可以让 Java 根据数据参数的类型来“推断”泛型形参的类型，而且程序员也可以显式地为构造器中的泛型形参指定实际的类型。看如下程序。

程序清单：codes\09\9.4\GenericConstructor.java

```
class Foo
{
    public <T> Foo(T t)
    {
        System.out.println(t);
    }
}
public class GenericConstructor
{
    public static void main(String[] args)
    {
        // 泛型构造器中 T 的类型为 String
        new Foo("疯狂 Java 讲义");
        // 泛型构造器中 T 的类型为 Integer
        new Foo(200);
        // 显式指定泛型构造器中 T 的类型为 String
        // 传给 Foo 构造器的实参也是 String 对象，完全正确
        new <String> Foo("疯狂 Android 讲义");       // ①
        // 显式指定泛型构造器中 T 的类型为 String
        // 但传给 Foo 构造器的实参是 Double 对象，下面的代码出错
        new <String> Foo(12.3);       // ②
    }
}
```

上面程序中的①号粗体字代码不仅显式指定了泛型构造器中泛型形参 T 的类型应该是 String，而且程序传给该构造器的参数值也是 String 类型的，因此程序完全正常。但在②号粗体字代码处，程序显式指定了泛型构造器中泛型形参 T 的类型应该是 String，但实际传给该构造器的参数值是 Double 类型的，因此这行代码将会出现错误。

前面介绍过 Java 7 新增的“菱形”语法，它允许在调用构造器时在构造器后使用一对尖括号来代表泛型信息。但如果程序显式指定了泛型构造器中声明的泛型形参的实际类型，则不可以使用“菱形”语

法。看如下程序。

程序清单：codes\09\9.4\GenericDiamondTest.java

```
class MyClass<E>
{
    public <T> MyClass(T t)
    {
        System.out.println("t 参数的值为: " + t);
    }
}
public class GenericDiamondTest
{
    public static void main(String[] args)
    {
        // MyClass 类声明中的 E 形参是 String 类型
        // 泛型构造器中声明的 T 形参是 Integer 类型
        MyClass<String> mc1 = new MyClass<>(5);
        // 显式指定泛型构造器中声明的 T 形参是 Integer 类型
        MyClass<String> mc2 = new <Integer> MyClass<String>(5);
        // MyClass 类声明中的 E 形参是 String 类型
        // 如果显式指定泛型构造器中声明的 T 形参是 Integer 类型
        // 此时就不能使用“菱形”语法，下面的代码是错误的
//        MyClass<String> mc3 = new <Integer> MyClass<>(5);
    }
}
```

上面程序中的粗体字代码既指定了泛型构造器中的泛型形参是 Integer 类型，又想使用“菱形”语法，所以这行代码无法通过编译。

9.4.4　泛型方法与方法重载

因为泛型既允许设定通配符的上限，也允许设定通配符的下限，所以允许在一个类里包含如下两个方法定义。

```
public class MyUtils
{
    public static <T> void copy(Collection<T> dest, Collection<? extends T> src)
    {...}    // ①
    public static <T> T copy(Collection<? super T> dest, Collection<T> src)
    {...}    // ②
}
```

上面的 MyUtils 类中包含两个 copy()方法，这两个方法的参数列表存在一定的区别，但这个区别不是很明确：这两个方法的两个参数都是 Collection 对象，前一个集合里的集合元素类型是后一个集合里的集合元素类型的父类。如果只是在该类中定义这两个方法，则不会有任何错误，但只要调用这个方法就会引起编译错误。例如，对于如下代码：

```
List<Number> ln = new ArrayList<>();
List<Integer> li = new ArrayList<>();
MyUtils.copy(ln, li);
```

上面的粗体字部分调用 copy()方法，但这个 copy()方法既可以匹配①号 copy()方法，此时泛型 T 表示的类型是 Number；也可以匹配②号 copy()方法，此时泛型 T 表示的类型是 Integer。编译器无法确定这行代码想调用哪个 copy()方法，所以这行代码将引起编译错误。

9.4.5　类型推断

Java 8 改进了泛型方法的类型推断能力，类型推断主要包括如下两个方面。

- 通过调用方法的上下文来推断泛型的目标类型。
- 在方法调用链中，将推断得到的泛型传递到最后一个方法。

如下程序示范了 Java 8 对泛型方法的类型推断。

程序清单：codes\09\9.4\InferenceTest.java

```
class MyUtil<E>
{
    public static <Z> MyUtil<Z> nil()
    {
        return null;
    }
    public static <Z> MyUtil<Z> cons(Z head, MyUtil<Z> tail)
    {
        return null;
    }
    E head()
    {
        return null;
    }
}
public class InferenceTest
{
    public static void main(String[] args)
    {
        // 通过方法赋值的目标参数来推断泛型为 String
        MyUtil<String> ls = MyUtil.nil();
        // 在调用 nil()方法时无须使用下面的语句指定泛型的类型
        MyUtil<String> mu = MyUtil.<String>nil();
        // 调用 cons()方法所需的参数类型来推断泛型为 Integer
        MyUtil.cons(42, MyUtil.nil());
        // 在调用 nil()方法时无须使用下面的语句指定泛型的类型
        MyUtil.cons(42, MyUtil.<Integer>nil());
    }
}
```

上面程序中前两行粗体字代码的作用完全相同，但第一行粗体字代码无须在调用 MyUtil 类的 nil()方法时显式指定泛型参数为 String，这是因为程序需要将该方法的返回值赋值给 MyUtil<String>类型，因此系统可以自动推断出此处的泛型参数为 String 类型。

上面程序中第三行与第四行粗体字代码的作用也完全相同，但第三行粗体字代码也无须在调用 MyUtil 类的 nil()方法时显式指定泛型参数为 Integer，这是因为程序将 nil()方法的返回值作为 MyUtil 类的 cons()方法的第二个参数，而程序可以根据 cons()方法的第一个参数（42）推断出此处的泛型参数为 Integer 类型。

需要指出的是，虽然 Java 8 增强了泛型推断的能力，但泛型推断不是万能的，例如，如下代码就是错误的。

```
// 希望系统能推断出在调用 nil()方法时泛型为 String 类型
// 但实际上 Java 8 推断不出来，所以下面的代码报错
String s = MyUtil.nil().head();
```

因此，上面这行代码必须显式指定泛型的实际类型，即将代码改为如下形式：

```
String s = MyUtil.<String>nil().head();
```

 9.5 擦除和转换

在严格的泛型代码里，带泛型声明的类总应该带着类型参数。但为了与老的 Java 代码保持一致，也允许在使用带泛型声明的类时不指定实际的类型。如果没有为这个泛型类指定实际的类型，此时则被称作 raw type（原始类型），默认是声明该泛型形参时指定的第一个上限类型。

当把一个具有泛型信息的对象赋值给另一个没有泛型信息的变量时，所有尖括号里的类型信息都将被扔掉。比如一个 List<String>类型被转换为 List，则该 List 对集合元素的类型检查变成了泛型参数的上限（即 Object）。下面的程序示范了这种擦除。

程序清单：codes\09\9.5\ErasureTest.java

```
class Apple<T extends Number>
{
    T size;
    public Apple()
    {
    }
    public Apple(T size)
    {
        this.size = size;
    }
    public void setSize(T size)
    {
        this.size = size;
    }
    public T getSize()
    {
        return this.size;
    }
}
public class ErasureTest
{
    public static void main(String[] args)
    {
        Apple<Integer> a = new Apple<>(6);    // ①
        // a 的 getSize()方法返回 Integer 对象
        Integer as = a.getSize();
        // 把 a 对象赋值给 Apple 变量，丢失尖括号里的类型信息
        Apple b = a;      // ②
        // b 只知道 size 的类型是 Number
        Number size1 = b.getSize();
        // 下面的代码引起编译错误
        Integer size2 = b.getSize();  // ③
    }
}
```

上面程序中定义了一个带泛型声明的 Apple 类，其泛型形参的上限是 Number 类型，这个泛型形参用来定义 Apple 类的 size 变量。程序在①处创建了一个 Apple 对象，该 Apple 对象的泛型代表了 Integer 类型，所以在调用 a 的 getSize()方法时返回 Integer 类型的值。当把 a 赋值给一个不带泛型信息的 b 变量时，编译器就会丢失 a 对象的泛型信息，即所有尖括号里的信息都会丢失——因为 Apple 的泛型形参的上限是 Number 类型，所以编译器依然知道 b 的 getSize()方法返回 Number 类型，但具体是 Number 的哪个子类就不清楚了。

从逻辑上来看，List<String>是 List 的子类，如果直接把 List 对象赋值给一个 List<String>对象，则应该引起编译错误，但实际上不会。对于泛型而言，可以直接把 List 对象赋值给一个 List<String>对象，编译器仅仅提示“未经检查的转换”。看下面的程序。

程序清单：codes\09\9.5\ErasureTest2.java

```
public class ErasureTest2
{
    public static void main(String[] args)
    {
        List<Integer> li = new ArrayList<>();
        li.add(6);
        li.add(9);
        List list = li;
        // 下面的代码引起“未经检查的转换”警告，在编译、运行时完全正常
        List<String> ls = list;     // ①
        // 但只要访问 ls 里的元素，如下代码就会引起运行时异常
        System.out.println(ls.get(0));
    }
}
```

上面程序中定义了一个 List<Integer>对象，这个 List<Integer>对象中保留了集合元素的类型信息。

当把这个 List<Integer>对象赋值给一个 List 类型的 list 后，编译器就会丢失前者的泛型信息，即丢失 list 集合里元素的类型信息，这是典型的擦除。Java 又允许直接把 List 对象赋值给一个 List<Type>（Type 可以是任何类型）类型的变量，所以程序在①处可以编译通过，只是发出“未经检查的转换”警告。但对 list 变量实际上引用的是 List<Integer>集合，所以当试图把该集合里的元素当成 String 类型的对象取出时，将引发 ClassCastException 异常。

下面代码的行为与上面代码的行为完全相似。

```
public class ErasureTest2
{
    public static void main(String[] args)
    {
        List li = new ArrayList();
        li.add(6);
        li.add(9);
        System.out.println((String) li.get(0));
    }
}
```

程序从 li 中获取一个元素，并且试图通过强制类型转换把它转换成一个 String，将引发运行时异常。前面使用泛型代码时，系统与之存在完全相似的行为，所以引发相同的 ClassCastException 异常。

9.6 泛型与数组

Java 泛型有一个很重要的设计原则——如果一段代码在编译时没有提出“[unchecked]未经检查的转换”警告，则程序在运行时不会引发 ClassCastException 异常。正是基于这个原因，数组元素的类型不能包含泛型变量或泛型形参，除非是无上限的类型通配符。但可以声明元素类型包含泛型变量或泛型形参的数组。也就是说，只能声明 List<String>[]形式的数组，但不能创建 ArrayList<String>[10]这样的数组对象。

假设 Java 支持创建 ArrayList<String>[10]这样的数组对象，则有如下程序：

```
// 下面的代码实际上是不允许的
List<String>[] lsa = new ArrayList<String>[10];
// 将 lsa 向上转型为 Object[]类型的变量
Object[] oa = lsa;
List<Integer> li = new ArrayList<>();
li.add(3);
// 将 List<Integer>对象作为 oa 的第二个元素
// 下面的代码没有任何警告
oa[1] = li;
// 下面的代码也不会有任何警告，但将引发 ClassCastException 异常
String s = lsa[1].get(0);    // ①
```

在上面的代码中，如果粗体字代码是合法的，那么经过中间系列的程序运行，势必在①处引发运行时异常，这就违背了 Java 泛型的设计原则。

现在将程序改为如下形式。

程序清单：codes\09\9.6\GenericAndArray.java

```
// 下面的代码在编译时有“[unchecked] 未经检查的转换”警告
List<String>[] lsa = new ArrayList[10];
// 将 lsa 向上转型为 Object[]类型的变量
Object[] oa = lsa;
List<Integer> li = new ArrayList<>();
li.add(3);
oa[1] = li;
// 下面的代码将引起 ClassCastException 异常
String s = lsa[1].get(0);          // ①
```

上面程序中的粗体字代码声明了 List<String>[]类型的数组变量，这是允许的；但不允许创建

List<String>[]类型的对象，所以创建了一个类型为 ArrayList[10]的数组对象，这也是允许的。只是把 ArrayList[10]对象赋值给 List<String>[]变量时会有编译警告“[unchecked] 未经检查的转换”，即编译器并不保证这段代码是类型安全的。上面的程序同样会在①处引发运行时异常，但因为编译器已经提出了警告，所以完全可能出现这种异常。

Java 允许创建无上限的类型通配符泛型数组，例如 new ArrayList<?>[10]，因此也可以将本节第一段代码改为使用无上限的类型通配符泛型数组。在这种情况下，程序不得不进行强制类型转换。正如前面所介绍的，在进行强制类型转换之前，应通过 instanceof 运算符来保证它的数据类型。将上面的程序改为如下形式（程序清单同上）：

```
List<?>[] lsa = new ArrayList<?>[10];
Object[] oa = lsa;
List<Integer> li = new ArrayList<>();
li.add(3);
oa[1] = li;
Object target = lsa[1].get(0);
if (target instanceof String s)
{
    // 下面可访问 String 类型的 s 变量
    ...
}
```

与此类似的是，创建元素类型是泛型类型的数组对象也将导致编译错误。代码如下：

```
<T> T[] makeArray(Collection<T> coll)
{
    // 下面的代码将导致编译错误
    return new T[coll.size()];
}
```

由于类型变量在运行时并不存在，而编译器无法确定实际类型是什么，因此编译器在粗体字代码处报错。

9.7 本章小结

本章主要介绍了 Java 提供的泛型支持，还介绍了为何需要在编译时检查集合元素的类型，以及如何编程来实现这种检查，从而引出 Java 泛型给程序带来的简洁性和健壮性。本章详细讲解了如何定义泛型接口、泛型类，以及如何从泛型类、泛型接口派生子类或实现类，并深入讲解了泛型类的实质。本章介绍了类型通配符的用法，包括设定类型通配符的上限、下限等。本章重点介绍了泛型方法的知识，包括如何在方法签名中定义泛型形参，以及泛型方法和类型通配符之间的区别与联系。本章最后介绍了 Java 不支持创建泛型数组，并深入分析了原因。

CHAPTER

10

第 10 章 异常处理

本章要点

- 异常的定义和概念
- Java 异常机制的优势
- 使用 try...catch 捕捉异常
- 多异常捕捉
- Java 异常类的继承体系
- 异常对象的常用方法
- finally 块的作用
- 自动关闭资源的 try 语句
- 异常处理的合理嵌套
- Checked 异常和 Runtime 异常
- 使用 throws 声明抛出异常
- 使用 throw 抛出异常
- 自定义异常
- 异常链和异常转译
- 异常的跟踪栈信息
- 异常的处理规则

异常机制已经成为判断一门编程语言是否成熟的标准，除传统的像 C 语言没有提供异常机制之外，目前主流的编程语言如 Java、C#、Ruby、Python 等都提供了成熟的异常机制。异常机制可以使程序中的异常处理代码和正常业务代码分离，保证程序代码更加优雅，并可以提高程序的健壮性。

Java 的异常机制主要依赖于 try、catch、finally、throw 和 throws 5 个关键字，其中 try 关键字后紧跟一个花括号括起来的代码块（花括号不可省略），简称 try 块，它里面放置了可能引发异常的代码。catch 后对应异常类型和一个代码块，表明该 catch 块用于处理这种类型的代码块。多个 catch 块后还可以跟一个 finally 块，finally 块用于回收在 try 块里打开的物理资源，异常机制会保证 finally 块总被执行。throws 关键字主要在方法签名中使用，用于声明该方法可能抛出的异常；而 throw 用于抛出一个实际的异常，throw 可以单独作为语句使用，抛出一个具体的异常对象。

Java 7 进一步增强了异常处理机制的功能，包括带资源的 try 语句和捕捉多异常的 catch 两个新功能，这两个功能可以极好地简化异常处理。

开发者希望所有的错误都能在编译阶段被发现，也就是在试图运行程序之前能排除所有的错误，但这是不现实的，余下的问题必须在运行期间得到解决。Java 将异常分为两种，即 Checked 异常和 Runtime 异常。Java 认为 Checked 异常是可以在编译阶段被处理的异常，所以它强制程序处理所有的 Checked 异常；而 Runtime 异常则无须处理。Checked 异常可以提醒程序员需要处理所有可能发生的异常，但 Checked 异常也给编程带来一些烦琐之处，所以 Checked 异常也是 Java 领域一个备受争议的话题。

10.1　异常概述

异常处理已经成为衡量一门语言是否成熟的标准之一，目前主流的编程语言如 C++、C#、Ruby、Python 等都提供了异常处理机制，增加了异常处理机制的程序有更好的容错性，更加健壮。

与很多书喜欢把异常处理放在开始部分介绍不一样，本书把异常处理放在“后面”介绍——因为异常处理是一件很乏味、不能带来成就感的事情，没有人希望自己遇到异常，大家希望每天都能爱情甜蜜、家庭和睦、风和日丽、春暖花开……但事实上，这不可能！（如果可以这样顺利，上帝也会想做凡人了。）

对于计算机程序而言，情况就更复杂了——没有人能保证自己写的程序永远不会出错！就算程序没有错误，你能保证用户总是按你的意愿来输入？就算用户都是非常“聪明而且配合”的，你能保证运行该程序的操作系统永远稳定？你能保证运行该程序的硬件不会突然坏掉？你能保证网络永远通畅？……有太多你无法保证的情况了！

对于一个程序设计人员，需要尽可能地预知所有可能发生的情况，尽可能地保证程序在所有糟糕的情形下都可以运行。考虑前面介绍的五子棋程序：当用户输入下棋坐标时，程序要判断用户输入是否合法。如果要保证程序有较好的容错性，则会有如下伪码。

```
if (用户输入包含除逗号之外的其他非数字字符)
{
    alert 坐标只能是数值
    goto retry
}
else if (用户输入不包含逗号)
{
    alert 应使用逗号分隔两个坐标值
    goto retry
}
else if (用户输入的坐标值超出了有效范围)
{
    alert 用户输入的坐标应位于棋盘坐标之内
    goto retry
}
else if (用户输入的坐标点已有棋子)
{
    alert 只能在没有棋子的地方下棋
    goto retry
```

```
}
else
{
    // 业务实现代码
    ...
}
```

上面的代码还未涉及任何有效处理，只是考虑了4种可能的错误，代码量就已经急剧增加了。但实际上，上面考虑的4种情形还远未包括所有可能的情形（事实上，世界上的意外是不可穷举的），程序可能发生的异常情况总是多于程序员所能考虑到的意外情况。

而且正如前面所提到的，高傲的程序员在开发程序时更倾向于认为：“对，错误也许会发生，但那是别人造成的，不关我的事”。

如果每次在实现真正的业务逻辑之前，都需要不厌其烦地考虑各种可能出错的情况，针对各种错误情况给出补救措施——这是多么乏味的事情啊！程序员喜欢解决问题，喜欢开发带来的“创造”快感，都不喜欢像一个“堵漏”工人，去堵那些由外在条件造成的“漏洞”。

提示：

对于构造大型的、健壮的、可维护的应用而言，错误处理是整个应用需要考虑的重要方面。曾经有一位教授告诉我：国内的程序员在做开发时，往往只做了“对”的事情！他的这句话有很深的遗憾——程序员开发程序的过程，是一个创造的过程，这个过程需要有全面的考虑，仅做“对”的事情是远远不够的。

对于上面的错误处理机制，主要有如下两个缺点。

- 无法穷举所有的异常情况。因为人类知识的限制，异常情况总比可以考虑到的情况多，总有“漏网之鱼”的异常情况，所以程序总是不够健壮。
- 错误处理代码和业务实现代码混杂。这种错误处理和业务实现混杂的代码严重影响程序的可读性，会增加维护程序的难度。

程序员希望有一种强大的机制来解决上面的问题，希望将上面的程序改成如下伪码。

```
if (用户输入不合法)
{
    alert 输入不合法
    goto retry
}
else
{
    // 业务实现代码
    ...
}
```

上面的伪码提供了一个非常强大的“if块”——程序不管输入错误的原因是什么，只要用户输入不满足要求，程序就一次处理所有的错误。这种处理方法的好处是，错误处理代码变得更有条理，只需要在一个地方处理错误。

现在的问题是，“用户输入不合法”这个条件怎么定义？当然，对于这个简单的要求，可以使用正则表达式对用户输入进行匹配，当用户输入与正则表达式不匹配时，即可判断“用户输入不合法”。但是对于更复杂的情形，恐怕就没有这么简单了。使用Java的异常处理机制就可解决这个问题。

10.2 异常处理机制

Java的异常处理机制可以让程序具有极好的容错性，更加健壮。当程序运行出现意外情况时，系统会自动生成一个Exception对象来通知程序，从而实现将“业务实现代码”和“错误处理代码”分离，提供更好的可读性。

10.2.1 使用 try...catch 捕捉异常

正如前一节中的代码所提示的，希望有一种非常强大的“if 块”，可以表示所有的错误情况，让程序可以一次处理所有的错误，也就是希望将错误集中处理。

基于这种考虑，此处试图把“错误处理代码”从“业务实现代码”中分离出来。将前面的最后一段伪码改为如下伪码：

```
if (一切正常)
{
    // 业务实现代码
    ...
}
else
{
    alert 输入不合法
    goto retry
}
```

上面代码中的“if 块”依然不可表示——一切正常是很抽象的，无法转换为计算机可识别的代码。在这种情形下，Java 提出了一种假设：如果程序可以顺利完成，那么就“一切正常”。把系统的业务实现代码放在 try 块中定义，把所有的异常处理逻辑放在 catch 块中处理。下面是 Java 异常处理机制的语法结构。

```
try
{
    // 业务实现代码
    ...
}
catch (Exception e)
{
    alert 输入不合法
    goto retry
}
```

如果在执行 try 块里的业务逻辑代码时出现异常，系统将自动生成一个异常对象，该异常对象被提交给 Java 运行时环境，这个过程被称为抛出（throw）异常。

当 Java 运行时环境接收到异常对象时，会寻找能处理该异常对象的 catch 块，如果找到合适的 catch 块，则把该异常对象交给该 catch 块处理，这个过程被称为捕捉（catch）异常；如果 Java 运行时环境找不到捕捉异常的 catch 块，则运行时环境终止，Java 程序也将退出。

提示：

不管程序代码块是否位于 try 块中，甚至包括 catch 块中的代码，只要执行该代码块时出现了异常，系统就会自动生成一个异常对象。如果程序没有为这段代码定义任何 catch 块，则 Java 运行时环境无法找到处理该异常的 catch 块，程序就在此退出，这就是前面看到的例子程序在遇到异常时退出的情形。

下面使用异常处理机制来改写第 4 章的五子棋游戏中用户下棋部分的代码。

程序清单：codes\10\10.2\Gobang.java

```
String inputStr = null;
// br.readLine()：每当在键盘上输入一行内容时按回车键
// 用户刚刚输入的内容将被 br 读取到
while ((inputStr = br.readLine()) != null)
{
    try
    {
        // 将用户输入的字符串以逗号作为分隔符，分隔成两个字符串
        String[] posStrArr = inputStr.split(",");
        // 将两个字符串转换成用户下棋的坐标
        var xPos = Integer.parseInt(posStrArr[0]);
```

```
            var yPos = Integer.parseInt(posStrArr[1]);
            // 将对应的数组元素赋为"●"
            if (!gb.board[xPos - 1][yPos - 1].equals("╋ "))
            {
                System.out.println("您输入的坐标点已有棋子了，"
                    + "请重新输入");
                continue;
            }
            gb.board[xPos - 1][yPos - 1] = "●";
        }
        catch (Exception e)
        {
            System.out.println("您输入的坐标不合法，请重新输入，"
                + "下棋坐标应以 x,y 的格式");
            continue;
        }
        ...
    }
```

上面的程序把处理用户输入字符串的代码都放在了 try 块里，只要用户输入的字符串不是有效的坐标值（包括字母不能被正确解析，没有逗号不能被正确解析，解析出来的坐标引起数组越界……），系统就会抛出一个异常对象，并把这个异常对象交给对应的 catch 块（也就是上面程序中的粗体字代码块）处理。catch 块的处理方式是向用户提示坐标不合法，然后使用 continue 忽略本次循环剩下的代码，开始执行下一次循环，这就保证了该五子棋游戏有足够的容错性——用户可以随意输入，程序不会因为用户输入不合法而突然退出，程序会向用户提示输入不合法，让用户再次输入。

10.2.2 异常类的继承体系

当 Java 运行时环境接收到异常对象时，如何为该异常对象寻找 catch 块呢？注意上面 Gobang 程序中 catch 关键字的形式：(Exception e)，这意味着每个 catch 块都是专门用于处理该异常类及其子类的异常实例。

当 Java 运行时环境接收到异常对象后，会依次判断该异常对象是否是 catch 块后异常类或其子类的实例，如果是，则 Java 运行时环境将调用该 catch 块来处理该异常；否则，将该异常对象和下一个 catch 块里的异常类进行比较。Java 异常捕捉流程示意图如图 10.1 所示。

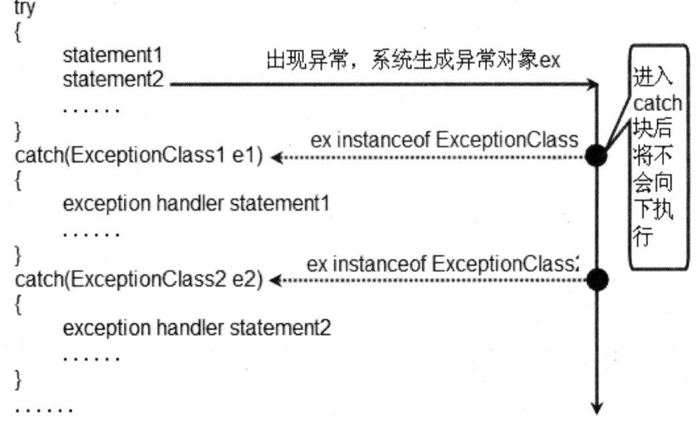

图 10.1 Java 异常捕捉流程示意图

当程序进入负责异常处理的 catch 块时，系统生成的异常对象 ex 将会被传给 catch 块后的异常形参，从而允许 catch 块通过该对象来获得异常的详细信息。

从图 10.1 中可以看出，try 块后可以有多个 catch 块，这是为了针对不同的异常类提供不同的异常处理方式。当系统发生不同的意外情况时，系统会生成不同的异常对象，Java 运行时环境就会根据该异常对象所属的异常类来决定使用哪个 catch 块来处理该异常。

通过在 try 块后提供多个 catch 块，可以无须在异常处理块中使用 if、switch 判断异常类型，但依然可以针对不同的异常类型提供相应的处理逻辑，从而提供更细致、更有条理的异常处理逻辑。

从图 10.1 中可以看出，在通常情况下，如果 try 块被执行一次，则 try 块后只有一个 catch 块会被执行，绝不可能有多个 catch 块被执行。除非在循环中使用了 continue 开始下一次循环，下一次循环又重新执行了 try 块，这才可能导致多个 catch 块被执行。

注意：

try 块与 if 语句不一样，try 块后的花括号（{...}）不可以省略，即使 try 块里只有一行代码，也不可省略这个花括号。与之类似的是，catch 块后的花括号（{...}）也不可以省略。还有一点需要指出：在 try 块里声明的变量是代码块内局部变量，它只在 try 块内有效，在 catch 块中不能访问该变量。

Java 提供了丰富的异常类，这些异常类之间有严格的继承关系，图 10.2 显示了 Java 中常见的异常类之间的继承关系。

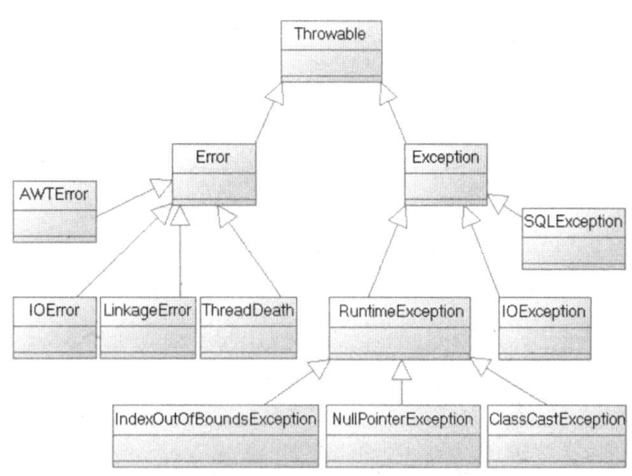

图 10.2　Java 中常见的异常类之间的继承关系

从图 10.2 中可以看出，Java 把所有的非正常情况分为两种：异常（Exception）和错误（Error），它们都继承了 Throwable 父类。

错误（Error）一般是指与虚拟机相关的问题，如系统崩溃、虚拟机错误、动态链接失败等，这种错误无法恢复或不可能被捕捉，将导致应用程序中断。通常应用程序无法处理这种错误，因此，应用程序不应该试图使用 catch 块来捕捉 Error 对象。在定义方法时，也无须在其 throws 子句中声明该方法可能抛出 Error 及其任何子类。下面看几个简单的异常捕捉的例子。

程序清单：codes\10\10.2\DivTest.java

```
public class DivTest
{
    public static void main(String[] args)
    {
        try
        {
            var a = Integer.parseInt(args[0]);
            var b = Integer.parseInt(args[1]);
            var c = a / b;
            System.out.println("您输入的两个数相除的结果是：" + c );
        }
        catch (IndexOutOfBoundsException ie)
        {
            System.out.println("数组越界：运行程序时输入的参数个数不够");
        }
        catch (NumberFormatException ne)
        {
            System.out.println("数字格式异常：程序只能接收整数参数");
        }
        catch (ArithmeticException ae)
        {
            System.out.println("算术异常");
        }
        catch (Exception e)
        {
            System.out.println("未知异常");
        }
    }
}
```

上面的程序针对 IndexOutOfBoundsException、NumberFormatException、ArithmeticException 类型的异常提供了专门的异常处理逻辑。该程序运行时的异常处理逻辑可能有如下几种情形。

- 如果运行该程序时输入的参数不够，将会发生数组越界异常，Java 运行时将调用 IndexOutOfBoundsException 对应的 catch 块处理该异常。
- 如果运行该程序时输入的参数不是数字，而是字母，将发生数字格式异常，Java 运行时将调用 NumberFormatException 对应的 catch 块处理该异常。
- 如果运行该程序时输入的第二个参数是 0，将发生除 0 异常，Java 运行时将调用 ArithmeticException 对应的 catch 块处理该异常。
- 如果程序运行时出现其他异常，该异常对象总是 Exception 类或其子类的实例，Java 运行时将调用 Exception 对应的 catch 块处理该异常。

提示：

上面程序中的三种异常都是非常常见的运行时异常，读者应该记住这些异常，并掌握在哪些情况下可能出现这些异常。

程序清单：codes\10\10.2\NullTest.java

```
public class NullTest
{
    public static void main(String[] args)
    {
        Date d = null;
        try
        {
            System.out.println(d.after(new Date()));
        }
        catch (NullPointerException ne)
        {
            System.out.println("空指针异常");
        }
        catch (Exception e)
        {
            System.out.println("未知异常");
        }
    }
}
```

上面的程序针对 NullPointerException 异常提供了专门的异常处理块。上面程序中调用一个 null 对象的 after()方法，这将引发 NullPointerException 异常（当试图调用一个 null 对象的实例方法或实例变量时，就会引发 NullPointerException 异常），Java 运行时将会调用 NullPointerException 对应的 catch 块来处理该异常；如果程序遇到其他异常，Java 运行时将会调用最后的 catch 块来处理异常。

正如在前面的程序中所看到的，程序总是把 Exception 类对应的 catch 块放在最后，这是为什么呢？想一下图 10.1 所示的 Java 异常捕捉流程，读者可能就会明白原因：如果把 Exception 类对应的 catch 块排在其他 catch 块的前面，Java 运行时将直接进入该 catch 块（因为所有的异常对象都是 Exception 或其子类的实例），而排在它后面的 catch 块将永远也不会获得执行的机会。

实际上，在进行异常捕捉时不仅应该把 Exception 类对应的 catch 块放在最后，而且应该把所有父类异常的 catch 块都排在子类异常的 catch 块的后面（简称：先处理小异常，再处理大异常），否则将出现编译错误。看如下代码片段：

```
try
{
    statements...
}
catch (RuntimeException e)     // ①
{
    System.out.println("运行时异常");
}
catch (NullPointerException ne)      // ②
{
    System.out.println("空指针异常");
}
```

上面代码中有两个 catch 块，其中前一个 catch 块捕捉 RuntimeException 异常，后一个 catch 块捕捉 NullPointerException 异常。编译这段代码时将会在②处出现已捕捉到 java.lang.NullPointerException 异常的错误，因为①处的 RuntimeException 已经包括 NullPointerException 异常，所以②处的 catch 块永远也不会获得执行的机会。

在捕捉异常时，一定要记住：先捕捉小异常，再捕捉大异常。

10.2.3　多异常捕捉

在 Java 7 以前，每个 catch 块只能捕捉一种类型的异常；但从 Java 7 开始，一个 catch 块可以捕捉多种类型的异常。

当使用一个 catch 块捕捉多种类型的异常时，需要注意如下两个地方。

- 当捕捉多种类型的异常时，多种异常类型之间用竖线（|）隔开。
- 当捕捉多种类型的异常时，异常变量有隐式的 final 修饰，因此程序不能对异常变量重新赋值。

下面的程序示范了 Java 7 提供的多异常捕捉。

程序清单：codes\10\10.2\MultiExceptionTest.java

```
public class MultiExceptionTest
{
    public static void main(String[] args)
    {
        try
        {
            var a = Integer.parseInt(args[0]);
            var b = Integer.parseInt(args[1]);
            var c = a / b;
            System.out.println("您输入的两个数相除的结果是：" + c );
        }
        catch (IndexOutOfBoundsException|NumberFormatException|ArithmeticException ie)
        {
            System.out.println("程序发生了数组越界、数字格式异常、算术异常之一");
            // 当捕捉多种类型的异常时，异常变量默认有 final 修饰
            // 所以下面的代码有错
            ie = new ArithmeticException("test");   // ①
        }
        catch (Exception e)
        {
            System.out.println("未知异常");
            // 当捕捉一种类型的异常时，异常变量没有 final 修饰
            // 所以下面的代码完全正确
            e = new RuntimeException("test");   // ②
        }
    }
}
```

上面程序中的第一行粗体字代码使用了 IndexOutOfBoundsException|NumberFormatException|ArithmeticException 来定义异常类型，这就表明该 catch 块可以同时捕捉这三种类型的异常。当捕捉多种类型的异常时，异常变量使用隐式的 final 修饰，因此，上面程序中的①号粗体字代码将产生编译错误；当捕捉一种类型的异常时，异常变量没有 final 修饰，因此，上面程序中的②号粗体字代码完全正确。

10.2.4　访问异常信息

如果程序需要在 catch 块中访问异常对象的相关信息，则可以通过访问 catch 块的后异常形参来实现。当 Java 运行时决定调用某个 catch 块来处理该异常对象时，会将异常对象赋给 catch 块后的异常参

数，程序即可通过该参数来获得异常的相关信息。

所有的异常对象都包含了如下几个常用方法。

- getMessage()：返回该异常的详细描述字符串。
- printStackTrace()：将该异常的跟踪栈信息输出到标准错误输出中。
- printStackTrace(PrintStream s)：将该异常的跟踪栈信息输出到指定输出流中。
- getStackTrace()：返回该异常的跟踪栈信息。

下面的例子程序演示了程序如何访问异常信息。

程序清单：codes\10\10.2\AccessExceptionMsg.java

```
public class AccessExceptionMsg
{
    public static void main(String[] args)
    {
        try
        {
            var fis = new FileInputStream("noexist.txt");
        }
        catch (IOException ioe)
        {
            System.out.println(ioe.getMessage());
            ioe.printStackTrace();
        }
    }
}
```

上面的程序调用了 Exception 对象的 getMessage()方法来得到异常对象的详细信息，也使用了 printStackTrace()方法来打印该异常的跟踪信息。运行上面的程序，将会看到如图 10.3 所示的界面。

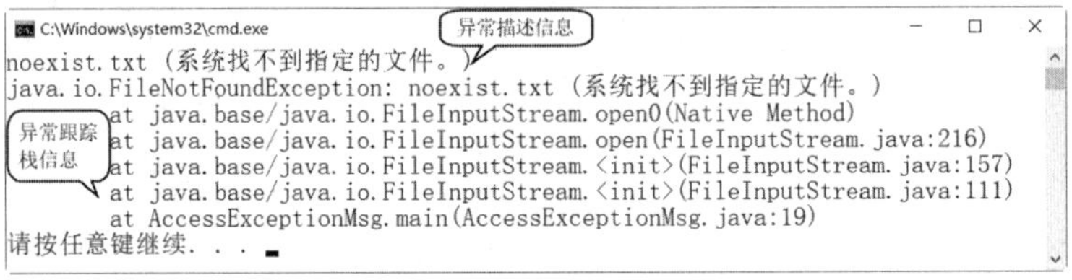

```
C:\Windows\system32\cmd.exe
noexist.txt (系统找不到指定的文件。)
java.io.FileNotFoundException: noexist.txt (系统找不到指定的文件。)
        at java.base/java.io.FileInputStream.open0(Native Method)
        at java.base/java.io.FileInputStream.open(FileInputStream.java:216)
        at java.base/java.io.FileInputStream.<init>(FileInputStream.java:157)
        at java.base/java.io.FileInputStream.<init>(FileInputStream.java:111)
        at AccessExceptionMsg.main(AccessExceptionMsg.java:19)
请按任意键继续. . .
```

异常描述信息

异常跟踪栈信息

图 10.3　访问异常信息

提示：
上面程序中使用的 FileInputStream 是 Java IO 体系中的一个文件输入流，用于读取磁盘文件的内容。关于该类的详细介绍，请参考本书第 15 章的内容。

从图 10.3 中可以看到异常的详细描述信息："noexist.txt（系统找不到指定的文件。）"，这就是调用异常的 getMessage()方法返回的字符串。下面更详细的信息是该异常的跟踪栈信息，关于异常的跟踪栈信息，后面还有更详细的介绍，此处不再赘述。

10.2.5　使用 finally 回收资源

有些时候，程序在 try 块里打开了一些物理资源（例如，数据库连接、网络连接和磁盘文件等），这些物理资源都必须被显式回收。

提示：
Java 的垃圾回收机制不会回收任何物理资源，垃圾回收机制只能回收堆内存中对象所占用的内存。

在哪里回收这些物理资源呢？在 try 块里进行回收，还是在 catch 块中进行回收？假设程序在 try 块里进行资源回收，根据图 10.1 所示的异常捕捉流程——如果 try 块的某条语句引起了异常，那么该语句后的其他语句通常不会获得执行的机会，这将导致位于该语句之后的资源回收语句得不到执行。如果在 catch 块中进行资源回收，而 catch 块完全有可能得不到执行，则将导致不能及时回收这些物理资源。

为了保证一定能回收 try 块中打开的物理资源，异常处理机制提供了 finally 块。不管 try 块中的代码是否出现异常，也不管哪一个 catch 块被执行，甚至在 try 块或 catch 块中执行了 return 语句，finally 块总会被执行。完整的 Java 异常处理语法结构如下：

```
try
{
    // 业务实现代码
    ...
}
catch (SubException e)
{
    // 异常处理块 1
    ...
}
catch (SubException2 e)
{
    // 异常处理块 2
    ...
}
...
finally
{
    // 资源回收块
    ...
}
```

在异常处理语法结构中只有 try 块是必需的，也就是说，如果没有 try 块，则不能有后面的 catch 块和 finally 块；catch 块和 finally 块都是可选的，但 catch 块和 finally 块至少出现其中之一，也可以同时出现；可以有多个 catch 块，捕捉父类异常的 catch 块必须位于捕捉子类异常的 catch 块的后面；但不能只有 try 块，既没有 catch 块，也没有 finally 块；多个 catch 块必须位于 try 块之后，finally 块必须位于所有的 catch 块之后。看如下程序。

程序清单：codes\10\10.2\FinallyTest.java

```
public class FinallyTest
{
    public static void main(String[] args)
    {
        FileInputStream fis = null;
        try
        {
            fis = new FileInputStream("noexist.txt");
        }
        catch (IOException ioe)
        {
            System.out.println(ioe.getMessage());
            // return 语句强制方法返回
            return;        // ①
            // 使用 exit 退出虚拟机
            // System.exit(1);     // ②
        }
        finally
        {
            // 关闭磁盘文件，回收资源
            if (fis != null)
            {
                try
                {
                    fis.close();
                }
                catch (IOException ioe)
                {
                    ioe.printStackTrace();
                }
            }
```

```
            System.out.println("执行 finally 块里的资源回收!");
        }
    }
}
```

上面程序中的 try 块后增加了 finally 块，用于回收在 try 块中打开的物理资源。注意程序的 catch 块中①处有一条 return 语句，该语句强制方法返回。在通常情况下，一旦在方法里执行到 return 语句的地方，程序就将立即结束该方法；现在不会了，虽然 return 语句也强制方法结束，但一定会先执行 finally 块里的代码。运行上面的程序，将看到如下运行结果：

```
noexist.txt （系统找不到指定的文件。）
执行 finally 块里的资源回收!
```

上面的运行结果表明方法返回之前还是执行了 finally 块中的代码。将①处的 return 语句注释掉，取消②处代码的注释，即在异常处理的 catch 块中使用 System.exit(1)语句来退出虚拟机。执行上面的代码，将看到如下结果：

```
noexist.txt （系统找不到指定的文件。）
```

上面的执行结果表明 finally 块没有被执行。如果在异常处理代码中使用 System.exit(1)语句来退出虚拟机，则 finally 块将失去执行的机会。

除非在 try 块、catch 块中调用了退出虚拟机的方法，否则不管在 try 块、catch 块中执行怎样的代码，出现怎样的情况，异常处理的 finally 块总会被执行。

在通常情况下，不要在 finally 块中使用如 return 或 throw 等导致方法终止的语句，（throw 语句将在后面介绍），一旦在 finally 块中使用了 return 或 throw 语句，就会导致 try 块、catch 块中的 return、throw 语句失效。看如下程序。

程序清单：codes\10\10.2\FinallyFlowTest.java

```
public class FinallyFlowTest
{
    public static void main(String[] args)
        throws Exception
    {
        boolean a = test();
        System.out.println(a);
    }
    public static boolean test()
    {
        try
        {
            // 因为 finally 块中包含了 return 语句
            // 所以下面的 return 语句失去作用
            return true;
        }
        finally
        {
            return false;
        }
    }
}
```

上面的程序在 finally 块中定义了一条 return false 语句，这将导致 try 块中的 return true 失去作用。运行上面的程序，将打印出 false 的结果。

当 Java 程序执行 try 块、catch 块遇到了 return 或 throw 语句时，这两条语句都会导致方法立即结束，但是系统执行这两条语句并不会结束该方法，而是去寻找该异常处理流程中是否包含 finally 块，如果没有 finally 块，则程序立即执行 return 或 throw 语句，方法终止；如果有 finally 块，则系统立即开始执行 finally 块——只有当 finally 块执行完成后，系统才会跳回来执行 try 块、catch 块里的 return 或 throw

语句；如果 finally 块里也使用了 return 或 throw 等导致方法终止的语句，finally 块已经终止了方法，那么系统将不会跳回来执行 try 块、catch 块里的任何代码。

尽量避免在 finally 块里使用 return 或 throw 等导致方法终止的语句，否则可能出现一些很奇怪的情况。

10.2.6　异常处理的嵌套

正如 FinallyTest.java 程序所示，finally 块中也包含了一个完整的异常处理流程，这种在 try 块、catch 块或 finally 块中包含完整的异常处理流程的情形被称为异常处理的嵌套。

异常处理流程代码可以被放在任何能放可执行代码的地方，因此，完整的异常处理流程既可被放在 try 块里，也可被放在 catch 块里，还可被放在 finally 块里。

对异常处理嵌套的深度没有很明确的限制，但通常没有必要使用超过两层嵌套的异常处理，层次太深的异常处理嵌套没有太大的必要，而且会导致程序的可读性降低。

10.2.7　自动关闭资源的 try 语句

在前面的程序中看到，当程序使用 finally 块关闭资源时，程序显得异常臃肿。

```
FileInputStream fis = null;
try
{
    fis = new FileInputStream("a.txt");
}
...
finally
{
    // 关闭磁盘文件，回收资源
    if (fis != null)
    {
        fis.close();
    }
}
```

在 Java 7 以前，上面程序中的粗体字代码是不得不写的“臃肿代码”，Java 7 的出现改变了这种局面。Java 7 改进了 try 语句的功能——它允许在 try 关键字后紧跟一对圆括号，在圆括号中可以声明、初始化一个或多个资源，此处的资源指的是那些必须在程序结束时显式关闭的资源（比如数据库连接、网络连接等），try 语句在该语句结束时自动关闭这些资源。

需要指出的是，为了保证 try 语句可以正常关闭资源，这些资源实现类必须实现 AutoCloseable 或 Closeable 接口，要实现这两个接口就必须实现 close()方法。

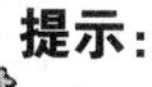

Closeable 是 AutoCloseable 的子接口，可以被自动关闭的资源类要么实现 AutoCloseable 接口，要么实现 Closeable 接口。Closeable 接口里的 close()方法声明抛出了 IOException，因此它的实现类在实现 close()方法时只能声明抛出 IOException 或其子类；AutoCloseable 接口里的 close()方法声明抛出了 Exception，因此它的实现类在实现 close()方法时可以声明抛出任何异常。

下面的程序示范了如何使用自动关闭资源的 try 语句。

程序清单：codes\10\10.2\AutoCloseTest.java

```
public class AutoCloseTest
{
    public static void main(String[] args)
        throws IOException
```

```
    {
        try (
            // 声明、初始化两个可关闭的资源
            // try语句会自动关闭这两个资源
            var br = new BufferedReader(
                new FileReader("AutoCloseTest.java"));
            var ps = new PrintStream(new
                FileOutputStream("a.txt")))
        {
            // 使用两个资源
            System.out.println(br.readLine());
            ps.println("庄生晓梦迷蝴蝶");
        }
    }
}
```

上面程序中的粗体字代码分别声明、初始化了两个 IO 流。由于 BufferedReader、PrintStream 都实现了 Closeable 接口，而且它们被放在 try 语句中声明、初始化，所以 try 语句会自动关闭它们。因此，上面的程序是安全的。

自动关闭资源的 try 语句相当于包含了隐式的 finally 块（这个 finally 块用于关闭资源），因此，这种 try 语句可以既没有 catch 块，也没有 finally 块。

提示：

Java 7 几乎对所有的“资源类”（包括文件 IO 的各种类，JDBC 编程的 Connection、Statement 等接口）都进行了改写，改写后的资源类都实现了 AutoCloseable 或 Closeable 接口。

如果程序需要，在自动关闭资源的 try 语句后也可以带多个 catch 块和一个 finally 块。

Java 9 再次增强了这种 try 语句，Java 9 不要求在 try 后的圆括号内声明并创建资源，只需要自动关闭的资源有 final 修饰或者是有效的 final（effectively final）即可，Java 9 允许将资源变量放在 try 后的圆括号内。上面的程序在 Java 9 中可被改写为如下形式。

程序清单：codes\10\10.2\AutoCloseTest2.java

```
public class AutoCloseTest2
{
    public static void main(String[] args)
        throws IOException
    {
        // 有final修饰的资源
        final var br = new BufferedReader(
            new FileReader("AutoCloseTest.java"));
        // 没有显式使用final修饰，但只要不对该变量重新赋值，该变量就是有效的final
        var ps = new PrintStream(new
            FileOutputStream("a.txt"));
        // 只要将两个资源放在try后的圆括号内即可
        try (br; ps)
        {
            // 使用两个资源
            System.out.println(br.readLine());
            ps.println("庄生晓梦迷蝴蝶");
        }
    }
}
```

10.3 Checked 异常和 Runtime 异常体系

Java 的异常被分为两大类：Checked 异常和 Runtime 异常（运行时异常）。所有的 RuntimeException 类及其子类的实例都被称为 Runtime 异常；不是 RuntimeException 类及其子类的异常实例则被称为 Checked 异常。

只有 Java 语言提供了 Checked 异常，其他语言都没有提供 Checked 异常。Java 认为 Checked 异常是可以被处理（修复）的异常，所以 Java 程序必须显式处理 Checked 异常。如果程序没有处理 Checked 异常，那么该程序在编译时就会发生错误，无法通过编译。

Checked 异常体现了 Java 的设计哲学——没有完善错误处理的代码根本就不会被执行！

对 Checked 异常的处理方式有如下两种。

- 当前方法明确知道如何处理该异常，程序应该使用 try...catch 块来捕捉该异常，然后在对应的 catch 块中修复该异常。例如，前面介绍的五子棋游戏中处理用户输入不合法的异常，程序在 catch 块中打印对用户的提示信息，重新开始下一次循环。
- 当前方法不知道如何处理这种异常，应该在定义该方法时声明抛出该异常。

Runtime 异常更加灵活，Runtime 异常无须显式声明抛出；如果程序需要捕捉 Runtime 异常，则也可以使用 try...catch 块来实现。简而言之，对于 Runtime 异常而言，既可捕捉异常、进行处理，也可直接忽略该异常，编译器不会做额外的检查、保证。

提示：

似乎只有 Java 语言提供了 Checked 异常，Checked 异常体现了 Java 的严谨性，它要求程序员必须注意该异常——要么显式声明抛出，要么显式捕捉并处理它，总之，不允许对 Checked 异常不闻不问。这是一种非常严谨的设计哲学，可以增加程序的健壮性。问题是：大部分方法总是不能明确地知道如何处理异常，因此只能声明抛出该异常，而这种情况又是如此普遍，所以 Checked 异常降低了程序开发的生产率和代码的执行效率。关于 Checked 异常的优劣，在 Java 领域是一个备受争议的问题。

10.3.1　使用 throws 声明抛出异常

使用 throws 声明抛出异常的思路是，当前方法不知道如何处理这种类型的异常，该异常应该由上一级调用者处理；如果 main 方法也不知道如何处理这种类型的异常，则也可以使用 throws 声明抛出异常，将该异常交给 JVM 处理。JVM 对异常的处理方法是，打印异常的跟踪栈信息，并中止程序运行，这就是前面的程序在遇到异常后自动结束的原因。

在前面的章节中，有些程序已经用到了 throws 声明抛出，throws 声明抛出只能在方法签名中使用，使用 throws 可以声明抛出多个异常类，多个异常类之间以逗号隔开。throws 声明抛出的语法格式如下：

```
throws ExceptionClass1, ExceptionClass2...
```

上面 throws 声明抛出的语法格式仅跟在方法签名之后，如下例子程序使用了 throws 来声明抛出 IOException 异常，一旦使用 throws 声明抛出该异常，程序就无须使用 try...catch 块来捕捉该异常了。

程序清单：codes\10\10.3\ThrowsTest.java

```
public class ThrowsTest
{
    public static void main(String[] args) throws IOException
    {
        var fis = new FileInputStream("noexist.txt");
    }
}
```

上面的程序声明不处理 IOException 异常，将该异常交给 JVM 处理，所以程序一旦遇到该异常，JVM 就会打印该异常的跟踪栈信息，并结束程序。运行上面的程序，会看到如图 10.4 所示的运行结果。

```
C:\Windows\system32\cmd.exe
Exception in thread "main" java.io.FileNotFoundException: noexist.txt (系统找不到指定的文件。)
        at java.base/java.io.FileInputStream.open0(Native Method)
        at java.base/java.io.FileInputStream.open(FileInputStream.java:216)
        at java.base/java.io.FileInputStream.<init>(FileInputStream.java:157)
        at java.base/java.io.FileInputStream.<init>(FileInputStream.java:111)
        at ThrowsTest.main(ThrowsTest.java:17)
请按任意键继续. . .
```

图 10.4　main 方法声明把异常交给 JVM 处理

如果某段代码中调用了一个带 throws 声明抛出的方法，该方法声明抛出了 Checked 异常，则表明该方法希望它的调用者来处理该异常。也就是说，将调用该方法的代码要么放在 try 块中显式捕捉该异常，要么放在另一个带 throws 声明抛出的方法中。如下例子程序示范了这种用法。

程序清单：codes\10\10.3\ThrowsTest2.java

```
public class ThrowsTest2
{
    public static void main(String[] args)
        throws Exception
    {
        // 因为 test() 方法声明抛出 IOException 异常
        // 所以调用该方法的代码要么位于 try...catch 块中
        // 要么位于另一个带 throws 声明抛出的方法中
        test();
    }
    public static void test() throws IOException
    {
        // 因为 FileInputStream 的构造器声明抛出 IOException 异常
        // 所以调用 FileInputStream 的代码要么位于 try...catch 块中
        // 要么位于另一个带 throws 声明抛出的方法中
        var fis = new FileInputStream("noexist.txt");
    }
}
```

10.3.2 方法重写时声明抛出异常的限制

使用 throws 声明抛出异常时有一个限制，就是方法重写时“两小”中的一条规则：子类方法声明抛出的异常类型应该是父类方法声明抛出的异常类型的子类或与其相同，子类方法声明抛出的异常不允许比父类方法声明抛出的异常大。看如下程序。

程序清单：codes\10\10.3\OverrideThrows.java

```
public class OverrideThrows
{
    public void test() throws IOException
    {
        var fis = new FileInputStream("a.txt");
    }
}
class Sub extends OverrideThrows
{
    // 子类方法声明抛出的异常比父类方法声明抛出的异常大
    // 所以下面的方法出错
    public void test() throws Exception
    {
    }
}
```

上面程序中 Sub 子类中的 test()方法声明抛出 Exception 异常，该 Exception 是其父类声明抛出的异常 IOException 类的父类，这将导致程序无法通过编译。

由此可见，使用 Checked 异常至少存在如下两大不便之处。

- 对于程序中的 Checked 异常，Java 要求必须显式捕捉并处理该异常，或者显式声明抛出该异常，这样就增加了编程的复杂度。
- 如果在方法中显式声明抛出 Checked 异常，则会导致方法签名与异常耦合；如果该方法是重写的父类的方法，则该方法抛出的异常还会受到被重写的方法所抛出的异常的限制。

大部分时候推荐使用 Runtime 异常，而不使用 Checked 异常。尤其当程序需要自行抛出异常时（如何自行抛出异常请看下一节），使用 Runtime 异常将更加简洁。

当使用 Runtime 异常时，程序无须在方法中声明抛出 Checked 异常，一旦发生自定义错误，程序只管抛出 Runtime 异常即可。

如果程序需要在合适的地方捕捉异常并对异常进行处理，则一样可以使用 try...catch 块来捕捉 Runtime 异常。

使用 Runtime 异常是比较省事的方式，使用这种方式既可以享受“正常代码和错误处理代码分离”，“保证程序具有较好的健壮性”的优势，又可以避免因为使用 Checked 异常带来的编程烦琐性。因此，C#、Ruby、Python 等编程语言没有所谓的 Checked 异常，其所有的异常都是 Runtime 异常。

但 Checked 异常也有其优势——Checked 异常能在编译时提醒程序员代码可能存在的问题，提醒程序员必须注意处理该异常，或者声明该异常由方法调用者来处理，从而可以避免程序员因为粗心而忘记处理该异常的错误。

10.4　使用 throw 抛出异常

当程序出现错误时，系统会自动抛出异常。此外，Java 也允许程序自行抛出异常，自行抛出异常使用 throw 语句来完成（注意此处的 throw 后面没有 s，与前面声明抛出异常的 throws 是有区别的）。

10.4.1　抛出异常

异常是一种很“主观”的说法，以下雨为例，假设大家约好明天去爬山郊游，如果第二天下雨了，这种情况会打破既定计划，这就属于一种异常；但对于正在期盼天降甘霖的农民而言，如果第二天下雨了，他们正好随雨追肥，这就完全正常。

很多时候，系统是否要抛出异常，可能需要根据应用的业务需求来决定，如果程序中的数据、执行与既定的业务需求不符，这就是一种异常。由于与业务需求不符而产生的异常，必须由程序员来决定抛出，系统无法抛出这种异常。

如果需要在程序中自行抛出异常，则应使用 throw 语句。throw 语句可以单独使用，throw 语句抛出的不是异常类，而是异常实例，而且每次只能抛出一个异常实例。throw 语句的语法格式如下：

```
throw ExceptionInstance;
```

利用 throw 语句再次改写前面五子棋游戏中处理用户输入的代码：

```
try
{
    // 将用户输入的字符串以逗号（,）作为分隔符，分隔成两个字符串
    String[] posStrArr = inputStr.split(",");
    // 将两个字符串转换成用户下棋的坐标
    var xPos = Integer.parseInt(posStrArr[0]);
    var yPos = Integer.parseInt(posStrArr[1]);
    // 如果用户试图下棋的坐标点已经有棋了，程序将自行抛出异常
    if (!gb.board[xPos - 1][yPos - 1].equals("╋"))
    {
        throw new Exception("您试图下棋的坐标点已经有棋了");
    }
    // 将对应的数组元素赋为"●"
    gb.board[xPos - 1][yPos - 1] = "●";
}
catch (Exception e)
{
    System.out.println("您输入的坐标不合法，请重新输入，下棋坐标应以 x,y 的格式：");
    continue;
}
```

上面程序中的粗体字代码使用 throw 语句来自行抛出异常，程序认为用户试图向一个已有棋子的坐标点下棋就是异常。当 Java 运行时接收到程序员自行抛出的异常时，同样会中止当前的执行流，跳到该异常对应的 catch 块，由该 catch 块来处理该异常。也就是说，不管是系统自行抛出的异常，还是程序员手动抛出的异常，Java 运行时环境对异常的处理没有任何差别。

如果 throw 语句抛出的异常是 Checked 异常，则该 throw 语句要么位于 try 块中，显式捕捉该异常，

要么位于带 throws 声明抛出的方法中，即把该异常交给该方法的调用者处理；如果 throw 语句抛出的异常是 Runtime 异常，则该语句无须放在 try 块中，也无须放在带 throws 声明抛出的方法中；程序既可以显式使用 try...catch 来捕捉并处理该异常，也可以完全不理会该异常，把该异常交给该方法的调用者处理。例如下面的例子程序。

程序清单：codes\10\10.4\ThrowTest.java

```
public class ThrowTest
{
    public static void main(String[] args)
    {
        try
        {
            // 调用声明抛出 Checked 异常的方法，要么显式捕捉该异常
            // 要么在 main 方法中再次声明抛出
            throwChecked(-3);
        }
        catch (Exception e)
        {
            System.out.println(e.getMessage());
        }
        // 调用声明抛出 Runtime 异常的方法，既可以显式捕捉该异常
        // 也可以不理会该异常
        throwRuntime(3);
    }
    public static void throwChecked(int a) throws Exception
    {
        if (a > 0)
        {
            // 自行抛出 Exception 异常
            // 该代码必须位于 try 块中，或者位于带 throws 声明抛出的方法中
            throw new Exception("a 的值大于 0，不符合要求");
        }
    }
    public static void throwRuntime(int a)
    {
        if (a > 0)
        {
            // 自行抛出 RuntimeException 异常，既可以显式捕捉该异常
            // 也可以完全不理会该异常，把该异常交给该方法的调用者处理
            throw new RuntimeException("a 的值大于 0，不符合要求");
        }
    }
}
```

通过上面的程序也可以看出，自行抛出 Runtime 异常的灵活性比自行抛出 Checked 异常的灵活性更好。同样，抛出 Checked 异常，则可以让编译器提醒程序员必须处理该异常。

10.4.2 自定义异常类

在通常情况下，程序很少会自行抛出系统异常，因为异常类的类名本身也是有用的信息。所以在选择抛出异常时，应该选择合适的异常类，从而可以明确地描述该异常情况。在这种情形下，应用程序常常需要抛出自定义异常。

用户自定义异常都应该继承 Exception 基类，如果希望自定义 Runtime 异常，则应该继承 RuntimeException 基类。在定义异常类时，通常需要提供两个构造器：一个是无参数的构造器；另一个是带一个字符串参数的构造器，这个字符串将作为该异常对象的描述信息（也就是异常对象的 getMessage()方法的返回值）。

下面的例子程序创建了一个自定义异常类。

程序清单：codes\10\10.4\AuctionException.java

```
public class AuctionException extends Exception
```

```
{
    // 无参数的构造器
    public AuctionException(){}        // ①
    // 带一个字符串参数的构造器
    public AuctionException(String msg)     // ②
    {
        super(msg);
    }
}
```

上面的程序创建了 AuctionException 异常类，并为该异常类提供了两个构造器。尤其是②号粗体字代码部分创建的带一个字符串参数的构造器，其执行体非常简单，仅通过 super 来调用父类的构造器，正是这个 super 调用可以将此字符串参数传给异常对象的 message 属性，该 message 属性就是该异常对象的详细描述信息。

如果需要自定义 Runtime 异常，则只需将 AuctionException.java 程序中的 Exception 基类改为 RuntimeException 基类即可，其他地方无须修改。

提示：

在大部分情况下，创建自定义异常都可采用与 AuctionException.java 程序相似的代码来完成，只需改变 AuctionException 异常类的类名即可，让该异常类的类名可以准确地描述该异常。

10.4.3 catch 和 throw 同时使用

前面介绍的异常处理方式有如下两种。

- 在出现异常的方法内捕捉并处理该异常，该方法的调用者将不能再次捕捉该异常。
- 在方法签名中声明抛出该异常，将该异常完全交给该方法的调用者处理。

在实际应用中往往需要更复杂的处理方式——当一个异常出现时，单靠某个方法无法完全处理该异常，必须几个方法协作才可完全处理该异常。也就是说，在出现异常的当前方法中，程序只对异常进行部分处理，还有些处理需要在该方法的调用者中才能完成，所以应该再次抛出异常，让该方法的调用者也能捕捉到该异常。

为了实现这种通过多个方法协作处理同一个异常的情形，可以在 catch 块中结合 throw 语句来完成。如下例子程序示范了这种 catch 和 throw 同时使用的方法。

程序清单：codes\10\10.4\AuctionTest.java

```
public class AuctionTest
{
    private double initPrice = 30.0;
    // 因为该方法中显式抛出了 AuctionException 异常
    // 所以此处需要声明抛出 AuctionException 异常
    public void bid(String bidPrice)
        throws AuctionException
    {
        var d = 0.0;
        try
        {
            d = Double.parseDouble(bidPrice);
        }
        catch (Exception e)
        {
            // 此处完成本方法中可以对异常执行的修复处理
            // 此处仅仅是在控制台打印异常的跟踪栈信息
            e.printStackTrace();
            // 再次抛出自定义异常
            throw new AuctionException("竞拍价必须是数值，"
                + "不能包含其他字符！");
        }
        if (initPrice > d)
```

```
        {
            throw new AuctionException("竞拍价比起拍价低，"
                + "不允许竞拍！");
        }
        initPrice = d;
    }
    public static void main(String[] args)
    {
        var at = new AuctionTest();
        try
        {
            at.bid("df");
        }
        catch (AuctionException ae)
        {
            // 再次捕捉到bid()方法中的异常，并对该异常进行处理
            System.err.println(ae.getMessage());
        }
    }
}
```

上面程序中粗体字代码对应的 catch 块捕捉到异常后，系统打印了该异常的跟踪栈信息，接着抛出一个 AuctionException 异常，通知该方法的调用者再次处理该 AuctionException 异常。所以程序中的 main 方法，也就是 bid()方法的调用者还可以再次捕捉 AuctionException 异常，并将该异常的详细描述信息输出到标准错误输出中。

提示：

这种 catch 和 throw 结合使用的情况在大型企业级应用中非常常用。企业级应用对异常的处理通常分成两个部分：①应用后台需要通过日志来记录异常发生的详细情况；②应用还需要根据异常向应用的使用者传达某种提示。在这种情形下，所有异常都需要两个方法共同处理，也就必须将 catch 和 throw 结合使用。

10.4.4 使用 throw 语句抛出异常

对于如下代码片段：

```
try
{
    new FileOutputStream("a.txt");
}
catch (Exception ex)
{
    ex.printStackTrace();
    throw ex;          // ①
}
```

上面代码片段中的粗体字代码再次抛出了捕捉到的异常，但这个 ex 对象的情况比较特殊：程序捕捉该异常时，声明该异常的类型为 Exception；但实际上，在 try 块中可能只调用了 FileOutputStream 构造器，这个构造器声明只是抛出了 FileNotFoundException 异常。

在 Java 7 以前，Java 编译器的处理"简单而粗暴"——由于在捕捉该异常时声明 ex 的类型是 Exception，Java 编译器认为这段代码可能抛出 Exception 异常，所以包含这段代码的方法通常需要声明抛出 Exception 异常。

从 Java 7 开始，Java 编译器会执行更细致的检查。Java 编译器会检查 throw 语句抛出的异常的实际类型，这样编译器就知道①号粗体字代码实际上只可能抛出 FileNotFoundException 异常，因此在方法签名中只需声明抛出 FileNotFoundException 异常即可。例如如下方法。

程序清单：codes\10\10.4\ThrowTest2.java

```
public class ThrowTest2
{
```

```
    public static void main(String[] args)
        // Java 6 认为①号粗体字代码可能抛出 Exception 异常
        // 所以此处必须声明抛出 Exception 异常
        // Java 7 会检查①号粗体字代码可能抛出的异常的实际类型
        // 因此此处只需声明抛出 FileNotFoundException 异常即可
        throws FileNotFoundException
    {
        try
        {
            new FileOutputStream("a.txt");
        }
        catch (Exception ex)
        {
            ex.printStackTrace();
            throw ex;        // ①
        }
    }
}
```

上面程序中的①号粗体字代码直接抛出了该 catch 块捕捉到的异常，该 catch 块声明它捕捉的异常是 Exception 类型，但实际上，上面的 try 块只可能抛出 FileNotFoundException 异常。在 Java 7 之后，Java 编译器能准确地识别①号粗体字代码只可能抛出 FileNotFoundException 异常，因此，上面的 main() 方法只需声明抛出 FileNotFoundException 异常即可。

10.4.5　异常链

对于真实的企业级应用而言，常常有严格的分层关系，层与层之间有非常清晰的划分，上层功能的实现严格依赖于下层的 API，也不会跨层访问。图 10.5 显示了这种分层结构的大致示意图。

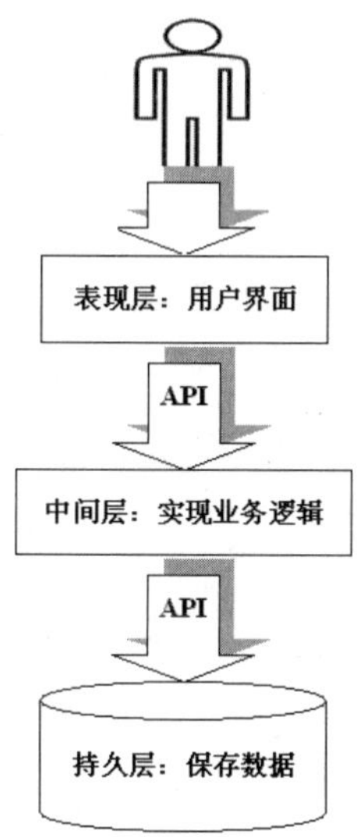

图 10.5　分层结构示意图

对于一个采用图 10.5 所示结构的应用，当中间的业务逻辑层访问持久层出现 SQLException 异常时，程序不应该把底层的 SQLException 异常传到用户界面，原因有如下两个。

- 对于正常用户而言，他们不想看到底层的 SQLException 异常，SQLException 异常对他们使用该系统没有任何帮助。
- 对于恶意用户而言，将 SQLException 异常暴露出来不安全。

把底层的原始异常直接传给用户是一种不负责任的表现。通常的做法是：程序先捕捉原始异常，然后抛出一个新的业务异常，新的业务异常中包含了对用户的提示信息，这种处理方式被称为“异常转译”。假设程序需要实现工资结算的方法，则程序应该采用如下结构的代码来实现该方法。

```
public void calSal() throws SalException
{
```

```
    try
    {
        // 实现工资结算的业务逻辑
        ...
    }
    catch (SQLException sqle)
    {
        // 把原始异常记录下来，留给管理员
        ...
        // 下面异常中的message就是对用户的提示信息
        throw new SalException("访问底层数据库出现异常");
    }
    catch (Exception e)
    {
        // 把原始异常记录下来，留给管理员
        ...
        // 下面异常中的message就是对用户的提示信息
        throw new SalException("系统出现未知异常");
    }
}
```

这种把原始异常信息隐藏起来，仅向上提供必要的异常提示信息的处理方式，可以保证底层异常不会扩散到表现层，避免向上暴露太多的实现细节，这完全符合面向对象的封装原则。

这种捕捉一个异常，然后抛出另一个异常，并把原始异常信息保存下来，是一种典型的链式处理（23种设计模式之一：职责链模式），也被称为"异常链"。

在 JDK 1.4 以前，程序员必须自己编写代码来保持原始异常信息。在 JDK 1.4 以后，所有 Throwable 的子类在构造器中都可以接收一个 cause 对象作为参数。这个 cause 就用来表示原始异常，这样就可以把原始异常传递给新的异常，使得即使在当前位置创建并抛出了新的异常，你也能通过这个异常链追踪到异常最初发生的位置。例如，希望通过上面的 SalException 追踪到最原始的异常信息，则可以将该方法改写为如下形式。

```
public void calSal() throws SalException
{
    try
    {
        // 实现工资结算的业务逻辑
        ...
    }
    catch (SQLException sqle)
    {
        // 把原始异常记录下来，留给管理员
        ...
        // 下面异常中的sqle就是原始异常
        throw new SalException(sqle);
    }
    catch (Exception e)
    {
        // 把原始异常记录下来，留给管理员
        ...
        // 下面异常中的e就是原始异常
        throw new SalException(e);
    }
}
```

上面程序中的粗体字代码在创建 SalException 对象时，传入了一个 Exception 对象，而不是传入一个 String 对象，这就需要 SalException 类有相应的构造器。在 JDK 1.4 以后，Throwable 基类已有一个可以接收 Exception 参数的方法，所以可以采用如下代码来定义 SalException 类。

程序清单：codes\10\10.4\SalException.java

```
public class SalException extends Exception
{
    public SalException(){}
    public SalException(String msg)
```

```
        {
            super(msg);
        }
        // 创建一个可以接收 Throwable 参数的构造器
        public SalException(Throwable t)
        {
            super(t);
        }
    }
```

在创建了这个 SalException 业务异常类后，就可以用它来封装原始异常，从而实现对异常的链式处理。

10.5　Java 的异常跟踪栈

异常对象的 printStackTrace()方法用于打印异常的跟踪栈信息，根据 printStackTrace()方法的输出结果，开发者可以找到异常的源头，并追踪到异常一路触发的过程。

看下面的用于测试 printStackTrace 的例子程序。

程序清单：codes\10\10.5\PrintStackTraceTest.java

```
class SelfException extends RuntimeException
{
    SelfException(){}
    SelfException(String msg)
    {
        super(msg);
    }
}
public class PrintStackTraceTest
{
    public static void main(String[] args)
    {
        firstMethod();
    }
    public static void firstMethod()
    {
        secondMethod();
    }
    public static void secondMethod()
    {
        thirdMethod();
    }
    public static void thirdMethod()
    {
        throw new SelfException("自定义异常信息");
    }
}
```

上面程序中的 main 方法调用 firstMethod，firstMethod 调用 secondMethod，secondMethod 调用 thirdMethod，thirdMethod 直接抛出一个 SelfException 异常。运行上面的程序，会看到如图 10.6 所示的结果。

```
C:\Windows\system32\cmd.exe
Exception in thread "main" SelfException: 自定义异常信息
        at PrintStackTraceTest.thirdMethod(PrintStackTraceTest.java:37)
        at PrintStackTraceTest.secondMethod(PrintStackTraceTest.java:33)
        at PrintStackTraceTest.firstMethod(PrintStackTraceTest.java:29)
        at PrintStackTraceTest.main(PrintStackTraceTest.java:25)
```

main线程出现未捕捉异常

异常跟踪栈信息

图 10.6　异常的跟踪栈信息

从图 10.6 中可以看出，异常从 thirdMethod 方法开始触发，传到 secondMethod 方法，再传到 firstMethod 方法，最后传到 main 方法，在 main 方法终止，这个过程就是 Java 的异常跟踪栈。

在面向对象的编程中，大多数复杂操作都会被分解成一系列方法调用。这是为了实现更好的可重用性，将每个可重用的代码单元定义成方法，将复杂任务逐渐分解为更易管理的小型子任务。由于一个大的业务功能需要由多个对象来共同实现，在最终的编程模型中，很多对象都将通过一系列方法调用来实现通信，执行任务。

所以，面向对象的应用程序在运行时，经常会发生一系列方法调用，从而形成“方法调用栈”；而异常的传播则相反：只要异常没有被完全捕捉（包括异常没有被捕捉，或者异常被处理后，重新抛出了新异常），异常就从发生异常的方法逐渐向外传播，首先传给该方法的调用者，该方法的调用者再次传给其调用者……直至最后传到 main 方法，如果 main 方法依然没有处理该异常，则 JVM 会中止该程序，并打印异常的跟踪栈信息。

很多初学者一看到图 10.6 所示的异常提示信息，就会惊慌失措，其实图 10.6 所示的异常跟踪栈信息非常清晰——它记录了应用程序中执行停止的各个点。

第一行的信息详细显示了异常的类型和异常的详细消息。接下来跟踪栈记录了程序中所有的异常发生点，各行显示被调用方法中执行停止的位置，并标明类、类中的方法名、与故障点对应的文件的行。一行行往下看，跟踪栈总是最内部的被调用方法逐渐上传，直到最外部业务操作的起点，通常就是程序的入口 main 方法或 Thread 类的 run 方法（多线程的情形）。

下面的例子程序示范了多线程程序中发生异常的情形。

程序清单：codes\10\10.5\ThreadExceptionTest.java

```java
public class ThreadExceptionTest implements Runnable
{
    public void run()
    {
        firstMethod();
    }
    public void firstMethod()
    {
        secondMethod();
    }
    public void secondMethod()
    {
        var a = 5;
        var b = 0;
        var c = a / b;
    }
    public static void main(String[] args)
    {
        new Thread(new ThreadExceptionTest()).start();
    }
}
```

提示： 关于多线程的知识，请参考本书第 16 章的内容。

运行上面的程序，会看到如图 10.7 所示的运行结果。

多线程的异常跟踪栈，从发生异常的方法开始，到线程的run()方法结束

```
C:\Windows\system32\cmd.exe
Exception in thread "Thread-0" java.lang.ArithmeticException: / by zero
    at ThreadExceptionTest.secondMethod(ThreadExceptionTest.java:27)
    at ThreadExceptionTest.firstMethod(ThreadExceptionTest.java:21)
    at ThreadExceptionTest.run(ThreadExceptionTest.java:17)
```

图 10.7　多线程的异常跟踪栈

从图 10.7 中可以看出，程序在 Thread 的 run 方法中出现了 ArithmeticException 异常，这个异常的源头是 ThreadExceptionTest 的 secondMethod 方法，位于 ThreadExceptionTest.java 文件的 27 行。这个异常传播到 Thread 类的 run 方法就会结束（如果该异常没有得到处理，则将会导致该线程中止运行）。

前面已经讲过，调用 Exception 的 printStackTrace()方法就是打印该异常的跟踪栈信息，也就会看到图 10.6、图 10.7 所示的信息。当然，如果方法调用的层次很深，则将会看到更加复杂的异常跟踪栈。

提示：
虽然 printStackTrace()方法可以很方便地用于追踪异常的发生情况，用它来调试程序，但在最后发布的程序中，应该避免使用它；而是应该对捕捉的异常进行适当的处理，不是简单地将异常的跟踪栈信息打印出来。

10.6　异常处理规则

前面介绍了使用异常处理的优势、便捷之处，本节将进一步从程序性能优化、结构优化的角度给出异常处理的一般规则。成功的异常处理应该实现如下 4 个目标。

➢ 使程序代码混乱最小化。
➢ 捕捉并保留诊断信息。
➢ 通知合适的人员。
➢ 采用合适的方式结束异常活动。

下面介绍达到这种效果的基本规则。

10.6.1　不要过度使用异常

不可否认，Java 的异常机制确实方便，但滥用异常机制也会带来一些负面影响。过度使用异常主要体现在两个方面。

➢ 把异常和普通错误混淆在一起，不再编写任何错误处理代码，而是以简单地抛出异常来代替所有的错误处理。
➢ 使用异常处理来代替流程控制。

在熟悉了异常使用方法后，程序员可能不再愿意编写烦琐的错误处理代码，而是简单地抛出异常。实际上这样做是不对的，对于完全已知的错误，应该编写处理这种错误的代码，增加程序的健壮性；对于普通的错误，应该编写处理这种错误的代码，增加程序的健壮性。只有对外部的、不能确定和预知的运行时错误才使用异常。

对比前面的五子棋游戏中，处理用户输入的坐标点已有棋子的两种方式。

```
// 如果用户试图下棋的坐标点已经有棋子了
if (!gb.board[xPos - 1][yPos - 1].equals("╋ "))
{
    System.out.println("您输入的坐标点已有棋子了，请重新输入");
    continue;
}
```

上面这种处理方式检测到用户试图下棋的坐标点已经有棋子了，立即打印一条提示信息，并重新开始下一次循环。这种处理方式简洁明了、逻辑清晰。程序的运行效率也很高——程序进入 if 块后，即结束了本次循环。

如果将上面的处理机制改为如下方式：

```
// 如果用户试图下棋的坐标点已经有棋子了，程序自行抛出异常
if (!gb.board[xPos - 1][yPos - 1].equals("╋ "))
{
    throw new Exception("您试图下棋的坐标点已经有棋子了");
}
```

上面的处理方式没有提供有效的错误处理代码，当程序检测到用户试图下棋的坐标点已经有棋子时，并没有提供相应的处理，而是简单地抛出了一个异常。这种处理方式虽然简单，但 Java 运行时接收到这个异常后，还需要进入相应的 catch 块来捕捉该异常，所以运行效率要低一些。而且用户下棋重复这个错误完全是可预知的，所以程序完全可以针对该错误提供相应的处理，而不是抛出异常。

必须指出：异常处理机制的初衷是将不可预期的异常的处理代码和正常的业务逻辑处理代码分离，

因此绝不要使用异常处理来代替正常的业务逻辑判断。

另外，异常机制的效率比正常的流程控制效率低，所以不要使用异常处理来代替正常的程序流程控制。例如，对于如下代码：

```
// 定义一个字符串数组
String[] arr = {"Hello", "Java", "Spring"};
// 使用异常处理来遍历 arr 数组的每个元素
try
{
    var i = 0;
    while (true)
    {
        System.out.println(arr[i++]);
    }
}
catch (ArrayIndexOutOfBoundsException ae)
{
}
```

运行上面的程序确实可以实现遍历 arr 数组元素的功能，但这种写法可读性较差，而且运行效率也不高。程序完全有能力避免产生 ArrayIndexOutOfBoundsException 异常，程序“故意”制造这种异常，然后使用 catch 块来捕捉该异常，这是不应该的。将程序改为如下形式肯定要好得多：

```
String[] arr = {"Hello", "Java", "Spring"};
for (var i = 0; i < arr.length; i++)
{
    System.out.println(arr[i]);
}
```

注意：

异常机制只应该用于处理非正常的情况，不要使用异常处理来代替正常的流程控制。对于一些完全可预知，而且处理方式清楚的错误，程序应该提供相应的错误处理代码，而不是将其笼统地称为异常。

10.6.2 不要使用过于庞大的 try 块

很多初学异常机制的读者喜欢在 try 块里放置大量的代码——在一个 try 块里放置大量的代码看上去“很简单”，但这种“简单”只是一种假象，只是在编写程序时看上去比较简单。因为 try 块里的代码过于庞大，业务过于复杂，就会造成 try 块中出现异常的可能性大大增加，从而导致分析异常原因的难度也大大增加。

而且，当 try 块过于庞大时，就难免在 try 块后紧跟大量的 catch 块，才可以针对不同的异常提供不同的处理逻辑。如果同一个 try 块后紧跟大量的 catch 块，则需要分析它们之间的逻辑关系，反而增加了编程的复杂度。

正确的做法是，把大的 try 块分割成多个可能出现异常的程序段落，并把它们放在单独的 try 块中，从而分别捕捉并处理异常。

10.6.3 避免使用 Catch All 语句

所谓 Catch All 语句指的是一种异常捕捉模块，它可以处理程序发生的所有可能异常。例如，如下代码片段：

```
try
{
    // 可能引发 Checked 异常的代码
}
catch (Throwable t)
{
    // 进行异常处理
```

```
        t.printStackTrace();
    }
```

不可否认，每个程序员都曾经用过这种异常处理方式；但在编写关键程序时应避免使用这种异常处理方式。这种处理方式有如下两点不足。

- 所有的异常都采用相同的处理方式，这将导致无法对不同的异常分情况处理；如果要分情况处理异常，则需要在 catch 块中使用分支语句进行控制，这是得不偿失的做法。
- 这种处理方式可能将程序中的错误、Runtime 异常等可能导致程序中止的情况全部捕捉到，从而“压制”了异常；如果出现了一些“关键”异常，那么此异常也会被“静悄悄”地忽略。

实际上，Catch All 语句不过是一种通过避免错误处理而加快编程进度的机制，应尽量避免在实际应用中使用这种语句。

10.6.4　不要忽略捕捉到的异常

不要忽略异常！既然已捕捉到异常，那么 catch 块理应做些有用的事情——处理并修复这个错误。catch 块整个为空，或者仅仅打印出错信息都是不妥的！

catch 块为空就是假装不知道出现异常甚至瞒天过海，这是最可怕的事情——程序出了错误，所有的人都看不到任何异常，但整个应用可能已经彻底坏了。仅在 catch 块里打印错误跟踪栈信息稍微好一点，但仅仅比空白多了几行异常信息。通常建议对异常采取适当的措施，比如：

- 处理异常。对异常进行合适的修复，然后绕过异常发生的地方继续执行；或者用别的数据进行计算，以代替期望的方法返回值；或者提示用户重新操作……总之，对于 Checked 异常，程序应该尽量修复。
- 重新抛出新异常。把当前运行环境下能做的事情尽量做完，然后进行异常转译，把异常包装成当前层的异常，重新抛出给上层调用者。
- 在合适的层处理异常。如果当前层不清楚如何处理异常，就不要在当前层使用 catch 语句来捕捉该异常，直接使用 throws 声明抛出该异常，让上层调用者来负责处理该异常。

10.7　本章小结

本章主要介绍了 Java 异常处理机制的相关知识。Java 的异常处理主要依赖于 try、catch、finally、throw 和 throws 5 个关键字，本章详细讲解了这 5 个关键字的用法。本章还介绍了 Java 异常类之间的继承关系，并介绍了 Checked 异常和 Runtime 异常之间的区别。本章也详细介绍了多异常捕捉和自动关闭资源的 try 语句。本章还详细讲解了在实际开发中最常用的异常链和异常转译。本章最后从优化程序的角度，给出了在实际应用中处理异常的几条基本规则。

本章练习

1. 改写第 4 章的五子棋游戏程序，为该程序增加异常处理机制，让程序更加健壮。
2. 改写第 8 章的梭哈游戏程序，为该程序增加异常处理机制。

CHAPTER

11

第 11 章 AWT 编程

本章要点

- 图形用户界面编程的概念
- AWT 的概念
- AWT 容器和常见的布局管理器
- 使用 AWT 基本组件
- 使用对话框
- 使用文件对话框
- Java 的事件机制
- 事件源、事件、事件监听器的关系
- 使用菜单条、菜单、菜单项创建菜单
- 创建并使用右键菜单
- 重写 paint()方法实现绘图
- 使用 Graphics 类
- 使用 BufferedImage 和 ImageIO 处理位图
- 使用剪贴板
- 剪贴板数据风格
- 拖放功能
- 拖放目标与拖放源

本章和下一章的内容会比较“有趣”，因为可以看到非常熟悉的窗口、按钮、动画等效果，而这些图形界面元素不仅会让开发者感到更“有趣”，而且对最终用户也是一种诱惑——用户总是喜欢功能丰富、操作简单的应用，图形用户界面的程序就可以满足用户的这种渴望。

Java 使用 AWT 和 Swing 完成图形用户界面编程，其中 AWT（Abstract Window Toolkit，抽象窗口工具集）是 Sun 公司最早提供的 GUI 类库，这套 GUI 类库提供了一些基本功能，但比较有限，所以后来 Sun 公司又提供了 Swing 库。通过使用 AWT 和 Swing 提供的图形界面组件库，Java 的图形用户界面编程非常简单，程序只要依次创建所需的图形组件，并以合适的方式将这些组件组织在一起，就可以开发出非常美观的用户界面。

程序以一种“搭积木”的方式将这些图形组件组织在一起，就成为实际可用的图形用户界面。但此时图形用户界面还不能与用户交互，为了实现图形用户界面与用户交互操作，还应为程序提供事件处理，事件处理负责让程序可以响应用户动作。

通过学习本章，读者应该能开发出简单的图形用户界面应用，并提供相应的事件响应机制。本章也会介绍 Java 中的图形处理、剪贴板操作等知识。

11.1　GUI 和 AWT

前面介绍的所有程序都是基于命令行的，基于命令行的程序可能只有一些“专业”的计算机人士才会使用。例如前面编写的五子棋游戏、梭哈游戏等程序，恐怕只有程序员自己才愿意玩这么“糟糕”的游戏，很少有最终用户愿意对着黑乎乎的命令行界面敲命令。

相反，如果为程序提供直观的图形用户界面（Graphics User Interface，GUI），最终用户通过鼠标拖动、单击等动作就可以操作整个应用，整个应用程序就会受欢迎得多（实际上，Windows 之所以广为人知，其最初的吸引力就是来自它所提供的图形用户界面）。作为一个程序设计者，必须优先考虑用户的感受，一定要让用户感到“爽”，程序才会被需要、被使用，这样的程序才有价值。

当 JDK 1.0 发布时，Sun 公司提供了一套基本的 GUI 类库，希望这套 GUI 类库在所有的平台上都能运行。这套基本的类库被称为“抽象窗口工具集（AWT）”，它为 Java 应用程序提供了基本的图形组件。AWT 是窗口框架，它从不同平台的窗口系统中抽取出共同的组件，当程序运行时，将这些组件的创建和动作委托给程序所在的运行平台。简而言之，当使用 AWT 编写图形界面应用时，程序仅指定了界面组件的位置和行为，并未提供真正的实现，JVM 调用操作系统本地的图形界面来创建和平台一致的对等体。

使用 AWT 创建的图形界面应用和所在的运行平台有相同的界面风格，比如在 Windows 操作系统上，它就表现出 Windows 风格；在 UNIX 操作系统上，它就表现出 UNIX 风格。Sun 公司希望采用这种方式来实现“Write Once，Run Anywhere”的目标。

但在实际应用中，AWT 出现了如下几个问题。

- 使用 AWT 做出的图形用户界面在所有的平台上都显得很丑陋，功能也非常有限。
- AWT 为了迎合所有主流操作系统的界面设计，AWT 组件只能使用这些操作系统上图形界面组件的交集，所以不能使用特定操作系统上复杂的图形界面组件，并且最多只能使用 4 种字体。
- AWT 用的是非常笨拙的、非面向对象的编程模式。

1996 年，Netscape 公司开发了一套工作方式完全不同的 GUI 库，简称为 IFC（Internet Foundation Classes），这套 GUI 库的所有图形界面组件，例如文本框、按钮等，都是绘制在空白窗口上的，只有窗口本身需要借助于操作系统的窗口实现。IFC 真正实现了在各种平台上界面的一致性。不久，Sun 和 Netscape 合作完善了这种方法，并创建了一套新的用户界面库：Swing。AWT、Swing、辅助功能 API、2D API 以及拖放 API 共同组成了 JFC（Java Foundation Classes，Java 基础类库），其中 Swing 组件全面替代了 Java 1.0 中的 AWT 组件，但保留了 Java 1.1 中的 AWT 事件模型。总体上，AWT 是图形用户界面编程的基础，Swing 组件替代了绝大部分 AWT 组件，对 AWT 图形用户界面编程是极好的补充和加强。

Java 9 的 AWT 和 Swing 组件可以自适应高分辨率屏。在 Java 9 之前，如果使用高分辨率屏，由于这种屏幕的像素密度可能是传统显示设备的 2~3 倍（即单位面积里显示像素更多），而 AWT 和 Swing 组件都是基于屏幕像素计算大小的，因此这些组件在高分辨率屏上比较小。

Java 9 对此进行了改进，如果 AWT 或 Swing 组件在高分辨率屏上显示，那么组件的大小可能会以实际屏幕的 2 个或 3 个像素作为"逻辑像素"，这样就可保证 AWT 或 Swing 组件在高分辨率屏上也具有正常大小。另外，Java 9 也支持 OS X 设备的视网膜屏。

简而言之，Java 9 改进后的 AWT 或 Swing 组件完全可以在高分辨率屏、视网膜屏上具有正常大小。

提示：

Swing 并没有完全替代 AWT，而是建立在 AWT 基础之上，Swing 仅提供了能力更强大的用户界面组件，即使是完全采用 Swing 编写的 GUI 程序，也依然需要使用 AWT 的事件处理机制。本章主要介绍 AWT 组件，这些 AWT 组件在 Swing 中将有对应的实现，二者的用法基本相似，下一章会有更详细的介绍。

所有与 AWT 编程相关的类都被放在 java.awt 包以及它的子包中，AWT 编程中有两个基类：Component 和 MenuComponent。图 11.1 显示了 AWT 图形组件之间的继承关系。

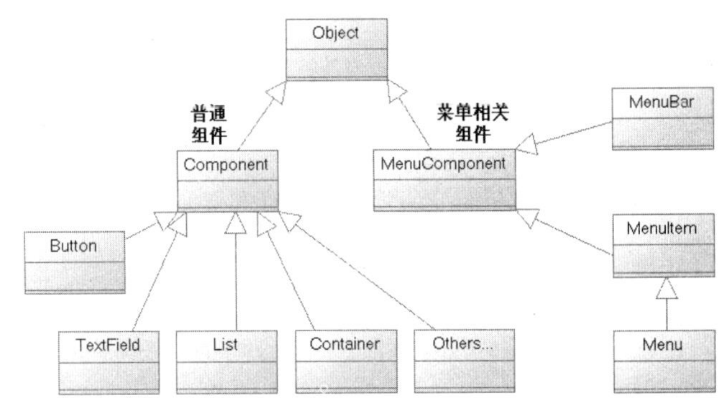

图 11.1　AWT 图形组件之间的继承关系

在 java.awt 包中提供了两个基类来表示图形界面元素：Component 和 MenuComponent，其中 Component 代表一个能以图形化方式显示出来，并可与用户交互的对象，例如，Button 代表一个按钮，TextField 代表一个文本框等；MenuComponent 则代表图形界面的菜单组件，包括 MenuBar（菜单条）、MenuItem（菜单项）等子类。

此外，在 AWT 图形用户界面编程中还有两个重要的概念：Container 和 LayoutManager，其中 Container 是一种特殊的 Component，它代表一种容器，可以盛装普通的 Component；LayoutManager 则是容器管理其他组件布局的方式。

11.2　AWT 容器

如果从程序员的角度来看一个窗口，则这个窗口不是一个整体（有点庖丁解牛的感觉），而是由多个部分组合而成的，如图 11.2 所示。

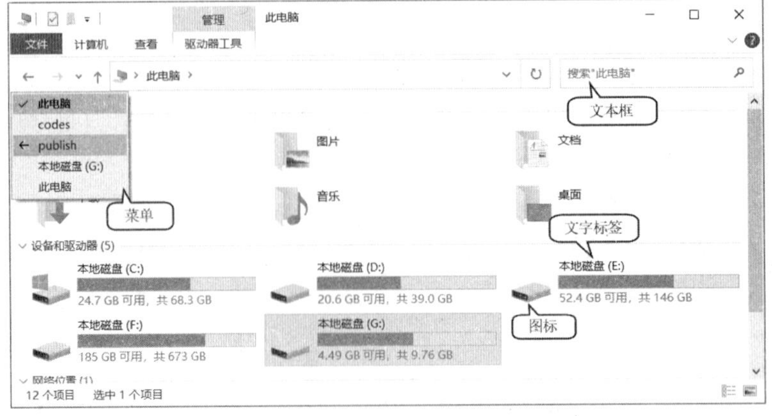

图 11.2　窗口的"分解"

从图 11.2 中可以看出，任何窗口都可被分解成一个空的容器，容器里盛装了大量的基本组件，通过设置这些基本组件的大小、位置等属性，就可以将该空的容器和基本组件组成一个整体的窗口。实际上，图形用户界面编程非常简单，它非常类似于小朋友玩的拼图游戏，容器类似于拼图的“母板”，普通组件（如 Button、List 之类的）则类似于拼图的图块。创建图形用户界面的过程就是完成拼图的过程。

Container（容器）是 Component 的子类，因此容器对象本身也是一个组件，具有组件的所有性质，可以调用 Component 类的所有方法。Component 类提供了如下几个常用的方法来设置组件的大小、位置和可见性等。

- setLocation(int x, int y)：设置组件的位置。
- setSize(int width, int height)：设置组件的大小。
- setBounds(int x, int y, int width, int height)：同时设置组件的位置、大小。
- setVisible(Boolean b)：设置组件的可见性。

容器还可以盛装其他组件，Container 类提供了如下几个常用的方法来访问容器里的组件。

- Component add(Component comp)：向容器中添加其他组件（该组件既可以是普通组件，也可以是容器），并返回被添加的组件。
- Component getComponentAt(int x, int y)：返回指定点的组件。
- int getComponentCount()：返回该容器内组件的数量。
- Component[] getComponents()：返回该容器内所有的组件。

AWT 主要提供了如下两种容器类型。

- Window：可独立存在的顶级窗口。
- Panel：可作为容器容纳其他组件，但不能独立存在，必须被添加到其他容器中（如 Window、Panel 或者 Applet 等）。

AWT 容器的继承关系如图 11.3 所示。

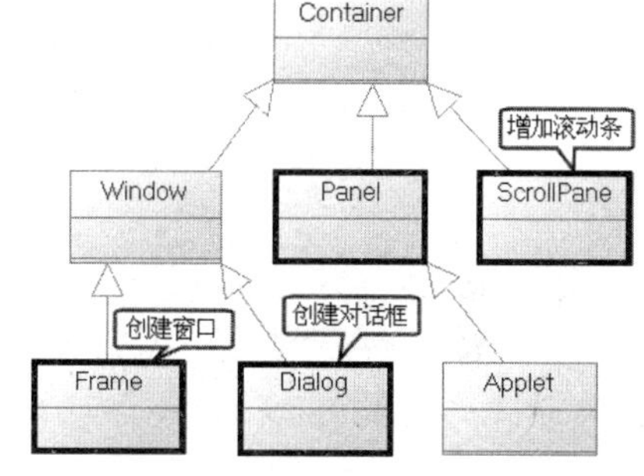

图 11.3　AWT 容器的继承关系

图 11.3 中显示了 AWT 容器之间的继承层次，其中以粗黑线圈出的容器是 AWT 编程中常用的组件。Frame 代表常见的窗口，它是 Window 类的子类，具有如下几个特点。

- Frame 对象有标题，允许通过拖拉来改变窗口的位置、大小。
- 初始化时其不可见，可用 setVisible(true)使其显示出来。
- 默认使用 BorderLayout 作为布局管理器。

提示：

关于布局管理器的知识，请参考下一节的介绍。

下面的例子程序通过 Frame 创建了一个窗口。

程序清单：codes\11\11.2\FrameTest.java

```
public class FrameTest
{
    public static void main(String[] args)
    {
        var f = new Frame("测试窗口");
        // 设置窗口的大小、位置
        f.setBounds(30, 30, 250, 200);
        // 将窗口显示出来（Frame 对象默认处于隐藏状态）
        f.setVisible(true);
    }
}
```

运行上面的程序，会看到如图 11.4 所示的简单窗口。

从图 11.4 所示的窗口中可以看出，该窗口是 Windows 10 窗口风格，这也证明了 AWT 确实是调用程序运行平台的本地 API 创建了该窗口。如果单击图 11.4 所示窗口右上角的"×"按钮，该窗口不会关闭，因为还未为该窗口编写任何事件响应。如果想关闭该窗口，则可以通过关闭运行该程序的命令行窗口来关闭该窗口。

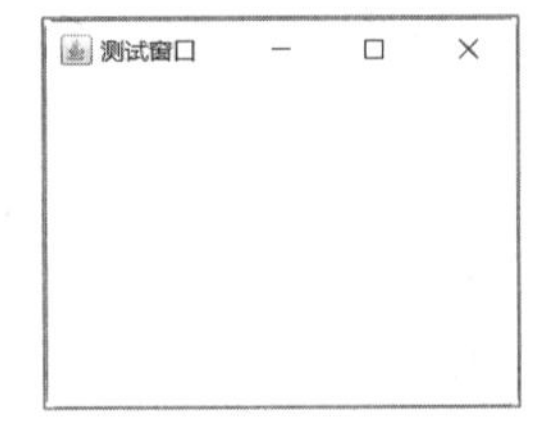

图 11.4　通过 Frame 创建的空白窗口

提示：

正如前面所介绍的，创建图形用户界面的过程类似于拼图游戏，拼图游戏中的母板、图块都需要购买，而 Java 程序中的母板（容器）、图块（普通组件）则不需要购买，直接采用 new 关键字创建一个对象即可。

Panel 是 AWT 中另一个典型的容器，它代表不能独立存在、必须放在其他容器中的容器。Panel 外在表现为一个矩形区域，在该区域内可盛装其他组件。Panel 容器存在的意义在于，为放置其他组件提供空间。Panel 容器具有如下几个特点。

- 可作为容器来盛装其他组件，为放置其他组件提供空间。
- 不能单独存在，必须被放置到其他容器中。
- 默认使用 FlowLayout 作为布局管理器。

下面的例子程序使用 Panel 作为容器来盛装一个文本框和一个按钮，并将该 Panel 对象添加到 Frame 对象中。

程序清单：codes\11\11.2\PanelTest.java

```
public class PanelTest
{
    public static void main(String[] args)
    {
        var f = new Frame("测试窗口");
        // 创建一个 Panel 容器
        var p = new Panel();
        // 向 Panel 容器中添加两个组件
        p.add(new TextField(20));
        p.add(new Button("单击我"));
        // 将 Panel 容器添加到 Frame 窗口中
        f.add(p);
        // 设置窗口的大小、位置
        f.setBounds(30, 30, 250, 120);
        // 将窗口显示出来（Frame 对象默认处于隐藏状态）
        f.setVisible(true);
    }
}
```

编译、运行上面的程序，会看到如图 11.5 所示的运行窗口。

从图 11.5 中可以看出，使用 AWT 创建窗口很简单，程序只需要通过 Frame 创建一个窗口，然后再创建一些 AWT 组件，把这些组件添加到这个窗口中即可。

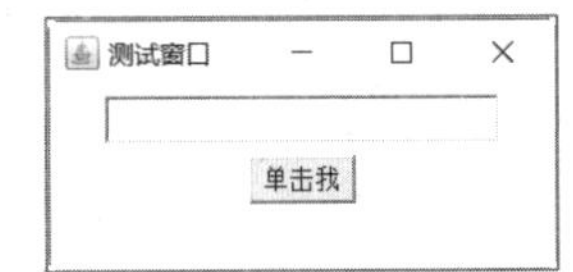

图 11.5　使用 Panel 盛装文本框和按钮

ScrollPane 是一个带滚动条的容器，它也不能独立存在，必须被添加到其他容器中。ScrollPane 容器具有如下几个特点。

- 可作为容器来盛装其他组件，当组件占用空间过大时，ScrollPane 自动产生滚动条。当然，也可以通过指定特定的构造器参数来指定默认具有滚动条。
- 不能单独存在，必须被放置到其他容器中。
- 默认使用 BorderLayout 作为布局管理器。ScrollPane 通常用于盛装其他容器，所以一般不允许改变其布局管理器。

下面的例子程序使用 ScrollPane 容器来代替 Panel 容器。

程序清单：codes\11\11.2\ScrollPaneTest.java

```
public class ScrollPaneTest
{
    public static void main(String[] args)
    {
        var f = new Frame("测试窗口");
        // 创建一个 ScrollPane 容器，指定总是具有滚动条
        var sp = new ScrollPane(
            ScrollPane.SCROLLBARS_ALWAYS);
        // 向 ScrollPane 容器中添加两个组件
        sp.add(new TextField(20));
        sp.add(new Button("单击我"));
        // 将 ScrollPane 容器添加到 Frame 对象中
        f.add(sp);
        // 设置窗口的大小、位置
        f.setBounds(30, 30, 250, 120);
        // 将窗口显示出来（Frame 对象默认处于隐藏状态）
        f.setVisible(true);
    }
}
```

运行上面的程序，会看到如图 11.6 所示的窗口。

图 11.6　ScrollPane 容器的效果

在图 11.6 所示的窗口中有水平滚动条和垂直滚动条，这符合使用 ScrollPane 后的效果。此外，程序明明向 ScrollPane 容器中添加了一个文本框和一个按钮，却只能看到一个按钮，看不到文本框，这是为什么呢？这是因为 ScrollPane 使用了 BorderLayout 布局管理器，而 BorderLayout 导致该容器中只有一个组件被显示出来。下一节将向读者详细介绍布局管理器的知识。

11.3　布局管理器

为了使生成的图形用户界面具有良好的平台无关性，Java 语言提供了布局管理器这个工具来管理组件在容器中的布局，而不使用直接设置组件的位置和大小的方式。

例如，通过如下语句定义了一个标签（Label）：

```
var hello = new Label("Hello Java");
```

为了让这个 hello 标签刚好可以容纳"Hello Java"字符串，也就是实现该标签的最佳大小（既没有冗余空间，也没有内容被遮挡），在 Windows 系统上可能应该将其设置为长 100 像素、高 20 像素，但换到 UNIX 系统上，则可能需要将其设置为长 120 像素、高 24 像素。当一个应用程序从 Windows 系统移植到 UNIX 系统上时，程序需要做大量的工作来调整图形用户界面。

对于不同的组件而言，它们都有一个最佳大小，这个最佳大小通常是与平台相关的，当程序在不同的平台上运行时，相同内容的大小可能不一样。如果让程序员手动控制每个组件的大小、位置，则将给编程带来巨大的困难。为了解决这个问题，Java 提供了 LayoutManager，LayoutManager 可以根据运行平台来调整组件的大小，程序员要做的，只是为容器选择合适的布局管理器。

所有的 AWT 容器都有默认的布局管理器，如果没有为容器指定布局管理器，则该容器使用默认的布局管理器。为容器指定布局管理器，通过调用容器对象的 setLayout(LayoutManager lm)方法来完成。代码如下：

```
c.setLayout(new XxxLayout());
```

AWT 提供了 FlowLayout、BorderLayout、GridLayout、GridBagLayout、CardLayout 5 个常用的布局管理器，Swing 还提供了一个 BoxLayout 布局管理器。下面将详细介绍这几个布局管理器。

11.3.1 FlowLayout布局管理器

在FlowLayout布局管理器中，组件像水流一样向某个方向流动（排列），遇到障碍（边界）就折回，从头开始排列。在默认情况下，FlowLayout布局管理器从左向右排列所有的组件，遇到边界就会折回，从下一行重新开始排列。

提示：

当读者在电脑上输入一篇文章时，所使用的就是FlowLayout布局管理器，所有的文字默认从左向右排列，遇到边界就会折回，从下一行重新开始排列。AWT中的FlowLayout布局管理器与此完全类似，只是此时排列的是AWT组件，而不是文字。

FlowLayout有如下三个构造器。

- FlowLayout()：使用默认的对齐方式，以及默认的垂直间距、水平间距创建FlowLayout布局管理器。
- FlowLayout(int align)：使用指定的对齐方式，以及默认的垂直间距、水平间距创建FlowLayout布局管理器。
- FlowLayout(int align,int hgap,int vgap)：使用指定的对齐方式，以及指定的垂直间距、水平间距创建FlowLayout布局管理器。

上面第三个构造器的hgap、vgap分别代表水平间距和垂直间距，为这两个参数传入整数值即可。其中，align表明FlowLayout中组件的排列方向（从左向右、从右向左、从中间向两边等），该参数应该使用FlowLayout类的静态常量：FlowLayout.LEFT、FlowLayout.CENTER、FlowLayout.RIGHT。

Panel和Applet默认使用FlowLayout布局管理器。下面的程序将一个Frame容器改为使用FlowLayout布局管理器。

程序清单：codes\11\11.3\FlowLayoutTest.java

```
public class FlowLayoutTest
{
    public static void main(String[] args)
    {
        var f = new Frame("测试窗口");
        // 设置Frame容器使用FlowLayout布局管理器
        f.setLayout(new FlowLayout(FlowLayout.LEFT, 20, 5));
        // 向窗口中添加10个按钮
        for (var i = 0; i < 10; i++)
        {
            f.add(new Button("按钮" + i));
        }
        // 设置窗口为最佳大小
        f.pack();
        // 将窗口显示出来（Frame对象默认处于隐藏状态）
        f.setVisible(true);
    }
}
```

运行上面的程序，会看到如图11.7所示的窗口效果。

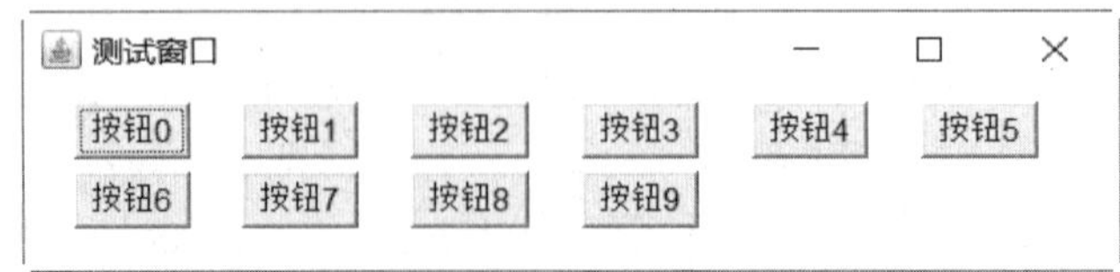

图11.7 使用FlowLayout布局管理器的效果

图11.7显示了各组件左对齐、水平间距为20、垂直间距为5的分布效果。

上面程序中执行了 f.pack()代码，pack()是 Window 容器提供的一个方法，该方法用于将窗口调整到最佳大小。通过 Java 编写图形用户界面程序时，很少直接设置窗口的大小，通常都是调用 pack()方法将窗口调整到最佳大小的。

11.3.2　BorderLayout 布局管理器

BorderLayout 将容器分为 EAST、SOUTH、WEST、NORTH、CENTER 5 个区域，普通组件可以被放置在这 5 个区域的任意一个中。BorderLayout 布局管理器的布局示意图如图 11.8 所示。

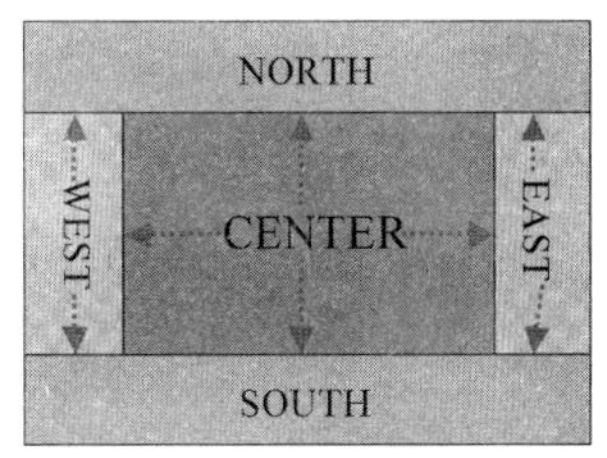

图 11.8　BorderLayout 布局管理器的布局示意图

当改变使用 BorderLayout 的容器大小时，NORTH、SOUTH 和 CENTER 区域水平调整，而 EAST、WEST 和 CENTER 区域垂直调整。使用 BorderLayout 有如下两个注意点。

- 当向使用 BorderLayout 布局管理器的容器中添加组件时，需要指定要添加到哪个区域中。如果没有指定添加到哪个区域中，则默认添加到中间区域中。
- 如果向同一个区域中添加多个组件，则后放入的组件会覆盖先放入的组件。

提示：第二个注意点就可以解释为什么在 ScrollPaneTest.java 中向 ScrollPane 中添加两个组件后，从运行结果中只能看到一个按钮，因为后添加的组件把先添加的组件覆盖了。

Frame、Dialog、ScrollPane 默认使用 BorderLayout 布局管理器，BorderLayout 有如下两个构造器。

- BorderLayout()：使用默认的水平间距、垂直间距创建 BorderLayout 布局管理器。
- BorderLayout(int hgap,int vgap)：使用指定的水平间距、垂直间距创建 BorderLayout 布局管理器。

当向使用 BorderLayout 布局管理器的容器中添加组件时，应该使用 BorderLayout 类的几个静态常量来指定添加到哪个区域中。BorderLayout 有如下几个静态常量：EAST（东）、NORTH（北）、WEST（西）、SOUTH（南）、CENTER（中）。如下例子程序示范了 BorderLayout 的用法。

程序清单：codes\11\11.3\BorderLayoutTest.java

```
public class BorderLayoutTest
{
    public static void main(String[] args)
    {
        var f = new Frame("测试窗口");
        // 设置 Frame 容器使用 BorderLayout 布局管理器
        f.setLayout(new BorderLayout(30, 5));
        f.add(new Button("南"), SOUTH);
        f.add(new Button("北"), NORTH);
        // 默认添加到中间区域中
        f.add(new Button("中"));
        f.add(new Button("东"), EAST);
        f.add(new Button("西"), WEST);
        // 设置窗口为最佳大小
        f.pack();
        // 将窗口显示出来（Frame 对象默认处于隐藏状态）
        f.setVisible(true);
    }
}
```

运行上面的程序，会看到如图 11.9 所示的窗口效果。

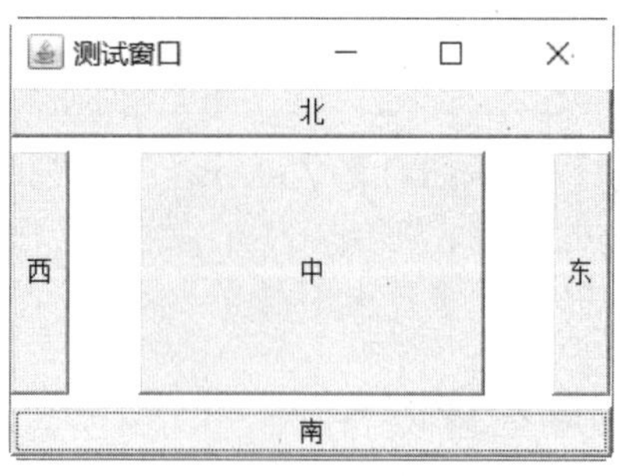

图 11.9　使用 BorderLayout 布局管理器的效果

从图 11.9 中可以看出，当使用 BorderLayout 布局管理器时，每个区域的组件都会尽量去占据整个区域，所以中间的按钮比较大。

学生提问：BorderLayout 最多只能放置 5 个组件吗？那它也太不实用了吧？

答：BorderLayout 最多只能放置 5 个组件，但可以放置少于 5 个组件，如果某个区域没有放置组件，该区域并不会出现空白，旁边区域的组件会自动占据该区域，从而保证窗口有较好的外观。虽然 BorderLayout 最多只能放置 5 个组件，但因为容器也是一个组件，所以我们可以先向 Panel 中添加多个组件，再把 Panel 添加到 BorderLayout 布局管理器中，从而让 BorderLayout 布局管理器中的实际组件数远远超出 5 个。下面的程序可以证实这一点。

程序清单：codes\11\11.3\BorderLayoutTest2.java

```
public class BorderLayoutTest2
{
    public static void main(String[] args)
    {
        var f = new Frame("测试窗口");
        // 设置 Frame 容器使用 BorderLayout 布局管理器
        f.setLayout(new BorderLayout(30, 5));
        f.add(new Button("南"), SOUTH);
        f.add(new Button("北"), NORTH);
        // 创建一个 Panel 对象
        var p = new Panel();
        // 向 Panel 对象中添加两个组件
        p.add(new TextField(20));
        p.add(new Button("单击我"));
        // 默认添加到中间区域，向中间区域添加一个 Panel 容器
        f.add(p);
        f.add(new Button("东"), EAST);
        // 设置窗口为最佳大小
        f.pack();
        // 将窗口显示出来（Frame 对象默认处于隐藏状态）
        f.setVisible(true);
    }
}
```

上面的程序没有向 WEST 区域添加组件，但向 CENTER 区域添加了一个 Panel 容器，该 Panel 容器中包含了一个文本框和一个按钮。运行上面的程序，会看到如图 11.10 所示的窗口效果。

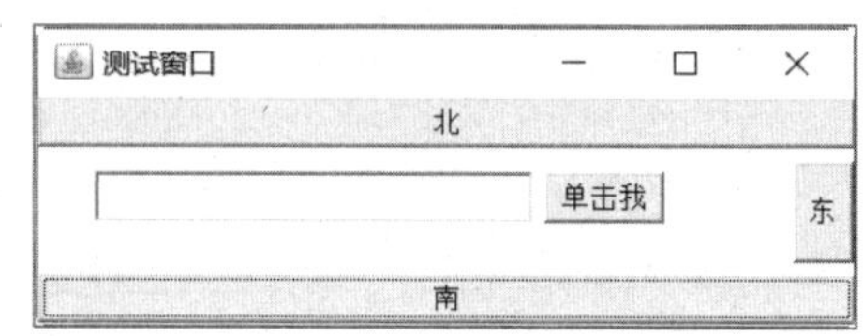

图 11.10　向 BorderLayout 布局管理器中添加 Panel 容器

从图 11.10 中可以看出，虽然程序没有向 WEST 区域添加组件，但窗口中依然有 5 个组件，因为在 CENTER 区域添加的是 Panel，而该 Panel 里包含了两个组件，所以会看到此窗口效果。

11.3.3　GridLayout 布局管理器

GridLayout 布局管理器将容器分割成纵横线分隔的网格，每个网格所占的区域大小相同。当向使用 GridLayout 布局管理器的容器中添加组件时，默认从左向右、从上向下依次添加到每个网格中。与 FlowLayout 不同的是，放置在 GridLayout 布局管理器中的各组件的大小由组件所处的区域来决定（每个组件将自动占满整个区域）。

GridLayout 有如下两个构造器。

- GridLayout(int rows,int cols)：采用指定的行数、列数，以及默认的横向间距、纵向间距将容器分割成多个网格。
- GridLayout(int rows,int cols,int hgap,int vgap)：采用指定的行数、列数，以及指定的横向间距、纵向间距将容器分割成多个网格。

如下程序结合使用 BorderLayout 和 GridLayout 开发了一个计算器的可视化窗口。

程序清单：codes\11\11.3\GridLayoutTest.java

```
public class GridLayoutTest
{
    public static void main(String[] args)
    {
        var f = new Frame("计算器");
        var p1 = new Panel();
        p1.add(new TextField(30));
        f.add(p1, NORTH);
        Panel p2 = new Panel();
        // 设置 Panel 使用 GridLayout 布局管理器
        p2.setLayout(new GridLayout(3, 5, 4, 4));
        String[] name = {"0", "1", "2", "3",
            "4", "5", "6", "7", "8", "9",
            "+", "-", "*", "/", "."};
        // 向 Panel 中依次添加 15 个按钮
        for (var i = 0; i < name.length; i++)
        {
            p2.add(new Button(name[i]));
        }
        // 默认将 Panel 对象添加到 Frame 窗口的中间
        f.add(p2);
        // 设置窗口为最佳大小
        f.pack();
        // 将窗口显示出来（Frame 对象默认处于隐藏状态）
        f.setVisible(true);
    }
}
```

上面程序中的 Frame 采用默认的 BorderLayout 布局管理器，程序向 BorderLayout 中只添加了两个组件：在 NORTH 区域添加了一个文本框，在 CENTER 区域添加了一个 Panel 容器，该容器采用 GridLayout 布局管理器，在 Panel 容器中添加了 15 个按钮。运行上面的程序，会看到如图 11.11 所示的窗口效果。

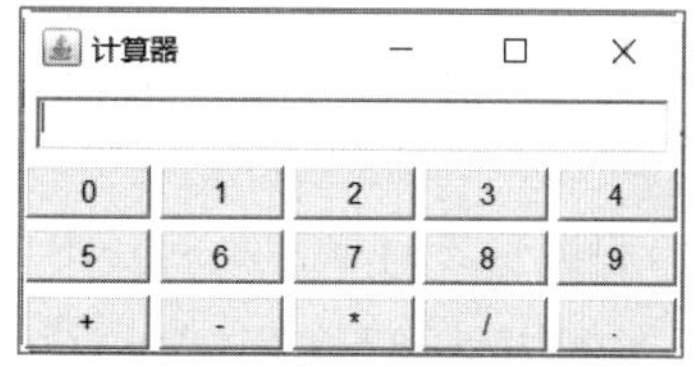

图 11.11　使用 GridLayout 布局管理器的效果

提示：

图 11.11 所示的效果是结合两种布局管理器的例子：Frame 使用 BorderLayout 布局管理器，CENTER 区域的 Panel 使用 GridLayout 布局管理器。实际上，大部分应用窗口都不能使用一种布局管理器直接做出来，必须采用这种嵌套的方式。

11.3.4 GridBagLayout 布局管理器

GridBagLayout 布局管理器的功能最强大，但也最复杂，与 GridLayout 布局管理器不同的是，在 GridBagLayout 布局管理器中，一个组件可以跨越一个或多个网格，并可以设置各网格的大小互不相同，从而增加了布局的灵活性。当窗口的大小发生变化时，GridBagLayout 布局管理器也可以准确地控制窗口各部分的拉伸。

为了处理 GridBagLayout 中 GUI 组件的大小、跨越性，Java 提供了 GridBagConstraints 对象，该对象与特定的 GUI 组件关联，用于控制该 GUI 组件的大小、跨越性。

使用 GridBagLayout 布局管理器的步骤如下：

① 创建 GridBagLayout 布局管理器，并指定 GUI 容器使用该布局管理器。

```
var gb = new GridBagLayout();
container.setLayout(gb);
```

② 创建 GridBagConstraints 对象，并设置该对象的相关属性（用于设置受该对象控制的 GUI 组件的大小、跨越性等）。

```
gbc.gridx = 2; // 设置受该对象控制的 GUI 组件所在网格的横向索引
gbc.gridy = 1; // 设置受该对象控制的 GUI 组件所在网格的纵向索引
gbc.gridwidth = 2; // 设置受该对象控制的 GUI 组件横向跨越多少个网格
gbc.gridheight = 1; // 设置受该对象控制的 GUI 组件纵向跨越多少个网格
```

③ 调用 GridBagLayout 对象的方法来建立 GridBagConstraints 对象和受控制组件之间的关联。

```
gb.setConstraints(c, gbc); // 设置 c 组件受 gbc 对象控制
```

④ 添加组件，与采用普通布局管理器添加组件的方法完全一样。

```
container.add(c);
```

如果需要向一个容器中添加多个 GUI 组件，则需要多次重复步骤 2~4。由于 GridBagConstraints 对象可以多次重用，所以实际上只需要创建一个 GridBagConstraints 对象，每次在添加 GUI 组件之前先改变 GridBagConstraints 对象的属性即可。

从上面的介绍中可以看出，使用 GridBagLayout 布局管理器的关键在于 GridBagConstraints，它才是精确控制每个 GUI 组件的核心类，该类具有如下几个属性。

- gridx、gridy：设置受该对象控制的 GUI 组件左上角所在网格的横向索引、纵向索引（GridBagLayout 左上角网格的索引为 0、0）。这两个值还可以是 GridBagConstraints.RELATIVE（默认值），它表明当前组件紧跟在上一个组件之后。
- gridwidth、gridheight：设置受该对象控制的 GUI 组件横向、纵向跨越多少个网格，这两个属性的默认值都是 1。如果设置这两个属性的值为 GridBagConstraints.REMAINDER，则表明受该对象控制的GUI组件是横向、纵向上最后一个组件；如果设置这两个属性的值为GridBagConstraints.RELATIVE，则表明受该对象控制的 GUI 组件是横向、纵向上倒数第二个组件。
- fill：设置受该对象控制的 GUI 组件如何占据空白区域。该属性的取值如下。
  - GridBagConstraints.NONE：GUI 组件不扩大。
  - GridBagConstraints.HORIZONTAL：GUI 组件横向扩大以占据空白区域。
  - GridBagConstraints.VERTICAL：GUI 组件纵向扩大以占据空白区域。
  - GridBagConstraints.BOTH：GUI 组件横向、纵向同时扩大以占据空白区域。
- ipadx、ipady：设置受该对象控制的 GUI 组件横向、纵向内部填充的大小，即在该组件最小尺寸的基础上还需要增大多少。如果设置了这两个属性，则组件横向大小为最小宽度再加 ipadx*2 像素，纵向大小为最小高度再加 ipady*2 像素。
- insets：设置受该对象控制的 GUI 组件的外部填充的大小，即该组件边界和显示区域边界之间的距离。

➢ anchor：设置受该对象控制的 GUI 组件在其显示区域中的定位方式。定位方式如下。
  - GridBagConstraints.CENTER（中间）
  - GridBagConstraints.NORTH（上中）
  - GridBagConstraints.NORTHWEST（左上角）
  - GridBagConstraints.NORTHEAST（右上角）
  - GridBagConstraints.SOUTH（下中）
  - GridBagConstraints.SOUTHEAST（右下角）
  - GridBagConstraints.SOUTHWEST（左下角）
  - GridBagConstraints.EAST（右中）
  - GridBagConstraints.WEST（左中）

➢ weightx、weighty：设置受该对象控制的 GUI 组件占据多余空间的水平、垂直增加比例（也叫权重，即 weight 的直译），这两个属性的默认值是 0，即该组件不占据多余空间。假设某个容器水平线上包括三个 GUI 组件，它们的水平增加比例分别是 1、2、3，但容器宽度增加 60 像素，则第一个组件宽度增加 10 像素，第二个组件宽度增加 20 像素，第三个组件宽度增加 30 像素。如果其增加比例为 0，则表示不会增加。

如果希望某个组件的大小随容器的增大而增加，则必须同时设置控制该组件的 GridBagConstraints 对象的 fill 属性和 weightx、weighty 属性。

下面的例子程序示范了如何使用 GridBagLayout 布局管理器来管理窗口中的 10 个按钮。

程序清单：codes\11\11.3\GridBagTest.java

```
public class GridBagTest
{
    private Frame f = new Frame("测试窗口");
    private GridBagLayout gb = new GridBagLayout();
    private GridBagConstraints gbc = new GridBagConstraints();
    private Button[] bs = new Button[10];
    public void init()
    {
        f.setLayout(gb);
        for (var i = 0; i < bs.length; i++)
        {
            bs[i] = new Button("按钮" + i);
        }
        // 所有组件都可以在横向、纵向上扩大
        gbc.fill = GridBagConstraints.BOTH;
        gbc.weightx = 1;
        addButton(bs[0]);
        addButton(bs[1]);
        addButton(bs[2]);
        // 该 GridBagConstraints 控制的 GUI 组件将会成为横向上最后一个组件
        gbc.gridwidth = GridBagConstraints.REMAINDER;
        addButton(bs[3]);
        // 该 GridBagConstraints 控制的 GUI 组件在横向上不会扩大
        gbc.weightx = 0;
        addButton(bs[4]);
        // 该 GridBagConstraints 控制的 GUI 组件将横跨两个网格
        gbc.gridwidth = 2;
        addButton(bs[5]);
        // 该 GridBagConstraints 控制的 GUI 组件将占据一个网格
        gbc.gridwidth = 1;
        // 该 GridBagConstraints 控制的 GUI 组件将在纵向上跨越两个网格
        gbc.gridheight = 2;
        // 该 GridBagConstraints 控制的 GUI 组件将会成为横向上最后一个组件
        gbc.gridwidth = GridBagConstraints.REMAINDER;
```

```
        addButton(bs[6]);
        // 该 GridBagConstraints 控制的 GUI 组件将横向占据一个网格，纵向跨越两个网格
        gbc.gridwidth = 1;
        gbc.gridheight = 2;
        // 该 GridBagConstraints 控制的 GUI 组件纵向扩大的权重是 1
        gbc.weighty = 1;
        addButton(bs[7]);
        // 设置下面的按钮在纵向上不会扩大
        gbc.weighty = 0;
        // 该 GridBagConstraints 控制的 GUI 组件将会成为横向上最后一个组件
        gbc.gridwidth = GridBagConstraints.REMAINDER;
        // 该 GridBagConstraints 控制的 GUI 组件将在纵向上占据一个网格
        gbc.gridheight = 1;
        addButton(bs[8]);
        addButton(bs[9]);
        f.pack();
        f.setVisible(true);
    }
    private void addButton(Button button)
    {
        gb.setConstraints(button, gbc);
        f.add(button);
    }
    public static void main(String[] args)
    {
        new GridBagTest().init();
    }
}
```

运行上面的程序，会看到如图 11.12 所示的窗口效果。

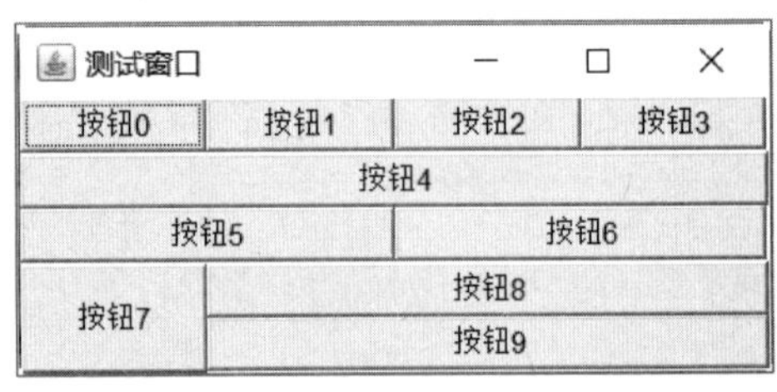

图 11.12　使用 GridBagLayout 布局管理器的效果

从图 11.12 中可以看出，虽然设置了按钮 4、按钮 5 在横向上不会扩大，但因为按钮 4、按钮 5 的宽度会受上一行 4 个按钮的影响，所以它们实际上依然会变大；同理，虽然设置了按钮 8、按钮 9 在纵向上不会扩大，但因为受按钮 7 的影响，所以按钮 9 在纵向上依然会变大（但按钮 8 不会变大）。

提示：

上面的程序把需要重复访问的 AWT 组件设置成成员变量，然后使用 init()方法来完成窗口的初始化工作，这种做法比前面那种在 main 方法中把 AWT 组件定义成局部变量的方式更好。

11.3.5　CardLayout 布局管理器

CardLayout 布局管理器以时间而非空间来管理它里面的组件，它将加入容器的所有组件看成一叠卡片，每次只有最上面的那个 Component 才可见。就好像一副扑克牌，它们叠在一起，每次只有最上面的一张扑克牌才可见。CardLayout 提供了如下两个构造器。

- CardLayout()：创建默认的 CardLayout 布局管理器。
- CardLayout(int hgap,int vgap)：通过指定卡片与容器左右边界的间距（hgap）、上下边界的间距（vgap）来创建 CardLayout 布局管理器。

CardLayout 用于控制组件可见的 5 个常用的方法如下。

- first(Container target)：显示 target 容器中的第一张卡片。
- last(Container target)：显示 target 容器中的最后一张卡片。
- previous(Container target)：显示 target 容器中的前一张卡片。
- next(Container target)：显示 target 容器中的后一张卡片。
- show(Container target,String name)：显示 target 容器中指定名称的卡片。

如下例子程序示范了 CardLayout 布局管理器的用法。

程序清单：codes\11\11.3\CardLayoutTest.java

```
public class CardLayoutTest
{
    Frame f = new Frame("测试窗口");
    String[] names = {"第一张", "第二张", "第三张", "第四张", "第五张"};
    Panel pl = new Panel();
    public void init()
    {
        final var c = new CardLayout();
        pl.setLayout(c);
        for (var i = 0; i < names.length; i++)
        {
            pl.add(names[i], new Button(names[i]));
        }
        var p = new Panel();
        ActionListener listener = e -> {
            switch (e.getActionCommand())
            {
                case "上一张" -> c.previous(pl);
                case "下一张" -> c.next(pl);
                case "第一张" -> c.first(pl);
                case "最后一张" -> c.last(pl);
                case "第三张" -> c.show(pl, "第三张");
            }
        };
        // 控制显示上一张的按钮
        var previous = new Button("上一张");
        previous.addActionListener(listener);
        // 控制显示下一张的按钮
        var next = new Button("下一张");
        next.addActionListener(listener);
        // 控制显示第一张的按钮
        var first = new Button("第一张");
        first.addActionListener(listener);
        // 控制显示最后一张的按钮
        var last = new Button("最后一张");
        last.addActionListener(listener);
        // 控制根据卡片名称显示的按钮
        var third = new Button("第三张");
        third.addActionListener(listener);
        p.add(previous);
        p.add(next);
        p.add(first);
        p.add(last);
        p.add(third);
        f.add(pl);
        f.add(p, BorderLayout.SOUTH);
        f.pack();
        f.setVisible(true);
    }
    public static void main(String[] args)
    {
        new CardLayoutTest().init();
    }
}
```

上面程序中通过 Frame 创建了一个窗口，该窗口被分为上、下两个部分，其中上面的 Panel 使用 CardLayout 布局管理器，该 Panel 中放置了 5 张卡片，在每张卡片里放一个按钮；下面的 Panel 使用 FlowLayout 布局管理器，依次放置了 5 个按钮，用于控制上面 Panel 中卡片的显示。运行上面的程序，会看到如图 11.13 所示的窗口效果。

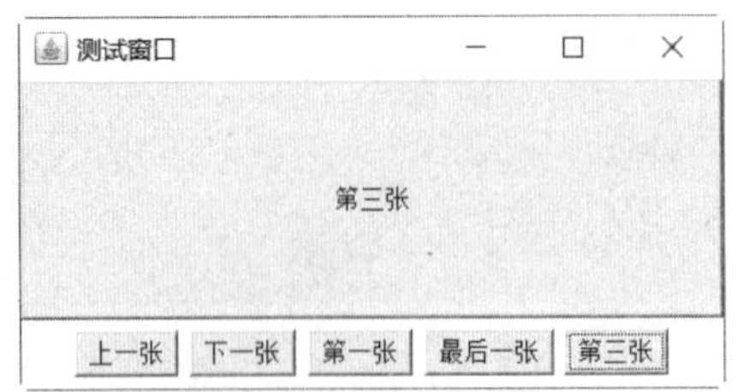

图 11.13　使用 CardLayout 布局管理器的效果

单击图 11.13 中的 5 个按钮，将可以看到上面 Panel 中的 5 张卡片发生了改变。

提示： 上面程序中使用了 AWT 的事件编程，关于事件编程请参考 11.5 节的内容。

11.3.6　绝对定位

很多学习过 VB、Delphi 的读者可能比较怀念那种随意拖动控件的感觉，对 Java 的布局管理器非常不习惯。实际上，Java 也提供了那种拖动控件的方式，即 Java 也可以对 GUI 组件进行绝对定位。在 Java 容器中采用绝对定位的步骤如下：

① 将 Container 的布局管理器设成 null：setLayout(null)。

② 向容器中添加组件时，先调用 setBounds() 或 setSize()方法来设置组件的大小、位置，或者在直接创建 GUI 组件时，通过构造参数指定该组件的大小、位置，然后将该组件添加到容器中。

下面的程序示范了如何采用绝对定位来控制窗口中的 GUI 组件。

程序清单：codes\11\11.3\NullLayoutTest.java

```
public class NullLayoutTest
{
    Frame f = new Frame("测试窗口");
    Button b1 = new Button("第一个按钮");
    Button b2 = new Button("第二个按钮");
    public void init()
    {
        // 设置使用 null 布局管理器
        f.setLayout(null);
        // 下面强制设置每个按钮的大小、位置
        b1.setBounds(20, 30, 90, 28);
        f.add(b1);
        b2.setBounds(50, 45, 120, 35);
        f.add(b2);
        f.setBounds(50, 50, 200, 100);
        f.setVisible(true);
    }
    public static void main(String[] args)
    {
        new NullLayoutTest().init();
    }
}
```

运行上面的程序，会看到如图 11.14 所示的窗口效果。

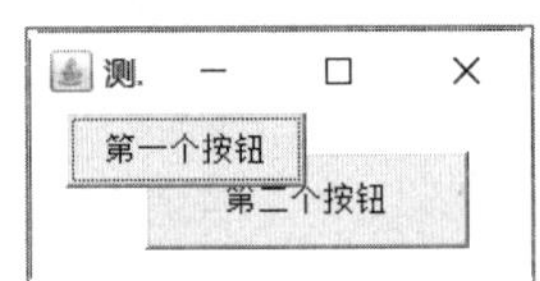

图 11.14　采用绝对定位的效果

从图 11.14 中可以看出，采用绝对定位甚至可以使两个按钮重叠，可见采用绝对定位确实非常灵活，而且很简捷，但这种方式是以丧失跨平台特性作为代价的。

注意： 采用绝对定位绝不是最好的方法，它可能导致该 GUI 界面失去跨平台特性。

11.3.7　BoxLayout 布局管理器

GridBagLayout 布局管理器虽然功能强大，但它实在太复杂了，所以 Swing 引入了一个新的布局管理器：BoxLayout，它保留了 GridBagLayout 的很多优点，但是没那么复杂。BoxLayout 可以在垂直和水平两个方向上摆放 GUI 组件，BoxLayout 提供了如下一个简单的构造器。

- BoxLayout(Container target, int axis)：指定创建基于 target 容器的 BoxLayout 布局管理器，该布局管理器里的组件按 axis 排列。其中 axis 有 BoxLayout.X_AXIS（横向）和 BoxLayout.Y_AXIS（纵向）两个值。

下面的程序简单示范了使用 BoxLayout 布局管理器来控制容器中按钮的布局。

程序清单：codes\11\11.3\BoxLayoutTest.java

```
public class BoxLayoutTest
{
    private Frame f = new Frame("测试");
    public void init()
    {
        f.setLayout(new BoxLayout(f, BoxLayout.Y_AXIS));
        // 下面的按钮将会垂直排列
        f.add(new Button("第一个按钮"));
        f.add(new Button("按钮二"));
        f.pack();
        f.setVisible(true);
    }
    public static void main(String[] args)
    {
        new BoxLayoutTest().init();
    }
}
```

运行上面的程序，会看到如图 11.15 所示的窗口效果。

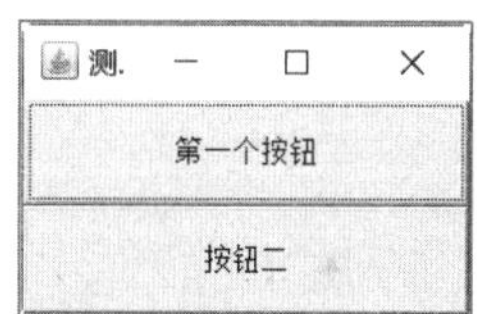

图 11.15　垂直方向的 BoxLayout 布局管理器

BoxLayout 通常和 Box 容器结合使用，Box 是一个特殊的容器，它有点像 Panel 容器，但该容器默认使用 BoxLayout 布局管理器。Box 提供了如下两个静态方法来创建 Box 对象。

- createHorizontalBox()：创建一个水平排列组件的 Box 容器。
- createVerticalBox()：创建一个垂直排列组件的 Box 容器。

一旦获得了 Box 容器，就可以使用 Box 来盛装普通的 GUI 组件，然后将这些 Box 组件添加到其他容器中，从而形成整体的窗口布局。下面的例子程序示范了如何使用 Box 容器。

程序清单：codes\11\11.3\BoxTest.java

```
public class BoxTest
{
    private Frame f = new Frame("测试");
    // 定义水平摆放组件的 Box 对象
    private Box horizontal = Box.createHorizontalBox();
    // 定义垂直摆放组件的 Box 对象
    private Box vertical = Box.createVerticalBox();
    public void init()
    {
        horizontal.add(new Button("水平按钮一"));
        horizontal.add(new Button("水平按钮二"));
        vertical.add(new Button("垂直按钮一"));
        vertical.add(new Button("垂直按钮二"));
        f.add(horizontal, BorderLayout.NORTH);
        f.add(vertical);
        f.pack();
        f.setVisible(true);
```

```
    }
    public static void main(String[] args)
    {
        new BoxTest().init();
    }
}
```

上面的程序创建了一个水平摆放组件的Box容器和一个垂直摆放组件的Box容器，并将这两个Box容器添加到Frame窗口中。运行该程序，会看到如图11.16所示的窗口效果。

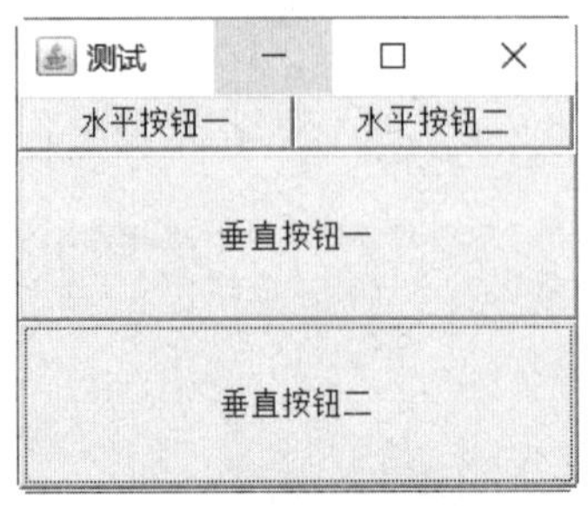

图11.16　使用Box容器的窗口效果

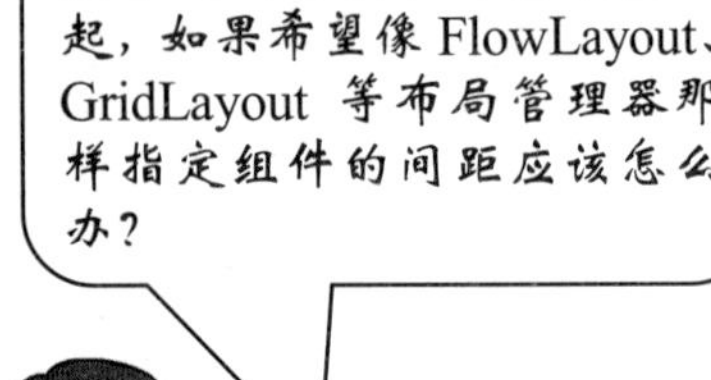

学生提问：图11.15和图11.16显示的所有按钮都紧挨在一起，如果希望像FlowLayout、GridLayout等布局管理器那样指定组件的间距应该怎么办？

答：BoxLayout没有提供设置间距的构造器和方法，因为BoxLayout采用另一种方式来控制组件的间距——BoxLayout使用Glue（橡胶）、Strut（支架）和RigidArea（刚性区域）的组件来控制组件之间的距离。其中，Glue代表可以在横向、纵向两个方向上同时拉伸的空白组件（间距），Strut代表可以在横向、纵向任意一个方向上拉伸的空白组件（间距），RigidArea代表不可拉伸的空白组件（间距）。

Box提供了如下5个静态方法来创建Glue、Strut和RigidArea。

- createHorizontalGlue()：创建一条水平Glue（可在两个方向上同时拉伸的间距）。
- createVerticalGlue()：创建一条垂直Glue（可在两个方向上同时拉伸的间距）。
- createHorizontalStrut(int width)：创建一条指定宽度的水平Strut（可在垂直方向上拉伸的间距）。
- createVerticalStrut(int height)：创建一条指定高度的垂直Strut（可在水平方向上拉伸的间距）。
- createRigidArea(Dimension d)：创建指定宽度、高度的RigidArea（不可拉伸的间距）。

提示：

不管Glue、Strut、RigidArea的翻译多么奇怪，这些名称多么古怪，读者都没有必要去纠缠它们的名称，只要知道它们就是代表组件之间的几种间距即可。

上面5个方法都返回Component对象（代表间距），程序可以将这些分隔Component添加到两个普通的GUI组件之间，用于控制组件的间距。下面的程序使用上面的三种间距来分隔Box中的按钮。

程序清单：codes\11\11.3\BoxSpaceTest.java

```
public class BoxSpaceTest
{
    private Frame f = new Frame("测试");
    // 定义水平摆放组件的Box对象
    private Box horizontal = Box.createHorizontalBox();
    // 定义垂直摆放组件的Box对象
    private Box vertical = Box.createVerticalBox();
    public void init()
```

```
        {
            horizontal.add(new Button("水平按钮一"));
            horizontal.add(Box.createHorizontalGlue());
            horizontal.add(new Button("水平按钮二"));
            // 在水平方向上不可拉伸的间距，其宽度为 10px
            horizontal.add(Box.createHorizontalStrut(10));
            horizontal.add(new Button("水平按钮三"));
            vertical.add(new Button("垂直按钮一"));
            vertical.add(Box.createVerticalGlue());
            vertical.add(new Button("垂直按钮二"));
            // 在垂直方向上不可拉伸的间距，其高度为 10px
            vertical.add(Box.createVerticalStrut(10));
            vertical.add(new Button("垂直按钮三"));
            f.add(horizontal, BorderLayout.NORTH);
            f.add(vertical);
            f.pack();
            f.setVisible(true);
        }
        public static void main(String[] args)
        {
            new BoxSpaceTest().init();
        }
    }
```

运行上面的程序，会看到如图 11.17 所示的窗口效果。

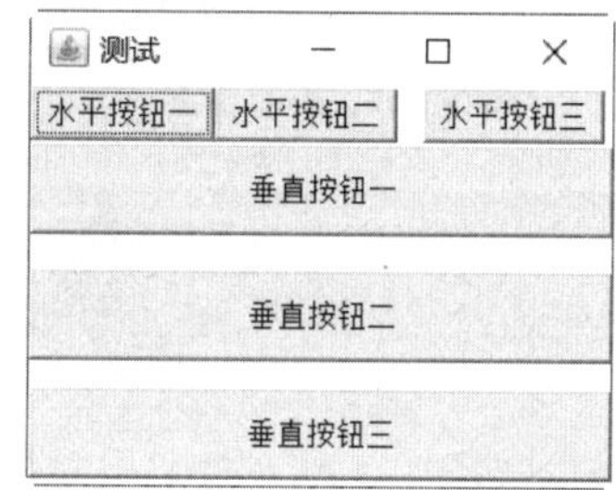

图 11.17　使用间距分隔 Box 容器中的按钮效果

从图 11.17 中可以看出，Glue 可以在两个方向上同时拉伸，而 Strut 只能在一个方向上拉伸，RigidArea 则不可拉伸。

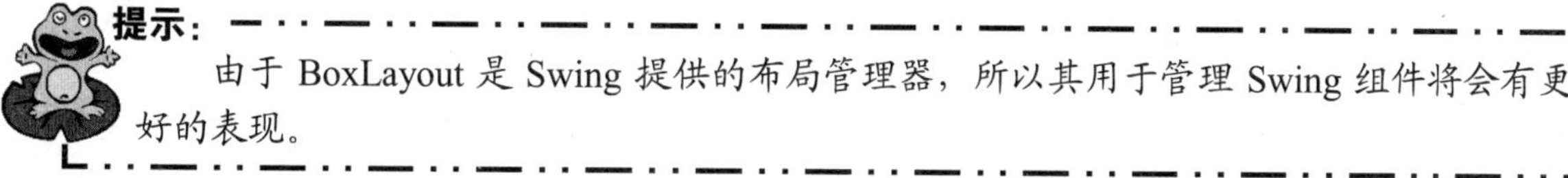

提示：

由于 BoxLayout 是 Swing 提供的布局管理器，所以其用于管理 Swing 组件将会有更好的表现。

11.4　AWT 常用组件

AWT 组件需要调用运行平台的图形界面来创建和平台一致的对等体，因此 AWT 只能使用所有平台都支持的公共组件，所以 AWT 只提供了一些常用的 GUI 组件。

11.4.1　基本组件

AWT 提供了如下基本组件。

- Button：按钮，可接受单击操作。
- Canvas：用于绘图的画布。
- Checkbox：复选框组件（也可变成单选钮组件）。
- CheckboxGroup：用于将多个 Checkbox 组件组合成一组，一组 Checkbox 组件将只有一个可以被选中，即全部变成单选钮组件。
- Choice：下拉选择框组件。

➢ Frame：窗口，在 GUI 程序里通过该类创建窗口。
➢ Label：标签类，用于放置提示性文本。
➢ List：列表选择框组件，可以添加多个条目。
➢ Panel：不能单独存在基本容器类，必须放到其他容器中。
➢ Scrollbar：滑动条组件。如果需要用户输入某个范围内的值，那么就可以使用滑动条组件，比如在调色板中设置 RGB 的三个值所用的滑动条。当创建一个滑动条时，必须指定它的方向、初始值、滑块的大小、最小值和最大值。
➢ ScrollPane：带水平滚动条和垂直滚动条的容器组件。
➢ TextArea：多行文本域。
➢ TextField：单行文本框。

这些 AWT 组件的用法比较简单，读者可以查阅 API 文档来获取它们各自的构造器、方法等详细信息。下面的例子程序示范了它们的基本用法。

程序清单：codes\11\11.4\CommonComponent.java

```
public class CommonComponent
{
    Frame f = new Frame("测试");
    // 定义一个按钮
    Button ok = new Button("确认");
    CheckboxGroup cbg = new CheckboxGroup();
    // 定义一个单选钮（处于 cbg 一组），初始处于被选中状态
    Checkbox male = new Checkbox("男", cbg, true);
    // 定义一个单选钮（处于 cbg 一组），初始处于未选中状态
    Checkbox female = new Checkbox("女", cbg, false);
    // 定义一个复选框，初始处于未选中状态
    Checkbox married = new Checkbox("是否已婚？", false);
    // 定义一个下拉选择框
    Choice colorChooser = new Choice();
    // 定义一个列表选择框
    List colorList = new List(6, true);
    // 定义一个 5 行、20 列的多行文本域
    TextArea ta = new TextArea(5, 20);
    // 定义一个 50 列的单行文本框
    TextField name = new TextField(50);
    public void init()
    {
        colorChooser.add("红色");
        colorChooser.add("绿色");
        colorChooser.add("蓝色");
        colorList.add("红色");
        colorList.add("绿色");
        colorList.add("蓝色");
        // 创建一个装载了文本框、按钮的 Panel
        var bottom = new Panel();
        bottom.add(name);
        bottom.add(ok);
        f.add(bottom, BorderLayout.SOUTH);
        // 创建一个装载了下拉选择框、三个 Checkbox 的 Panel
        var checkPanel = new Panel();
        checkPanel.add(colorChooser);
        checkPanel.add(male);
        checkPanel.add(female);
        checkPanel.add(married);
        // 创建一个垂直排列组件的 Box，盛装多行文本域、Panel
        var topLeft = Box.createVerticalBox();
        topLeft.add(ta);
        topLeft.add(checkPanel);
        // 创建一个水平排列组件的 Box，盛装 topLeft、colorList
        var top = Box.createHorizontalBox();
        top.add(topLeft);
```

```
        top.add(colorList);
        // 将 top Box 容器添加到窗口的中间
        f.add(top);
        f.pack();
        f.setVisible(true);
    }
    public static void main(String[] args)
    {
        new CommonComponent().init();
    }
}
```

运行上面的程序，会看到如图 11.18 所示的窗口效果。

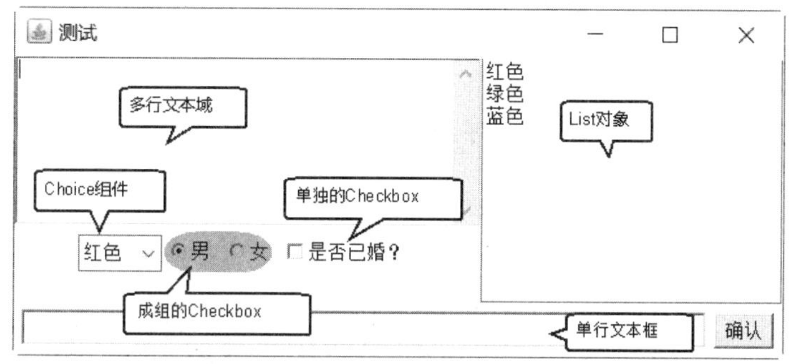

图 11.18　常见的 AWT 组件

提示：

关于 AWT 常用组件的用法，以及布局管理器的用法，读者可以参考 API 文档来逐渐熟悉它们。一旦掌握了它们的用法，就可以借助于 IDE 工具来设计 GUI 界面，使用 IDE 工具可以更快地设计出更美观的 GUI 界面。

11.4.2　对话框

Dialog（对话框）是 Window 类的子类，它是一个容器类，属于特殊组件。对话框是可以独立存在的顶级窗口，因此其用法与普通窗口的用法几乎完全一样。但对话框有如下两点需要注意。

- 对话框通常依赖于其他窗口，就是通常有一个 parent 窗口。
- 对话框有非模式（non-modal）和模式（modal）两种。当某个模式对话框被打开之后，该模式对话框总是位于它依赖的窗口之上；在模式对话框被关闭之前，它依赖的窗口无法获得焦点。

对话框有多个重载的构造器，它的构造器可能有如下三个参数。

- owner：指定该对话框所依赖的窗口——既可以是窗口，也可以是对话框。
- title：指定该对话框的窗口标题。
- modal：指定该对话框是否是模式对话框，其值可以是 true 或 false。

下面的例子程序示范了模式对话框和非模式对话框的用法。

程序清单：codes\11\11.4\DialogTest.java

```
public class DialogTest
{
    Frame f = new Frame("测试");
    Dialog d1 = new Dialog(f, "模式对话框", true);
    Dialog d2 = new Dialog(f, "非模式对话框", false);
    Button b1 = new Button("打开模式对话框");
    Button b2 = new Button("打开非模式对话框");
    public void init()
    {
        d1.setBounds(20, 30, 300, 400);
        d2.setBounds(20, 30, 300, 400);
        b1.addActionListener(e -> d1.setVisible(true));
        b2.addActionListener(e -> d2.setVisible(true));
        f.add(b1);
```

```
        f.add(b2, BorderLayout.SOUTH);
        f.pack();
        f.setVisible(true);
    }
    public static void main(String[] args)
    {
        new DialogTest().init();
    }
}
```

上面程序中创建了 d1 和 d2 两个对话框，其中 d1 是一个模式对话框，d2 是一个非模式对话框（两个对话框都是空的）。该窗口中还提供了两个按钮，分别用于打开模式对话框和非模式对话框。打开模式对话框后，鼠标无法激活原来的“测试窗口”；但打开非模式对话框后，还可以激活原来的“测试窗口”。

提示：

上面程序中使用了 AWT 的事件处理机制来打开对话框，关于事件处理的介绍请看 11.5 节的内容。

注意：

不管是模式对话框还是非模式对话框，打开后都无法关闭它们，因为程序没有为这两个对话框编写事件监听器。还有，如果主程序需要对话框中接收的输入值，则应该把该对话框设置成模式对话框，因为模式对话框会阻塞该程序；如果把对话框设置成非模式对话框，则可能造成对话框被打开了，但用户并没有操作该对话框，也没有向对话框中进行输入，这就会引起主程序的异常。

Dialog 类还有一个子类：FileDialog，它代表一个文件对话框，用于打开文件或保存文件。FileDialog 也提供了几个构造器，可分别支持 parent、title 和 mode 三个构造参数，其中 parent、title 分别指定文件对话框的所属父窗口和标题；mode 指定该窗口用于打开文件或保存文件，该参数支持 FileDialog.LOAD 和 FileDialog.SAVE 两个参数值。

提示：

FileDialog 不能指定是模式对话框或非模式对话框，因为 FileDialog 依赖于运行平台的实现——如果运行平台的文件对话框是模式对话框，那么 FileDialog 也是模式的；否则，就是非模式的。

FileDialog 提供了如下两个方法来获取被打开/保存文件的路径。

- getDirectory()：获取 FileDialog 被打开/保存文件的绝对路径。
- getFile()：获取 FileDialog 被打开/保存文件的文件名。

下面的程序分别示范了使用 FileDialog 来创建打开/保存文件的对话框。

程序清单：codes\11\11.4\FileDialogTest.java

```
public class FileDialogTest
{
    Frame f = new Frame("测试");
    // 创建两个文件对话框
    FileDialog d1 = new FileDialog(f,
        "选择需要打开的文件", FileDialog.LOAD);
    FileDialog d2 = new FileDialog(f,
        "选择保存文件的路径", FileDialog.SAVE);
    Button b1 = new Button("打开文件");
    Button b2 = new Button("保存文件");
    public void init()
    {
        b1.addActionListener(e ->
```

```
        {
            d1.setVisible(true);
            // 打印出用户选择的文件路径和文件名
            System.out.println(d1.getDirectory()
                + d1.getFile());
        });
        b2.addActionListener(e ->
        {
            d2.setVisible(true);
            // 打印出用户选择的文件路径和文件名
            System.out.println(d2.getDirectory()
                + d2.getFile());
        });        f.add(b1);
        f.add(b2, BorderLayout.SOUTH);
        f.pack();
        f.setVisible(true);
    }
    public static void main(String[] args)
    {
        new FileDialogTest().init();
    }
}
```

运行上面的程序，单击主窗口中的“打开文件”按钮，将看到如图 11.19 所示的打开文件对话框。

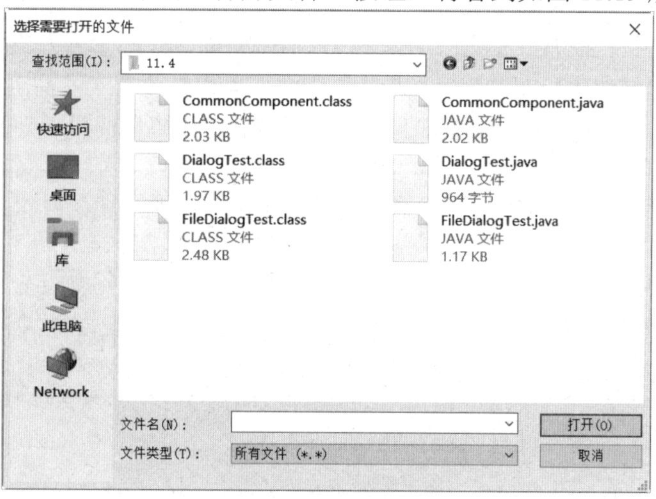

图 11.19　打开文件对话框

从图 11.19 中可以看出，这个文件对话框本身就是 Windows（即 Java 程序所在的运行平台）提供的文件对话框，所以当单击其中的图标、按钮等元素时，该对话框都能提供相应的动作。当选中某个文件后，单击“打开”按钮，将看到程序控制台打印出该文件的绝对路径（文件路径+文件名），这就是由 FileDialog 的 getDirectory()和 getFile()方法提供的。

11.5　事件处理

前面介绍了如何放置各种组件，从而得到丰富多彩的图形界面，但这些界面还不能响应用户的任何操作。比如单击前面所有窗口右上角的“×”按钮，窗口依然不会关闭。因为在 AWT 编程中，所有事件必须由特定对象（事件监听器）来处理，而 Frame 和组件本身并没有事件处理能力。

11.5.1　Java 事件模型的流程

为了使图形界面能够接收用户的操作，必须给各个组件加上事件处理机制。

在事件处理的过程中，主要涉及三类对象。

- Event Source（事件源）：事件发生的场所，通常就是各个组件，例如按钮、窗口、菜单等。
- Event（事件）：事件封装了 GUI 组件上发生的特定事情（通常就是一次用户操作）。如果程序需要获得GUI组件上所发生事件的相关信息，则通过Event对象来取得。

➢ Event Listener（事件监听器）：负责监听事件源上所发生的事件，并对各种事件做出响应处理。

提示：

有过JavaScript、VB等编程经验的读者都知道，事件响应的动作实际上就是一系列程序语句，它们通常以方法的形式被组织起来。但Java是面向对象的编程语言，方法不能独立存在，因此必须以类的形式来组织这些方法，所以事件监听器的核心就是它所包含的方法——这些方法也被称为事件处理器（Event Handler）。当事件源上的事件发生时，事件对象会作为参数被传给事件处理器（事件监听器的实例方法）。

当用户单击一个按钮，或者单击某个菜单项，或者单击窗口右上角的状态按钮时，这些动作就会触发一个相应的事件，该事件由AWT封装成相应的Event对象，该事件会触发事件源上注册的事件监听器（特殊的Java对象），事件监听器调用对应的事件处理器（事件监听器的实例方法）来做出相应的响应。

AWT的事件处理机制是一种委派式（Delegation）事件处理方式——普通组件（事件源）将事件的处理工作委派给特定的对象（事件监听器）；当该事件源上发生指定的事件时，就通知所委派的事件监听器，由事件监听器来处理这个事件。

每个组件均可以针对特定的事件指定一个或多个事件监听对象，每个事件监听器也可以监听一个或多个事件源。因为同一个事件源上可能发生多种事件，委派式事件处理方式可以把事件源上可能发生的不同的事件分别委派给不同的事件监听器来处理；同时，也可以让一类事件使用同一个事件监听器来处理。

提示：

委派式事件处理方式明显“抄袭”了人类社会的分工协作，例如，某个单位发生了火灾，该单位通常不会自己处理该事件，而是将该事件委派给消防局（事件监听器）处理；如果发生了打架斗殴事件，则委派给公安局（事件监听器）处理；而消防局、公安局也会同时监听多个单位的火灾、打架斗殴事件。这种委派式事件处理方式将事件源和事件监听器分离，从而提供更好的程序模型，有利于提高程序的可维护性。

图11.20显示了AWT的事件处理流程示意图。

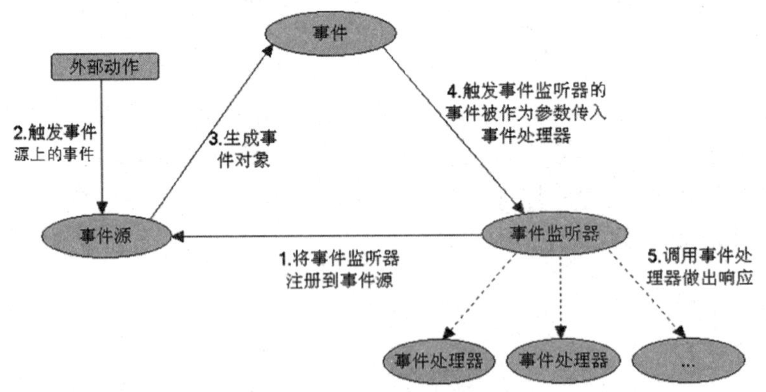

图11.20 AWT的事件处理流程示意图

下面以一个简单的HelloWorld程序来示范AWT的事件处理。

程序清单：codes\11\11.5\EventQs.java

```
public class EventQs
{
    private Frame f = new Frame("测试事件");
    private Button ok = new Button("确定");
    private TextField tf = new TextField(30);
    public void init()
    {
```

```
        // 注册事件监听器
        ok.addActionListener(new OkListener());   // ①
        f.add(tf);
        f.add(ok, BorderLayout.SOUTH);
        f.pack();
        f.setVisible(true);
    }
    // 定义事件监听器类
    class OkListener implements ActionListener   // ②
    {
        // 下面定义的方法就是事件处理器，用于响应特定的事件
        public void actionPerformed(ActionEvent e)      // ③
        {
            System.out.println("用户单击了 OK 按钮");
            tf.setText("Hello World");
        }
    }
    public static void main(String[] args)
    {
        new EventQs().init();
    }
}
```

上面程序中的粗体字代码用于注册事件监听器，③号粗体字代码定义的方法就是事件处理器。当程序中的 OK 按钮被单击时，该事件处理器被触发，将看到程序中 tf 文本框内变为"Hello World"，而程序控制台打印出“用户单击了 OK 按钮”字符串。

从上面的程序中可以看出，实现 AWT 事件处理机制的步骤如下：

1. 实现事件监听器类，该监听器类是一个特殊的 Java 类，必须实现一个 XxxListener 接口。
2. 创建普通组件（事件源），创建事件监听器对象。
3. 调用 addXxxListener()方法将事件监听器对象注册给普通组件（事件源）。当事件源上发生指定的事件时，AWT 会触发事件监听器，由事件监听器调用相应的方法（事件处理器）来处理事件，事件源上所发生的事件会作为参数被传入事件处理器。

11.5.2 事件和事件监听器

从图 11.20 中可以看出，当外部动作在 AWT 组件上进行操作时，系统会自动生成事件对象，这个事件对象是 EventObject 子类的实例，该事件对象会触发注册到事件源上的事件监听器。

AWT 事件处理机制涉及三个成员：事件源、事件和事件监听器，其中事件源最容易创建，只要通过 new 来创建一个 AWT 组件，该组件就是事件源；事件是由系统自动产生的，不需要程序员关心。所以，实现事件监听器是整个事件处理的核心。

事件监听器必须实现事件监听器接口，AWT 提供了大量的事件监听器接口来实现不同类型的事件监听器，用于监听不同类型的事件。AWT 中提供了丰富的事件类，用于封装不同组件上所发生的特定操作——AWT 的事件类都是 AWTEvent 类的子类，AWTEvent 是 EventObject 的子类。

提示：

EventObject 类代表更广义的事件对象，包括 Swing 组件上所触发的事件、数据库连接所触发的事件等。

AWT 事件分为两大类：低级事件和高级事件。

1. 低级事件

低级事件是指基于特定动作的事件。比如进入、点击、拖放等动作的鼠标事件，当组件得到焦点、失去焦点时触发焦点事件。

- ComponentEvent：组件事件，当组件尺寸发生变化、位置发生移动、显示/隐藏状态发生改变时触发该事件。

- ContainerEvent：容器事件，当容器里发生添加组件、删除组件时触发该事件。
- WindowEvent：窗口事件，当窗口状态发生改变（如打开、关闭、最大化、最小化）时触发该事件。
- FocusEvent：焦点事件，当组件得到焦点或失去焦点时触发该事件。
- KeyEvent：键盘事件，当按键被按下、松开、单击时触发该事件。
- MouseEvent：鼠标事件，当进行单击、按下、松开、移动鼠标等动作时触发该事件。
- PaintEvent：组件绘制事件，该事件是一种特殊的事件类型，当 GUI 组件调用 update/paint 方法来呈现自身时触发该事件，该事件并非专用于事件处理模型。

2. 高级事件（语义事件）

高级事件是基于语义的事件，它可以不与特定的动作相关联，而是依赖于触发此事件的类。比如，在 TextField 中按 Enter 键会触发 ActionEvent 事件，在滑动条上移动滑块会触发 AdjustmentEvent 事件，选中项目列表中的某一项会触发 ItemEvent 事件。

- ActionEvent：动作事件，当按钮、菜单项被单击，在 TextField 中按 Enter 键时触发该事件。
- AdjustmentEvent：调节事件，在滑动条上移动滑块以调节数值时触发该事件。
- ItcmEvcnt：选项事件，当用户选中某项或取消选中某项时触发该事件。
- TextEvent：文本事件，当文本框、文本域里的文本发生改变时触发该事件。

AWT 事件继承层次如图 11.21 所示。

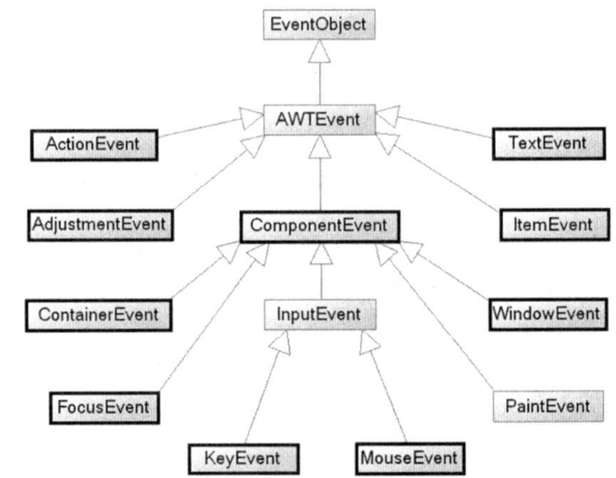

图 11.21　AWT 事件继承层次

图 11.21 中常用的 AWT 事件已使用粗线框圈出；对于没有用粗线框圈出的事件，程序员很少使用它们，它们可能被作为事件基类或作为系统内部实现来使用。

不同的事件需要使用不同的监听器监听，不同的监听器需要实现不同的监听器接口，当指定的事件发生后，事件监听器就会调用其所包含的事件处理器（实例方法）来处理事件。表 11.1 中显示了事件、监听器接口和处理器之间的对应关系。

表 11.1　事件、监听器接口和处理器之间的对应关系

事　件	监听器接口	处理器及触发时机
ActionEvent	ActionListener	actionPerformed：按钮、文本框、菜单项被单击时触发
AdjustmentEvent	AdjustmentListener	adjustmentValueChanged：滑块位置发生改变时触发
ContainerEvent	ContainerListener	componentAdded：向容器中添加组件时触发
		componentRemoved：从容器中删除组件时触发
FocusEvent	FocusListener	focusGained：组件得到焦点时触发
		focusLost：组件失去焦点时触发
ComponentEvent	ComponentListener	componentHidden：组件被隐藏时触发
		componentMoved：组件位置发生改变时触发
		componentResized：组件大小发生改变时触发
		componentShown：组件被显示时触发
KeyEvent	KeyListener	keyPressed：按下某个按键时触发
		keyReleased：松开某个按键时触发
		keyTyped：单击某个按键时触发

续表

事　件	监听器接口	处理器及触发时机
MouseEvent	MouseListener	mouseClicked：在某个组件上单击鼠标键时触发
		mouseEntered：鼠标进入某个组件时触发
		mouseExited：鼠标离开某个组件时触发
		mousePressed：在某个组件上按下鼠标键时触发
		mouseReleased：在某个组件上松开鼠标键时触发
	MouseMotionListener	mouseDragged：在某个组件上移动鼠标，且按下鼠标键时触发
		mouseMoved：在某个组件上移动鼠标，且没有按下鼠标键时触发
TextEvent	TextListener	textValueChanged：文本组件里的文本发生改变时触发
ItemEvent	ItemListener	itemStateChanged：某项被选中或取消选中时触发

通过表 11.1 可以大致知道常用组件可能发生哪些事件，以及该事件对应的监听器接口，通过实现该监听器接口就可以实现对应的事件处理器，然后通过 addXxxListener()方法将事件监听器注册给指定的组件（事件源）。当事件源组件上发生特定的事件时，被注册到该组件的事件监听器里的对应方法（事件处理器）将被触发。

ActionListener、AdjustmentListener 等事件监听器接口只包含一个抽象方法，这种接口也就是前面介绍的函数式接口，因此可用 Lambda 表达式来创建监听器对象。

提示：

实际上，可以这样来理解事件处理模型：当事件源组件上发生事件时，系统将会执行该事件源组件的所有监听器里的对应方法。与前面的编程方式不同的是，普通 Java 程序里的方法由程序主动调用，事件处理中的事件处理器方法由系统负责调用。

下面的程序示范了一个监听器监听多个组件，一个组件被多个监听器监听的效果。

程序清单：codes\11\11.5\MultiListener.java

```
public class MultiListener
{
    private Frame f = new Frame("测试");
    private TextArea ta = new TextArea(6, 40);
    private Button b1 = new Button("按钮一");
    private Button b2 = new Button("按钮二");
    public void init()
    {
        // 创建 FirstListener 监听器的实例
        var fl = new FirstListener();
        // 给 b1 按钮注册两个事件监听器
        b1.addActionListener(fl);
        b1.addActionListener(new SecondListener());
        // 将 f1 事件监听器注册给 b2 按钮
        b2.addActionListener(fl);
        f.add(ta);
        var p = new Panel();
        p.add(b1);
        p.add(b2);
        f.add(p, BorderLayout.SOUTH);
        f.pack();
        f.setVisible(true);
    }
    class FirstListener implements ActionListener
    {
        public void actionPerformed(ActionEvent e)
        {
            ta.append("第一个事件监听器被触发，事件源是："
                + e.getActionCommand() + "\n");
        }
    }
```

```
    class SecondListener implements ActionListener
    {
        public void actionPerformed(ActionEvent e)
        {
            ta.append("单击了“"
                + e.getActionCommand() + "”按钮\n");
        }
    }
    public static void main(String[] args)
    {
        new MultiListener().init();
    }
}
```

上面程序中的 b1 按钮增加了两个事件监听器，当用户单击 b1 按钮时，两个监听器的 actionPerformed()方法都会被触发；而且 f1 监听器同时监听 b1、b2 两个按钮，当 b1、b2 任意一个按钮被单击时，f1 监听器的 actionPerformed()方法都会被触发。

提示：

上面程序中调用了 ActionEvent 对象的 getActionCommand()方法，用于获取被单击按钮上的文本。

运行上面的程序，分别单击“按钮一”“按钮二”一次，将看到如图 11.22 所示的窗口效果。

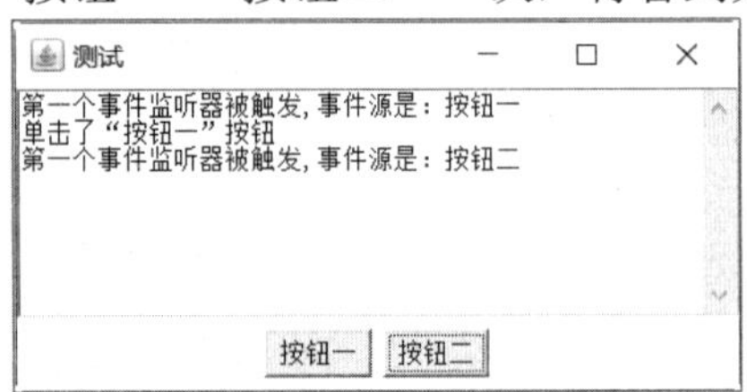

图 11.22　一个按钮被两个监听器监听，一个监听器监听两个按钮

下面的程序为窗口添加窗口监听器，从而示范窗口监听器的用法，并允许用户单击窗口右上角的“×”按钮来结束程序。

程序清单：codes\11\11.5\WindowListenerTest.java

```
public class WindowListenerTest
{
    private Frame f = new Frame("测试");
    private TextArea ta = new TextArea(6, 40);
    public void init()
    {
        // 为窗口添加窗口监听器
        f.addWindowListener(new MyListener());
        f.add(ta);
        f.pack();
        f.setVisible(true);
    }
    // 实现一个窗口监听器类
    class MyListener implements WindowListener
    {
        public void windowActivated(WindowEvent e)
        {
            ta.append("窗口被激活！\n");
        }
        public void windowClosed(WindowEvent e)
        {
            ta.append("窗口被成功关闭！\n");
        }
        public void windowClosing(WindowEvent e)
        {
            ta.append("用户关闭窗口！\n");
            System.exit(0);
```

```
        }
        public void windowDeactivated(WindowEvent e)
        {
            ta.append("窗口失去焦点！\n");
        }
        public void windowDeiconified(WindowEvent e)
        {
            ta.append("窗口被恢复！\n");
        }
        public void windowIconified(WindowEvent e)
        {
            ta.append("窗口被最小化！\n");
        }
        public void windowOpened(WindowEvent e)
        {
            ta.append("窗口初次被打开！\n");
        }
    }
    public static void main(String[] args)
    {
        new WindowListenerTest().init();
    }
}
```

上面的程序详细监听了窗口的每个动作，当用户单击窗口右上角的每个按钮时，程序都会做出相应的响应；当用户单击窗口右上角的“×”按钮时，程序将正常退出。

大部分时候，程序无须监听窗口的每个动作，只需要为用户单击窗口右上角的“×”按钮提供响应即可；也无须为每个窗口事件都提供响应——程序只想重写 windowClosing 事件处理器，但因为该监听器实现了 WindowListener 接口，实现该接口就不得不实现该接口里的每个抽象方法，这是非常烦琐的事情。为此，AWT 提供了事件适配器。

11.5.3　事件适配器

事件适配器是监听器接口的空实现——事件适配器实现了监听器接口，并为该接口里的每个方法都提供了实现，这种实现是一种空实现（方法体内没有任何代码的实现）。当需要创建监听器时，可以通过继承事件适配器，而不是实现监听器接口来完成。因为事件适配器已经为监听器接口的每个方法都提供了空实现，所以程序自己的监听器无须实现监听器接口里的每个方法，只需要重写自己感兴趣的方法即可，从而可以简化事件监听器的实现类代码。

如果某个监听器接口只有一个方法，则该监听器接口无须提供适配器，因为该接口对应的监听器别无选择，只能重写该方法！如果不重写该方法，那么就没有必要实现该监听器。

从表 11.2 中可以看出，所有包含多个方法的监听器接口都有一个对应的事件适配器，但只包含一个方法的监听器接口则没有对应的事件适配器。

表 11.2　监听器接口和事件适配器对应表

监听器接口	事件适配器
ContainerListener	ContainerAdapter
FocusListener	FocusAdapter
ComponentListener	ComponentAdapter
KeyListener	KeyAdapter
MouseListener	MouseAdapter
MouseMotionListener	MouseMotionAdapter
WindowListener	WindowAdapter

提示： 虽然表 11.2 中只列出了常用的监听器接口对应的事件适配器，但实际上，所有包含多个方法的监听器接口都有对应的事件适配器，包括 Swing 中的监听器接口也是如此。

下面的程序通过事件适配器来创建事件监听器。

程序清单：codes\11\11.5\WindowAdapterTest.java

```
public class WindowAdapterTest
{
    private Frame f = new Frame("测试");
    private TextArea ta = new TextArea(6, 40);
    public void init()
    {
        f.addWindowListener(new MyListener());
        f.add(ta);
        f.pack();
        f.setVisible(true);
    }
    class MyListener extends WindowAdapter
    {
        public void windowClosing(WindowEvent e)
        {
            System.out.println("用户关闭窗口！\n");
            System.exit(0);
        }
    }
    public static void main(String[] args)
    {
        new WindowAdapterTest().init();
    }
}
```

从上面的程序中可以看出，窗口监听器继承 WindowAdapter 事件适配器，只需要重写 windowClosing 方法（如粗体字方法所示）即可，这个方法才是该程序所关心的——当用户单击“×”按钮时，程序退出。

11.5.4 使用内部类实现事件监听器

事件监听器是一个特殊的 Java 对象，实现事件监听器对象有如下几种形式。

- 内部类形式：将事件监听器类定义成当前类的内部类。
- 外部类形式：将事件监听器类定义成一个外部类。
- 类本身作为事件监听器类：让当前类本身实现监听器接口或继承事件适配器。
- 匿名内部类或 Lambda 表达式形式：使用匿名内部类或 Lambda 表达式创建事件监听器对象。

前面示例程序中的所有事件监听器类都是内部类形式，使用内部类可以很好地复用该监听器类，如 MultiListener.java 程序所示；事件监听器类是外部类的内部类，所以可以自由访问外部类的所有 GUI 组件，这也是内部类的两个优势。

使用内部类来定义事件监听器类可以参考前面的示例程序，此处不再赘述。

11.5.5 使用外部类实现事件监听器

使用外部类定义事件监听器类的形式比较少见，主要有如下两个原因。

- 事件监听器通常属于特定的 GUI 界面，将其定义成外部类不利于提高程序的内聚性。
- 外部类形式的事件监听器不能自由访问创建 GUI 界面类中的组件，编程不够简洁。

但如果某个事件监听器确实需要被多个 GUI 界面所共享，而且主要是完成某种业务逻辑的实现，则可以考虑使用外部类形式来定义事件监听器类。下面的程序定义了一个外部类作为事件监听器类，该事件监听器实现了发送邮件的功能。

程序清单：codes\11\11.5\MailerListener.java

```
public class MailerListener implements ActionListener
{
    // 该 TextField 文本框用于输入发送邮件的地址
    private TextField mailAddress;
    public MailerListener(){}
    public MailerListener(TextField mailAddress)
    {
        this.mailAddress = mailAddress;
    }
    public void setMailAddress(TextField mailAddress)
    {
        this.mailAddress = mailAddress;
    }
    // 实现发送邮件
    public void actionPerformed(ActionEvent e)
    {
        System.out.println("程序向“"
            + mailAddress.getText() + "”发送邮件...");
        // 发送邮件的真实实现
    }
}
```

上面的事件监听器类没有与任何 GUI 界面耦合，在创建该监听器对象时传入一个 TextField 对象，该文本框里的字符串将被作为收件人地址。下面的程序使用了该事件监听器来监听窗口中的按钮。

程序清单：codes\11\11.5\SendMailer.java

```
public class SendMailer
{
    private Frame f = new Frame("测试");
    private TextField tf = new TextField(40);
    private Button send = new Button("发送");
    public void init()
    {
        // 使用 MailerListener 对象作为事件监听器
        send.addActionListener(new MailerListener(tf));
        f.add(tf);
        f.add(send, BorderLayout.SOUTH);
        f.pack();
        f.setVisible(true);
    }
    public static void main(String[] args)
    {
        new SendMailer().init();
    }
}
```

上面的程序为“发送”按钮添加事件监听器时，将该窗口中的 TextField 对象传入事件监听器，从而允许事件监听器访问该文本框里的内容。运行上面的程序，会看到如图 11.23 所示的运行界面。

图 11.23 使用外部类形式的事件监听器类的效果

注意：

实际上，并不推荐将业务逻辑实现写在事件监听器中，因为包含业务逻辑的事件监听器将导致程序的显示逻辑和业务逻辑耦合，从而增加程序后期的维护难度。如果确实有多个事件监听器需要实现相同的业务逻辑功能，则可以考虑使用业务逻辑组件来定义业务逻辑功能，再让事件监听器来调用业务逻辑组件的业务逻辑方法。

11.5.6 类本身作为事件监听器类

类本身作为事件监听器类这种形式，使用 GUI 界面类直接作为监听器类，可以直接在 GUI 界面类中定义事件处理器方法。这种形式非常简洁，也是早期 AWT 事件编程比较喜欢采用的形式。但这种做法有如下两个缺点。

- 这种形式可能会造成混乱的程序结构，GUI 界面类的职责主要是完成界面初始化工作，但此时还需要包含事件处理器方法，从而降低了程序的可读性。
- 如果 GUI 界面类需要继承事件适配器，则会导致该 GUI 界面类不能继承其他父类。

下面的程序使用 GUI 界面类作为事件监听器类。

程序清单：codes\11\11.5\SimpleEventHandler.java

```
// GUI 界面类继承 WindowAdapter 作为事件监听器类
public class SimpleEventHandler extends WindowAdapter
{
    private Frame f = new Frame("测试");
    private TextArea ta = new TextArea(6, 40);
    public void init()
    {
        // 将该类的默认对象作为事件监听器对象
        f.addWindowListener(this);
        f.add(ta);
        f.pack();
        f.setVisible(true);
    }
    // GUI 界面类直接包含事件处理器方法
    public void windowClosing(WindowEvent e)
    {
        System.out.println("用户关闭窗口！\n");
        System.exit(0);
    }
    public static void main(String[] args)
    {
        new SimpleEventHandler().init();
    }
}
```

上面的程序让 GUI 界面类继承了 WindowAdapter 事件适配器，从而可以在该 GUI 界面类中直接定义事件处理器方法：windowClosing()（如粗体字代码所示）。当为某个组件添加该事件监听器对象时，直接使用 this 作为事件监听器对象即可。

11.5.7 使用匿名内部类或 Lambda 表达式实现事件监听器

大部分时候，事件处理器都没有复用价值（可复用代码通常会被抽象成业务逻辑方法），因此大部分事件监听器只是临时使用一次，所以使用匿名内部类形式的事件监听器更合适。实际上，这种形式是目前使用最广泛的事件监听器形式。下面的程序使用匿名内部类来创建事件监听器。

程序清单：codes\11\11.5\AnonymousEventHandler.java

```
public class AnonymousEventHandler
{
    private Frame f = new Frame("测试");
    private TextArea ta = new TextArea(6, 40);
    public void init()
    {
        // 以匿名内部类的形式来创建事件监听器对象
        f.addWindowListener(new WindowAdapter()
        {
            // 实现事件处理方法
            public void windowClosing(WindowEvent e)
            {
                System.out.println("用户试图关闭窗口！\n");
                System.exit(0);
```

```
            }
        });
        f.add(ta);
        f.pack();
        f.setVisible(true);
    }
    public static void main(String[] args)
    {
        new AnonymousEventHandler().init();
    }
}
```

上面程序中的粗体字部分使用匿名内部类创建了一个事件监听器对象，“new 监听器接口”或“new 事件适配器”的形式就是用于创建匿名内部类形式的事件监听器的。关于匿名内部类请参考本书 6.7 节的内容。

如果事件监听器接口内只包含一个方法，则通常会使用 Lambda 表达式代替匿名内部类来创建事件监听器对象，这样就可以避免烦琐的匿名内部类代码。遗憾的是，如果要通过继承事件适配器来创建事件监听器，那么就无法使用 Lambda 表达式了。

11.6 AWT 菜单

前面介绍了创建 GUI 界面的方式：将 AWT 组件按某种布局摆放在容器内即可。创建 AWT 菜单的方式与此完全类似：将菜单条、菜单、菜单项组合在一起即可。

11.6.1 菜单条、菜单和菜单项

AWT 中的菜单由如下几个类组合而成。

- MenuBar：菜单条，菜单的容器。
- Menu：菜单组件，菜单项的容器。它也是 MenuItem 的子类，所以可作为菜单项使用。
- PopupMenu：上下文菜单组件（右键菜单组件）。
- MenuItem：菜单项组件。
- CheckboxMenuItem：复选框菜单项组件。
- MenuShortcut：菜单快捷键组件。

图 11.24 显示了 AWT 菜单组件类之间的继承、组合关系。

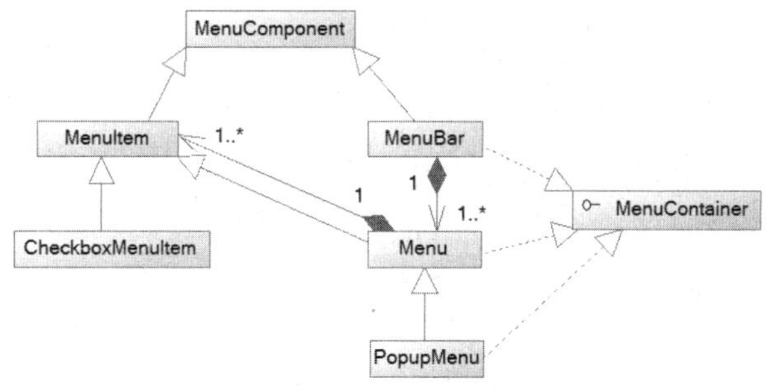

图 11.24 AWT 菜单组件类之间的继承、组合关系

从图 11.24 中可以看出，MenuBar 和 Menu 都实现了菜单容器接口，所以 MenuBar 可用于盛装 Menu，而 Menu 可用于盛装 MenuItem（包括 Menu 和 CheckboxMenuItem 两个子类对象）。Menu 还有一个子类：PopupMenu，代表上下文菜单，上下文菜单无须使用 MenuBar 盛装。

Menu、MenuItem 的构造器都可接收一个字符串参数，该字符串作为其对应菜单、菜单项上的标签文本。此外，MenuItem 还可以接收一个 MenuShortcut 对象，该对象用于指定该菜单的快捷键。MenuShortcut 类使用虚拟键代码（而不是字符）来创建快捷键。例如，“Ctrl+A”（通常都以 Ctrl 键作为快捷键的辅助键）快捷键通过以下代码创建。

```
MenuShortcut ms = new MenuShortcut(KeyEvent.VK_A);
```

如果该快捷键还需要 Shift 键的辅助，则可使用如下代码。

```
MenuShortcut ms = new MenuShortcut(KeyEvent.VK_A, true);
```

有时候程序还希望对某个菜单进行分组，将功能相似的菜单分成一组，此时需要使用菜单分隔符。在 AWT 中添加菜单分隔符有如下两种方法。

- 调用 Menu 对象的 addSeparator()方法来添加菜单分隔线。
- 使用添加 new MenuItem("-")的方式来添加菜单分隔线。

在创建了 MenuItem、Menu 和 MenuBar 对象之后，先调用 Menu 的 add()方法将多个 MenuItem 组合成菜单（也可将另一个 Menu 对象组合进来，从而形成二级菜单），再调用 MenuBar 的 add()方法将多个 Menu 组合成菜单条，最后调用 Frame 对象的 setMenuBar()方法为该窗口添加菜单条。

下面的程序是为窗口添加菜单的完整程序。

程序清单：codes\11\11.6\SimpleMenu.java

```
public class SimpleMenu
{
    private Frame f = new Frame("测试");
    private MenuBar mb = new MenuBar();
    Menu file = new Menu("文件");
    Menu edit = new Menu("编辑");
    MenuItem newItem = new MenuItem("新建");
    MenuItem saveItem = new MenuItem("保存");
    // 创建 exitItem 菜单项，指定使用“Ctrl+X”快捷键
    MenuItem exitItem = new MenuItem("退出",
        new MenuShortcut(KeyEvent.VK_X));
    CheckboxMenuItem autoWrap = new CheckboxMenuItem("自动换行");
    MenuItem copyItem = new MenuItem("复制");
    MenuItem pasteItem = new MenuItem("粘贴");
    Menu format = new Menu("格式");
    // 创建 commentItem 菜单项，指定使用“Ctrl+Shift+/”快捷键
    MenuItem commentItem = new MenuItem("注释",
        new MenuShortcut(KeyEvent.VK_SLASH, true));
    MenuItem cancelItem = new MenuItem("取消注释");
    private TextArea ta = new TextArea(6, 40);
    public void init()
    {
        // 以 Lambda 表达式创建菜单事件监听器
        ActionListener menuListener = e ->
        {
            var cmd = e.getActionCommand();
            ta.append("单击“" + cmd + "”菜单" + "\n");
            if (cmd.equals("退出"))
            {
                System.exit(0);
            }
        };
        // 为 commentItem 菜单项添加事件监听器
        commentItem.addActionListener(menuListener);
        exitItem.addActionListener(menuListener);
        // 为 file 菜单添加菜单项
        file.add(newItem);
        file.add(saveItem);
        file.add(exitItem);
        // 为 edit 菜单添加菜单项
        edit.add(autoWrap);
        // 使用 addSeparator 方法添加菜单分隔线
        edit.addSeparator();
        edit.add(copyItem);
        edit.add(pasteItem);
        // 为 format 菜单添加菜单项
        format.add(commentItem);
```

```
        format.add(cancelItem);
        // 使用添加 new MenuItem("-")的方式添加菜单分隔线
        edit.add(new MenuItem("-"));
        // 将 format 菜单组合到 edit 菜单中，从而形成二级菜单
        edit.add(format);
        // 将 file、edit 菜单添加到 mb 菜单条中
        mb.add(file);
        mb.add(edit);
        // 为 f 窗口设置菜单条
        f.setMenuBar(mb);
        // 以匿名内部类的形式创建事件监听器对象
        f.addWindowListener(new WindowAdapter()
        {
            public void windowClosing(WindowEvent e)
            {
                System.exit(0);
            }
        });
        f.add(ta);
        f.pack();
        f.setVisible(true);
    }
    public static void main(String[] args)
    {
        new SimpleMenu().init();
    }
}
```

上面程序中的菜单既有复选框菜单项和菜单分隔符，也有二级菜单，并为两个菜单项添加了快捷键，为 commentItem、exitItem 两个菜单项添加了事件监听器。运行该程序，并按“Ctrl+Shift+/”快捷键，将看到如图 11.25 所示的窗口。

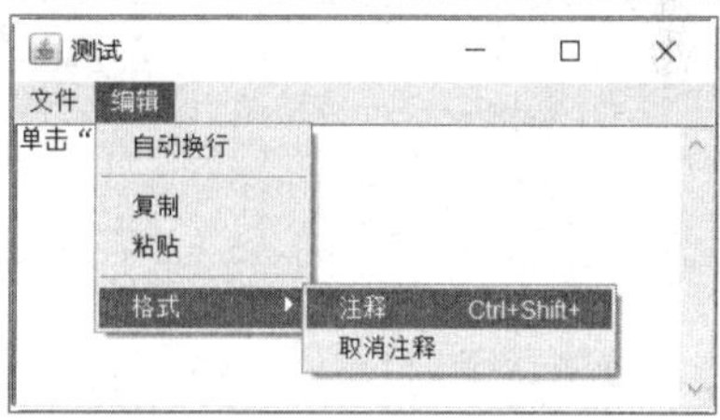

图 11.25　AWT 菜单示例

提示：

AWT 的菜单组件不能创建图标菜单，如果希望创建带图标的菜单，则应该使用 Swing 的菜单组件：JMenuBar、JMenu、JMenuItem 和 JPopupMenu。Swing 的菜单组件和 AWT 的菜单组件的用法基本相似，读者可参考本程序学习使用 Swing 的菜单组件。

11.6.2　右键菜单

右键菜单使用 PopupMenu 对象表示，创建右键菜单的步骤如下：

1. 创建 PopupMenu 的实例。
2. 创建多个 MenuItem 的多个实例，依次将这些实例加入 PopupMenu 中。
3. 将 PopupMenu 加入目标组件中。
4. 为需要出现上下文菜单的组件编写鼠标监听器，当用户释放鼠标右键时弹出右键菜单。

下面的程序创建了一个右键菜单，该右键菜单“借用”了前面 SimpleMenu 中 edit 菜单下的所有菜单项。

程序清单：codes\11\11.6\PopupMenuTest.java

```
public class PopupMenuTest
{
    private TextArea ta = new TextArea(4, 30);
    private Frame f = new Frame("测试");
    PopupMenu pop = new PopupMenu();
    CheckboxMenuItem autoWrap =
        new CheckboxMenuItem("自动换行");
    MenuItem copyItem = new MenuItem("复制");
```

```
    MenuItem pasteItem = new MenuItem("粘贴");
    Menu format = new Menu("格式");
    // 创建commentItem菜单项，指定使用“Ctrl+Shift+/”快捷键
    MenuItem commentItem = new MenuItem("注释",
        new MenuShortcut(KeyEvent.VK_SLASH, true));
    MenuItem cancelItem = new MenuItem("取消注释");
    public void init()
    {
        // 以Lambda表达式创建菜单事件监听器
        ActionListener menuListener = e ->
        {
            var cmd = e.getActionCommand();
            ta.append("单击“" + cmd + "”菜单" + "\n");
            if (cmd.equals("退出"))
            {
                System.exit(0);
            }
        };
        // 为commentItem菜单项添加事件监听器
        commentItem.addActionListener(menuListener);
        // 为pop菜单添加菜单项
        pop.add(autoWrap);
        // 使用addSeparator方法添加菜单分隔线
        pop.addSeparator();
        pop.add(copyItem);
        pop.add(pasteItem);
        // 为format菜单添加菜单项
        format.add(commentItem);
        format.add(cancelItem);
        // 使用添加new MenuItem("-")的方式添加菜单分隔线
        pop.add(new MenuItem("-"));
        // 将format菜单组合到pop菜单中，从而形成二级菜单
        pop.add(format);
        final var p = new Panel();
        p.setPreferredSize(new Dimension(300, 160));
        // 向p窗口中添加PopupMenu对象
        p.add(pop);
        // 添加鼠标监听器
        p.addMouseListener(new MouseAdapter()
        {
            public void mouseReleased(MouseEvent e)
            {
                // 如果释放的是鼠标右键
                if (e.isPopupTrigger())
                {
                    pop.show(p, e.getX(), e.getY());
                }
            }
        });
        f.add(p);
        f.add(ta, BorderLayout.NORTH);
        // 以匿名内部类的形式创建事件监听器对象
        f.addWindowListener(new WindowAdapter()
        {
            public void windowClosing(WindowEvent e)
            {
                System.exit(0);
            }
        });
        f.pack();
        f.setVisible(true);
    }
    public static void main(String[] args)
    {
        new PopupMenuTest().init();
    }
}
```

运行上面的程序，将会看到如图 11.26 所示的窗口。

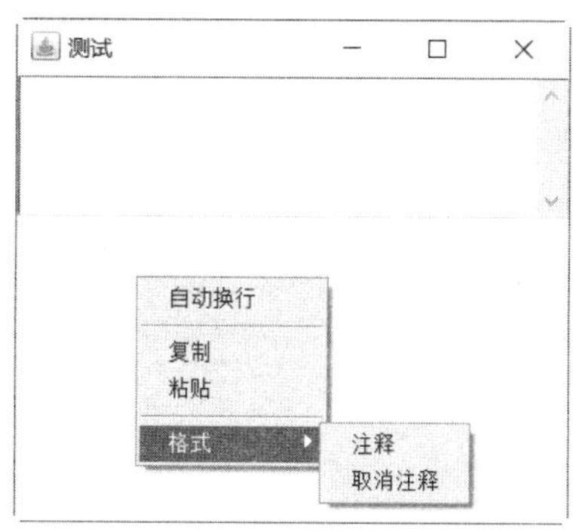

图 11.26　实现右键菜单

学生提问：为什么即使没有给多行文本域编写右键菜单，但是当我在多行文本域上单击右键时也一样会弹出右键菜单？

答：记住 AWT 的实现机制！AWT 并没有为 GUI 组件提供实现，它仅仅是调用运行平台的 GUI 组件来创建和平台一致的对等体。因此，程序中的 TextArea 实际上是 Windows（假设在 Windows 平台上运行）的多行文本域组件的对等体，具有和它相同的行为，所以该 TextArea 默认就具有右键菜单。

 11.7　在 AWT 中绘图

很多程序如各种小游戏都需要在窗口中绘制各种图形。除此之外，即使在开发 Java EE 项目时，有时候也必须“动态”地向客户端生成各种图形、图表，比如图形验证码、统计图等，这都需要利用 AWT 的绘图功能。

11.7.1　画图的实现原理

在 Component 类中提供了与绘图有关的三个方法。

- paint(Graphics g)：绘制组件的外观。
- update(Graphics g)：调用 paint()方法，刷新组件的外观。
- repaint()：调用 update()方法，刷新组件的外观。

上面三个方法的调用关系为：repaint()方法调用 update()方法；update()方法调用 paint()方法。

Container 类中的 update()方法先以组件的背景色填充整个组件区域，然后调用 paint()方法重画组件。Container 类的 update()方法的代码如下：

```
public void update(Graphics g) {
    if (isShowing()) {
        // 以组件的背景色填充整个组件区域
        if (! (peer instanceof LightweightPeer)) {
            g.clearRect(0, 0, width, height);
        }
        paint(g);
    }
}
```

普通组件的 update()方法则直接调用 paint()方法。

```
public void update(Graphics g) {
    paint(g);
}
```

图 11.27 显示了 paint()、update()和 repaint()三个方法之间的调用关系。

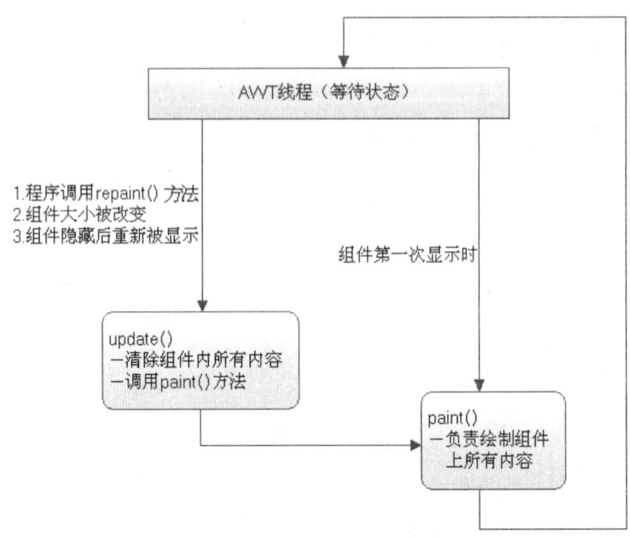

图 11.27　paint()、update()和 repaint()三个方法之间的调用关系

从图 11.27 中可以看出，程序不应该主动调用组件的 paint()和 update()方法，这两个方法都由 AWT 系统负责调用。如果程序希望 AWT 系统重新绘制该组件，则调用该组件的 repaint()方法即可，而 paint()和 update()方法通常会被重写。在通常情况下，程序通过重写 paint()方法实现在 AWT 组件上绘图。

当重写 update()或 paint()方法时，该方法里包含了一个 Graphics 类型的参数，通过该 Graphics 参数就可以实现绘图功能。

11.7.2　使用 Graphics 类

Graphics 是一个抽象的画笔对象，Graphics 可以在组件上绘制丰富多彩的几何图形和位图。Graphics 类提供了如下几个方法用于绘制几何图形和位图。

- drawLine()：绘制直线。
- drawString()：绘制字符串。
- drawRect()：绘制矩形。
- drawRoundRect()：绘制圆角矩形。
- drawOval()：绘制椭圆形状。
- drawPolygon()：绘制多边形边框。
- drawArc()：绘制圆弧（可能是椭圆的圆弧）。
- drawPolyline()：绘制折线。
- fillRect()：填充矩形区域。
- fillRoundRect()：填充圆角矩形区域。
- fillOval()：填充椭圆区域。
- fillPolygon()：填充多边形区域。
- fillArc()：填充圆弧和圆弧两个端点到中心连线所包围的区域。
- drawImage()：绘制位图。

此外，Graphics 还提供了 setColor()和 setFont()两个方法用于设置画笔的颜色和字体（仅当绘制字符串时有效），其中 setColor()方法需要传入一个 Color 参数，它可以使用 RGB、CMYK 等方式设置一种颜色；setFont()方法需要传入一个 Font 参数，Font 参数需要指定字体名称、字体样式、字体大小三个属性。

提示：
实际上，不仅 Graphics 对象可以使用 setColor()和 setFont()方法来设置画笔的颜色和字体，而且 AWT 普通组件也可以通过 Color()和 Font()方法来改变它的前景色和字体。除此之外，所有的组件都有一个 setBackground()方法用于设置组件的背景色。

AWT 专门提供了一个 Canvas 类作为绘图的画布，程序可以通过创建 Canvas 的子类，并重写它的 paint()方法来实现绘图。下面是一个简单的绘图程序。

程序清单：codes\11\11.7\SimpleDraw.java

```
public class SimpleDraw
{
    private final String RECT_SHAPE = "rect";
    private final String OVAL_SHAPE = "oval";
    private Frame f = new Frame("简单绘图");
    private Button rect = new Button("绘制矩形");
    private Button oval = new Button("绘制圆形");
    private MyCanvas drawArea = new MyCanvas();
    // 用于保存需要绘制什么图形的变量
    private String shape = "";
    public void init()
    {
        var p = new Panel();
        rect.addActionListener(e ->
        {
            // 设置 shape 变量为 RECT_SHAPE
            shape = RECT_SHAPE;
            // 重画 MyCanvas 对象，即调用它的 repaint()方法
            drawArea.repaint();
        });
        oval.addActionListener(e ->
        {
            // 设置 shape 变量为 OVAL_SHAPE
            shape = OVAL_SHAPE;
            // 重画 MyCanvas 对象，即调用它的 repaint()方法
            drawArea.repaint();
        });
        p.add(rect);
        p.add(oval);
        drawArea.setPreferredSize(new Dimension(250, 180));
        f.add(drawArea);
        f.add(p, BorderLayout.SOUTH);
        f.pack();
        f.setVisible(true);
    }
    public static void main(String[] args)
    {
        new SimpleDraw().init();
    }
    class MyCanvas extends Canvas
    {
        // 重写 Canvas 的 paint()方法，实现绘画
        public void paint(Graphics g)
        {
            var rand = new Random();
            if (shape.equals(RECT_SHAPE))
            {
                // 设置画笔颜色
                g.setColor(new Color(220, 100, 80));
                // 随机绘制一个矩形
                g.drawRect( rand.nextInt(200),
                    rand.nextInt(120), 40, 60);
            }
            if (shape.equals(OVAL_SHAPE))
            {
                // 设置画笔颜色
```

```
                g.setColor(new Color(80, 100, 200));
                // 随机填充一个椭圆形区域
                g.fillOval( rand.nextInt(200),
                    rand.nextInt(120), 50, 40);
            }
        }
    }
}
```

上面程序中定义了一个 MyCanvas 类，它继承了 Canvas 类，重写了 Canvas 类的 paint()方法（上面程序中的粗体字代码部分），该方法根据 shape 变量值随机绘制矩形或填充椭圆形区域。窗口中还定义了两个按钮，当用户单击任意一个按钮时，程序调用 drawArea 对象的 repaint()方法，该方法导致画布重绘（即调用 drawArea 对象的 update()方法，该方法再调用 paint()方法）。

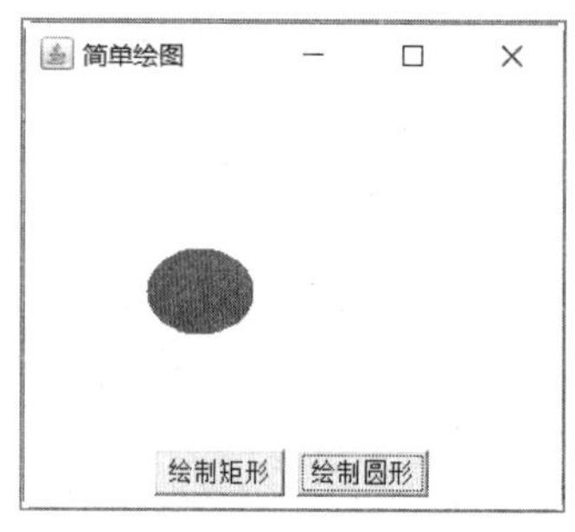

图 11.28　简单绘图

运行上面的程序，单击“绘制圆形”按钮，将看到如图 11.28 所示的窗口。

在运行上面的程序时，如果改变窗口的大小，或者让该窗口隐藏后重新显示，都会导致 drawArea 重新绘制形状——因为这些动作都会触发组件的 update()方法。

Java 也可用于开发一些动画——就是间隔一定的时间（通常小于 0.1 秒）重新绘制新的图像，两次绘制的图像之间差异较小，肉眼看起来就成了所谓的动画。为了实现间隔一定的时间就重新调用组件的 repaint()方法，可以借助于 Swing 提供的 Timer 类，Timer 类是一个定时器，它有如下一个构造器。

➢ Timer(int delay, ActionListener listener)：每间隔 delay 毫秒，系统就自动触发 ActionListener 监听器里的事件处理器（actionPerformed()方法）。

下面的程序示范了一个简单的弹球游戏，其中小球和球拍分别以圆形区域和矩形区域代替，小球开始以随机速度向下运动，当遇到边框或球拍时小球反弹；球拍则由用户控制，当用户按下向左、向右的键时，球拍将会向左、向右移动。

程序清单：codes\11\11.7\PinBall.java

```
public class PinBall
{
    // 桌面的宽度
    private final int TABLE_WIDTH = 300;
    // 桌面的高度
    private final int TABLE_HEIGHT = 400;
    // 球拍的垂直位置
    private final int RACKET_Y = 340;
    // 下面定义球拍的高度和宽度
    private final int RACKET_HEIGHT = 20;
    private final int RACKET_WIDTH = 60;
    // 小球的大小
    private final int BALL_SIZE = 16;
    private Frame f = new Frame("弹球游戏");
    Random rand = new Random();
    // 小球纵向的运行速度
    private int ySpeed = 10;
    // 返回一个-0.5~0.5 的比率，用于控制小球的运行方向
    private double xyRate = rand.nextDouble() - 0.5;
    // 小球横向的运行速度
    private int xSpeed = (int)(ySpeed * xyRate * 2);
    // ballX 和 ballY 代表小球的坐标
```

```
    private int ballX = rand.nextInt(200) + 20;
    private int ballY = rand.nextInt(10) + 20;
    // racketX 代表球拍的水平位置
    private int racketX = rand.nextInt(200);
    private MyCanvas tableArea = new MyCanvas();
    Timer timer;
    // 游戏是否结束的旗标
    private boolean isLose = false;
    public void init()
    {
        // 设置桌面区域的最佳大小
        tableArea.setPreferredSize(
            new Dimension(TABLE_WIDTH, TABLE_HEIGHT));
        f.add(tableArea);
        // 定义键盘监听器
        var keyProcessor = new KeyAdapter()
        {
            public void keyPressed(KeyEvent ke)
            {
                // 按下向左、向右的键时，球拍水平坐标分别减少、增加
                if (ke.getKeyCode() == KeyEvent.VK_LEFT)
                {
                    if (racketX > 0)
                    racketX -= 10;
                }
                if (ke.getKeyCode() == KeyEvent.VK_RIGHT)
                {
                    if (racketX < TABLE_WIDTH - RACKET_WIDTH)
                    racketX += 10;
                }
            }
        };
        // 为窗口和 tableArea 对象分别添加键盘监听器
        f.addKeyListener(keyProcessor);
        tableArea.addKeyListener(keyProcessor);
        // 定义每 0.1 秒执行一次的事件监听器
        var taskPerformer = evt ->
        {
            // 如果小球碰到左边边框
            if (ballX <= 0 || ballX >= TABLE_WIDTH - BALL_SIZE)
            {
                xSpeed = -xSpeed;
            }
            // 如果小球的高度超出了球拍位置，且横向不在球拍范围之内，游戏结束
            if (ballY >= RACKET_Y - BALL_SIZE &&
                (ballX < racketX || ballX > racketX + RACKET_WIDTH))
            {
                timer.stop();
                // 设置游戏是否结束的旗标为 true
                isLose = true;
                tableArea.repaint();
            }
            // 如果小球位于球拍范围之内，且到达球拍位置，小球反弹
            else if (ballY <= 0 ||
                (ballY >= RACKET_Y - BALL_SIZE
                    && ballX > racketX && ballX <= racketX + RACKET_WIDTH))
            {
                ySpeed = -ySpeed;
            }
            // 小球坐标增加
            ballY += ySpeed;
            ballX += xSpeed;
            tableArea.repaint();
        };
        timer = new Timer(100, taskPerformer);
        timer.start();
        f.pack();
        f.setVisible(true);
    }
```

```
    public static void main(String[] args)
    {
        new PinBall().init();
    }
    class MyCanvas extends Canvas
    {
        // 重写 Canvas 的 paint()方法，实现绘画
        public void paint(Graphics g)
        {
            // 如果游戏已经结束
            if (isLose)
            {
                g.setColor(new Color(255, 0, 0));
                g.setFont(new Font("Times", Font.BOLD, 30));
                g.drawString("游戏已结束！", 50, 200);
            }
            // 如果游戏还未结束
            else
            {
                // 设置颜色，并绘制小球
                g.setColor(new Color(240, 240, 80));
                g.fillOval(ballX, ballY, BALL_SIZE, BALL_SIZE);
                // 设置颜色，并绘制球拍
                g.setColor(new Color(80, 80, 200));
                g.fillRect(racketX, RACKET_Y,
                    RACKET_WIDTH, RACKET_HEIGHT);
            }
        }
    }
}
```

运行上面的程序，将看到一个简单的弹球游戏，运行效果如图 11.29 所示。

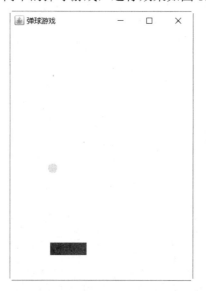

图 11.29　简单的弹球游戏

提示：

上面的弹球游戏还比较简陋，如果为该游戏增加位图背景，使用更逼真的小球位图代替小球，使用更逼真的球拍位图代替球拍，并在弹球桌面上增加一些障碍物，那么整个弹球游戏将会更有趣味性。细心的读者可能会发现上面的游戏有轻微的闪烁，这是由于 AWT 组件的绘图没有采用双缓冲技术，当重写 paint()方法来绘制图形时，所有的图形都是直接绘制到 GUI 组件上的，所以多次重新调用 paint()方法进行绘制会发生闪烁现象。使用 Swing 组件就可避免这种闪烁，Swing 组件没有提供 Canvas 对应的组件，使用 Swing 的 Panel 组件作为画布即可。

11.8　处理位图

如果仅仅绘制一些简单的几何图形，则程序的图形效果会比较单调。AWT 也允许在组件上绘制位图，Graphics 提供了 drawImage 方法用于绘制位图，该方法需要一个 Image 参数——代表位图，通过该方法就可以绘制出指定的位图。

11.8.1　Image 抽象类和 BufferedImage 实现类

Image 类代表位图，但它是一个抽象类，无法直接创建 Image 对象，为此，Java 为它提供了一个 BufferedImage 子类，这个子类是一个可访问图形数据缓冲区的 Image 实现类。该类提供了一个简单的构造器，用于创建一个 BufferedImage 对象。

- BufferedImage(int width, int height, int imageType)：创建指定大小、指定图像类型的 BufferedImage 对象，其中 imageType 可以是 BufferedImage.TYPE_INT_RGB、BufferedImage. TYPE_BYTE_GRAY 等值。

此外，BufferedImage 还提供了一个 getGraphics()方法返回该对象的 Graphics 对象，从而允许通过该 Graphics 对象向 Image 中添加图形。

借助于 BufferedImage 可以在 AWT 中实现双缓冲技术——当需要在 GUI 组件上绘制图形时，不要直接绘制到该 GUI 组件上，而是先将图形绘制到 BufferedImage 对象中，然后再调用组件的 drawImage 方法一次性将 BufferedImage 对象绘制到特定组件上。

下面的程序通过 BufferedImage 类实现了图形双缓冲，并实现了一个简单的手绘程序。

程序清单：codes\11\11.8\HandDraw.java

```
public class HandDraw
{
    // 画图区的宽度
    private final int AREA_WIDTH = 500;
    // 画图区的高度
    private final int AREA_HEIGHT = 400;
    // 下面的 preX、preY 保存了上一次鼠标拖动事件点的鼠标坐标
    private int preX = -1;
    private int preY = -1;
    // 定义一个右键菜单用于设置画笔颜色
    PopupMenu pop = new PopupMenu();
    MenuItem redItem = new MenuItem("红色");
    MenuItem greenItem = new MenuItem("绿色");
    MenuItem blueItem = new MenuItem("蓝色");
    // 定义一个 BufferedImage 对象
    BufferedImage image = new BufferedImage(AREA_WIDTH,
        AREA_HEIGHT, BufferedImage.TYPE_INT_RGB);
    // 获取 image 对象的 Graphics
    Graphics g = image.getGraphics();
    private Frame f = new Frame("简单手绘程序");
    private DrawCanvas drawArea = new DrawCanvas();
    // 用于保存画笔颜色
    private Color foreColor = new Color(255, 0, 0);
    public void init()
    {
        // 定义右键菜单的事件监听器
        ActionListener menuListener = e ->
        {
            if (e.getActionCommand().equals("绿色"))
            {
                foreColor = new Color(0, 255, 0);
            }
            if (e.getActionCommand().equals("红色"))
            {
                foreColor = new Color(255, 0, 0);
            }
```

```
        if (e.getActionCommand().equals("蓝色"))
        {
            foreColor = new Color(0, 0, 255);
        }
    };
    // 为三个菜单添加事件监听器
    redItem.addActionListener(menuListener);
    greenItem.addActionListener(menuListener);
    blueItem.addActionListener(menuListener);
    // 将菜单项组合成右键菜单
    pop.add(redItem);
    pop.add(greenItem);
    pop.add(blueItem);
    // 将右键菜单添加到 drawArea 对象中
    drawArea.add(pop);
    // 将 image 对象的背景色填充成白色
    g.fillRect(0, 0, AREA_WIDTH, AREA_HEIGHT);
    drawArea.setPreferredSize(new Dimension(AREA_WIDTH, AREA_HEIGHT));
    // 监听鼠标移动动作
    drawArea.addMouseMotionListener(new MouseMotionAdapter()
    {
        // 实现按下鼠标键并拖动的事件处理器
        public void mouseDragged(MouseEvent e)
        {
            // 如果 preX 和 preY 大于 0
            if (preX > 0 && preY > 0)
            {
                // 设置当前颜色
                g.setColor(foreColor);
                // 绘制从上一次鼠标拖动事件点到本次鼠标拖动事件点的线段
                g.drawLine(preX, preY, e.getX(), e.getY());
            }
            // 将当前鼠标事件点的 X、Y 坐标保存起来
            preX = e.getX();
            preY = e.getY();
            // 重绘 drawArea 对象
            drawArea.repaint();
        }
    });
    // 监听鼠标事件
    drawArea.addMouseListener(new MouseAdapter()
    {
        // 实现松开鼠标键的事件处理器
        public void mouseReleased(MouseEvent e)
        {
            // 弹出右键菜单
            if (e.isPopupTrigger())
            {
                pop.show(drawArea, e.getX(), e.getY());
            }
            // 当松开鼠标键时，把上一次鼠标拖动事件点的 X、Y 坐标设为-1
            preX = -1;
            preY = -1;
        }
    });
    f.add(drawArea);
    f.pack();
    f.setVisible(true);
}
public static void main(String[] args)
{
    new HandDraw().init();
}
class DrawCanvas extends Canvas
{
    // 重写 Canvas 的 paint 方法，实现绘画
    public void paint(Graphics g)
    {
```

```
            // 将 image 绘制到该组件上
            g.drawImage(image, 0, 0, null);
        }
    }
}
```

实现手绘功能其实是一种假象：表面上看起来可以随鼠标移动自由画曲线，实际上依然利用了 Graphics 的 drawLine()方法画直线，每条直线都是从上一次鼠标拖动事件点画到本次鼠标拖动事件点的。当拖动鼠标时，两次鼠标拖动事件点的距离很小，多条极短的直线连接起来，肉眼看起来就是鼠标拖动的轨迹了。上面的程序还增加了右键菜单来选择画笔颜色。

运行上面的程序，出现一个空白窗口，用户可以使用鼠标在该窗口上拖出任意的曲线，如图 11.30 所示。

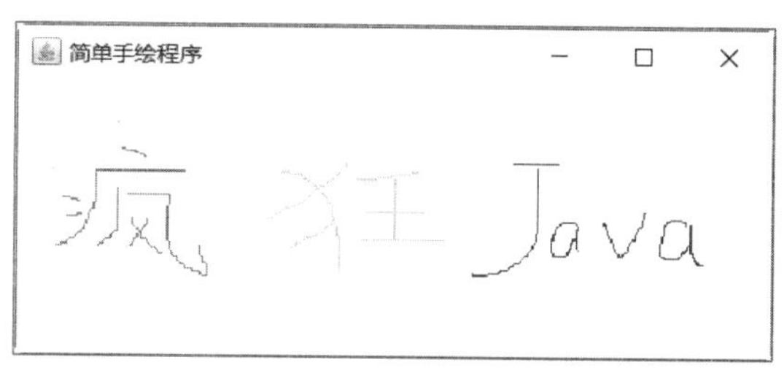

图 11.30　手绘窗口

提示：

通过上面的程序进行手绘时只能选择红、绿、蓝三种颜色，不能调出像 Windows 的颜色选择对话框那种“专业”的颜色选择工具。实际上，Swing 提供了对颜色选择对话框的支持，如果结合 Swing 提供的颜色选择对话框，就可以选择任意的颜色进行画图，并可以提供一些按钮让用户选择绘制直线、折线、多边形等几何图形。如果为该程序分别建立了多个 BufferedImage 对象，那么就可实现多图层效果（每个 BufferedImage 代表一个图层）。

11.8.2　使用 ImageIO 读/写位图

如果希望可以访问磁盘上的位图文件，例如 GIF、JPG 等格式的位图文件，则需要利用 ImageIO 工具类。ImageIO 利用 ImageReader 和 ImageWriter 来读/写图形文件，通常程序无须关心该类底层的细节，只需要利用该工具类来读/写图形文件即可。

ImageIO 类并不支持读/写全部格式的图形文件，程序可以通过 ImageIO 类的如下几个静态方法来访问该类支持读/写的图形文件格式。

- static String[] getReaderFileSuffixes()：返回一个 String 数组，该数组列出 ImageIO 能读的所有图形文件的文件名后缀。
- static String[] getReaderFormatNames()：返回一个 String 数组，该数组列出 ImageIO 能读的所有图形文件的非正式格式名称。
- static String[] getWriterFileSuffixes()：返回一个 String 数组，该数组列出 ImageIO 能写的所有图形文件的文件名后缀。
- static String[] getWriterFormatNames()：返回一个 String 数组，该数组列出 ImageIO 能写的所有图形文件的非正式格式名称。

下面的程序测试了 ImageIO 支持读/写的全部图形文件格式。

程序清单：codes\11\11.8\ImageIOTest.java

```
public class ImageIOTest
{
    public static void main(String[] args)
    {
        String[] readFormat = ImageIO.getReaderFormatNames();
        System.out.println("-----ImageIO 能读的所有图形文件格式-----");
        for (var tmp : readFormat)
        {
            System.out.println(tmp);
        }
        String[] writeFormat = ImageIO.getWriterFormatNames();
```

```
        System.out.println("-----ImageIO 能写的所有图形文件格式-----");
        for (var tmp : writeFormat)
        {
            System.out.println(tmp);
        }
    }
}
```

运行上面的程序就可以看到Java所支持的图形文件格式，通过运行结果可以看出，AWT并不支持ico等图标格式。因此，如果需要在Java程序中为按钮、菜单等指定图标，则不要使用ico格式的图标文件，而应该使用JPG、GIF等格式的图形文件。

Java 9增强了ImageIO的功能，ImageIO可以读/写TIFF（Tag Image File Format）格式的图片。

ImageIO类包含两个静态方法：read()和write()，通过这两个方法即可完成对位图文件的读/写。当调用write()方法输出图形文件时，需要指定输出的图形格式，例如GIF、JPEG等。下面的程序可以将一个原始位图缩小成另一个位图后输出。

程序清单：codes\11\11.8\ZoomImage.java

```
public class ZoomImage
{
    // 下面两个常量设置缩小后位图的大小
    private final int WIDTH = 80;
    private final int HEIGHT = 60;
    // 定义一个 BufferedImage 对象，用于保存缩小后的位图
    BufferedImage image = new BufferedImage(WIDTH, HEIGHT,
        BufferedImage. TYPE_INT_RGB);
    Graphics g = image.getGraphics();
    public void zoom() throws Exception
    {
        // 读取原始位图
        Image srcImage = ImageIO.read(new File("image/board.jpg"));
        // 将原始位图缩小后绘制到 image 对象中
        g.drawImage(srcImage, 0, 0, WIDTH, HEIGHT, null);
        // 将 image 对象输出到磁盘文件中
        ImageIO.write(image, "jpeg",
            new File(System.currentTimeMillis() + ".jpg"));
    }
    public static void main(String[] args) throws Exception
    {
        new ZoomImage().zoom();
    }
}
```

上面程序中的第一行粗体字代码从磁盘中读取一个位图文件，第二行粗体字代码将原始位图按指定大小绘制到image对象中，第三行粗体字代码将image对象输出，这就完成了位图的缩小（实际上不一定是缩小，程序总是将原始位图缩放到WIDTH、HEIGHT常量指定的大小）并输出。

提示： 上面的程序总是使用board.jpg文件作为原始位图文件，总是将原始位图缩放到80×60的尺寸，且总是以当前时间作为文件名来输出该文件——这是为了简化该程序。如果为该程序增加图形用户界面，允许用户选择需要缩放的原始位图文件和缩放后的目标文件名，并可以设置缩放后的位图尺寸，该程序将具有更好的实用性。对位图进行缩放是非常实用的功能，大部分Web应用都允许用户上传位图，而且Web应用需要将用户上传的位图生成相应的缩略图，这就需要对位图进行缩放。

利用ImageIO读取磁盘上的位图，然后将位图绘制在AWT组件上，就可以开发出更加丰富的图形界面程序。

下面的程序改写了第4章的五子棋游戏程序，为该游戏增加图形用户界面。这种改写很简单，只需要改变如下两个地方即可。

> ➢ 原来是在控制台打印棋盘和棋子的，现在改为使用位图在窗口中绘制棋盘和棋子。
> ➢ 原来是靠用户输入下棋坐标的，现在改为当用户单击鼠标键时获取下棋坐标，此处需要将鼠标事件点的 *X*、*Y* 坐标转换为棋盘数组的坐标。

程序清单：codes\11\11.8\Gobang.java

```
public class Gobang
{
    // 下面三个位图分别代表棋盘、黑子、白子
    BufferedImage table;
    BufferedImage black;
    BufferedImage white;
    // 当鼠标移动时的选择框
    BufferedImage selected;
    // 定义棋盘的大小
    private static int BOARD_SIZE = 15;
    // 定义棋盘宽、高多少个像素
    private final int TABLE_WIDTH = 535;
    private final int TABLE_HETGHT = 536;
    // 定义棋盘坐标的像素值和棋盘数组之间的比率
    private final int RATE = TABLE_WIDTH / BOARD_SIZE;
    // 定义棋盘坐标的像素值和棋盘数组之间的偏移距离
    private final int X_OFFSET = 5;
    private final int Y_OFFSET = 6;
    // 定义一个二维数组来充当棋盘
    private String[][] board = new String[BOARD_SIZE][BOARD_SIZE];
    // 五子棋游戏的窗口
    JFrame f = new JFrame("五子棋游戏");
    // 五子棋游戏棋盘对应的 Canvas 组件
    ChessBoard chessBoard = new ChessBoard();
    // 当前选中点的坐标
    private int selectedX = -1;
    private int selectedY = -1;
    public void init() throws Exception
    {
        table = ImageIO.read(new File("image/board.jpg"));
        black = ImageIO.read(new File("image/black.gif"));
        white = ImageIO.read(new File("image/white.gif"));
        selected = ImageIO.read(new File("image/selected.gif"));
        // 将每个元素都赋值为"╋","╋"代表没有棋子
        for (var i = 0; i < BOARD_SIZE; i++)
        {
            for (var j = 0; j < BOARD_SIZE; j++)
            {
                board[i][j] = "╋";
            }
        }
        chessBoard.setPreferredSize(new Dimension(
            TABLE_WIDTH, TABLE_HETGHT));
        chessBoard.addMouseListener(new MouseAdapter()
        {
            public void mouseClicked(MouseEvent e)
            {
                // 将鼠标事件点的坐标转换成棋子数组的坐标
                var xPos = (int)((e.getX() - X_OFFSET) / RATE);
                var yPos = (int)((e.getY() - Y_OFFSET ) / RATE);
                board[xPos][yPos] = "●";
                /*
                电脑随机生成两个整数，作为电脑下棋的坐标，赋给 board 数组
                还涉及：
                1.如果下棋的点已经有棋子了，则不能重复下棋
                2.每次下棋后，都需要扫描谁赢了
                */
                chessBoard.repaint();
            }
```

```
            // 当鼠标退出棋盘区后，复位选中点的坐标
            public void mouseExited(MouseEvent e)
            {
                selectedX = -1;
                selectedY = -1;
                chessBoard.repaint();
            }
        });
        chessBoard.addMouseMotionListener(new MouseMotionAdapter()
        {
            // 当鼠标移动时，改变选中点的坐标
            public void mouseMoved(MouseEvent e)
            {
                selectedX = (e.getX() - X_OFFSET) / RATE;
                selectedY = (e.getY() - Y_OFFSET) / RATE;
                chessBoard.repaint();
            }
        });
        f.add(chessBoard);
        f.pack();
        f.setVisible(true);
    }
    public static void main(String[] args) throws Exception
    {
        var gb = new Gobang();
        gb.init();
    }
    class ChessBoard extends JPanel
    {
        // 重写 JPanel 的 paint 方法，实现绘画
        public void paint(Graphics g)
        {
            // 绘制五子棋棋盘
            g.drawImage(table, 0, 0, null);
            // 绘制选中点的红框
            if (selectedX >= 0 && selectedY >= 0)
                g.drawImage(selected, selectedX * RATE + X_OFFSET,
                selectedY * RATE + Y_OFFSET, null);
            // 遍历数组，绘制棋子
            for (var i = 0; i < BOARD_SIZE; i++)
            {
                for (var j = 0; j < BOARD_SIZE; j++)
                {
                    // 绘制黑棋
                    if (board[i][j].equals("●"))
                    {
                        g.drawImage(black, i * RATE + X_OFFSET,
                            j * RATE + Y_OFFSET, null);
                    }
                    // 绘制白棋
                    if (board[i][j].equals("○"))
                    {
                        g.drawImage(white, i * RATE + X_OFFSET,
                            j * RATE + Y_OFFSET, null);
                    }
                }
            }
        }
    }
}
```

上面程序中前面一段粗体字代码负责监听鼠标单击动作，负责把鼠标单击动作的坐标转换成棋盘数组的坐标，并将对应的数组元素赋值为“●”。后面一段粗体字代码则负责在窗口中绘制棋盘和棋子：先直接绘制棋盘位图，然后遍历棋盘数组，如果数组元素是“●”，则在对应的点绘制黑棋；如果数组元素是“○”，则在对应的点绘制白棋。

提示：

上面的程序为了避免游戏时产生闪烁，将棋盘所用的画图区改为继承 JPanel 类，将游戏窗口改为使用 JFrame 类，这两个类都是 Swing 组件，Swing 组件的绘图功能提供了双缓冲技术，可以避免图像闪烁。

运行上面的程序，会看到如图 11.31 所示的游戏界面。

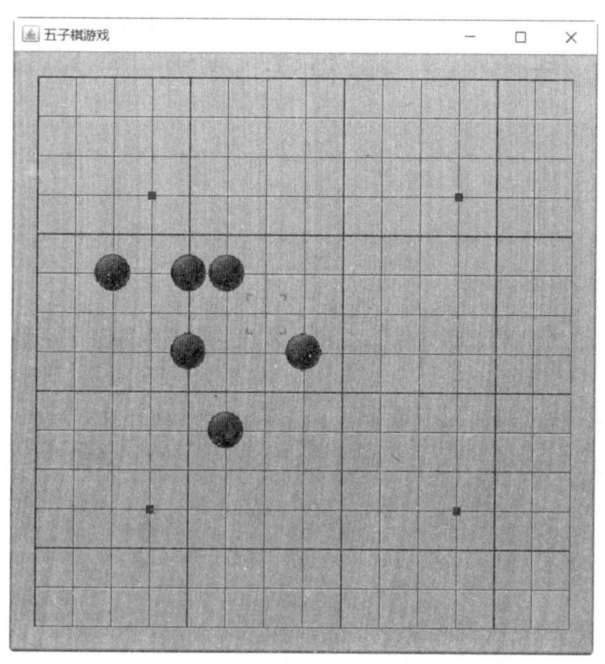

图 11.31　五子棋游戏界面

在游戏界面上还有一个红色选中框，提示用户鼠标所在的落棋点，这是通过监听鼠标移动事件实现的——当鼠标在游戏界面上移动时，程序根据鼠标移动事件发生点的坐标来绘制红色选中框。

提示：

上面程序中使用了字符串数组来保存下棋的状态，其实完全可以使用一个 byte[][]数组来保存下棋的状态：数组元素为 0，代表没有棋子；数组元素为 1，代表白棋；数组元素为 2，代表黑棋。上面的游戏程序已经接近完成了，读者只需要按此思路就可完成这个五子棋游戏。当然，如果能为电脑下棋增加一些智能就更好了。另外，其他小游戏如俄罗斯方块、贪食蛇、连连看、梭哈、斗地主等，只要按这种编程思路来开发都会变得非常简单。实际上，很多程序其实没有想象的那么难，读者只要认真阅读本书，认真完成每章后面的作业，就一定可以成为专业的 Java 程序员。

11.9　剪贴板

当进行复制、剪切、粘贴等 Windows 操作时，也许读者从未想过这些操作的实现过程。实际上，这是一个看似简单的过程：复制、剪切把一个程序中的数据放置到剪贴板中，而粘贴则读取剪贴板中的数据，并将该数据放入另一个程序中。

剪贴板的复制、剪切和粘贴的过程看似很简单，但实现起来则存在一些具体问题需要处理——假设从一个文字处理程序中复制文本，然后将这段文本粘贴到另一个文字处理程序中，你肯定希望该文本能保持原来的风格，也就是说，剪贴板中必须保留文本原来的格式信息；如果只是将文本复制到纯文本域中，则可以无须包含文本原来的格式信息。此外，你可能还希望将图像等其他对象复制到剪贴板中。为了处理这种复杂的剪贴板操作，数据提供者（复制、剪切内容的源程序）允许使用多种格式的剪贴板数据，而数据使用者（粘贴内容的目标程序）则可以从多种格式中选择所需的格式。

提示：

因为 AWT 的实现依赖于底层运行平台的实现，因此 AWT 剪贴板在不同平台上所支持传输的对象类型并不完全相同。其中，Microsoft、Macintosh 的剪贴板支持传输富格式文本、图像、纯文本等数据，而 X Window 的剪贴板功能则比较有限，它仅仅支持对纯文本的剪切和粘贴。读者可以通过查看 JRE 的 jre/lib/flavormap.properties 文件，来了解该平台支持哪些类型的对象在 Java 程序和系统剪贴板之间传递。

AWT 支持两种剪贴板：本地剪贴板和系统剪贴板。如果在同一台虚拟机的不同窗口之间进行数据传递，则使用 AWT 自己的本地剪贴板就可以了。本地剪贴板与运行平台无关，可以传输任意格式的数据。如果需要在不同的虚拟机之间传递数据，或者在 Java 程序与第三方程序之间传递数据，那么就需要使用系统剪贴板了。

11.9.1 数据传递的类和接口

AWT 中与剪贴板操作相关的接口和类被放在 java.awt.datatransfer 包下，下面是该包下重要的接口和类的相关说明。

- Clipboard：代表一个剪贴板实例，这个剪贴板既可以是系统剪贴板，也可以是本地剪贴板。
- ClipboardOwner：剪贴板内容的所有者接口，当剪贴板内容的所有者被修改时，系统将会触发该所有者的 lostOwnership 事件处理器。
- Transferable：该接口的实例代表放进剪贴板中的传输对象。
- DataFlavor：用于表述剪贴板中的数据格式。
- StringSelection：Transferable 的实现类，用于传输文本字符串。
- FlavorListener：数据格式监听器接口。
- FlavorEvent：该类的实例封装了数据格式改变的事件。

11.9.2 传递文本

传递文本是最简单的情形，因为 AWT 提供了一个 StringSelection 用于传输文本字符串。将一段文本内容（字符串对象）放进剪贴板中的步骤如下。

① 创建一个 Clipboard 实例——既可以创建系统剪贴板，也可以创建本地剪贴板。创建系统剪贴板通过如下代码：

```
var clipboard = Toolkit.getDefaultToolkit().getSystemClipboard();
```

创建本地剪贴板通过如下代码：

```
var clipboard = new Clipboard("cb");
```

② 将需要放入剪贴板中的字符串封装成 StringSelection 对象，代码如下：

```
var st = new StringSelection(targetStr);
```

③ 调用剪贴板对象的 setContents()方法将 StringSelection 放进剪贴板中，该方法需要两个参数，其中第一个参数是 Transferable 对象，代表放进剪贴板中的对象；第二个参数是 ClipboardOwner 对象，代表剪贴板数据的所有者，通常无须关心剪贴板数据的所有者，所以把第二个参数设为 null。

```
clipboard.setContents(st, null);
```

从剪贴板中取出数据则比较简单，调用 Clipboard 对象的 getData(DataFlavor flavor)方法即可取出剪贴板中指定格式的内容，如果指定 flavor 的数据不存在，该方法将引发 UnsupportedFlavorException 异常。为了避免出现异常，可以先调用 Clipboard 对象的 isDataFlavorAvailable(DataFlavor flavor)方法来判断指定 flavor 的数据是否存在，代码如下：

```
if (clipboard.isDataFlavorAvailable(DataFlavor.stringFlavor))
{
```

```
    String content = (String)clipboard.getData(DataFlavor.stringFlavor);
}
```

下面的程序是一个利用系统剪贴板进行复制、粘贴的简单程序。

程序清单：codes\11\11.9\SimpleClipboard.java

```
public class SimpleClipboard
{
    private Frame f = new Frame("简单的剪贴板程序");
    // 获取系统剪贴板
    private Clipboard clipboard = Toolkit
        .getDefaultToolkit().getSystemClipboard();
    // 下面是创建本地剪贴板的代码
    // Clipboard clipboard = new Clipboard("cb");   // ①
    // 用于复制文本的文本框
    private TextArea jtaCopyTo = new TextArea(5,20);
    // 用于粘贴文本的文本框
    private TextArea jtaPaste = new TextArea(5,20);
    private Button btCopy = new Button("复制"); // 复制按钮
    private Button btPaste = new Button("粘贴"); // 粘贴按钮
    public void init()
    {
        var p = new Panel();
        p.add(btCopy);
        p.add(btPaste);
        btCopy.addActionListener(event ->
        {
            // 将一个多行文本域里的字符串封装成 StringSelection 对象
            var contents = new StringSelection(jtaCopyTo.getText());
            // 将 StringSelection 对象放入剪贴板中
            clipboard.setContents(contents, null);
        });
        btPaste.addActionListener(event ->
        {
            // 如果剪贴板中包含 stringFlavor 内容
            if (clipboard.isDataFlavorAvailable(DataFlavor.stringFlavor))
            {
                try
                {
                    // 取出剪贴板中的 stringFlavor 内容
                    var content = (String) clipboard.getData(DataFlavor.stringFlavor);
                    jtaPaste.append(content);
                }
                catch (Exception e)
                {
                    e.printStackTrace();
                }
            }
        });
        // 创建一个水平排列的 Box 容器
        var box = new Box(BoxLayout.X_AXIS);
        // 将两个多行文本域放在 Box 容器中
        box.add(jtaCopyTo);
        box.add(jtaPaste);
        // 将按钮所在的 Panel、Box 容器添加到 Frame 窗口中
        f.add(p,BorderLayout.SOUTH);
        f.add(box,BorderLayout.CENTER);
        f.pack();
        f.setVisible(true);
    }
    public static void main(String[] args)
    {
        new SimpleClipboard().init();
    }
}
```

上面程序中“复制”按钮的事件监听器负责将第一个文本域的内容复制到系统剪贴板中，“粘贴”

按钮的事件监听器则负责取出系统剪贴板中的 stringFlavor 内容，并将其添加到第二个文本域内。运行上面的程序，将看到如图 11.32 所示的结果。

因为程序使用的是系统剪贴板，所以可以通过 Windows 的剪贴簿查看器来查看程序放入剪贴板中的内容。在 Windows 的“开始”菜单中运行“clipbrd”程序，将可以看到如图 11.33 所示的窗口。

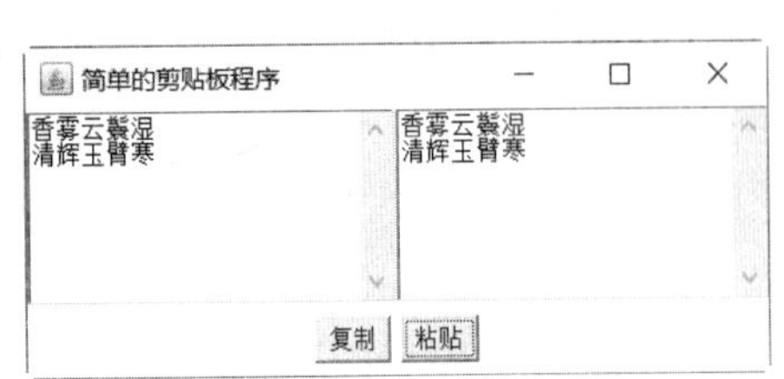

图 11.32　使用剪贴板复制、粘贴文本内容

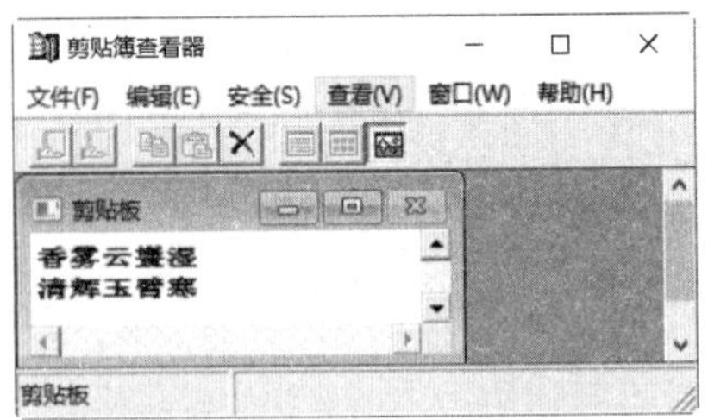

图 11.33　通过剪贴簿查看器查看剪贴板中的内容

提示：

Windows 7、Windows 10 系统删除了默认的剪贴簿查看器，因此读者可以到 Windows XP 的 C:\windows\system32\目录下将 clipbrd.exe 文件复制过来。

11.9.3　使用系统剪贴板传递图像

前面已经介绍了，Transferable 接口代表可以放入剪贴板中的传输对象，因此，如果希望将图像放入剪贴板中，则必须提供一个 Transferable 接口的实现类。该实现类其实很简单，它封装一个 image 对象，并且对外表现为 imageFlavor 内容。

注意：

JDK 为 Transferable 接口仅提供了一个 StringSelection 实现类，用于封装字符串内容。但 JDK 在 DataFlavor 类中提供了一个 imageFlavor 常量，用于代表图像格式的 DataFlavor，并负责执行所有的复杂操作，以便进行 Java 图像和剪贴板图像的转换。

下面的程序实现了一个 ImageSelection 类，该类实现了 Transferable 接口，并实现了该接口所包含的三个方法。

程序清单：codes\11\11.9\ImageSelection.java

```
public class ImageSelection implements Transferable
{
    private Image image;
    // 构造器，负责持有一个 Image 对象
    public ImageSelection(Image image)
    {
        this.image = image;
    }
    // 返回该 Transferable 对象所支持的所有 DataFlavor
    public DataFlavor[] getTransferDataFlavors()
    {
        return new DataFlavor[] {DataFlavor.imageFlavor};
    }
    // 取出该 Transferable 对象里实际的数据
    public Object getTransferData(DataFlavor flavor)
        throws UnsupportedFlavorException
    {
        if (flavor.equals(DataFlavor.imageFlavor))
        {
            return image;
        }
        else
        {
```

```
            throw new UnsupportedFlavorException(flavor);
        }
    }
    // 返回该 Transferable 对象是否支持指定的 DataFlavor
    public boolean isDataFlavorSupported(DataFlavor flavor)
    {
        return flavor.equals(DataFlavor.imageFlavor);
    }
}
```

有了 ImageSelection 封装类后，程序就可以将指定的 Image 对象封装成 ImageSelection 对象放入剪贴板中。下面的程序对前面的 HandDraw 程序进行了改进，改进后的程序允许将用户手绘的图像复制到剪贴板中，也可以把剪贴板里的图像粘贴到该程序中。

程序清单：codes\11\11.9\CopyImage.java

```
public class CopyImage
{
    // 系统剪贴板
    private Clipboard clipboard = Toolkit
        .getDefaultToolkit().getSystemClipboard();
    // 使用 ArrayList 保存所有粘贴进来的 Image——就是当成图层处理
    java.util.List<Image> imageList = new ArrayList<>();
    // 下面的代码与前面 HandDraw 程序中控制绘图的代码一样，故省略这部分代码
    ...
        f.add(drawArea);
        var p = new Panel();
        var copy = new Button("复制");
        var paste = new Button("粘贴");
        copy.addActionListener(event ->
        {
            // 将 image 对象封装成 ImageSelection 对象
            var contents = new ImageSelection(image);
            // 将 ImageSelection 对象放入剪贴板中
            clipboard.setContents(contents, null);
        });
        paste.addActionListener(event ->
        {
            // 如果剪贴板中包含 imageFlavor 内容
            if (clipboard.isDataFlavorAvailable(DataFlavor.imageFlavor))
            {
                try
                {
                    // 取出剪贴板中的 imageFlavor 内容，并将其添加到 List 集合中
                    imageList.add((Image) clipboard
                        .getData(DataFlavor.imageFlavor));
                    drawArea.repaint();
                }
                catch (Exception e)
                {
                    e.printStackTrace();
                }
            }
        });
        p.add(copy);
        p.add(paste);
        f.add(p, BorderLayout.SOUTH);
        f.pack();
        f.setVisible(true);
    }
    public static void main(String[] args)
    {
        new CopyImage().init();
    }
    class DrawCanvas extends Canvas
    {
        // 重写 Canvas 的 paint 方法，实现绘画
        public void paint(Graphics g)
```

```
            {
                // 将 image 绘制到该组件上
                g.drawImage(image, 0, 0, null);
                // 将 List 里的所有 Image 对象都绘制出来
                for (var img : imageList)
                {
                    g.drawImage(img, 0, 0, null);
                }
            }
        }
    }
```

上面程序中实现图像复制、粘贴的代码也很简单，如两段粗体字代码所示：第一段粗体字代码实现了图像复制功能，将 image 对象封装成 ImageSelection 对象，然后调用 Clipboard 的 setContents()方法将该对象放入剪贴板中；第二段粗体字代码实现了图像粘贴功能，取出剪贴板中的 imageFlavor 内容，返回一个 Image 对象，将该 Image 对象添加到程序的 imageList 集合中。

上面程序中使用了“图层”的概念。使用 imageList 集合来保存所有粘贴到程序中的 Image——每个 Image 就是一个图层，重绘 Canvas 对象时需要绘制 imageList 集合中的每个 image 图像。运行上面的程序，当用户在程序中绘制了一些图像后，单击“复制”按钮，将看到程序将该图像复制到了系统剪贴板中，如图 11.34 所示。

图 11.34　将 Java 程序中的图像复制到系统剪贴板中

如果在其他程序中复制一块图像区域（由其他程序负责将图像放入系统剪贴板中），然后单击本程序中的“粘贴”按钮，就可以将该图像粘贴到本程序中。如图 11.35 所示，将画图程序中的图像复制到 Java 程序中。

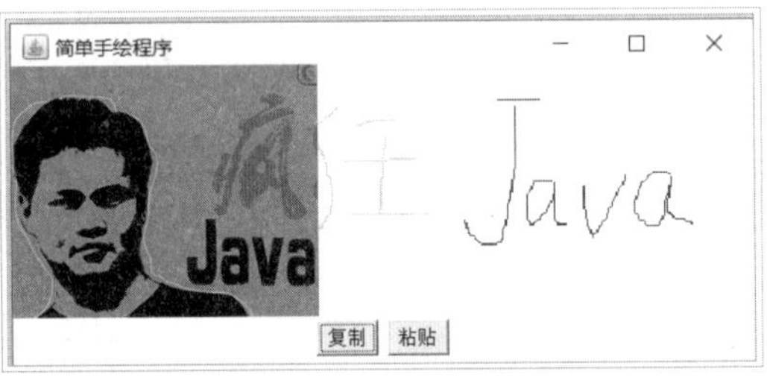

图 11.35　将画图程序中的图像复制到 Java 程序中

11.9.4　使用本地剪贴板传递对象引用

本地剪贴板可以保存任何类型的 Java 对象，包括自定义类型的对象。为了将任意类型的 Java 对象保存到剪贴板中，DataFlavor 里提供了一个 javaJVMLocalObjectMimeType 的常量，该常量是一个 MIME 类型字符串：application/x-java-jvm-local-objectref，将 Java 对象放入本地剪贴板中必须使用该 MIME 类型。该 MIME 类型表示仅将对象引用复制到剪贴板中，对象引用只有在同一台虚拟机中才有效，所以只能使用本地剪贴板。创建本地剪贴板的代码如下：

```
var clipboard = new Clipboard("cp");
```

在创建本地剪贴板时需要传入一个字符串，该字符串是剪贴板的名字，通过这种方式在一个程序中创建本地剪贴板，就可以实现像 Word 那种多次复制、选择剪贴板粘贴的功能。

注意：

本地剪贴板是 JVM 负责维护的内存区，因此本地剪贴板会随虚拟机的结束而销毁。所以，一旦 Java 程序退出，本地剪贴板中的内容就会丢失。

Java 并没有提供封装对象引用的 Transferable 实现类，因此必须自己实现该接口。实现该接口与前面的 ImageSelection 基本相似，一样要实现该接口的三个方法，并持有某个对象的引用。看如下程序。

程序清单：codes\11\11.9\LocalObjectSelection.java

```
public class LocalObjectSelection implements Transferable
{
    // 持有一个对象的引用
    private Object obj;
    public LocalObjectSelection(Object obj)
    {
        this.obj = obj;
    }
    // 返回该 Transferable 对象支持的 DataFlavor
    public DataFlavor[] getTransferDataFlavors()
    {
        var flavors = new DataFlavor[2];
        // 获取被封装对象的类型
        Class clazz = obj.getClass();
        String mimeType = "application/x-java-jvm-local-objectref;"
            + "class=" + clazz.getName();
        try
        {
            flavors[0] = new DataFlavor(mimeType);
            flavors[1] = DataFlavor.stringFlavor;
            return flavors;
        }
        catch (ClassNotFoundException e)
        {
            e.printStackTrace();
            return null;
        }
    }
    // 取出该 Transferable 对象封装的数据
    public Object getTransferData(DataFlavor flavor)
        throws UnsupportedFlavorException
    {
        if (!isDataFlavorSupported(flavor))
        {
            throw new UnsupportedFlavorException(flavor);
        }
        if (flavor.equals(DataFlavor.stringFlavor))
        {
            return obj.toString();
        }
        return obj;
    }
    public boolean isDataFlavorSupported(DataFlavor flavor)
    {
        return flavor.equals(DataFlavor.stringFlavor) ||
            flavor.getPrimaryType().equals("application")
            && flavor.getSubType().equals("x-java-jvm-local-objectref")
            && flavor.getRepresentationClass().isAssignableFrom(obj.getClass());
    }
}
```

上面的程序创建了一个 DataFlavor 对象，用于表示本地 Person 对象引用的数据格式。创建 DataFlavor 对象可以使用如下构造器。

- DataFlavor(String mimeType)：根据 mimeType 字符串构造 DataFlavor。

程序使用上面的构造器创建了 MIME 类型为"application/x-java-jvm-local-objectref;class="+

clazz.getName()的 DataFlavor 对象，它表示封装本地对象引用的数据格式。

有了上面的 LocalObjectSelection 封装类后，就可以使用该类来封装某个对象的引用，从而将该对象的引用放入本地剪贴板中。下面的程序示范了如何将一个 Person 对象放入本地剪贴板中，以及从本地剪贴板中读取该 Person 对象。

程序清单：codes\11\11.9\CopyPerson.java

```
public class CopyPerson
{
    Frame f = new Frame("复制对象");
    Button copy = new Button("复制");
    Button paste = new Button("粘贴");
    TextField name = new TextField(15);
    TextField age = new TextField(15);
    TextArea ta = new TextArea(3, 30);
    // 创建本地剪贴板
    Clipboard clipboard = new Clipboard("cp");
    public void init()
    {
        var p = new Panel();
        p.add(new Label("姓名"));
        p.add(name);
        p.add(new Label("年龄"));
        p.add(age);
        f.add(p, BorderLayout.NORTH);
        f.add(ta);
        var bp = new Panel();
        // 为"复制"按钮添加事件监听器
        copy.addActionListener(e -> copyPerson());
        // 为"粘贴"按钮添加事件监听器
        paste.addActionListener(e ->
        {
            try
            {
                readPerson();
            }
            catch (Exception ee)
            {
                ee.printStackTrace();
            }
        });
        bp.add(copy);
        bp.add(paste);
        f.add(bp, BorderLayout.SOUTH);
        f.pack();
        f.setVisible(true);
    }
    public void copyPerson()
    {
        // 以name、age文本框的内容创建Person对象
        var p = new Person(name.getText(),
            Integer.parseInt(age.getText()));
        // 将Person对象封装成LocalObjectSelection对象
        var ls = new LocalObjectSelection(p);
        // 将LocalObjectSelection对象放入本地剪贴板中
        clipboard.setContents(ls, null);
    }
    public void readPerson() throws Exception
    {
        // 创建保存Person对象引用的DataFlavor对象
        var personFlavor = new DataFlavor(
            "application/x-java-jvm-local-objectref;class=Person");
        // 取出本地剪贴板中的内容
        if (clipboard.isDataFlavorAvailable(DataFlavor.stringFlavor))
        {
            var p = (Person) clipboard.getData(personFlavor );
            ta.setText(p.toString());
```

```
        }
    }
    public static void main(String[] args)
    {
        new CopyPerson().init();
    }
}
```

上面程序中的两段粗体字代码实现了复制、粘贴对象的功能，这两段代码与前面复制、粘贴图像的代码并没有太大的区别，只是前面的程序使用了 Java 本身提供的 Data.imageFlavor 数据格式，而此处必须自己创建一个 DataFlavor，用于表示封装 Person 引用的 DataFlavor。运行上面的程序，在“姓名”文本框内随意输入一个字符串，在“年龄”文本框内输入年龄数字，然后单击“复制”按钮，就可以将根据两个文本框的内容创建的 Person 对象放入本地剪贴板中；单击“粘贴”按钮，就可以从本地剪贴板中读取刚刚放入的数据，如图 11.36 所示。

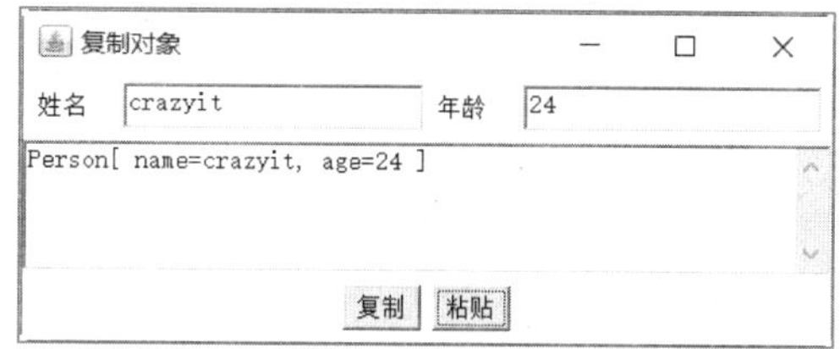

图 11.36　将本地对象复制到本地剪贴板中

上面程序中使用的 Person 类是一个普通的 Java 类，该 Person 类包含了 name 和 age 两个成员变量，并提供了一个包含两个参数的构造器，用于初始化这两个 Field 成员变量；并重写了 toString()方法，用于返回该 Person 对象的描述性信息。关于 Person 类的代码可以参考 codes\11\11.9\CopyPerson.java 文件。

11.9.5　通过系统剪贴板传递 Java 对象

系统剪贴板不仅支持传输文本、图像的基本内容，而且支持传输序列化的 Java 对象和远程对象，复制到剪贴板中的序列化的 Java 对象和远程对象可以使用另一个 Java 程序（不在同一台虚拟机内的程序）来读取。DataFlavor 中提供了 javaSerializedObjectMimeType、javaRemoteObjectMimeType 两个字符串常量来表示序列化的 Java 对象和远程对象的 MIME 类型，这两种 MIME 类型提供了复制对象、读取对象所包含的复杂操作，程序只需创建对应的 Transferable 实现类即可。

提示：

关于对象序列化请参考本书第 15 章的介绍——如果某个类是可序列化的，则该类的实例可以被转换成二进制流，从而可以将该对象通过网络传输或保存到磁盘上。为了保证某个类是可序列化的，只要让该类实现 Serializable 接口即可。

下面的程序实现了一个 SerialSelection 类，该类与前面的 ImageSelection、LocalObjectSelection 实现类相似，都需要实现 Transferable 接口，实现该接口的三个方法，并持有一个可序列化的对象。

程序清单：codes\11\11.9\SerialSelection.java

```
public class SerialSelection implements Transferable
{
    // 持有一个可序列化的对象
    private Serializable obj;
    // 在创建该类的对象时传入被持有的对象
    public SerialSelection(Serializable obj)
    {
        this.obj = obj;
    }
    public DataFlavor[] getTransferDataFlavors()
    {
        var flavors = new DataFlavor[2];
        // 获取被封装对象的类型
        Class clazz = obj.getClass();
        try
        {
            flavors[0] = new DataFlavor(DataFlavor.javaSerializedObjectMimeType
                + ";class=" + clazz.getName());
            flavors[1] = DataFlavor.stringFlavor;
```

```
            return flavors;
        }
        catch (ClassNotFoundException e)
        {
            e.printStackTrace();
            return null;
        }
    }
    public Object getTransferData(DataFlavor flavor)
        throws UnsupportedFlavorException
    {
        if (!isDataFlavorSupported(flavor))
        {
            throw new UnsupportedFlavorException(flavor);
        }
        if (flavor.equals(DataFlavor.stringFlavor))
        {
            return obj.toString();
        }
        return obj;
    }
    public boolean isDataFlavorSupported(DataFlavor flavor)
    {
        return flavor.equals(DataFlavor.stringFlavor) ||
            flavor.getPrimaryType().equals("application")
            && flavor.getSubType().equals("x-java-serialized-object")
            && flavor.getRepresentationClass().isAssignableFrom(obj.getClass());
    }
}
```

上面的程序也创建了一个DataFlavor对象，该对象使用的MIME类型为"application/x-java-serialized-object;class=" + clazz.getName()，它表示封装可序列化的 Java 对象的数据格式。

有了上面的 SerialSelection 类后，程序就可以把一个可序列化的对象封装成 SerialSelection 对象，并将该对象放入系统剪贴板中，另一个 Java 程序可以从系统剪贴板中读取该对象。下面复制、读取 Dog 对象的程序与前面的复制、粘贴 Person 对象的程序非常相似，只是该程序使用的是系统剪贴板，而不是本地剪贴板。

程序清单：codes\11\11.9\CopySerializable.java

```
public class CopySerializable
{
    Frame f = new Frame("复制对象");
    Button copy = new Button("复制");
    Button paste = new Button("粘贴");
    TextField name = new TextField(15);
    TextField age = new TextField(15);
    TextArea ta = new TextArea(3, 30);
    // 创建系统剪贴板
    Clipboard clipboard = Toolkit.getDefaultToolkit()
        .getSystemClipboard();
    public void init()
    {
        var p = new Panel();
        p.add(new Label("姓名"));
        p.add(name);
        p.add(new Label("年龄"));
        p.add(age);
        f.add(p, BorderLayout.NORTH);
        f.add(ta);
        var bp = new Panel();
        copy.addActionListener(e -> copyDog());
        paste.addActionListener(e ->
        {
            try
            {
                readDog();
            }
```

```
            catch (Exception ee)
            {
                ee.printStackTrace();
            }
        });        bp.add(copy);
        bp.add(paste);
        f.add(bp, BorderLayout.SOUTH);
        f.pack();
        f.setVisible(true);
    }
    public void copyDog()
    {
        var d = new Dog(name.getText(),
            Integer.parseInt(age.getText()));
        // 把 dog 实例封装成 SerialSelection 对象
        var ls = new SerialSelection(d);
        // 把 SerialSelection 对象放入系统剪贴板中
        clipboard.setContents(ls, null);
    }
    public void readDog() throws Exception
    {
        var personFlavor  = new DataFlavor(DataFlavor
            .javaSerializedObjectMimeType + ";class=Dog");
        if (clipboard.isDataFlavorAvailable(DataFlavor.stringFlavor))
        {
            // 从系统剪贴板中读取数据
            var d = (Dog) clipboard.getData(personFlavor );
            ta.setText(d.toString());
        }
    }
    public static void main(String[] args)
    {
        new CopySerializable().init();
    }
}
```

上面程序中的两段粗体字代码实现了复制、粘贴对象的功能，复制时将 Dog 对象封装成 SerialSelection 对象后放入剪贴板中；读取时先创建 application/x-java-serialized-object;class=Dog 类型的 DataFlavor，然后从剪贴板中读取对应格式的内容即可。运行上面的程序，在“姓名”文本框内输入字符串，在“年龄”文本框内输入数字，单击“复制”按钮，即可将该 Dog 对象放入系统剪贴板中。

再次运行上面的程序（即启动另一台虚拟机），单击窗口中的“粘贴”按钮，将可以看到系统剪贴板中的 Dog 对象被读取出来，启动系统剪贴板也可以看到被放入剪贴板中的 Dog 对象，如图 11.37 所示。

图 11.37　访问系统剪贴板中的 Dog 对象

上面的 Dog 类也非常简单，为了让该类是可序列化的，让该类实现 Serializable 接口即可。读者可以参考 codes\11\11.9\CopySerializable.java 文件来查看 Dog 类的代码。

11.10　拖放功能

拖放是非常常见的操作，我们经常会通过拖放操作来完成复制、剪切功能，但这种复制、剪切操作不需要剪贴板支持，程序将数据从拖放源直接传递给拖放目标。这种通过拖放实现的复制、剪切效果也被称为复制、移动。

我们在拖放源中选中一个或多个元素，然后用鼠标将这些元素拖离它们的初始位置，当拖着这些元素到拖放目标上松开鼠标键时，拖放目标将会查询拖放源，进而访问这些元素的相关信息，并会相应地启动一些动作。例如，从 Windows 资源管理器中把一个文件图标拖放到 WinPad 图标上，WinPad 将会打开该文件。如果在 Eclipse 中选中一段代码，然后将这段代码拖放到另一个位置，系统将会把这段代码从初始位置删除，并将这段代码放到拖放的目标位置。

此外，拖放操作还可以与三种键组合使用，用于完成特殊的功能。

- 与 Ctrl 键组合使用：表示该拖放操作完成复制功能。例如，可以在 Eclipse 中通过拖放将一段代码剪切到另一个地方，如果在拖放过程中按住 Ctrl 键，系统将完成代码的复制，而不是剪切。
- 与 Shift 键组合使用：表示该拖放操作完成移动功能。有时候直接拖放默认就是进行复制，例如，从 Windows 资源管理器的一个路径将文件图标拖放到另一个路径，默认就是进行文件复制。此时可以结合 Shift 键来进行拖放操作，用于完成移动功能。
- 与 Ctrl、Shift 键组合使用：表示为目标对象建立快捷方式（在 UNIX 等平台上称为链接）。

在拖放操作中，将数据从拖放源直接传递给拖放目标，因此拖放操作主要涉及两个对象：拖放源和拖放目标。AWT 提供了对拖放源和拖放目标的支持，分别由 DragSource 和 DropTarget 两个类来表示。下面将具体介绍如何在程序中建立拖放源和拖放目标。

实际上，拖放操作与前面介绍的剪贴板操作有一定的类似之处，它们之间的差别在于：拖放操作将数据从拖放源直接传递给拖放目标，而剪贴板操作则是先将数据传递到剪贴板上，然后再从剪贴板传递给目标。在剪贴板操作中被传递的内容使用 Transferable 接口来封装，与此类似的是，在拖放操作中被传递的内容也使用 Transferable 来封装；在剪贴板操作中被传递的数据格式使用 DataFlavor 来表示，在拖放操作中同样使用 DataFlavor 来表示被传递的数据格式。

11.10.1 拖放目标

在 GUI 界面中创建拖放目标非常简单，AWT 提供了 DropTarget 类来表示拖放目标，可以通过该类提供的如下构造器来创建一个拖放目标。

- DropTarget(Component c, int ops, DropTargetListener dtl)：将 c 组件创建成一个拖放目标，该拖放目标默认可接受 ops 值所指定的拖放操作。其中 DropTargetListener 是拖放操作的关键，它负责对拖放操作做出相应的响应。ops 可接受如下几个值。
  - DnDConstants.ACTION_COPY：表示“复制”操作的 int 值。
  - DnDConstants.ACTION_COPY_OR_MOVE：表示“复制”或“移动”操作的 int 值。
  - DnDConstants.ACTION_LINK：表示建立“快捷方式”操作的 int 值。
  - DnDConstants.ACTION_MOVE：表示“移动”操作的 int 值。
  - DnDConstants.ACTION_NONE：表示无任何操作的 int 值。

  例如，下面的代码将一个 JFrame 对象创建成拖放目标。

```
// 将当前窗口创建成拖放目标
new DropTarget(jf, DnDConstants.ACTION_COPY, new ImageDropTargetListener());
```

正如从上面的代码中所看到的，在创建拖放目标时需要传入一个 DropTargetListener 监听器，该监听器负责处理用户的拖放动作。该监听器里包含如下 5 个事件处理方法。

- dragEnter(DropTargetDragEvent dtde)：当光标进入拖放目标时将触发 DropTargetListener 监听器的该方法。
- dragExit(DropTargetEvent dtde)：当光标移出拖放目标时将触发 DropTargetListener 监听器的该方法。
- dragOver(DropTargetDragEvent dtde)：当光标在拖放目标上移动时将触发 DropTargetListener 监听器的该方法。
- drop(DropTargetDropEvent dtde)：当用户在拖放目标上松开鼠标键，拖放结束时将触发 DropTargetListener 监听器的该方法。

➢ dropActionChanged(DropTargetDragEvent dtde)：当用户在拖放目标上改变了拖放操作，例如按下或松开 Ctrl 等辅助键时将触发 DropTargetListener 监听器的该方法。

通常程序不想为上面的每个方法都提供响应，即不想重写 DropTargetListener 监听器的每个方法，只想重写我们关心的方法，可以通过继承 DropTargetAdapter 适配器来创建拖放监听器。下面的程序利用拖放目标创建了一个简单的图片浏览工具，当用户把一个或多个图片文件拖入该窗口时，该窗口将会自动打开每个图片文件。

程序清单：codes\11\11.10\DropTargetTest.java

```
public class DropTargetTest
{
    final int DESKTOP_WIDTH = 480;
    final int DESKTOP_HEIGHT = 360;
    final int FRAME_DISTANCE = 30;
    JFrame jf = new JFrame("测试拖放目标——把图片文件拖入该窗口");
    // 定义一个虚拟桌面
    private JDesktopPane desktop = new JDesktopPane();
    // 保存下一个内部窗口的坐标点
    private int nextFrameX;
    private int nextFrameY;
    // 定义内部窗口为虚拟桌面的 1/2 大小
    private int width = DESKTOP_WIDTH / 2;
    private int height = DESKTOP_HEIGHT / 2;
    public void init()
    {
        desktop.setPreferredSize(new Dimension(DESKTOP_WIDTH,
            DESKTOP_HEIGHT));
        // 将当前窗口创建成拖放目标
        new DropTarget(jf, DnDConstants.ACTION_COPY,
            new ImageDropTargetListener());
        jf.add(desktop);
        jf.setDefaultCloseOperation(JFrame.EXIT_ON_CLOSE);
        jf.pack();
        jf.setVisible(true);
    }
    class ImageDropTargetListener extends DropTargetAdapter
    {
        public void drop(DropTargetDropEvent event)
        {
            // 接受复制操作
            event.acceptDrop(DnDConstants.ACTION_COPY);
            // 获取拖放的内容
            var transferable = event.getTransferable();
            DataFlavor[] flavors = transferable.getTransferDataFlavors();
            // 遍历拖放内容里的所有数据格式
            for (var i = 0; i < flavors.length; i++)
            {
                DataFlavor d = flavors[i];
                try
                {
                    // 如果拖放内容的数据格式是文件列表
                    if (d.equals(DataFlavor.javaFileListFlavor))
                    {
                        // 取出拖放操作中的文件列表
                        var fileList = (List) transferable.getTransferData(d);
                        for (var f : fileList)
                        {
                            // 显示每个文件
                            showImage((File) f, event);
                        }
                    }
                }
                catch (Exception e)
                {
                    e.printStackTrace();
                }
```

```
                // 强制结束拖放操作，停止阻塞拖放目标
                event.dropComplete(true);    // ①
            }
        }
        // 显示每个文件的工具方法
        private void showImage(File f, DropTargetDropEvent event)
            throws IOException
        {
            Image image = ImageIO.read(f);
            if (image == null)
            {
                // 强制结束拖放操作，停止阻塞拖放目标
                event.dropComplete(true);    // ②
                JOptionPane.showInternalMessageDialog(desktop,
                    "系统不支持这种类型的文件");
                // 方法返回，不会继续操作
                return;
            }
            var icon = new ImageIcon(image);
            // 创建内部窗口显示该图片
            var iframe = new JInternalFrame(f.getName(), true, true, true, true);
            var imageLabel = new JLabel(icon);
            iframe.add(new JScrollPane(imageLabel));
            desktop.add(iframe);
            // 设置内部窗口的原始位置（内部窗口默认大小是 0×0，放在 0,0 位置）
            iframe.reshape(nextFrameX, nextFrameY, width, height);
            // 使该窗口可见，并尝试选中它
            iframe.show();
            // 计算下一个内部窗口的位置
            nextFrameX += FRAME_DISTANCE;
            nextFrameY += FRAME_DISTANCE;
            if (nextFrameX + width > desktop.getWidth())
                nextFrameX = 0;
            if (nextFrameY + height > desktop.getHeight())
                nextFrameY = 0;
        }
    }
    public static void main(String[] args)
    {
        new DropTargetTest().init();
    }
}
```

上面程序中的粗体字代码部分创建了一个拖放目标，创建拖放目标很简单，关键是需要为该拖放目标编写事件监听器。上面程序中采用 ImageDropTargetListener 对象作为拖放目标的事件监听器，该监听器重写了 drop()方法，即当用户在拖放目标上松开鼠标键时触发该方法。在 drop()方法中通过 DropTargetDropEvent 对象的 getTransferable()方法取出被拖放的内容，一旦获得被拖放的内容，程序就可以对这些内容进行适当处理，本例中只处理数据格式是 DataFlavor.javaFileListFlavor（文件列表）的被拖放内容，处理方法是把所有的图片文件使用内部窗口显示出来。

在运行该程序时，只要用户把图片文件拖入该窗口，程序就会使用内部窗口显示该图片。

上面程序中①②处的 event.dropComplete(true);代码用于强制结束拖放操作，释放对拖放目标的阻塞，如果没有调用该方法，或者在弹出对话框之后调用该方法，则会导致拖放目标被阻塞。在对话框被处理之前，拖放目标窗口也不能获得焦点，这可能不是程序所希望的效果，所以程序在弹出内部对话框之前强制结束本次拖放操作（因为文件格式不对），释放对拖放目标的阻塞。

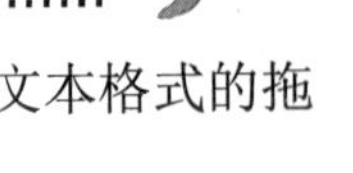

上面程序中只处理 DataFlavor.javaFileListFlavor 格式的拖放内容；此外，还可以处理文本格式的拖放内容，文本格式的拖放内容使用 DataFlavor.stringFlavor 格式来表示。

更复杂的情况是，可能被拖放的内容是带格式的内容，如 text/html 和 text/rtf 等。为了处理这种内容，需要选择合适的数据格式，代码如下：

```
// 如果被拖放的内容是 text/html 格式的输入流
if (d.isMimeTypeEqual("text/html") && d.getRepresentationClass()
    == InputStream.class)
{
    String charset = d.getParameter("charset");
    var reader = new InputStreamReader(
        transferable.getTransferData(d), charset);
    // 使用 IO 流读取拖放操作的内容
    ...
}
```

关于如何使用 IO 流来处理被拖放的内容，请读者参考本书第 15 章的内容。

11.10.2 拖放源

前面的程序使用 DropTarget 创建了一个拖放目标，直接使用系统资源管理器作为拖放源。下面介绍如何在 Java 程序中创建拖放源，创建拖放源比创建拖放目标要复杂一些，因为程序需要把被拖放的内容封装成 Transferable 对象。

创建拖放源的步骤如下：

① 调用 DragSource 对象的 getDefaultDragSource()方法获得与平台关联的 DragSource 对象。

② 调用 DragSource 对象的 createDefaultDragGestureRecognizer(Component c, int actions, DragGestureListener dgl)方法将指定组件转换成拖放源。其中，actions 用于指定该拖放源可接受哪些拖放操作；dgl 是一个拖放监听器，该监听器里只有一个方法：dragGestureRecognized()，当系统检测到用户开始拖放时将会触发该方法。

如下代码将会把一个 JLabel 对象转换为拖放源。

```
// 将 srcLabel 组件转换为拖放源
dragSource.createDefaultDragGestureRecognizer(srcLabel,
    DnDConstants.ACTION_COPY_OR_MOVE, new MyDragGestureListener()
```

③ 为第 2 步中的 DragGestureListener 监听器提供实现类，该实现类需要重写该接口里包含的 dragGestureRecognized()方法，该方法负责把被拖放的内容封装成 Transferable 对象。

下面的程序示范了如何把一个 JLabel 组件转换成拖放源。

程序清单：codes\11\11.10\DragSourceTest.java

```
public class DragSourceTest
{
    JFrame jf = new JFrame("Swing 的拖放支持");
    JLabel srcLabel = new JLabel("Swing 的拖放支持.\n"
        +"将该文本域的内容拖入其他程序.\n");
    public void init()
    {
        DragSource dragSource = DragSource.getDefaultDragSource();
        // 将 srcLabel 转换成拖放源，它能接受复制、移动两种操作
        dragSource.createDefaultDragGestureRecognizer(srcLabel,
            DnDConstants.ACTION_COPY_OR_MOVE,
            event -> {
            // 将 JLabel 里的文本信息封装成 Transferable 对象
            String txt = srcLabel.getText();
            var transferable = new StringSelection(txt);
            // 继续拖放操作，在拖放过程中使用手状光标
            event.startDrag(Cursor.getPredefinedCursor(Cursor
                .HAND_CURSOR), transferable);
        });
        jf.add(new JScrollPane(srcLabel));
        jf.setDefaultCloseOperation(JFrame.EXIT_ON_CLOSE);
        jf.pack();
        jf.setVisible(true);
```

```
    }
    public static void main(String[] args)
    {
        new DragSourceTest().init();
    }
}
```

上面程序中的粗体字代码负责把一个 JLabel 组件创建成拖放源，在创建拖放源时指定了一个 DragGestureListener 对象，该对象的 dragGestureRecognized()方法负责将 JLabel 上的文本转换成 Transferable 对象后继续拖放。

运行上面的程序后，可以把程序窗口中 JLabel 标签的内容直接拖到 Eclipse 编辑窗口中，或者直接拖到 EditPlus 编辑窗口中。

此外，如果程序希望能精确监听光标在拖放源上的每个细节，则可以调用 DragGestureEvent 对象的 startDrag(Cursor dragCursor, Transferable transferable, DragSourceListener dsl)方法来继续拖放操作。该方法需要一个 DragSourceListener 监听器对象，该监听器对象里提供了如下几个方法。

- dragDropEnd(DragSourceDropEvent dsde)：当拖放操作已经完成时将会触发该方法。
- dragEnter(DragSourceDragEvent dsde)：当光标进入拖放源组件时将会触发该方法。
- dragExit(DragSourceEvent dse)：当光标离开拖放源组件时将会触发该方法。
- dragOver(DragSourceDragEvent dsde)：当光标在拖放源组件上移动时将会触发该方法。
- dropActionChanged(DragSourceDragEvent dsde)：当用户在拖放源组件上改变了拖放操作，例如按下或松开 Ctrl 等辅助键时将会触发该方法。

掌握了开发拖放源、拖放目标的方法之后，如果接下来在同一个应用程序中既包括拖放源，也包括拖放目标，则可在同一个 Java 程序的不同组件之间相互拖动内容。

11.11　本章小结

本章主要介绍了 Java AWT 编程的基本知识。虽然在实际开发中很少直接使用 AWT 组件来开发 GUI 应用，但本章所介绍的知识会作为 Swing GUI 编程的基础。实际上，AWT 编程的布局管理、事件机制、剪贴板内容依然适合 Swing GUI 编程，所以读者应好好掌握本章内容。

本章介绍了 Java GUI 编程以及 AWT 的基本概念，详细介绍了 AWT 容器和布局管理器。本章重点介绍了 Java GUI 编程的事件机制，详细描述了事件源、事件、事件监听器之间的运行机制，AWT 的事件机制也适合 Swing 的事件处理。除此之外，本章也大致介绍了 AWT 里的常用组件，如按钮、文本框、对话框、菜单等。本章还介绍了如何在 Java 程序中绘图，包括绘制各种基本几何图形和绘制位图，并通过简单的弹球游戏介绍了如何在 Java 程序中实现动画效果。

本章最后介绍了 Java 剪贴板的用法，通过使用剪贴板，可以让 Java 程序和操作系统进行数据交换，从而允许把 Java 程序的数据传入平台中的其他程序，也可以把其他程序中的数据传入 Java 程序。

▶▶本章练习

1. 开发图形界面计算器。
2. 开发桌面弹球游戏。
3. 开发 Windows 画图程序。
4. 开发图形界面五子棋游戏。